恢复生态学导论

（第三版）

任 海 刘 庆 李凌浩 刘占锋 等 编著

科学出版社

北 京

内 容 简 介

本书是在《恢复生态学导论》第一、二版的基础上，结合近年国内外恢复生态学研究与实践进展撰写而成的。全书基于恢复生态学的理论与实践，阐述了恢复生态学概论、恢复生态学的理论基础、退化生态系统、生态系统恢复、各类型退化生态系统（森林、草地、湿地、水体、农田、废弃矿地等）的恢复实践、生物入侵与生态恢复、全球变化与生态恢复、恢复生态学中的人文观、生态系统管理与生态恢复、生态系统健康与生态恢复、生态系统服务与生态恢复、可持续发展等问题。

本书内容丰富、结构合理、资料新颖，具有较强的理论性和较高的实践指导价值，可作为生态学、林学、农学、地学、生物学以及自然保护和环境保护领域的研究人员、高等院校师生的参考书，也可作为政府有关部门制定生态规划和环境保护政策、实施生态恢复工程的科学依据。

图书在版编目（CIP）数据

恢复生态学导论/任海等编著. —3 版. —北京：科学出版社，2019.3
ISBN 978-7-03-060638-9

Ⅰ. ①恢⋯ Ⅱ. ①任⋯ Ⅲ. ①生态系生态学 Ⅳ.①Q148

中国版本图书馆 CIP 数据核字(2019)第 037040 号

责任编辑：王 静 王海光 田明霞 / 责任校对：严 娜
责任印制：吴兆东 / 封面设计：刘新新

科 学 出 版 社 出版
北京东黄城根北街 16 号
邮政编码：100717
http://www.sciencep.com
北京凌奇印刷有限责任公司 印刷
科学出版社发行 各地新华书店经销
*
2001 年 4 月第 一 版 开本：720×1000 1/16
2008 年 1 月第 二 版 印张：28
2019 年 3 月第 三 版 字数：560 000
2021 年 1 月第三次印刷

定价：**198.00** 元

(如有印装质量问题，我社负责调换)

目　　录

1　恢复生态学概论

　　自工业革命以来，由于人口剧增和科技进步，人类生产、生活和探险的足迹遍及全球，对自然界的影响越来越大（目前至少 12% 的全球陆地覆盖被改变，40% 的被修饰过，100% 的受到影响）。在那些人类群居的地方，大部分自然生态系统被改造为城镇和农田，原有的生态系统结构及功能退化，有的甚至已失去了生产力。2018 年全球人口已突破 74.4 亿，而且仍在快速增长，人类对自然资源的需求也在快速增长。能源危机、环境污染、过度开垦、植被破坏、土地退化、生境破碎化、水资源短缺、生物入侵、生物多样性丧失等增加了对自然生态系统的胁迫，再加上全球变化的影响，使得全球生态系统大面积严重退化，它们提供产品和各种服务功能的能力也受到了极大的损害。这些退化生态系统的存在，会影响人类的可持续发展（马世骏，1990；Chapman，1992；Conacher，1995；刘良梧和龚子同，1994；彭少麟，1997；任海等，2008）。

　　人类面临着合理恢复、保护和开发自然资源的挑战。20 世纪 80 年代以后，恢复生态学（restoration ecology）应运而生。恢复生态学从理论与实践两方面研究生态系统退化、恢复、利用和保护机制，为解决人类面临的生态问题和实现可持续发展提供了机遇（Aber & Jordan，1985；Cairns et al.，1988；Cairns，1995；Daily，1995；Daily et al.，1997；陈灵芝和陈伟烈，1995；Dobson et al.，1997；任海和彭少麟，2001；SER，2004；Temperton et al.，2004；Andel & Aronson，2005，2012；Falk et al.，2006；任海等，2008，2014）。2018 年 6 月，国务院学位委员会生态学科评议组将生态学调整为 7 个二级学科，其中一个为修复生态学，国家自然科学基金委员会学科分类中仍保留了恢复生态学。本书沿用恢复生态学这个学科术语，对近些年来国际上恢复生态学在理论和方法上的进展进行介绍，并结合国内在森林、草地、农田和湿地等方面开展的生态恢复，国际上的生态系统健康评价和生态系统管理等方面的进展，预测了恢复生态学可能的发展方向。

1.1　生态恢复和恢复生态学的定义

1.1.1　生态恢复的定义

　　生态系统包括特定区域内的生物（植物、动物、微生物）、生物赖以生存的环境，以及生物和环境之间的作用。生物可按其在生态系统中的作用划分为不同的功能群（如初级生产者、草食动物、肉食动物、分解者、固氮生物、传粉生物）。生物赖以生存的外界环境可分为土壤或基质、大气、水体、水分、天气、气候、地形地貌、坡向、土壤肥力状况、盐分状况等（SER，2004）。生态系统可以是任意大小的空间单位，从只包括几个个体的空间体到有一定结构、小区域、在分类学上同质、基于群落的单位，如"湿地生态系统"，甚至还包括基于生物群系的大规模单位，如"热带雨林生态系统"。

生态恢复（ecological restoration）是帮助退化、受损或毁坏的生态系统恢复的过程。它是一种旨在启动及加快对生态系统健康、完整性及可持续性进行恢复的主动行为（SER，2004）。人类活动能直接或间接导致生态系统退化、受损、变形，甚至完全毁坏，因而要对其进行修复。当然，有时诸如自然火灾、洪涝、风暴和火山喷发等自然灾害同样也能引起或加剧对生态系统的破坏，使其无法恢复到原来的状态或偏离正常路线。生态恢复就是设法使生态系统恢复到其原来的正常轨迹，且主要是指恢复到其历史状态的轨迹。因而，原始状态就成为生态恢复设计的理想出发点。当前提条件存在一定的局限性时，生态恢复容易促使生态系统沿不同的轨迹演化。因此，要特别注意使生态系统恢复到原始状态。极度退化生态系统的历史轨迹很难或无法精确界定，但是，一个生态系统大致的演化路线和边界还是可以确定的。这需要整合受损生态系统原有结构、组分和功能方面的知识，参考相邻的一些正常生态系统，调查当地自然环境条件，分析相关的生态、文化和历史信息。融合这些信息就可以更好地设计基于生态数据和预测模型的生态恢复路线及方案，从而使生态系统恢复后更加健康和完整（任海和彭少麟，2001；SER，2004；Temperton et al.，2004；Andel & Aronson，2005，2012；Falk et al.，2006）。

大多数的生态恢复可分为如下 3 类：①完全恢复（complete restoration），这类恢复力争包括历史自然群落的所有特征；②生态系统服务恢复（ecological services restoration），是指基于过程的生态系统结构和功能恢复，常常包括一批乡土种的简单组合，也可能会出现新奇群落（novel community）；③根据经验的恢复（experiential restoration），是指为使人们满意而重造出来的恢复。这 3 类恢复中第 1 类最复杂且最难，一般在极度退化的地点开展，而后两类相对简单且易于成功。这 3 类恢复随时间的发展，也可能会发生相互转换（Howell et al.，2012）。

生态恢复中有基于原理的恢复还是基于标准的恢复之争，国际生态恢复学会长期以来致力于解决这种争论。国际生态恢复学会认为生态恢复是一种保护生物多样性和改进人类福祉的方式，并于 2016 年发布了生态恢复实践的国际标准，该标准包括 6 个重要的内容：①生态恢复实践要以适当的地方乡土参考生态系统为基础，并考虑环境变化；②在形成长期的目标和短期的目标之前要确定目标生态系统所要求的关键特征；③实现恢复最可靠的方法是帮助其自然恢复过程，修补自然恢复潜力受损的程度;④恢复要寻求"最大努力和最好效果";⑤成功的恢复要利用所有相关的知识;⑥与所有利益相关者尽早地、真诚地、积极地合作可以获得长期恢复的成功(McDonald et al.,2016)。现在认为,基于原理的恢复比基于标准的恢复更好,因为基于原理的恢复与生态系统恢复的发展阶段和有效恢复功能是一致的,当然,两者也可协同发挥作用。这是因为一个灵活开放的恢复实践方法需要解决投资、气候变化、人类需求、科学不确定性和当地适当的创新实践等问题。国际生态恢复学会提出的"伦理规范"(code of ethics)与"生态保护区恢复"(ecological restoration in protected area)等以原理为先的方法为生态恢复提供了灵活的和适应性的解决办法。基于(绩效)标准优先的实践方法可能会限制创新且不易达到生态修复效果,如果有明确的原理和科学证据,绩效标准可以为生态恢复提供有价值的参考。原理和标准可以有效地一起运作,但需要仔细协调,一般原理应该先于标准(Higgs et al.,2018)。

生态恢复是一项不确定性的、长期的、需要土地和资源投入的任务,因为它有目标导向(也称价值导向,包括个人价值、生态价值、文化价值和社会经济价值)和生态过程导向之分,所以,在对某个生态系统进行恢复之前必须深思熟虑,综合多因子考虑比根据单独因子考虑会更好(Clewell & Aronson,2013)。不同恢复方案的生态恢复措施不尽相同,这取决于生态系统过去所受干扰的程度和持续时间、改变系统外貌的文化背景、当代的限制因素及机遇等因素。在最简单的条件下,生态恢复往往包括去除明确的干扰并让生态系统进行自发的修复。例如,去掉一个水坝而让该区域重新回到原来那种水淹的状态。而在比较复杂的情况下,生态恢复可能还要重新引入当地消失的乡土种,尽可能消除那些有害的、入侵性的外来种或控制其发展。一般来说,生态系统的退化有多种因素,而且有时滞,生态系统中原有的组分也大量丢失。有时候,退化生态系统的演化过程一旦受阻,它的自然恢复就会无限期拖延。总体来说,生态恢复着眼于重启或加快这种自然恢复过程,从而使生态系统重回原来的固有轨迹。生态恢复可在不同规模上开展,但通常在有明确界线的景观中实施,这是为了保证邻近生态系统间相互作用的适宜性。生态恢复的真正目标是重塑破碎化的生态系统或景观,而不仅仅着眼于单个生态系统。

一旦实现了预期的固有轨迹,受控生态系统可能就不再需要额外的帮助来保证其未来的健康和完整性了,就可以认为恢复工作完成了。事实上,由于被恢复的生态系统经常受到机会种的入侵,以及各种人类活动、气候变化和不可预见因素的影响,必须要有持续的管理措施来缓解这些影响。从这一方面看,被恢复的和正常的生态系统一样,都需要一定程度的生态系统管理。虽然生态恢复和生态系统管理有较大的联系,而且经常采用相同的方法,但不同的是生态恢复着眼于重启或促进恢复进程,生态系统管理则是设法保证恢复过程的正常进程。

有些生态系统，尤其是在发展中国家的生态系统，还是用传统的、符合当地文化背景的方法来管理的。在人文生态系统中，人文活动和生态过程有一定的互惠，人类活动能增进生态系统的健康和可持续性。许多人文生态系统由于受到人口增长和各种外部压力的损害，也需要恢复。对这些生态系统的恢复往往要同时恢复当地的生态系统管理措施，包括扶持当地居民的尚存文化、语言（这些都是传统文化的活化石）。生态恢复应该鼓励并依赖当地居民的长期努力，以促进成功。当前，传统文化的社会环境正经历着前所未有的全球变化，为了适应这种变化，生态恢复应该接纳，甚至鼓励符合当代潮流的合适的新文化措施。与欧洲规范的文化景观不同，北美洲注重恢复质朴的文化景观。在非洲、亚洲和拉丁美洲，如果不能明确地表明其有助于提高人类生存的生态基础，那生态恢复肯定无法立足。已开展的大量生态恢复表明，在生态恢复行动中文化活动可以与生态过程相互促进。特别是，在生态恢复活动的倡导下，文化信仰和活动往往有助于决定和改进生态恢复的具体措施（SER，2004）。

1.1.2　生态系统恢复后的特征

当生态系统拥有充足的生物与非生物资源，在没有外界帮助的情况下能维持系统的正常发展，就可以认为这个系统恢复了。恢复后的生态系统在结构和功能上能自我维持，对正常幅度的干扰和环境压力表现出足够的弹性，能与相邻生态系统有生物、非生物及文化交流（SER，2004）。

国际生态恢复学会（SER，2004）列出了如下 9 个特征作为判定生态恢复是否完成的标准：①生态系统恢复后的特征应该与参照系统类似，而且有适当的群落结构；②生态系统恢复后有尽可能多的乡土种，在恢复后的生态系统中，允许外来驯化种、非入侵性杂草和作物的协同进化种存在；③生态系统恢复后，维持系统持续演化或稳定所必需的所有功能群都出现了，如果它们没有出现，在自然条件下也应该有重新定居的可能性；④生态系统恢复后的环境应该能够保证那些对维持生态系统稳定或沿正确方向演化起关键作用的物种的繁殖；⑤生态系统恢复后在其所处演化阶段的生态功能正常，没有功能失常的征兆；⑥生态系统恢复后能较好地融入一个大的景观或生态系统组群中，并通过生物和非生物流与其他生态系统相互作用；⑦周围景观中对恢复生态系统的健康和完整性构成威胁的潜在因素得到消除或已经减轻到最低程度；⑧恢复的生态系统能对正常的、周期性的环境压力保持良好的弹性，从而维持生态系统的完整性；⑨与作为参照的生态系统保持相同程度的自我维持力，在现有条件下，恢复生态系统应该有能自我维持无限长时间的潜能。当然，并不是符合所有的这些特征才能说明生态恢复成功了，这些特征用来证实生态系统是否沿着正确的轨迹向预定或参照的目标发展倒是很有必要。有些特征很容易测定，而另一些只能间接推测。例如，大部分生态系统的功能特征的确定需要大量科学研究，完成这些研究往往会超过生态恢复项目的预算。

由此可见，恢复后的生态系统有 3 个基本特征：相似的参考生态系统的生物学集合、维持生物学集合和支持生态系统功能的特征与过程、有潜在的自我可持续性。Shackelford 等（2013）认为恢复后的生态系统具有的 9 个特征可归为物种组成、生态系统功能、生态系统稳定性和景观背景 4 类，在全球变化和人类干扰日趋严重的情况下，还需要考虑第 5 类即人类元素。

Clewell 和 Aronson（2013）指出，恢复的生态系统有直接获得的特征和间接获得的特征。直接获得的特征包括：物种组成（乡土种、代表性的功能群、参考生态系统中共同适应的种类集合，可能包括冗余种和外来种）、群落结构（种群中有足够多度和适当的分布，而且种间关系易于群落构建）、非生物环境（非生物环境可容纳生物的可持续发展）、景观背景（生态系统可整合到一个更大的景观基底中，生态系统间有生物和非生物交流，从其他生态系统中对恢复的生态系统的健康和完整性的威胁减轻）。间接获得的特征有：随生态系统发展有正常的生态系统功能，生物多样性回复到未受干扰前的历史连续性轨迹上，具有促进生态位分化和生境多样性的复杂结构的生态复杂性，有生态系统反馈的自组织过程，受到一定胁迫能够恢复的恢复力，生物多样性会随外环境变化和内部流变化而波动或变化的自我可持续性，能够提供 O_2、吸收 CO_2、减缓温度、提供生境等生物圈支撑功能。这 11 个直接和间接获得的特征的关系如图 1.1 所示。

此外，适当的生态恢复目标也可加入上述清单。例如，生态恢复的一个目标就是在适当情况下，恢复生态系统能为社会提供特定的产品或服务。也就是说，恢复生态系统能为社会提供产品和服务的自然资本。生态恢复的另一个目标是为某些珍稀物种提供栖息地，或者作为某些经过筛选的物种的基因库（Davis，1996）。生态恢复的其他目标还包括：提供美学的享受、融合各种重要的社会行为（如通过参与生态恢复活动可增加团队的凝聚力）。

1.1.3 恢复生态学的定义

恢复生态学是一门关于生态恢复的学科，由于恢复生态学同时具有理论性和实践性，从不同的角度看生态恢复会有不同的理解，因此关于恢复生态学的定义有很多，其中关于生态恢复的具代表性的定义如下。Bradshaw 和 Chadwick（1980）提出了一个概括性的定义，即所有寻求让受损土地或新造土地恢复到有利用价值的改造和升级活动；但 Diamond（1985）认为地球上没有一个群落能离开人类的直接或间接影响，因而自然群落很难找，生态恢复更难；Berger（1987）认为自然资源

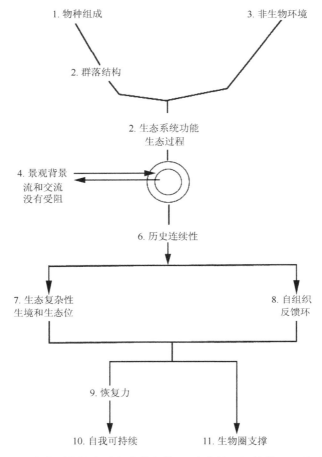

图 1.1　生态系统恢复过程中获得的 11 个直接和间接特征及其关系
（仿 Clewell & Aronson，2013）

恢复是一个受损的资源或一个区域生物的、结构的或功能的更新过程；Higgs
（1994）将生态恢复定义为在生态系统恢复过程中涉及的社会、科学、经济和政治
思想与实践的集合；美国自然资源保护委员会（Natural Resource Defense Council）
认为使一个生态系统回复到较接近其受干扰前的状态即为生态恢复（Cairns，
1977，1995）；Jordan（1995）认为使生态系统回复到先前或历史上（自然的或非
自然的）的状态即为生态恢复；Cairns（1995）认为生态恢复是使受损生态系统
的结构和功能回复到受干扰前状态的过程；Egan（1996）认为生态恢复是重建某
区域历史上存在的植物和动物群落，而且保持生态系统和人类传统文化功能的持
续性的过程（Hobbs & Norton，1996）；Davis 和 Slobodkin（2004）提出生态恢复
是恢复一个或多个有价值的生态系统的过程或景观属性的过程。联合国《生物多

样性公约》认为生态恢复是管理或帮助一个退化、受损或破坏的生态系统恢复的过程，以维持生态系统恢复力和保护生物多样性（CBD，2016）。Martin（2017）认为生态恢复在 21 世纪要考虑目标设定、科学性和公众要求，他据此提出的新定义是，生态恢复是帮助一个退化、受损或毁坏的生态系统恢复的过程，以反映被视为生态系统固有的价值并提供人们所珍视的商品和服务的过程。

上述各种定义都强调受损的生态系统要恢复到理想的状态，但由于受一些现实条件的限制，如缺乏对生态系统历史的了解、恢复时间太长、生态系统中关键种的消失、费用太高等，这种理想状态不可能达到，同时生态恢复还要考虑社会经济因素，于是又有了下述定义。

余作岳和彭少麟（1997）提出恢复生态学是研究生态系统退化的原因、退化生态系统恢复与重建的技术和方法、生态学过程与机制的科学。Bradshaw（1987）认为生态恢复是有关理论的一种"酸性试验"（acid test，或译为严密验证），它研究生态系统自身的性质、受损机制及修复过程（Jordan et al.，1987）；Diamond（1987）认为生态恢复就是再造一个自然群落，或再造一个自我维持并保持后代持续性的群落；Harper（1987）认为生态恢复是关于组装并试验群落和生态系统如何工作的过程（Jordan et al.，1987）。国际生态恢复学会（SER）先后提出 4 个定义：生态恢复是修复被人类损害的原生生态系统的多样性及动态的过程（1994 年）；生态恢复是维持生态系统健康及更新的过程（1995 年）；生态恢复是帮助研究生态整合性的恢复和管理过程的科学，生态整合性包括生物多样性、生态过程和结构、区域和历史实践等广泛的范围（1995 年）（Jackson et al.，1995）；恢复生态学是研究如何修复由人类活动引起的原生生态系统生物多样性和动态损害的一门学科，其内涵包括帮助恢复和管理原生生态系统的完整性的过程，这种完整性包括生物多样性临界变化范围、生态系统结构和过程、区域和历史文化内容、可持续发展的文化实践（SER，2004）。

国际生态恢复学会花了较长时间定义生态恢复，其间还考虑了生态完整性和乡土生态系统等概念，该学会 2004 年的定义现被广为引用。实际上，恢复生态学是一门在完成生态恢复过程中产生的科学。

恢复（restoration）是指修复那些受到干扰、破坏的生态系统，使其尽可能恢复到原来的状态。对那些小而具体的东西来说比较容易恢复，但对于生态系统或区域生态环境（尤其是那些尺度较大的生态系统及景观）的恢复则是既昂贵又需要很长时间才能完成的工作。北美洲对这一术语的应用较为普遍（SER，2004）。恢复有修复、重建、改进和替代 4 种策略（Stanturf et al.，2014），如图 1.2 所示。

修复（rehabilitation）是指根据土地利用计划，将受干扰和破坏的土地恢复到具有生产力的状态，确保该土地保持稳定的生产状态，不再造成环境恶化，并与周围环境的景观（艺术欣赏性）保持一致。它多指对一个受损的生态系统进行特

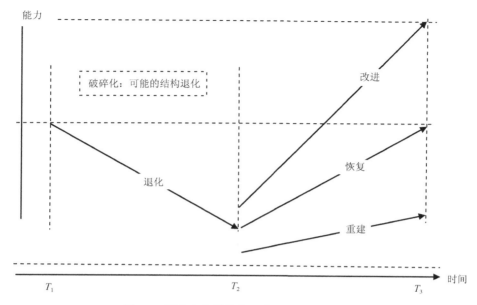

图 1.2 退化和各类恢复（仿 Lugo，1988）

别的改良，以改进其一个或多个生态系统服务功能，并再获得正常生态系统功能和服务功能的过程，它一般指只恢复必要的生物多样性（与参考生态系统相比）或其预期的演替轨迹（Rieger et al.，2014）。生态修复与生态恢复有一个相同之处，那就是它们都关注历史上的或先前存在的生态系统，并把其作为参照系统或原型，但是这两种行为的目标和策略各不相同。生态修复强调对生态系统过程、生产力和服务功能的修复，而生态恢复的目的包括重建先前存在的生物完整性，包括物种组成和群落结构。然而，生态恢复中很大一部分工作以前都被当作了生态修复。被干扰的土地在经过生态修复后能够阻止和避免对周围生态系统施加更进一步的负面影响，同时具有经济效益和美学价值。立足于生态学基础之上的改造可被认为是生态修复，甚至是生态恢复（SER，2004）。

复苏（recovery）是指生态系统在不受胁迫条件下随时间发展而形成的系列，这个系列有接近参考生态系统的特征。复苏关注生态系统回到未受胁迫条件下的速率和方式（SER，2004）。

重建（reconstruction）是指通过外界力量使完全受损的生态系统恢复到原初状态，主要是指在农田、人工林等近期土地利用覆盖上恢复乡土植物群落的行为（Stanturf et al.，2014）。

替代（replacement）是指为了应对气候变化，将原来适应的乡土种或本土基因型植物用新的种类或新基因型植物代替的行为（Stanturf et al.，2014）。

复垦（reclamation）是指将被严重干扰和破坏的生境恢复到某种状态，从而使原来定居在其上的物种能够重新定居，或者与原来物种相似的物种能够定居。复垦的主要目标包括固土、提高公共安全性、美化环境，经常是指把相对没用的土地改造成能在当地条件下有生产条件的类型，其主要目的是恢复生产力。这个术语被大多数土壤学家所应用，尤其是在恢复盐碱化的土地为农田的研究领域。此外，在矿区地表恢复中也常用这个术语（SER，2004；Clewell & Aronson，2013）。

再植（revegetation）是指在旷地上建立植被覆盖，常常用有限数量的种类而且不确定其种源。再植会尽量恢复一个生态系统的任何部分和功能，或者恢复到其原来的土地利用类型，如将一个已开垦的草场从农田恢复到草地。它通常是改造的一个重要组成部分，可能只需要建立一种或几种植被类型（Clewell & Aronson，2013）。

缓解（mitigation）是指主动对环境破坏进行补偿的一种行为。例如，在美国，当要批准一项可能对湿地造成破坏的私人发展或公共经营计划时，环境补偿通常是必需的。可能有一些缓解被认为是生态恢复（Clewell & Aronson，2013）。

重塑（creation）和重造（fabrication）主要用在对完全没有植被的陆地生态系统的修补中。一般是指在一个历史上没有出现过这类生态系统的地方再构建一个新的生态系统（历史记录显示这个区域存在过类似的生态系统）。重造可作重塑的替代词使用。一个地方植被的消退会给当地的环境带来巨大的变化，因而需要在这个地方重新建立一个与原来不同的生态系统。生态重塑是一种管理工程学或景观建筑学而不是生态恢复学行为，这是因为生态恢复沿预设轨迹来促进生态系统发展，所以允许其通过自发生态过程来延续后续发展，很少需要或不需要人为干预（Bradshaw，1983；SER，2004；Clewell & Aronson，2013）。

生态工程（ecological engineering）是指操纵自然资源，利用活体生物和外界环境来达到人类特定的目的，解决技术难题的活动。可预见性是所有工程设计必须考虑的，而生态恢复承认那些不一定实用但包含生物多样性、生态系统完整和健康的不可预见的恢复路线和目标。生态工程学的核心原理包括：整体性原理、协调与平衡原理、自生原理、循环再生原理等。其生态学原理包括：生态位原理、生物间互利共生机制原理、限制因子原理、食物链原理、物种多样性原理、生物与环境相互适应并协同进化原理、效益协调统一原理等。土壤生物工程（soil bioengineering）是生态工程的一个分支，是指利用活植物或植物的器官来控制侵蚀和恢复景观，这与传统工程利用死物质相反（SER，2004；Clewell & Aronson，2013）。

景观构建和设计（landscape architecture and design）是指在景观构建中，设计常常意味着生态系统被操控到理想的状态，景观构建是通过技巧工艺实现的，而且把审美作为有意识的产品（钦佩等，1998；Clewell & Aronson，2013）。

生态设计（eco-design）这个概念提出之前，一般表述为环境保护、环境修复和环境净化等，生态设计在北美洲也称"为环境而设计"（DEF）。目前，比较一致的看法是：生态设计是一种在现代科学与社会文化环境下，运用生态学原理和生态技术，实现社会物质生产和社会生活的生态化，从而实现人与自然的和谐发展。生态设计的基本原理包括：尊重自然、整体优先的设计原则；与环境协调，充分利用自然资源的生态设计原理（即强调减量使用、重复使用、回收和循环利用）；发挥自然的生态调节功能与机制设计原理；生态设计的参与性与经济性原则；乡土化、方便性、人文性原则等。生态设计至少包括产业生态设计与技术、生态建筑设计与技术、景观和环境的设计与技术、生态公园与生态旅游设计、公路和矿山边坡生态修复设计、屋顶与墙面绿化生态设计、废弃物处理的生态化技术、复合系统的生态设计、城市园林生态设计、景观生态规划与设计、生态农业设计、区域综合生态设计等（SER，2004；Clewell & Aronson，2013）。

新奇生态系统（novel ecosystem）是指生态系统被改造成与原生生态系统完全不同的生态系统，经过一定时间后，这些生态系统也可自我维持，不需要管理。设计的生态系统（designed ecosystem）是以特定的目标组合起来的，并且经常要进行管理。设计的生态系统包括垦殖（使退化的生态系统恢复其生产能力）、绿色基础设施和农业生态系统。这两个生态系统有3方面的不同：①设计的生态系统通常需要高强度的干预来创造它们，以及持续的管理来维持它们；新奇生态系统则没有。②设计的生态系统和新奇生态系统背后的人类意图通常是不同的，设计的生态系统存在于人类利益的服务中，包括特定的服务、美学和向绿色基础设施转移价值承诺；新奇生态系统通常是通过无意的人类活动而产生的。③设计的生态系统和新奇生态系统有不同的发展途径（Zedler et al.，2012；Hobbs et al.，2014；Higgs，2017）。

新兴生态系统（emerging ecosystem）是指主要被人类部分或完全转变为农业的、商业的和工业使用的生态系统，这些利用方式下生态系统有不确定的生态、社会和经济演化轨迹。实际上，随着社会、经济和文化条件不断改变而发展起来的生态系统，也因新物种定居而长期对环境产生社会、经济和生物多样性方面的积极或消极影响。新兴生态系统概念来自于联合国教育、科学及文化组织（简称联合国教科文组织），该组织2002年定义"新兴生态系统"为"一类在特定区域特定生物群系中不同于先前的物种组成及相对丰富度的生态系统"，新兴生态系统具备两个关键特征：一是新颖性，即该系统中具有能够潜在改变生态系统功能的新的物种连接；二是人为介入，即新兴生态系统是人类活动有意或者无意作用的结果。

环境修复（environment remediation）：20世纪60年代，美国生态学家H. T.

Odum 提出了生态工程概念，受此启发，欧洲一些国家尝试应用研究，并形成了所谓的生态工程工艺技术，实际属于清洁生产的范畴。随着生态学与环境生态学的发展，美国、德国等国家在 20 世纪 90 年代提出通过生态系统自组织和自调节能力来修复污染环境的概念，并通过选择特殊植物和微生物，人工辅助建造生态系统来降解污染物，这一技术被称为环境生态修复技术。由于生态系统的复杂性，该技术至今还不成熟，国外的环境生态修复也只是对轻度污染陆地的环境修复，最典型的事例就是通过湿地自调节能力防治污染。这与我国的生态自我修复有很大差别（王治国，2003）。

自然资本的恢复（restoration of natural capital）是指在生态恢复或生态工程中，退化的生态系统或生产系统增加自然产品和服务流，或者增加另外的自然资本形式。它强调恢复人类福祉所依赖的自然资源经济价值的增加，特别是在长期的人类福祉和生态系统健康利益中自然资本存量的补给（Clewell & Aronson，2013）。

Kloor（2000）通过对北美洲森林的恢复研究认为，应该淘汰"恢复"这个词，他的理由是恢复生态学中存在的三个问题。一是恢复的目标具有不确定性，即恢复某生态系统历史上哪一个时间阶段的状态无法确定。例如，美国的 Minnesota 历史上曾被冰雪覆盖，是否应恢复为雪地呢？二是"恢复"这个词有静态的含义，因而恢复不仅要试图重复过去的环境，而且要通过管理以维持过去的状态，但事实上自然界是动态的。三是由于气候变化、关键种缺乏或新种入侵，完全恢复是不可能的。Davis（2000）进一步指出，根据"恢复"过程中所做的工作，将"恢复"（restoring）换成"生态改进"（ecological enhancement 或 ecological enrichment）会更精确，作为一门学科，恢复生态学应该叫"生态构建"（ecological architecture），可作为景观构建（landscape architecture）的一个分支学科。Higgs 等（2000）代表国际生态恢复学会对这三点进行了逐条反驳，他们认为生态恢复强调了参考条件，而且生态学家已致力于寻找适当的时间和空间参考点；恢复是一个动态的过程，而且恢复包括结构、干扰体系、功能，它们随时间而变化；恢复促进了乡土种、群落、生态系统流（能流、物流等）、可持续性的发展，它应是应用生态学的一个分支。可见，即使没有人类的各种干扰活动，自然界在进化和全球变化情景下，生态系统也会随时间和空间而变化，不可能回到历史状态，生态恢复不是将生态系统的过去信息作为目标，而是作为将来的参考点（Howell et al.，2012）。生态恢复最关键的是要以恢复功能为中心，同时要注意气候变化、遗传因素、景观尺度及社会经济问题的影响（Nunezmir et al.，2015）。

1.2 恢复生态学的基本内容

经过近 40 年的发展，恢复生态学目前已确认了以森林、草地、水体、湿地等各类退化生态系统为对象，系统研究其结构、功能与动态。恢复的理论主要来源于生态学理论，恢复的关键过程包括退化过程，扭转退化的过程，确定重建物种、恢复目标及恢复过程中的社会、经济、文化障碍等的重要性，建立相对简单的测定方法并进行相应的统计分析及实验设计，提出相应的技术、监测过程及评估等。

目前国内外，尤其是国外已出版的十多本恢复生态学专著内容各有不同，主要有"生态恢复理论+不同类型生态系统恢复案例"和"生态恢复工程过程（步骤）+过程中含有的理论"两种形式。大多数的专著认为恢复生态学的研究内容包括：①水文、气候、土壤等自然因素及其作用与生态系统的响应机制，生物生境重建尤其是乡土植物生境恢复的程序与方法；②土壤恢复、地表固定、表土储藏、重金属污染土地生物修补等；③生态系统的恢复力、生产力、稳定性、多样性和抗逆性；④从先锋到顶级不同级次、种群动态（含遗传学基础），生态系统发生、发展机制与演替规律研究；⑤生态系统退化过程的动态监测、响应机制及其模拟、预警与预测；⑥人为因素对生态系统的作用过程与机制，生态系统退化的诊断与评价指标体系；⑦植物自然重新定植过程及其调控技术，包括种子库动态及种子库自然条件下萌发机制，植物物候，杂草的生物控制，生物侵入控制，植物对环境的适应，植物存活、生长与竞争；⑧微生物和动物及其网络在生态恢复中的作用；⑨植被动态，重建生态系统植被动态、外来植物与乡土植物竞争关系；⑩生态系统结构、功能优化配置重构理论及生态工程规划、设计和实施技术；⑪地上、地下过程及其耦合，生态系统功能（生产力、养分循环）恢复理论与技术；⑫干扰生态系统恢复的生态原理；⑬生态恢复与景观生态学理论；⑭生态恢复的社会、经济和文化因素；⑮各类生态系统恢复技术，如干旱、沙漠、湿地、水生生态系统、矿区生态系统的重建；⑯典型退化生态系统恢复的优化模式、试验示范与推广；⑰恢复区的生态系统适应性管理技术；⑱恢复生态学的生态学理论基础（任海和彭少麟，2001；Temperton et al.，2004；Temperton，2007；Andel & Aronson，2005，2012；Falk et al.，2006；任海等，2008；Rieger et al.，2014；Palmer et al.，2016；Buisson et al.，2017；Pires，2017）。

1.3　恢复生态学研究简史

生态恢复的历史久远，早期人类利用火创造和维持适宜的生境在某种程度上讲就算是恢复，农业的发展则为恢复引入了许多技术，包括由农业转林业、作物轮作、施肥、休耕、造林、近自然林业、狩猎、捕鱼、草地管理等，这些实践活动是以人为中心的，对于生态系统的生产力、适宜种的生境、自然资本等生态系统特征关注不够（Jordan & Lubick，2011）。恢复生态学研究起源于100年前的山地、草原、森林和野生生物等自然资源管理实践与传统生态学研究，其中20世初的水土保持、森林砍伐后再植的理论与方法在恢复生态学中沿用至今（Jordan et al.，1987），如 Phipps 于 1883 年出版了《森林再造》，其中有些理论至今可用（Keddy，1999）。林业和植物园工作者在 17 世纪末至 20 世纪做了一些从"全人工制造"到"近自然"的探索。20 世纪早期，少数在不同地点开展工程的管理者开始关注整个生态系统的恢复，这与传统的改良土地管理的思想不同，是以生态为中心的恢复，其关注恢复以前存在的生态系统的结构和过程。例如，亚利桑那荒漠植物实验室通过围篱快速恢复了荒漠植被。

生态恢复是以生态系统为中心的恢复。威斯康星大学麦迪逊植物园的草地恢复实验不是关注作物种类，而是通过人工干预恢复顶极群落种类。这使它成为生态恢复最早的、标志性的实验。开展这个恢复生态学实验的是 Leopold，他与助手一起于 1935 年在威斯康星大学麦迪逊植物园恢复了一个 24hm^2 的草场。随后他发现了火在维持及管理草场中的重要性。他还认为生态恢复只是恢复中的第一步，一个生态系统在保持整体性、稳定性和生物群体的美丽时就是好的，1941 年他进一步提出土地健康（land health）的概念（Jordan et al.，1987；Rapport et al.，1998）。Clements 于 1935 年发表了《实验生态学为公共服务》的论文，阐述了生态学可用于包括土地恢复在内的广泛领域（Keddy，1999）。此后，资源管理、自然保护、应用乡土植物的风景园林和生态学的发展部分促进了以生态系统为中心的恢复理念，但很遗憾，20 世纪 40-70 年代，由于受美国国家公园管理局和美国自然资源保护协会尽量少干预或保护理念的影响，很少开展人工生态恢复（Jordan & Lubick，2011）。

20 世纪 50-60 年代，欧洲、北美洲和中国都注意到了各自的环境问题，开展了一些工程与生物措施相结合的矿山、水体和水土流失等环境恢复与治理工程，并取得了一些成效，从 70 年代开始，欧美一些发达国家开始进行水体恢复研究（Cairns，1995；陈灵芝和陈伟烈，1995），在此期间，虽然有部分国家开始定位观测和研究，但没有生态恢复的机制研究。Farnworth 于 1973 年提出了热带雨林恢复研究中的 9 个具体方向。同期，日本的宫胁昭教授利用植被演替的理论，通过改造土壤，利用乡土树种，在较短时间内通过人工促进的方式建立起了顶级群落，其方法被称为宫胁法（Miyawaki method）。1975 年在美国召开了"受损生态系统的恢复"国际研讨会，会议探讨了受损生态系统恢复的一些机制和方法，并号召科学家注意搜集受损生态系统科学数据和资料，开展技术措施研究，建立国家间的研究计划。1980 年 Cairns 主编了《受损生态系统的恢复过程》一书，8 位科学家从不同角度探讨了受损生态系统恢复过程中重要生态学理论和应用问题。同年，Bradshaw 和 Chdwick 出版了 *Restoration of Land, the Ecology and Reclamation of Derelict and Degraded Land*，该书从不同角度总结了生态恢复过程中的理论和应用问题；1983 年在美国召开了"干扰与生态系统"的国际研讨会，会议探讨了干扰对生态系统各个层次的影响。同年,美国威斯康星大学出版社发行了 *Restoration & Management Notes*。1984 年在美国威斯康星大学召开了恢复生态学研讨会,会议强调了恢复生态学中理论与实践的统一性,并提出恢复生态学在保护与开发中起重要的桥梁作用;美国于 1985 年成立了"恢复地球"组织,该组织先后开展了森林、草地、海岸带、矿地、流域、湿地等生态系统的恢复实践,并出版了一系列生态恢复实例专著(Berger,1990,1993)。同年 Aber 和 Jordan 在 *BioScience* 杂志上提出了恢复生态学这个术语,但次年他们又对这个术语进行了完全不同的解释,他们还出版了 *Restoration Ecology:a Synthetic Approach to Ecological Research* 的论文集,他们认为恢复生态学是从生态系统层次上考虑和解决问题,恢复过程是人工设计的,在人的参与下一些生态系统可以恢复、改建和重建(Diamond,1987)。1985 年,国际生态恢复学会成立,其使命就是发展和推动生态恢复的理论与技术,保护生物多样性,重建生态健康的自然文化关系,实现可持续发展。1989 年国际生态恢复学会在美国加利福尼亚州奥克兰召开了其成立后的第一次大会。20 世纪 90 年代以后,北美洲许多大学都开设了恢复生态学的专业。1991 年在澳大利亚举行了"热带退化林地的恢复"国际研讨会(Barrow,1991)。1993 年在中国香港举行了"华南退化坡地恢复与利用"国际研讨会,会议系统探讨了中国华南地区退化坡地的形成及恢复问题(Parham,1993)。1993 年,*Restoration Ecology* 杂志创刊,标志着恢复生态学走向成熟。1995 年美国生态恢复学会提出,恢复是一个概括性的术语,包含一系列恢复或近恢复工作,生态重建(reconstruction)并不意味着在所有场合下恢复原有的生态系统,生态恢复的关键是恢复生态系统必要的结构和功能,并使系统能够自我维持。1996 年在美国召开了国际生态恢复学会议,1996 年,在瑞士召开了第一届世界恢复生态学大会,大会强调恢复生态学在生态学中的地位、恢复技术与生态学的连接、恢复过程中经济与社会内容的重要性,随后国际生态恢复学会每年召开一次国际研讨会。2002 年国际生态恢复学会与美国生态学会首次联合在亚利桑那州城市 Tucson 举办恢复生态学大会,会议确定恢复生态学是生态学中的一个重要分支学科。现在各国均有大量的恢复生态学论文出现,但主要的恢复生态学期刊有 *Restoration Ecology*、*Ecological Restoration*、*Restoration and Management Notes*、*Restoration and Reclamation Review* 和 *Land Degradation & Development*。另有一些生态学期刊和环境期刊出版恢复生态学专辑,如 *Science* 于 1997 年、2004 年和 2009 年出版了恢复生态学专刊,一些生态学主流期刊如 *Applied Ecology* 杂志发表与生态恢复研究相关学术论文的数量和比例在过去 40 年均稳定增长(Falk et al.,1996;Ormerod,2003)。国际生态恢复学会自 2001 年起组织专家在海岛出版社(Island Press)出版了"生态恢复的科学与实践系列丛书",至 2017 年已出版了 31 本(https://www.ser.org/page/IPBookTitles?)。此外,还有大量的网址可用于恢复生态学方面的交流（任海等，2008）。

当前在恢复生态学理论和实践方面走在前列的是欧洲、大洋洲和北美洲，在实践方面走在前列的还有新西兰、澳大利亚、美国和中国。其中欧洲偏重矿地恢复，北美洲偏重水体和林地恢复，而新西兰和澳大利亚以草原和废弃矿地恢复为主（Gaynor，1990；Cairns，1992；Mansfield & Towns，1997），中国则因人口偏多而强调农业综合利用（陈灵芝和陈伟烈，1995；任海和彭少麟，1998）。从 20世纪 70 年代至今，国外比较成功的恢复样板有：英国和澳大利亚的废弃矿地恢复，东南亚热带的土地退化现状及恢复技术，澳大利亚昆士兰东北部退化土地的恢复，坦桑尼亚的毁林地恢复，退化的石灰岩矿地的造林，南美洲湿热带的自然林恢复，东玻利维亚、巴西、东南亚、赞比亚等国家和地区的土地恢复，美国的各类湿地恢复，干旱和半干旱地退化生态系统的恢复与重建（至 2018 年，CAB 数据库中有数万条记录）。这些恢复试验的对象涉及了草原、河流、湖泊、废弃矿地、森林和农田，在这些恢复过程中主要的研究内容有干扰和受损生态系统、受损生态系统的恢复与重建、湿热带森林生态系统的稳定性、废弃矿地和垃圾场的恢复、河流和湖泊的水生植物群落的重建等。在此基础上，已有一些恢复生态学的理论成果出现（章家恩和徐琪，1998，1999；任海等，2014）。

我国最早的恢复生态学研究是中国科学院华南植物研究所（2003 年更名为华南植物园）的余作岳等于 1959 年在广东的热带沿海侵蚀台地上开展的退化生态系统的植被恢复技术与机制研究，经过近 40 年的系统研究，提出了"在一定的人工启动下，热带极度退化的森林可恢复；退化生态系统的恢复可分三步走；恢复过程中植物多样性导致动物和微生物多样性，植物多样性是生态系统稳定性的基础"等观点，他们还先后创建了我国恢复生态学研究的两个基地——中国科学院小良热带森林生态系统定位研究站和中国科学院鹤山丘陵综合开放试验站。自此以后，先后有多个单位开展了退化生态系统恢复研究，其中包括：南京大学仲崇信自1963 年起就从英国、丹麦引进大米草在沿海滩涂种植以控制海岸侵蚀，至 1980年推广了 3 万多公顷；中国科学院兰州沙漠研究所开展的沙漠治理与植被固沙研究；中国科学院西北水土保持研究所（现为中国科学院水利部水土保持研究所）和生态环境研究中心开展的黄土高原水土流失区的治理与综合利用示范研究；中国科学院水生生物研究所的湖泊生态系统恢复研究；中国科学院西北高原生物研究所开展的高原退化草甸的恢复与重建研究；中国科学院成都生物研究所开展的岷江上游植被恢复研究；中国科学院南京土壤研究所开展的红壤恢复与综合利用试验；广西科学院和中山大学开展的红树林恢复重建试验等。1983 年中国科学院内蒙古草原生态系统定位研究站开展了不同恢复措施下退化羊草草原的恢复及演替研究。1990 年后东北林业大学开展了黑龙江省森林生态系统恢复与重建研究，中国林业科学研究院开展了海南岛热带林地和红树林的植被恢复与可持续发展研究，中国科学院地球化学研究所和亚热带农业生态研究所开展了石漠化喀斯特生态系统恢复与综合利用研究。另有中国环境科学研究院、中山大学、中国矿业大学等单位开展了大量废弃矿地和垃圾场的恢复对策研究（中国科协学会部，1990；中国生态学会，1991；任海等，2008）。

20 世纪 80 年代以来，特别是近些年来生态退化和环境污染等问题日趋恶化，成为困扰我国社会经济可持续发展的重要因素。在此背景下，国家有关部委及地方政府分别从不同角度进行了有关生态恢复的研究和实践，开展了生态环境综合整治与恢复技术研究，主要类型生态系统结构、功能及提高生产力途径研究，亚热带退化生态系统的恢复研究，北方草地主要类型优化生态模式研究，内蒙古典型草原草地退化原因、过程、防治途径及优化模式等课题研究，对生态恢复理论和实践的研究都有所加强（赵桂久等，1993，1995；沈承德等，2001；任海和彭少麟，2001；任海等，2004，2014；蒋高明，2007）。我国还先后实施了黄土高原退耕还林工程，长江中上游地区（包括岷江上游）防护林建设工程、水土流失治理工程，农牧交错区、风蚀水蚀交错区、干旱荒漠区、丘陵山地与干热河谷和湿地等生态脆弱地区退化生态环境恢复与重建工程，沿海防护林建设工程等，这些工程在削减贫困、控制土壤侵蚀、防治荒漠化、抑制沙尘暴、减轻洪涝灾害、保护和恢复森林草地及野生生物、提高农林业生产力等方面取得了较好的成效，促进了中国完成联合国可持续发展 2030 目标（Bryan et al.，2018）。这些生态建设实践与研究，结合已获成功的一些生态恢复技术和案例，为生态恢复和环境治理积累了宝贵的经验，提供了一些具有指导意义和应用价值的基础理论，进行了一些典型区域生态恢复试验，取得了显著的生态效益、社会效益和经济效益（贺金生等，1998；刘世梁等，2006；刘庆等，1999，2004；吴彦等，2004）。20 世纪 90 年代中期，先后出版了《热带亚热带退化生态系统植被恢复生态学研究》和《中国退化生态系统研究》等专著，21 世纪初，出版了《恢复生态学导论》《环境污染与生态恢复》《湿地生态工程——湿地资源利用与保护的优化模式》《生态恢复与生态工程技术》《热带亚热带恢复生态学研究与实践》《生态恢复的原理与实践》《恢复生态学》等，近些年来数本恢复生态学专著提出了适合中国国情的恢复生态学研究理论和方法体系。就研究范围和广度而言，我国生态恢复研究是其他国家所难以比拟的，而且在喀斯特、青藏高原、黄土高原、长江流域、常绿阔叶林区域等中国特有生态系统恢复领域已达到国际同类研究水平，在国际学术界产生了一定的影响（中国生态学会，1995；陈灵芝和陈伟烈，1995；余作岳和彭少麟，1997；任海和彭少麟，1998，2001；赵晓英等，2001；孙书存和包维楷，2004；Ren et al.，2002，2007；任海等，2008；李洪远和莫训强，2016）。

1.4 恢复生态学的发展趋势

Kollmann 等（2016）分析了 2004-2013 年的 224 篇恢复生态学论文，发现大多数研究的对象是森林，较少研究草原或淡水生态系统，湿地或海洋生境最少。在这些研究中，只有 14%的分析了生态系统功能，44%的考虑了生物组成和功能，42%的专门研究了生物组分，主要是维管植物，比较少的是无脊椎动物或脊椎动物，最少的是微生物。生态系统功能研究又集中在养分循环（26%）上，而生产力（18%）、水分关系（16%）和地貌过程（14%）较少，碳沉积（10%）、分解（6%）、营养相互作用（6%）、其他（4%）很少。对森林和草原生态系统功能的监测较多，但功能的指标取决于研究的生物类群。总体而言，在生态恢复中考虑生态系统功能已被重视，未来要将典型的生态系统功能指标的快速评估与包括植物、动物和微生物的多样性评估紧密结合起来。此外，目前缺少关于生态恢复的社会、经济和文化方面的工作（2002-2018 年这类论文占总数的3%以下）。

国际生态恢复学会基本上每年都召开一次大会，近几年主要关注的是全球变化和可持续发展背景下的生态恢复问题，在生态系统尺度上强调景观尺度及交错带的生态恢复，重视自然与人文结合的生态恢复，更加重视生态学理论与恢复实践的结合。从大会报告、专题报告可以发现，恢复生态学的研究趋势已从静态研究、单一状态研究、基于结构的方法和集中于某一类型生态系统的研究等，转向动态研究、多状态研究、基于过程的方法和多维向恢复评价标准的研究等。近些年研究热点包括：从生态系统的角度评估生态系统退化、恢复过程中的非生物与生物障碍、恢复过程中关键过程（授粉、扩散、火灾、养分循环等）的时空动态、生态恢复中不可逆转的阈值、物种间相互作用及其在区域间的转移、"神秘"的生物群（真菌、根瘤菌、土壤原生动物等）在恢复中的作用、注重生物连接性的生物多样性产出、地上与地下作用及反馈、在生态系统尺度上强调景观尺度及交错带的生态恢复、景观中的廊道和连接性在生态恢复中的作用、国际生态恢复学会提出的生态恢复的 9 个特征、自然资本的恢复、恢复生态产品与生态系统服务、基于乡土植被及养分管理的恢复设计、气候变化背景下的生态恢复问题、生态恢复过程中的经济过程等领域。此外，恢复生态学还与当前比较热门的政治问题，如碳排放与交易、生物多样性丧失、生态系统服务功能支付等紧密相连。

2018 年 5 月，*Restoration Ecology* 杂志为了庆祝创刊 25 周年，选取了该刊发表的 25 篇最有影响力（高引用率）的论文做了一个虚拟专期，这些论文如下。

（1）Towards a conceptual framework for restoration ecology（Richard J. Hobbs，David A. Norton，1996）

（2）Ecological restoration and global climate change（James A. Harris，Richard J. Hobbs，Eric Higgs，et al.，2006）

（3）Restoration success: how is it being measured?（Maria C. Ruiz-Jaen，T. Mitchell Aide，2005）

（4）"How local is local?"—A review of practical and conceptual issues in the genetics of restoration（John K. McKay，Caroline E. Christian，Susan Harrison，et al.，2005）

（5）Ecological theory and community restoration ecology（Margaret A. Palmer，Richard F. Ambrose，N. LeRoy Poff，2008）

（6）Exotic plant species as problems and solutions in ecological restoration: a synthesis（Carla D'Antonio，Laura A. Meyerson，2002）

（7）Evaluating ecological restoration success: a review of the literature（Liana Wortley，Jean-Marc Hero，Michael Howes，2013）

（8）Restoration ecology: repairing the earth's ecosystems in the new millennium（R. J. Hobbs，J. A. Harris，2001）

（9）Tropical montane forest restoration in costa rica: overcoming barriers to dispersal and establishment（Karen D. Holl，Michael E. Loik，Eleanor H. V. Lin，et al.，2001）

（10）Restoring rivers one reach at a time: results from a survey of U.S. river restoration practitioners（Emily S. Bernhardt，Elizabeth B. Sudduth，Margaret A. Palmer，et al.，2007）

（11）Ecosystem restoration is now a global priority: time to roll up our sleeves（James Aronson，Sasha Alexander，2013）

（12）Principles of natural regeneration of tropical dry forests for restoration（Daniel L. M. Vieira，Aldicir Scariot，2006）

（13）Forest regeneration in a chronosequence of tropical abandoned pastures: implications for restoration ecology（T. Mitchell Aide，Jess K. Zimmerman，John B. Pascarella，et al.，2001）

（14）From reintroduction to assisted colonization: moving along the conservation translocation spectrum（Philip J. Seddon，2010）

（15）The potential for carbon sequestration through reforestation of abandoned tropical agricultural and pasture lands（W. L. Silver，R. Ostertag，A. E. Lugo，2001）

（16）Approximating nature's variation: selecting and using reference information in restoration ecology（Peter S. White，Joan L. Walker，2008）

（17）Spontaneous succession versus technical reclamation in the restoration of disturbed sites（Karel Prach，Richard J. Hobbs，2008）

（18）Tracking wetland restoration: do mitigation sites follow desired trajectories?（Joy B. Zedler，John C. Callaway，2002）

（19）Setting effective and realistic restoration goals: key directions for research（Richard J. Hobbs，2007）

（20）Research priorities for conservation of metallophyte biodiversity and their potential for restoration and site remediation（S. N. Whiting，R. D. Reeves，D. Richards，et al.，2004）

（21）A framework to optimize biodiversity restoration efforts based on habitat amount and landscape connectivity（Leandro R. Tambosi，Alexandre C. Martensen，Milton C. Ribeiro，et al.，2013）

（22）Ecosystem level impacts of invasive *Acacia saligna* in the South African Fynbos（S. G. Yelenik，W. D. Stock，D. M. Richardson，2004）

（23）Are socioeconomic benefits of restoration adequately quantified? A meta-analysis of recent papers（2000-2008）in restoration ecology and 12 other scientific journals（James Aronson，James N. Blignaut，Suzanne J. Milton，et al.，2010）

（24）Restoration of fragmented landscapes for the conservation of birds: a general framework and specific recommendations for urbanizing landscapes（John M. Marzluff，Kern Ewing，2001）

（25）Quantifying macroinvertebrate responses to in-stream habitat restoration: applications of meta-analysis to river restoration（Scott W. Miller，Phaedra Budy，John C. Schmidt，2010）

从这份论文清单可见，目前恢复生态学的理论突破还不多，主要是利用生态学中的演替、生物多样性、景观等方面的理论；从生态恢复角度则关注了恢复的目标、成功标准和社会经济因素的影响；生态恢复较受关注的对象是热带森林、河流、湿地；生态恢复也关注当前热门的气候变化和外来种入侵问题。此外，该刊物自创刊以来引用率最高的 3 篇论文有 2 篇是关于如何评价成功恢复的，1 篇关于恢复的理论。产生这种结果的主要原因是，恢复生态学是一门新兴的学科，但由于其研究对象有样地特点、状态特点、具体恢复目标等社会价值和期待方面的要求，因而在概念和理论合成方面的工作及进展不多（Hobbs et al.，2004）。

从总体上看，恢复生态学具有如下发展趋势。

在恢复生态学中，对陆地的研究远不及对水生生态系统和湿地的研究深入。从宏观上看，恢复生态学发展主要有两个障碍：一是目前恢复生态学还是一个验证性的科学，主要是少变量因子和这些因子的部分层次的简单实验，缺乏多变量、复杂数量分析方法的实验；二是短视性的学术研究导致少量的合成和弱的概念理论，这需要更好地认识和明确生态学原理（Cabin et al.，2010；Suding，2011；任海等，2014）。

虽然 Bradshaw（1983）提出退化生态系统恢复过程中功能恢复与结构恢复呈线性关系，但这并没有考虑到退化程度和恢复的努力。生态学还没有到达可以在特定地点、特点方法下预测特定产出的阶段。生态系统恢复与自然演替是一个动态的过程，有时很难区分两者。恢复生态学要强调自然恢复与社会、人文、政策决策的耦合，好的生态哲学观将有助于科学工作者、政府和民众的充分合作。恢复生态学研究无论是在地域上还是在理论上都要跨越边界。恢复生态学研究以生态系统尺度为基点，在景观尺度上表达（Whisenant，1999）。退化生态系统恢复与重建技术尚不成熟，目前恢复生态学中所用的方法均来自相关学科，尚需形成独具特色的方法体系。

生态恢复已从目标导向转向过程导向。目标导向主要强调一个生态系统接近干扰前状态的回归，它提出了参考生态系统问题，强调生态参数的比较，确定了促进演替中的问题。而过程导向是修复人类对乡土生态系统多样性及其动态的损害的过程，它涵盖了生态损害的社会要素，强调社区的作用，认识到了恢复在干扰和社会状况中的限制作用。当前，已出现了强调适应性恢复的趋势（Shackelford et al.，2013）。

生态恢复已从单一态、静态、平衡态、基于结构的方法和集中于某一类型生态系统研究等特征，转向多态、动态、非平衡态、基于过程的方法和多维向恢复评价标准等。植被是连续变化的多状态体，恢复生态学家在此基础上发展了状态转移模型。恢复时是强调生态系统功能、组成物种，还是强调自然性（naturalness），这些问题要给予足够的时间恢复才能明确，恢复成功的标准也要多维向，因为恢复的结果可能是多平衡点。

从微观上看，当前的生态恢复过程过分强调养分及物种的还原，而忽视水文学过程及养分循环和能量获得过程；过分注重具体的生境而忽略景观；将恢复作为工作的结束而不是作为自发修复的开始。未来应该考虑以生态过程调控为主，诱导生态系统正反馈的自发恢复，考虑生境景观间的相互作用（任海等，2014）。

适应性网络模型（adaptive network model）近来受到重视，它可解决生态恢复过程中理论与实践（环境管理与政策选择）结合的问题，使人们可以更好地理解和预测在生态恢复中，生态和进化过程如何形成生物多样性和生态系统功能。即在这个适应网络中，相互作用水平的宏观动力学与种群水平过程的微观动力学之间的反馈形成相互作用、丰度和性状，从而影响恢复力和功能多样性是恢复生态学最新的发展方向（Raimundo et al.，2018）。

生态恢复是启动正反馈，停止负反馈，并维持自我更新能力，因此，整合系统阈值和反馈的替代生态系统状态模型用于恢复生态学是未来的发展方向。生态恢复强调空间异质性和景观尺度的恢复。恢复生态学家应停止期待发现能预测恢复产出的简单规律或牛顿定律，相反，应该认识到，由于恢复地点本身及恢复目标导致的多样性，需要进行适应性恢复与管理。只要可能，恢复项目就应将试验整合进规划与设计中，可能适应性恢复不能确保期待的产出，但它将为同类生态系统的恢复提供可更正的测定方法或导致更好的恢复实践。

未来完整的生态恢复工作要根据恢复目标，系统考虑植物、动物、微生物和土壤的完整性（过去的生态恢复同时关注三类生物的很少），建立各类生物间的相互作用关系（如传粉、种子扩散），把地上和地下过程联系起来，把退化生态系统恢复与自然资本、生态系统服务功能、人类需求联系起来，兼顾以生态为中心和以人为中心的生态恢复，同时考虑全球变化和社会经济文化对恢复不确定性的影响（Kardol & Wardle，2010；Perring et al.，2015；McAlpine et al.，2016）。

到目前为止，国内外对生态系统恢复的研究主要集中在恢复中的障碍（如缺乏种源、种子扩散不力、土壤和小气候条件恶劣不适于植物定居等）和如何克服这些障碍两个方面，还有一些恢复过程中生态系统结构、功能和动态的研究（Weiher，2007；McDonald & Williams，2009）。对生态系统恢复的研究还存在研究时间太短、空间尺度太小、恢复过程不清、结构与功能恢复机制不清、恢复模型缺乏实验支持等问题。纵观生态系统恢复研究，过去主要关注过程，比较少关注规划、行动和社会经济评价。最近恢复生态学在如下3个方面比较活跃：一是关于恢复的临界阈值问题；二是恢复过程中优势种群的扩散过程和空间格局的动态变化；三是利用景观生态学理论和方法探讨恢复机制问题。

目前，恢复生态学还与相关学科产生了交叉，并大量采用新技术和其他学科的新理论（如信息技术），围绕新兴的科学问题如生物多样性、全球变化、生态系统服务、可持续发展等为人类的生存与发展服务（Hobbs，2005）。恢复生态学理论的发展，必须要从生态学理论中寻找新方法，利用最新的技术和模型，拒绝教条，批判式地利用相关学科理论，同时要注意利益相关者和生态恢复工作者面临的时间、预算和专业知识的约束（Matzek et al.，2017）。

主要参考文献

陈灵芝, 陈伟烈. 中国退化生态系统研究. 北京: 中国科学技术出版社, 1995.

贺金生, 陈伟烈, 江明喜, 等. 长江三峡地区退化生态系统植物群落物种多样性特征. 生态学报, 1998, 18(4): 399-407.

蒋高明. 以自然之力恢复自然. 北京: 中国水利水电出版社, 2007.

李洪远, 鞠美庭. 生态恢复的原理与实践. 北京: 化学工业出版社, 2016.

刘良梧, 龚子同. 全球土壤退化评价. 自然资源, 1994, (1): 10-14.

刘庆. 青藏高原东部（川西）生态环境脆弱带恢复与重建研究进展. 资源科学, 1999, 21(5): 81-86.

刘庆, 吴彦, 何海. 川西亚高山人工针叶林生态恢复过程的种群结构. 山地学报, 2004, 22(5): 591-597.

刘世梁, 傅伯杰, 刘国华, 等. 岷江上游退耕还林与生态恢复的问题和对策. 长江流域与环境, 2006, 15(4): 506-510.

马世骏. 现代生态学透视. 北京: 科学出版社, 1990.

彭少麟. 恢复生态学. 北京: 气象出版社, 2007.

彭少麟. 恢复生态学与热带雨林的恢复. 世界科技研究与发展, 1997, 19(3): 58-61.

钦佩, 安树青, 颜京松. 生态工程学. 南京: 南京大学出版社, 1998.

任海, 李凌浩, 刘庆. 恢复生态学导论. 2 版. 北京: 科学出版社, 2008.

任海, 彭少麟. 恢复生态学导论. 北京: 科学出版社, 2001.

任海, 彭少麟. 中国南亚热带退化生态系统恢复及可持续发展//陈竺. 生命科学－中国科协第三届青年学术研讨会论文集. 北京: 中国科学技术出版社, 1998: 176-179.

任海, 彭少麟, 陆宏芳. 退化生态系统恢复与恢复生态学. 生态学报, 2004, 24(8): 1760-1768.

任海, 王俊, 陆宏芳. 恢复生态学的理论与研究进展. 生态学报, 2014, 34(15): 4117-4124.

沈承德, 孙彦敏, 易惟熙. 退化森林生态系统恢复过程的碳同位素示踪. 第四纪研究, 2001, 21(5): 452-460.

孙书存, 包维楷. 恢复生态学. 北京: 化学工业出版社, 2004.

王治国. 关于生态修复若干概念与问题的讨论. 中国水土保持, 2003, (10): 4-6.

吴彦, 刘庆, 何海, 等. 亚高山针叶林人工恢复过程中物种多样性变化. 应用生态学报, 2004, 15(8): 1301-1306.

余作岳, 彭少麟. 热带亚热带退化生态系统植被恢复生态学研究. 广州: 广东科技出版社, 1997.

章家恩, 徐琪. 恢复生态学研究的一些基本问题探讨. 应用生态学报, 1999, 10(1): 109-112.

章家恩, 徐琪. 生态退化研究的基本内容与框架. 水土保持通报, 1998, 17(3): 46-53.

赵桂久, 刘燕华, 赵名茶. 生态环境综合整治和恢复技术研究（第一集). 北京: 北京科学技术出版社, 1993.

赵桂久, 刘燕华, 赵名茶, 等. 生态环境综合整治和恢复技术研究（第二集). 北京: 北京科学技术出版社, 1995.

赵晓英, 陈怀顺, 孙成权. 恢复生态学——生态恢复的原理与方法. 北京: 中国环境科学出版社, 2001.

中国科协学会部. 中国土地退化防治研究. 北京: 中国科学技术出版社, 1990.

中国生态学会. 面向 21 世纪的生态学——中国生态学会第五届全国代表大会论文集. 1995. 珠海: 中国生态学会第五届全国代表大会.

中国生态学会. 生态学研究进展. 北京: 中国科学技术出版社, 1991.

Aber JD, Jordan WR.III. Restoration ecology: an environmental middle ground. BioScience, 1985, 35(7): 399.

Andel JV, Aronson J. Restoration Ecology, the New Frontier. 2nd ed. Oxford: Wiley-Blackwell, 2012.

Andel JV, Aronson J. Restoration Ecology. Oxford: Blackwell Publishing, 2005.

Barrow CJ. Land Degradation. London: Cambridge University Press, 1991.

Berger JJ. Ecological restoration and nonindigenous plant species: a review. Restoration Ecology, 1993, 2(2): 74-82.

Berger JJ. Ecological Restoration in the San Francisco Bay Area. Berkeley: Restoring the Earth, 1990.

Berger JJ. Restoring the Earth: How Americans Are Working to Renew Our Damaged Environment. New York: Doubleday, 1987.

Bradshaw AD. Restoration: an acid test for ecology // Jordon WR.III, Gilpin N, Aber J. Restoration Ecology: A Synthetic Approach to Ecological Research. Cambridge: Cambridge University Press, 1987: 23-29.

Bradshaw AD. The reconstruction of ecosystems. Journal of Applied Ecology, 1983, 20: 1-6.

Bradshaw AD, Chadwick MJ. The Restoration of Land: the Ecology and Reclamation of Derelict and Degraded Land. Los Angeles: University of California Press, 1980.

Brown S, Lugo AE. Rehabilitation of tropical lands: a key to sustaining development. Restoration Ecology, 1994, 2(2): 97-111.

Bryan BA, Gao L, Ye YQ, et al. China's integrated response to a national land-system sustainability emergency. Nature, 2018, 559: 193-204

Buisson E, Alvarado ST, Stradic L. Plant phenological research enhances ecological restoration exotic species. Restoration Ecology, 2017, 25: 164-171.

Cabin RJ, Clewell A, Ingram M, et al. Bridging restoration science and practice: results and analysis of a survey from the 2009 society for ecological restoration international meeting. Restoration Ecology, 2010, 18: 783-788.

Cairns JJr. Recovery and Restoration of Damaged Ecosystems. Charlottesville: University of Virginia Press, 1977.

Cairns JJr. Restoration ecology. Encyclopedia of Environmental Biology, 1995, 3: 223-235.

Cairns JJr. Restoration of Aquatic Ecosystems. Washington DC: National Academy Press, 1992.

Cairns JJr, Rosenberg DM, Cairns J. Rehabilitation Damaged Ecosystems. Boca Raton: CRC Press, 1988.

CBD. Ecosystem restoration: short-term action plan. CBD/COP/DEC/XIII/5, 10 December 2016.

Chapman GP. Desertified Grassland. London: Academic Press, 1992.

Clewell AF, Aronson J. Ecological Restoration: Principles, Values, and Structure of an Emerging Profession. Washington DC: Island Press, 2013.

Conacher AJ. Rural Land Degradation in Australia. New York: Oxford University Press, 1995.

Daily GCS. Restoring value to the worlds degraded lands. Science, 1995, 269: 350-354.

Daily GCS, Alexander PR, Ehrlich PR. Ecosystem services: benefits supplied to human societies by natural ecosystems. Issues in Ecology, 1997, (3): 1-6.

Davis J. Focal species offer a management tool. Science, 1996, 271: 1362-1363.

Davis KA. "Restoration"-a misnomer. Science, 2000, 287(5456): 1203.

Davis MA, Slobodkin LB. The science and values of restoration ecology. Restoration Ecology, 2004, 12: 1-3.

Diamond J. How and why eroded ecosystems should be restored. Nature, 1985, 313: 629-630.

Diamond J. Reflections on goals and on the relationship between theory and practice // Jordon WR.III, Gilpin N, Aber J. Restoration Ecology: a Synthetic Approach to Ecological Research. Cambridge: Cambridge University Press, 1987.

Dobson AD, Bradshaw AD, Baker AJM. Hopes for the future: restoration ecology and conservation biology. Science, 1997, 277: 515-522.

Egan D. Human Dimensions of Ecological Restoration: Integrating Science, Nature, and Culture. Washington DC: Island Press, 1996.

Falk DA, Millar IC, Olwell M. Restoring diversity—Strategies for reintroduction of endangered plants. Washington DC: Island Press, 1996.

Falk DA, Palmer MA, Zedler JB. Foundations of Restoration Ecology. Washington DC: Island Press, 2006.

Gaynor V. Prairie restoration on a corporate site. Restoration and Reclamation Review, 1990, 1(1): 35-40.

Harper JL. Self-effacing art: restoration as imitation of nature // Jordon WR.III, Gilpin N, Aber J. Restoration Ecology: A Synthetic Approach to Ecological Research. Cambridge: Cambridge University Press, 1987.

Higgs E. Expanding the scope of restoration ecology. Restoration Ecology, 1994, 2: 137-146.

Higgs E. Novel and designed ecosystems. Restoration Ecology, 2017, 25: 8-13.

Higgs E, Covington WW, Falk DA, et al. No justification to retire the term "Restoration". Science, 2000, 287(5456): 1203.

Higgs E, Harris J, Murphy S. On principles and standards in ecological restoration. Restoration Ecology, 2018, 26: 399-403.

Hobbs RJ. The future of restoration ecology: challenges and opportunities. Restoration Ecology, 2005, 13: 239-241.

Hobbs RJ, Davis MA, Slobodkin LB, et al. Restoration ecology: the challenge of social values and expectations. Frontiers in Ecology and the Environment, 2004, 2: 43-48.

Hobbs RJ, Higgs E, Hall CM, et al. Managing the whole landscape: historical, hybrid, and novel ecosystems. Frontiers in Ecology and Environment, 2014, 12: 557-564.

Hobbs RJ, Norton DA. Towards a conceptual framework for restoration ecology. Restoration Ecology, 1996, 4(2): 93-110.

Howell EA, Harrington JA, Glass SB. Introduction to restoration ecology. Washington DC: Island Press, 2012.

Jackson LL, Lopoukhine D, Hillyard D. Ecological restoration: a definition and comments. Restoration Ecology, 1995, 3(2): 71-75.

Jordan WR.III, Gilpin ME, Aber JD. Restoration Ecology: A Synthetic Approach to Ecological Restoration. Cambridge: Cambridge University Press, 1987.

Jordan WR.III, Lubick GM. Making Nature Whole. Washington DC: Island Press, 2011.

Jordan WR.III. "Sunflower Forest": Ecological Restoration as the Basis for a New Environmental Paradigm. beyond Preservation: Restoring and Inventing Landscape. Minneapolis: University of Minnesota Press, 1995: 17-34.

Kardol P, Wardle DA. How understanding aboveground-belowground linkages can assist restoration ecology. Trends in Ecology & Evolution, 2010, 25: 670-679.

Keddy P. Wetland restoration: the potential for assembly rules in the service of conservation. Wetland, 1999, 19(4): 716-732.

Kloor K. Restoration ecology: returning America's forests to their 'natural' roots. Science, 2000, 287(5453): 573.

Kollmann J, Meyer ST, Bateman R. Integrating ecosystem functions into restoration ecology-recent advances and future directions. Restoration Ecology, 2016, 24: 722-730.

Lugo AE. The future of the forest ecosystem rehabilitation in the tropics. Environment, 1988, 30(7): 17-25.

Luken JO. Directing Ecological Succession. London: Chapman & Hall, 1990.

Mansfield B, Towns D. Lessons of the islands: restoration in New Zealand. Restoration and Management Notes, 1997, 15(2): 150-154.

Martin DM. Ecological restoration should be redefined for the twenty-first century. Restoration Ecology, 2017, 25: 668-673.

Matzek V, Gornish ES, Hulvey KB. Emerging approaches to successful ecological restoration: five imperatives to guide innovation. Restoration Ecology, 2017, 25(S2): S110-S113.

McAlpine C, Catterall CP, Nally RM, et al. Integrating plant- and animal- based perspectives for more effective restoration of biodiversity. Frontiers in Ecology and Environment, 2016, 14(1): 37-45.

McDonald T, Gann GD, Jonson J, et al. International Standards for the Practice of Ecological Restoration-Including Principles and Key Concepts. Washington DC: Society for Ecological Restoration, 2016

McDonald T, Williams J. A perspective on the evolving science and practice of ecological restoration in Australia. Ecological Management & Restoration, 2009, 10: 113-125.

Nunezmir GC, Iannone BVI, Curtis K, et al. Evaluating the evolution of forest restoration research in a changing world: a "big literature" review. New Forests, 2015, 46: 669-682.

Ormerod SJ. Restoration in applied ecology: editor's introduction. Journal of Applied Ecology, 2003, 40: 44-50.

Palmer MA, Zedler JB, Falk DA. Foundations of Restoration Ecology. 2nd. Washington DC: Island Press, 2016.

Parham W. Improving Degraded Lands: Promising Experience form South China. Honolulu: Bishop Museum Press, 1993.

Perring MP, Standish RJ, Price JN, et al. Advances in restoration ecology: rising to the challenges of the coming decades. Ecosphere, 2015, 6: 131.

Pires MM. Rewilding ecological communities and rewiring ecological networks. Perspectives in Ecology and Conservation, 2017, 15: 1-9.

Raimundo RLG, Guimarães PR, Evans DM. Adaptive networks for restoration ecology. Trends in Ecology & Evolution, 2018, 33: 664-675.

Rapport DJ. Ecosystem Health. Oxford: Blackwell Science, Inc., 1998.

Rapport DJ, Costanza R, McMichael AJ. Assessing ecosystem health. Trends in Ecology & Evolution, 1998, 13: 397-402.

Ren H, Peng SL, Wu JG. Degraded ecosystem and restoration ecology in China // Wong MH, Bradshaw AD. The Restoration and Management of Derelict Land-modern Approaches. London: World Scientific, 2002: 190-210.

Ren H, Shen W, Lu H, et al. Degraded ecosystems in China: status, causes, and restoration efforts. Landscape and Ecological Engineering, 2007, 3: 1-13.

Rieger J, Stanley J, Traynor R. Project Planning and Management for Ecological Restoration. Washington DC: Island Press, 2014.

Sehgal J, Abrol IP. Soil Degradation in India: Status and Impact. New Delhi: Oxford & IBH Pub.Co., 1994.

SER. International Primer on Ecological Restoration. Tucson: Society for Ecological Restoration International, 2004.

Shackelford N, Hobbs RJ, Burgar JM. Primed for change: developing ecological restoration for the 21st century. Restoration Ecology, 2013, 21: 297-304.

Stanturf JA, Palik BJ, Dumroese RK, et al. Contemporary forest restoration: a review emphasizing function. Forest Ecology and Management, 2014, 331: 292-323.

Suding KN. Toward an era of restoration in ecology: successes, failures, and opportunities ahead. Annual Reviews, 2011, 42: 465-487.

Temperton VM. The recent double paradigm shift in restoration ecology. Restoration Ecology, 2007, 15: 344-347.

Temperton VM, Hobbs RJ, Nuttle T, et al. Assembly Rules and Restoration Ecology. London: Island Press, 2004.

Walker LR, Walker J, Hobbs RJ. Linking Restoration and Ecological Succession. London: Springer, 2007.

Weiher E. On the status of restoration science: obstacles and opportunities. Restoration Ecology, 2007, 15: 340-343.

Whisenant SG. Repairing Damaged Wildlands: a Process-oriented, Landscape-scale Approach. Cambridge: Cambridge University Press, 1999.

Zedler JB, Doherty JM, Miller NA. Shifting restoration policy to address landscape change, novel ecosystems, and monitoring. Ecology and Society, 2012, 17: 36.

2 恢复生态学的理论基础

恢复生态学是 20 世纪 80 年代迅速发展起来的一个现代应用生态学的分支学科，主要研究在自然突变和人类活动影响下受到损害的自然生态系统的恢复与重建。近年来恢复生态学得到迅速发展，显示了广阔的应用前景。生态恢复应用了许多学科的理论，目前主要以基础生态学理论为基础，恢复生态学中还产生了自我设计和设计理论（self-design versus design theory）等理论（任海和彭少麟，2001；Hobbs，2004；彭少麟，2007；Palmer et al.，2016）。

2.1 基础生态学理论

生态恢复实践或恢复生态学研究中可用的生态学理论、假说和范式较多（表 2.1），比较常见的有：生态因子作用（包括主导因子、耐性定律、最小量定律等）、竞争（种间资源竞争）、生态位（供恢复用的种类选择和参考群落）、演替（生态恢复是帮助生态系统实现自己的演替）、定居限制（主要是帮助种类在恢复早期克服定居困难）、护理效应（某些种类对其他种类的帮助）、互利共生（真菌、种子扩散者或传粉者与植物间的正相互作用）、啃食/捕食限制（影响植物种群的更新）、干扰（使某些系统的组成变化而需要恢复的行为）、岛屿生物地理学（恢复地点的面积更大、与周边连接通路更多可以帮助恢复）、生态系统功能（生态系统中的能流与物流是生态系统稳定的基础）、生态型（适应相应的环境时可增加恢复成功率）、遗传多样性（遗传多样性高的群落会有更大的进化潜力和长期繁荣）。从上述理论内容来看，演替、竞争和定居限制理论是恢复生态学的基础。近来，生态型和区域遗传多样性、健康生态系统中的干扰也已进入生态恢复主流视野。此外，植被连续变化准则、异质种群动态、尺度的概念、正反馈在生态恢复中的作用、启动自然恢复的途径等也被用于生态恢复领域（SER，2004；Young et al.，2005；Andel & Aronson，2012；任海等，2014；Palmer et al.，2016；Natuhara，2018）。

2.1.1 限制因子理论

生态因子（ecological factor）是指环境要素中对生物起作用的因子，如温度、光照、水分、氧气、二氧化碳、食物及其他生物等。众多生态因子中，生物生存

表 2.1　应用于恢复生态学的生态学理论、假说和范式（任海等，2014；Palmer et al.，2016）

相关的生态学理论	理论的主要内容	生态恢复中的应用
恢复生态学和生态恢复	历史和当代变异范围、科学恢复的途径、适应性恢复、积极或消极的恢复、基于过程的恢复、生态系统结构与功能、参考生态系统	将相关信息用于生态恢复设计、寻找生态系统恢复的关键及限制因子、确定恢复目标、确定评估指标、对恢复工程进行改造或修饰
生态动态	生态系统轨迹、稳定性、收敛性、可逆和不可逆阈值模型、滞后模型、演替模型、快或慢过程、替代稳定状态、生物反馈、干扰、恢复力	分析退化生态系统形成的原因、确认自行演替群落不必开展恢复干预、人工促进恢复、引入演替后期的种类及元素、理解恢复目标及不同阶段特征、排除干扰、构建恢复力、缩短恢复时间、原生演替用于指导环境改良、次生演替用于指示生物操控和通过管理控制变化
生物多样性和生态系统功能	遗传/分类/谱系与功能多样性、共性与稀有性、灭绝的概率、生物多样性与生态系统功能、互补性、投资组合效应	确定恢复目标、选用乡土多样性的生物、同类功能群植物种植在一起、增加生物多样性抵御入侵、在建群种的基础上引入稀有种类、强调恢复部分生态系统功能（如水文过程、物质生产）、引进物种时强调生物多样性、生物多样性可能导致恢复的生态系统稳定
景观生态学与空间过程	景观组分、配置与镶嵌、基底、功能单元、地点与景观恢复、溢出效应、连接过程、互补、补充	从景观层次考虑生境破碎化和整体土地利用方式、在关键和敏感的地点恢复关键的种类、通过建立联系促进物种扩散、恢复时要考虑高的异质性、排除景观中恢复的生态系统邻近的污染及干扰、轮作管理
种群遗传学	遗传变异、有效种群大小、奠基者效应、遗传漂变、景观遗传、环境包裹、物种分布范围模型、环境生态位、回归、增强回归、异地回归	增加恢复种群的遗传多样性、种群恢复材料来源的地点多样化、要回归达到最小种群存活所要求的数量、合理安排生态系统中物种及其位置
对物种持久性的生理生态学控制	环境胁迫忍耐、营养循环、光合与呼吸速率、生物量分配、光饱和与光抑制、水分利用效率、气孔导度、叶温、植物水分可获得性、植物养分要求	确定环境的限制因子及植物的忍耐性、估计营养循环速率、帮助筛选适生植物、构建抵制入侵的群落、确定成功恢复的标准
种群动态和复合种群	复合种群动态、种群统计矩阵、灭绝概率、自我维持种群、随机变异、空间积分投影模型、贝利叶网络、弹性分析、最小变异复合种群、资源库动态	确定物种的空间配置、引导恢复设计、增加预期种和减少不喜欢的种、建立恢复的种群扩散和定居的模型、理解环境因子时空变异性的驱动因子对生物的影响、帮助降低灭绝风险、帮助评价恢复效果、建立生态廊道增加恢复样地间的联系
入侵种动态和群落可入侵性	替代稳定状态、集合规则、优先效应、多样性/可入侵性、竞争、入侵性/抵制或恢复力、波动资源假说、生态位优先权、遗产效应、功能性/性状多样性	恢复的种群对入侵种有抵制力或帮助种群恢复的能力、评估样地的条件及演替机制
群落组合	护理作用、护理植物、抑制、物种库、过滤理论、优先效应、生物/非生物过滤、生物多样性与生态系统功能、物种/功能多样性、互补性、群落组合、奠基者效应	确定恢复的轨迹、利用正作用促进恢复、恢复干预的可能性、添加种子促进恢复、回归时注意种间关系、利用抑制作用控制不想要的竞争种、根据实际情况考虑播种与种植、清除不想要的种并保护目标种
异质性	小地形变异、非平衡态、斑块镶嵌、分形、共存、区域多样性、景观范畴、物种分布、干扰调解、生境选择、生态系统功能、群落组合	恢复目标与过程的设定、植物定居限制因子解除、根据空间异质性种植不同的植物功能群、改良小生境、考虑小范围内的"适地适树"、通过机械开林窗

相关的生态学理论	理论的主要内容	生态恢复中的应用
食物网和营养结构	营养协同、食物网连接、食物网组合、相互作用网、多样性/稳定性、能量网、自上而下/自下而上、捕食者介导和显性竞争、生物操控、灭绝风险	确定生态系统能量流动特征、建立生态系统中植物-动物-微生物间的关系并保持其稳定性、病虫害的生物防治、恢复地上-地下过程的连接、恢复动态过程的监测
养分动态	化学计量学、C∶N∶P、P 吸收、P 解吸、氨化作用、硝化作用、反硝化作用、N 利用理论、植物输入输出理论、波动资源假说、资源比率假说、养分螺旋、养分过剩/亏缺、土壤 C 饱和理论、C 沉降	确定恢复生态系统的养分是否够用、改良生境中的养分、维持恢复系统的养分平衡、确定生态恢复的产出目标
C、能量和生态系统过程	C 动态、生态系统 C 沉降、净生态系统 C 平衡、净初级生产力、干扰后恢复、湿地/草地/森林生态系统过程、C 循环的火效应	提供恢复系统的生态系统服务功能、提供生态系统管理思路、减缓全球气候变化的影响
集水区过程	拦截和渗透、土壤水力传导、水分储存、侵蚀、产水量、水文体系、网络配置、表面和地下集水区	设计时考虑空间和时间问题、综合考虑集水区内各因子间的联系、系统考虑土壤和水文过程
进化生态学	当代进化、适合度优化、强选择、拮抗性多效、生活史进化、数量性状进化、适应性表型可塑性、交互移植、种群遗传发散、景观遗传、迁移负荷、恢复基因组	考虑生态系统恢复的长期变化、注重遗传多样性的应用、注意恢复过程中物种的协同进化
宏观生态学和岛屿生物地理学说	跨空间过程、物种分布模型、宏观进化适应、基本和现实生态位、生物气候包裹模型、种-面积关系、复合种群模型、生境连接度、扩散概率、中性理论	注意恢复系统的边界、组分间的关系，注意恢复系统的数量和质量，考虑系统组分间的各种流，操控恢复样地的大小以增加样地的异质性
气候变异与变化	气候变异、古气候、物种对环境变化的适应、气候体系、物种分布区转移、群落再组合、物候、树木死亡、巨大干扰、参考条件、生态系统再组织、帮助迁移	考虑气候变化对生态恢复系统的影响、利用气候变化促进正向恢复、思考未来气候变化下的生物适应性及分布变化

不可缺少的环境要素有时也称为生存条件，如食物、热能和氧气是动物的生存条件，而二氧化碳和水是植物的生存条件。所有生态因子构成生物的生态环境，特定生物体或群体栖息地的生态环境称为生境（habitat），其中包括生物本身对环境的影响。因此，生态因子和环境因子是两个既有联系又有区别的概念。生态因子作用的基本特征包括以下几点（任海等，2008）。

（1）综合作用：环境中各种生态因子不是孤立存在的，而是彼此联系、相互促进、相互制约的，任何一个单因子的变化都将引起其他因子不同程度的变化及其反作用。因此，生态因子对生物的作用不是单一的，而是综合的。例如，生物生长发育受到气候、地形、土壤和生物等多种因素的综合影响；山脉阴阳坡景观差异是光照、温度、湿度及风速综合作用的结果。

（2）主导因子作用：众多因子对生物的作用并非等价的，其中有一个起决定作用，它的改变将会引起其他生态因子发生变化，这个因子称为主导因子。例如，低温是植物春化阶段的主导因子；光照强度是植物光合作用的主导因子。

（3）阶段性作用：生态因子规律性变化导致生物生长发育的阶段性，在不同发育阶段生物需要不同的生态因子或生态因子的不同强度，生态因子对生物的作用具有阶段性。例如，低温在植物春化阶段是必不可少的，但在其后的生长阶段则是有害的。

（4）不可替代性和补偿性作用：诸多生态因子对生物的作用虽然不是等价的，但都很重要，一个都不能缺少，某一个生态因子不能由另一个生态因子替代。在一定条件下，某一生态因子的数量不足可依靠相近生态因子的加强得以补偿，从而获得相似生态效应。例如，当光照强度减弱时，植物光合作用的下降可依靠二氧化碳浓度增加得到补偿。

（5）直接作用和间接作用：生态因子对生物行为、生长、繁殖和分布的作用可以是直接的，也可以是间接的。例如，光照、温度、水分等直接作用于生物，而山脉坡度、坡向等通过光照、温度、水分等的变化间接作用于生物。

德国化学家 Liebig 于 1840 年在其所著的《有机化学及其在农业和生理学中的应用》一书中分析了土壤与植物生长的关系，他发现作物产量往往不是受其需求量最大的营养物质的限制，而是取决于在土壤中稀少又是植物所必需的元素，如硼、镁、铁等微量元素。因此，植物的生长取决于那些处于最少量状态的营养元素。进一步研究显示，这一结论同样适用于其他生物种类或生态因子。美国生态学家 Shelford 于 1913 年指出，生物的生存与繁殖依赖于各种生态因子的综合作用，只要其中一项因子的量（或质）不足或超过了某种生物的耐受性限度，该物种就不能生存甚至会绝灭。因此，当生态因子的量（或质）超过生物的耐受性上、下限度时，将成为这种生物的限制因子。生物与环境的关系往往是复杂的，但在一定条件下对某一生物物种而言并非所有因子都具有同样的重要性，依靠观察、分析及实验相结合的途径，找到那些可能起限制作用的因子，确定生物的限制因子对于生态学研究具有十分重要的意义。例如，某种植物在某一特定条件下生长缓慢或某一动物种群数量增长缓慢，只有找出可能起限制作用的因子，并通过实验确定生物与因子的定量关系，才能有效解决增长缓慢的问题。

当一个生态系统遭到破坏后，进行恢复时往往会受到许多因子的制约，如光照、温度、水分和土壤等。生态恢复是从多方面进行设计与改造生态环境和生物种群，为此需要认真分析立地条件，即根据限制因子理论找出限制生物生产力的主导因子，只有找到了切入点，才能进行有效的生态恢复。例如，在进行退化森林生态系统恢复重建时，某种因子是某一树种或草种的限制因子，但其对另一树种或草种来说却不一定是限制因子。因此，只有通过对立地因子的分析，选择适当的物种，打破限制因子的约束，才能有效提高生产力；在北方干旱/沙漠地带，水分是植物生长的主要限制因子，应先种植耐旱性树种，一步一步改变土壤水分供应状况，从而进一步改变植被的群落结构；土壤的酸碱度也会影响到许多物种的生长，退化红壤生态系统中土壤酸度偏高，土壤酸度是关键因子，而茶树在土壤 pH>7.0 时便会逐渐死亡，板栗（*Castanea mollissima*）适生于 pH 为 4.6-7.5 的土壤，当 pH>7.5 时便生长不良，因此进行红壤生态系统恢复时应选择茶树、板栗及马尾松等喜偏酸性土壤的物种。了解生态系统的限制因子，有利于确定生态恢复设计和技术手段，从而有效缩短生态恢复的时间。

2.1.2　群落演替理论

群落生态学理论对恢复生态学有重要的启示，群落生态学理论主要包括群落的组织（即群落的空间变化）、群落的动态（群落随时间的变化）、群落稳定和群落的历史特征。其中，群落动态中的演替理论最重要（Howell et al.，2012）。演替是物种组成及相关物质随时间变化而变化的动态过程，可以用描述、试验、理论和模型的方法进行研究。任何一个植物群落在其形成过程中，都必须要有植物繁殖体的传播、植物的定居和植物之间的"竞争"3 个方面的条件与作用。植物繁殖体如孢子、种子、鳞茎及根状茎等的传播过程是群落形成的首要条件，也是植物群落变化和演替的重要基础。植物繁殖体到达新地点后，开始发芽、生长和繁殖即完成了植物的定居。随着首批先锋植物定居的成功，以及后来定居种类和个体数量的增加，植物个体之间及种与种之间开始了对光、水、营养物质等的竞争。一部分植物生长良好并发展成为优势种，而另外一些植物则退为伴生种，甚至消失，最终各物种之间形成了相互制约的关系，从而形成稳定的群落。

演替的发展趋势与群落成员及其组合的动态变化密切相关，而这种动态变化模式往往受制于群落中每一个成员的生理生态学特性、种间相互关系及物种与环境的相互作用。因此，群落演替实质上反映的是区域生物-环境复合体在结构和功能方面的变化（张金屯，2018）。演替是植被动态研究的中心问题，演替的理论有：接力植物区系学说、初始植物区系学说、促进忍耐学说、抑制学说、生活史对策演替学说、资源比率学说、Odum-Margelef 生态系统发展理论、McMahon 系统概念模型、变化镶嵌体稳态学说、演替的尺度等级系统观点（任海等，2001）。演替驱动力假说包括种群竞争更替（生物）、环境变化适应（非生物，又分光照主导、水分主导两种）和化学驱动力假说（Prach & Walker，2011）。演替理论能为生态恢复提供指导。例如，接力植物区系学说在生态恢复中可"提供一个引入次生演替物种的模式"；初始植物区系学说可"指导设计植被恢复时要保留土壤种子库"；促进忍耐学说认为"原生演替的物种为次生物种的进入改善了条件"；抑制学说认为"原生演替的物种阻碍和延迟了生物种进入"；结合/偶然性理论可"指导立地有效性、定居者有效性和定居者行为的管理，强调长期的、过程导向的恢复"（Luken，1990）。

　　过去主要用物种多样性测量演替，但它无法体现物种在生态策略或生态功能方面的差异，目前多从基于物种水平的植物功能性状和基于群落水平的功能多样性的角度研究演替机制（Hillerislambers et al.，2012）。恢复是指将一个受干扰的生境或景观操控到一个理想状态。恢复要考虑样地的历史（生态）记忆、连续（如生长、群落组装和更新）和非连续（如干扰）性、自我可持续的动态、阈值、恢复目标与可替代的稳定状态、尺度问题、空间镶嵌性、非线性动态、惯性、潜在的过程等问题（Walker et al.，2007）。演替强调研究，而恢复强调特定的产出实践。演替可为高质量恢复项目提供有价值的信息，如样地改良、促进目标种定居成功，而恢复可发展和验证演替理论。

　　演替和恢复在尺度、主题和潜在范式上不同（Walker et al.，2007）。演替常集中在 10-200 年的时间，即围绕大多数多年生维管植物的生命周期开展；恢复则关注 1-20 年内，即在项目执行期间人为干扰持续的时间；演替的空间尺度一般也小于恢复的空间尺度。演替常强调生物群落与自然的干扰、或特别的干扰、或某个区域内所有干扰组成的体系，人类干扰不是主要的，虽然演替研究的对象涉及农业弃耕地和森林采伐迹地，但其更关注如火山爆发或冰川融化后的自然过程；恢复则强调与人类相关的那些干扰。演替关注一个生态系统内的一个系列；恢复关注一个集水区、城区或景观内毗邻生态系统的多个系列。演替源于自然历史和对时间变化的观察；而恢复源于人为行动导向的实践。

　　演替与恢复有相似点和联系。有近百年研究历史的演替可为只有 30 多年研究历史的恢复服务。演替可为恢复的种类动态提供长期展望和短期预测，还可提供恢复的参考生态系统。演替的研究理论或方法，如植物功能群（关键性状）、物种过滤、生态系统集合、状态转移模型、模糊集合理论、马尔可夫过程、生物地球化学循环模型等，可为恢复提供指导。演替和恢复还分享如下信息：①干扰，包括生物遗迹（或生态记忆）、干扰体系；②生态系统功能，包括能流、碳固定与储存、养分动态、土壤性质、水分循环；③群落结构与组成，包括生物量、叶面积的垂直分布、叶面积指数、物种多度、物种均匀度、物种密度、空间聚集；④群落动态，包括护理、抑制、扩散、可持续性等；⑤物种性状，包括传粉、萌发、定居、生长、寿命等生活史特征；⑥轨迹，包括演替速率和目标；⑦模型，即对过程的归纳。演替的这些信息可帮助恢复项目收集数据、确定恢复行动、估计演替变化率、计划长期研究或活动（Walker et al.，2007）。

　　恢复对演替也有参考价值。恢复活动可为演替理论提供验证，为景观成分间的历史和生物联系提供信息，也可提供演替过程中的群落结构和可持续性的信息，恢复中的物种表现可为物种生活史特征研究提供重要信息。恢复还可为演替的应用实践提供轨迹和目标（Walker et al.，2007）。图 2.1 显示了恢复和演替间的联系，

表 2.2 比较了图 2.1 各个过程中演替的启示和恢复的应用。图 2.2 则显示了物种集合、演替、干扰与恢复间的关系。

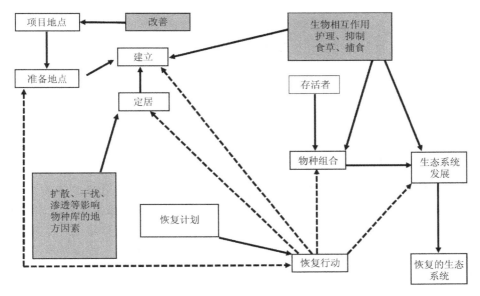

图 2.1　联系演替和恢复的生态系统变化的简化模型（仿 Walker et al.，2007）

图中，恢复计划贯穿并驱动项目的所有过程。3 个灰色框及连有箭头的实线代表了改变生物体成功定居的自然机制。恢复行动及 5 条虚线联系的方框代表了恢复的 4 个阶段。带箭头的实线显示了演替的过程。恢复过程开始于恢复规划，终止于生态系统恢复。图中没有显示干扰，而干扰可影响任何阶段的发展

表 2.2　演替的启示和恢复的应用（改编自 Walker et al.，2007）

主题	演替的启示	恢复的应用
改良	胁迫限制定居，安全地点建立的重要性，低肥力可能增加多样性	建立异质性，减少贫瘠和降低毒性，利用固氮物种，施肥
扩散	区域物种库有限，机会很重要	在早期阶段引入扩散能力不强的种，引入鸟类传播种子
移植	早期植被种间不协调，低存活概率和随机性	引入多组生活型植物，自然扩散并不能导致移植，种植比实际需要的更多的物种
定居	被生境的胁迫变异性影响，好的生境不太重要，样地安全很关键	建立异质性和安全样地
护理和抑制	护理植物重要，优势度集中会降低多样性，优先性会影响共同性	改良样地因子和景观中的优势因子，开始时要种植植物演替系列种以指向恢复轨迹
草食动物	动物啃食可减少拟恢复的目标种类的数量	保护种植的植物免受大型动物的啃食，保护目标种不被取食，混种
物种集合	由于随机过程和生物相互作用的影响，替代的轨迹较普遍，有时被不同的草食动物诱导	接受多个变化的结构和功能结果
生态系统发展	被生物相互作用和后面的干扰强烈影响	计划更多的干扰应对措施，管理生物互作效应

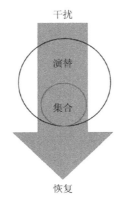

图 2.2　物种集合、演替、干扰与恢复间的关系（仿 Walker et al.，2007）

演替和恢复都有一系列的生物因子（气候、水分、养分和物理环境）和非生物因子（植物扩散、萌发、生长，种间作用，物种周转率和生态系统恢复力）限制，打破这些限制是成功恢复的基础。演替研究可解释这些限制在何种程度上被自然克服（Walker et al.，2007）。在演替与恢复过程中，都有物种的集合过程。

恢复基本上是演替的人为操控（如复垦、修复等），常常集中在人工促进物种和物质变化到一个期望的终点，在群落恢复的早、中、晚期三个阶段均有一些特征发生着规律性的变化（表 2.3）。成功的恢复可以是没有人为帮助的演替，也可以是有意识地操控非生物因子和生物因子而驱动原生演替的过程，这种作用有正向演替和逆行演替两种可能的结果。植被变化研究则关注那些自然干扰或无人为意识干扰时（如全球气候变化、生物入侵、区域水和空气污染、集水区退化、林窗动态）引起的演替。

表 2.3　群落演替或恢复的早、中、晚期三个阶段的特征（改编自 Walker et al.，2007）

特征	早期阶段	中期阶段	晚期阶段
优势过程	环境恢复	生物恢复	维持
生物功能	低	中，定向的	高，维持，异质性
生物结构	可变的，不理想的	增加，定向的	高，异质性
策略	物理改良，引入物种	管理生物与环境	有限管理种群和环境
例子	恢复地形异质性，施肥，引入目标种	选择性自疏，啃食管理，有限竞争	替代失败目标种，压制非目标种
物种特征	杂草型	竞争型，次重要种的混合	竞争型，对胁迫忍耐的物种，次重要种的混合
群落流通率	高，定向到多个目标	随着接近目标而下降	低

　　群落演替理论是退化生态系统恢复重建最重要的理论基础（许木启和黄玉瑶，1998），生态系统的退化实质上是一个系统在超载干扰下逆行演替的动态过程（包维楷和陈庆恒，1999），主要表现为生物多样性下降、生物生产力降低、系统结构和功能退化、稳定性下降及生态效益降低。Clements 的群落演替理论认为，演替是生物群落与环境相互作用导致生境变化的结果，群落演替是渐进有序进行的，这就要求我们在进行退化生态系统恢复和重建过程中也要循序渐进，依据退化阶段、按照生态演替规律分阶段、分步骤地促进顺行演替，而不能急于求成、"拔苗助长"。例如，要恢复某一极端退化的裸荒地，首先应重在先锋植物的引入，当先锋植物改善土壤肥力条件并达到一定覆盖度以后，才可考虑草本、灌木等的引种栽培，最后才是乔木树种的加入。中国科学院华南植物园在小良站光板地上重建人工森林生态系统是成功运用群落演替理论进行恢复工作的一个典范（余作岳，1990），小良地区 100 多年以前还覆盖着茂密的森林，不断增加的人类活动使得原生森林不复存在，形成大面积的冲刷坡，只有局部地方还保留着稀疏、丛状分布的杂草和零星分布的灌木。如此条件下，仅仅依靠自然演替很难恢复其森林生态系统。从 1959 年起，研究人员在进行本底调查的基础上，采取工程措施和生物措施相结合的综合治理方法，选用速生、耐旱、耐瘠的桉属（*Eucalyptus*）、松属（*Pinus*）和相思树属（*Acacia*）植物重建先锋群落。到 1972 年，433hm² 的荒坡都披上了绿装。随后模拟自然林的种类成分和群落结构特点，在松树、桉林先锋群落中配置多层、多种阔叶混交林。在选择物种时，选择处于顺行演替前一阶段的某些物种，从而加速演替进程。例如，在南亚热带地区对马尾松疏林或其他先锋群落进行林分改造时，在其中补种锥栗（*Castanopsis chinensis*）、木荷（*Schima superba*）、黧蒴（*Castanopsis fissa*）或樟树（*Cinnamomum camphora*）等（彭少麟，1995）。岷江上游的亚高山地带是青藏高原东缘森林资源集中分布区域之一，其垂直分布范围为海拔 2900-3900m，以冷杉、云杉暗针叶林为其代表性植被类型。亚高山针叶林是岷江上游生态屏障的主体，具有重要的水源涵养功能。由于多年来的过量采伐，森林蓄积量大量下降，生态服务功能减弱。恶劣的自然条件（寒冷、干旱等）导致这些采伐迹地更新困难、周期长、见效慢（刘庆等，2001）。中国科学院成都生物研究所在岷江上游亚高山地区进行人工植被恢复时发现，亚高山迹地恢复最初的先锋群落和早期次生种类通常是短命的，没有必要在最初生态恢复中仅仅使用先锋树种来试图模仿自然更新。许多情况下，自然演替后期才出现的种类其实也可以建立在植物群落发育的早期生长林地中。为此，研究人员提出了植被恢复的"复式镶嵌群落配置模式"，在人工恢复的云杉林中配置高山柳、垂柏柳、桦木及槭树等阔叶树种，有利于实现群落优化配置和顺向演替，从而显著提高恢复后森林生态系统的功能，满足控制水土流失、涵养水源和保护生物多样性等需要。

2.1.3 生态位理论

生态位（niche）是生态学中的一个重要概念，主要是指在自然生态系统中一个种群在时间、空间上的位置及其与相关种群之间的功能关系。生态位的定义随着研究的不断深入而得以补充和发展，美国学者 Grinnell（1917）在生态学中提出了生态位的概念，他认为生态位是一个物种所占有的微环境，用于表示划分环境的空间单位和一个物种在环境中的地位，强调的是空间生态位（spatial niche）的概念。英国生态学家 Elton（1927）赋予生态位更进一步的含义，他把生态位看作"物种在生物群落中的地位与功能作用"。英国生态学家 Hutchinson（1957）发展了生态位概念，提出 n 维生态位（n-dimensional niche）。他以物种在多维空间中的适合性（fitness）确定生态位边界，这样对如何确定一个物种所需要的生态位就变得更清楚了。因此，生态位可表述为生物完成其正常生命周期所表现的对特定生态因子的综合位置，即以某一生物的每一个生态因子为一维（X_i），以生物对生态因子的综合适应性（Y）为指标构成的超几何空间。

生态位理论告诉我们，每种生物在生态系统中总占有一定的空间和资源。在恢复和重建退化生态系统时，就应考虑各物种在时间、空间（包括垂直空间和地下空间）和地下根系中的生态位分化，尽量使用于恢复的物种在生态位上错开，避免由于生态位重叠导致激烈的竞争排斥作用而不利于生物群落发展和生态系统稳定。在构建人工群落时，可根据各物种生态位的差异，将深根系植物与浅根系植物，阔叶植物与针叶植物，耐阴植物与喜阳植物，常绿植物与落叶植物，乔木、灌木和草本植物等进行合理的搭配，以便充分利用生态系统内光、热、水、气、肥等资源，促进能量的转化，提高群落生产力。以苹果为代表的水果生产是横断山区干旱河谷的重要产业，茂县、汶川县、小金县及理县等地苹果全国驰名。苹果树与作物间作是该区传统的栽培模式和经营方式，间作模式面积占该区耕地总面积的 40%左右。对岷江上游干旱河谷区处于不同经营阶段苹果与作物间作模式的研究显示，在经营前期，间作效益显著，资源利用率很高；在中后期（约 10 年后），由于果树与间作作物随时间变化生态位重叠逐渐增加，资源竞争矛盾激化，一些作物，特别是阳性喜光作物产量下降很快，尽管这种间作模式对有限资源利用充分，但效率低下。因此，在生态脆弱区农村运用复合农林生产模式时强调分析人工植物群落的动态变化，基于生态位理论寻求合理的间作组合，进行优化调控，找到不同经营阶段的最佳模式类型（孙书存和包维楷，2004）。

根据生态位理论，在进行生态恢复时要避免引进生态位相同的物种，尽可能使各物种的生态位错开，使各种群在群落中具有各自的生态位，避免种群之间的直接竞争，保证群落的稳定。同时组建由多个种群组成的生物群落，充分利用时间、空间和资源，更有效地利用环境资源，维持生态系统的稳定性。

2.1.4 物种相互作用理论

物种的相互作用可帮助形成群落，物种的相互作用主要有捕食-被捕食（营养关系）、竞争（有资源限制时）和共生 3 种。在生态系统恢复过程中，种间关系的形成就是物种相互作用的结果，也是这 3 种关系的综合结果（Howell et al., 2012）。

物种共生现象普遍存在于各种类型的生态系统中，共生分为偏利共生和互利共生两种。偏利共生是指共生的两个不同物种个体间发生一种对一方有利的关系。例如，地衣、苔藓、某些蕨类及很多高等的附生植物（如兰花）附生在树皮上，借助被附生植物来支持自己，获取更多的光照与空间资源。互利共生是指共生的不同物种个体间的一种互惠关系，可增加双方的适合度。例如，菌根是真菌菌丝与许多种高等植物根的共生体，真菌帮助植物吸收营养，同时它们从植物中获得营养。

在恢复和重建森林生态系统时，有意识地引入一些附生植物，对增加群落多样性、促进系统的稳定是有益的。菌根是真菌和高等植物根系的共生体，真菌从高等植物根中吸取碳水化合物和其他有机物或利用其根系分泌物，同时又供给高等植物氮素和矿物质，二者互利共生。很多菌根植物如松树在没有菌根时不能正常生长或发芽，在缺乏相应真菌的土壤上造林或种植菌根植物时，可在土壤内接种真菌或使种子事先感染真菌，能大大加快植被建立的速度。目前，菌根技术已在我国北方荒漠化治理及南方典型干热河谷植被恢复中得到广泛应用。根瘤是固氮菌与豆科植物根系的互利共生体，在植被恢复困难地段将豆科固氮树种与其他乡土树种混栽，利用豆科固氮植物固氮能力强、耐贫瘠能力突出的特点，混栽后能较快地改善土壤环境，从而在一定程度上促进其他树种的生长。等高植物篱技术是一种控制水土流失的坡耕地利用方式，也是一种复合农林经营模式。根据坡耕地坡度的不同，每隔一定距离沿等高线种植植物篱，农作物则种植在植物篱之间的种植带中，属于一种带状间作（alley cropping）方式。近年来，国际上对利用多用途固氮树种构建植物篱防止坡耕地侵蚀和进行土壤改良的技术进行了研究，并在美国、非洲和东南亚国家得到了广泛推广，表明固氮植物篱技术作为一项投资少、见效快的综合水土保持措施对于山区可持续发展有重要的现实意义（刘学军和李秀彬，1997）。从 1991 年起，中国科学院成都生物研究所在国际山地综合发展中心（ICIMOD）的资助下，在横断山区金沙江干热河谷开展了坡地农业等高植物篱技术研究，筛选出了近 10 种优良固氮植物篱物种，取得了可喜的试验示范成果，探索和建立了适于我国西南及类似山区坡地改良和坡地农业发展的模式（Ibáñez & Schupp, 2001；Li, 2004）。

2.1.5 生态适宜性理论

生物经过长期与环境的协同进化,对生态环境产生了依赖,其生长发育对生态环境产生了要求,如果环境条件发生变化,生物就不能很好地生长,生物对环境中光、温、水、土等的依赖就是生态适宜性。例如,植物中有一些是喜光植物,而另一些是喜阴植物。同样一些植物只能在酸性土壤中生长,而另一些却不能在酸性土壤中生长。不同的地域具有不同的生态环境背景,如气候、地貌、土壤、水文条件等,分布有本地适生的植物种,如在南方丘陵山地,马尾松(*Pinus massoniana*)、杉木(*Cunninghamia lanceolata*)等树种生长良好,而在北方则常见有油松(*Pinus tabulaeformis*)、华北落叶松(*Larix prlncipis-rupprechtii*)等。此外,具体地段也有差别,如在山西省太岳山地区,油松造林生长良好,而华北落叶松则往往后期生长不良。林业部门强调的"适地适树"原则就是指这一点。

植物生长的环境对植物生长发育有重要影响,每一个物种只有在一定生态幅度范围内才能正常生长发育。因此,只有将适宜物种引入适宜环境中,物种才能存活和生长。中国科学院成都生物研究所在岷江上游大沟流域生态恢复中,在进行物种选择时优先考虑因地制宜、适地适树的原则。在进行物种筛选之前,必须要对退化生态系统的环境因子有充分、客观的认识,弄清哪些限制因子起主导作用,这样才可能做到"适地适树"。例如,岷江上游大沟流域海拔1800-2000m 以下,植物生长的主要限制因子是土壤含水量,而且海拔越低土壤水分的限制作用越明显。同时,土壤养分贫瘠及强烈地形风也是重要的限制因子。而在海拔 2000m 以上地段,生长有大量具无性繁殖能力的灌丛,地表光照弱,光照强度和根系间养分竞争是主要限制因子。在对退化生态系统环境有了充分认识后,方可从物种自然分布的环境条件、物种的形态解剖学特征与适应性、物种生长发育比较分析、生理生态学特性比较分析、物种抗逆能力分析、物种的生态防护价值、物种的经济价值、物种在群落中的作用,以及物种对其他生物物种影响等方面进行物种的生态适宜性评价。自 20 世纪 80 年代以来,中国科学院成都生物研究所在岷江上游大沟流域先后引种(包括乡土种和外来种)280 余种植物(包括品种),筛选出 70 余种(品种)适宜物种,这些适宜物种的应用取得了良好的生态恢复效果。

2.1.6 生态系统的结构与功能理论

如前所述,生态系统(ecosystem)是指在一定空间中共同栖居着的所有生物(即生物群落)与其环境之间由于不断地进行物质循环和能量流动而形成的统一整体。地球上的森林、草原、荒漠、海洋、湖泊及河流等不仅外貌有区别,生物组成也各有特点，其中的生物和非生物构成了一个相互作用、物质不断循环、能量不断流动的生态系统。生态系统的结构是指生态系统中的组成成分及其在时间、空间上的分布和各组分间能量、物质、信息流的方式与特点。

生态系统的结构主要包括物种结构、时空结构和营养结构。

物种结构：是指生态系统由哪些生物种群组成，以及它们之间的量比关系，如浙江北部平原地区农业生态系统中粮、桑、猪、鱼的量比关系，南方山区粮、果、茶、草、畜的物种构成及数量关系。

时空结构：生态系统中各生物种群在空间上的配置和时间上的分布，主要包括水平空间上的镶嵌性、垂直空间上的层次性和时间分布上的发展演替特征。

营养结构：生态系统中由生产者、消费者和分解者三大功能类群以食物营养关系所组成的食物链、食物网是生态系统的营养结构，它是生态系统中物质循环、能量流动和信息传递的主要途径。

生态系统结构是否合理体现在生物群体与环境资源组合能否相互适应，能否充分发挥资源的优势，实现资源的可持续利用。在物种结构上应提高物种多样性，从而有利于系统的稳定和可持续发展。在时空结构上充分利用光、热、水、土资源，提高资源利用率。在营养结构上应实现生物物质和能量的多级利用与转化，形成一个高效、无冗余组分的系统。总之，建立合理的生态系统结构有利于提高系统功能。

根据生态系统的结构理论，生态恢复中应采用不同特性的物种，如深根与浅根、喜光与耐阴、喜肥与耐瘠、喜水与耐旱、常绿与落叶、乔木与灌草相结合，实行农业物种、林业物种、牧业物种和渔业物种的结合，实现物种间的能量、物质和信息的交流，提高资源利用效率。同时根据区域位置的不同，侧重于不同恢复措施。例如，山区的生态恢复以林业为主，丘陵区的生态恢复以林草结合为主，平原地区的生态恢复则以农、渔、饲料和绿肥结合为主。中国科学院成都生物研究所在岷江上游干旱河谷区采取果农结合的复合农林模式，该模式主要是在苹果林间套种一些粮食作物，如小麦、玉米、油菜、大豆等。结果显示，果农间作模式具有很高的光能利用效率，同时提高了土地的承载力，实现了土地资源的高效利用。同时，在坡地生态系统恢复中采取林药模式，即在采用保留带与种植带等高交叉配置造林基础上，间作薯蓣、山药等，使光、热、水、养分等资源高效利用。我国农、林、副、渔一体化生态工程着重调控生态系统内部结构和功能，进行优化组合，提高系统本身迁移、转化、再生物质和能量的能力，充分发挥物质生产潜力，尽量充分利用原料、产品、副产品、废物及时间、空间和营养生态位，提高整体的综合效益。此外，在生态恢复中还应注意营养结构的"加环"，即在生态系统食物链和食物网增加一些环节，以便充分利用原先尚未利用的那部分物质和能量。例如，稻田养鱼模式就是向稻田中加入一定数量的、原本不生活于其中的草食性（草鱼）、滤食性（鲢）、杂食性（鲤）和底栖动物食性（青鱼）鱼苗，构成稻鱼共生网络。放养草鱼可使稻田杂草得到有效控制，促进水稻增产。同时，其他食性鱼类将稻田中原本无经济价值的浮游生物、底栖生物变成了鱼生产力，鱼在稻田中排出的大量粪便富含氮、磷元素，增加了稻田的肥力，从而使稻田单位面积收益大大提高。

生态系统功能是生态系统所体现的各种过程或作用，主要表现在生物生产、能量流动、物质循环和信息传递等方面。生物生产是生态系统的基本功能之一。生物生产就是把太阳能转变为化学能，生产有机物，经过动物的生命活动转化为动物能的过程。生物生产会经历植物性生产和动物性生产两种生产，这两种生产彼此联系，进行着物质和能量交换，同时，两者又各自独立进行。受损生态系统恢复主要是尽量恢复某类生态系统的结构和功能。一般生态系统结构恢复后，生态系统功能会逐步或部分恢复，这类恢复的生态系统可以依靠生态系统的自我调节能力与自组织能力向有序的方向进行演化。

2.1.7 生物多样性理论

生物多样性（biodiversity）是指生命有机体及其赖以生存的生态综合体的多样化（variety）和变异性（variability），生物多样性是生命形式的多样化（从类病毒、病毒、细菌、支原体、真菌到动物界和植物界），各种生命形式之间及其与环境之间的多种相互作用，以及各种生物群落、生态系统及其生境与生态过程的复杂性。一般来讲，生物多样性包括遗传多样性、物种多样性、生态系统及景观多样性。地球上许多生态系统由于生境面积剧烈减少、被改变或破坏，其生物多样性往往丧失。我国 1998 年长江洪水的根源之一就是上中游森林被破坏导致水土流失，下游湖泊、湿地的围垦和开发导致流域的调节洪水能力减弱，它们都与生态系统生物多样性功能丧失有密切关系。而生物多样性高的生态系统往往具有许多优势，如高生产力种类出现的机会增加、能量和营养关系多样化且稳定、抗干扰和抗入侵能力强、资源利用效率高等（Andel & Aronson，2005）。

多样性会导致群落的复杂性，复杂的群落意味着更多的垂直分层，更多的水平斑块格局，生物多样性是生态系统稳定的基础，也会导致生态系统功能的优化。在退耕地或荒山造林时，应特别注意避免造林物种单一化，尽量营造混交林。不同的生物种类能相互影响，相互制约，改善了林内环境条件，使病原菌、害虫丧失了自下而上的适宜条件，同时也可招来各种天敌和益鸟，从而可以减轻或控制病虫的危害。例如，最近十几年来胶东半岛和辽东半岛松干蚧活动猖獗，大发生时可以导致油松林和赤松林大面积死亡，而同一地带针阔叶混交林中的松树却能正常生长，很少受到危害。其原因在于人工纯林生物结构简单，肉食性昆虫很少，松干蚧几乎没有天敌控制。而在针阔叶混交林中，阔叶树可以为松干蚧的天敌异色瓢虫、蒙古瓢虫、捕虫花蝽等提供食物和隐蔽场所，又可隔断害虫的传播，其抗性远远高于纯林。

煤炭开采过程中形成的露天采矿场、排土场、尾矿场、塌陷区，以及受重金属污染而失去经济利用价值的土地统称为采煤废弃地。在阜新新邱露天矿东排土场复垦工程中，生态工作者充分运用生物多样性理论，取得了最佳生态效益和经济效益。例如，在急陡坡面上建立防风林和水土保持林。选用杨树+棉槐+沙棘+冰草（羊草）+苜蓿的乔、灌、草植被配备模式；在地势高差不大的坑和沟状地，采取工程措施整地，营造用材林和花木林，选用刺槐+白榆+沙打旺+苜蓿的配备模式。这样根据不同的地理位置和土壤环境建立起一个比较完整的植物群落，避免了单一灌木固氮效果差、生长周期长的不足，又改进了单一牧草植物无法有效保持水土的缺陷。同时，群落中的豆科草本植物还能为动物提供食物，为发展畜牧业提供了可能，而白榆、棉槐、沙棘又可产生经济效益。

微生物在增加植物的营养吸收、改进土壤结构、减少重金属毒害及增加对不良环境的抵抗力等方面具有不可低估的作用，在植被恢复与重建中的作用受到越来越多的重视。土壤动物在改良土壤结构、增加土壤肥力和分解枯枝落叶层促进营养物质循环等方面有着重要的作用。同时，作为生态系统不可缺少的成分，土壤动物扮演着消费者和分解者的重要角色。因此，采矿废弃地的生态恢复，只恢复土壤、植被是不够的，还需要恢复废弃地的微生物和土壤动物群落，完善生态系统的功能，才能使恢复后的废弃地生态系统得以自然维持。例如，在阜新新邱露天矿东排土场复垦工程中选择适当微生物进行接种，在豆科植物的根部接种根瘤菌，促进根瘤的形成，进而促进了其地上部分的生长。另外，引进蚯蚓进行人工放养，蚯蚓的活动可以加快土壤结构的恢复，同时又可富集其中的重金属，减少了重金属污染；蚓粪还可增加土壤肥力，利于群落中植物的健康生长；同时又可利用产出的蚯蚓，大力发展高科技产品（如蚯蚓的药用等），增加矿区的经济效益（康恩胜等，2005）。

2.1.8 景观生态学理论

景观生态学是研究在一个相当大的区域内，由许多不同生态系统所组成的整体（即景观）的空间结构、相互作用、协调功能及动态变化的一门生态学新分支。景观生态学以整个景观为研究对象，强调空间异质性的维持与发展、生态系统之间的相互作用、大区域生物种群的保护与管理、环境资源的经营管理，以及人类对景观及其组分的影响（李哈滨和 Franklin，1988）。景观生态学的概念是德国地植物学家 Troll 于 1939 年在利用航片研究东非的土地利用时首次提出的，是生态学研究功能相互作用的垂直方法与地理学研究空间相互作用的水平方法的结合。随后，其思想被地理学家和植物生态学家进一步发展。景观生态学作为一门学科是 20 世纪 60 年代在欧洲形成的（其中德国、荷兰、捷克是其研究的中心），并作为一门应用性很强的学科在自然保护、土地利用规划等方面得到了广泛的实践。80 年代后，景观生态学在北美洲受到重视并得到快速发展，但与欧洲不同的是，北美洲生态学家注重的是景观格局和功能等基本理论问题，涉及的研究区域多为自然景观，有更深的生态学内涵。1982 年 10 月，在捷克正式成立了"国际景观生态协会"（International Association for Landscape Ecology，IALE），标志着景观生态学进入了一个新的历史发展时期。IALE 的成立，使研究与教学活动普遍化，国际学术活动频繁，出版物大量涌现。另外，80 年代以来的遥感与地理信息系统（GIS）技术的出现极大地推动了景观生态学的研究与应用。

景观（landscape）是由相互作用的斑块或生态系统组成的，以相似的形式重复出现并具有高度空间异质性的区域（Forman & Godron，1986）。景观是整体性的生态学研究单位，并且在自然等级系统和生态学组织水平中居于生态系统之上，有其特定的结构、功能和动态特征。Forman 等认为，一个景观应该具备 4 个特征，即生态系统集合、生态系统之间的物质能量流动和相互影响、具有一定的气候和地貌特征、与一定集合的干扰状况相对应。从结构上来说，一个景观是由若干生态系统所组成的镶嵌体，如村庄、河水、公路、耕地、天然次生林、牧场等组成了一个景观；从功能上来说，上述各景观组分（或生态系统）互相作用着。

斑块（patch）、廊道（corridor）和基底（matrix）是景观的三大组分。斑块是一个具体的生态系统，是景观的基本组分之一（Forman & Godron，1986）。斑块是一个与包围它的生态系统截然不同的生态系统。它在结构上是相对同质的。斑块的大小随景观类型而变化，有时很小（如农田景观），有时则很大（如自然森林景观）。斑块的类型、起源、形状、平均面积、空间格局和动态是景观的重要代表性性状。廊道和基底是景观的另外两个结构组分。廊道是线状或带状斑块（如林带、河岸植被带等）。廊道在很大程度上影响景观的连接性，在某些情况下廊道的存在与否以及它的类型，对于物种是否会从景观或斑块里灭绝将起决定性的作用。基底是景观的重要组分，在很大程度上决定着景观的性质。基底是景观中的背景植被或地域，其面积在景观中占较大比重，且具有高度连接性。基底与景观里的某种主要斑块是可以相互转换的，其转换过程就是景观的演替过程，即基底变了，景观自然也就变了。

以往恢复生态学的主导思想是通过排除干扰，加速生物组分的变化和启动演替过程使退化生态系统恢复到某种理想的状态。这在生态恢复的早期阶段确实成效显著，然而随着恢复过程的发展，新问题出现了，甚至可能导致前功尽弃。产生这一问题的主要原因是生态恢复中没有考虑到景观格局的配置、时间尺度和空间尺度，没有在景观水平利用生态系统的整体性来保存和保护生态系统，进行退化生态系统的恢复。利用景观生态学的方法，能够根据周围环境的背景来建立恢复的目标，并为恢复地点的选择提供参考。这是因为景观中有某些点对控制水平生态过程有关键性的作用，抓住这些景观战略点（strategic point），将给退化生态系统恢复带来启动、空间联系及高效的优势，在退化生态系统的某些关键地段进行恢复有重要意义。例如，在内蒙古的大多数农牧交错区，草地所占的面积最大且分离度最小，是景观中分布最广、连续性最强的景观结构。因此，可以认为草地是本区域景观的基底，同时草地资源丰富，可为农林牧复合生态系统发展畜牧业提供良好的物质基础。区内草地以高覆盖度或低覆盖度草地为主，决定了区域生态环境质量的稳定性。大多数农牧交错带草地早已不是纯粹的自然生态系统，受到人类活动的巨大压力，包括超载放牧、过度农垦、过量取水等，该系统退化、抗干扰的能力降低。对于农林牧复合生态系统（生态恢复的要求最为迫切），如果畜牧业在该区的国民经济中起到举足轻重的作用，那么可以从草地景观构成（覆盖度）入手，分析区域内存在的草地类型，以草甸草原、典型草原、荒漠化半荒漠化草原、草原化荒漠、荒漠为降序，确定畜牧业发展的可行性与稳定性顺序，确定生态恢复的主要方向；而在农林业景观占主导地位的地区，则要以提高区域内景观生态系统异质化程度、增强其抵御环境干扰的能力为目的（陈育，2005）。捷克学者运用景观异质性指标研究了捷克北波希米亚褐煤盆地的露天煤矿废弃地的土地利用格局，在分析其土地利用格局之后，设计出 3 种不同的矿区废弃地恢复与重建的土地利用方案（陈波和包志毅，2005）。矿区废弃地的生态恢复与重建是目前亟待解决的热点问题之一，正确分析矿区废弃地景观的异质性特征，利用景观异质性指标来计算废弃地的土地利用类型、评价废弃地的恢复与重建方案，可提高矿区废弃地景观的多样性与复杂性，促进景观的可持续发展。

　　景观异质性是景观的重要属性之一，异质性"由不相关或不相似的组分构成"。异质性在生态系统的各个层次上都存在。景观格局一般指景观的空间分布，是指大小与形状不一的景观斑块在景观空间上的排列，是景观异质性的具体体现，又是各种生态过程在不同尺度上作用的结果。总体而言，景观异质性或时空镶嵌性有利于物种的生存和延续及生态系统的稳定，如一些物种在幼体和成体时，或在不同生活史阶段需要完全不同的栖息环境，还有不少物种随着季节变换或进行不同生命活动时（如觅食、繁殖等）也需要不同类型的栖息环境。所以通过一定人为措施，如营造一定砍伐格局、控制性火烧等，有意识地增加和维持景观异质性有时是必要的。

　　干扰是景观的一种重要生态过程，它是景观异质性的主要来源之一，能够改变景观格局，同时又受制于景观格局。不同尺度、性质和来源的干扰是景观结构与功能变化的基础。在退化生态系统恢复过程中如果不考虑干扰的影响就有可能导致初始恢复计划的失败，浪费大量的人力、物力和财力，却未能达到预期的结果。恢复生态学的目标就是寻求重建受干扰景观的模式，所以在恢复、重建退化生态系统的过程中必须重视各种干扰对景观的影响。退化生态系统恢复所需的投入与其受干扰的程度有关。如果草地是因人类过度放牧的干扰而退化的，那么控制放牧就能使草地很快恢复，但当草地被野草入侵且土壤成分已改变时，单靠控制放牧就不能使草地恢复了，而是需要投入更多的人力、物力来排除其他干扰。

景观是处在生态系统之上和大地理区域之下的中间尺度，许多土地利用和自然保护问题只有在景观尺度下才能有效地解决，全球变化的影响及反映在景观尺度上的响应是非常重要的课题，而不同时间和空间尺度上的景观生态过程研究对土地利用和自然保护也十分重要。退化生态系统的恢复可以分尺度研究，在生态系统尺度上揭示生态系统退化发生机制及其防治途径，研究退化生态系统生态过程与环境因子的关系，以及生态过渡带的作用与调控等；在区域尺度上研究退化区生态景观格局时空演变与气候变化和人类活动的关系，建立退化区稳定、高效、可持续发展模式等；在景观尺度上研究退化生态系统间的相互作用及其耦合机制，揭示其生态安全机制，以及退化生态系统演化的动力学机制和稳定性机制等。

景观生态学在恢复生态学应用中的突出特点体现在以下几个方面：①强调空间异质性的重要性；②强调尺度的重要性；③强调空间格局与生态学过程的相互作用；④强调生态学系统的等级特征；⑤强调斑块动态观点，明确地将干扰作为系统的一个组成部分来考虑；⑥强调社会、经济等人为因素与生态过程的密切联系（邬建国，2000）。Dramstad 等（1996）将这些原理具体化，按斑块、边缘、廊道和镶嵌体 4 个部分总结出了 55 个比较具体而明确的原理，这些原理或多或少均可用于生态恢复中。

斑块的大小：①边缘生境和边缘种原理，即将一个大斑块分割成两个小斑块时边缘生境增加，往往使边缘种或常见种丰富度亦增加。②内部生境和内部种原理，即将一个大斑块分割成两个小斑块时内部生境减少，从而会减小内部种的种群规模和丰富度。③大斑块-物种绝灭概率原理，即大斑块中的种群比小斑块中的大，因此物种绝灭概率较小。④小斑块-物种绝灭概率原理，即面积小、质量差的生境斑块中的物种绝灭概率较高。⑤生境多样性原理，即斑块越大，其生境多样性越大，因此大斑块可能比小斑块含有更多的物种。⑥干扰障碍原理，即把一个大斑块分割成两个小斑块时会阻碍某些干扰的扩散。⑦大斑块效益原理，即大面积自然植被斑块可保护水体和溪流网络，维持大多数内部种的存活，为大多数脊椎动物提供核心生境和避难所，并允许自然干扰体系正常进行。⑧小斑块效益原理，即小斑块可作为物种迁移的踏脚石，并可能拥有大斑块中缺乏或不宜生长的物种。

斑块的数目：①生境损失原理，即生境斑块的消失会导致生存在该生境中的种群规模减小，生境多样性降低，进而导致物种数量减少。②复合种群动态原理，即生境斑块消失会减小复合种群规模，从而增大局部斑块内物种的绝灭概率，减缓再定居过程，导致复合种群的稳定性降低。③大斑块数量原理，即在景观中，若一个大斑块包含同类斑块中出现的大多数物种，那么至少需要两个这样的大斑块才能维持其物种丰富度；然而，如果一个大斑块只包含一部分物种，那么为了维持这个景观中的物种丰富度，最好有 4-5 个大斑块作为保护区。④斑块群生境原理，即在缺乏大斑块的情况下，广布种可在一些相邻的小斑块中存活；这些小斑块虽然是离散的，但作为整体还能够为这些广布种提供适宜的、足够的生境。

斑块的位置：①斑块位置-物种绝灭概率原理，即在其他条件相同的情况下，孤立的斑块中物种绝灭概率比连接度高的斑块中的要大。生境斑块的隔离程度取决于与其他斑块的距离及基底的特征。②物种再定居原理，即在一定时间范围内，与其他生境斑块或种源紧邻斑块的物种再定居率要高于相距较远的斑块。③斑块选择原理，即在自然保护中，生境斑块的选择应基于斑块在整个景观中的重要性（如有的斑块对景观连接度起着枢纽作用）和斑块特殊性（即斑块中是否包含稀有种、濒危种或特有种）。

边缘结构：①边缘结构多样性原理，即在一个结构多样性高的植被边缘（无论是垂直结构还是水平结构），边缘动物种的丰富度也高。②边缘宽度原理，即斑块的边缘宽度是不同的，面对主风向和太阳辐射方向的边缘更宽些。③行政边界和自然生态边界原理，即当保护区的自然生态边界与行政边界不一致时，可将两条边界间的区域当作缓冲区，以减少对核心区的影响。④边缘过滤原理，即斑块边缘具有过滤功能，可减缓外界对斑块内部的影响。⑤边缘陡度原理，即斑块边缘陡峭（即与周围环境对比度高）时可增加沿着边缘方向的生物和物质流动，而过渡较缓的边缘则有利于横穿边缘的生物和物质流动。

边界形状：①自然和人工边界原理，即大多数自然边界是曲折、复杂、和缓的，而人工边界多是平直、简单、僵硬的。②平直边界和弯曲边界原理，即生物对平直边界的反应多为沿着边界方向运动，而弯曲边界促进生物穿越边界两侧的运动。③和缓与僵硬边界原理，即弯曲边界比平直边界的生态效益更高（如可减少水土流失和有利于野生动物活动）。④边缘曲折度和宽度原理，即边缘的曲折度和宽度共同决定景观中边缘生境的总量。⑤凹陷和凸出原理，即凹陷和凸出边缘的生境多样性高于平直边缘，因而其生物多样性也高（但多为边缘种）。⑥边缘种和内部种原理，即弯曲边界增加边缘生境，从而增加边缘种数，但降低斑块中内部种的数量。⑦斑块与基底相互作用原理，即斑块的形状越曲折，斑块与基底间的相互作用就越强。⑧最佳斑块形状原理，即最佳形状斑块具有多种生态学效益，通常与"太空船"形状相似，即具有一个近圆形的核心区、弯曲边界和有利于物种传播的边缘指状突出。⑨斑块形状和方位原理，即斑块的长轴与生物传播的路线平行时，其再定居概率较低；垂直时，再定居概率较高。

廊道和物种运动：①廊道功能的控制原理，即宽度和连接度是控制廊道的生境、传导、过滤、源和汇 5 种功能的主要因素。②廊道空隙影响原理，即廊道内的空隙对物种运动的影响取决于空隙的长度和物种运动的空间尺度，以及廊道与空隙之间的对比度。③结构与区系相似性原理，即在多数情况下，只要廊道和斑块的植被结构相似就可以满足内部种在斑块间运动的需要；但若能使廊道与斑块间在植物区系方面也相似，其效果会更好。

踏脚石：①踏脚石连接度原理，即在廊道间或没有廊道的地方，加设一行踏脚石（小斑块）可增加景观连接度，并可增加内部种在斑块间的运动。②踏脚石间距原理，即具视力的动物在踏脚石间移动时，其有效移动距离往往由对相邻踏脚石的视觉能力来决定。③踏脚石消失原理，即作为踏脚石的小斑块消失后会抑制物种在斑块间的运动，并增加斑块隔离程度。④踏脚石群原理，即在大斑块间的踏脚石斑块的最佳分布格局是，所有踏脚石作为群体形成连接生境斑块的多条相互联系的直通道。

道路和防风林带：①道路及另外的槽形廊道原理，即公路、铁路、电缆线和便道通常在空间上是连续的，相对较直，常有人为干扰。因此，它们常把种群分隔为复合种群，主要是耐干扰种活动的通道，是侵蚀、沉积、外来种入侵及人类对基底干扰的源端。②风蚀及其控制原理，即小风可吹走土壤表面的养分，降低其肥力；持续大风则易引起风蚀。控制风蚀时应减少主风向上农田的裸露面积，保护植被、犁沟和土壤结构，并重点保护易受旋风、湍流和快速气流影响的地点。

河流廊道：①河流廊道和溶解物原理，即具有宽而浓密植被的河流廊道能更好地减少来自周围景观的各种溶解物污染，保证水质。②河流主干道廊道宽度原理，即河流主干道两旁应保持足够宽的植被带，以控制来自景观基底的溶解物质，为两岸内部种提供足够的生境和通道等。③河流廊道宽度原理，即维持两岸高地的植被，提供内部种生境；要保证沿河流方向至少有非连续性（如梯状）植被覆盖，以减缓洪水影响，并为水生食物链提供有机质，为鱼类和泛滥平原稀有种提供生境。④河流廊道连接度原理，即河流两旁植被带的宽度和长度共同决定河流的生态学过程，不间断的河岸植被廊道能维持诸如水温低、含氧高的水生条件，有利于某些鱼类生存。

网络：①网络连接度和环回度（circuitry）原理，即网络连接度（即所有结点通过廊道连接的程度）和网络环回度（即环状或多选择路线出现的程度）可表示网络的复杂程度，并可作为对物种运动的连接度的指标。②环路和多选择路线原理，即在廊道网络中，多选择路线或环路可减少廊道内空隙、干扰、捕食者和捕猎者的不利影响，从而促进动物在景观中的运动。③廊道密度和网孔大小原理，即随着廊道网络网孔的减小，受廊道抑制的物种（如某些内部生境种）的存活能力显著下降。④连接点效应原理，即在自然植被廊道的交接点上，常常有一些内部种出现，而且其物种丰富度高于网络的其他地方。⑤相连小斑块原理，即连接在廊道网络上的小斑块或结点可能比面积相同但远离网络的斑块有较高的物种丰富度和较低的物种绝灭概率。⑥生物传播和相连小斑块原理，即网络上的小斑块或结点可为某些生物提供暂栖地或临时繁殖地，从而有利于生物在景观中传播。

破碎化和格局：①总生境和内部生境损失原理，即景观破碎化降低总的生境面积，但内部生境面积比边缘生境面积降低得更快。②分形斑块原理，即分形是对过渡变化的自然反应，彼此隔离的斑块常常对干扰做出相似的反应。它们虽然可能变大或变小，但相互之间的结构关系或格局依然保持相似。③市郊化、外来种和保护区原理，即在市郊化和外来种入侵的景观中，应建立严格控制外来种的缓冲区，以保护生物多样性或自然保护区。

尺度粗细：①镶嵌体粒度粗细原理，即一个由粗粒度地段和细粒度地段相间组成的景观可为内部种、多生境种（包括人类）提供最佳生态效益及一系列环境资源和条件。②动物对破碎化尺度的感观原理，即活动范围大的物种把细粒度破碎化生境视为连续生境，粗粒度破碎化生境对于绝大多数动物来说是不连续性的（即存在生境隔离效应）。③确限种与广布种原理，即细粒度生境破碎化对确限种的不利影响要比广布种更大。④多生境种的镶嵌格局原理，即多种生境汇合处或不同类型生境相间排列的景观有利于多生境物种（即同时需要多种类型生境的物种）的存活。

2.2　恢复生态学的主要理论

2.2.1　自我设计理论和设计理论

自我设计理论和设计理论是唯一从恢复生态学中产生的理论，其在生态恢复实践中得到了广泛应用（van der Valk，1999）。设计理论认为：通过工程方法和植物重建可直接恢复退化生态系统，但恢复的类型可能是多样的。这一理论把物种生活史作为植被恢复的重要因子，并认为通过调整物种生活史可以加快植被恢复。而自我设计理论认为：只要有足够的时间，随着时间的进程，退化生态系统就能根据环境条件合理地组织自己，并会最终改变其组分。这两种理论的不同点在于：设计理论把恢复放在个体或种群层次上考虑，恢复的结果可能有多种；而自我设计理论把恢复放在生态系统层次考虑，认为恢复完全由环境因素决定。

荷兰围垦区的生态建设经历了几个阶段，反映了荷兰人从设计到自我设计认识的深化过程。例如，始建于 20 世纪 30 年代的威尔英梅尔垦区和东北圩地是农业垦区，垦区发展的目标是增加粮食生产和提供就业机会，主要内容是堤防工程和排水工程建设。沿海岸线不适于耕作的土地，则发展为果园、花卉园和混合农场。考虑到居民休闲的多种需要，还进行了景观设计。此后这些围垦区生态建设中还专门进行了生态系统设计，如在东芙莱沃兰德和南芙莱沃兰德垦区依据生态系统自身的自然演替规律，人工种植树木和其他植物，为珍禽鸟类和其他动物提供栖息地、避难所及繁殖产卵场所，使各类特定的动植物能够在一起生长，从而组成特定的、健康的湿地生态系统，提高生物群落多样性。最后完全依靠生态系统的自然演替规律，经过若干年时间，建设一个健康的湿地生态系统。例如，豪思特沃尔德自然保护区，其开发计划就是完全排除人为干扰，不采取人工种植方式，完全靠生态系统的自然演替，在该区的核心地带形成了一片野生林区，面积为 $4000 hm^2$，是荷兰面积最大的阔叶森林；玛克旺德垦区早在 1975 年堤防工程就已完成，排水系统建立了起来而且持续不断地抽水，新土地已经显现 20 多年。由于荷兰政府资金筹措不力等，垦区的开发工作迟迟没有开展起来。经过 20 多年的自然演替，原来荒芜的土地，已经成为植物繁茂、动物门类众多的自然野生区，面积达 4.1 万 hm^2。目前荷兰政府计划把这片垦区设为国家自然保护区，不再用于农业开发。

2.2.2 参考生态系统理论

参考生态系统或参照系是制定生态恢复规划的原型，同时也用来对拟恢复的生态系统进行评估。它可以是一个或多个现存的生态系统，它们的生态学描述或信息（包括历史照片或报告、古生态学数据）可以用于指导某个生态恢复项目。它最简单的形式就是某个现实的地点，书面描述或者二者兼备。参考生态系统可分为 4 类，即同一时间和同一地点的、同一时间不同地点的、同一地点不同时间的和不同时间不同地点的（Clewell & Aronson，2013）。用"简单参照物"时存在的问题是其只能表现生态系统特征的某种状态。选定的参照物可以是生态系统发展过程中的任何状态。参照物是生态系统发展过程中随机事件的综合反映。同样，恢复过程中的生态系统可以发展成这个庞大发展序列中潜在的任何一种状态。这种状态在生态恢复中是可以被接受的，只要它是参考系统潜在发展的状态。因此，简单的参照物不能充分体现恢复生态系统发展过程中各种各样潜在的状态。因此，参照物最好是多种参照地点的集合，如果可能的话，还可有其他来源。这种"复合描述"有利于为生态恢复计划提供更为实际的依据。

一般认为，生态恢复要借鉴参考生态系统的生态完整性（ecological integrity），它是指一个生态系统显示参考生态系统的生物多样性特征（如物种组成和群落结构）的状态或条件，而且这个参考生态系统可以完全维持正常的生态系统功能

（Rieger et al.，2014）。可用于描述参照物的信息源包括：生态学描述、物种列表、恢复地点破坏前的地图；以前或现在的空中及地面照片、要恢复状态的残迹、原来环境和生物的标志；类似的完整生态系统的生态学描述和物种列表；动植物标本；熟悉恢复地点破坏前情况的人的口头及书面记录；古生态学证据，如花粉化石、植物化石、年轮历史、动物粪便等。

参照物的价值随其包含的信息量的增加而增加，但这些信息的搜集受时间和资金的限制。最低限度要弄清生态系统的基本特征，即显著的环境特性，以及诸如物种组成、群落结构这些生物多样性的重要描述。此外，还要弄清维持生态系统完整性的正常的周期性外界压力。在对人文生态系统的参照物进行描述时还要弄清那些对生态恢复和生态系统后期管理起关键作用的人文活动。

参照物的描述比较复杂，这是因为有两个因素必须协调才能保证其质量和效用。首先，参照地点之所以被选通常是因为其生物多样性得到了较好的体现，而典型的恢复生态系统展示的却是演替早期阶段的特征。就这一点来说，为了制定恢复计划和评估恢复效果，参照物应该增添一些早期阶段。如果我们能直接与参照物进行比较，那么就没有必要再去解释生态恢复现阶段是否进展顺利了。其次，如果生态恢复的目标是自然生态系统，而几乎所有参照物都受到过不利的人类影响，那么这些人类影响就没必要去仿效。此外，对参照物进行描述需要经验和很强的生态学判断力。

确定好的生态恢复目标对决定要描述哪些参照物的细节非常关键。一般来说，景观尺度的生态恢复的目标较为笼统，因而参照物的描述通常也只是概括性的。例如，航拍照片可能就是准备参照物的最为重要的依据。而恢复一个正常尺度的生态系统，其参照物需要更为详尽的信息，如实际地点中小样方的数据。

2.2.3　集合规则理论

Diamond（1975）基于新几内亚及其卫星岛上鸟类的物种共存格局（有相同食物来源的种类很少共存）研究提出了集合规则（assembly rule）。Weiher 和 Keddy（1999）及 Temperton 等（2004）将其引入恢复生态学领域并加以发展。集合规则是指群落集合特征（结构与功能）及其影响因素的一个明确的和定量的描述。它不仅对群落结构和格局进行观察性描述，而且说明群落集合特征的形成过程与关键影响因素，可作为建立一个新群落（即生态恢复）的理论框架和技术指南。由于生态恢复的目标是重组一个系统，因而其成分间的组合很重要。集合规则理论认为一个植物群落的物种组成基于环境和生物因子对区域物种库中植物种的选择与过滤的组合规则，它意味着生物群落中的种类组成是可以解释和预测的。

在生态恢复过程中，群落内生物之间的相互作用、生物与环境间的相互作用会限制群落的结构形成和发育。在生态系统恢复过程中，生物和非生物因子会联合，并与另外的限制因素对物种的发生、多度和表现产生作用，从而决定某个地点的物种及其多度（Morrison，2009）。集合规则强调局部尺度，从种内和种间关系、动物与植物的关系及功能群等水平和层次定量分析群落结构的异同，重点说明其成因和过程。由此可见，集合规则实际上是生态系统各部件的组装或合成过程，是生态恢复的技术基础（图 2.3）。即设计恢复项目时要通过定居管理、修饰生物和非生物过滤、克服传播障碍等方法让预期的种类通过过滤定居，并阻止不期望的种类定居，在确定种类时，要区分好伞护种、指示种、基石种、生态系统工程师种、旗舰种、焦点种（Morrison，2009）。

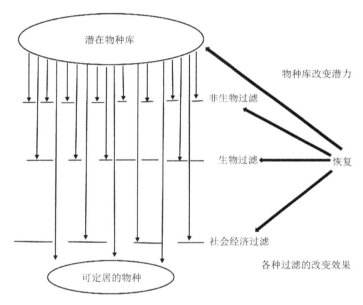

图 2.3   在物种集合过程中的过滤理论与生态恢复相关的框架图

物种库包括区域、地方和群落物种库 3 个层次，集合规则主要显示在群落中哪个种能发生和哪些组合是不联系的等方面的限制或生境过滤；群落的集合规则有生态位相关的过程、物种是平等的中性过程、特化和扩散过程 3 种解释；生物间相互作用的集合规则主要基于物种和功能群等生物组分的频率；而生物间及生物与非生物环境因子间相互作用的集合规则强调基于确定性、随机性及多稳态模型的生态系统结构和动态响应。从现有生态恢复实践来看，对生态系统结构的恢复难度要远高于对生态系统功能的恢复。目前，群落的集合规则是恢复生态学的一个研究热点（黄铭洪等，2003；Temperton et al.，2004；Palmer et al.，2016）。

2.2.4　恢复的概念模型

　　以往，恢复生态学中占主导的思想是通过排除干扰、加速生物组分的变化和启动演替过程使退化的生态系统恢复到某种理想的状态。在这一过程中，首先是建立生产者系统（主要指植被），由生产者固定能量，并通过能量驱动水分循环，水分带动营养物质循环。在生产者系统建立的同时或稍后再建立消费者系统、分解者系统和微生境（任海等，2004）。余作岳和彭少麟（1997）通过近40年的恢复试验发现，在热带季雨林恢复过程中植物多样性导致了动物和微生物的多样性，而多样性可能导致群落的稳定性。

　　近些年，考虑到退化生态系统恢复过程中的非线性和复杂动态，将演替理论和集合规则概念整合提出了恢复的概念模型（Hobbs & Suding，2009），主要有渐进连续体模型（gradual continuous model）、阈值或动力状态模型（threshold or dynamic regime model）、替代稳定状态模型（alternative stable state model，是一种特殊类型的阈值模型）和随机模型（stochastic model）。渐进连续体模型设想生态系统变化是渐进且连续的，而替代稳定状态模型则考虑了替代轨迹、阈值、稳态转换（regime shift）和随机性等问题。基于这些模型发表的论文考虑的生态系统过程主要有植物-土壤相互作用、营养循环、干扰、竞争或护理，考虑的区域过程有气候、种子限制、社会经济因子、空间或斑块动态，考虑的驱动因子有啃食/捕食、清除/土地改变、外来入侵、物种添加、气候、资源可获得性、火、另外的干扰、盐碱等。这4类模型的比较见表2.4。

表 2.4　4 种生态恢复动态模型的比较（引自 Hobbs & Suding，2009）

生态系统模型	格局			过程			
	样地小生境变量与外部环境变量间的关系	空间格局	时间格局	状态替代	对干扰的反应	到达有序的情况	反馈；螺旋状退化
渐进连续体模型	线性	渐变边界，非剧烈变化的环境边界	没有滞后线性	连续状态；从 A 到 AB 再到 B	渐进的	无	较少有强反馈
阈值或动力状态模型	S 形	剧烈变化的边界	有或无滞后的 S 形	从 A 到 B；离散的状态	有弹性的，小的干扰导致状态变量大的变化	有时	积极的反馈；有
替代稳定状态模型	多种多样；S 形曲线；两个或多个替代吸引子	剧烈变化的边界	有滞后的 S 形	从 A 到 B；离散的状态	同上，但没有恢复的可能，有时滞	有	积极的反馈；有
随机模型	无	无，随机的	没有时间趋势	无	不连续的反应	无	无？

恢复生态学早期用的恢复过程中生态系统特征随时间变化的表现曲线,最常引用的模型是 Bradshaw(1983)提出的退化生态系统恢复过程中结构与功能变化曲线。如果去掉干扰,恢复依赖自然演替,恢复就遵循 Allen(1989)所提出的经典的恢复状态和跃迁模型(图 2.4)。这类恢复必须基于生物种类损失不多、生态系统功能(如土壤肥力、能量和水分循环、抵御外来入侵种)受损不大的生态系统。如果生态系统受损超越了受生物或非生物因子控制的不可逆的阈值,生态系统恢复将遵循 Whisenant(1999)所提出的更复杂的恢复状态和跃迁模型(图 2.5),图 2.5 显示生态退化是分步完成的,而且要跨越被生物或非生物因子控制的跃迁阈值。Hobbs 和 Norton(1996)及 Allen(2000)在此基础上提出了更具普遍性的恢复状态和跃迁模型(图 2.6)。假设生态系统存在多种状态,生态系统

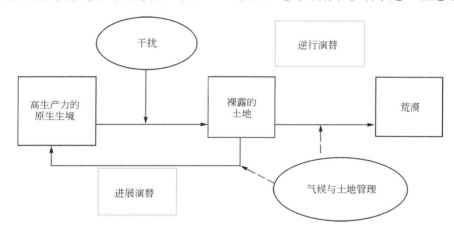

图 2.4　基于演替观的简单恢复状态和跃迁模型

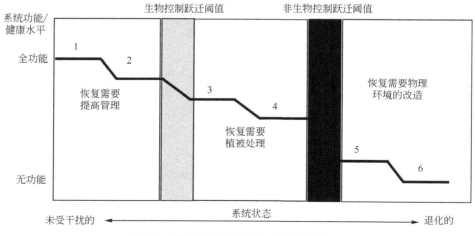

图 2.5　更复杂的恢复状态和跃迁模型

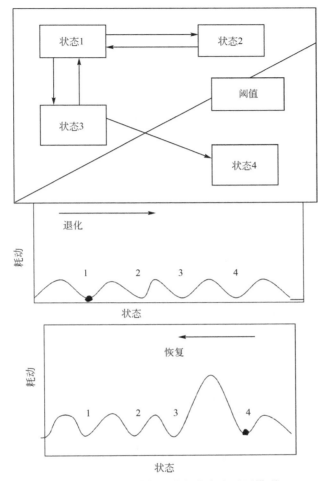

图 2.6　最具普遍性的恢复状态和跃迁模型

在退化过程中就会涉及退化阻力。生态阈值描述了生态系统的性质在时间或空间上的突然变化（任海等，2004）。Bestelmeyer（2006）根据格局、过程和退化的关系提出了一个阈值体系。该体系将阈值分为格局阈值、过程阈值和退化阈值。以牧场为例，格局阈值包括草的连接度、灌木密度和生境破碎化程度等；过程阈值包括侵蚀率、火扩散面积或频率、扩散或定居率等；退化阈值包括土壤深度、营养可获得性及生境占有性等。这 3 个阈值是循序渐进的，它们又可概括为两类阈值，即阻止变化的状态阈值和恢复的状态阈值。

恢复具有替代稳定状态的生态系统通常很困难，这涉及群落生态学和生态系统生态学两个学科，而这两者描述的替代稳定状态是不同的。群落生态学关注种类和种间关系的群落组装过程，而生态系统生态学关注稳态转换。更具体来讲，由于这两者关注的对象不同，会影响恢复时考虑某个地点的状态变量的分辨率大小、不同反馈机制的集合及空间尺度的大小（Kadowaki et al.，2018）。

恢复是通过地点造型、改进土壤、种植植被等促进次生演替。虽然其目标是促进演替，但结果有时是改变了演替方向。在那些与遗弃地或自然干扰不同的地方进行恢复时，由于其退化的程度不同，可能不一定要模仿次生演替途径。Zedler和 Callaway（1999）在研究了大量恢复实例的基础上提出了生态恢复谱（ecological restoration spectrum）理论，该理论包括可预测性、退化程度和恢复努力 3 部分。可预测性指生态系统随时间的变化，即它将沿什么方向发展、与参考系统的接近程度。例如，外来种和乡土种盖度的比率可作为一个指标，它比较容易预测随时间推进外来种的覆盖率会逐渐减小，但难以预测何时它与自然生态系统中的比率一样低、哪个种会成为最有问题的种、外来种控制恢复样地有何后果等。退化程度指样地和区域两个尺度上的受损情况和程度。恢复努力涉及对地形、水文、土壤、植被和动物等的更改。严重退化情形下，恢复努力越少，其预计目标越不可能达到，恢复努力越大，目标越易达到。但复杂情形下可能会出现不同速率及不同方向的生态恢复。在轻度退化情况下，即使只做一点恢复努力，也易于恢复生态系统的大部分结构和功能，做更大的恢复努力则极有可能达到预期目标。这些原则有助于指导生态恢复实践并预测恢复结果（任海等，2004）。

2.2.5 适应性恢复

据 Moreno-Mateos 等（2012）对全球 621 个湿地恢复案例的分析，即使有一定年限的恢复，相对于参考生态系统，也只有 23%-26% 的生物结构（主要由植物集合驱动）和生物地球化学功能（主要由土壤碳库驱动）恢复。可见，生态系统是很难完全恢复的，因为它有太多的组分，而且组分间存在非常复杂的相互作用。生态系统正是因为具有适应能力和弹性的复杂系统才很难完全恢复，需要更好地了解生物与非生物因子之间、不同生物种类之间的因果关系。如果能全面理解恢复地点的条件和控制变量（包括阈值和适应性循环），就能预测恢复的效果。而且如果没有限制，恢复实践者就能做很好的恢复工作。由于这种了解程度是有限的，恢复努力通常被不充分的知识和地点的变化所限制，恢复工作的效果往往也不是很理想。因而，恢复生态学家开始用恢复试验来验证源于自然或人类干扰的各种生态系统理论。然而在绝大多数情况下，实践者不得不用更广泛的生态学测试来验证那些非同寻常的情况。虽然有几个生态学理论与恢复相关，但个体的恢复还不得不按照时间序列有秩序地进行。Ehrenfeld（2000）建议恢复生态学家停止期待能发现预测恢复产出的简单规律或牛顿定律，相反，应该充分意识到因恢复地点及恢复目标不同而导致的挑战的多样性。

虽然 Bradshaw（1983）认为退化生态系统在恢复过程中，功能恢复与结构恢复呈线性关系，但他并没有考虑到退化程度和恢复努力的影响。生态学还没有达到可以在特定地点特定方法下预测特定产出的阶段。这是因为在生态恢复工程实施过程中，许多会影响项目成功的因子不可预测且会超出控制，随着时间的进展，样地的环境条件会发生变化，工作人员努力的程度等都会影响恢复效果（Howell et al.，2012）。恢复生态学强调自然恢复与社会、人文相耦合，恢复生态学研究无论是在地域上还是在理论上都要跨越边界，恢复生态学研究以生态系统尺度为基点，在景观尺度上表达。

适应性恢复是与适应性管理对应的一个概念，它考虑了生态系统的适应能力和弹性。适应性管理是指科学家提供信息、建议、推荐给管理者选择并实施，随后科学家又跟踪研究实施后的情况并提出新一轮建议，如此反复，管理者利用研究发现，研究者利用管理实施回答因果关系问题。这些管理方式是基于生态系统的平均条件而构建的，忽略了可能发生的重大干扰，只注重优化利用生态系统中的某些组分，未考虑组分间的联系，忽略了造成生态系统发生变化（有时是不可逆的变化）的次生影响和反馈调节，适应性恢复要考虑生态系统的多样性、生态可变性、生态模块结构、慢的变量、生态反馈、社会资本、创新性、社会管理、生态系统服务功能等（Walker & Salt，2006）。只要有可能，恢复项目就应将试验（集中在怎样实现恢复目标等重要问题上的试验）整合进规划与设计中。虽然适应性恢复不能百分之百确保期待的产出，但它将为同类生态系统的恢复提供可更正的测定方法或有利于更好的恢复实践。

生态恢复存在不可预测性或不确定性，主要是因为恢复存在变异性，变异性与恢复工程如何做、在哪里做和何时做的结果紧密相关，变异性也受恢复结果如何测量的影响。因此，要减少变异就要减少约束因素的数量并增加目标的特异性（Brudvig et al.，2017）。适应性恢复是在恢复过程中面对不确定性时，最优决策的结构化迭代过程，目的是通过系统监测减少不确定性。在生态系统恢复过程中，基于适应性管理的恢复在不同阶段考虑的问题不同：起始阶段，主要考虑用生物物理和工程技术保持资源；初步稳定阶段，主要考虑植被和土壤发育、侵蚀减少和生物物理反馈；快速成熟或可持续阶段，主要考虑生物群控制功能、过程成熟、资源保持、生境发育；最终或功能完全恢复阶段，主要考虑对干扰的恢复力、对环境和管理可预测的反应、生境多样性（Tongway & Ludwig，2011）。

在生态系统恢复适应性管理中可以应用情景梗概的方法，这种方法可以把参与性、跨学科和适应性管理融于一体，而且可以在整个过程中保证利益相关者的参与，并提高生态系统恢复成本效益和效率（Metzger et al.，2017）。全球环境变化背景下的适应性恢复研究，主要集中在适应性研究体系、适应能力现状评价、适应策略预测性 3 个方面（杨玉盛，2017）。

2.2.6 定居限制

植被天然更新包括种子生产、种子扩散、种子库动态、种子萌发和幼苗定居等过程，它是植被动态研究的核心问题之一。从种子生产到幼苗定居是植物生活史中最为敏感的阶段之一，多种因素会影响种子和幼苗的命运，进而影响到植被天然更新的速度与结果（Clobert et al.，2012）。因此，有关植被更新中物种定居限制/补充限制（establishment limitation/recruitment limitation）的研究受到关注。自 20 世纪中期以来，全球已营造了大量的人工林，虽然这些人工林的结构和质量一直向好的方向发展，但与天然林在结构、功能、动态和生态服务方面还有差距。如何通过人工改造或其他促进措施使之尽快向乡土种能定居、生物多样性高和生态功能优的地带性森林恢复是当前恢复生态学研究和林业管理的重要内容。在恢复人工林为天然林的过程中理解并解除乡土种的定居限制非常重要（任海和王俊，2007）。

2.2.6.1 森林恢复中的定居限制概况

森林恢复中的定居限制研究主要术语有种子限制（seed limitation，加入额外的种子后幼苗的数量增加或草食者引入种子或幼苗的情况）、微样地限制（microsite limitation，在加入额外种子后种群大小没有增加的情况）、扩散限制（dispersal limitation，加入种子到其未曾占据的生境中致使种子成功萌发和定居的情况）、生境限制（habitat limitation，即物种在所有合适的、由种子播种试验或种植后导致的定居限制情况）、补充限制（recruitment limitation，即在植物统计学里，相对于任何其他的过渡方法，其种子萌发且幼苗存活率较低的情况）。所有上述限制均是某一区域内种群没有达到环境最大承载量情况下的限制，而且有地方和区域两个不同尺度之分，早期（2-3 年）的各种限制对树种定居至关重要（Munzbergova & Herben，2005）。在评价这些限制时，播种试验是唯一可靠的研究方法。目前已发现有多种因子影响植物定居。

物种的扩散、建立和组合是植物生命史的关键阶段，明确理解某个群落中物种组成的支配力和规则对于成功的生态恢复至关重要。从种子传播到植物定居要考虑 5 个方面的问题（Török et al.，2018）：自发传播的成功，建立基于空间分散或局部种子库的恢复，评估物种引进和辅助传播的可能性，提高定居成功的自发扩散或引进种的可能性，影响长期持久性和可持续性恢复的栖息地问题（含管理类型和强度的变化、气候变化和非本地物种的传播）。

2.2.6.2 影响植物定居的因素

物种自身的特性是限制定居的决定性因素。种子大小对物种的萌发及其定居有着重要的影响，通常体积大的种子能较长时间地忍耐极端环境，但种子体积与幼苗成功定居与否没有绝对的关系（任海和王俊，2007）。由于动物的捕食作用，体积大的种子往往容易被动物取食，因而并不能保证很高的定居率。森林中的树种有些是晚期忍耐种，即它们幼苗的成活与定居需要较高的光照条件，但长大后可以在林下荫蔽的条件下持续生存很长时间。对于具有潜在长寿命和定居后低死亡率的木本植物，幼苗补充和定居使种群更新得以实现，成为其生活史中最关键的阶段。虽然一般认为种子扩散在植物入侵中扮演了关键角色，但也有研究开始质疑原来认为的多样性高的群落对外来入侵种的抵抗力强的结论，并认为引入种的扩散和功能特征是入侵成功的主要决定因素。Ren 等（2007）的研究结果表明，在极度退化的热带季雨林地区，土壤含水量常年低于乡土树种种子含水量、干季地表温度高于种子的忍耐温度、土壤表层的有机质含量不足以支撑种子萌发后的营养供应，导致乡土树种不可能越过上述土壤的阈值而定居成功。此外，黄忠良等（2001）发现，树种的阳生性、阴生性和中生性等会影响其在季风常绿阔叶林下的定居。

发生时间对植物定居有影响。在温度和湿度处于最适状态下播种对物种的成功定居具有重要作用，但最新研究表明发生时间也影响植物定居（Cole & Lunt，2005）。在进行热带干旱雨林恢复时，干季末期收集的种子在土壤足够湿的条件下播种及减少种子被捕食的机会有利于提高幼苗定居的成功率，同时种子萌发及早期幼苗定居在荫蔽的地点更好，但定居后的幼苗更喜欢有光的开阔地。在演替后期的群落中引入种子或植物极有可能失败，因为这时小区域已经有了许多类群的分布，尤其是林下草本植物会与引入的幼苗产生激烈的竞争，如果确实因区域基因库的需要而引入种子或幼苗时，要付出极大的管理和养护成本。这也意味着在人工林下进行乡土树种的播种也许是值得重视的方式（任海和王俊，2007）。

树种定居主要由种子及其扩散限制决定，影响定居的因素还包括资源的可获得性、捕食和竞争等（任海和王俊，2007）。在森林中，光是影响植物生长和死亡的关键资源，减少光的可获得性会影响乡土种入侵人工林，在幼苗建立阶段，肥沃土壤可能也无助于增加郁闭林冠下幼苗的定居成功率。干燥的环境通常会降低种子的萌发率及幼苗的存活率，在稀树干草原中草本植物对木本植物幼苗补充、定居的影响通过水分竞争机制实现。动物对种子的取食及对幼苗的啃食对植物的更新有很强的负面影响。植物间的相互作用强烈地影响了群落的结构与动态，并对群落内某一物种的出现或缺乏起决定性作用。在高山、干旱区或有限制性环境因子的生境中，护理植物（nurse plant）可促进目标种（target species）的定居。护理植物的主要功能是缓冲不利的物理环境、改进土壤资源的可获得性、保护幼苗不受啃食及吸引传粉者帮助传粉等。地上植被对物种的定居和幼苗库的建立有重要影响，除竞争外，现有植物会改变群落的温度、湿度、光照，以及土壤的理化性质等。林下植被层在地上通过影响森林树种更新和生产力,在地下通过影响分解过程和营养循环而对群落和生态系统动态产生驱动作用。在短期内,林下植被层的过滤作用决定未来森林的树种组成;从长期角度来看,它们作为土壤肥力的主要驱动者通过影响营养的可获得性和植物生长而发挥作用,其最终作用结果是驱动生态系统演变。Siemann 和 Rogers(2006)对外来种人工纯林的补充限制、幼苗表现和持久性研究表明,天敌的作用决定了乌桕(*Sapium sebiferum*)林的持久性,即天敌对乌桕幼苗的损害为林下乡土树种幼苗的入侵提供了机会,然而现阶段乡土树种的种子低输入量导致群落内乡土树种的多度并不大。此外,不同生态系统之间的差异也是影响森林演替、更新与多样性的重要因素。Clobert 等(2012)将扩散过程分为迁移(emigration)、转移(transfer)和移居(immigration)3 个阶段,物种天生的扩散能力、天生的行为活动范围、父母本及近缘种、生境质量和密度、物理环境和景观结构对 3 个阶段的影响不尽相同,这些决定了扩散结果。

2.2.6.3 人工林林下乡土树种的定居限制

人工林中缺乏原始林内的树种主要是由森林植物的扩散限制造成的,研究发现,即使在原始林边缘区域,森林树种也以非常慢的速度向曾经进行过农业开垦的人工林中传播(任海和王俊,2007;Clobert et al.,2012)。人工林中乡土树种定居失败的主要原因是幼苗补充和定居的限制。Dupouey 等(2002)发现,原始林与人工林的植被和土壤也常常不同,甚至在造林后 2000 年也达不到相同的水平。这样的观测结果导致生态学家怀疑人工林永远不可能恢复成地带性的原始林状态,只能是适应性恢复。这些研究引出了一个科学问题:控制天然林树种向人工林内扩散限制或天然林内种群更新限制的生态学基本问题是什么?

过去 20 年里,在地球各个纬度带都做过原始林与人工林种类不同原因的相关研究,仅北温带落叶林的相关研究就有 100 多篇论文。这些工作涉及重建干扰史、林下植物、扩散与定居限制、环境特化、植被组成、物种丰富度比较、生活史特征、定居限制与时间和距离的关系、长期观测、试验性引入、种群生态学、群落相互作用、预测模型、景观水平方法等(任海和王俊,2007)。这些研究表明,种子到达人工林是定居过程中的一个关键环节,环境条件抑制种群定居或种群生长可能会减慢定居速度。因此在恢复人工林为天然林的过程中,虽然克服环境限制更为复杂,但在定居过程缺乏种源时,简单的播种措施产生的效果可能需要进一步去探索。

中国南亚热带的顶极植被理论上是常绿阔叶林,但由于长期的人为干扰,现有植被多为人工林和草坡。为了恢复植被,早些年主要是用先锋种如马尾松(*Pinus massoniana*)等的种子进行飞播造林,但现在主要是种植树木的幼苗,因为这种方式能够解决热带和亚热带森林恢复中诸如缺乏森林种类的种子扩散、种子大量被捕食和低的种子发芽率等问题。南亚热带过去广泛种植的人工林主要是针叶类的马尾松、湿地松（*Pinus elliottii*），相思类的大叶相思（*Acacia auriculiformis*）和马占相思（*Acacia mangium*），桉属的尾叶桉（*Eucalyptus urophylla*）、柠檬桉（*Eucalyptus citriodora*），乡土类的木荷（*Schima superba*）和黧蒴（*Castanopsis fissa*）等。随着森林覆盖率的提高，社会对用乡土树种营造的生态公益林的需求越来越大。由于乡土树种需要更好的土壤条件和遮蔽环境，因而在开阔地和退化地上直接种植幼苗，幼苗存活率与生长率均较低。例如，对同地带的香港的研究发现，将 50 种乡土树种植株直接种在开阔的退化草坡上，3 年后存活率只有 20%，但同时用树苗防护装置和草垫护理可提高植株的存活率及生长率（Lai & Wong，2005）。由日本宫胁昭教授提出的环境保全林重建法在热带雨林、常绿阔叶林和落叶阔叶林区已有近 600 个成功的造林实例，但植株的存活率都低于 50%（Miyawaki，1999）。

对中国科学院小良热带森林生态系统定位研究站的研究表明，在热带北缘，乡土树种可以入侵人工林，但存在种类选择性。在群落恢复早期阶段，树种为先锋种，应以更新对策为主；在中期以调整植物组成结构和引入阴生性种类为主；后期则进一步调整植物组成结构和功能，引入中生性种类，促进其恢复为顶极植被（Ren et al.，2007）。此外，中国科学院鹤山丘陵综合开放试验站经过 20 多年的研究发现，鹤山站 1983 年造的相思、桉树及乡土人工林已越过非生物因素控制的阈值阶段，各群落的小生境如小气候、土壤肥力、土壤水分等已大大改善，但对草坡和各人工林进行的植物调查和土壤种子库研究发现，人工林下已有九节、金毛狗等乡土性灌木和蕨类入侵，但在种子库中没有发现同地带天然林中树种的种子，在林下层也未发现天然林树种的幼苗入侵。这说明至少在 22 年人工林林龄时，人工林的恢复还很难向同地带性天然林快速演替（余作岳和彭少麟，1997）。这些人工林已开始步入中年期，个别种类如马占相思已开始出现衰退迹象，如何对这些林分进行改造以促进其向天然林演变已很迫切。Wang 等（2009a，2009b，2009c，2010，2011，2013）发现，南亚热带各人工林林下植物多样性大致相似，各林型下种子雨、土壤种子库及天然萌发幼苗差异不大，种子雨、种子库、幼苗库这 3 个阶段的转化效率低，且缺乏乡土树种种源；若引入乡土树种到人工林下，则林下植被利于种子萌发但不利于幼苗生长（不包括动物捕食、种间关系等）；人工林与引入的乡土树种有特殊的对应关系。Yang 等（2010，2013）和 Liu 等（2013）则发现，南亚热带存在护理效应，护理机制主要是遮阴而非土壤改良，在实践中可利用退化草坡中的桃金娘等作为护理植物直接营造乡土树种的人工林（不需要烧荒）。

2.2.6.4 人工林下乡土种定居需要关注的问题

在退化生境的恢复和群落演替的过程中，物种的定居具有重要的影响。种源往往是物种定居的首要限制因素，同时，外部环境条件（如土壤、小气候、植被等）也是重要的影响因子。一旦解除了定居限制，群落或生态系统将会获得恢复或进入自动演替阶段，这一过程可用当前恢复生态学的主要理论解释。由此可见，定居限制是与恢复生态学的所有理论相关的，尤其与自我设计和设计理论紧密相关。当然，进行相关研究也能对恢复生态学相关理论进行检验或补充。

在恢复生态学视野下，植物定居限制方面的研究趋势是：在研究各物种、种群与群落的基础上，整合不同时空尺度上的植物更新过程中种子和幼苗存活的影响因素，以深入研究不同生态条件下植物群落的天然更新过程。在定居过程中比较关键的如种源到达、种子的形态与生理特性、幼苗的生物学特性、他感作用、土壤等生态因子的影响、不同人工树种的影响、林下植被影响等需要进一步研究，最好是进行整体设计。此外，在评价适宜生境的可获得性、物种扩散到适宜生境的能力及种群定居后的持续能力研究方面，最好通过播种试验和幼苗种植试验，着重探讨种源可到达性、阳生与中生性种类差异、种子与幼苗、土壤特征、林下植被的有无、不同植被类型等对恢复定居及速度的影响。

2.2.7 护理植物理论

植物之间的关系是植物群落演替或恢复的重要动力之一。植物之间的关系主要有竞争（负效应）、中性和促进/辅助/护理作用（正效应）3 种。生态学研究中竞争是被研究得最多的一类，尽管过去 15 年来对世界主要生物群区植物群落中的竞争和促进作用（至少一方受益）知道得越来越清楚，但是对植物种间正相关的研究至今仍然被忽视（Silvertown & Charlesworth，2003）。护理植物是指那些能够在其冠幅下辅助（facilitation）或护理其他目标物种（target species）生长发育的物种（Padilla & Pugnaire，2006）。护理植物比周围环境能够为目标物种的种子萌发或者幼苗定居提供更好的微环境（如调节光照、温度、土壤水分、营养等），还可以通过植物种间的正关联使目标植物的幼苗成功定居。护理作用主要是通过植物之间的相互关系来完成的，而植物间的相互作用强烈影响着群落结构与动态，还影响着一个群落中特定物种的出现与缺失（Bruno et al.，2003；Padilla & Pugnaire，2006）。可见护理植物研究可以验证、完善和丰富种间交互作用驱动自然演替的理论，在一定程度上还具有生态恢复的内涵（任海等，2007）。

2.2.7.1 护理植物

护理植物在恢复原生生态系统的特征和功能中起着关键作用，还在一些生境（尤其是干扰生境）中被认为对演替具有驱动作用。近几年已开展了地中海地区、高山地区、干旱和半干旱区、北方草原、稀树干草原、农牧交错带、沼泽、热带半湿润区和海岸湿地等退化生境中护理植物现象的研究，但对热带和亚热带退化区域的相关研究极少（Callaway et al.，2002；Egerova et al.，2003；Castro et al.，2004；Cavieres et al.，2006；Padilla & Pugnaire，2006）。

护理植物的选择有时能决定生态恢复项目的成败，近几年已在世界主要生物群区研究并确定了一些护理植物和目标植物。在极端生境中，最好的护理植物是那些能够为幼苗定居提供微生境的乡土种。尽管一些外来种[如洋槐（*Robinia pseudoacacia*）]在英格兰南部被作为护理植物成功使用，但也要防止生物入侵的危险。在放牧严重的地区可使用有刺且适口性较差的物种，因为这些护理植物能够为一些小动物和目标植物提供避难所（Sánchez-Velásquez et al.，2004；Padilla & Pugnaire，2006；Smit et al.，2006）。研究发现，丛生状的护理植物在降雨较少的年份对其他植物的幼苗的存活有明显的护理作用。豆科植物因为能改善土壤 N 条件并有遮阴作用而具有"护理植物"的潜力，在沙漠和地中海半干旱生境中豆科植物能显著提高目标植物的存活率和生长率，但护理植物与目标植物均为豆科种类时效果并不好（Gómez-Aparicio et al.，2004）。在沙漠中，灌木往往会充当其他植物（特别是仙人掌）幼苗的护理植物。在森林中，幼苗通常会在成年植株的周围定居成功，因为成年植株能够改善一些极端生态因子（Cavieres et al.，2006），成年树对其周围幼苗具有的这种正效应称为"护理植物症候群"。护理植物应该避免选择那些会释放化感物质的种类。Sánchez-Velásquez 等（2004）报道，在热带半湿润森林中护理植物所形成的不同遮阴水平与目标植物幼苗定居显著相关。

样方调查是研究护理植物的基础，一般护理植物下的植物种要比空地的物种多，可通过种间联结性大小粗略判断物种之间的远近关系。更多的是通过在不同的护理植物下播种，统计萌发率来检验护理植物对目标植物种子萌发的影响（Raf et al.，2006）。在检测是不是护理植物或者不同护理植物之间的护理效应时，采用最多的是幼苗栽植实验。这类实验在护理植物林冠下和空地（或林冠之间）栽植目标植物的幼苗，通过比较两者之间的存活率与生长率，与微生境观测结合来分析护理植物林冠下与空白对照地上目标植物幼苗存活和生长的差异。需要指出的是，在少数有护理作用发生的情况下，护理植物冠层下的微生境和土壤理化性质与空白对照地的差别不大（Suzán-Azpiri & Sosa，2006）。

2.2.7.2　目标植物

植物之间的相互作用取决于物种特性，因此目标植物（即所要恢复的物种）的选择也会影响恢复的效果，而且目标物种自身的生态需求及其处理不适生境的能力决定这种相互关系的平衡（Liancourt et al.，2005）。

护理植物对耐阴物种和演替后期灌木的正效应要比先锋灌木和不耐阴的松树

更高（Gómez-Aparicio et al.，2004）。在干旱生境下，豚草（*Ambrosia dumosa*）在空旷地的存活率要比在灌木下高，因为它能够适应空旷地的生境，它与护理植物之间是一种竞争的关系，不宜作为目标植物。如果目标植物对整个非生物环境的耐性较差，或者环境极其恶劣（如干旱年份），那么即使是护理植物也不能促进目标植物的幼苗定居（Walker et al.，2001）。

选择目标植物时还要考虑其年龄和大小，因为一些研究表明，护理作用和竞争作用的平衡随着植物生活史的不同而不同。当目标植物的年龄较小时，护理植物有较强的正效应，但是年龄较大或者植株较大时，主要是以竞争关系为主。当护理植物和目标植物有相似的年龄和尺寸时，丛生性的植株的负效应将会扩大（Armas & Pugnaire，2005）。

2.2.7.3 护理的正效应和负效应

当植物的种内竞争大于种间竞争时，物种在其群落中才能共存。物种间的大多数相互作用是通过某些中间因子（intermediary factor，如光、营养物质、授粉者、草食动物和微生物）间接表现出来的。竞争主要通过对资源的直接竞争实现，而护理作用则通过对物种之间相互作用的中间因子（如土壤）的影响来实现（Niering et al.，1963；Silvertown & Charlesworth，2003）。

目标物种在护理植物附近有较高的定居率，但并不能排除护理植物对目标物种的负效应，但正效应肯定比负效应大，这就有可能使得目标物种在护理植物下的存活率比空旷地上的要高。当使用遮阴或浇水等人工措施时，目标物种的存活率可能还不如在（自然）护理植物下长得高。在墨西哥，豆科灌木含羞草（*Mimosa luisana*）护理了仙人掌（*Neobuxbaumia tetetzo*），但后者后来却反过来抑制护理植物的生长并最终取而代之。还有研究发现，护理植物下的目标植物比人工措施如遮阴下的有更高的存活率。另外，在美国得克萨斯南部亚热带稀树大草原上进行的试验表明，清除护理植物下的目标植物后，护理植物能存活且生长得更好，这种关系可更加确切地被描述为寄生生物/寄主关系（Temperton et al.，2004）。

生长距离较近的植物，如果负效应占上风，说明它们直接竞争有限的资源（光、水、营养物质、空间等）或者通过化感作用实现竞争或者干扰。相反，如果周围的植物施加的是正效应，那么附近植物会通过提高存活率、生长或健壮来表现这种相互关系。正效应和负效应一般是同时发生的，并且会随着时间、地点的变化而改变。这两种效应的净平衡主要是通过它们之间的相互关系的大小来体现的。一些诸如生理和发育特征等因素会对这种平衡产生影响（Armas & Pugnaire，2005），但是非生物因素是最主要的影响因素，因为它能在比较恶劣的生境中增加正效应的重要性（Callaway et al.，2002）。

2.2.7.4 形成"护理效应"的原因与机制

护理效应可能不是单因子作用的结果，而是几种复合因素的最终表现形式，这些因子包括：冠层构建效应（影响消光系数、光合有效辐射及温度缓冲）、增加遮阴、缓冲小生境中的极端热或冷环境、增加水分有效性、增加营养成分及可获得性（护理植物的凋落物）、减少草食动物的啃食、对土壤中真菌和固氮菌产生影响等，但哪一种或几种是关键因子，就需要探究"护理效应"形成的原因（Nobel & Zutta，2005；Padilla & Pugnaire，2006）。

护理植物通过林冠结构遮阴产生护理效应。在 Sonoran 沙漠的护理植物小叶蜡伞（*Cercidium microphyllum*）冠层下，冬季温度和露点温度比空地的高而形成护理效应。遮阴可保护林下植物免于直接受到强辐射，Kulheim 等（2002）发现，光对植物的生理过程有直接和间接影响，森林植物对光照的响应也存在着种间差异。强光照射可导致植物光系统反应中心的破坏及氧化伤害，当阴生植物生长在充足的阳光下时会产生光抑制现象。遮阴还可避免高温对植物的影响，保持林下土壤高湿度和目标植物的低蒸腾状况，进而通过凋落物及高湿度增加根区周边的营养有效性及循环。所有上述过程都会改进土壤理化性质，进而增加目标植物的存活率（Padilla & Pugnaire，2006）。

护理植物的林冠结构可通过影响降雨截留从而影响目标植物定居，降雨强度小时，许多灌木通过降雨截留而限制林下层可利用水，当降雨更强时，一些灌木由林冠截留降雨再通过树干径流而直接到达林下层，这种水分再分配会对目标植物产生影响（Castro et al.，2002）。目标植物距离护理植物的远近也是一个重要因子，恶劣条件的改善水平是从护理植物林冠中心向外逐渐降低的（Dickie et al.，2005）。Castro 等（2002）把两种松树[樟子松（*Pinus sylvestris*）和欧洲黑松（*Pinus nigra*）]分别栽于空旷地、硬叶灌木鼠尾草（*Salvia lavandulifolia*）林冠下的南边和北边，以及有刺灌木林冠下的南边和北边，发现种植在这两种灌木北边的松树存活率要高很多。护理植物主要对目标植物生活史中种子阶段及幼苗阶段产生影响，其中在幼苗阶段护理植物更有可能显示护理效应。有研究从护理植物角度考虑，一个演替阶段的优势树种可能对下一个演替阶段的优势树种有化感促进作用。还有研究利用图形的模式探讨遮阴和干旱之间的生理平衡转换关系。此外，诸如竞争力、护理植物对资源本身的消耗、护理植物与目标植物之间根系空间的重叠性等因子也应该被考虑。护理植物林冠下出现的非目标植物（如林下草本植物）的竞争或干扰也可能对护理效果产生影响（Callaway et al.，2002；Bruno et al.，2003；Silvertown & Charlesworth，2003；Padilla & Pugnaire，2006）。

当前森林恢复方式主要有封山育林（自然演替）、人工造林（直接营造先锋种的人工纯林或混交林）、林分改造（间伐后再插入乡土种）及宫胁法造林（直接种植乡土树种小苗）等，这些方式各有利弊。为了与这些方式相匹配，还发展了使用营养杯及保水剂、引入根瘤、遮阴等造林技术（任海和彭少麟，2001；王仁卿等，2002）。护理植物方法与上述方式有所不同，其是利用各类护理植物，在其冠层下种植适当的目标植物，利用护理植物改善的小生境（提供遮阴、缓和极端温度、提供较高的湿度等）及植物间的促进作用实现定居并有效缩短恢复时间。护理植物方法若能取得成功将是一种新的造林方法，可在发掘优良乡土树种的同时促进自然恢复，增加物种多样性。

2.2.8 植物功能性状与恢复

植物功能性状（plant functional trait）是植物与环境相互作用过程中形成的许多形态、生理和物候方面的适应性状。植物功能性状既反映了植物对生长环境的响应和适应，又反映了植物对所在生态系统内优势生态过程的反应（Díaz et al.，2004）。各植物功能性状之间的权衡关系决定了植物的生活史策略，重要的生活史策略又同时驱动植物功能性状趋同和分化过程，这些过程可能帮助植物通过生境过滤而生存，进而影响多种植物的共存、生物多样性的维持，并决定着植物物种与群落和生态功能之间的相互作用（Gondard et al.，2003；张林和罗天祥，2004；Kraft et al.，2008）。可见，植物功能性状可以将环境、植物个体和生态系统结构、功能与动态联系起来。植物功能性状研究在近10多年成为生态学中的一个热点领域，目前国内外已开展了许多植物功能性状与植物分布、生态位分化、植物群落的集聚机制、生态系统结构与功能、生态系统服务、干扰响应与恢复、植物功能型/群及其系统发育与进化、气候变化、地理空间变异、土壤养分、干扰等环境因素，以及生态系统功能之间关系的研究，但只开展了少量植物功能性状与群落演替、植物功能性状在森林恢复中应用的工作（孟婷婷等，2007；Suter & Edwards，2013）。

常用的植物功能性状指标有叶大小、叶厚度、比叶面积、叶片N含量、叶片干物质含量、叶寿命、种子大小及扩散模式、冠层高度及结构、再发芽能力、共生固氮能力等。其中叶片N含量、比叶面积和叶片干物质含量3个指标与植物资源经济和生长策略紧密相关而受到特别关注。这几个指标刻画了快速的生物量周转和快速的养分获取的"快速生长物种"到有永久叶结构和养分保持效率的"慢生长物种"的生长策略谱（Suter & Edwards，2013）。

植物功能性状发育受自身结构、遗传和环境条件（如水分条件）的限制，并且不同结构特征或功能性状之间相互制约，所以植物在适应环境的过程中还会表现出一些功能性状之间的相关性和权衡关系。树种的植物功能性状与平均或潜在的种群生长速率间的关系可以显示与生活史策略相关的功能约束和权衡。利用这种关系建立的模型可以根据易测量的简单形态性状估计稀有种类的生长特征（Ruger et al.，2012）。

环境因子会影响植物功能性状。水分、光和营养胁迫会制约植物生活史中幼苗这个最弱势的阶段，植物对这些环境因子有结构和生理上的适应与驯化机制。干旱区的植物功能性状趋同是由干旱胁迫引起的，而潮湿地区的则是更高生产力导致的。植物功能性状的联合作用对生境破碎化的反应可能由在小的或隔离斑块中增加定居能力（植物高度和种子数量）或在隔离斑块中增加持久力（种子重量）驱动（May et al.，2013）。种源、施肥和接种根瘤可以影响地中海豆科灌木与生长表现相关的功能性状（Villar-Salvador et al.，2008）。

植物在扩散、定居、生长、繁殖和维持等过程中会通过各种生理和形态适应来应对各种挑战，非生物因子会影响植物生活史策略变化的幅度，导致某种生境内的功能相似性，而竞争会导致性状分化，互利和共生则可能导致性状趋同或分化（Douma et al.，2012）。因此，植物功能性状会强烈影响植物的扩散、生长和繁殖过程。

物种的植物功能性状变化会影响群落的性状结构并最终导致群落物种多度变化。基于性状的关于群落集聚的模型可以预测物种相对多度。群落中多度丰富的物种有高的叶片干物质含量和种子质量，但有低的相对生长速率和比叶面积，而叶片 N 含量变化很小，这意味着在低营养条件时植物在叶结构和养分持留上投资较多（Suter & Edwards，2013）。如果知道群落的所有植被信息和所有种的所有性状信息，那么就可以在群落尺度上研究植物功能性状的平均、极端和多样性等分布格局。Soudzilovskaia（2013）利用功能型模型分析了植物多度动态与长期气候变化间的关系，该模型还可用于预测群落变化。经典的群落集合规则包括两个潜在的群落内和群落间功能性状分布相反的过程：由于一些种类在相同的环境中生存，这些共存种会在功能上适应同样的非生物环境，这个过程称为生境过滤，它将导致共存种间性状的趋同；由于有相似功能性状的种有实质的生态位重叠，种间竞争会优先排除高度的性状相似性，从而导致群落内性状的分化。前者发生在大的环境即大尺度上，而后者发生在资源竞争的小尺度上（May et al.，2013）。群落尺度的植物功能性状格局与群落集聚和生态系统功能相关，通过模型模拟群落内植物功能性状的平均、极端和多样性格局与生物因子梯度，可以理解全球变化对多样性功能组分的驱动作用。利用地形、气候和土壤变量可以成功模拟群落尺度的植物功能性状，如平均和极端特征值的分布格局（Dubuis et al.，2013）。

植物群落的性状结构与生态系统属性有紧密的关系（Suter & Edwards，2013）。植物的性状是物种和生态系统功能之间的调解员，但性状打包在物种群中，而不是独立的。设想在生境内趋同过程是主要的（每个演替阶段内），通过大范围生境的种类集聚能否被它们的平均性状组成合理量化？此外，多少性状和哪些性状可用于说明种类集聚间的不同（Douma et al.，2012）。Kraft 和 Ackerly（2010）建立了解释性状和群落系统发育结构的格局与生态过程相关的概念框架，进而发现生境联合和生态位分化是热带雨林中多样性最高的物种共存的原因。植物功能性状组合可以预测跨越不同生境中的种类集聚的发生，为了实现种类组合较好的效果，性状应反映不同的策略组分，这些不同的策略组分应与一些传统的植物生态策略相关（Douma et al.，2012）。Tilman 等（1997）发现生境改变和生产活动会导致草地生态系统的功能多样性和功能组成改变，进而对生态系统过程产生很大的影响。Comas 等（2011）建立了物种水平上的草地植物功能性状-功能关系方法以预测草地生产力。目前已有一些关于中期和长期环境变化对物种和群落功能多样性影响的研究、对生态系统功能影响的研究，以及环境变化和功能多样性在景观尺度上的关联性研究（Wellstein et al.，2011）。

　　演替和集合规则（assembly rule）是恢复生态学中的两个重要理论（任海等，2008）。植物群落演替是指在一定区域内发生的一个群落被另一个群落逐步替代的过程，这个过程中群落的组成和环境会朝一定的方向发展（彭少麟，2003）。演替面临着环境抑制和生物定居限制，种类的集合主要随时间进程而由生境过滤和生物间相互作用决定（Grime，2006）。生态恢复主要通过人为作用促进退化的生态系统向顶级演替，在这个促进过程中目标种的定居和维持需要克服诸如不适的光与水环境、营养限制和竞争等不利的环境和生物过滤（即非生物和生物障碍），这些过滤会决定种类的集合或维持（Asanok et al.，2013）。以植物功能性状为基础的方法可以从目标种的定居、扩散、持续性等方面解释演替/恢复过程中物种和群落的集聚动态（D'Astous et al.，2013）。

　　当前生态恢复成功的案例大都具有物种特定性或地点特定性，因而在一个地方的成功恢复实践难以在另一个地方重复，需要找到普适性的实施、评估和预测方法（Clark et al.，2012），植物功能性状研究提供了一个基于植物种类性状描述和预测恢复的框架（Tozer et al.，2012）。植物功能性状研究还可以为不同生境选择性状相似的种类，并可以根据定居、扩散、持续性等性状筛选到相对高产、优质和抗逆的种类；在构建群落时，可以通过同类性状指标避免种植冗余种以降低成本，还可利用性状信息进行管理以加快恢复速度。因此，生态恢复要从传统的、以物种为中心的方法转向以生活史性状特征为基础的、以功能群为中心的方法（Hérault et al.，2005；D'Astous et al.，2013）。

　　植物功能性状研究发展迅速并可在许多方面应用于恢复生态学（Martínez-Garza et al.，2013）。植物功能性状主要用于描述种类的繁殖和资源捕获的生态策略，基于植物功能性状的研究已证明群落多样性构建过程中有生境过滤作用（Asanok et al.，2013）。生态恢复常因生境过滤作用而不能形成理想的生物群落，这种过滤可能是非生物过滤、生物过滤（如竞争）和扩散过滤，恢复生态系统比未受干扰的生态系统有更多的性状过滤作用（Hedberg et al.，2013）。因此，关于环境约束、扩散能力和定居限制的植物功能性状的信息有助于有效的生态恢复。此外，生态恢复不仅强调物种多样性的恢复，还强调生态功能的恢复，传统的基于物种及多度的恢复评价不能从生态学机制角度进行解释，而基于群落功能多样性的评价则提供了新视野，但目前研究和应用很少（Hedberg et al.，2014）。

在利用植物功能性状研究植被恢复时，草地的工作比森林的多。由于功能性状可预测植物在干扰环境中的生长率和成活情况，因而可根据一些性状选择更易成功定居和生长的种，Martínez-Garza 等（2013）就发现有小种子和大冠幅的先锋和非先锋种类由于有更好的中长期表现，是更好的造林树种。比叶面积（SLA）、冠层高度、Ellenberg 湿度指数（Ellenberg moisture value，EMV）、克隆的横向扩散（clonal lateral spread，CLS）和扩散模式等植物功能性状常用于湿地生态恢复研究中。其中，SLA 与植株光合作用、相对生长率、耐阴性、耐水淹、叶片缺氧耐性和资源利用相关，SLA 较大的种类常有更高的代谢活力，它们常是杂草或有竞争力的种类，很少是受胁迫忍耐的种类。冠层高度是与光竞争有关的重要性状。Ellenberg 湿度指数是植物对湿度条件适应的指标，它越大表示植物越耐缺氧。克隆的横向扩散是湿地优势植物共同的能力。扩散模式能帮助鉴定那些到达恢复地点的通过过滤限制的种类（Hedberg et al.，2014）。在德国的城市草地恢复过程中，那些定居成功的目标种与残遗种高度一样，这意味着有更大的竞争力；有小的比叶面积对物种成功定居是重要的，人类干扰会增加平均比叶面积大的种类和一年生种类，而 C 对策种类会减少（Fischer et al.，2013）。Pywell 等（2003）对欧洲 25 个草地恢复实验的 58 个种进行了生长表现与植物功能性状的复合分析，发现性状分析支持如下结论：在非禾本科草本植物群落内，第一年定居好的植物有强的定居能力性状，但随着恢复的进行，与竞争力、植物生长和种子库持久性相关的性状越来越重要；对生境要求不特殊的种类，特别是那些适生于肥沃土壤的种类长得越来越好；而忍耐胁迫种、生境要求特殊的种和贫瘠生境的种长得不好。Katovai 等（2012）发现所罗门群岛湿热区的原始林和次生林的功能多样性相似，但人工林的低些，其原因是人类干扰导致物种分化和功能丰富度分化及功能冗余损失，因此，尽管人工林与天然林的结构和种类组成相似，但从功能方面看人工林远未恢复。Magnago 等（2014）也发现森林破碎化会导致植物功能性状改变而功能丰富度不变。

在草地恢复过程中，群落间在性状水平上的不相似性降低（即性状趋同），在物种水平上不相似性增加（物种分化增加），这说明集聚可能在物种水平上发生，但在功能水平上决定（Helsen et al.，2012）。虽然在草地恢复过程中利用植物功能性状模型可以获得与物种分类模型一样的预测效果（Clark et al.，2012），确定群落对干扰反应的功能性状（形态、生活史和更新）和植物功能型，也可以发展恢复的状态转移模型（Gondard et al.，2003），但恢复生态学的一个发展方向是利用现存的恢复数据从植物种类表现到生态性状进行研究，以利于预测植物群落对环境变化的反应以及与这些响应有关的机制（Pywell et al.，2003）。

目前，草本层和种子库方面也有一些工作。林下种类的扩散、建立和持久性依赖大量不同的生境条件，这些生境条件可以帮助理解与植物扩散、建立和持久性有关的特有性状及其组合（Hérault et al.，2005）。Gondard 等（2003）发现林下层的植物及功能性状多样性有重要的生态系统功能，其物种多样性丧失可能导致生态系统抵抗力的损失和群落内各种群体的行为变化。Meers 等（2012）在研究澳大利亚桉林的恢复时发现，与一年生这个性状相关的植物功能性状有高的比叶面积、小圆种子、丛枝菌或非菌根，其种子库中主要是那些能快速获取能源，或有大量和持久性存储能量且迅速对干扰做出反应的种类，与此相反，没有在种子库中出现的物种有与资源保护或承受环境压力能力相关的性状且是典型的原生高位芽植物，这些功能性状表明桉林不可能通过乡土种子库独自恢复。Tozer 等（2012）基于种子库的持久性、萌发指标、发芽机制和寿命等 4 类反应机制的组合定义了 9 个种类反应方面的功能类型，成功预测了澳大利亚猎人谷表层土壤搬迁后乡土植物集聚的结果。

森林恢复的一个重要发展方向是恢复早期物种对恶劣微生境的适应与响应，随恢复的进程，遮阴会加强，这会降低平均 SLA 并增加功能多样性，因为耐阴种和对阴湿敏感的种可以共存，然而新种的定居又被扩散能力限制（Hillerislambers et al.，2012）。生态恢复会面临外来种入侵、物种配置、生境营造等问题。生态恢复过程中要避免外来种入侵，要选择成功恢复的种类，可以参考那些具有与入侵种类相似性状并且包含多样的植物功能性状的乡土种。基于性状恢复的成功主要依赖于多样性、环境因子的力量和扩散动态（Funk et al.，2008）。在时间有限和资源有限的多种类恢复工程中，特别是有许多珍稀种类的恢复工程中，可利用种水平的性状特征及分布数据分析，确定分阶段种植不同性状的种类（Kooyman & Rossetto，2008）。在河岸生态系统恢复中，要考虑营造异质性生境，而环境因子导致的功能反应可用于物种保护和生态系统管理（Lambeets et al.，2009）。在生态恢复中，需要慎重考虑乡土种功能群、乡土种和入侵种间的竞争作用。当不同性状的乡土种分开种植时，恢复涉及在功能群间的相互作用、播种方法和维护技术，掌握这些因素会更容易恢复（Kimball and Mooney，2014）。生境恢复还可帮助一些功能群植物抵抗全球变化的影响（Renton et al.，2012）。

成功的生态恢复需要多年的监测及评估，但在恢复过程中因需要克服不利的非生物环境过滤（如不适的光与水环境、营养限制和竞争等）而要改良生境或改进种植技术，这些会影响典型不受干扰的种类的定居和维持。评估的一种方法是找参考生态系统，另一种是基于植物种类性状的评估方法（D'Astous et al.，2013；

Engst et al.，2016）。以性状为基础的方法可以解释群落的集聚动态是因为在一定的环境条件下一个种群建立或维持的主要潜力由其性状决定。因此，已知的与一个生态系统过程相关的性状对生态恢复的种类选择非常重要，如耐阴种会在森林恢复几年后才引入（Tozer et al.，2012）。由于区域的物种库不同，因此恢复时用传统的以物种为中心的方法要转向以生活史性状特征为基础、以功能群为中心的方法，生活史性状更易于理解植被动态背后的生态机制，反过来也可更好地预测人工林发育的自然性（Hérault et al.，2005）。此外，当前生态恢复项目大都具有物种特定性或地点特定性，这导致在一个地方的恢复实践较难在另一个地方重复使用。而基于性状的恢复工程则可推广到相似环境下的所有生态工程中。

联合区系、功能性状和环境数据可帮助理解恢复过程中目标种成功或失败定居的原因。恢复工程中，种类清单常常是特定区域的，性状特征更易于用于整个区域。但直到现在，恢复生态学研究或生态恢复项目还是很少关注成功恢复的目标种的性状，性状与环境间的关系可揭示恢复的限制或机遇，但它们更少用于评价恢复和用于恢复物种的选择（Fischer et al.，2013）。

2.2.9　生态记忆

生态记忆（ecological memory，EM）是指群落过去的状态或经验影响其目前或未来生态响应的能力，是生态学与医学、心理学、弹性思维（resilience thinking）等交叉后提出的概念。生态记忆在生态系统中普遍存在，并对群落演替、生物入侵、生态恢复和自然资源管理等过程有重要意义（孙中宇和任海，2011；Sun et al.，2013；Higgs et al.，2014）。

20世纪20年代末，Cain（1928）就指出生态史（ecological history）和演替之间存在着密切关系。随后，生态学家逐渐意识到生态系统中存在着历史信息的积累和传递。随着环境和文化条件的快速变化，虽然生态历史知识在恢复生态学中的传统地位受到质疑，但主流的观点还是认为生态历史知识应该作为一种指引，而不是模板（Higgs et al.，2014）。Warner和Chesson（1985）发现群落中曾经存在过的物种对群落目前的状态和未来的种群动力有重要影响。基于群落历史信息的重要性，Padisak（1992）在研究浮游植物种群动态时，首次提出了生态记忆的概念，即群落过去的状态或经验影响其目前或未来生态响应的能力。此后，生态记忆的概念又先后被定义为：系统历史影响其目前结构和行为的现象；过去阶段盛行的过程和活动存在过的证据；生物的分布和组成，以及它们在时间和空间上的相互作用；物种的网络结构，物种之间及物种与环境之间的相互影响，能使干扰后物种重组的结构联合；干扰后重组的根源；系统指定变量（如种群大小）过去的价值对该系统中指定变量目前价值的影响；等等。同期的部分研究还将生态记忆用于描述气候和景观格局对生态系统的影响和解释小尺度内空间差异的成因，扩展了生态记忆的应用范围。生态记忆的研究逐渐由群落上升到生态系统尺度，并且与恢复力紧密地联系在一起（孙中宇和任海，2011）。

在总结前人研究的基础上，Schaefer（2006，2009）认为生态记忆是一个生态系统或群落消失后所遗留的痕迹，包括土地利用史、土壤特征、孢子、种子、茎残片、菌根、物种、种群及遗传组成和种间关系等其他残存物，这些残存物影响着群落的动态及生态系统的发展轨迹。由生态记忆的发展历程可见，生态记忆的概念经过不断的完善和发展，逐渐形成了一个具有自身特征的理论框架。在空间尺度上，生态记忆贯穿于群落、生态系统、景观及社会生态系统等层面；在时间尺度上，它强调系统过去对现在和未来的影响；在研究手段上，则强调残存物的作用（Sun et al.，2013，2014）。

生态记忆源于生态史研究，但与历史生态学（historical ecology）、生态史（ecological history）、历史变域（historical range of variability）等相似概念既相区别又有联系（van der Wruff et al.，2007）。历史生态学是历史学与生态学的结合，它构建了生物科学与社会科学间的桥梁，研究特定区域内时间变化过程中的人类与环境间的关系，以景观为主要研究对象。生态史是指一个地区生态发展的历史（社会史和自然史），包含了该地区发生的全部生态学事件。生态记忆在范围上小于生态史，它只涉及那些在系统内留下痕迹的生态学事件。此外，生态记忆本身并不是历史，而是历史在系统中的证据和反映，某种意义上是生态史的浓缩和提取。历史变域是指受人类影响较小的时空范围内生态系统条件和过程的变化情况，它作为一个客观的参照体，可为生态系统管理提供理论依据。生态记忆与历史变域都包含了历史变化过程，也都有利于参考生态系统的确定，但历史变域强调的是各生态参数的历史变异范围和变化幅度，偏重与历史状况的对比；生态记忆则强调历史残留和客观存在，并与恢复力和系统稳定性息息相关，更倾向于从机制上理解生态系统（孙中宇和任海，2011）。

2.2.9.1　生态记忆的组成、分类及表示方法

生态记忆的组成有两种理论。一种理论认为，生态记忆至少由遗留（legacies）、流动链（mobile link）和支持区域（support area）3部分组成（Nyström & Folke，2001）。其中遗留包括生物遗留和结构遗留。生物遗留指干扰过后干扰区内所残留的物种及其组合形式；结构遗留指那些非生命的环境要素，如土壤养分、光照条件等。系统的结构构建者是遗留中最重要的部分。流动链有正负之分，正流动链指有利于系统稳定的物质和能量流动，包括动植物的迁徙和扩散等；负流动链指那些具有负作用的流动，如害虫幼虫的传播等。支持区域指与干扰区相邻的区域，为流动链提供生物和环境基础（图2.7a）。

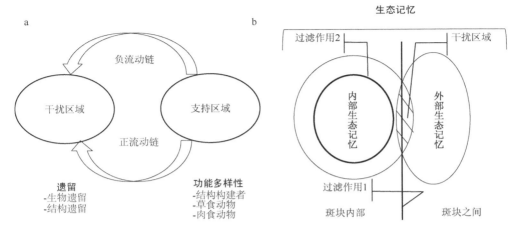

图 2.7 生态记忆（EM）的组成（a 图仿 Nyström & Folke，2001；b 图仿 Bengtsson et al.，2003）

另一种理论认为，生态记忆由内部记忆（internal or within-patch memory）和外部记忆（external memory）两部分构成，其中内部记忆由那些帮助物种定居和更新的生物结构组成，存在于斑块内部，常被称为生物遗迹（biological legacies）。外部记忆存在于干扰区周边的生境中，干扰区受到干扰后可用来为物种更新提供资源和支持区域。内部记忆与外部记忆在一定条件下可相互转化，但需跨越两道阈值（图 2.7b）。斑块间物理距离涉及物种传播范围及传播媒介等因素，决定了干扰后的物种有效性，在景观尺度上形成了第一道过滤网。另外，在斑块内部，存在着养分有效性及互利共生和竞争等种间关系，这些因素组成斑块尺度的第二道过滤网，决定着干扰后可在干扰区内定居的种类（Bengtsson et al.，2003）。

生态记忆有多种分类方法。生态记忆在空间尺度上可分为内部生态记忆和外部生态记忆（图 2.7b）。根据生态记忆存在时间的长短，可把生态记忆分为短期生态记忆（short-term ecological memory）和长期生态记忆（long-term ecological memory）。短期生态记忆即生态系统对未产生质变的生态过程或干扰事件的暂短记忆，在短时间内消失或被后续记忆覆盖。长期生态记忆则是对产生质变的重大事件的记忆，可在生态系统中长期保持，直到超过前一次强度的干扰事件发生。

基于心理学及生态记忆在生态系统动态发展中的作用，生态记忆在时间尺度上可划分为回顾性生态记忆（retrospectively ecological memory，REM）和前瞻性生态记忆（prospectively ecological memory，PEM）。回顾性生态记忆在时间上指向过去，在一定程度上反映生态系统过去阶段的物种组成、群落结构及波动和干扰事件。前瞻性生态记忆在时间上指向未来，记录着系统内在的发展趋势和发展轨迹，包括目前生态系统中存在的那些与未来发展相关的物种组成、群落结构和功能，以及物种之间、物种与环境之间的相互作用。前瞻性生态记忆和回顾性生态记忆连接着系统的过去、现在、未来及周边系统。

根据不同的表述方式，生态记忆主要有 3 种表示方法。从生态记忆的产生过程来看，一个系统现阶段的生态记忆（EM）等于其原始记忆（L）与生态记忆的丢失（D）的差值，即 EM=L－D（图 2.8a）。其中，L（latency，原始状态）表示原始状态的生态系统或群落，包括最原始的物种和生态过程；D（disturbance，干扰）表示外界对生态系统的干扰，包括入侵物种、生境重组，以及其他削弱生态记忆的干扰行为。

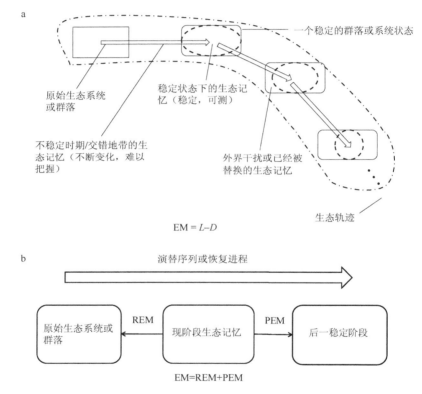

图 2.8　生态记忆的表示方法（仿自 Schaefer，2009）
EM 表示生态记忆，L 表示原始状态，D 表示干扰；REM 表示回顾性生态记忆，PEM 表示前瞻性生态记忆

从空间尺度上看，内部生态记忆（IEM）和外部生态记忆（EEM）构成了系统的完整记忆。因此，某个系统的生态记忆（EM）也可表示为内外部生态记忆的加和，即 EM=IEM+EEM。

从时间尺度上看，回顾性生态记忆（REM）与前瞻性生态记忆（PEM）构成了系统的完整记忆。因此，系统某一稳定状态下的生态记忆（EM）也可表示为回顾性生态记忆与前瞻性生态记忆的加和，即 EM=REM+PEM（图 2.8b）。

2.2.9.2 生态记忆形成的机制

人类记忆的形成需要两个必要条件，即产生记忆的生物学基础和人脑对事件的加工过程。对于生态系统，生态记忆的产生也需要相应的生态学基础，包括一定的气候条件、土壤特征、物种种类及排布方式等。例如，亚热带森林群落会按照针叶林→针阔叶混交林→常绿阔叶林的演替序列发展，而这种演替过程在北温带就不大可能发生。此外，生态记忆的产生还依赖生态系统的自身波动或外部干扰。波动幅度和干扰的方式、强度及频率决定着生态记忆的性质和种类。例如，小范围的波动只会产生短期生态记忆，而高强度或高频率的干扰则会产生长期生态记忆。

人类记忆具有编码形成、储存保持和提取再认 3 个重要环节。相似地，Phillips 和 Marion（2004）对森林生态系统的研究发现，由外部干扰造成的树桩残余，可以通过分解过程影响土壤养分及土层中的碎石分布，树桩位置不同造成的空间差异可直接影响生态记忆；Peterson（2002）也曾明确指出，干扰可以通过改变生物在景观中的镶嵌形式对生态记忆进行编码。由此可见，干扰很可能通过改变物种的种类、比例及空间格局使生态记忆编码产生，生态系统对干扰回应的经验积累则构成了生态记忆的储存和保持环节，当所经历的生态事件再次发生时，生态记忆会提取先前积累的经验和信息，加快系统反应速度，增强系统抵抗能力，从而完成生态记忆的提取和再认过程。

一些情况下，如生态系统过分依赖于气候、水分、生境等某一特定的限制因子，或生态系统的特征变量超出一定的历史变域（historical range of variability，HRV）时，生态记忆的作用就会有所降低，使生态系统发生异常，这很可能造成生态记忆相关机能的失控或失调，导致输入系统内的信息无法储存或难以检索，使系统记忆失去主次，无法驱动演替沿正常轨迹进行。

此外，有时系统内某些环境因子不适合生态记忆的激活和恢复，如气候或土壤的变化导致某地区种子库中的种子无法萌发或天敌的消失，会使相关的生态记忆失去效用；而外部干扰由动力到压力的转变过程，如森林的过度砍伐等，也破坏了生态记忆的原有状态，导致生态系统恢复力损失和自身性质转变，阻碍生态记忆的提取和再认。

2.2.9.3 生态记忆的影响因素

在珊瑚礁生态系统中，有 3 个因素削减了生态记忆和空间恢复力：①生物遗迹（biological legacies）的数量及其相互作用的减少；②组成流动链（mobile link）的功能组内和组间多样性的丢失；③支持区域中群落相互作用和功能多样性的降低。

此外，对于森林生态系统，影响生态记忆的主要因素可能还包括林型、林龄、自然干扰及人为干扰等，它们通过改变群落中的养分有效性、种间关系及种群的分布格局来主导生态记忆的变化过程，进而影响森林生态系统的发展轨迹。

2.2.9.4　生态记忆在生态恢复中应用

生态记忆为生态恢复提供了参考。生态记忆是恢复力的重要组成部分，一个生态系统的生态记忆越多，遭到破坏后的恢复能力越强，回到稳定状态所需的时间也就越少。生态记忆作为恢复力的载体，它为群落中已消失的物种重回群落提供了可能。生态恢复中的参考生态系统（reference ecosystem）很难选择，尤其是在全球气候和环境因子剧烈变化的条件下，需要我们更广泛地考虑生态系统的功能和过程，而生态记忆为此提供了线索。对生态记忆的分析可以帮助确立生态恢复的阈值体系，为探讨生态系统在什么情况下可以自行恢复、什么情况下需要修复工程介入、什么情况下必须构建新生生态系统等问题提供了有效的参考。

生态记忆为防御生物入侵提供了新方法。生态系统与人体免疫系统有诸多相似之处。而生态记忆是抵抗力和恢复力的载体，它的存在增强了系统的免疫能力。相反，生态记忆的丢失会方便外来种入侵，使其最终创造出以自身生态记忆和恢复力为特征的一块领域，当其成为系统中生态记忆的主要部分时，就会造成原有系统的功能失衡和入侵种的大面积暴发。因此，防止生物入侵需要将系统内外部生态记忆一并考虑，同时着眼于斑块间和斑块内两道过滤工序（图 2.7b）的调节过程。Schaefer（2006，2009）指出，入侵种的迅速扩张很可能是因为群落中缺少相应的生态记忆（如天敌等），过多丧失生态记忆的系统则会由入侵种驱动，转化为新生生态系统。

生态记忆为理解演替过程提供了新角度。群落演替具有一定方向和规律，并且往往是能预见或可测定的，而生态记忆驱动着适应性循环（adaptive cycle）周而复始地进行，它不仅记录了一个生态系统的成长史，还为其他年轻的生态系统提供了可参考的发展轨迹。一般情况下，回顾性生态记忆有利于系统稳定，阻碍演替发生；前瞻性生态记忆则是演替的内部驱动力。演替序列两个阶段之间的生态记忆犹如弹簧一般存在，当生态系统处于正常波动范围内时，会表现出拉伸式弹簧的性质，维持原有系统的稳定；当外部干扰使生态记忆跨越阈值发生质变时，表现为压缩式弹簧的性质，促使系统结构和功能发生变化，而这一阈值一旦跨越后便很难回头。可以认为，正是生态记忆驱动了适应性循环的运转，才使群落演替有规律地进行。

2.2.9.5　生态记忆研究需要加强的方面

生态记忆具有一定局限性。首先，它是经过物理和生物过滤选择后存留下来的痕迹，并不能完全代表系统的整个生态发展史。其次，现今已难以找到未受人类干扰的原始生态系统为生态记忆的研究提供借鉴。最后，历史资料记录时就受到时代和当代文化的选择，此后又由于保存不当等造成信息的丢失和残缺，而资料的收集过程又容易受到主观因素的影响，最后搜集到的历史资料仍未必适用于所关注的时间和过程。这些都削弱了可参考历史信息的有效性、完整性和可靠性。

培养生态记忆（nurturing ecological memory）是构建生态系统恢复力的重要方面，但生态记忆却很难量化。从生态记忆的评价过程到建立评价指标体系是很大的挑战，参数的选择必须关注那些组成复杂系统的关键变量，在确定指标之前需要考虑特殊的背景、系统的不确定性及目的，还要注意尺度匹配。生态记忆的量化可以从种群、生态系统结构、干扰频率、生态事件的发生速率、趋势、周期性及其他动力过程中提取有效信息，如土壤的元素特征反映了土壤风化、灰化、酸化及淋溶等过程；土壤孢粉被用来构建古气候和古植被类型。种子库具有遗传记忆功能，常被誉为土壤记忆库。此外，量化过程还可借鉴考古学、历史学、人类生物学等学科的知识和手段（Sun et al.，2016）。

阈值（threshold）是指控制着各变量的水平，在这些水平上，关键性变量对系统其余部分产生的反馈会引发变化。在生态记忆中存在着多个阈值，如内外部生态记忆转化过程需要跨越阈值；前瞻性生态记忆与回顾性生态记忆超越某一阈值时就会造成系统的正向或逆向移动。另外，在生态恢复过程中，生态记忆达到哪一阈值时，生态系统才可自行可持续发展？又在何种情况下必须构建新生系统？确定这一系列的阈值体系，对揭示演替机制和指导生态恢复工程具有重要意义。

生态记忆的概念源于生态史研究，是过去发生的生态事件在群落或生态系统中遗留的痕迹，对群落的发展和生态系统动力有重要作用。生态记忆的局限性在于它并不能反映整个生态史，同时受到历史信息收集过程中的信息有效性、可靠性及完整性的限制。指标不易选取和量化、阈值难以确定等是生态记忆必须面对的挑战，也是未来生态记忆研究的主攻方向。生态记忆的研究无论是在国内还是在国外都是一个较新的领域，尚存在诸多问题亟待解决，如演替序列中的生态记忆是如何变化的、是否有特定的规律、生态记忆与生态系统的恢复进程有何关系、如何运用生态记忆指导生物多样性保护、森林生态系统中的生态记忆与系统动力有何关联。要解决上述问题，需把生态记忆与生态系统动力及人类干扰相结合，将其进一步应用于生态恢复、自然资源保护及社会生态系统等领域中，以便更好地发挥生态记忆潜在的生态学价值。

主要参考文献

包维楷，陈庆恒. 生态系统退化的过程及其特点. 生态学杂志, 1999, 18(2): 36-42.

陈波，包志毅. 生态恢复中景观异质性指标的运用——以矿区废弃地为例. 地域研究与开发, 2005, 24(4): 75-78.

陈育. 浅析景观格局分析方法在生态恢复当中的应用. 内蒙古环境保护, 2005, 17(1): 53-57.

黄铭洪. 环境污染与生态恢复. 北京: 科学出版社, 2003.

黄忠良, 彭少麟, 易俗. 影响季风常绿阔叶林幼苗定居的因素. 热带亚热带植物学报, 2001, 9: 123-128.

康恩胜, 宋子岭, 庞文娟. 生物多样性原理在采煤废弃地复垦中的应用. 露天采矿技术, 2005, 5: 78-84.

李哈滨, Franklin J. 景观生态学——生态学领域里的新概念构架. 生态学进展, 1988, 5(1): 23-33.

刘庆, 吴彦, 何海. 中国西南亚高山针叶林的生态学问题. 世界科技研究与发展, 2001, 23(2): 63-69.

刘学军, 李秀彬. 等高线植物篱提高坡地持续生产力研究进展. 地理科学进展, 1997, 16(3): 70-79.

孟婷婷, 倪健, 王国宏, 等. 植物功能性状与环境和生态系统功能. 植物生态学报, 2007, 31: 150-165.

彭少麟. 恢复生态学. 北京: 气象出版社, 2007.

彭少麟. 热带亚热带恢复生态学研究与实践. 北京: 科学出版社, 2003.

彭少麟. 退化生态系统的恢复及其生态效应. 应用与环境生物学报, 1995, (1): 403-414.

任海, 蔡锡安, 饶兴权, 等. 植物群落的演替理论. 生态科学, 2001, 20: 59-67.

任海, 刘庆, 李凌浩. 恢复生态学导论. 2 版. 北京: 科学出版社, 2008.

任海, 彭少麟, 陆宏芳. 退化生态系统恢复与恢复生态学. 生态学报, 2004, 24(8): 1756-1764

任海, 彭少麟. 恢复生态学导论. 北京: 科学出版社, 2001.

任海, 王俊, 陆宏芳. 恢复生态学的理论与研究进展. 生态学报, 2014, 34(15): 4117-4124.

任海, 王俊. 试论人工林下乡土树种定居限制问题. 应用生态学报, 2007, 18(8): 1855-1860.

任海, 杨龙, 刘楠. 护理植物理论及其在南亚热带生态恢复中的应用. 自然科学进展, 2007, 17(11): 1461-1466.

孙书存, 包维楷. 恢复生态学. 北京: 化学工业出版社, 2004.

孙中宇, 任海. 生态记忆及其在生态学中的潜在应用. 应用生态学报, 2011, 22(3): 549-555.

王仁卿, 张淑萍, 葛秀丽. 利用宫胁森林重建法恢复和再建山东森林植被. 山东林业科技, 2002, (4): 3-7.

邬建国. 景观生态学. 北京: 高等教育出版社, 2000.

许木启, 黄玉瑶. 受损水域生态系统恢复与重建研究. 生态学报, 1998, 18(5): 547-558.

杨玉盛. 全球环境变化对典型生态系统的影响研究: 现状、挑战与发展趋势. 生态学报, 2017, 37: 1-11.

余作岳. 广东亚热带丘陵荒坡退化生态系统恢复及优化模式探讨. 热带亚热带森林生态系统研究, 1990, 7: 1-11.

余作岳, 彭少麟. 热带亚热带退化生态系统植被恢复生态学研究. 广州: 广东科技出版社, 1997.

张金屯. 数量生态学. 2 版. 北京: 科学出版社, 2018

张林, 罗天祥. 植物叶寿命及其相关叶性状的生态学研究进展. 植物生态学报, 2004, 28: 844-852.

Allen EB. The restoration of disturbed arid landscapes with special reference to mycorrhizal fungi. Journal of Arid Environments, 1989, 17: 279-286.

Allen JRL. Morphodynamics of Holocene salt marshes: a review sketch from the Atlantic and southern North Sea coasts of Europe. Quaternary Science Review, 2000, 19: 155-231.

Andel J, Aronson J. Restoration Ecology, the New Frontier. Oxford: Wiley-Blackwell, 2012.

Andel J, Aronson J. Restoration Ecology. Oxford: Blackwell Publishing, 2005.

Armas C, Pugnaire FI. Plant interactions govern population dynamics in a semi-arid plant community. Journal of Ecology, 2005, 93: 978-989.

Asanok L, Marod D, Duengkae P, et al. Relationships between functional traits and the ability of forest tree species to reestablish in secondary forest and enrichment plantations in the uplands of northern Thailand. Forest Ecology and Management, 2013, 296: 9-23.

Bengtsson J, Angelstam P, Elmqvist T, et al. Reserves, resilience and dynamic landscapes. Ambio, 2003, 32: 389-396.

Bestelmeyer BT. Threshold concepts and their use in rangeland management and restoration: the good, the bad, and the insidious. Restoration Ecology, 2006, 14: 325-329.

Bradshaw AD. The reconstruction of ecosystems: presidential address to the British ecological society. Journal of Applied Ecology, 1983, 20: 1-17.

Brudvig LA, Barak RS, Bauer JT, et al. Interpreting variation to advance predictive restoration science. Journal of Applied Ecology, 2017, 54: 1018-1027.

Bruno JB, Stachowicz JJ, Bertness MD. Inclusion of facilitation into ecological theory. Trends in Ecology and Evolution, 2003, 18: 119-125

Cain S A. Plant succession and ecological history of a central Indiana swamp. Botanical Gazette, 1928, 86: 384-401.

Callaway RM, Brooker RW, Choler P, et al. Positive interactions among alpine plants increase with stress. Nature, 2002, 417: 844-848.

Castro J, Zamora R, Hódar JA, et al. Benefits of using shrubs as nurse plants for reforestation in Mediterranean mountains: a 4-year study. Restoration Ecology, 2004, 12: 352-358.

Castro J, Zamora R, Hódar JA, et al. Use of shrubs as nurse plants: a new technique for reforestation in Mediterranean mountains. Restoration Ecology, 2002, 10: 297-305.

Cavieres LA, Badano EI, Sierra-Almeida A, et al. Positive interactions between alpine plant species and the nurse cushion plant *Laretia acaulis* do not increase with elevation in the Andes of central Chile. New Phytol, 2006, 169: 59-69.

Clark DL, Wilson M, Roberts R, et al. Plant traits–a tool for restoration? Applied Vegetation Science, 2012, 15: 449-458.

Clewell AF, Aronson J. Ecological Restoration: Principles, Values, and Structure of an Emerging Profession. Washington DC: Island Press, 2013.

Clobert J, Baguetter M, Benton TG, et al. Dispersal Ecology and Evolution. Oxford: Oxford University Press, 2012.

Cole I, Lunt ID. Restoration kangaroo grass (*Themeda triandra*) to grassland and woodland understoreys: a review of establishment requirements and restoration exercises in south-east Australia. Ecological Management, Restoration, 2005, 6: 28-33.

Comas LH, Goslee SC, Skinner RH, et al. Quantifying species trait-functioning relationships for ecosystem management. Applied Vegetation Science, 2011, 14: 583-595.

D'Astous A, Poulin M, Aubin I, et al. Using functional diversity as an indicator of restoration success of a cut-over bog. Ecological Engineering, 2013, 61:519-526.

Diamond JM. The assembly of species communities // Cody ML, Diamond JM. Ecology and evolution of communities. Cambridge: Harvard University Press, 1975: 342-344.

Díaz S, Hodgson JG, Thompson K, et al. The plant traits that drive ecosystems: evidence from three continents. Journal of Vegetation Science, 2004, 15: 295-304.

Dickie IA, Schnitzer SA, Reich PB, et al. Spatially disjunct effects of co-occurring competition and facilitation. Ecology Letter, 2005, 8: 1191-1200.

Douma JC, Aerts R, Witte JPM, et al. A combination of functionally different plant traits provides a means to quantitatively predict a broad range of species assemblages in NW Europe. Ecography, 2012, 35: 364-373.

Dramstad WE, Olson JD, Forman RTT. Landscape Ecology Principles in Landscape Architecture and Land Use Planning. Washington DC: Island Press, 1996.

Dubuis A, Rossier L, Pottier J, et al. Predicting current and future spatial community patterns of plant functional traits. Ecography, 2013, 36: 1158-1168.

Dupouey JL, Dambrine E, Laffite JD, et al. Irreversible impact of past land use on forest soils and biodiversity. Ecology, 2002, 83: 2978-2984.

Egerova J, Proffitt E, Travis SE. Facilitation of survival and growth of *Baccharis halimifolia* L. by *Spartina alterniflora* Loisel. in a created Louisiana salt marsh. Wetlands, 2003, 23: 250-256.

Ehrenfeld J. Defining the limits of restoration: the need for realistic goals. Restoration Ecology, 2000, 8: 2-9.

Elton C. Animal Ecology. New York: MacMillan Company, 1927.

Engst K, Baasch A, Erfmeier A, et al. Functional community ecology meets restoration ecology: assessing the restoration success of alluvial floodplain meadows with functional traits. Journal of Applied Ecology, 2016, 53:751-764.

Fischer LK, Lippe MVD, Kowarik I. Urban grassland restoration: which plant traits make desired species successful colonizers? Applied Vegetation Science, 2013, 16(2): 272-285.

Forman RT, Godron M. Landscape Ecology. New York: John Wiley and Sons, 1986.

Funk JL, Cleland EE, Suding KN, et al. Restoration through reassembly: plant traits and invasion resistance. Trends in Ecology and Evolution, 2008, 23: 695-703.

Gómez-Aparicio L, Zamora R, Gómez JM, et al. Applying plant facilitation to forest restoration: a meta-analysis of the use of shrubs as nurse plants. Ecological Application, 2004, 14: 1128-1138.

Gondard H, Jauffret S, Aronson J, et al. Plant functional types: a promising tool for management and restoration of degraded lands. Applied Vegetation Science, 2003, 6: 223-234.

Grime JP. Trait convergence and trait divergence in herbaceous plant communities: mechanisms and consequences. Journal of Vegetation Science, 2006, 17: 255-260.

Grinnell J. The niche-relationships of the California thrasher. Auk, 1917, 34: 427-433.

Hedberg P, Łukasz K, Kotowski W, et al. Functional diversity analysis helps to identify filters affecting community assembly after fen restoration by top-soil removal and hay transfer. Journal for Nature Conservation, 2014, 22:50-58.

Hedberg P, Saetre P, Sundberg S, et al. A functional trait approach to fen restoration analysis. Applied Vegetation Science, 2013, 16: 658-666.

Helsen K, Hermy M, Honnay O. Trait but not species convergence during plant community assembly in restored semi-natural grasslands. Oikos, 2012, 121: 2121-2130.

Hérault R, Honnay O, Thoen D, et al. Evaluation of the ecological restoration potential of plant communities in Norway spruce plantations using a life-trait based approach. Journal of Applied Ecology, 2005, 42: 536-545.

Higgs E, Falk DA, Guerrini A, et al. The change role of history in restoration ecology. Frontiers in

Ecology and the Environment, 2014, 12: 499-506.

Hillerislambers J, Adler PB, Harpole WS, et al. Rethinking community assembly through the lens of coexistence theory. The Annual Review of Ecology, Evolution, and Systematics, 2012, 43: 227-248.

Hobbs R. Restoration ecology: the challenge of social values and expectations. Frontiers in Ecology and the Environment, 2004, 2(1): 43-48.

Hobbs RJ, Norton DA. Towards a conceptual framework for restoration ecology. Restoration Ecology, 1996, 4: 93-110.

Hobbs RJ, Suding KN. New Models for Ecosystem Dynamics and Restoration. Washington DC: Island Press, 2009.

Howell EA, Harrington JA, Glass SB. Introduction to Restoration Ecology. Washington DC: Island Press, 2012.

Hutchinson GE. The multivariate niche. Cold Spring Harbour Symposia in Quantitative Biology, 1957, 22: 415-421.

Ibáñez I, Schupp EW. Positive and negative interactions between environmental conditions affecting *Cercocarpus ledifolius* seedling survival. Oecologia, 2001, 129: 543-550

Kadowaki K, Nishijima S, Kéfi S, et al. Merging community assembly into the regime-shift approach for informing ecological restoration. Ecological Indicators, 2018, 85: 991-998.

Katovai E, Burley AL, Mayfield MM. Understory plant species and functional diversity in the degraded wet tropical forests of Kolombangara Island, Solomon Islands. Biological Conservation, 2012, 145: 214-224.

Kevin L, Martijnl V, Jeanpierre M, et al. Integrating environmental conditions and functional life-history traits for riparian arthropod conservation planning. Biological Conservation, 2009, 142: 625- 637

Kimball S, Mooney KA. Establishment and management of native functional groups in restoration. Restoration Ecology, 2014, 22: 81-88.

Kooyman R, Rossetto M. Definition of plant functional groups for informing implementation scenarios in resource-limited multi-species recovery planning. Biodiversity and Conservation, 2008, 17: 2917-2937.

Kraft NJB, Ackerly DD. Functional trait and phylogenetic tests of community assembly across spatial scales in an Amazonian forest. Ecological Monographs, 2010, 80: 401-422.

Kraft NJB, Valencia R, Ackerly DD. Functional traits and niche-based tree community assembly in an Amazonian forest. Science, 2008, 322: 580-582.

Kulheim C, Agren J, Jansson S. Rapid regulation of light harvesting and plant fitness in the field. Science, 2002, 297: 91-93

Lai PCC, Wong BSF. Effects of tree guards and weed mats on the establishment of native tree seedlings: implications for forest restoration in Hong Kong, China. Restoration Ecology, 2005, 13:138-143.

Lambeets K, Vandegehuchte ML, Maelfait JP, et al. Integrating environmental conditions and functional life-history traits for riparian arthropod conservation planning. Biological Conservation, 2009, 142: 625-637.

Li WH. Degradation and restoration of forest ecosystems in China. Forest Ecology and Management, 2004, 201: 33-41.

Liancourt P, Callaway RM, Michalet R. Stress tolerance and competitive-response ability determine the outcome of biotic interactions. Ecology, 2005, 86: 1611-1618.

Liu N, Ren H, Yuan SF, et al. Testing the stress-gradient hypothesis during the restoration of tropical degraded land using the shrub *Rhodomyrtus tomentosa* as a nurse plant. Restoration Ecology, 2013, 21: 578-584.

Luken JO. Directing Ecological Succession. London: Chapman & Hall, 1990.

Magnago LFS, Edwards DP, Edwards FA, et al. Functional attributes change but functional richness is unchanged after fragmentation of Brazilian Atlantic forests. Journal of Ecology, 2014, 102: 475-485.

Martínez-Garza C, Bongers F, Poorter L. Are functional traits good predictors of species performance in restoration plantings in tropical abandoned pastures? Forest Ecology and Management, 2013, 303: 35-45.

May F, Giladi I, Ristow M, et al. Plant functional traits and community assembly along interacting gradients of productivity and fragmentation. Perspectives in Plant Ecology, Evolution and Systematics, 2013, 15: 304-318.

Meers TL, Enright NJ, Bell TL, et al. Deforestation strongly affects soil seed banks in eucalypt forests: generalizations in functional traits and implications for restoration. Forest Ecology and Management, 2012, 266: 94-107.

Metzger JP, Esler K, Krug C, et al. Best practice for the use of scenarios for restoration planning. Current Opinion in Environmental Sustainability, 2017, 29: 14-25.

Miyawaki A. Creative ecology: restoration of native forests by native trees. Plant Biology, 1999, 16: 15-25.

Moreno-Mateos D, Power ME, Comín FA, et al. Structural and functional loss in restored wetland ecosystems. PLoS Biology, 2012, 10(1): e1001247.

Morrison ML. Restoring Wildlife: Ecological Concepts and Practical Applications. 2nd ed. Washington DC: Island Press, 2009.

Munzbergova Z, Herben T. Seed, dispersal, microsite, habitat and recruitment limitation: Identification of terms and concepts in studies of limitation. Oecologia, 2005, 145: 1-8.

Natuhara Y. Green infrastructure: innovative use of indigenous ecosystems and knowledge. Landscape and Ecological Engineering, 2018, 14: 187-192.

Niering WA, Whittaker RH, Lowe CH. The saguaro: a population in relation to environment. Science, 1963, 142: 15-23.

Nobel PS, Zutta BR. Morphology, ecophysiology, and seedling establishment for Fouquieria splendens in the northwestern Sonoran Desert. Journal of Arid Environments, 2005, 62: 251-265.

Nyström M, Folke C. Spatial resilience of coral reefs. Ecosystems, 2001, 4: 406-417.

Padilla FM, Pugnaire FI. The role of nurse plants in the restoration of degraded environments. Frontiers in Ecology and Environments, 2006, 4(4): 196-202.

Padisak J. Seasonal succession of phytoplankton in a large shallow lake (Balaton, Hungary)—a dynamic approach to ecological memory, its possible role and mechanisms. Journal of Ecology, 1992, 80(2): 217-230.

Palmer MA, Zedler JB, Falk DA. Foundations of Restoration Ecology. 2nd ed. Washington DC: Island Press, 2016

Peterson GD. Contagious disturbance, ecological memory, and the emergence of landscape pattern. Ecosystems, 2002, 5(4): 329-338.

Phillips JD, Marion DA. Pedological memory in forest soil development. Forest Ecology and

Management, 2004, 188: 363-380.

Prach K, Walker LR. Four opportunities for studies of ecological succession. Trends in Ecology and Evolution, 2011, 26: 119-123.

Pywell RF, Bullock JM, Roy DB, et al. Plant traits as predictors of performance in ecological restoration. Journal of Applied Ecology, 2003, 40: 65-77.

Raf A, Maes W, November E, et al. Restoring dry Afromontane forest using bird and nurse plant effects: direct sowing of *Olea europaea* ssp. *cuspidata* seeds. Forest Ecology and Management, 2006, 230: 23-31.

Ren H, Shen W, Lu H, et al. Degraded ecosystems in China: status, causes, and restoration efforts. Landscape and Ecological Engineering, 2007, 3: 1-13.

Renton M, Shackelford N, Standish RJ, et al. Habitat restoration will help some functional plant types persist under climate change in fragmented landscapes. Global Change Biology, 2012, 18: 2057-2070.

Rieger J, Stanley J, Traynor R. Project Planning and Management for Ecological Restoration. Washington DC: Island Press, 2014.

Ruger N, Wirth C, Wright SJ, et al. Functional traits explain light and size response of growth rates in tropical tree species. Ecology, 2012, 93: 2626-2636.

Sánchez-Velásquez LR, Quintero-Gradilla S, Aragón-Cruz F, et al. Nurses for *Brosimum alicastrum* reintroduction in secondary tropical dry forest. Forest Ecology and Management, 2004, 198: 401-404.

Schaefer V. Alien invasions, ecological restoration in cities and the loss of ecological memory. Restoration Ecology, 2009, 17(2): 171-176.

Schaefer V. Science, stewardship, and spirituality: the human body as a model for ecological restoration. Restoration Ecology, 2006, 14(1): 1-3.

SER. The SER International Primer on Ecological Restoration. Tucson: Society for Ecological Restoration International, 2004.

Siemann E, Rogers WE. Recruitment limitation, seedling performance and persistence of exotic tree monocultures. Biological Invasions, 2006, 8(5): 979-991.

Silvertown J, Charlesworth D. 简明植物种群生物学. 4 版. 李博, 董慧琴, 陆建忠, 等译. 北京: 高等教育出版社, 2003.

Smit C, Ouden JD, Müller-schärer H. Unpalatable plants facilitate tree sapling survival in wooded pastures. Journal of Applied Ecology, 2006, 43: 305-312.

Soudzilovskaia NA, Elumeeva TG, Onipchenko VG, et al. Functional traits predict relationship between plant abundance dynamic and long-term climate warming. PNAS, 2013, 110: 18180-18184.

Sun ZY, Ren H, Schaefer V, et al. Quantifying ecological memory during forest succession: a case study from lower subtropical forest ecosystems in South China. Ecological Indicators, 2013, 34: 192-203.

Sun ZY, Ren H, Schaefer V, et al. Using ecological memory as an indicator to monitor the ecological restoration of four forest plantations in subtropical China. Environmental Monitoring and Assessment, 2014, 186: 8229-8247.

Sun ZY, Wang J, Ren H, et al. To what extent local forest soil pollen can assist restoration in subtropical China? Scientific Reports, 2016, 6: 37188.

Suter M, Edwards PJ. Convergent succession of plant communities is linked to species' functional traits. Perspectives in Plant Ecology, Evolution and Systematics, 2013, 15: 217-225.

Suzán-Azpiri A, Sosa T. Comparative performance of the giant cardon cactus (*Pachycereus pringlei*) seedlings under two leguminous nurse plant species. Journal of Arid Environments, 2006, 65: 351-362.

Temperton VM, Hobbs RJ, Nuttle T, et al. Assembly Rules and Restoration Ecology: Bridging the Gap between Theory and Practice. Washington DC: Island Press, 2004.

Tilman D, Knops J, Wedin D, et al. The influence of functional diversity and composition on ecosystem processes. Science, 1997, 277: 1300-1302.

Tongway DJ, Ludwig JA. Restoring Disturbed Landscapes: Putting Principles into Practice. Washington DC: Island Press, 2011.

Török P, Helm A, Kiehl K, et al. Beyond the species pool: modification of species dispersal, establishment, and assembly by habitat restoration. Restoration Ecology, 2018, 26(S2): 65-72.

Tozer MG, Mackenzie BDE, Simpson CC. An application of plant functional types for predicting restoration outcomes. Restoration Ecology, 2012, 20: 730-739.

van der Valk. Succession theory and wetland restoration. Proceedings of INTECOL's V Perth, Australia: International Wetlands Conference, 1999.

van der Wruff AWG, Kools SAE, Boivin M E Y, et al. Type of disturbance and ecological history determine structural stability. Ecological Applications, 2007, 17(1): 190-202.

Villar-Salvador P, Valladares F, Domínguez-Lerena S, et al. Functional traits related to seedling performance in the Mediterranean. Environmental & Experimental Botany, 2008, 64: 145-154.

Walker B, Salt D. Resilience Thinking: Sustaining Ecosystem and People in a Changing World. Washington DC: Island Press, 2006.

Walker LR, Walker J, Hobbs RJ. Linking Restoration and Ecological Succession. New York: Springer, 2007.

Walker RW, Thompson DB, Landau FH. Experimental manipulations of fertile islands and nurse plant effects in the Mojave Desert, USA. West Natural American Naturalist, 2001, 61: 25-35.

Wang J, Li DY, Ren H, et al. Seed supply and the regeneration potential for plantations and shrubland in southern China. Forest Ecology and Management, 2010, 259: 2390-2398.

Wang J, Ren H, Yang L, et al. Establishment and early growth of introduced indigenous tree species in typical plantations and shrubland in South China. Forest Ecology and Management, 2009b, 258: 1293-1300.

Wang J, Ren H, Yang L, et al. Factors influencing establishment by direct seeding of indigenous tree species in typical plantations and shrubland in South China. New Forests, 2011, 42: 19-33.

Wang J, Ren H, Yang L, et al. Seedling morphological characteristics and seasonal growth of indigenous tree species transplanted into four plantations in South China. Landscape and Ecological Engineering, 2013, 9: 203-212.

Wang J, Ren H, Yang L, et al. Soil seed banks in four 22-year-old plantations in South China: implications for restoration. Forest Ecology and Management, 2009c, 258: 2000-2006.

Wang J, Zou C, Ren H, et al. Absence of tree seeds impedes shrubland succession in southern China. Journal of Tropical Forest Science, 2009a, 21: 210-217.

Warner RR, Chesson PL. Coexistence mediated by recruitment fluctuations: a field guide to the effect. American Naturalist, 1985, 125: 769-787.

Weiher E, Keddy P. Ecological Assembly Rules: Perspectives, Advances, Retreats. Cambridge: Cambridge University Press, 1999.

Wellstein C, Schröder B , Reineking B, et al. Understanding species and community response to environmental change — A functional trait perspective. Agriculture, Ecosystems and Environment, 2011, 145: 1-4.

Whisenant S G. Repairing Damaged Wildlands: A Process—Orientated, Landscape Scale Approach. Cambridge: Cambridge University Press, 1999.

Yang L, Ren H, Liu N, et al. Can perennial dominant grass *Miscanthus sinensis* be nurse plant in recovery of degraded hilly land landscape in South China? Landscape and Ecological Engineering, 2013, 9: 213-225.

Yang L, Ren H, Liu N, et al. The shrub *Rhodomyrtus tomentosa* acts as a nurse plant for seedlings differing in shade tolerance in degraded land of South China. Journal of Vegetation Sciences, 2010, 21: 262-272.

Young T P, Petersen D A, Clary J J. The ecology of restoration: historical links, emerging issues and unexplored realms. Ecology Letters, 2005, 8: 662-673.

Zedler JB, Callaway JC. Tracking wetland restoration: do mitigation sites follow desired trajectories? Restoration Ecology, 1999, 7: 69-73.

3 退化生态系统

退化生态系统（degraded ecosystem）实际上是生态系统演替的一种类型。退化生态系统形成既可能是自然的，也可能是人为的，本书主要限于由人类干扰形成的退化生态系统。人类由于各种限制或认识不足，在生产生活中使生态系统受害或受损，再恢复它们则要付出比利用或破坏时大得多的努力。而且从目前的研究和实践结果看，复制型的生态系统恢复似乎是不可能的。

3.1 退化生态系统的成因与过程

退化生态系统是指在自然或人为持续性胁迫事件或间断性的小干扰下形成的偏离自然状态的生态系统，在这种干扰下生态系统还来不及自然恢复，而且持续性和渐进性生态系统功能及自我维持性受到损伤。生态系统的退化有多种诱导因素，而且有时滞，生态系统中原有的组分也大量丢失。与自然系统相比，一般来说，退化生态系统物种组成、群落或系统结构改变，生物多样性减少，生物生产力降低，土壤和微环境恶化，生物间相互关系改变（Chapman，1992；Daily，1995；陈灵芝和陈伟烈，1995；Tongway & Ludwig，2011）。当然，不同的生态系统类型，其退化的表现是不一样的。例如，湖泊由于富营养化会退化，外来种入侵、在人为干扰下本地非优势种取代历史上的优势种等引起生态系统的退化等。往往这种情况下的退化会改变生态系统的生物多样性，但生物生产力不一定下降，有的反而会上升（Berger，1993）。

退化生态系统包括裸地、森林采伐迹地、弃耕地、沙漠化土地、污染土地和水体、采矿废弃地和垃圾填埋场等类型。退化生态系统一般分为轻度、中度和极度 3 类，可以从生物、生境、生态过程、景观、生态系统服务、综合等不同角度进行诊断。

退化生态系统形成的直接原因是人类活动，部分来自自然灾害，有时两者叠加产生作用。生态系统退化的过程由干扰的强度、持续时间和规模决定。Daily（1995）对造成生态系统退化的人类活动进行了排序：过度开发（含直接破坏和环境污染等）占 34%，毁林占 30%，农业活动占 28%，过度收获薪材占 7%，生物工业占 1%，夹杂其中的还有环境污染和生态系统管理不善。自然干扰中外来种入侵（包括因人为引种后泛滥成灾的入侵）、火灾及水灾是最重要的因素。干扰会打破原有生态系统的平衡从而导致退化，干扰要考虑分布、频度、重发间隔、周期、预测性、面积或大小、强度值、严重值和协同效应等（Pickett & White，1985）。

Daily（1995）指出，基于以下 4 个原因人类进行生态恢复是非常必要的：需要增加作物产量以满足人类需求；人类活动已对地球的大气循环和能量流动产生了严重的影响；生物多样性依赖于人类保护和生境恢复；土地退化限制了社会经济的发展。退化的生态系统需要尽快恢复，若不恢复会有如下很严重的后果：特有种的丧失和广布种的定居、入侵种的定居、群落结构简化、小气候被破坏、有益的土壤性质的丧失、养分持留能力的缩减、水分状况的改变、营养级的失序、荒漠化和盐碱化等（Clewell & Aronson，2013）。

Brown 和 Lugo（1994）也指出，生态系统的退化过程或程度取决于生态系统的结构或过程受干扰的程度。例如，人类对植物获取资源过程的干扰（如过度灌溉影响植物的水分循环，超量施肥影响植物的物质循环）要比对生产者或消费者的直接干扰（如砍伐或猎取）产生的负效应要大。一般来说，在生态系统组分尚未完全破坏前排除干扰，生态系统的退化会停止并开始恢复（如少量砍伐后森林的恢复），但在生态系统的功能被破坏后排除干扰，生态系统的退化则很难停止，而且还有可能会加剧（如炼山后的林地恢复）。King 和 Hobbs（2006）确定了生态系统退化的过程（图 3.1）。在这一过程中，会有突变、渐变、跃变、间断不连续等形式。

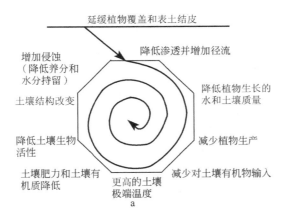

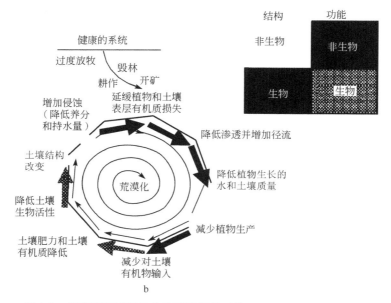

图 3.1　带有反馈过程的土地逐步退化（仿 King & Hobbs，2006）
a. 显示过程；b. 显示在这一过程中每一步是结构或功能、生物或非生物性质

3.2　全球的退化生态系统

　　据估计，人类对土地的开发（主要指生境转换）导致了全球 50 多亿公顷土地的退化，使全球 43% 的陆地植被生态系统的服务功能受到了影响。联合国环境规划署等的调查表明（Gaynor，1990；Barrow，1991；刘良梧和龚子同，1994；Daily，1995；Middleton & Thomas，1997）：全球有 19.69 亿 hm^2 土地退化（占全球有植被分布土地面积的 17%），其中轻度退化的（农业生产力稍微下降，恢复潜力很大）有 7.5 亿 hm^2，中度退化的（农业生产力下降更多，要通过一定的经济和技术投资才能恢复）有 9.1 亿 hm^2，严重退化的（没有进行农业生产，要依靠国际援助才能进行改良）有 3.0 亿 hm^2，极度退化的（不能进行农业生产和改良）有 0.09 亿 hm^2；全球荒漠化土地有 35.62 亿 hm^2（占全球干旱地面积的 70%），其中轻微退化的有 12.23 亿 hm^2，中度退化的有 12.67 亿 hm^2，严重退化的有 10 亿多 hm^2，极度退化的有 0.72 亿 hm^2，此外，弃耕的旱地每年还在以 900 万-1100 万 hm^2 的速度递增；全球退化的森林有 20 亿 hm^2（Stanturf et al.，2014），其中热带雨林面积有 4.27 亿 hm^2，而且每年还在以 0.154 亿 hm^2 的速度递增。联合国环境规划署还估计，1978-1991 年全球土地荒漠化造成的损失达 3000 亿-6000 亿美元，现在每年高达 423 亿美元，而全球每年进行生态恢复投入的经费达 100 亿-224 亿美元。Gibbs 和 Salmon（2015）发现，全球现有退化土地 4.70 亿-61.4 亿 hm^2，这一数字

远高于 1995 年的数据，约占全球土地总面积的 1/3，但退化土地在全球的分布格局大致未变（图 3.2）。

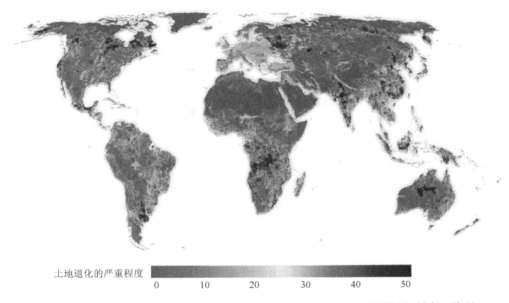

土地退化的严重程度

0   10   20   30   40   50

图 3.2　全球退化土地分布格局（引自 Gibbs & Salmon，2015）（彩图请扫封底二维码）

　　生态系统退化会伴随着生物多样性的严重丧失。全球生物多样性与生态系统服务政府间科学与政策平台（IPBES）近 600 名科学家耗时 3 年多开展了自 2005 年以来全球最广泛的生物多样性调查，在 2018 年 3 月发表的研究报告指出：全世界塑料废物最多的 10 条河流当中，8 条在亚洲；在欧洲和中亚，自 1970 年以来，湿地已减少了一半；非洲约有 50 万 km² 的土地将退化；在美洲，物种数量已比首批欧洲移民登陆时少了 31%，到 2050 年，此数值将达约 40%。报告还指出，若不采取严厉措施，到 2048 年，亚洲太平洋区的海产可能会耗尽；到 2050 年，多达 9 成的珊瑚将严重退化；而在欧洲和中亚，近 1/3 已知的海洋鱼类种群和 42% 的陆地动植物数量将减少；到 2100 年，非洲半数以上的鸟类和哺乳动物将灭绝。到 2050 年，在污染与伐木造成的破坏之外，气候变化也将成为生物多样性持续面对的重大威胁。这份报告说明，人类活动正导致地球各处的植物和动物以惊人的速度减少，过度的耕地开辟与水产捕捞已影响净水与能源的供应，人类正在破坏自己未来的福祉。刚好在 2018 年 3 月 19 日，世界上最后一头雄性北方白犀牛"苏丹"在肯尼亚去世，这个物种灭绝的明证及这份报告发人深省。此外，IPBES 关于全球土壤状况的报告指明了污染、森林破坏、采矿及不可持续的耕作方法如何导致土壤的营养物质迅速退化。

3.3 中国的退化生态系统

近些年，自然生态系统保护和退化生态系统恢复重建受到我国政府的重视。据环境保护部 2016 年发布的统计数据，全国已有 2750 个自然保护区，保护区总面积 14 733 万 hm^2，其中国家级自然保护区 446 处，占陆地面积的 14.88%。这些自然保护区对保护我国丰富的野生动植物、湿地、文化和风景等资源有着重要的作用，对改善生态环境、实施社会可持续发展战略也具有极为重要的意义（李文华和赵景柱，2004）。但是，我国是世界上荒漠化/土地退化问题最为严重的国家之一，土地退化问题已严重影响到社会经济的可持续发展。因此，近期我国政府提出从过去只重视经济发展忽视环境保护转向建立基于科学发展观的"和谐社会"，重点要加强人与自然的和谐建设。本节系统探讨了我国退化生态系统的时空分布格局及恢复情况，并提出了相应的恢复重建对策（Ren et al.，2007）。

3.3.1 中国的生态系统类型及其分布

我国陆地总面积约 960 万 km^2，居世界第三位，南北长 5500km，跨 49 个纬度，包括 9 个热量带，东西宽 5200km，跨 62 个经度。境内有高山、中山、低山、丘陵、高原和平原，有 46 种土壤类型、29 种植被型和 48 种土地利用类型（欧阳志云等，2017）。此外，我国大陆海岸线长约 $1.8×10^4$km，海域面积约 473 万 km^2（表 3.1）。

表 3.1 我国主要土地类型和海洋面积（Ren et al.，2007）

类型	总面积（$×10^8 hm^2$）	占陆地总面积比例（%）
耕地	1.33	13.90
林地	1.75	18.21
草地	3.99	41.55
内陆水域	0.18	1.85
戈壁、流沙、裸地等	1.85	19.27
城镇、居民地、工矿、交通用地	0.25	2.62
冰川	0.06	0.61
其他	0.19	1.99
合计	9.60	100
海洋	4.73	

在陆地方面，全国 2/3 以上为山地和丘陵，只有 1/3 为平地。我国实际耕地约 $1.33×10^8 hm^2$，有林地 $1.06×10^8 hm^2$，草地 $3.99×10^8 hm^2$，三者之和约占 70%，在上

述土地利用方式中，一等耕地仅占 40%，一等草地仅占 13%，一等林地仅占 65%。中国 90%以上耕地分布在 400mm 等雨线以东的湿润半湿润地区（欧阳志云等，2017）。

从总体上看，我国土地辽阔，资源总量大，生态系统类型齐全多样；人均占有土地资源量少，资源相对紧缺，生存空间狭小，即我国属强度资源约束型国家，耕地、林地及草地的人均占有量分别仅为全球人均占有量的 1/3、1/5 和 1/4；土地质量相差悬殊，低劣土地比重偏大；资源地区分布不平衡，组合错位；资源开发强度大，后备资源普遍不足（Ren et al.，2007）。

2000-2010 年，我国森林、湿地和城镇生态系统面积增加，灌丛、草地、荒漠、农田生态系统面积减少，东部沿海地区城镇化加剧，而东北三江平原、西北绿洲农业区、黄土高原与西南山地等退耕还林地区植被生态系统面积增加明显（欧阳志云等，2017）。

3.3.2 典型生态系统退化与恢复

与自然系统相比，退化的生态系统种类组成、群落或系统结构改变，生物多样性减少，生物生产力降低，土壤和微环境恶化，生物间相互关系改变，食物网结构发生变化，物质循环及能量流动不畅，生态系统服务功能衰退，系统稳定性降低（任海和彭少麟，2001；李洪远和莫训强，2016）。退化生态系统包括各种形式的土壤退化、人类活动对水资源的不良影响、森林植被的破坏及草场生产力的降低等。生态系统退化主要表现在生态系统的数量减少和质量下降两个方面（FAO et al.，1994；刘慧，1995；吴波和王妍，2011）。据《全国生态环境十年变化（2000～2010 年）遥感调查与评估》，全国生态系统质量和生态系统服务功能低下，以水土流失、土地沙化、石漠化为主的土地退化仍然严重，生态系统人工化加剧，自然海岸线减少，野生动植物栖息地面积减少，主要流域环境恶化，城镇扩张失控导致生态环境问题突出，矿产资源开发生态破坏严重（环境保护部和中国科学院，2014；欧阳志云等，2017）。以下按类型分别介绍我国典型生态系统退化与恢复情况（Ren et al.，2007）。

3.3.2.1 农田生态系统退化

1957 年我国耕地面积为 1.12 亿 hm²，人均占有耕地约 0.19hm²。1981-1995 年，全国共减少耕地 540 万 hm²，每年减少粮食生产 250 亿 kg。至 2016 年，我国现有耕地 1.35 亿 hm²，人均耕地仅为 0.11hm²，不及世界平均水平的一半（欧阳志云等，2017）。国土资源部于 2017 年底发布的《2016 年全国耕地质量等别更新评价主要数据成果的公告》（2017 年第 42 号），将全国耕地划分为优等地、高等地、中等地和低等地 4 类，其中，优等地面积为 390.41 万 hm²，占全国耕地面积的 2.90%；高等地面积为 3579.65 万 hm²，占 26.59%；中等地面积为 7097.38 万 hm²，占 52.72%；低等地面积为 2394.96 万 hm²，占 17.79%。若将中等和低等地面积相加，中低产田耕地面积占比达 70% 以上。

我国土地退化的原因包括：耕地重用轻养现象严重，肥料使用不当，有机肥施用量少，化肥施用量大，致使氮、磷、钾失衡，钾透支严重；大水漫灌造成土壤次生盐渍化现象突出；化肥、农药大量施用，造成土壤酸化，地下水污染；土壤侵蚀与板结（曾希柏，1998；张桃林，1999）。

20 世纪 60 年代初以前我国的农业为传统有机农业，养地方式主要靠有机肥和绿肥，大部分农田氮、磷、钾养分平衡出现赤字，处于严重退化阶段；60 年代中期至 70 年代初期，随着化肥工业的发展，在氮、磷方面大约有 80% 的养分靠施肥获得，20% 来自土壤，南方开始施用钾肥；70 年代中期，氮、磷养分由全面赤字转向基本平衡，钾肥全国开始施用；70 年代后期至今，全国的化肥施用量几乎增加了 2 倍。总体看来，全国耕地中 2/3 属中低产地（粮食年产量为 3-5t/hm²）。普遍缺氮、磷的耕地占 59.1%，缺钾的占 22.9%，土壤有机质含量不足 6g/kg 的耕地约占 10.6%。全国约有 50% 的耕地土壤有机质含量为 5-20g/kg（张学雷和龚子同，2003）。

随着我国工业化、城镇化快速推进，农业资源的高强度利用，耕地污染带来的环境问题日益突出，归纳起来有"三大""三低"。"三大"：一是中低产田比例较大，中低产田占耕地总面积的 70% 以上；二是耕地质量退化面积较大，退化耕地面积占耕地总面积的 40% 以上；三是污染耕地面积较大，全国耕地土壤点位超标率达到 19.4%，南方地表水富营养化和北方地下水硝酸盐污染，西北等地农膜残留较多。"三低"：一是有机质含量低，全国耕地土壤有机质含量为 2.08%，比 20 世纪 90 年代初低 0.07%；二是补充耕地等级低，大体上，每年占补平衡耕地超过 0.75 万 hm²，相差 2-3 个地力等级；三是基础地力低，基础地力贡献率为 50% 左右，比发达国家低 20%-30%（Parham，1993）。

我国受有机物和化学品污染的农田为 6000 多万公顷。其中有机污染物（农药、石油烃和多环芳烃）污染的农田达 3600 万 hm²，其中农业污染面积约 1600 万 hm²。主要农产品的农药残留超标率高达 16%-20%。我国农田因施用化肥每年转化成污染物而进入环境的氮达 1000 万 t 之多，农膜污染土壤面积超过 780 万 hm²，受重金属污染的农业土地约 2500 万 hm²，每年被重金属污染的粮食多达 1200 万 t。畜禽养殖年产粪便达 17.3 亿 t，是工业固体垃圾的 2.7 倍，也对土壤造成了较大的污染。受工业三废（废气、废水、废渣）污染的土地达 40 000 万 hm²，受乡镇工业污染的为 186.7 万 hm²，受农药污染的达 1300 万 hm²，受酸雨危害的耕地达 266.7 万 hm²，农业环境污染十分严重（中国防治荒漠化协调小组办公室，2003；周启星和宋玉芳，2004）。

我国盐碱地总面积达 0.99 亿 hm²，主要分布在华北地区、西北干旱区和东北地区，其中华北地区盐碱化耕地面积较大（张凤荣，2000）。目前，新疆、甘肃和宁夏三省（自治区）约 35% 的耕地受到土壤盐碱化的威胁，内蒙古河套地区 50% 的耕地发生了盐碱化（龚子同和史学正，1990）。

据估计，全国平均每年被工业建设和城镇发展等基本建设侵占的土地达 4×10⁴ hm²。而对土地退化影响最大的不是这些建设本身，而是对周围未被占用的土地的影响，如露天开采毁坏地表土壤和植被，矿山废弃物中的酸性、碱性或重金属成分通过径流、大气漂尘等造成土壤污染导致土地废弃；随意倾倒废土、废石、矿渣，大量的农业用地被占用，废石堆积造成坍塌、滑坡或泥石流等，使耕地被掩埋。

3.3.2.2 森林生态系统的退化与恢复

国家林业局先后组织了 8 次全国森林资源清查（表 3.2），第八次森林资源清查（2009-2013 年）数据表明，全国现有林地 3.126 亿 hm²，森林面积为 2.056 亿 hm²，森林覆盖率为 21.63%，其中天然林面积仅为 1.22 亿 hm²，人工林面积为 0.6933 亿 hm²，森林蓄积量为 151.37 亿 m³。森林中，乔木林面积为 16 460 万 hm²，占 80%；经济林面积为 2056 万 hm²，占 10%；竹林面积为 601 万 hm²，占 3%；国家特别规定的灌木林面积为 1438 万 hm²，占 7%。森林按林种分，防护林面积为 9967 万 hm²，占 48%；特用林面积为 1631 万 hm²，占 8%；用材林面积为 6724 万 hm²，占 33%；薪炭林面积为 177 万 hm²，占 1%；经济林面积为 2056 万 hm²，占 10%。按照森林主要用途的不同，将防护林和特用林归为公益林，将用材林、经济林和薪炭林归为商品林，公益林与商品林的面积之比为 56：44。我国森林面积占世界森林面积的 5.15%，居俄罗斯、巴西、加拿大、美国之后，列第 5 位；人工林面积继续位居世界首位。我国人均森林面积 0.15hm²，相当于世界人均占有量的 25%。

表 3.2 中国森林资源的变化

	1950 年	1973-1976 年	1977-1981 年	1984-1988 年	1989-1993 年	1994-1998 年	1999-2003 年	2004-2008 年	2009-2013 年
林业用地面积（百万 hm²）	—	261.24	263.52	267.42	256.77	263.30	258.32	305.9	312.6
森林面积（百万 hm²）	82.80	121.86	115.28	124.65	133.70	158.94	175.01	195.5	205.6
森林覆盖率（%）	8.60	12.70	12.00	12.98	13.92	16.55	18.21	20.36	21.63
森林蓄积量（亿 m³）	—	95.3	102.6	105.7	107.85	112.7	124.56	137.21	151.37
人工林面积（百万 hm²）	—	20.21	27.81	31.01	33.78	46.67	53.12	61.69	69.33
人工林中针叶林面积比例（%）	—	49.82	45.93	42.14	42.82	43.95	44.58	—	—

全国林业用地中，有林地只占了林业用地面积的一半左右，尚有 1 亿多公顷宜林的无林地，还有 1845.47 万 hm² 疏林地和 3041.62 万 hm² 灌木林地。森林资源地理分布不均衡，主要分布在西南和东北林区；森林资源结构不够合理，用材林的面积和蓄积量的比例占了整个森林资源的 3/4，防护林和其他用途的森林资源比例小，幼龄林、中龄林和成、过熟林的面积比例为 4：4：2；在树种结构中，针叶林和阔叶林面积基本对半；用材林可采伐资源较少。虽然我国已基本实现了全国森林资源总生长量和总消耗量的持平，但我国森林资源变化的总趋势是：森林覆盖率开始上升，森林面积和森林蓄积量持续增加，但森林资源的质量仍在下降，单位面积森林蓄积量正在减少，尤其作为用材林的近熟林、成熟林和过熟林的面积与蓄积量在大幅度减少。此外，林木龄组结构不尽合理，人工林经营水平不高，树种单一现象还比较严重。

作为一个森林资源贫乏的国家，近年来我国在森林发展上做出了巨大的努力，人工造林在森林面积与蓄积量增加方面贡献颇大，世界上很少有其他国家可以与我国相比。自 1949 年以来，全国人工林面积增加了 42.6%，这与我国开展的长江中上游防护林和 "三北" 防护林建设发展较快紧密相关。当我国林业从大规模的植树造林中受益时，天然林的破坏情况正在加剧，导致在森林面积总体扩大的情况下，森林质量反而下降。我国森林退化呈现地区性与结构性特征。我国森林资源的结构性变化体现为成、过熟林的比例下降，区域性森林退化主要出现在我国西南与东北两个最主要的传统林区。

我国林业用地中只有 68% 左右被森林覆盖，而森林中仅有 28% 为天然林（欧阳志云等，2017），因而可以认为，我国未退化的森林面积只占森林总面积的 28%。森林退化的问题被长时间忽视了。森林退化的后果主要表现为水土流失与生物多样性的丧失。森林退化被认为是引发 1998 年长江大洪水与松花江洪水的重要原因。一些因素，如不合理的激励机制、缺乏市场改革、监管能力不足，再加上人口增长的压力和市场需求的增加，加剧了森林退化。

3.3.2.3 草地生态系统的退化

全国天然草原约为 3.93 亿 hm²，占我国陆地总面积的 41.6%，仅次于澳大利亚，居世界第二位。但人均占有草地仅为 0.33hm²，约为世界平均水平的一半。其中，牧区有草原 19 315.9 万 hm²，半农半牧区有草原 5852.6 万 hm²，农区和林区有草原 12 114.8 万 hm²，湖滨、河滩、海岸带有草地 2000 万 hm²，分别占全国草原总面积的 49.2%、14.9%、30.8% 和 5.1%。我国草地质量不高，低产草地占 61.6%，中产草地占 20.9%，全国难利用的草地比例较高，约占草地总面积的 5.57%。平均每公顷草地生产能力约为 7.02 畜产品单位，仅为澳大利亚的 1/10，美国的 1/20，新西兰的 1/80（任海等，2008）。

　　草地退化包括草地退化、沙化和盐渍化。20 世纪 70 年代，草场面积退化率约为 15%，80 年代中期全国草原严重退化的面积占草原总面积的 30%以上。我国草地退化严重，90%的草地已经或正在退化，其中中度退化程度以上（包括沙化、碱化）的草地达 1.35 亿 hm²，达到 50.2%，并且每年以 200 万 hm²的速率递增。目前全国草场退化面积占草地总面积的 85.4%，给相关区域带来了巨大的经济和生态损失，并影响了区域可持续发展。北方和西部牧区退化草地已达 7000 多万公顷，约占牧区草地总面积的 30%。造成草地退化（含土壤和植被退化）的原因主要有 3 个：一是长期超载过牧，过度使用超过了草原的承载力；二是气候干旱，使草地逐步沙化；三是人为采樵、滥挖药材、搂发菜、开矿和滥猎，破坏草地植被，致使草地退化（欧阳志云等，2017）。

3.3.2.4　荒漠生态系统及其荒漠化

　　我国是世界上荒漠分布最多的国家，总面积约为 128 万 km²，占陆地面积的 13.3%，分布在北纬 37°-50°、东经 75°-125°。新疆、青海、甘肃、宁夏、内蒙古、陕西、辽宁、吉林和黑龙江共 9 个省（自治区），形成南北宽 600km、东西长 4000km 的荒漠带。其中沙漠面积为 71 万 km²，占陆地面积的 7.4%；戈壁面积为 57 万 km²，占陆地面积的 5.9%。位于新疆南部塔里木盆地的塔克拉玛干沙漠面积为 33.76km²，是我国最大的沙漠，也是世界第二大流动沙漠。我国投入了大量人力与财力进行荒漠化防治，但结果是土地荒漠化、沙化呈局部好转、整体恶化之势。非常严峻的是，1995-1999 年净增荒漠化土地 5.20 万 km²，年均增加 1.04 万 km²。虽然进行了艰苦努力，但我国沙漠每年仍以 2100km²的速度扩展，约相当于每年减少两个香港的土地（欧阳志云等，2017）。但自 2004 年起，全国荒漠化和沙化土地面积双缩减，呈现整体遏制、持续缩减、功能增强、效果明显的良好态势，但防治形势依然严峻。第五次全国荒漠化和沙化土地监测结果显示，至 2014 年，我国受荒漠化影响的土地面积为 216.16 万 km²，其中沙质荒漠化土地面积为 172.12 万 km²，占陆地面积的 17.9%，受荒漠化危害的人口有近 4 亿人，农田 1500 万 hm²，草地 1 亿 hm²，以及数以千计的水利工程设施和铁路、公路交通等（卢琦，2000；杨持等，2004；欧阳志云等，2017）。

3.3.2.5　废弃矿地

　　我国的经济发展很快，对矿业资源的开采量很大，但由于对废弃矿地复垦工作不够重视，产生了大量废弃矿地。全国 113 108 座矿山中，采空区面积约为 134.9 万 hm²，采矿活动占用或破坏的土地面积为 238.3 万 hm²，植被破坏严重。目前，我国煤矿有煤矸石山 1500 多座，历年堆积量达 30 亿 t，占地 6670hm²，非煤矿山历年排弃的废石和尾矿为 25 亿多吨，每年还以 3 亿 t 的速度增加。目前，约有采矿破坏的土地 1300 万 hm^2，每年还以 1.2 万 hm^2 的速度增加（束文胜，2001；黄铭洪，2003；任海等，2014）。1989-1991 年，国家土地部门先后在河北等 10 省 23 个土地复垦点恢复废弃矿地达 3.3 万 hm^2。迄今为止，累计复垦利用各类废弃矿地 100 万 hm^2 左右，仅占废弃矿地总量的 8%。值得庆幸的是，我国的矿地复垦率呈逐年上升的趋势：1980 年初为 0.7%-1%，20 世纪 80 年代末为 2%，90 年代初为 6.67%，1994 年为 13.33%，2000 年超过 20%。但是，即使不考虑质量，距发达国家 50% 以上的复垦率也还有很大的差距（马其芳，2003；欧阳志云等，2017）。

3.3.2.6 湿地生态系统的退化

我国湖泊面积比新中国成立初期减少了 130 万 hm^2，因围垦而消失的大小湖泊超过 1000 个。在长江中下游地区，围垦使湖泊面积从 1949 年的 25 828 km^2 减少到 2000 年前后的 10 493 km^2，占原有湖泊面积的 40.6%，其中洞庭湖的面积由 1950 年的 4300 km^2 减少到现在不足 2270 km^2。有"千湖之省"之称的湖北省已消失的湖泊达 741 个，水域面积减少了 3/4。全国的沼泽面积与新中国成立初期相比也减少了一半以上（吕国宪，2004）。

沿海滩涂湿地是我国所有湿地类型中受破坏最严重的，自 20 世纪 50 年代以来，沿海全线开展了围海造地工程。至 20 世纪 80 年代末，全国围垦的海岸湿地达 119 万 hm^2，围垦的湿地 81% 改造为农田，19% 用于盐业生产，另有城乡工矿用地 100 万 hm^2；围垦和工矿用地两项计计 219 万 hm^2，相当于沿海湿地总面积的 50%（欧阳志云等，2017）。

我国历史上红树林面积曾达 25 万 hm^2；1956 年森林资源调查显示约为 4.2 万 hm^2；经过 20 世纪 60-70 年代的围海造田，到 80 年代全国海岸带和海涂资源综合调查时仅剩 2.1 万 hm^2；经过 80 年代的围塘养鱼虾、90 年代的城市化和港口码头建设，到 90 年代末仅存 1.5 万 hm^2；经过近 10 年的大量造林，国家林业局估计目前约有 2.5 万 hm^2。值得指出的是，我国现存林分中 80% 以上为退化次生林，立地环境恶化，主要是 1-2m 高的灌丛。庆幸的是，我国政府非常重视保护红树林湿地，目前 90% 以上的红树林都已经被纳入保护的范围。已建立了 5 个国家级保护区，6 块红树林湿地还被列入《国际重要湿地名录》。据初步估算，我国的红树林分布省区的大陆及岛屿海岸线长达 21 531km，适于营造红树林的滩涂面积约为 30 万 hm^2。为了更好地保护和恢复红树林湿地资源，我国启动了红树林湿地行动计划，国家林业局计划在未来 10 年内人工造林 6 万 hm^2，主要营造 8 种红树林植物，该项目目前处在实施过程中。目前我国不同种类红树林中，面积最大的是无瓣海桑（王文卿和王瑁，2007；Liu et al.，2014）。

3.3.2.7 水体生态系统的退化

据《2015 中国环境状况公报》，全国 423 条主要河流、62 座重点湖泊（水库）的 967 个国控地表水监测断面（点位）开展了水质监测，Ⅰ-Ⅲ类、Ⅳ-Ⅴ类、劣Ⅴ类水质断面分别占 64.5%、26.7%、8.8%。珠江和长江水质良好，黄河、松花江、淮河和辽河流域为轻度污染，海河流域为重度污染，浙闽片河流、西北诸河和西南诸河水质为优。

以地下水含水系统为单元，在将以潜水为主的浅层地下水和以承压水为主的中深层地下水作为监测对象的 5118 个地下水水质监测点中，水质为优良级的监测点比例为 9.1%，良好级的监测点比例为 25.0%，较好级的监测点比例为 4.6%，较差级的监测点比例为 42.5%，极差级的监测点比例为 18.8%。338 个地级以上城市开展了集中式饮用水水源地水质监测，取水总量为 355.43 亿 t，达标取水量为 345.06 亿 t，占 97.1%。

冬季、春季、夏季和秋季，符合第一类海水水质标准的海域面积均占我国管辖海域面积的 95%，劣四类海水海域面积分别占我国管辖海域面积的 2.2%、1.7%、1.3% 和 2.1%。污染海域主要分布在辽东湾。在近岸海域中，黄海和南海近岸海域水质良好，渤海近岸海域水质一般，东海近岸海域水质差；北部湾水质优，辽东湾、黄河口和胶州湾水质一般，渤海湾和珠江口水质差，长江口、杭州湾和闽江口水质极差。

3.3.3 水土流失问题

从上述各类生态系统退化的情况看，水土流失是我国陆地生态系统退化中的头号问题，它与森林、农田、草地、水体等的退化密切相关。据全国第二次水土流失遥感调查，20 世纪 90 年代末我国水土流失总面积为 356 万 km^2。每年流失的土壤总量达 50 亿 t，长江流域年土壤流失总量为 24 亿 t，黄河流域每年输入黄河泥沙 16 亿 t（中华人民共和国水利部，2001）。

据调查，20 世纪 50 年代我国水蚀面积为 150 万 km^2。水利部进行过两次全国土壤侵蚀遥感调查，分别采用 1985-1986 年和 1995-1996 年的 TM 卫片，结果如表 3.3 和表 3.4 所示。对比两次调查结果，水土流失总面积呈下降趋势，从 20 世纪 80 年代末的 367.02 万 km^2 减少到 90 年代末的 356 万 km^2；水蚀面积减少，侵蚀强度降低，由 20 世纪 80 年代末的 179.41 万 km^2 减少到 90 年代末的 165 万 km^2，中度以上的水蚀面积由 87.5 万 km^2 减少到 82 万 km^2，强度以上的水蚀面积减少了 10.72 万 km^2；风蚀面积略有增加，侵蚀强度升高，全国风蚀面积 20 世纪 80 年代末到 90 年代末增加了 3.39 万 km^2，中度以上的风蚀面积增加了 18.50 万 km²，强度以上的风蚀面积增加了 21.37 万 km²；东部、中部、西部水蚀面积增减幅度不同，20 世纪 80 年代末到 90 年代末，东部水蚀面积由 13 万 km² 减少到 9 万 km²，减少了约 31%，中部则由 62 万 km² 减少到 49 万 km²，减少了约 21%，西部水蚀面积由 104 万 km² 增加到 107 万 km²，增加了约 3%（唐克丽，2004；欧阳志云等，2017）。

表 3.3　我国两次土壤侵蚀遥感调查汇总表

侵蚀强度	1985-1986 年				1995-1996 年			
	水蚀面积（万 km²）	所占比例（%）	风蚀面积（万 km²）	所占比例（%）	水蚀面积（万 km²）	所占比例（%）	风蚀面积（万 km²）	所占比例（%）
轻度	91.91	51.23	94.11	50.16	83.00	50.30	79.00	41.36
中度	49.78	27.74	27.87	14.86	55.00	33.33	25.00	13.09
强度	24.46	13.63	23.17	12.35	18.00	10.91	25.00	13.09
极强度	9.14	5.09	16.62	8.86	6.00	3.64	27.00	14.14
剧烈	4.12	2.30	25.84	13.77	3.00	1.82	35.00	18.32
合计	179.41	100.00	187.61	100.00	165.00	100.00	191.00	100.00

表 3.4　六大流域土壤水蚀、风蚀轻度以上面积（1985-1986 年 TM 卫片，1992 年公布）

流域名称	流域面积（万 km²）	水蚀面积（万 km²）	占流域面积（%）	风蚀面积（万 km²）	占流域面积（%）	水蚀+风蚀面积（万 km²）	占流域面积（%）
松辽	124.62	30.77	24.69	11.40	9.15	42.17	33.84
海河和滦河	31.89	10.39	32.58	1.53	4.80	11.92	37.38
黄河	79.02	34.71	43.93	11.78	14.91	46.69	58.84
淮河	26.68	5.60	21.00	0.34	1.27	5.94	22.26
长江	178.34	56.97	31.94	5.25	2.94	62.22	34.89
珠江	44.16	5.85	13.25			5.85	13.25

1950-2000 年，全国累计水土流失综合治理面积 85.9 万 km²，其中修建基本农田 1333 万 hm²，营造水土保持林 4333 万 hm²，经果林 466.7 万 hm²，种草 433 万 hm²，以上共计 65.66 万 km²。与此同时，毁林毁草等导致新增水土流失面积 60 万 km²，由于水土流失而损毁的耕地累计达 266.7 万 hm²，年均 6.67 万 hm²。1950-1970 年，沙漠化土地每年扩展了 1500km²，自 1980 年以后，扩展了 2460km²（朱震达等，1998；陈雷，2002）。

3.3.4　生物多样性问题

我国物种资源无论是种类还是数量都在世界上占有重要地位。现已记录的主要生物类群物种总数约 8.3 万种，约占世界主要生物类群物种总数的 7.5%，其中高等植物约 3 万种，占世界高等植物总种数的 10%，居世界第三位；陆栖脊椎动物约 2340 种，占世界陆栖脊椎动物总种数的 10%；鱼类 2804 种，占世界鱼类总种数的 12%；藻类 5000 种，占世界藻类总种数的 16%；真菌 8000 种，占世界真菌总种数的 17%；细菌约 500 种，占世界细菌总种数的 0.2%（任海等，2008）。

我国物种资源除了种类和数量丰富外，其特有性也较高。我国拥有悠久的地质历史和有利于动植物生存繁衍的自然地理条件，特别是在第四纪冰期时，没有直接受到北方大陆冰盖的破坏，因此，我国动植物区系比较古老，且含有大量特有科属种。根据我国植物特有属分布区的分析，大致有川东－鄂西、川西－滇西北及滇东南－桂西三大特有现象中心。我国特有植物有 15 000-18 000 种，占高等植物总数的 50%-60%，某些类群中的特有种类甚至高达 70%-80%。

由于生态系统退化，生态系统中的生物物种灭绝加速。据估计，世界上有 10%-15% 的植物处于濒危状态，而在我国，濒危植物种的比例高达 15%-20%，濒危物种达 3879 种（覃海宁，2017）。近 30 多年来的资料表明，高鼻羚羊、白鳍豚、野象、熊猫、东北虎等珍贵野生动物分布区显著缩小，种群数量锐减。属于我国特有的物种和国家规定重点保护的珍贵、濒危野生动物有 312 种，正式列入《国家重点保护野生植物名录》第一批的植物有 246 种及 8 个类群。此外，还有相当可观的植物种已经灭绝，初步统计，列入濒危植物名录中的植物已有 5% 左右在数十年内濒临灭绝。

3.3.5　中国当前的退化生态系统问题

生态系统退化是一个复杂的、综合性的、具有时间上的动态性和空间上的异质性的过程，它表现出高度非线性特征。我国幅员辽阔，自然和社会经济条件复杂多样，地区间差异明显。各地区在农业和农村发展过程中均不同程度地面临着各种各样的资源环境退化问题，有些问题是全区共存的，有些则是特定类型区所特有的。总体来看，东部环境污染导致的生态系统退化严重，西部因人为农业活动导致的退化问题较多；环境污染向农村蔓延的情况特别严重。当前我国面临的环境形势与问题主要体现在：①环境污染严重；②农村和农业环境问题突出；③水资源严重短缺；④部分河流水生生态系统失衡；⑤海洋生态环境问题依然严重；⑥水土流失面积逐年增加，荒漠化土地面积不断扩大；⑦草地退化、沙化和盐碱化面积逐年增加，森林生态功能减弱；⑧矿区生态环境现状堪忧，地质灾害仍很严重；⑨生物多样性受到严重破坏（任海等，2008；欧阳志云等，2017）。

生态退化、环境污染本身就构成经济损失和财富流失。生态指标恶化已经直接且明显地影响了现期经济指标和预期经济趋势。目前，造成我国生态环境不断恶化的原因是多方面的，也是复杂的，它主要来自于三大压力。一是人口压力。

我国现代人口数量增长异常迅猛，既是我国现代化进程的最大障碍，又是我国生态环境的最大压力。迫于生存压力，人们毁林开荒、围湖造田、乱采滥挖、破坏植被，众多人口的不合理活动超过了大自然许多支持系统的支付能力、输出能力和承载力。二是工业化压力。我国发展工业化时间晚，发展起点低，又面临赶超发达国家的繁重任务，不仅以资本高投入支持经济高速增长，而且以资源高消费、环境高代价换取经济繁荣，重视近利，失之远谋；重视经济，忽视生态，短期性的经济行为给我国生态环境带来了长期性、积累性的后果。三是市场压力。我国正处在市场经济转型过程中，市场经济本身会产生许多外部经济效应或者外部非经济效应，环境污染就是最明显的例子。环境作为一种公共财产（如清洁水、良好的大气环境），对所有人都有好处且多一些人享受它的好处并不会加大总成本。但是如果没有公共财产，所有人的利益都会受损。公共财产受到破坏（如污染水、污染大气等）的特点决定了个人或市场都不会提供控制环境污染的费用和服务，只有政府是公共财产的提供者。来自市场经济的压力愈大，政府对防治环境污染、整治国土资源的责任就愈大（沈国舫，2001）。

虽然我国的生态恢复行动得到了社会各界的认同与支持，但仍有许多问题需要解决，概括起来主要有6方面：西部开发可能加大生态保护的压力，生态建设规划水平低，生态环境建设的速度赶不上退化速度，生态环境建设难以达到预期目标，西部巩固生态环境建设成果的难度大，全国生态恢复任重而道远。针对目前的情况，强化我国生态恢复的政策保障是非常重要的，也就是说，生态恢复需要政策保障、体制保障、法律保障、资金投入与公众的广泛参与等。具体包括：确保一定数量的基本农田依然是必要的，土地利用调整与替代产业发展是核心，用经济手段进行生态环境建设，完善生态恢复的政策体系（于秀波，2002；李文华和王如松，2002）。

3.3.6　生态恢复的地带性问题

地球表层存在着明显的区域差异，针对这种差异性的研究工作也在全球、国家和区域等不同尺度展开。在不同尺度的区域内，社会经济发展应与人口资源环境保持和谐、协调的关系，因为资源环境提供了人类赖以生存的物质基础。客观存在的自然地带性规律是不以人的意志为转移的，必须不断加深对地球自然系统的认识，改善人类对自然界价值的评估。根据《中华人民共和国国家自然地图集》（1999）的区划，我国自然地带的规律性有以下几点。

东部季风（湿润）区，从北向南以温度条件为主导因素的纬向分带依次为：寒温带、中温带、暖温带、北亚热带、中亚热带、南亚热带、边沿热带、中热带、赤道热带。

西北干旱区，从东向西以水分条件为主导因素的经向分带依次为：半干旱中温带、干旱中温带（北部）、干旱暖温带（南部）。

青藏高原区，从东南向西北综合温度条件与水分条件的垂直分带依次为：青藏高原温带、青藏高原亚寒带、青藏高原寒带。

上述即为纬度分带性、经度分带性和垂直分带性 3 种不同方向的地域性规律分异（三度空间的分异）。若再加上时间上的不断发展变化也可以说是自然地带性的四度分异（孙鸿烈和张荣祖，2004）。

从生态环境建设规划的角度，可将我国分为 8 个类型：黄河中上游区（黄土高原水土流失）、长江中上游区（水土流失、山地石化、江湖淤积和洪涝）、三北风沙综合防治区（草原退化、土地沙化与盐碱化）、南方丘陵红壤区（水土流失）、北方土石山区（水土流失）、东北黑土漫岗区（水土流失）、青藏高原冻融区（水蚀和风蚀，冻融侵蚀）、草原区（草地退化）。根据上述地带性原理，生态环境规划要求：宜治则治，宜荒则荒，宜林则林，宜农则农，宜牧则牧，宜渔则渔，不能一刀切。

3.3.7 退化生态的研究趋势

今后生态系统退化的研究工作应从更广和更深的层次上，系统综合地开展生态系统退化的评价与主要退化生态系统的重建和恢复研究，具体包括：①生态系统退化指标评价体系研究；②生态系统退化的监测与预警系统研究；③生态系统退化过程、机制及影响因素研究；④全国生态系统退化动态监测与动态数据库及其管理信息系统的研究；⑤生态系统退化与全球变化关系研究，主要包括生态系统退化与水体富营养化、地下水污染、温室气体释放等；⑥各类生态系统的恢复与重建理论和技术研究；⑦加强生态系统退化对生产力的影响及其经济分析研究，协助政府制定有利于持续土地利用、防治土壤退化的政策；⑧恢复生态学研究的科学普及问题，恢复生态学的发展需要科学工作者、政府、民众的充分合作，通过互相交流信息、方法和经验，加快退化生态系统的恢复进程。

主要参考文献

陈雷. 中国的水土保持. 中国水土保持, 2002, (7): 4-6.

陈灵芝, 陈伟烈. 中国退化生态系统研究. 北京: 中国科学技术出版社, 1995.

龚子同, 史学正. 中国土地退化及其防治对策//中国科学技术协会学会工作部. 中国土地退化防治研究. 北京: 中国科学技术出版社, 1990.

环境保护部, 中国科学院. 全国生态环境十年变化(2000~2010 年)遥感调查与评估. 北京: 科学出版社, 2014

黄铭洪. 环境污染与生态恢复. 北京: 科学出版社, 2003.

李洪远, 莫训强. 生态恢复的原理与实践. 北京: 化学工业出版社, 2016.

李文华, 王如松. 生态安全与生态建设. 北京: 气象出版社, 2002.

李文华, 赵景柱. 生态学研究回顾与展望. 北京: 气象出版社, 2004: 150-151.

刘慧. 我国土地退化类型与特点及防治对策. 自然资源, 1995, 17(4): 26-32.

刘良梧, 龚子同. 全球土壤退化评价. 自然资源, 1994, (1): 10-14.

卢琦. 中国沙情. 北京: 开明出版社, 2000.

吕国宪. 湿地生态系统保护与管理. 北京: 化学工业出版社, 2004: 158-173.

马其芳. 加快中国土地复垦的对策分析. 中国土地, 2003, (12): 690-695.

欧阳志云, 徐卫华, 肖燚, 等. 中国生态系统格局、质量、服务与演变. 北京: 科学出版社, 2017.

覃海宁. 中国高等植物中的珍稀濒危种类清单. 生物多样性, 2017, 25: 696-744.

任海, 彭少麟. 恢复生态学导论. 北京: 科学出版社, 2001.

任海, 刘庆, 李凌浩. 恢复生态学导论. 2 版. 北京: 科学出版社, 2008.

任海, 王俊, 陆宏芳. 恢复生态学的理论与研究进展. 生态学报, 2014, 34(15): 4117-4124.

沈国舫. 中国生态环境建设与水资源保护利用. 北京: 中国水利水电出版社, 2001.

束文胜, 张志权, 蓝崇钰, 等. 中国矿业废弃地的复垦对策研究. 生态科学, 2001, 19(2): 24-29.

孙鸿烈, 张荣祖. 中国生态环境建设地带性原理与实践. 北京: 科学出版社, 2004.

唐克丽. 中国水土保持. 北京: 科学出版社, 2004.

王文卿, 王瑁. 中国红树林. 北京: 科学出版社, 2007.

吴波, 王妍. 毛乌素沙地油蒿群落不同演替阶段的物种多样性研究. 干旱区资源与环境, 2011, 25(2): 167-172.

杨持, 常学礼, 赵雪, 等. 沙漠化控制与治理技术. 北京: 化学工业出版社, 2004.

于秀波. 中国生态退化、生态恢复及政策保障研究. 资源科学, 2002, 24:72-76.

曾希柏. 土壤退化及其恢复重建对策. 科技导报, 1998, (11): 34-36.

张凤荣. 中国土情. 北京: 开明出版社, 2000.

张桃林. 中国红壤退化机制与防治. 北京: 中国农业出版社, 1999.

张学雷, 龚子同. 人为诱导下中国的土壤退化问题. 生态环境, 2003, 12(3): 317-321.

中国防治荒漠化协调小组办公室. 中国荒漠化防治报告. 2003.

中华人民共和国水利部. 全国水土流失公告. 2002.

周启星, 宋玉芳. 污染土壤修复原理与方法. 北京: 科学出版社, 2004: 18-22.

朱震达, 吴焕忠, 曹学章, 等. 中国荒漠化(土地退化)防治研究. 北京: 中国环境科学出版社, 1998.

Barrow CJ. Land Degradation. London: Cambridge University Press, 1991.

Berger JJ. Ecological restoration and nonindigenous plant species: a review. Restoration Ecology, 1993, 2(2): 74-82.

Brown S, Lugo AE. Rehabilitation of tropical lands: a key to sustaining development. Restoration Ecology, 2(2): 97-111

Chapman GP. Desertified Grassland. London: Academic Press, 1992.

Clewell AF, Aronson J. Ecological Restoration: Principles, Values, and Structure of an Emerging Profession. Washington DC: Island Press, 2013.

Daily GC. Restoring value to the worlds degraded lands. Science, 1995, 269: 350-354.

FAO, UNEP, UNDP. Land Degradation in South Asia: Its Severity, Causes and Effects upon the People. Rome: FAO, 1994.

Gaynor V. Prairie restoration on a corporate site. Restoration and Reclamation Review, 1990, 1(1): 35-40.

Gibbs HK, Salmon JM. Mapping the world's degraded lands. Applied Geography, 2015, 57: 12-21.

King EG, Hobbs RJ. Identifying linkages among conceptual models of ecosystem degradation and restoration: towards an integrative framework. Restoration Ecology, 2006, 14(3): 369-378.

Liu HX, Ren H, Hui DF, et al. Carbon stocks and potential carbon storage in the mangrove forests of China. Journal of Environmental Management, 2014, 133: 86-93.

Middleton N, Thomas D. World Atlas of Desertification. 2nd ed. Nairobi: UNEP, 1997.

Parham W. Improving Degraded Lands: Promising Experience form South China. Honolulu: Bishop Museum Press, 1993.

Pickett STA, White PS. The Ecology of Natural Disturbance and Patch Dynamics. Orlando: Academic Press, 1985.

Ren H, Shen W, Lu H, et al. Degraded ecosystems in China: status, causes, and restoration efforts. Landscape and Ecological Engineering, 2007, 3(1): 1-13.

Stanturf JA, Palik BJ, Dumroese RK, et al. Contemporary forest restoration: a review emphasizing function. Forest Ecology and Management, 2014, 331: 292-323.

Tongway DJ, Ludwig JA. Restoring Disturbed Landscapes: Putting Principles into Practice. Washington DC: Island Press, 2011.

4　生态系统恢复

生态恢复涉及恢复的目标与模式、基本原则、衡量标准、方法、程序，以及恢复后的监测和评估等内容。这些内容还相互影响，共同在生态系统恢复中起作用。

4.1　生态恢复的目标与模式

Crouzeilles 等（2017）分析了全球 133 个热带森林恢复案例发现，与自然更新相比，积极的生态恢复（控制一些生物和非生物因子）可以将生物多样性（植物、鸟类和无脊椎动物）从 34%提升到 56%，而植被结构（盖度、密度、凋落物、生物量和高度）可从 19%提升到 56%。生态系统恢复可以增强生态系统内传粉网络的抵抗力和功能（Kaiser-Bunbury et al.，2017）。由此可见，对退化的生态系统开展生态恢复是十分必要的。

广义的恢复目标是通过修复生态系统功能并补充生物组分而使受损的生态系统回到一个更自然的条件下（任海等，2008），理想的恢复应同时满足区域和地方的目标。Hobbs 和 Norton（1996）认为退化生态系统恢复的目标包括：建立合理的内容组成（种类丰富度及多度）、结构（植被和土壤的垂直结构）、格局（生态系统成分的水平安排）、异质性（各组分由多个变量组成）、功能（诸如水、能量、物质流动等基本生态过程的表现）。事实上，生态恢复工程的目标不外乎 4 个：一是恢复诸如废弃矿地这样极度退化的生境；二是提高退化土地的生产力；三是在被保护的景观内去除干扰以加强保护；四是对现有生态系统进行合理利用和保护，维持其服务功能。如果按短期与长期目标分，还可将上述目标分得更细。生态系统恢复的终极目标是建立一个可持续的、弹性的、相互联通的自然-社会-经济复合系统（图 4.1），为人类提供商品和服务，为其他生物提供生境与福祉（Edwards，2002；Palmer et al.，2016）。

由于生态系统的复杂性和动态性，虽然恢复生态学强调对受损生态系统进行恢复，但恢复生态学的首要目标仍是保护自然的生态系统，因为保护自然生态系统在生态系统恢复中具有重要的参考作用；第二个目标是恢复现有的退化生态系统，尤其是与人类关系密切的生态系统；第三个目标是对现有的生态系统进行合理管理，避免退化；第四个目标是保持区域文化的可持续发展；其他的目标还包括实现景观层次的整合性、保持生物多样性及保持良好的生态环境。Parker（1997）认为，恢

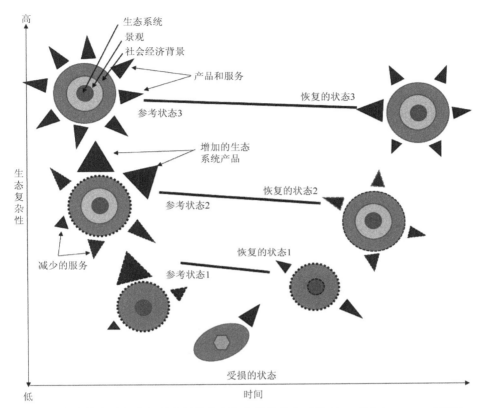

图 4.1　生态恢复过程中相继出现的参考生态系统状态（仿 Clewell & Aronson，2013）
图中虚线表示退化或破碎化的条件，内圈代表生态系统，一或两个外圈代表景观和社会经济背景，三角形附属块
代表生态系统的各种产品和服务

复的长期目标应是生态系统自身可持续性的恢复，但由于这个目标的时间尺度太大，加上生态系统是开放的，可能会导致恢复后的系统状态与原状态不同。

　　恢复模式是一个包括了预期的物理、化学和生物特征的生态恢复框架（SER，2004）。虽然这个模式具有地点特征，但这些特征也应满足区域恢复的需要。发展一个恢复模式不仅要增加在地方和区域尺度上的生物多样性和功能，还要了解这两个尺度上的限制和机遇。恢复模式的制定需要当前的信息（海拔、水文、植被、土壤、地形、时空异质性、人类干扰等）和历史信息（相关的杂志、书籍、论文、标本记录、图件、气象记录、航空图片、土地利用规划、土壤等）。

4.2　退化生态系统恢复的基本原则

　　退化生态系统的恢复与重建要求在遵循自然规律的基础上，通过人类的作用，根据技术上适当、经济上可行、社会能够接受的原则，使受害或退化生态系统重新获得健康，并使其有益于人类生存与生活的生态系统重构或再生过程。生态恢复与重建的原则一般包括地理学原则、生态学原则、系统学原则、社会经济技术原则、美学原则 5 个方面（图 4.2）。自然法则是生态恢复与重建的基本原则，也

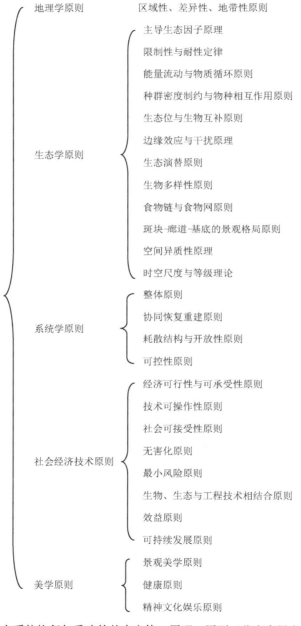

地理学原则	区域性、差异性、地带性原则
生态学原则	主导生态因子原理
	限制性与耐性定律
	能量流动与物质循环原则
	种群密度制约与物种相互作用原则
	生态位与生物互补原则
	边缘效应与干扰原理
	生态演替原则
	生物多样性原则
	食物链与食物网原则
	斑块-廊道-基底的景观格局原则
	空间异质性原理
	时空尺度与等级理论
系统学原则	整体原则
	协同恢复重建原则
	耗散结构与开放性原则
	可控性原则
社会经济技术原则	经济可行性与可承受性原则
	技术可操作性原则
	社会可接受性原则
	无害化原则
	最小风险原则
	生物、生态与工程技术相结合原则
	效益原则
	可持续发展原则
美学原则	景观美学原则
	健康原则
	精神文化娱乐原则

图 4.2 退化生态系统恢复与重建的基本定律、原理、原则（仿章家恩和徐琪，1999）

就是说，只有遵循自然规律的恢复与重建才是真正意义上的恢复与重建，否则只能是背道而驰，事倍功半。社会经济技术条件是生态恢复与重建的后盾和支柱，在一定尺度上制约着恢复与重建的可能性、水平和深度。美学原则是指退化生态系统的恢复与重建应给人以美的享受。

4.3 恢复成功的标准

Moreno-Mateos 等（2017）分析了全球 3035 个生态恢复样地的数据发现，与参考生态系统相比，恢复的生态系统的物种丰度还差 46%-51%，物种多样性还差27%-33%，碳循环还差 32%-42%，氮循环还差 31%-41%。这个结果与生物群落有关，但与退化因素无关。恢复的生态系统比未受干扰的生态系统具有更少的物种丰度、多样性和碳循环、氮循环。即使达到完全恢复，这些指标也很难达到 100%，也就是说，要尽量保护好原生生态系统避免其被破坏，因为通过生态恢复是很难达到未受干扰生态系统的功能的。这也提出了生态恢复成功的指标、数量等标准问题。

恢复生态学家、资源管理者、政策制定者和公众希望知道恢复成功的标准何在，但生态系统的复杂性及动态性使这一问题复杂化了。要衡量一个生态系统是否成功恢复，通常是将恢复后的生态系统与未受干扰的生态系统进行比较，对比的内容包括：关键种的多度与表现、重要生态过程的再建立、诸如水文过程等非生物特征的恢复。还有就是要关注恢复的生态系统是否稳定可持续，是否有高的生产力，土壤水分和养分条件是否改善，组分间关系是否协调，能否抵御新种的入侵。

国际生态恢复学会建议比较恢复生态系统与参考生态系统的生物多样性、群落结构、生态系统功能、干扰体系及非生物的生态服务功能。还有人提出使用生态系统的 23 个重要特征来帮助量化整个生态系统随时间在结构、组成及功能复杂性方面的变化。Cairns（1977）认为，恢复至少包括能被公众社会感觉到，被确认恢复到可用程度，恢复到初始的结构和功能条件（尽管组成这个结构的元素可能与初始状态明显不同）。Bradshaw（1987）提出可用以下 5 个标准来判断生态恢复是否成功：一是可持续性（可自然更新）；二是不可入侵性（像自然群落一样能抵制有害生物的入侵）；三是生产力（与自然群落一样高）；四是营养保持力；五是生物间相互作用（植物、动物、微生物）。Lamb（1994）则认为恢复的指标体系应包括：造林指标（幼苗存活率、幼苗的高度、基径和蓄积量生长、种植密度、病虫害受控情况）、生态指标（期望出现物种的出现情况、适当的植物和动物多样性、自然更新能否发生、有适当的固氮树种、目标种出现与否、适当的植物覆盖率、土壤表面稳定性、土壤有机质含量、地面水和地下水的保持力）和社会经济指标（当地人口稳定、商品价格稳定、食物和能源供应充足、农林业平衡、从恢复中得到经济效益与支出平衡、对肥料和除草剂的需求量低）。Davis（1996）和

Margaret（2008）认为，生态恢复是指生态系统的结构和功能恢复到接近其受干扰以前的结构与功能。结构恢复指标是乡土种的丰富度，而功能恢复的指标包括初级生产力和次级生产力、食物网结构、在物种组成与生态系统过程中存在反馈，即恢复所期望的物种丰富度，管理群落结构的发展，确认群落结构与功能间的联结已形成。任海和彭少麟（2001）根据热带人工林恢复定位研究的相关结论提出：森林恢复的标准包括结构（物种的数量及密度、生物量）、功能（植物、动物和微生物间形成食物网，生产力和土壤肥力）和动态（可自然更新和演替）。Aronson和 Le Floc'h（1996）提出了 25 个重要的生态系统特征和景观特征。这些生态系统特征主要是结构、组成和功能方面的，而景观特征则包括景观结构与生物组成，景观内生态系统间的功能与作用，景观破碎化和退化的程度、类型及原因。一般不必 25 个特征都具备。常用特征包括：测定费用少和可量化、对由干扰等引起的小变化敏感、能快速测定、在一个国家或一定区域范围内易于传递。恢复成功的标准要与原来制定的恢复目标相一致，包括原定的多样性、植被结构和生态过程等生态系统特征，每类特征至少包括 2 个指标，至少找 2 个参考生态系统进行对比（Ruiz-Jaen & Aide，2005；Clewell & Aronson，2013）。Wortley 等（2013）通过文献分析发现，评估生态恢复成功的关键指标有生态指标（植被结构、物种多度和丰度、生态系统功能）和社会经济指标，也有一些用生态系统服务指标进行评估的，未来要对生态系统服务和社会经济指标进一步量化。

Caraher 和 Knapp（1995）提出采用记分卡的方法对生态恢复的效果进行评价。假设生态系统有 5 个重要参数（如种类、空间层次、生产力、传粉或播种者、种子产量及种子库的时空动态），每个参数都有一定波动幅度，比较退化生态系统恢复过程中相应的 5 个参数，看每个参数是否已达到正常波动范围或与该范围还有多大的差距。Costanza 等（1997）在评价生态系统健康状况时提出了一些指标（如活力、组织、恢复力等），这些指标也可用于生态系统恢复的评估。在生态系统恢复过程中，景观生态学中的预测模型也可用作成功生态恢复评价的参考。除了考虑上述因素外，我们认为判断恢复成功与否还要在一定的尺度下，用动态的观点，分阶段进行检验。

4.4　生态恢复的方法

恢复与重建技术是恢复生态学的重点研究领域，但目前还是一个较为薄弱的环节。由于不同退化生态系统在不同地域上存在差异性，加上外部干扰类型和强度的不同，生态系统所表现出来的退化类型、阶段、过程及其响应机制也各不相同。因此，在对不同类型退化生态系统进行恢复的过程中，其恢复目标、侧重点及选用的配套关键技术往往会有所不同。

根据努力程度的不同，可将恢复分为遵循自然更新、人工帮助的自然更新、部分重建、完全重建（Clewell & Aronson，2013）。对于一般退化生态系统而言，大致需要或涉及以下几类基本的恢复技术体系：①非生物或环境要素（包括土壤、水体、大气）的恢复技术；②生物因素（包括物种、种群和群落）的恢复技术；③生态系统（包括结构与功能）的总体规划、设计与组装技术。在此，将退化生态系统的一些常用或基本的恢复与重建技术加以总结（表 4.1），以供参考（章家恩和徐琪，1999）。

表 4.1　退化生态系统的恢复与重建技术体系（仿章家恩和徐琪，1999）

恢复类型	恢复对象	技术体系	技术类型
非生物环境因素	土壤	土壤肥力恢复技术	少耕、免耕技术；绿肥与有机肥施用技术；生物培肥技术（如生态记忆技术）；化学改良技术；聚土改土技术；土壤结构熟化技术
		水土流失控制与保持技术	坡面水土保持林、草技术；生物篱笆技术；土石工程技术（小水库、谷坊、鱼鳞坑等）；等高耕作技术；复合农林牧技术
		土壤污染控制与恢复技术	土壤生物自净技术；施加抑制剂技术；增施有机肥技术；移土客土技术；深翻埋藏技术；废弃物的资源化利用技术
	大气	大气污染控制与恢复技术	新兴能源替代技术；生物吸附技术；烟尘控制技术
		全球变化控制技术	可再生能源技术；温室气候的固定转换技术（如利用细菌、藻类）；无公害产品开发与生产技术；土地优化利用与覆盖技术
	水体	水体污染控制技术	物理处理技术（如加过滤剂、沉淀剂）；化学处理技术；生物处理技术；氧化塘技术；水体富营养化控制技术
		节水技术	地膜覆盖技术；集水技术；节水灌溉（渗灌、滴灌）技术
生物因素	物种	物种选育与繁殖技术	基因工程技术；种子库技术；野生生物种的驯化技术
		物种引入与恢复技术	先锋种引入技术；土壤种子引入技术；乡土种苗库重建技术；天敌引入技术；林草植被再生技术
	种群	物种保护技术	就地保护技术；迁地保育技术；自然保护区分类管理技术
		种群动态调控技术	种群规模、年龄结构、密度、性比例等调控技术
		种群行为控制技术	种群竞争、他感、捕食、寄生、共生、迁移等行为控制技术
	群落	群落结构优化配置与组建技术	林灌草搭配技术；群落组建技术；生态位优化配置技术；林分改造技术；择伐技术；透光抚育技术
		群落演替控制与恢复技术	原生与次生快速演替技术；封山育林技术；水生与旱生演替技术；内生与外生演替技术
生态系统	结构与功能	生态评价与规划技术	土地资源评价与规划技术；环境评价与规划技术；景观生态评价与规划技术；4S（遥感、地理信息系统、全球定位系统、专家系统）辅助技术
		生态系统组装与集成技术	生态工程设计技术；景观设计技术；生态系统构建与集成技术
景观	结构与功能	生态系统间连接技术	生物保护区网络；城市农村规划技术；流域治理技术

　　不同类型（如森林、草地、农田、湿地、湖泊、河流、海洋）、不同程度的退化生态系统，其恢复方法亦不同。从生态系统组分的角度看，主要包括非生物和生物组分的恢复。无机环境的恢复技术包括水体恢复技术（如控制污染、去除富营养化、换水、积水、排涝和灌溉技术）、土壤恢复技术（如耕作制度和方式的改变、施肥、土壤改良、表土稳定、控制水土侵蚀、换土及分解污染物等）、大气恢复技术（如烟尘吸附、生物和化学吸附等）。生物系统的恢复技术包括生产者（物种的引入、品种改良、植物快速繁殖、植物的搭配、植物的种植、林分改造等）、消费者（捕食者的引进、病虫害的控制）和分解者（微生物的引种及控制）的重建技术与生态规划技术的应用。在生态恢复实践中，同一项目可能会应用上述多种技术。例如，余作岳等在极度退化的土地上试图恢复原有的热带季雨林，他们采用生物与工程措施相结合的方法，先后通过重建先锋群落、配置多层次多物种的乡土阔叶林和重建复合农林业生态系统等 3 个步骤，最终取得了成功。总之，生态恢复中最重要的还是综合考虑实际情况，充分利用各种技术，通过研究与实践，尽快地恢复生态系统的结构，进而恢复其功能，实现生态、经济、社会和美学效益的统一（Mitsch & Jorgensen，1989；Parham，1993；余作岳和彭少麟，1997；章家恩和徐琪，1999；Ren & Peng，2003）。

　　海岛和海岸带区域的植被是最好的天然植被类型之一，一旦破坏，就很难恢复。最好的办法是自然恢复，其优点是可以缩短实现森林覆盖所需的时间，保护珍稀物种和增加森林的稳定性，投资小、效益高。另一种办法是生态恢复，即通过人工的方法，参照自然规律，创造良好的环境，恢复天然的生态系统，主要是重新创造、引导或加速自然演化过程。生态恢复方法又包括物种框架法和最大生物多样性法。物种框架法是指在距离天然林不远的地方，建立一个或一群物种（抗逆性强、再生能力强、能够吸引野生动物并能提供快速和稳定的野生动物食物），作为恢复生态系统的基本框架，这些物种通常是植物群落演替早期或中期阶段的物种。最大生物多样性法是指尽可能地按照该生态系统退化前的物种组成及多样性水平进行恢复，需要大量种植演替成熟阶段的物种，忽略先锋物种。无论采用哪种方法，恢复过程中都要对恢复地点进行准备，注意种子采集和种苗培育、种植和抚育，加强利用自然力，控制杂草，加强利用乡土种进行生态恢复的教育和研究。

　　恢复生态学一直强调将自然科学与社会科学结合，但有关如何结合的研究不多。虽然人类努力将生态系统恢复到受干扰前的状态，但科学家很难弄清生态系统像什么、功能如何。恢复的政策制定者则需要同时知道科学界与企业界的情况与价值。在调查公众、环境主义者、政策制定者和科学家的环境价值、信仰、态度和理念时可用多种调查方法，它们可归为两类基本的社会范式：技术主义的世界观和生态中心主义的世界观。它们进一步衍生出两种调查方法：态度调查和问题调查。为此，Woolley 等（2000）发明了生态系统恢复与管理的调查方法——Q 方法，作为传统调查方法的重要补充，来确定可能影响恢复规划过程的价值范围。Q 方法不着眼于在相关人群中开展有足够大的、具代表性的样本调查，而是使用一套多样的主题，让受调查者初步反映出他们对相关问题的代表性意见，统计有多少人持有某种观点。其目标是模拟而不是代表相关人员的信仰和价值的主观结构。Q 方法主要用来量化各种恢复目标的观点，并将这些多样性化的观点纳入恢复规划中。此外，在恢复过程中需要不同来源的知识，包括智能思维或基于知识的恢复，以及传统生态学知识。

4.5　生态恢复的时间

全球的土地、植被、农田、水体、草地的自然形成或演替时间是不一样的，而且这种自然的过程可能是漫长的。退化生态系统的恢复时间则相对要短些，其恢复时间与生态系统类型、退化程度、恢复方向、人为促进程度等因素密切相关。一般来说，退化程度轻的生态系统恢复时间要短些；在湿热地带的生态恢复要快于干冷地带；不同的生态系统恢复时间也不一样；与生物群落的恢复相比，土壤恢复的时间更长；农田和草地要比森林恢复得快些。

Daily（1995）在计算退化生态系统潜在的直接实用价值（potential direct instrumental value）后认为：火山爆发后的土壤要恢复成具有生产力的土地需要 3000-12 000 年；在湿热区土地耕作转换后其恢复要 20 年左右（5-40 年）；弃耕农地的恢复要 40 年；弃牧草地的恢复要 4-8 年；改良退化的土地需要 5-100 年（根据人类影响的程度而定）。此外，他还提出，轻度退化生态系统的恢复要 3-10 年，中度的要 10-20 年，严重的要 50-100 年，极度的要 200 多年。彭少麟（1995）、余作岳和彭少麟（1997）及任海等（2006）通过试验和模拟认为，热带极度退化的生态系统（没有 A 层土壤，面积大，缺乏种源）不能自然恢复，而在一定的人工启动下，40 年可恢复森林生态系统的结构，100 年可恢复生物量，140 年可恢复土壤肥力及大部分功能。

4.6　生态恢复工程管理指南

国际生态恢复学会于 2005 年推出了 Andre Clewell、John Rieger 和 John Munro 编写的《生态恢复工程的发展和管理指南》（第 2 版），该指南介绍了开展生态恢复工程的程序，可指导恢复实施者和项目管理人员逐步完成生态恢复的每个过程。该指南的主要内容包括：引言、概念规划、准备工作、规划实施、实施工作、实施后的工作、评价与宣传、项目规划和管理和 15 条原则。应用该指南可减少工程质量和效益降低的风险。这个指南适用于任何生态系统——陆地或水生生态系统的恢复，更确切地说适用于世界任何地方、任何项目，包括公共设施建设工程、环境管理方案、减灾工程、私营土地的开发等。国际生态恢复学会组织的"生态恢复科学与实践系列丛书"中有多本关于生态恢复工程的专著。2011 年，David J. Tongway 和 John A. Ludwig 出版了《恢复干扰的土地：将原理应用于实践》，该书主要介绍了对干扰景观进行基于功能的恢复框架，废弃矿地、草原、农场和公路边坡恢复案例，以及监测指标。2012 年，Steven I. Apfelbaum 和 Alan Haney 出版了《恢复土地生态健康工作簿》，该书提出了恢复土地健康的 10 个步骤，即调查和测绘土地、调查历史条件、解释景观变化、提出目标、形成恢复规划、做一个好的监测、完成规划、做好记录、评估项目结果、分享恢复过程；该书还特别强调了监测生态系统健康的结构和过程的指标问题。2014 年，John Rieger、John Stanley 和 Ray Traynor 又在《生态恢复的项目规划与管理》一书中详细介绍了生态恢复工程的项目规划、项目设计、项目实施/执行、项目后管理（图 4.3）和项目的全程管理（根据项目的使命和目标启动项目，样地分析，优劣势分析，

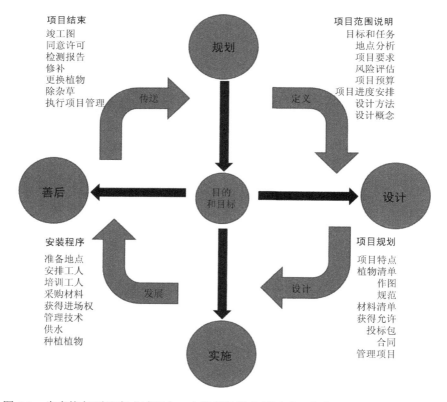

图 4.3　生态恢复项目完成过程中 4 个阶段涉及大量活动（仿自 Rieger et al.，2014）

深化目标，明确项目必要条件、实施范围、概念设计、项目规划，施工，监测，修复，项目结束）。此外，澳大利亚也发布了生态恢复实践的国家标准（McDonald et al.，2016）。

4.6.1　引言

　　生态恢复是辅助一个已经退化、损伤、破坏的生态系统恢复的过程。这是一个有目的性的行为，它能启动或加速生态系统在自身健康（功能过程）、完整性（种类组成和群落结构）和可持续性（抗干扰能力和恢复力）方面的恢复。恢复确保了生态系统可从物理环境中得到非生物支撑、与相邻景观之间有适当的生物及物质流动和交换，以及对维持其完整性所依赖的文化相互作用的重建。恢复的目的是将生态系统还原到其原有的轨迹上，如与某个已知的原有状态相类似的状态，或者是在历史轨迹范围内自然发展而成的状态。但由于现有条件的限制，生态系统可能会向其他的方向发展，因而生态恢复不一定能将生态系统还原到其原有状态。

　　一旦完成了生态恢复，生态系统就不再需要人为的长期维持。然而，需要生态系统的管理来防止已恢复的生态系统由于环境改造或人为干扰而再次发生退化。这种行为与其说是恢复还不如说是管理。换句话说，生态恢复是恢复生态系统的完整性，而生态管理则是保持生态系统的完整性。相应地，一些已经恢复的生态系统将需要传统模式的管理行为。恢复和管理（包括传统模式）的区分有利于资源配置，同时保证了生态恢复的效果不受生态系统管理中出现的后续矛盾或错误判断的影响。

4.6.2　概念规划

　　（1）确定工程地点的位置和边界。在地图上描绘出边界，最好是小尺度航空照片，而且是显示有土壤、分水岭和周围景观及其他特征的地形图。最好使用全球定位系统（GPS）、土地勘查仪器，以及其他合适的测量工具。

　　（2）确定所有权。给出土地所有者的姓名和地址。如果一个组织或社会公共机构拥有或管理着所有或部分地点，要给出关键人的名字和标题。给出实施单位的名称——市政工程、环境管理、减灾等，然后在下方标明赞助方。如果不止一个主权人，则要确保所有的主权人同意这项恢复生态工程的目的和方法。

　　（3）确定生态恢复的需要。统计在实施恢复时需要哪些东西、描述在生态恢复后有哪些改进，这些改进可以是生态效益、经济效益、文化效益、美学效益、教育效益或科学效益。生态效益可以是提高生物多样性，维持食物链等。经济效益则表现为自然服务（或社会服务），也可以是生态系统提供给人类产品和可持续性的经济，在这个方面，生态系统被视为一种自然资本而得到认同和重视。文化效益包括社会职责和典范、静态休闲、精神重建。美学效益体现在本地生态系统的内在自然美。教育效益是伴随着环境文化的发展而产生的，学生可通过参与生态恢复工程学习到恢复生态学的相关知识。当恢复工程被用于生态原理的演示或试验区时也就产生了科学效益。

（4）确定所恢复的生态系统的类型。为生态系统的类型命名并做简单描述，这些所要恢复的生态系统是退化生态系统、受损生态系统还是破坏生态系统，主要类型是什么。为了交流方便，还要为不熟悉这个生物区自然景观的人加入相关描述词。这些描述词要包括一些有特色的或者明确的物种名称，指出群落结构（沙漠、草地、干旱稀树草原、灌木林、森林等）、生活型（多年生草本、肉质植物、灌木、常绿树等）、主要分类类型（针叶、草本等）、水分条件（湿生、旱生等）、盐分条件（淡水、微盐、盐生等）和地貌条件（山区、冲积扇、河口滩等）。

（5）确定恢复目标。目标主要是指一项生态恢复经过努力所能达到的理想状态。恢复目标为所有生态恢复的行为提供基础，还可作为工程评价的基础。所有的生态恢复工程都有一组生态目标，其中包括恢复生态系统的完整性、健康和长期可持续发展的潜力。当然，某项工程或许会有额外的生态目标，如为特定物种提供生境或者重新集结特定的生物群落。

生态恢复目标应明白地表达恢复之前的状态或轨道，以及能够恢复到什么程度。一些生态系统能够恢复到一个已知的或可能的历史条件下，尤其是退化或者破坏不严重且在人口压力小、恶劣的环境条件使植物物种丰富度不高的地方，还有就是在恢复后的生态系统中的生态性植被与受干扰前成熟植被相似度不高的地方。即使如此，所恢复的生态系统也肯定在一些方面与恢复模式不同，这主要是由生态系统动态的复杂性和随机性决定的。其他恢复或许不会与历史上的模式或参照物接近，因为当时的条件阻止恢复到历史上的状态。

生态恢复能在 5 种背景下实施（为了强调恢复的目的，合适的背景应该在工程的目标中确定）。①退化（生态系统完整性和健康的微弱改变或渐变）或损坏（剧烈的、明显的改变）的生态系统恢复到干扰前的状态。②用一个相同种类的生态系统来替代一个完全破坏的生态系统（其物理环境受到破坏，系统内主要生物灭绝）。新的生态系统必须在缺乏植被（陆生生态系统）或海洋生物（水生生态系统）的地点上重建。③通过生物区的一种生态系统转变到另外一种生态系统（把一种生态系统改为不同的生态系统或土地使用类型）去替代一个不可逆景观中的生态系统，如将森林改为城镇。④在生物区内，如果动态的环境无法支撑自然生态系统时，这些生态系统会发生替代。所替代的生态系统不包括为适合新环境条件而出现的本地种的新组合，如废弃地的恢复。⑤潜在可替换生态系统的替代（无法找到恢复模式的参照系统)。例如，在人口密集的欧亚大陆，多个世纪以来的土地利用已经抹去了所有原始生态系统的痕迹。

所有的生态恢复工程都有文化目标，这些目标为大众理解恢复工程的有益性提供了基础。好的公共评价不仅可以获得资金支持，调整公共机构所实施的工程行为，吸引利益共享者参与工程规划与实施，还可以获得本地居民对所恢复的生态系统的尊重。

（6）确定需要修复的物理环境条件。许多需要恢复的生态系统由于物理环境条件的破坏，都存在功能障碍，如土壤紧实度的改变、土壤侵蚀、地表水利用的转变和潮汐涨落的阻碍。修复后的物理环境条件要能维持生态系统生物区系物种种群的正常发育、繁殖。

（7）确定需要调节或重建的胁迫因素。胁迫因素是指在维持生态系统完整性的环境因子中，那些通过阻碍竞争种的定居而重现的因子，例如，火，洪水或长期土壤积水而引起的缺氧，周期性干旱，与潮汐和海岸气体中的悬浮微粒有关的盐分堆积，结冰温度，由水、风、重力引起的海滩、沙丘和洪积平原的不稳定基底。在一些生态系统中，胁迫因素可能还包括可持续文化行为，如生物资源的定期收获、刀耕火种。

（8）确定并列表显示所需的生物干扰类型。许多恢复工程，为了减少或根除不需要的物种，引进有价值的物种，需要进行生物群操作。尤其是在植被恢复时，需要消灭一些外来入侵种。如果其他一些本地种或外来种延缓或阻碍了生物群落的正常演替，那也应该被清除。需要引进的物种包括具有菌根的真菌、固氮细菌、土壤微生物。适生性强的动物一般会自动进入所恢复的生境中。通过为鸟类提供栖木，为小动物散布遮盖用的粗糙碎石，在溪流中为大型非脊椎动物准备许多不同的基质作为生境改良手段，可以吸引更多的动物到所恢复的生境中来。

（9）确定景观限制。在恢复工程中，一些外在的条件和附近景观会对工程区许多物种的种群数量统计产生不利影响。其中，土地和水资源的使用是主要因素。如果周边的景观不可保证的话，这样的恢复就不应该进行。

一些水生生态系统的恢复完全依靠在集水区的其他地方进行生态改进，而且其所有的恢复工作都不在现场完成。例如，农业径流等浑浊的或污染过的水排出后，进入恢复工程，就会严重影响生态恢复。

在景观中，应该对其他地方的风险进行评估，确定和评价它们可能对恢复成果构成的损害形式，客观评价改善它们的可能性。

（10）确定工程资金来源。如果本身资金缺少的话，潜在的额外资金来源应该用表格的形式列出来。

（11）确定劳动力来源和所需要的设备。应该雇用一些人员，邀请一些志愿者，并与一些工人签合同。确定那些必需的和可能会用到的特殊设备。

（12）确定生物资源的需求和来源。生物资源可能包括种子、其他植物繁殖体、生长在苗圃的植物苗木和工程地点中必需的动物。一些苗木可以买到，而其他乡土植物的种子则可能要从其他自然区采集。

（13）确定获得政府机构的批文。恢复工作可能需要政府机构的许可，如挖土或填满小溪和湿地、其他土木工程、使用除草剂及规定的火烧。而其他许可可能还包括濒危物种、历史遗迹等的保护。

（14）确定许可内容、契约限制和其他法律约束。分区制管理和约束性的契约会对恢复行为有一定的阻碍。此外，法律约束也会限制一些恢复工作的实施。

（15）确定工程的持续时间。工程持续时间可能在很大程度上影响工程造价，短期恢复工程可能要比长期工程花费更多的资金。工程持续时间越长，实践者就越能依靠自然恢复和志愿劳动力去完成特定的恢复目标。要加速恢复项目的进程，就要用造价更大的人为干预代替那些自然过程。

（16）确定长期的保护与管理策略。如果无法确保工程地点能被保护和管理，那么生态恢复就毫无意义了。

4.6.3　准备工作

（17）指定一个熟悉各项恢复技术的实践者。恢复工程是复杂的，它需要多方面的协调，且需要做出许多决定。因此，在恢复实践者中应指定一个领导，他应该对整个工程有良好的驾驭力，有权快速果断地消除影响工程完整性的威胁。许多小工程能被简单的实践者完成，较大的工程则需要委派一名主管，让他来监督整个恢复团队。

理论上，工程规划者应该征求主管专家的意见。如果是一项大工程的转包部分，那么主管应该与其他转包者一样享有权力，有权阻止恢复计划复杂化，权衡恢复质量和恢复成本。

（18）委任恢复团队。对于较大的工程，主管需要与其他实践者合作去监督工人和分包者，并且需要和掌握关键技术与技能的技术人员合作。

（19）为工程作好预算。最好有各项开支（包含人工费、经费及材料费等）的详细说明。

（20）用文件的形式描述工程地点的环境条件和生物群落。这个文件应当包括量化了的退化或损坏程度。确定物种组成，估计物种丰富度，详细描述所有群落的结构，这样可以更好地预测恢复效果。土壤、水文和其他物理环境条件也应适当描述。这些信息对后期的工程评价至关重要，因为评价需要对现在的情况和恢复之后的情况做对比。对于任何恢复工程和描述来说，合适的标签和完美的照片是必不可少的。

（21）用文件描述恢复工程地点的干扰历史。

（22）实施工程前的监测。通常要确定一些可衡量参数的基准，这些参数用作项目监测继续贯穿于整个工程中。在工程完成时，这些数据有助于对恢复的效果进行评价。

（23）建立参考生态系统或"参照"。参照模式是工程评价的基础。"参照"包括了已知的干扰前的条件、一个或多个未干扰的相同类型生态系统和地点的描述。参照必须足够广泛以作为生态恢复的潜在终点。在某些限制条件的作用下改变了历史轨道，或者当生物区缺少相应的生态系统类型时选择参照的难度增加了。在一些工程中，参照可以作为一个恢复样板。而在其他工程中，它只能为发展的方向提供一点暗示。

（24）收集有关关键种的个体生态学信息。有关关键种的定居、维持及繁殖的信息都应该利用。如果需要的话，应该在工程实施之前做物种定居及生长的实验。

（25）由于需要评价恢复方法和策略的有效性，因此要做前期调查。在进行较大规模的恢复之前，需要用实验样地或小规模的"工程样地"论证可行性或揭示恢复设计和实施中的弱点。

（26）验证生态系统目标是否实际或者它们是否需要调整。选择实际的目标是很重要的。在概念规划时一些确定的目标似乎有潜力完成，但在后期，在了解更完全的信息后，这些目标可能显得不切实际，需要做出调整。

（27）为完成恢复目标而准备一份所设计的目标清单。为了完成恢复目标，应有明确的行为去实现这些目标。

生态目标都是通过控制生物群或物理环境来实现的。有一些工作要在恢复的初期进行，如移动道路、填平沟渠，或者给土壤加入有机质或石灰。一些目标还需要重复性的行为，如定期点燃指定的易燃物，清除重复出现的、对指定植被定居构成威胁的入侵种。一些目标需要在工程地点外去实施以改善样地内的条件。一项生态恢复工程的恢复目标可能是一个，也可能是多个，这取决于工程目的和生态系统退化或损坏的程度。

文化目标隶属于文化工程目的。这些目标包括宣传工作、恢复进程的公共庆祝活动、在恢复工程的实施和监测中利益共享者与学校学生的参与，以及与生态系统恢复相关的文化行为。

（28）保证需要调整和相关的许可。

（29）与有兴趣的公共机构建立联系。即使生态恢复是在私有土地上实施的，它也需要努力得到公共关注。所恢复的生态系统提供了超越所有权边界的有益的天然服务。因为恢复还是有助于公众健康，所以有责任对自然资源进行保护和管理的公众机构应该了解在其管辖范围内的恢复工程，而不管所有权属于谁，不管是谁投的资。

（30）与公众建立联系并宣传工程。当地居民知道所恢复的生态系统如何对个人有好处时，会自动变成恢复工程的利益共享者。

（31）在工程规划和实施的过程中安排公众参与以达到文化目的。许多生态恢复工程的实施会受到技术专家的态度的影响，尤其是那些意图在于满足公共机构需要的合同条件和许可契约的人。公众参与会增加工程费用，且会影响工程完工的时间。然而，公众被排斥在外会导致其他问题。

（32）铺装道路和其他所需要的基础设施使工程实施更加方便。通常恢复工程需要移除道路和其他基础设施。然而，有必要增建工程地点或新的建筑，这样有助于工程的实施和维护。

（33）雇用并训练将参与工程监督和实施的人员。为缺乏恢复经验和特定方法知识的工程人员提供讲习班和会议，有助于为他们提供背景信息。

4.6.4　规划实施

（34）为完成每一个目标，描述实施的干预。为完成每一条目标，主管指定并描述全部行动、处理和操作。如果目标是用指定的树种组成和物种丰富度来在之前的作物用地上建立树木覆盖，那么一种干预就是用指定的物种的幼树以一定的密度栽种。在引进生物资源之前，一定要给地点准备行动设计以足够的关注。一旦生物资源被引进，如果缺少地点准备，那么修复有功能障碍的物理环境的外貌就变得非常困难，且价格也很昂贵。一些恢复干扰在最初修复之后，需要持续修复或继续进行周期性的监测。

（35）确定消极恢复的作用。通常一个生态系统的一些方面需要部分故意干预。要意识到生态恢复是一个有目的的过程，这个过程至少包括实践者部分有节制的干预。如果没有任何干预恢复也会发生的话，那么它应该被叫作"自然重建"。

（36）为了衡量每一目标的完成程度，准备执行标准和监测计划。执行标准是生态系统恢复的一种状态，它指出或证明目标已经完成。一些执行标准的满意度通过简单的观察就可以得到。执行标准在承包商实施的或需要满足许可条件的恢复工程中有特定的用途。

（37）安排需要完成每个目标的工作。目标较多的工作可以在一年或两年内完成。而一些工作就不得不被推迟，如引进特殊生境的植物或动物，这项工作会被推迟很多年，直到生境条件适合的时候。

（38）获得设备、所需物品和生物资源。

（39）为实施工作、维持活动及意外事件准备预算。为规划实施工作进行预算是很重要的。然而，恢复是一项多元任务，它不可能考虑到所有的可能性，应该对突发的意外事件的费用进行预算。

4.6.5 实施工作

（40）划清分界线和工作区域。

（41）安装长期监测的固定装置。

（42）实施恢复工作。

4.6.6 实施后的工作

（43）防止工地被他人或草食动物破坏。工程实施后，应重视样地的保护。

（44）实施后进行工程维持。

（45）经常勘查工程样地，确定实施过程中有需要纠正的错误。为了进行维持并对意外事件做出快速反应，主管需要经常检查工程样地，尤其是在实施后的一两年。

（46）为记录执行标准的达到程度而实施监测。

（47）如果需要，采取适当的管理方法。作为一种恢复策略，进行适当的管理才能保证功能完整性的恢复。

4.6.7 评价与宣传

（48）评价监测数据以确定是否达到执行标准和工程目标是否完成。数据分析的结果应该用文件的形式写出来。如果在合理的事件范围内执行标准没有达到，应该整改。

（49）对新完成的工程实施生态评价。评价应比较实施恢复行为之前的生态系统的条件。评价应该确定是否满足生态目标，包括所恢复生态系统的贡献。

（50）确定是否满足文化工程目的。

（51）宣传并准备写完整的恢复工程的报道。

4.6.8 项目规划和管理的 15 条原则

为了取得好的效果、准时完成并控制预算，生态恢复项目涉及的各利益方建议都能遵守 15 条原则：①准备一个计划，通读规划，并根据项目的需要量身设计过程；②从一开始就吸引所有利益相关方和利益团体参与规划过程；③全面调查项目地点的现在和历史条件及周边区域，并鉴定出未来可能影响这个地点的趋势；④在利益相关方达成共识后清楚地书面写出项目的目标；⑤鉴定并消除那些损害项目地点的干扰因素；⑥做项目设计时，不仅要考虑项目的目标，还要考虑地点条件、邻近环境、项目地点在景观中的位置、可预期的气候变化的影响；⑦做一个实现恢复的计划,并把计划以项目文件的形式写在纸上(或电子文档上);⑧做一个完成项目的详细规划,在开工或建设前预留足够签订合同、购材料和另外任务的时间;⑨在引入植株和种子到项目地点前执行所有的植物采购计划;⑩监测完成过程中的每一个步骤,这一过程还可作为对每一个施工人员的管理、建设和安装活动的培训;⑪记录所有执行的工作,并保持准确和详细;⑫保留足够的时间和资源来进行样地的改进和维持(包括种植),并将其当作长期样地进行管理;⑬发展、资助和完成监测项目以评价是否以及按时完成项目的目标;⑭利用适应性管理方式改进恢复项目的每一个演替阶段,并为将来相似项目的规划服务;⑮保持创新精神、采用革新性的演绎法获取恢复项目的成功(Rieger et al., 2014)。

4.7 生态恢复的监测和评估

计划好恢复方案并努力实现那些明确的、能反映参考生态系统重要特征的目标很重要。只有不断实现那些明确的小目标,生态恢复的最终目标才能实现。目的指的是一些理想结果,而目标是指为实现理想结果而采用的具体标准。对于评价恢复后的生态系统,两个基本问题常被提及。目标完成了吗?目的实现了吗?只有在开展具体恢复工作前明确了这些目标和目的,回答这两个问题才有意义。生态系统非常复杂,没有两个完全一样的生态系统。因此,没有哪个地方恢复后的生态系统能与任何一个参照系统一模一样。可用于评价恢复成果的生态系统变量太多了,在有限的时间内,不可能全部测定。哪些变量应被选择用于评估,哪些应被忽略,需要评估人员实事求是做出判断。

目标一般基于具体标准进行评价,即用设计标准或成功标准来进行评价。这些标准大部分是从对参照系统的理解中得到的。实施标准给评定恢复方案目标实现与否提供了一个经验上的依据。在恢复计划开始前,恢复目标、实施标准、监测方案、数据评估都应该写入恢复计划。如果监测到的数据表明实施标准达到了,那么方案的目标就实现了,恢复生态系统可能已经有了足够的回弹力,很少需要或是不再需要生态恢复工作者进一步的帮助了。

一旦实现了这些生态恢复目标,就可以假设方案的目的已经或是很快就会实现。由于指定的目标或实施标准可能被证实是不适当的,或者不可预测的环境变化可能会改变恢复的轨迹,因此这个假设是没有保证的。就这一点来说,由于恢复目标是理想化的,没有经过严格的实验验证,因此在评估恢复目标时不可避免地有一些主观、专业判断方面的因素在里面。

进行生态恢复评估有 3 种方法:直接比较、特征分析和轨迹分析。在直接比较时,选择的参数是从参照地和恢复区域选定或测定的。如果参照系统的描述是完善的,那么就有多达 20 种或 30 种参数可以用作比较,包括生物与非生物环境方面的参数。如果比较的结果是有的参数相似，有的不同，则可能会导致对生态恢复的结果不好解释。这就引发了另一个问题，那就是应该有多少参数必须相似，它们的相似度要达到什么程度才可以认为生态恢复结果是令人满意的。最合适的方法可能是仔细挑选一系列连贯的特征，将其相结合可完整而简明地描述一个生态系统。

在特征分析时，一般用一些具体的特征进行评定。使用这种方法时，预期监测所得及其他列出的定量或半定量数据对判定恢复目标的实现程度是很有用的。

轨迹分析是一种很有发展前途的评价方法，目前还处于发展阶段，它可用作对大量比较数据的解释。在这种方法中，恢复地点定期收集的数据可以用来作图，从而揭示生态恢复的发展趋势。这种趋势让我们可以通过参照地的特性来确定生态恢复是否沿预期路线发展。

评估内容包括预定的生态恢复目的，以及与文化、经济和其他社会利益相关的目标。因此，评估方法也包括社会科学方面的。评定社会经济方面的目标是非常重要的，它可以让政策制定者和资金管理人员决定是否批准或资助生态恢复方案。

Gatica-Saavedra 等（2017）分析全球森林恢复案例时发现，对不同地区森林恢复进行评估的指标数量不同，这些评估与森林退化程度或恢复需要不相关。非洲有巨大的森林损失和高的退化率，很少对其进行评估。43%案例的森林恢复评估只包括 3 个关键生态属性（组成、结构、功能）中的 2 个指标（组成-结构或组成-功能），而且每个属性中平均使用的指标数少于 3 个。组成最常用的指标是植物物种的多度和丰度，而结构则是树的高度和胸径，这些指标通常是比较容易测量的变量。随着时间的推移，功能指标的使用不断增加，现在功能指标比结构指标更常用，最常用的功能指标是土壤功能。大多数研究者评估生态恢复实施后 6-10 年的恢复效果。Rey Benayas 等（2009）发现，生态恢复可以增加 44%的生物多样性和 25%的生态系统服务功能。生态系统各个服务功能之间存在着复杂的权衡关系，当把单一生态系统服务作为恢复目标时，会产生潜在的冲突和不确定性；在全球变化背景下，生物多样性和生态系统服务功能恢复的进程会比较缓慢且不完整；因此，可以利用这类评估建立基于生态系统服务功能的生态补偿机制，同时系统地规划恢复策略和评估（Bullock et al., 2011）。

4.8 生态系统恢复后的生物与非生物特征

生态系统的复杂性、异质性及动态性，使得要制定出恢复成功的普遍标准十分困难。对生态系统恢复后的认识，目前更多的研究开始关注生态系统恢复后的特征，通常是将恢复后的生态系统与恢复前或未受干扰的生态系统进行比较，其内容包括关键种的多度及表现、重要生态过程的再建立，以及诸如养分循环和水文过程等非生物特征的恢复等。下面以植被生态系统恢复后的特征为例进行阐述。

4.8.1 生物特征

4.8.1.1 植被盖度提高

一般而言，在生态恢复过程中，植被盖度都会呈现出上升趋势。例如，在广东封开黑石顶省级自然保护区和茂县退化山地植被的恢复演替过程中，群落的盖度均逐渐增大。从表4.2可以看出，黑石顶省级自然保护区植被恢复100年以后，群落植被盖度由恢复前的1.1%增加到325.2%。其中，由恢复后4年的苗木时期进入10年的幼龄林时期，由针阔叶混交林演替到阳生性常绿阔叶林，以及由阳生性常绿阔叶林演替到中生性常绿阔叶林的3个演替阶段，群落的盖度增加比较显著（周先叶等，1999）。另外，对退化沙地草地恢复的研究表明，植被盖度先增加而后基本稳定或略有降低，呈抛物线形的变化趋势。但是，河流生态系统经过恢复后，苔藓盖度却下降到恢复前的1/10（Muotka & Syrjänen，2007）。

表4.2 黑石顶省级自然保护区森林次生演替各阶段植被盖度的变化（周先叶等，1999）

演替阶段	恢复前	次生迹地恢复的早期阶段		针阔叶混交林		阳生性常绿阔叶林	中生性常绿阔叶林
演替时间（年）		2	4	10	25	35	60	100
盖度（%）	1.1	21.4	65.0	97.2	113.2	167.6	262.3	325.2

4.8.1.2 生物多样性增加

尽管生态系统恢复后的物种组成与原地带性植被相比有一定的差异，但退化群落通过自然恢复总是向着结构更复杂、更完善的方向发展。通常物种多样性在恢复的早、中期会逐渐增加，此后物种组成会趋于一个相对的平衡状态，这样新种侵入的概率会逐渐变小（李新荣，2005），群落物种组成相对稳定。大量研究表明，与恢复前的生态系统相比，大多数恢复生态系统中的物种多样性会增加，群落均匀度增大，组织结构趋于稳定。例如，光板地、弃耕地、风灾迹地在恢复过程中物种丰富度不断增加（彭少麟，1995；张金屯等，2000；石胜友等，2003），湿地、河岸带滩地生态系统恢复后植物种类和植物群落多样性也都呈上升趋势（阳承胜等，2002；张建春和彭补拙，2003）。

对四川西部的亚高山云杉人工林的研究表明，群落生物多样性的恢复与林冠的郁闭过程有密切联系。乔木层物种多样性在林冠郁闭前上升，林冠郁闭后下降；灌木层物种多样性在林冠郁闭前下降，郁闭后骤然上升，后来缓慢下降；草本层物种多样性在早期阶段很高，随着郁闭度的增大而下降，郁闭后又缓慢回升（赵常明等，2002）。

4.8.1.3 群落组成发生变化

在生态系统的自然恢复演替过程中，群落组成结构变化体现在不同适应等级种组的变化。群落演替的种组替代规律一般表现为先锋种→次先锋种→过渡种，最终被次顶极种和顶极种替代。在恢复的中后期，群落种类数量增加，草本植物由少变多，灌木和乔木种类减少或趋于稳定，林间植物较多。另外，还表现为阳生性种类较少，中生和耐阴性种类增加，先锋种类较少，而建群种和顶级种类较多。

例如，对黑石顶省级自然保护区森林恢复演替过程的研究发现，群落的种组替代规律表现为：在皆伐裸地恢复阶段最初的 2-4 年，先锋种、阳生性种类及中生性种类的幼苗同时大量出现于次生裸地上；当演替至 10 年时，群落中先锋种的数量占绝对优势，阳生性种类数量保持稳定，中生性种类数量趋于减少；在针阔叶混交林阶段，先锋种数量趋于减少，阳生性种类数量趋于增加；在阳生性常绿阔叶林阶段，先锋种基本衰退，而阳生性种类占绝对优势，同时中生性种类数量趋于增加；当演替至中生性常绿阔叶林阶段时，阳生性种类逐渐消退，中生性种类占优势（周先叶等，1999）。

4.8.1.4 群落结构分层明显

就群落垂直结构而言，植被恢复后，冠层分化明显、层次较多，径级分化、高度级分化、林间层分化均较明显；从空间水平结构来看，植被密度增加，乔木多度增加，灌木多度变为中等水平，草本多度变小。

在群落的演替进程中，群落垂直结构与水平结构的变化决定了群落的稳定性。对黑石顶省级自然保护区次生演替序列的研究发现，次生裸地恢复阶段为群落垂直结构的形成期，群落盖度小，密度大，物种组成很不稳定；在针阔叶混交林阶段，群落垂直结构相对稳定，群落密度因自疏作用而大幅度下降，物种组成变化不大；在阳生性常绿阔叶林阶段，群落垂直结构进入变化期，物种组成因先锋种衰退而中生性种类大量发展；在中生性常绿阔叶林阶段，群落垂直结构稳定，群落盖度最大，物种组成基本稳定（周先叶等，1999）。

部分人工林由于在营造过程中存在选种单一、年龄结构不合理等问题，在其恢复过程中群落结构会出现层次不完整、结构单一等特点。例如，对川西云杉人工林恢复过程的研究表明，恢复了近 60 年的云杉人工林，林木个体多居于中上层，缺乏完整的结构，垂直分层现象和林木高度级的分化程度远不及天然原始林（刘庆，2002）。

4.8.1.5 小型动物数量和种类增加

生态系统在恢复演替过程中，随着植被的恢复和林内小气候的改善，昆虫、鸟类的数量、种类和生物量会增加，物种多样性更加丰富。土壤微生物的种类和数量也会增加，土壤酶活性增强，土壤呼吸速率变大。

4.8.1.6 生产力提高

生态系统恢复后，一般表现为群落的生产力增加，主要原因在于光能利用率增强。由于森林群落中的种类组成和群落结构的多样化，群落异质空间的多样性程度提高，植物利用空间的能力相应增强，植物对太阳能的利用率提高，从而使系统生产力增加；同时植物消耗在克服不良环境影响上的能量大多以呼吸作用的形式释放，使得净初级生产力增加。

对川西亚高山不同恢复阶段的云杉人工林群落的生物量的研究表明，群落总生物量表现为随着林龄的增加而持续增长（表 4.3），恢复 60 年后，云杉人工林群落的总生物量为恢复初期（恢复 10 年的人工林）的 6.53 倍，其中主要体现在乔木层生物量的增长，灌木层、草本层和枯枝落叶层的生物量变化趋势则各不相同。

表 4.3　川西亚高山不同恢复阶段云杉人工林群落生物量变化　（单位：t/hm²）

林龄	10a	20a	30a	40a	50a	60a
乔木层	7.90	40.60	101.4	125.4	142.9	218.9
灌木层	18.4	42.30	24.50	12.60	11.40	10.60
草本层	2.70	2.43	1.20	0.45	0.48	0.42
枯枝落叶层	8.60	12.90	20.90	26.80	18.00	15.50
总生物量	37.60	98.23	148.00	165.25	172.78	245.42

4.8.1.7 食物链变长

生态系统恢复后，简单的食物网趋向于稳定和复杂化，食物链变长，部分断裂的食物链得以重新构建，食物网由链状或简单网状逐渐变为复杂网状，种间共生、附生关系增强，从而使得生态系统自组织、自调节能力增强。

4.8.2 非生物特征

4.8.2.1 土壤理化性状改善

Odum（1969）认为植物群落的恢复不但体现在物种竞争上，而且体现在环境条件的改变上，土壤是植物群落的主要环境因子，因此植被恢复能够显著影响土壤的理化性质。一般生态恢复后土壤物理性质、养分状况会得到改善，土壤含水量增加，土壤 pH 由偏酸或偏碱性逐渐趋于中性。

对川西亚高山采伐迹地和小良光板地的恢复试验（表 4.4）表明，植被恢复能显著改善土壤理化结构，提高群落的土壤含水量、最大毛管持水量和饱和持水量（彭少麟，1995；刘庆，2002）。张全发等（1990）对植物群落演替与土壤关系的研究表明，在植物群落演替过程中，土壤的离子交换量和有机质增加，钙含量和 pH 降低，而镁、钠、速效氮和速效磷的含量受上层植被组成的影响呈动态变化。张庆费等（1999）通过对浙江天童植物群落次生演替与土壤关系的研究发现，随着演替的进展，土壤肥力呈增长趋势，而且由于群落类型尤其是建群种的不同，土壤理化性质会呈跳跃性和渐变性增长的特征。

表 4.4　小良站人工植被恢复后的群落特征

指标			人工混交林	光板地
物种多样性（香农-维纳指数）	乔木层		2.176	0
	灌木层		3.006	0.201
	草本层		4.121	1.316
土壤物理性质	比重（g/cm²）	0-10cm	1.5	1.7
		10-20cm	1.5	1.8
	含水量（%）	0-10cm	15.0	12.3
		10-20cm	16.2	13.5
	最大毛管持水量（%）	0-10cm	33.1	18.9
		10-20cm	30.1	20.8
	饱和持水量（%）	0-10cm	37.2	21.8
		10-20cm	33.8	23.1
	pH	0-20cm	5.3	4.5
土壤肥力	有机质（%）		2.68	0.64
	全氮（%）		0.135	0.031
	全磷（%）		0.022	0.006
小气候特征	年均温（℃）		22.6	22.8
	年平均湿度（%）		87.3	83.2
其他功能特征	光能利用率[mol CO_2/(d²·h)]		9.16	0.30
	地面水深度（m）		1-4	3-5

数据来源：彭少麟，1995

4.8.2.2　水土流失减少

退化生态系统通常导致严重的水土流失，因而植被对水土的保持能力成为生态系统恢复的重要环境效应特征之一。恢复后的生态系统因多样性较高而会拥有较复杂的地下根系和更多的地表凋落物覆盖,其侵蚀控制能力和水土保持能力通常比恢复前的退化生态系统更强。植被恢复后,通常会表现出地表径流量降低,水土流失量减小,地下水位增加。对小良站的观测表明,人工阔叶混交林对水土的保持能力与恢复前相比明显增加,基本接近天然混交林(表4.4)。

4.8.2.3 小气候发生变化

退化生态系统的植被恢复后,形成了林内抗逆性较高、波动较小的小气候。与恢复前相比,植被恢复后的环境特征总体上表现为:年均气温下降,极端气温较缓和,温度日较差和年较差逐渐变小,年均土壤温度下降,湿度增加,光直射/总辐射变大,散射光增加,反射光减少。小良定位站植被恢复前后的温度效应显示(表4.4),其年均温为人工混交林小于光板地,温度变幅为光板地大于人工混交林,年平均湿度则是人工混交林大于光板地。

4.8.2.4 景观斑块稳定性增加

在生态系统恢复的中后期,景观结构一般会由恢复前的景观多样化逐渐趋于均一,景观斑块由简单变得复杂,斑块功能增强,斑块的稳定性增加。

4.8.2.5 生态服务功能增强

生态服务功能是指自然生态系统及其物种共同支撑和维持人类生存的条件和过程。其中,生态系统为社会和经济提供的服务包括食物生产(鱼、猎物、作物、果实的捕获与采集,给养农业或渔业生产等)、原材料(木材、燃料和饲料的生产)、休闲娱乐机会(生态旅游、钓鱼运动和其他户外娱乐活动)及非商业用途机会(生态系统的美学、艺术、教育、精神和科研价值)(Costanza et al., 1997)。生态恢复能够显著增强生态系统的服务功能。例如,根据蔡邦成等(2006)对南水北调东线水源地保护区的生态恢复效益计算,在一期工程恢复耕地、湿地及建设林地后,每年可以增加的生态服务功能价值为12 816万元,而在生态系统恢复前,其生态服务功能价值仅为7558万元。

4.9 不同尺度与组分的生态恢复

4.9.1 生境恢复

生境是指某个种的个体或群体为完成生命过程需要的、在一定面积上的资源和环境条件的联合体,近来也有指同类的植被或土地覆盖类型。生境恢复的目标受生态、社会、经济、历史和哲学观的影响,有些生境恢复甚至还要考虑与先锋种、区域内的干扰相匹配。恢复的生境要考虑物种的生境要求（食物要求、庇护/繁殖要求、移动/扩散能力、对环境的反应能力、与其他种的种间关系）、在斑块内的特征（植被结构、种类组成、关键资源、地表覆盖），以及在景观上的特征（斑块的大小与形状、资源的距离、连接度、基底特征）。生境恢复的过程可以看作某个区域从一个低质量生境的退化状态向高质量生境的改进过程（图 4.4，Miller & Hobbs，2007）。

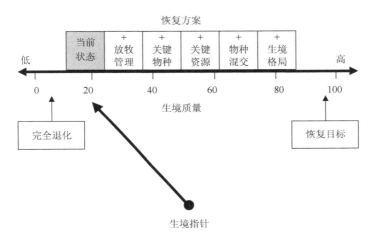

图 4.4　生境恢复指标模型应用案例（仿自 Miller & Hobbs，2007）

4.9.2　种群尺度的恢复

种群恢复主要研究 5 个方面的内容：①原始种群的个体数量、遗传多样性对种群定居、建立、生长和进化潜力的影响；②地方适应性和生活史特征在种群成功恢复中的作用；③景观元素的空间排列对复合种群动态和种群过程（如迁移）的影响；④遗传漂变、基因流和选择对种群在一个经常加速、演替时间框架内会有持久性的影响；⑤种间相互作用对种群动态和群落发展的影响（Montalvo et al.，1997；任海等，2014）。

典型的种群尺度的生态恢复就是物种回归（reintroduction），它是指在迁地保育的基础上，通过人工繁殖把植物引入其原来分布的自然或半自然的生境中，以建立具有足够遗传资源来适应进化改变、可自然维持和更新的新种群（Maunder，1992；任海等，2014）。

种群恢复的理论来自种群生态学和复合种群理论。一般认为，种群的命运由种群统计学参数、环境参数、遗传因子及它们的相互作用决定，生境破坏和破碎化会导致常住种种群减小，增加居群间隔离，进而导致迁移和基因流的减少（图 4.5），而事实上，地方种群通过形态可塑性和适应性遗传分化两种方式来适应环境及其变化。适应性遗传分化导致地方适应，基因流限制会引起近亲繁殖和遗传漂变，而这又会导致小种群平均适合度（average fitness）的降低。因此，在恢复生态学中要考虑通过遗传挽救（genetic rescue）来避免出现低适合度（low-fitness）的种群。遗传多样性恢复不仅包括遗传挽救，还包括增加基因流而影响中性变异（neutral variation）和适应性变异（adaptive variation）。因此，在恢复时要考虑种子转移区（seed transfer zone）的种源原则，即在乡土种个体（种子、幼苗、成年植株）的地理分布内移植。另外，要考虑关键种的影响可能会超越种群水平，其产生扩展的表型效应（extended phenotype effect）能影响生态系统诸如氮矿化、凋落物分解过程，以及与植物相连的昆虫群落结构等（Frankham et al.，2005；Palmer et al.，2016）。

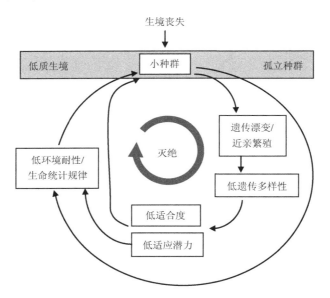

图 4.5　种群尺度上的物种灭绝机制（仿自 Frankham et al.，2005）

4.9.3　群落尺度的恢复

近些年来，群落生态学中的群落集合规则和演替理论被整合进生态恢复是最常见的，另外，功能性状框架和进化理论也被较多地整合进生态恢复（Wainwright et al.，2018）。群落尺度上的恢复最关注如下问题：最接近自然的恢复终点要强调群落的功能（如营养结构）而不是特定的物种。虽然用物种及其多样性来衡量恢复较为简单，但事实上在群落中重建所有的乡土种几乎是不可能的，可以考虑用恢复哪些植物功能特征来代替恢复哪些物种。物种多样性与群落稳定性有关，但也要考虑在区域物种库中有些种类是功能冗余的。植物群落在种群建立过程中存在定居限制，通过护理植物的方式可以解除部分定居限制（Gómez-Aparicio et al.，2004；Ren et al.，2008；Andel & Aronson，2012）。生境恢复要考虑能够满足物种及其功能恢复的需要，而不只是种类恢复的需要。可以利用群落演替和扩散理论来调控自然演替过程并促进恢复。通过自然演替方式恢复原始林很困难，是因为存在环境条件及定居限制，而且这些限制因子因种而异，这种种类依赖性又由功能群决定。此外，生物群落由生物与环境的相互作用及各种生物间的相互影响而形成，因而在群落恢复中要考虑生物群落的直接相互作用（消费、寄生、生态系统工程师、化感作用）、互利共生（植物-真菌、植物-传粉者）和间接相互作用（Palmer et al.，1997）。恢复力也是生态恢复中影响物种选择的一个重要因素，建立有恢复力的物种种群，它们就能够在相互干扰之后持续生存，这对恢复一个群落的功能至关重要。由乡土种组成的不同类型的功能群最好分开种植，这样能避免竞争而有利于生物群落的恢复。

4.9.4　生态系统尺度的恢复

生态系统尺度的恢复主要是"重建参考生态系统中发生的物种类群及其种间关系的组合"，SER（2004）指出了恢复了的生态系统必须具有的结构、功能和动态方面的 9 个特征，其中最主要的还是考虑生态系统功能特征。在生态系统恢复过程中，地上部分与地下部分的连接及生态过程的恢复由植物、动物和微生物等生物组分功能特征谱决定。事实上，植物与土壤间的反馈作用随时间的变化会驱动乡土种恢复并控制恢复/演替过程，土壤的物理、化学和生态学结构对地下的能流和物流影响很大，但目前对地下生态学过程的研究远不如对地上生态学过程的研究，如对土壤中无脊椎动物的了解就不多（Heneghan et al.，2008；Yelenik & Levine，2011）。

生态系统恢复更强调动态平衡、非线性、多样性与稳定性的关系，结构功能与动态的协调性，还要考虑冗余性和生态网络的恢复（Pocock et al.，2012），因此，国际生态恢复学会提出，恢复的生态系统应该是复原性的，具有恢复力和复杂性。同时要考虑它在景观背景下与其他生态系统的边界、连接性、能量与物质流动态、物理环境等问题。在恢复生态系统时，系统内部要重点考虑营养、污染和能量的收支、输入的胁迫效应，食物网的结构，植物与传粉者间的网络关系，生态系统组分间的反馈作用，养分转移效率，初级生产力和系统分解率及干扰体系（Ehrenfeld & Toth，1997；Andel & Aronson，2012）。

4.9.5　景观尺度的恢复

景观生态学主要关注比生态系统尺度更大的时空上的问题，强调景观结构、格局、过程、动态与可持续性。景观生态学中的岛屿生物地理学理论和生态水文知识被广泛应用于恢复生态学领域，并导致这两个新兴学科间的联系日益紧密。需要恢复的生态系统与生物群落或种群是在一定的时空尺度下生存的，与之相关的自然过程和各种干扰也是，因此，生态保护与生态恢复项目都要考虑尺度效应。景观生态学有关原理可以为评估退化生态系统的生境功能及破碎化、生态恢复提供参考生态系统及目标，在为植物或动物提供利于定居的空间格局方面有重要的作用，但在大尺度生态恢复中的指数选取、量化与预测性方面还有限（Peng et al.，2012；Andel & Aronson，2012；Ren，2013；Wu，2013）。未来，景观生态学中的格局与过程、景观连接度和破碎化、尺度中的等级理论、土地利用的影响、生态系统服务功能、景观可持续性等理论将在恢复生态学中有更广泛的应用。

4.9.6　全球变化与人类干扰要纳入生态恢复范畴

已有证据表明全球变化越来越明显，它已经对全球各类生态系统的结构与功能、产品和生态系统服务产生了影响。全球变化对生态恢复的实践与产出有潜在的、重要的影响，要恢复到历史上的生态系统条件已不太可能，因此，在全球变化的背景下，生态恢复要在重建过去的系统与将来的回复性（resilient）系统间保持一个平衡（Harris et al.，2006；Palmer et al.，2016）。

由于人类干扰对世界各类生态系统的影响已经很大且不可避免，人类在恢复生态系统过程中又要考虑经济利益，因而人类会更关注生态系统服务功能的恢复及投入产出的经济效益。生态系统在各种自然和人为干扰后，其恢复的时间和空间尺度有所不同，因而自然和人类的干扰应纳入生态恢复范畴（Dobson et al.，1997）。由于人类干扰，许多生态系统快速变成了新的、非历史性的新奇生态系统（novel ecosystem）。这种新系统可能会导致生态系统生物组分的变化（如灭绝或入侵）、非生物的变化（如土地利用和气候变化），以及生物和非生物的联合作用。这些变化可能会导致历史生态系统和新奇生态系统间的杂合系统保留一些原始特征和新的元素，新奇生态系统则由完全不同的生物、种间作用和功能组成。新奇生态系统的存在将引起人们对传统保护和恢复生态学的理论与方法的新思考（Hobbs et al.，2009）。

4.10　生态恢复的社会、经济、文化问题

由于生态恢复是关于人类实践活动的，因此，*Ecological Restoration* 杂志的前主编 Dave Egan 说：生态恢复是恢复生态学者的希望、信仰和热爱。人作为自然界的一员，要与大自然找到积极的相处方式，就必须修补受损的生态系统。生态

恢复活动是价值承载（恢复的目标与人的感知、信念、情感、知识和行为有关）、背景驱动（生态恢复涉及文化、政治和经济背景）、易于陷入不同意和妥协（由生态系统的复杂性和不确定性导致）及试验性（生态恢复与人类的身体和心里感觉、受教育程度、艺术素养和精神有关）的实践活动，因而与人类紧密相关（Egan et al.，2011）。

20 世纪 90 年代，人类已经认识到人是生态系统的组分，因而注重生态科学和社会科学的融合，此后至目前，出现了 2 个与人类相关的大尺度的环境问题：一个是承认了人类在气候变化中的角色；另一个是认识到了生态经济和生态系统服务，这些形成了复杂的社会-政治-经济-环境系统，也促进了多学科的交叉融合（Egan et al.，2011）。

在生态恢复过程中，从人类维度考虑问题时，需要考虑管理志愿者、公众参与和社会生态弹性、政治生态、经济、设计艺术、生态文化（主要是传统生态知识）、生态教育和科普等社会经济问题。在实际操作一个成功的生态恢复项目时需要注意 3 点：①把参与（participation）放到生态恢复的整个过程中；②在生态恢复过程中认识、承认并与权力结构、社会判断、经济和自然资本等权力（power）共同工作；③认识到尊重不同观点的重要性（Egan et al.，2011）。

生态恢复管理方式（governance）会影响生态恢复项目的成功和可持续性，这些管理方式包括：法律、法规、管辖和机构、财政资源、合作、协调和参与，以及科学、技术和信息。在恢复中要把管理方式纳入整体性考虑，将管理方式的各组成部分与生态恢复工程的透明度、问责制相结合，以扩大恢复项目的成果。在生态恢复工程中，社会、生态和技术三者协调得越好，成功的概率就越大。

在生态恢复过程中，公众参与也非常重要，至少要考虑如下问题：①若干社会、经济、文化和制度背景因素影响生态恢复的结果；②有许多跨越社会、文化、政治、经济和生物物理环境的过程设计因素可以增加人们对恢复的预期；③参与的有效性受权力更替参与者价值观和认识论的影响；④在不同的空间和时间尺度上操作会导致不同的结果（Reed et al.，2018）。此外，目前兴起的公民科学（大量没有受过专业训练的业余科学爱好者，通过网络组织的号召，去参与科研任务，这种科研组织模式被称为公民科学）也对生态恢复有促进作用，若是全球或全国不同生态工程各类参与人员提供科学信息，再通过大数据分析方法的应用，就可能从生态恢复工程中获得更多的经验和教训，甚至会产生新的生态恢复理论。

生态恢复中的社会经济方面研究的发展趋势包括：大尺度生态恢复中的政治、策略和动员；将发展管理志愿者作为社区生态恢复最好的方案；维持社区的合作关系的乡土艺术和科学；解决环境的冲突，调节资源管理者、科学家和利益相关者之间的矛盾；在未来的自然生态系统设计中考虑道德因素；新的规则和公共政策导致了新的机遇和挑战；通过整合生态重建和生态系统服务达到可持续发展。

发展恢复的经济学，使得生态恢复成为环境、文化、工艺经济获利的项目；应对气候干扰的生态系统适应管理要考虑生态文化的恢复；地球的生态恢复中的艺术因素（彭少麟等，2013）。

4.11　中国森林恢复中存在的问题

退化生态系统恢复最主要的是植被恢复。我国目前已在退化生态系统类型，退化原因、程度、机制、诊断，退化生态系统恢复重建的机制、模式和技术上做了大量研究。在生态系统层次上有森林、草地、农田、水体、湿地等方面的研究和实践，也有如干旱、半干旱、荒漠化及水土流失区等的地带性退化生态系统及恢复的工程、技术、机制研究；还有土地退化及恢复研究，包括土地沙漠化及整治、水土流失治理、盐渍化土地改良、采矿废弃地复垦等。生态系统与生物群落恢复研究涉及所有生态系统。虽然各类生态系统恢复研究与实践取得了较大的成绩，但也存在一些问题，特别是作为森林恢复的重要方式之一的造林，其忽视了生物多样性在生态恢复中的作用（Xie，2002）。

主要生态学问题有以下几方面。

大量营造种类和结构单一的人工林：过去大量营造的人工林是纯针叶林，其群落种类单一，年龄和植株高度比较接近，十分密集，林下缺乏中间灌木层和地表植被。它导致了林内地表植被覆盖很差，保持水土的能力很弱；树林中的生物多样性水平极低；森林中的营养循环过程被阻断，土壤营养日益匮乏；抗虫等生态稳定性差。因此，今后应强调森林覆盖率不是唯一评价恢复的指标，生态完整性和生态过程恢复也是非常重要的。

大量使用外来种：地带性植被是植物与气候等生境多年相互作用而形成的，破坏后重建的生态系统大量使用外来种，这些种类或多或少存在问题，对原有系统产生影响。当前南方一些林业管理部门认为非马尾松等造林树种的乡土阔叶树种为杂木，喜欢种植桉树、杨树等外来树种。

忽视了生态系统健康所要求的异质性：天然的生态系统包括物种组成、空间结构、年龄结构和资源利用等方面的异质性，这些异质性为多样性的动物和植物等生存提供了多种机会和条件。人工林出于管理或经济目标，以均质性出现。均质性不是一个健康的生态系统所具备的。因此，在将来营造生态公益林时应强调异质性。

忽略了物种间的生态交互作用：生态系统中的生物与环境间、生物与生物间形成了复杂的关系网，生物间的相互作用更是复杂。在恢复森林时，必须考虑到野生生物间的相互关系，采取适当的方法促进这种良好关系的建立，这种恢复才是长远的恢复。

　　忽略了农业区和生活区的植被恢复：我国典型的农业生产方式是大面积的农田，农业害虫靠杀虫剂，土壤消耗靠化肥，并未考虑在农业区和生活区的植被恢复。

　　此外，造林时还缺乏对珍稀濒危种的考虑，城镇绿化忽略了植被的生态功能等问题。在开展森林恢复时，必须在景观水平上考虑恢复生态系统的功能，也要考虑人类明确的期望值，并理解其社会经济背景条件。要求在恢复项目开始前考虑到初始上层树种、面积、种植设计和场地条件等，在项目完成后要把适应性管理纳入长期监测和评估中（Stanturf et al.，2014）。

主要参考文献

蔡邦成, 陆根法, 宋莉娟, 等. 南水北调东线水源地保护区生态建设的生态经济效益评估. 长江流域资源与环境, 2006, 15(3): 384-387.

李新荣. 干旱沙区土壤空间异质性变化对植被恢复的影响. 中国科学 D 辑, 2005, 35(4): 361-370.

刘庆. 亚高山针叶林生态学研究. 成都: 四川大学出版社, 2002.

彭少麟. 中国南亚热带退化生态系统的恢复及其生态效应. 应用与环境生物学报, 1995, 1(4): 403-414.

彭少麟, 陈宝明, 周婷. 回顾过去, 引领未来——2013 年第 5 届国际生态恢复学会大会(SER 2013)简介. 生态学报, 2013, 33: 6744-6745.

任海, 李志安, 申卫军, 等. 中国南方热带森林恢复过程中生物多样性与生态系统功能的变化. 中国科学 C 辑, 2006, 36(6): 563-569.

任海, 刘庆, 李凌浩. 恢复生态学导论. 2 版. 北京: 科学出版社, 2008.

任海, 彭少麟. 恢复生态学导论. 北京: 科学出版社, 2001.

任海, 王俊, 陆宏芳. 恢复生态学的理论与研究进展. 生态学报, 2014, 34(15): 4117-4124.

石胜友, 李旭光, 王周平, 等. 缙云山风灾迹地生态恢复过程中的群落动态研究. 西南师范大学学报(自然科学版), 2003, 26(1): 57-61.

解炎. 恢复中国的天然植被. 北京: 中国林业出版社, 2002

阳承胜, 蓝崇钰, 束文圣, 等. 凡口宽叶香蒲湿地植物群落恢复的研究. 植物生态学报, 2002, 26(1): 101-108.

余作岳, 彭少麟. 热带亚热带退化生态系统植被恢复生态学研究. 广州: 广东科技出版社, 1997.

张建春, 彭补拙. 河岸带研究及其退化生态系统的恢复与重建. 生态学报, 2003, 23(1): 56-63.

张金屯, 柴宝峰, 邱扬, 等. 晋西昌梁山严村流域撂荒地植物群落演替中的物种多样性变化. 生物多样性, 2000, 8(4): 378-384.

张庆费, 宋永昌, 由文辉. 浙江天童植物群落次生演替与土壤肥力的关系. 生态学报, 1999, 19(2): 174-178.

张全发, 郑重, 金义兴. 植物群落演替与土壤发展之间的关系. 武汉植物学研究, 1990, 8(4): 325-334.

章家恩, 徐琪. 恢复生态学研究的一些基本问题探讨. 应用生态学报, 1999, 10(1): 109-112.

赵常明, 陈庆恒, 乔永康, 等. 青藏东缘岷江上游亚高山针叶林人工恢复过程中物种多样性动态. 植物生态学报, 2002, 26(增刊): 20-29.

周先叶, 王伯荪, 李鸣光, 等. 广东黑石顶自然保护区森林次生演替过程中的群落动态. 植物学报, 1999, 41(8): 877-886.

Andel J, Aronson J. Restoration Ecology, the New Frontier. Oxford: Wiley-Blackwell, 2012.

Apfelbaum SI, Haney A. The Restoring Ecological Health to Your Land Workbook. Washington DC: Island Press, 2012.

Aronson J, Le Floc'h E. Vital landscape attributes: missing tools for restoration ecology. Restoration Ecology, 1996, 4(4): 377-387.

Aronson J, Li J, Le Floc'h E. Combining biodiversity conservation, management and ecological restoration: a new challenge for the arid and semiarid regions of China // Jin JM. Symposium of International Conference of Biodiversity Protection and the Use of Advanced Technology. Beijing: Beijing Science and Technology Press, 2001: 279-301.

Bradshaw AD. The reclamation of derelict land and the ecology of ecosystems // Jordan WR.III, Gilpin ME, Aber JD. Restoration Ecology. Cambridge: Cambridge University Press, 1987: 53-74.

Bullock JM, Aronson J, Newton AC, et al. 2011. Restoration of ecosystem services and biodiversity: conflicts and opportunities. Trends in Ecology and Evolution, 26: 541-549.

Cairns JJr. Recovery and Restoration of Damaged Ecosystems. Charlottesville: University of Virginia Press, 1977.

Caraher D, Knapp WH. Assessing ecosystem health in the Blue Mountains. Silviculture: from the cradle of forestry to ecosystem management. General technical report SE-88 (U.S. Forest), Southeast Forest Experiment Station, U.S. Forest Service, Hendersonville, North Carolina, 1995: 75.

Clewell AF, Aronson J. Ecological Restoration: Principles, Values, and Structure of an Emerging Profession. Washington DC: Island Press, 2013.

Costanza R, D'Arge R, de Groot RS, et al. The value of the world's ecosystem services and natural capita. Nature, 1997, 387: 253-260.

Crouzeilles R, Ferreira MS, Chazdon RL, et al. Ecological restoration success is higher for natural regeneration than for active restoration in tropical forests. Science Advances, 2017, 3(11): e1701345.

Daily GC. Restoring value to the worlds degraded lands. Science, 1995, 269: 350-354.

Davis J. Focal species offer a management tool. Science, 1996, 271: 1362-1363.

Dobson AP, Bradshaw AD, Baker AJM. Hopes for the future: restoration ecology and conservation biology. Science, 1997, 277: 515-522.

Edwards P. Restoration Ecology. New York: Blackwell, 2002.

Egan D, Hjerpe EE, Abrams J. Human Dimensions of Ecological Restoration: Integrating Science, Nature and Culture. Washington DC: Island Press, 2011.

Ehrenfeld JG, Toth LA. Restoration ecology and the ecosystem perspective. Restoration Ecology, 1997, 5: 307-317.

Frankham R, Ballou JD, Briscoe DA. Introduction to Conservation Genetics. 2nd ed. Cambridge: Cambridge University Press, 2005.

Gatica-Saavedra P, Echeverría C, Nelson CR. Ecological indicators for assessing ecological success of forest restoration: a world review. Restoration Ecology, 2017, 25: 850-857.

Gómez-Aparicio L, Zamora R, Gómez J, et al. Applying plant facilitation to forest restoration: a meta-analysis of the use of shrubs as nurse plants. Ecological Applications, 2004, 14:

1128-1138.

Harris J A, Hobbs R J, Higgs E, et al. Ecological restoration and global climate change. Restoration Ecology, 2006, 14: 170-176.

Heneghan L, Miller SP, Baer S, et al. Integrating soil ecological knowledge into restoration management. Restoration Ecology, 2008, 16: 608-617.

Hobbs RJ, Higgs E, Harris JA. Novel ecosystems: Implications for conservation and restoration. Trends in Ecology & Evolution, 2009, 24: 599-605.

Hobbs RJ, Norton DA. Towards a conceptual framework for restoration ecology. Restoration Ecology, 1996, 4: 93-110.

Kaiser-Bunbury CN, Mougal J, Whittington AE, et al. Ecosystem restoration strengthens pollination network resilience and function. Nature, 2017, 542 (7640) :223.

Lamb D. Reforestation of degraded tropical forest lands in the Asia-Pacific region. Journal of Tropical Forest Science, 1994, 7(1): 1-7.

Margaret A. Ecological theory and community restoration ecology. Restoration Ecology, 2008, 16: 18-28.

Maunder M. Plant reintroduction: an overview. Biodiversity and Conservation, 1992, 1: 51-61.

McDonald T, Jonson J, Dixon KW. National standards for the practice of ecological restoration in Australia. Restoration Ecology, 2016, 24(S1): S4-S32.

Miller JR, Hobbs RJ. Habitat restoration—Do we know what we're doing? Restoration Ecology, 2007, 15: 382-390.

Mitsch WJ, Jorgensen SE. Ecological Engineering. New York: John Wiley & Sons, 1989.

Montalvo AM, Williams SL, Rice KJ, et al. Restoration biology: a population biology perspective. Restoration Ecology, 1997, 5: 277-290.

Moreno-Mateos D, Barbier BB, Jones PC, et al. Anthropogenic ecosystem disturbance and the recovery debt. Nature Communication, 2017, 8: 14163.

Muotka T, Syrjänen J. 2007. Changes in habitat structure, benthic invertebrate diversity, trout populations and ecosystem processes in restored forest streams: a boreal perspective. Freshwater Biology, 52(4): 724-737.

Odum EP. The strategy of ecosystem development. Science, 1969, 164: 262-270.

Palmer MA, Ambrose RF, Poff NL. Ecological theory and community restoration ecology. Restoration Ecology, 1997, 5: 291-300.

Palmer MA, Zedler JB, Falk DA. Foundations of Restoration Ecology. 2nd ed. Washington DC: Island Press, 2016.

Parham W. Improving Degraded Lands: Promising Experience form South China. Honolulu: Bishop Museum Press, 1993: 11-23.

Parker VT. The scale of successional models and restoration ecology. Restoration Ecology, 1997, 5: 301-306.

Peng SL, Zhou T, Liang LY, et al. Landscape pattern dynamics and mechanisms during vegetation restoration: a multiscale, hierarchical patch dynamics approach. Restoration Ecology, 2012, 20: 95-102.

Pocock MJO, Evans DM, Memmott J. The robustness and restoration of a network of ecological networks. Science, 2012, 335: 973-977.

Reed MS, Vella S, Challies E, et al. A theory of participation: what makes stakeholder and public engagement in environmental management work? Restoration Ecology, 2018, 26(S1): S7-S17.

Ren H. Plantations: Biodiversity, Carbon Sequestration, and Restoration. New York: Nova Science Publishers, 2013.

Ren H, Peng SL. The practice of ecological restoration in China. Ecological Restoration, 2003, 21(2): 122-125.

Ren H, Yang L, Liu N. Nurse plant theory and its application in ecological restoration in lower-subtropics of China. Progress in Natural Science, 2008, 18: 137-142.

Rey Benayas JM, Newton A, Diaz A, et al. Enhancement of biodiversity and ecosystem services by ecological restoration: a meta-analysis. Science, 2009, 325: 1121-1124.

Rieger J, Stanley J, Traynor R. Project Planning and Management for Ecological Restoration. Washington DC: Island Press, 2014.

Ruiz-Jaen MC, Aide TM. Restoration success: how is it being measured? Restoration Ecology, 2005, 13: 569-577.

SER. International Primer on Ecological Restoration. Tucson: Society for Ecological Restoration International, 2004.

Stanturf JA, Palik BJ, Dumroese RK, et al. Contemporary forest restoration: a review emphasizing function. Forest Ecology and Management, 2014, 331: 292-323.

Tongway DJ, John A. Ludwig. Restoring Disturbed Landscapes: Putting Principles into Practice. Washington DC: Island Press, 2011.

Wainwright CE, Staples TL, Charles LC, et al. Links between community ecology theory and ecological restoration are on the rise. Journal of Applied Ecology, 2018, 55: 570-581.

Woolley JT, McGinnis MV, Herms WS. Survey methodologies for the study of ecosystem restoration and management: the importance of Q-methodology//Scow KM. Integrated Assessment of Ecosystem Health. London: Lewis Publishers, 2000: 167-187.

Wortley L, Hero JM, Howes M. Evaluating ecological restoration success: a review of the literature. Restoration Ecology, 2013, 21: 537-543.

Wu J. Key concepts and research topics in landscape ecology revisited: 30 years after the Allerton Park workshop. Landscape Ecology, 2013, 28: 1-11.

Yelenik SG, Levine J. The role of plant-soil feedbacks in driving native-species recovery. Ecology, 2011, 92: 66-74.

5 生态恢复实践

本章主要介绍了退化的森林、草地、湿地、水体、农田、废弃矿地等典型退化生态系统的恢复实践，还介绍了珍稀濒危植物、生物多样性、土壤生物多样性的恢复。

5.1 退化草地生态系统的恢复

5.1.1 引言

草地是世界生态系统重要的组成部分,其分布面积占地球陆地总面积的51%,包括草原、荒漠、草甸、疏林地、灌丛、高山与极地冻原等多样的天然陆地景观类型，以及集约化经营的人工和半人工草地,具有极其丰富的生物多样性。草地为人类提供的服务除放牧家畜之外，还包括农业开垦、矿物开采、樵采、药材和休闲等。近年来，草地的生物多样性价值、其作为野生动物生境的价值和草地内在的生态系统功能正在为人们所认识。欧亚大陆草原是全球面积最大的草地生态系统，我国北方草地就位于该区域中。长期以来，由于人类活动和全球变化的共同影响，草地生态系统的退化、生产力下降和功能失调等问题日益突出，严重影响和制约了其生态服务功能。对草地生态系统研究进行系统分析发现，过去近40年来，草地退化研究一直是热点方向，主要包括退化草地植被生物量、土壤理化性质、空间格局变化，退化草地的恢复治理和保护、生物多样性、土地利用和气候变化等方面。美国、中国、德国、澳大利亚、英国、加拿大等94个国家发表了与草地退化有关的研究论文，这说明全球各国均面临着草地退化的问题（干文芝等，2013）。

我国北方草地与农牧交错带面积近 2.67 亿 hm², 为我国提供了30%-50%的肉、乳、毛、绒、皮等畜产品，是传统的畜产品基地。然而，自20世纪50年代以来，90%的草地出现了不同程度的退化，草产量减少了40%，杂草和毒草蔓延，当地农牧民收入水平下降（任海等，2008）。在生态功能上，占陆地面积约30%的北方草地及与其毗邻的农牧交错区所覆盖的区域为我国大陆的上风、上水向，其生态环境质量直接影响着国家的生态环境安全，是我国重要的生态屏障。北方草地和农牧交错带的降水量较少、环境抗"扰动"能力差。该区域人口超载、过度放牧与开垦、全球变化等使人口、资源、环境与经济发展之间产生了恶性循环，导致草地退化与生态服务功能降低。草地生态系统退化直接诱发了沙尘暴等生态灾难，对国家的生态安全造成了重大影响。北方草地与农牧交错带是边疆少数民族或多民族聚居区，历史上战乱频繁、屯垦戍边、农牧分界线反复进退；这里又是国家贫困人口较集中与经济文化欠发达地区，我国 2005 年 2610 万绝对贫困人口中，约 50%生活在生态环境比较恶劣的西部地区（任海等，2008）。北方草原地区和农牧交错区既处于西部贫困带上，又处于生态环境不断恶化的地区。生态环境恶化加剧了贫困，而贫困又加速了生态破坏，导致恶性循环，对该区域的社会稳定构成了潜在威胁。

5.1.2 重大科学问题与研究进展

随着全球人口的增加，人类对自然生态系统所提供的商品和生态服务功能的需求日益增大，导致土地退化、环境污染乃至全球气候的变化，如何在这种形势下维护人类赖以生存的自然生态系统的可持续利用，是我们当前面临的巨大挑战。2004 年，美国生态学会生态远景委员会完成的一个战略研究报告首次提出了"可持续性科学"（sustainability science）的概念，其核心观点是生态、经济和社会的协调一致，统筹兼顾。生物地球化学循环是植物实现生态系统初级生产力的物质基础，同时也是生态系统生产力的主要限制因子。生境（包括生源要素）的异质性增加了植物在生长、发育、繁衍及种群维持等方面的复杂性，是一种综合的自然选择压力，因此在长期生物进化过程中，植物可能形成了有效利用异质性环境的适应特征组合，即植物适应对策。但是，在地质历史上前所未有的全球气候变化（CO_2、温度、降水等）和人为干扰（如放牧、樵采、施肥、农耕等）下，生源要素的生物地球化学循环和重要物种的综合适应对策的响应将深刻地影响北方草地与农牧交错带生态系统的生产力和可持续发展。在全球变化和人为干扰的背景下，维持生物多样性和生态系统服务功能，是生态系统适应性管理科学发展的迫切需求。

5.1.2.1 草地生态系统结构与功能及其稳定性维持机制

在全球变化背景下，草地生态系统对干扰的适应及干扰胁迫下生态系统功能维持的机制是草地恢复重建中急需解决的关键科学问题。解决这个问题的途径之一就是研究其重要组成植物的综合适应对策，并且按照植物功能性状对生态系统中的植物类群进行再划分（Diaz et al.，2002）。植物功能分类最初的理念是根据植物的功能属性，将植物划分为不同的功能群，并直接利用植物功能性状去预测植物组成对生态系统功能的影响，以及对环境梯度的适应（Garnier et al.，2004）。20 世纪 90 年代以来，在植物生长及生活史对策（Fischer & van Kleunen，2002）、繁殖对策（Verburg & Grava，1998）、种子休眠与萌发、种子库动态与环境的关系等方面已开展了大量植物功能性状的响应及其适应对策的研究工作。然而，基于不同背景的研究工作往往缺乏可比性，使得全球尺度上的整合分析变得困难。

作为生物体结构组成和能量传递的介质，生源要素的生物地球化学循环是维持生态系统结构和功能的基础。然而，由于时间和空间分布的异质性，生源要素常常成为陆地生物多样性和生态系统功能的限制性因素（McKane et al.，2002），而且还会通过影响生物多样性和生态系统生产力来影响草地生态系统的可持续利用（Tiessen et al.，1994）。未来该领域研究将更多地应用生态化学计量学和现代分子生物学方法与手段，考察物种和物种多样性在生物地球化学循环过程中的作用。生态化学计量学作为研究生态系统中能量和化学元素之间平衡关系的一门新兴学科，提供了在全球尺度上将生物地球化学过程与细胞和个体水平上的生理限制机制联系起来的综合理论框架。这一理论体系非常适于对跨越多时空尺度、包含生命和非生命组分的生态系统的分析（Schade et al.，2005）。在研究内容方面，大多集中于水分运动和碳、氮循环过程（Knapp et al.，2002；Fisk et al.，2003；Stevens et al.，2004）。只有在重要的生源要素（如水分、C、N、P、S 等）的全球循环过程被充分认知以后，才可能在解决有关全球性生态环境问题的行动中做出及时、正确的决策（Schlesinger，2004）。全球环境问题和环境科学的发展要求生物地球化学循环研究更加重视大尺度的、长期的、多因子综合实验研究，从而深刻地理解控制生物地球化学循环的基本过程。目前，国际上开展的有关生态学的重大研究计划有国际土壤生物多样性计划（Soil Biodiversity Initiative，SBI）、国际地圈生物圈计划（International Geosphere-Biosphere Programme，IGBP）、全球变化与陆地生态系统计划（Global Change and Terrestrial Ecosystem，GCTE）等，这些计划的重点包括：①生态系统的改变对其水分和养分循环的影响；②生态系统对 N、CO_2 和 P 变化的响应；③上述变化对生态系统提供产品和服务功能的影响。

生源物质的生物地球化学循环过程及其区域响应，是草地生态恢复与重建实践中迫切需要解决的重要基础科学问题（刘东生，2004）。我国相关的研究需要在以下几个方面加强并可能取得重大突破：①在方法上，在样带尺度上集成模拟试验、对比试验和稳定性同位素分析；②在尺度上，通过长期定位试验和联网观测，扩展研究的时空尺度；③在内容上，加强对土壤水循环和碳、氮循环交互过程的研究，建立区域尺度的土壤水分及碳、氮循环模型（方精云，2000），预测全球变化背景下土壤碳、氮的分布和变化，提出并评价调控策略和措施；④对于自然生态系统，土壤功能的研究将集中在全球变化背景下土壤碳、氮循环的生物地球化学循环过程的演变机制及源汇功能的调控等方面。

国外系统地开展生物多样性与生态系统功能关系的实验研究始于 20 世纪 90 年代，有代表性的是美国明尼苏达大学 David Tilman 带领的一批生态学家于 1994

年在 Cedar Creek 长期生态学研究站启动的草地生产力、生物多样性与生态系统功能的长期试验研究项目，以及英国、法国、德国等 8 个欧洲国家的几十位科学家于 1996 年联合开展的 Biofrpth 项目。他们将生物多样性影响生态系统生产力的机制归纳为互补效应和选择效应，其中，互补效应包括生态位分化和互利效应（Hector et al.，1999）；将多样性导致稳定性的机制归结于平均效应、负协方差效应和保险效应（Tilman，1996）。生态系统稳定性的概念源于 20 世纪 80 年代中期，最初用于研究生物地理单元内生态系统设计和生态系统稳定性的反馈机制（Antoci et al.，2005）。对于陆地生态系统而言，有待于进一步研究的领域主要包括：①进一步探索分类学上的多样性、功能多样性与群落结构之间的关系；②跨越多个营养级水平的生物多样性与生态系统功能关系的研究；③时间稳定性，以及生态系统对多种干扰的响应和恢复力的长期控制实验研究；④在更大的尺度上对多个生态系统生物多样性与生态系统属性之间反馈作用的整合进行比较研究。

5.1.2.2 草地生态系统服务功能维持与适应性管理

草地生态系统服务功能分为产品、调节、文化和支持四大类。生态系统服务功能的概念最早由 Holdren 和 Ehrlich（1974）提出，其后针对不同生态系统服务功能及其评价做了大量研究，主要集中在生态系统服务功能分析、评价体系构建及评价方法、各类型生态系统的价值评估等方面（Costanza et al.，1997；胡自治，2005；傅伯杰等，2001）。草地生态系统除为人类提供实物型产品外，还为人类提供大量非实物型的生态服务，如水源涵养、生物多样性的产生和维持、气候气象的调节和稳定、重要污染物的降解、土壤保护等（Kremen，2005）。然而，生态系统服务功能往往间接地影响人类的经济活动，而不能通过商业市场直接反映，导致其价值常常被忽视，不能被纳入国民经济核算体系。这种忽视导致了人类对草地资源开发利用的短期行为，造成草地生态环境的严重破坏，最终导致草地生态系统服务功能受损，使草地生态系统为人类提供的福利大幅减少，直接威胁到人类的可持续发展（欧阳志云等，1999，2017；Bennett et al.，2005）。

生态可持续性是指一定时空尺度上的生态系统在提供生态服务功能的同时，保持其自身组成、结构和功能的稳定性。其评价标准和指标的研究源于温带针叶林的管理，包括我国在内的 10 个国家签署了《圣地亚哥宣言》，于 1994 年成立了温带针叶林的保护和可持续管理标准与指标体系建立工作组，并提出了森林生态系统可持续性管理的指标体系（Mitchell & Joyce，2000）。草地可持续性评价的发展趋势是筛选全球通用的指标，并探讨这些指标对长期放牧的响应。评价草地可持续性的难点是探讨监测草地可持续性的社会、生态和经济方面的精确方法与统一指标，急需不同尺度上草地可持续性评价标准的基础资料，用于指导适宜和有效的草地管理决策。这些努力包括正在开展的"美国可持续草地圆桌会议"、"地区标准以及指标发展项目"和"蒙特利尔项目"等。

　　健康的生态系统在自然或人为扰动条件下,其功能虽然具有波动性,但仍可以通过系统的自我调节能力维持正常功能。因此,人类可以通过适应性管理措施对草地生态系统进行调控,维持其正常的生态服务功能(欧阳志云等,2017)。适应性管理就是对生态系统的一种动态管理方式,是指通过反复试验和假设检验,不断积累经验和反馈知识,通过控制性的科学管理、监测来调整有关措施,以便更好地管理生态系统(Kremen,2005),满足生态系统容量和社会需求的变化(Vogt et al.,1997)。草地生态系统的适应性管理研究急需建立学科化的研究规范和定量化的指标体系。

　　由于全球人口的剧增,人们对食物的需求将在未来50年翻番,这对食物生产和生态系统的服务功能来说是一个严峻的挑战(卢良恕,2003)。面对日益拥挤的地球,从被动的适应和改善自然到主动的人工生态系统设计,是实现可持续性生物圈、增加地球承载力的必由之路。通过人工设计,形成结构完善、功能稳定、信息完整及调控有效的生态系统,保证系统健康运行和良好发展,并不断调整使之日臻完善。通过对生态系统的综合评价,可为人工生态系统设计并探求其稳定性维持机制提供参考(Pan & Chao,2003)。应用人工生态设计的原理与方法,进行生态-生产功能区优化布局是实现区域生态、经济、社会协调发展的新途径(孙鸿烈,2001),当前发展趋势是:一方面对不同尺度生态系统的自然资源特点、生态经济学、政策和社会学等问题进行理论性探讨(Thompson et al.,2004);另一方面运用现代信息技术和方法对具体的生态系统管理进行定量分析。当前的研究已经涉及不同尺度、多种类型的生态系统,研究方法也由一些定性的社会、经济、政策研究转向与现代信息技术结合的定量化描述和调控。

5.1.2.3　我国北方草地相关研究的现状及发展趋势

　　我国北方草地和农牧交错带位于干旱或半干旱区,其地理范围主要包括:松嫩平原、内蒙古高原、鄂尔多斯高原和黄土高原等地的草地及与其毗邻的农牧交错带,属于边际土地占绝对优势的区域。该地区是一个特定的生态类型区和重要的农业区域,其特点有:①生态环境极为脆弱,严重的土壤侵蚀和频繁的干旱同时发生;②天然植被、人工草地和旱作农业并存;③自然条件严酷,降水多变、土地利用方式复杂等,加之人口压力较大,往往盲目开垦,造成土地利用不合理,引发恶性循环。长期以来,由于人类活动和全球变化的共同影响,该区干旱化趋势明显,已成为我国风蚀沙化或盐碱化最严重的地区之一,各类生态系统的退化和功能失调问题日益突出、生物多样性受到前所未有的威胁,严重地影响和制约着其生态服务功能,给区域社会经济发展和生态环境带来了危害(陈宜瑜,2003)。

　　我国科学家先后在北方草地和农牧交错带开展了"草地生产力形成机制、提高途径与优化模式""退化草地生态系统受损与修复机制""农牧交错带农牧业集约化技术体系与农牧系统耦合机制""沙地植被恢复与重建的机制与途径"等方面的探索。在此基础上，提出了一些适合北方草地和农牧交错带特点的植被恢复与农牧业发展模式（张新时，2000；任继周，2002；方精云等，2016），主要包括：①针对锡林郭勒草地退化提出的"1/10 草地转型"模式；②针对北方牧区"夏壮—秋肥—冬瘦—春死"的"季节畜牧业"和"北繁南育"模式；③针对鄂尔多斯高原以小流域为单元的防治土壤侵蚀的"植被建设模式"；④针对毛乌素沙地生态环境治理，根据其独特的地貌特征所采取的"三圈模式"；⑤针对浑善达克沙地"以地养地"的生态治理模式等；⑥针对呼伦贝尔草原综合考虑保护生态、饲草高产、精准培育的"生态草牧业试验区"。

　　研究发现，我国北方草原和高寒草地面临的主要问题是：生产功能低下，初级生产力尚未恢复到应有的水平；天然草原退化后反馈调节能力下降，牧草产量年际间变异很大；超载过牧现象依然普遍，鼠虫害时有发生；水资源总量下降，湖泊减少，部分河流断流。自 20 世纪 80 年代我国草原大面积退化以来，草原工作者开展了大量天然草地恢复治理工作，提出了围封禁牧、季节性休牧、划区轮牧、打草场轮刈和牧刈轮替等放牧管理制度的优化技术，以及草地浅耕和松耙、草地施肥和牧草补播等人为辅助改良措施。在今后一段时间内，我国还需要加强草原生态保护监测监督，探索生态奖补政策的后补偿机制；加强人工草地建设，为天然草地恢复提供保障；集成稳态管理和适应性管理理论和技术，加强天然草地快速恢复技术的集成与研发（李博，1997；李向林，2018；潘庆民等，2018；彭艳等，2018）。

　　在草原对全球气候变化的响应方面，研究发现，过去几十年，我国温带草原区气温在明显升高，且最低气温升幅要快于最高气温，气温呈现不对称增温。温带草原区气温增加的同时，地温也在增加，地温的增速要明显快于气温的增速，形成另一种形式的不对称增温，即土壤与大气的不对称增温。由于人类活动的影响，我国温带草原区草地植被发生严重退化。在温带草原区草地植被未发生变化区域，草地植被生长状况在总体变好，其中温带草甸植被覆盖增加最为明显。春季温度尤其是最低温，是影响春季草原植被生长的关键因素。而夏季气温上升，对温带荒漠草原产生不利影响。草原区气温升高对植被存在不对称的影响，夏季最高温及最低温的升高将分别抑制和促进植被生长。此外，夏季降水能明显促进温带典型草原与温带荒漠草原植被生长。在温带草原区，由不同草地植被类型覆盖及其变化所引起的地表增温幅度不同。温带草甸生长环境水分相对充足，高的土壤含水量及强的蒸发反馈能够有效减缓地表的增温；而温带荒漠草原植被绿度最小，通过植物叶片的冷却反馈相对较弱，从而导致荒漠草原区气温升高最为剧烈。草地植被生长的季节变化越明显，则对气温变化响应的季节差异越大。在生长最为旺盛的 8 月和 9 月，温带草原区草甸植被将会引起地表气温的降低。根据立地实验结果，松嫩草地退化将导致气温和地温的升高。随着草地植被退化，平均气温升高，草地退化对白天的增温作用大于对夜晚的增温作用，导致昼夜温差上升。草地退化导致气温升高的同时，还将引起地温的升高，且地温增温速度快于大气增温速度，随着草地植被盖度的下降，地气温差呈上升趋势，土壤与大气的不对称增温将进一步加剧。此外，草地退化同样会对土壤白天最高温和夜间最低温产生不对称的影响，并使得土壤的昼夜温差增大。在生长季内，草地退化能够导致地表反照率升高，土壤含水量下降，进而影响地表能量平衡过程。随着草地植被的退化，地表反照率升高，地表净辐射减少，但土壤热通量增多。与未退化草地相比，裸地土壤热通量较高。随着草地植被的退化，表层土壤直接接收到的太阳辐射增多，地表传递给土壤的热量增多，从而使得退化草地土壤温度较高。草地植被退化以后，地表土壤含水量降低，净辐射以潜热形式传递的比例减小，而以感热形式传递的比例增大，从而使得大气温度升高。对于未退化草地，土壤含水量相对较高，由于土壤蒸发及植被蒸腾，地表通过蒸散以潜热形式损失更多的热量，从而进一步降低了未退化草地的土壤温度（神祥金，2016）。

5.1.3 草地生态系统恢复重建的生态学基础

长期以来，特别是近 50 年内，世界草地已经普遍发生了不同程度的退化，而且这种趋势正日趋严重。世界资源研究所和世界环境与发展委员会对目前世界草地状况的评估结果表明，40% 的草地状况差或极差；由于旱季过度放牧，澳大利亚 13% 的草地发生了土壤侵蚀和植被退化。在非洲萨赫勒（Sahel）过渡带和半干旱的东部与南部地区，过度放牧和农业耕作正在加剧草地的荒漠化进程。在北部的干旱地区，过度放牧使大部分草地的生产力下降，土壤严重退化，频繁的火灾和周期性干旱使许多多年生牧草和豆科乔木正被一年生草本植物、适口性差的灌木和裸地取代。欧洲的草地由于自然条件较好，集约化管理，因此保持了较高的生产力和良好的状况，但其野生植物多样性的丧失不容忽视（WRI，1987）。在拉丁美洲北部（墨西哥）、中部和加勒比及南美洲温带地区，草地以干旱草原、疏林地和多刺灌丛为主，它们的载畜能力普遍较低，大部分处于过度放牧状态，并造成了杂草、适口性差和多刺植物的侵入，土壤盐渍化和严重的土壤侵蚀。热带萨王那草地虽然放牧较轻，但土壤呈酸性、贫瘠、牧草品质差，家畜在旱季营养不良。烧荒、农业开垦，加之突发性干旱和暴雨已引起该地区的土壤侵蚀和养分流失。亚马孙流域大面积森林开辟为放牧地，砍伐-烧荒-耕作管理加剧了生物多样性的丧失。安第斯山脉的山地草原和灌丛生产力较高，但大部分处于过度放牧状态（WRI，1991）。西亚是草地荒漠化最为严重的地区，气候变化是原因之一，但主要是过度放牧和缺乏管理（WRI，1987）。印度次大陆的草地由于过度放牧、干旱和不合理管理，草本和木本植物生物量大幅度下降，土壤紧实，载畜能力降低，荒漠化较严重（WRI，1989）。由于过度放牧和开垦，中国温带天然草原已有约1/3处于不同程度的退化之中（李永宏和陈佐忠，1995）。就全世界范围而言，约1/3的草地受到荒漠化的困扰（WRI，1987）。

虽然草地退化是多方面因素共同作用的结果，并且不同国家和地区由于自然条件及经济、社会、文化等方面的差异，所面临问题的严重程度也不尽相同，但至少有一点是共同的，那就是对草地的生态学本质尚缺乏足够了解，这主要表现在三方面。①对草地生物多样性的生态系统功能研究很少，对生物多样性维持草地生态系统稳定性和生产力的重要性知之甚少。②草地生态系统中许多重要的生态学过程不宜观察到，如根系碳水化合物储备对于草地多年生植物的维持十分关键，但这一过程仅能从植物地上部分的生长状况得到反映（Noss，2013）。此外，这些生态学过程需要很长时间得到表达，其变化往往受一些稀少或不可预见事件的影响。因此，基于3-5年短期研究的结论其准确性是十分有限的。③对于"家畜放牧与野生动物采食"及"自然扰动（如自然火烧、极端气候）与人类活动（人为干扰）"对草地的不同影响尚缺乏明确的认识。正是这些原因使人们长期以来对草地生态系统的管理缺乏科学的指导依据（李凌浩和李永宏，2001）。

5.1.3.1　草地生态系统管理的生态学基础

许多草地土壤贫瘠，在生长季干旱少雨，生长季的长短也受到温度的限制，从而形成了特定的群落结构和多样的植物生态类型。与森林相比，草地群落的垂直结构也很简单，但在广阔的水平景观尺度上，它们包括了大片的灌丛和乔木层片，这对于维持草地高的生物多样性是至关重要的（Noss，2013）。由于草地生境条件严酷多变，许多植物和动物采取"随遇而安"的对策。

土壤与水分的关系：虽然草地土壤一般浅薄，发育不良，但草地生态系统的许多重要过程都是在地下进行的。对于许多草地，生物多样性的维持高度依赖于土壤层的保持。水分缺乏通常是草地生产力的限制性因素。植被覆盖对于截流降水并进入土壤是非常关键的，植被覆盖对于防止水土流失的作用是不言而喻的，过度放牧对植被的破坏造成了山坡切割及地表径流和土壤侵蚀的增加。由于草地多处于干旱环境，土壤养分不宜流失，因此除氮素以外的大多数元素能够充分满足植物生长需要，除非土壤母质中缺乏某种必需元素。典型草原中30%以上的有效氮和有机质分布在0-10cm表土层中，而这一层次的土壤又最易受到侵蚀。因此，即使轻微的土壤侵蚀也可使生产力降低35%-75%，主要是由于氮素的损失。

草食动物的影响：野生草食动物，包括昆虫和其他无脊椎动物，以及脊椎动物如野兔、鼠类和有蹄类动物等，是草地生态系统重要的组成部分，其作用可被看作是养分循环的连续过程的一个环节，也可认为是一种干扰。草食动物如大型有蹄类的进化是与草地植物协同进化的，它们在群落演替和改变植被方面起着至关重要的作用，是草地生态系统的关键成分。如果是这样，那么草地植被为什么会经常遭受动物采食的破坏呢？在这种意义上它们的生态学作用（如采食，破坏植被）是否与家畜等同呢？要回答这些问题就必须对一些生态学和采食历史等因素加以考虑。Milchunas 等（1988）提出了一个模型来说明动物采食对植被的影响在不同水分状况和采食时间尺度下的变化情况。一方面，许多植物在与草食动物协同进化过程中已高度适应了被采食，并形成了相应的生活对策（包括灌木刺和草本植物芒的形成、生活型的变化、产生气味，以及产生化学物质影响适口性或使动物难以消化、产生有毒物质），一些植物在被采食状态下甚至占据竞争优势；植物"补偿性生长"现象以及"中度干扰假说"侧重于解释家畜放牧管理的情况，对于野生草食动物的影响尚存争论。另一方面，许多草地植物在长期进化过程中承受的动物采食压力是非常轻微的。例如，在北美洲草原，近 1 万年内限制草食动物种群数量的不是一年四季的食草缺乏，而是冬季草地植被的数量和质量。例如，山羊冬季仅在风吹出露的许多小斑块草地上采食，而这些斑块的总面积不足草地总面积的 5%，由于这 5% 的草地承载能力有限，极大地限制了山羊种群数量，从而不至于对其余 95% 的草地植被产生任何影响。事实上北美洲许多有蹄类动物的情况都是如此。因此，草地植被对于采食的耐受能力并非人们想象的那样强（Noss，2013）。

草地群落的逆行演替：草地的逆行演替是指群落植物组成偏离理想化的原始状态的一种变化，可由放牧采食或环境条件的变化引起，并导致多样性的丧失、净初级生产力和植被盖度的降低。典型的草地逆行演替表现为群落组成按多年生草本植物——一年生牧草——一年生灌木的顺序替代或同一生活型种类之间优势度发生变化（李永宏和陈佐忠，1995）。一种是基于传统的 Clements "顶极与植物演替"理论发展而来的草地放牧演替的"单稳态模式"认为，一种草的类型只有一个稳态（顶极或潜在的自然状态），不合理的放牧引起的逆行演替是一个连续过程，并且恢复过程与退化过程的途径相同（即可通过减轻或停止放牧达到恢复），但方向相反（Noss，2013）。另一种是"多稳态模式"，认为放牧演替中存在多个稳定状态（亚稳定或过度态）。与"单稳态模式"最不相同的是，后者区分出草地演替过程中存在着过度阈值，超过这一阈限，群落会加速进入新的阶段，过度是跳跃式的，而不是连续的，其回返是极其困难的。

"多稳态模式"已为北美洲许多实地研究所证实，被认为更好地揭示了草地演替的实际情况。在美国得克萨斯州南部的萨王那草原，放牧改变了群落组成并减少了火烧措施。在超过演替阈值之前减轻放牧压力，群落尚能够恢复成高质量的草原。如果木本植物已经定居并占据优势，新的群落类型——林地就会迅速发育，即使停止放牧也不能恢复成原来的群落类型。在美国新墨西哥州南部 Jornada 草地实验站对半干旱草原群落的研究表明，放牧可增加土壤养分、氮素和其他资源的时空异质性，加剧荒漠植物的入侵。灌丛化会进一步使土壤资源局部化，造成灌丛之间裸地上土壤肥力的流失和气体挥发，最终导致该地区严重的荒漠化。但在亚洲温带典型草原区，许多草地的放牧退化演替更符合"单稳态模式"（任海等，2008）。

5.1.3.2　草地生态系统的生物多样性及其影响因素

1. 生物多样性的意义

草地的生物多样性也许与其所占面积和生产力的比例不相称，但在地球生命支持系统中所起的巨大作用是不容置疑的。草地生物多样性的价值体现在三方面。①美学价值：植物园、动物园、生态旅游、野生动物、美国西部牛仔影片提供的娱乐；②经济价值：提供食品、药材、燃料、建筑材料、工业原材料等，作物和家畜是草地生物多样性赋予人类最大的用途；③生态服务价值：包括维持大气的气体组成、清洁空气与水体、调节气候、维持土壤肥力与稳定性、废弃物处理、养分循环与能量流动、控制病原和寄生生物等（West，1993）。生物多样性的损失意味着对上述生态服务在数量和质量上的不利影响，并最终造成经济上的后果。物种多样性的降低也会导致生态系统受损后恢复能力的下降和对稀有、极端事件反馈能力的降低。而物种灭绝是人类最后的、不可逆转的选择。因此，在未来几十年里生物多样性问题将会对草地管理产生巨大的影响（West，1995）。

2. 影响草地生物多样性的因素

1）家畜放牧

A. 家畜放牧对植物种群和个体的影响

连续不断的家畜采食和践踏会使一些稀有和可食性强的植物种类减少。有蹄类动物对植物的采食是有选择性的，它们首先选择那些最容易消化和适口性最好的植物种类。饲草植物的适口性不但在不同植物之间差别较大，即使同一种植物的不同个体、在不同的季节甚至植物的不同部位（如叶片、枝条和果实）也有一定差异。不同的动物种类虽然具有不同的采食策略和食物选择，但许多动物的采食选择和习性是重叠的，当两个以上的物种共同占据同一草地时经常选择同一种植物。这种选择的结果是随着对草地连续不断地采食，一些适口性好的植物将在一年内的某个时期比其他植物受到至少一种动物更严重的采食。

植物个体对采食的适应表现在几个方面。植物生活型是对采食的一个重要适应，如果草本植物的居间或顶端分生组织以上被啃食，在土壤水分充足的情况下尚可以更新。丛生植物和地下茎植物是这种适应的极端情况。丛生植物对重牧的适应能力极差，被认为是在进化过程中缺少采食的影响，而地下茎植物的情况正好相反。此外，可能还有植物对采食适应的其他机制。但无论如何，植物被采食后均会失去一定数量的叶片和进行光合作用的能力，致使能量和物质向根系（对于草本植物来说）和茎（对于灌木来说）转移。如果植物因受到连续不断的采食而不能储备足够的能量与养分度过休眠期和进行更新，那么个体就会死亡，造成种群衰退。首先退出的无疑是那些适口性最好和最具营养价值的种类，而一些适口性差或对放牧适应性强的植物，如一年生植物和灌木等，特别是外来侵入植物就会增加。外来杂草通常对采食高度适应并极易入侵到过度放牧地段。是对目标植物单一的选择性采食压力，还是对所有植物总的放牧压力导致了群落种类成分的变化虽然目前尚有争论，但这种变化确实会发生（Bartolome，1993）。

B. 家畜放牧对植物群落的影响

家畜放牧或野生动物采食通过对植物个体和种群的上述影响使植物群落种类组成发生变化，从而影响到群落水平的多样性。

Collins 和 Barber（1985）比较了火烧、放牧、采食、野牛翻滚和场拔鼠聚集对北美洲混生禾草草原植物多样性的影响。结果表明，植物多样性在无火烧的翻滚、采食地点最高，在轻牧和中牧地点反而较低；最低的多样性出现在火烧的无放牧地段。Bonham 和 Lerwick（1976）发现，科罗拉多矮草草原植物群落丰富度在场拔鼠聚集地要高于邻近未定居地点。类似的结果在其他地区也有报道（West，1993）。另外，Naveh 和 Whittaker（1979）对亚洲温带草原（以色列）的研究表明，在许多情况下，中度放牧地点的植物多样性高于重牧和无牧地点。在我国内蒙古草原区，植物多样性随放牧增强而下降，但群落的均匀度和丰富度在中牧条件下最高（李永宏，1993）。中等强度和周期性的采食与践踏使植物多样性增加，主要是通过促进光照、水分和养分等资源与"生境窗"（physical gap）的形成来抑制群落优势种对其他种类的排斥性竞争。

事实上，放牧对植物群落水平多样性的影响可能取决于放牧强度、特定地区进化历史及气候状况的综合效应（Milchunas et al.，1988）。半干旱草原区具有很长时期的放牧进化历史，因此动物活动对植物群落种类组成的影响相对较小，如北美洲矮草草原的情况。与此相对应，气候上相似而大型哺乳动物采食进化历史较短草原，其多样性在很低的采食强度下也会损失，如南美洲的阿根廷草原。而在湿润气候下，中度放牧一般会使植物多样性增加，而与进化历史无关。例如，在欧洲中部家畜放牧需要加强以促进那里草本植物的多样性，空区污染造成的氮和硫的大量富集，使一些高养分下生长旺盛的植物种类占据了优势。有蹄类动物采食对于大多数草地生态系统而言是一个重要的生态学过程。如果除去动物采食，生物多样性在短期内可能会有所增加，但长期会下降，这是由于系统本身的改变在将来可能无法对抗干旱、火烧等干扰因素（West，1993）。

C. 家畜放牧对竞争的影响

采食导致的草地植物群落变化就属于前面提到的草地退化，通常表现为多年生植物的减少和适口性差的一年生草本植物的增加。在许多情况下，可食的木本植物也会减少。这种情况在河流边的潮湿灌丛地上最明显和严重。过度放牧经常使那里的河流和沙草植物不能生长，地下水位降低和生境干旱化。这些变化也会对栖息在那里的野生动物产生影响。例如，许多鸟类在河边灌木植被上觅食和筑巢，植被的破坏会降低鸟类的物种多样性，同样，有蹄类动物如叉角羚在生产幼仔时需要地面上有一定高度和密度的灌丛，否则其幼仔极易受到捕食者的攻击，并可能引起种群衰退。

家畜与野生动物竞争食物、饮水和空间。家畜采食首先影响到野生动物可获得的饲草的数量、质量和食物选择。由于家畜通常在饲草生长和营养价值的高峰期进行放牧，它们首先获得最优质的牧草。放牧之后的草地只有在当年晚些时候才能被野生动物利用，使它们不得不在营养已衰竭的生境上采食和存活。许多野生动物生物学和营养学的研究表明，饲草营养品质的微小变化也可能对有蹄类动物种群产生较大影响。对于昆虫，这种影响尚不清楚，但对草地上肉食动物的影响是显而易见的。那些对植被早期演替阶段高度适应的动物也许会随家畜放牧而增加，这取决于植物群落的结构和组成。

2）家畜管理措施

在草地，伴随家畜放牧的是一系列管理活动，如围栏封育、开辟饮水源、捕食者控制、控制火烧和植被管理等，这些措施或多或少会对草的生物多样性产生影响。

围栏限制动物活动，但会出现一些问题。首先是使野生动物的生境破碎化，妨碍动物的移动，极大地限制了一些动物种群的发展。其次，一些容易翻越围栏的动物如黑尾鹿，每年都有一定数量的个体（特别是幼体）被围栏带刺的铁丝绞缠致死。在种群密度高的时期或地区影响也许不大，但对于衰退型的种群，这种损失却是不容忽视的。此外，围栏四周通常邻近道路或特殊通道，为外来动植物的侵入提供了廊道。

由于草地缺水，需要不断开辟水源提供家畜饮用并使家畜在大面积的草地上合理配置。通常是从山泉、溪流或低洼积水地取水，而这些水源一度被野生动物饮用。取水也会使山泉枯竭，地下水位降低。饮水点附近的草地由于被践踏而板结，地面起伏，植被破坏殆尽，杂草和外来侵入种滋生。

历史上，甚至今天，有一些地区，伴随着家畜饲养，捕食者被去除，导致狼、美洲狮和熊等在曾属于它们的领地消失，或者能够迅速恢复活力的丛林狼的种群数量大量降低。大多数受控制的捕食者如狼、美洲狮等处于食物链的顶端，它们能对整个生态系统的结构和功能产生影响。例如，它们不但可限制被捕食者的多度，还能有力地影响到草食者的分布、迁徙方式，从而调节草食者对植被的影响。因此，许多肉食动物可能都是关键种。可以说，哪里大规模地控制捕食者的数量，哪里家畜放牧对生物多样性的威胁就严重。区分开大规模的捕食者全部控制和偶尔的问题种类的控制十分重要，后者可理解为当美洲狮放弃捕食野鹿而开始进攻家畜或人类时的控制。如果既能有效地控制问题种类的危害，又不至于使其种群密度降低，对生物多样性的影响就会小得多。

植被管理是家畜饲养的主要内容，包括轧割、使用除草剂、耕耙、补播、灌木镇压和控制火烧。这些措施一般会使生物多样性降低。例如，多年来，美国土地管理局（Bureau of Land Management，BLM）在美国西部大面积的丘间地带单播大麦草，它是一种从欧亚地区引进的品质优良的家畜饲草。但却降低了这里的物种丰富度，耕作增加了土壤侵蚀。其他管理措施也有类似的问题。但控制（计划）火烧如果使用得当，如模拟自然火周期和自然方式，可以改善饲草产量和质量，增加生物多样性。除草剂和其他机械措施有时用来恢复一个地区至以前由火烧维持的那种状况。不幸的是，绝大部分植被管理活动都是为了提高饲草生产，而不是为了维护生物多样性。

刈割既是草地利用的一种方式，也是植被管理的手段。刈割可抑制优势植物的竞争生长，维持竞争能力差的种类的多样性，但不能像放牧那样为种子定居创造开阔的小生境（Hobbs & Huenneke，1992）。如果选择适宜的刈割时间、频度和留茬高度，对于植物多样性的维持是有效的，至少可有意识地除去外来植物和杂草。

3）外来物种的引入

草地生物多样性受到有意或无意的外来物种引入的威胁已是一个众所周知的事实。外来物种可减少或取代原有（本地）物种，造成生物多样性的降低，在某些情况下（如果外来种：①在资源获得和利用方面与本地植物明显不同；②能够改变侵入地区的营养级结构；③能够改变原有干扰的频度和强度）甚至可以改变生态系统的功能（Vitousek，1989，1990）。因此，对外来物种的控制已经成为草地生态系统和自然保护区管理者所面临的最紧迫和最重要的任务（Westman，1990）。

4）自然与人为干扰

干扰被定义为除去或毁坏生物量的过程（Grime，1979），任何损毁生态系统、群落和种群结构及改变资源可获得性或物理环境的相对独立事件（Hobbs & Huenneke，1992），任何通过直接杀死生物个体或影响资源水平及天敌、竞争者成活和生殖力而改变斑块中个体出生率和死亡率的过程，都是由系统外部因素造成的一种结构上的变化（Petraitis et al.，1989）。对植物群落的干扰包括火烧、风暴、洪水、野生动物采食等自然因素，以及家畜放牧与农业耕作等人为因素。

干扰对植物群落的影响主要在于两个方面：①干扰促进外来植物或杂草的侵入，从而造成群落退化；②干扰是自然生态系统功能过程的重要组成部分，许多植物或群落的连续存在（特别是更新）均需要某种形式的干扰。而植物群落对干扰的反应既取决于组成种类的特性（如繁殖特点、生活史等），又取决于干扰的状况（干扰规模、频度、强度和持续时间）。干扰出现的时间间隔对植物群落对干扰的反应方式有较大的影响，这是由于不同植物种类受到干扰影响之后恢复生长所需的时间各不相同。如果下一次干扰在它们达到繁殖成熟阶段之前出现，植物会因繁殖材料缺乏而不能在斑块上定居（Moore & Noble，1990）。Petraitis 等（1989）对自然干扰状况构成因素进行了进一步分析，将干扰与群落对干扰反应的关系分为两种情况：①对某些特定种类选择性致死干扰；②随机性或灾难性干扰。前者可将物种多样性或丰富度保持在某一平衡水平，而后者阻止群落平衡状态的建立（如阻止某种植物成为优势种对其他种类产生竞争排斥作用）。群落平衡与非平衡干扰模式均是在中等程度干扰下的物种多样性最高。虽然"中等干扰假说"的各种说法所依据的群落功能理论各不相同，但都指示中等频度和中等强度干扰下的物种多样性最高（Connell，1978；Fox，1979；Sousa，1984）。这些"假说"依据的理由是：只有少数种类（杂草）能够承受频繁和重度的干扰，也只有少数植物能够在长期缺乏干扰下生存（长命的、最成功的竞争者，更新不需要干扰）；而大多数植物能够在由处于不同演替阶段的斑块所组成的异质生境中得到各自的位置，在中度干扰下生存。根据 Hobbs 等（1984）的定义，"中度"可由不连续事件（干扰）的频度与系统中主要种类的寿命相比较来确定，即优势种达到平均期望寿命的50%时的干扰程度（或个体被致死、群落结构或资源利用率被改变的比例为50%）。

干扰在某一地区或生态系统中的时间和空间分布格局形成一种干扰镶嵌体。Pickett 和 Thompson（1978）指出，干扰的再现（复发）需要保持一个"最小动态面积"，"最小动态面积"足以包含处于不同干扰或恢复阶段的多个斑块，从而满足整体生态系统维持所需的定居空间。斑块干扰和斑块间生物交换的动态特征决定了恢复的格局，因而它是确定生态系统最小动态面积（维持群落特征和系统功能）的主要出发点（Lewin，1984）。随着自然生境"破碎化"的加强，很可能这些"最小动态面积"仅能在大的保护区内得以保存，自然干扰状况和斑块间的生物交换在小的保护地极易被严重地改变。

A. 火烧干扰

火可对草地物种多样性和群落结构特征产生较大影响。对北美洲草原火生态学的经典研究表明，每年火烧有利于提高暖型禾草的多样性，火烧5-10年后可使典型草原杂类草的多度降低。两年一次的火烧使混生（禾草和杂类草）草原群落的多样性最高。而长时间火烧与无火烧的情况类似，均使枯落物大量积累和禾草数量下降（Kucera & Koelling，1964；Abrams et al.，1986）。火也可能偏利于占优势的"本地"物种，造成多样性的下降（Collins，1987）。大多数情况下，轻度火烧可促进植物个体生长而非杀死它们，很少为外来物种或个体的定居创造"生境窗"。物种多样性包括斑块内种的密度（α多样性）和斑块本身的多样性两个方面，火烧可能会产生更加异质的斑块结构。虽然斑块内的物种多样性下降，但总体的多样性未必下降。

植物个体对火烧的反应显然与其生活史有关。在加利福尼亚的一年生草原，火烧对植物群落的组成仅产生暂时的影响（短时间的杂类草增加和禾草优势度下降）。秋季群落自我调整会迅速抵消火烧对种子库和萌发条件的任何暂时影响。对于群落而言，其对火烧的反应取决于总的火烧状况而非单次火烧。不同火烧强度和烧荒季节对植物多样性的影响是十分不同的，主要是改变个体的更新能力。Hobbs等（1984）研究了不同火烧间隔时间对石南草地植物及整个群落多样性的影响，发现中等火烧频度下的物种多样性最高；而在堪萨斯高草草原，植物多样性和丰富度在中等火烧频度下最低，因此除了火烧之外，立地历史、气候和土壤因子及地形等可能也起着非常大的作用（Collins，1992）。火烧初期可减少植物生物量并引起短期的土壤肥力增加，从而使光照和养分条件得到暂时改善，但从长远看，频繁火烧最终会导致土壤养分（特别是氮素）的衰竭和植物在生境中的异质性分布。虽然群落组成的异质性可得到增加，但由于仅少数种类能够适应火烧和低养分条件，因此最终植物种类多样性会降低（Collins，1992）。

火烧影响的另一方面是增加了外来种的入侵。然而许多研究表明，并非所有火烧均会导致外来种入侵，火烧状况的不同（如强度、时间、频度等）能影响到外来种入侵的范围。在一些情况下，外来种入侵是火烧与其他干扰因素如机械作业扰动土壤和养分输入（富集）共同作用的结果。例如，Hester和Hobbs（1992）对澳大利亚玉米带中经过火烧的灌木斑块与未经火烧的灌木斑块进行比较后发现，外来一年生植物仅在群落边缘出现；在邻近的森林地火烧后，外来植物的多度反而下降了；而同一地区的石南林经火烧后，仅在受道路加宽干扰的路边狭长地段有少量外来植物入侵。

由于不同植物对火烧的适应能力不同，火烧可能有利于一些植物而不利于另外一些植物生长，这是火烧控制系统中当地植物与侵入植物相平衡的机制（Hobbs & Huenneke，1992）。如果当地植物对火敏感（生态系统中可燃物质积累少，使火烧强度和频度低），火烧就会促进外来种入侵。当这些外来种使生态系统中可燃物质不断积累后，会增加火烧强度和频度，从而使外来种的优势地位进一步加强。正是这种循环造成了木本植物和一年生杂草在地中海型生态系统的广泛入侵。夏威夷干旱地上耐火烧植物的入侵已经对当地植物产生了严重影响（Hughes et al.，1991）。

B. 土壤干扰

农业耕作会降低植物种类特别是双子叶植物（Fuller，1987）的丰富度。另外，小规模干扰对于某些期望种类的维持有时是必要的。例如，在高草草原，獾类堆造的土丘上维持着十分丰富的适于此类生境的偶见植物种，这些种类对于这些草原的生物多样性构成很重要，特别是在过度放牧地段（Platt，1975）。其他动物如场拔鼠、野牛、金花鼠等对植物多样性的影响也是十分重要的（Collins & Barber，1985；Huntly & Inouye，1988；Martinsen et al.，1990）。在加利福尼亚一年生草原，金花鼠活动形成的裸土丘上养分状况和微气候得到改善，并为低密度植被种子提供了苗床（Hobbs & Mooney，1985）。Coffin 和 Lauenroth（1988）采用模型方法研究发现，矮草草原群落土壤扰动的效应（蚂蚁洞和哺乳动物挖洞）主要与干扰频度和干扰规模（面积）大小有关。

对于大多数草原群落，对土壤的扰动可为杂草和害草创造定居空间。在这种干扰长期存在的生态系统中，很可能有一些特化和适于此种情况的种类。有许多这类土壤干扰促进外来植物入侵的例子。例如，Hobbs 和 Mooney（1985，1991）发现，金花鼠活动是造成蛇纹岩草原上毛雀麦（*Bromus mollis*）和其他外来一年生植物入侵的主要原因。毛雀麦在金花鼠土丘上大量生长，而在未受干扰的地方基本上不出现。人工模拟土壤干扰实验的结果因植物不同而有所差异。Hobbs 等（1988）发现，某些群落比其他群落更容易受到入侵，并且土壤干扰未必一定会增加外来种的定居和成活。

土壤干扰促进外来种入侵可能是由于受干扰的土壤为种子固定提供了粗糙的表面。Hobbs 和 Mooney（1985）观察到，本地植物和外来植物在金花鼠土丘小生境上的生长均好于未受干扰的地点。而 Koide 等（1987）发现受干扰土丘的养分可获得性低于未受干扰地点，因此认为动物活动对当地植物竞争的排除作用是导致上述现象的主要原因。

C. 养分富集

过量的养分输入，特别是氮和磷在贫瘠型土壤中的富集，有可能对草地生态系统造成严重影响，在英格兰和荷兰，草地植物多样性因此而严重下降（Fuller，1987）。During 和 Willems（1986）指出，污染物和氮素的不断输入是荷兰白土草地非维管植物减少的主要原因。许多禾草和杂类草从英格兰草地上退出是由于大气沉降使氮素过量输入，而与管理（如刈割、放牧、火烧）无关。Gough 等（1994）的研究表明，土壤高磷水平限制了退化废弃草场向种类丰富草地的恢复。从管理角度讲，磷的自然损失非常缓慢，而木本植物的进入显然可增加磷的释放。在北美洲，养分富集的土壤上植物多样性一般较低，多年生植物较少，而一年生杂草和外来木本植物却占有相当大的比例。

对于养分贫瘠的生态系统，额外增加养分可能是最主要的干扰因素，在许多情况下会导致外来物种入侵。Huenneke 等（1990）观察到，增加氮和磷，使杂类草占优势的蛇纹岩草原在两年内变成以外来植物为主的群落。Hobbs 等（1988）发现，外来植物在施化肥的小区内可迅速取代本地杂类草。在这两个例子中，外来种入侵均与土壤受干扰无关，事实上，随后的金花鼠啃食和筑洞穴反而抑制了外来植物入侵，使当地植物得到恢复。对澳大利亚草原的许多研究表明，施加磷肥对外来植物入侵的作用尤其明显，而土壤干扰与额外施加养分相结合对外来植物入侵的促进作用最大（Hobbs & Huenneke，1992）。

5.1.4 草地生物多样性的生态系统功能

5.1.4.1 多样性与稳定性

关于生物多样性在维持草地生态系统稳定性中的作用目前有两种观点。一种是多样性-稳定假说（Mcnaughton，1977；Pimm，1984），这一假说的核心是：多样性越高的生态系统，越有可能包括更多可抵抗干扰的物种，这样的生态系统越稳定（郭勤峰，1995；黄建辉，1994）。"铆钉假说"也认为生态系统中的每个物种都起着重要的"累加"作用（如同飞机上的每个铆钉），如果群落失去某种种类，就会对群落的抵抗力产生强烈的影响，甚至导致群落崩溃，因此主张保护全部物种（West & Whitford，1995）。Tilman 和 Downing（1994）通过对美国明尼苏达州草地植物群落的研究观察证明：物种多样性越高，群落对干扰（干旱）的抵抗力和干扰后的恢复力越强。他们的研究结果支持了上述假说。

另一种是"冗余种假说"，该假说则认为，群落是由少数"结构和功能群"（由一些功能等同物种组成）所支撑的，因此，一些物种的损失对整体生态系统几乎没有影响，冗余物种可视作一种"保险"或"储备"（Walker，1992）。Dicastri 指出，许多生态系统的物种丰富度已经超出维持高效生物地球化学循环和营养功能所需要的数量（转引自 West，1993）。

一般而言，前一种观点更为人们所接受。这是由于一个功能群内的每个种仅能适应有限的气候和生物环境范围，这些种之间的耐受力尚有一定差异，其生态维持作用并不能完全相互代替。此外，一个物种并非属于一个功能群，其在其他功能群中的作用也许是至关重要的。

5.1.4.2 多样性与生产力

从理论上讲，一个生境的生产量越高，就可能维持越多的物种，尤其是在较大尺度上比较时（区域或全球尺度上）（郭勤峰，1995）。例如，在我国内蒙古草原区，从草甸草原到荒漠草原，群落生产力和植物丰富度与气候干燥度有一致的变化趋势，二者存在显著的线性正相关关系（李永宏，1995）。但在较小时空尺度上，草地群落生产力与物种多样性之间却没有普遍固定的关系，多数研究得出的是物种多样性的单峰分布（郭勤峰，1995；李永宏，1995；Gough et al.，1994）。对 Shefield 附近多种草地群落的调查表明，在最高现存生物量梯度上，群落物种多样性分布呈一条钟形曲线。草地的现存生物量仅反映了环境胁迫或干扰的强度，较低生物量表明干扰或胁迫较强，从而限制了草地的生物多样性；而较高的生物量意味着物种、至少部分物种具有较高的生产力，其竞争排斥也会限制物种多样性的发展。在中度生产力水平下，草地具有最高的物种多样性（Grime，1979）。

5.1.5 草地生态系统持续管理原则

5.1.5.1 草地生态系统管理的基本概念

"生态系统管理"理论的产生是 20 世纪 60 年代以来广泛开展生态系统研究的结果，是人类长期寻求解决资源、环境、人口等问题得到的答案之一，也是"可持续发展"思想在自然资源管理中的具体体现（陈吉泉，1995）。草地生态系统管理就是借助生态系统管理学的基本概念、原理、技术对草地资源进行管理的具体应用，其遵循的基本原理有以下几点。

（1）系统观点：在资源管理中，不应当仅考虑生态系统中所有组成部分的维持和整体结构与功能过程的正常运转，包括生物多样性、养（水）分循环、生产力、物质和能量在系统中的分布等。伴随着不同的管理方式，这些生态学过程会产生相应的变化。因此，通过监测和比较这些过程，决策者可以在各个等级结构和时空尺度上选择并设计合理的经营方案。

（2）可持续性：生态系统管理以"可持续发展"为最终目标。生态系统可持续的主要标志是：生态系统中生产力稳定及基因多样性的递减速率稳定。维持生态系统的持续性就是在恒久维持生态系统物质生产和生态服务性生产的同时，使维持生态系统生产所需的生物多样性（遗传潜力）和物理环境得以维持（李永宏，1995；Franklin，1993）。

（3）可调整性：生态系统管理承认人类行为的巨大作用，利用人类对自然界极其有限的了解制定目前最明智的管理方案。该管理方案不是一成不变的，而是随着对生态系统了解程度的加深，以及环境和社会需求的变化，不断地进行调整，是一种边干边学的经营过程（陈吉泉，1995）。

（4）社会和人类的需求：在许多生态系统中，人类已成为生态系统中最主要的构成因子，管理的目的是围绕人类需求而确定。"自然"已成为一个相对的术语，今后任何管理方案都不可能，也不应当脱离现行政策和人类社会的需求。因此，生态系统管理的精髓在于建立一个基于现有科学知识，符合人类社会、经济现实，并能保证生态系统可持续发展的管理体系。

5.1.5.2 草地生态系统生产力的维持

在人类经营畜牧业的天然草地生态系统中，通过管理手段提高光能和水分利用率、加快系统的物质循环速度以获得系统高效、可持续的生产力是草地生态系统管理的最终目标。维持草地生产潜力就意味着要阻止植被和土壤的退化。其中一个主要问题是确立草地生态系统可持续高产出的优化利用模式，另一个是对已退化的生态系统进行恢复与重建（李永宏和陈佐忠，1995）。

植物的补偿性生长与最优采食理论是进行草地生态系统放牧管理的重要依据。该理论的核心是：草地植物的生长和维持可受益于动物采食（Dyer et al.，1993）。草地初级生产力与放牧间的关系是非线性的，即随着放牧强度的增加，草地植物生产力将会首先增加，直至某一最佳点时达到最大值，而后下降（Dyer et al.，1993）。在自然草原生态系统中，植物被采食后的补偿性生长反映了植物与动物长期互惠、协同进化的历史；而对于人为管理的草原放牧系统，植物补偿性生长的存在与否、补偿程度及其可持续性是草原放牧系统管理的基本原则问题，关系到能否把放牧调控作为系统管理的手段，以达到获得最大的持续生产力、发展合理的放牧方式、加速自然恢复、减少投入的生态恢复目标（李永宏和陈佐忠，1995）。

放牧有利于植物生长的事实很早就受到关注。Vickery（1972）报道，在澳大利亚家畜放牧可提高草地生产力；McNaughton（1976，1979）提供了东非大型有蹄类动物中轻度采食使草地植物个体和群落生产力增加的实验数据；还有研究发现了美国高草草原在中度放牧下植物的补偿性生长，人工无芒雀麦（*Bromus inermis*）草地和天然草地刈割或放牧后的补偿性生长（任海等，2008）。

然而并非所有的植物或草地类型均具有补偿性生长（Patten，1993）。也有人认为植食动物优化生产理论的证据和生物学理由尚不充分，似乎不是一个具有普遍意义的生态学过程，甚至是一种需要有特殊条件，如连续湿季、肥沃土壤和无种间竞争等的稀有现象。因而，集约经营草地比半干旱区天然草原植物的补偿性生长更加普遍和显著（Bartolome，1993）。

但对该理论更多且更平衡的认识是：放牧既有降低植物生长速率的机制，如减少光合面积和采食营养物质等，也有促进植物生长的机制，如改善未被采食部分的光照、水分和养分，增加单位生物量的光合速率，减缓衰枯，激活休眠的光合器官茎，增加植物繁殖的适应性等（Owen & Wiegert，1976；McNaughton，1979）。在群体水平上，放牧还可以加快植物光合产物生产的周转率和选择快速生长的物种（de Angelis & Huston，1993）而利于增加光合产物生产。因此，植物被采食后是否具有超补偿性、平补偿性或欠补偿性生长取决于促进与抑制之间的净效应。而这种净效应与植物被采食前后的状况和环境条件，如采食强度、水分状况、土壤资源等密切相关，也与植物的放牧史有较大的关系，即具有较长放牧史的植物或种群被采食后的再生、修复和补偿性生长的能力较强，且地上部分补偿性生长的能力大于地下部分。放牧对地下部分生产力的影响关系到植物地上部分补偿性生长的机制和持续性，因而补偿性生长应以草地的总生产力为对象加以考虑（李永宏和陈佐忠，1995）。

5.1.5.3 干扰、生物多样性维持与外来种控制

如前面所述，干扰不利于草地植物群落的一个主要方面是促进外来植物或杂草的入侵。因此，严格控制家畜放牧和抑制火烧是以往草地管理通常采取的做法（Hobbs & Huenneke，1992）。然而，诸多研究表明，许多形式的干扰是自然生态系统功能过程的重要组成部分，许多植物或群落的连续存在（特别是更新）均需要某种形式的干扰。实验证据和"中度干扰假说"均表明，中度干扰下群落的物种多样性最高。因此，为了维持生物多样性和生态系统功能，就必须将干扰过程作为一种管理手段加以考虑。

干扰状况的保持目前已广泛结合到草地生物多样性保护和资源管理计划之中。例如，放牧和控制火烧（controlled burning）作为草地植被管理手段在许多地方使用。一个放牧管理的实例是在荷兰开展的草地恢复工程，种类贫乏的废弃草地放牧家畜后，植物种子随家畜粪便进入采食造成的斑块，从而使植物多样性得以恢复。在中东地区，一些有巨大保护价值的谷类作物的野生近缘种类既不能耐受重度放牧，在轻度放牧或无放牧条件下又缺乏与高的多年生植物竞争的能力，只有在中度放牧条件下才能得以维持（Noy-Meir，1993）。关于火烧管理，Strang（1973）认为其是阻止中南部非洲湿润草原灌丛入侵而不得不为之的非常"昂贵"的措施。控制火烧可以非常精确地抑制一些植物而有利于另外一些植物的生长。在北美洲典型草原恢复管理中，曾成功地运用火烧去除了撂荒地上一种非本地生的早熟禾，并促进了原有种类的定居和扩展。而抑制火烧对于"适火型"植物占优势的群落，会造成其生态学功能严重丧失。此前，有研究发现，镇压火烧是南非开阔禾草植被为外来灌木种所入侵最主要的原因，研究还发现合理可控的火烧是恢复原有植被和保护特有种类最好的管理手段（任海等，2008）。有关"过度"干扰对草地植物群落功能和生物多样性的严重损害及促进外来种入侵的例子在前面已有详述，这里不再讨论。

对于草地生态系统管理者而言，如何把干扰作为一种维持系统结构、功能和生物多样性的管理手段而不至于导致群落退化和外来种入侵是值得考虑的问题。Hobbs 和 Huenneke（1992）认为，在景观尺度上，当干扰以其历史固有的频度和方式出现时，可以维持本地植物（物种）最高的多样性；Denslow（1980）指出，那些适于在干扰创造的最常见斑块类型上定居的自然群落，其物种最丰富。也有

人认为，只有在放牧进化历史短的地方，放牧才会构成干扰。Hobbs 和 Huenneke（1992）指出，任何对固有干扰状况（包括干扰规模、频度、强度和时间）的重大改变都会对生态系统产生重大影响。

但应当指出，没有任何生态系统能够免受某种形式的干扰（如大气沉降造成的养分富集），在将来，几乎没有任何地方不受到人类的直接影响。一些干扰可"就地"调整（如火烧、放牧等），而另外一些则不能（如风暴、洪水等）。"自然干扰状况"的保持虽然是"期望"的，但在实际中往往是不可行的。任何形式的干扰在某种情况下均会引起一定程度的外来种入侵，即使固有干扰状况不改变，杂草或入侵种的可获得性使其本身也会入侵。任何干扰和管理措施都会有利于一些种类而不利于另外一些，当仅涉及本地种与外来种时，做出"取舍"选择非常容易。但如果涉及一些有放牧价值的外来植物或在本地种之间进行选择，做出"取舍"就十分困难。例如，英格兰低地那些极具保护价值的草原植物对放牧的反应不尽相同。其中有些受益于放牧，而另外一些受益于去除放牧。在这种情况下，可尽量通过控制放牧干扰的时空格局使大多数种类得到维持。在极端情况下，就不得不在"有保护价值"的种类之间做出选择。最明智的做法可能是采取多样性的管理策略，鼓励维持不同的种类在保护区内的不同部分，或在同一地区不同的保护区内加以保护。在保护区管理中人们已认识到，自然保护区要足够大，以保证自然干扰状况能够产生作用，并维持一种处于不同干扰状况、不同演替恢复和群落成熟阶段的斑块镶嵌的植被生境状态（Pickett & Thompson，1978）。管理者有时也不得不在维持生物多样性与控制外来种的"代价"与"受益"之间进行选择。

5.1.6 中国北方温带退化草地的恢复重建

5.1.6.1 中国温带草原生态系统及其退化概况

在我国温带，东起东北平原，西至湟水河谷，东西绵延 2500km，南北跨越 16 个纬度，分布着广袤的温带草原。从松嫩平原、西辽河平原，经内蒙古高原、鄂尔多斯高原，到黄土高原的西南缘，随着地理位置的南移，草原分布的海拔逐级上升，并与青藏高原适应高寒环境的高寒草甸相连接。辽阔的草原受控于典型的大陆性半干旱气候，年降水量多为 200-450mm，$\geqslant 10℃$ 的积温为 1600-3300℃，气候干燥度（Panman 指数）为 2-4.5。土壤以栗钙土、黑钙土和棕钙土为主，耐寒的旱生性多年生禾草草原构成了地带性的生态系统景观，尤其是针茅属（*Stipa*）禾草（中国植被编辑委员会，1980）。黄羊、羚羊、野驴、狍、狼、狐和多种啮齿类动物是活动于该景观中最重要的野生动物。自从经营畜牧业以来，草原就作为一种重要的可更新资源，支撑着区域畜牧经济的发展和高度多样化的民族人口。牛、羊和马是最重要的家养动物。

据统计，我国天然草原已有约 1/3 处于严重退化之中。例如，内蒙古草场资源遥感调查结果表明，其天然草场退化面积达 21.3 万 km²，已占可利用草地面积的 36%，其中严重退化的草地占 20%以上；由开垦、过度放牧、樵采等人为活动引起的沙化面积已达 4.3 万 km²，占内蒙古全区面积的 3.7%（王义凤，1991）；西藏、甘肃等地的退化草场面积也在 30%以上（刘起，1989）。

5.1.6.2 草原生态系统退化的原因

1. 过度放牧与不合理利用制度

随着社会体制发展，科学技术进步，人类对草原生态系统的开发能力日益增强。但由于人类对草原生态系统认识不足，对草原资源利用不合理，引进草原退化、畜牧业生产受损的例子在全球范围内都是普遍的。在我国历史上，由于社会体制的变化，对草原盲目开发引起草原生态系统退化、沙化的例子是很多的。例如，鄂尔多斯南部的毛乌素沙地，过去曾是一片丰茂的草原，但自明代修长城之后，开始大面积农垦，长城沿线聚落突起、居民大增，人们开垦、放牧和割柴，破坏了植被，引起了流沙。此后由于进一步滥垦和撂荒种植制度，沙化地段不断扩大。在过去的几十年中，我国草原地区的社会体制发生了重大变化，表现在游牧民族的定居改变了草原利用的时空格局，尤其加大了草原利用的空间不平衡性；同时生活条件的改善，人口及家畜数量的急增，使超载过牧；与草原生态系统协调发展的游牧方式遂被摒弃，而适应于当代社会的放牧利用新体制未能建立起来；生产经营者只经营畜而不经营草，盲目发展家畜，不合理放牧草地，使草地生产力下降了 30%以上，退化速度甚为急剧。李凌浩等（1998）的研究表明，近 40年来过度放牧使内蒙古锡林河流域草地表层土壤有机碳含量下降了 12.4%。

2. 草地开垦

上述毛乌素沙地流沙形成便有滥垦的作用。我国草原由盲目开垦诱发的退化和沙化，最严重的出现在较为湿润的草甸草原区，即目前北方半干旱农牧交错区。例如，内蒙古商都县原为纯牧区，19 世纪末 20 世纪初开始零星农垦，1915 年随着大规模的移民，农垦规模也急剧增大。由于气候干旱、春季多风、地表物质松散，沙质草原在开垦的诱发下极易沙化。80 年代末与 30 年代相比，这里人口增加了 4 倍，耕地增加了 2 倍多，但其中沙化面积已占到了 1/3，草场面积缩小了一半，每畜占有的草场面积缩小了 9/10，草场退化十分严重（朱震达，1989）。

草原地区开垦不仅会使被开垦的耕地沙化，还能诱发周围草原的沙化（许志信，1990），而且由于耕作制度粗放，许多耕地种植几年便因肥力下降和质地沙化而不得不撂荒了。例如，内蒙古锡林郭勒盟草原的耕地土壤与未开垦草原的暗栗钙土相比，其有机质含量下降了 27%-57%，全氮含量下降了 30%-60%。同时由于春季风大，耕田无植被覆盖，风蚀严重，表层细微土粒易被吹走，与底层相比，减少了 5%-20%，粗砂粒相对增加了 7%-13%（姜恕，1988）。位于锡林郭勒草原地区的白音锡勒牧场 1950 年前为纯牧区，1953 年开始开垦，耕地面积逐步增大，到 1977 年达到约 14 000hm²，播种 10 000hm²；尔后由于广种薄收，地力下降，耕作效益甚微，而遂被撂荒，面积逐步缩小，到 1990 年下降到 12 000hm²，播种面积仅 6000hm²（刘书润，1979）。草地开垦还会导致土壤有机碳的大量损失，使其成为向大气释放 CO_2 的碳源（李凌浩，1998）。

3. 刈割、樵采、开矿和旅游

充分利用天然草场资源，大力增加干草储备，是解决草原放牧生态系统中草畜季节不平衡、保持草原畜牧业持续稳定发展的有效措施。然而不合理的连续无投入的割草和割草季节的不当，也是引起草场退化的重要原因。例如，对内蒙古羊草草原不同割草制度的试验研究表明，连年割草可使草地的生产力下降，草群中禾草和豆科植物比例下降，杂类草比例增加。植物的高度和单株重均下降（仲延凯等，1992）。

樵采是引起草原退化的另一原因。例如，在内蒙古草原区，人们刈割灌丛或蒿草作燃料；大规模地挖掘药材植物，如甘草（*Glycyrrhiza uralensis*）、麻黄（*Ephedra sinica*）、内蒙古黄芪（*Astragalus penduliflorus* subsp. *mongholicus*）和知母（*Anemarrhena asphodeloides*）等；无保留地采集食用菌，如蘑菇圈上的多种真菌和荒漠草原地区的发菜（*Nostoc flagelliforme*）等；严重破坏了草原生态系统的植被、土壤或地表结构及功能过程，在很多地区引起了草原的退化和沙化。

草原区矿产资源的开发也是引起草原退化的重要原因。例如，位于我国温带草原区东南部的农牧交错区，矿产用地可占该区土地面积的 4%，植被完全被挖掘破坏，并诱发了矿区周围草原的退化和沙化。矿弃地上植被的恢复是十分缓慢的。

旅游业是草原地区的新型产业，草原是生态旅游的理想去处，尤其是辽阔雄浑的草原风光与民族文化的结合，吸引着越来越多的游客，必将是草原地区有发展前途的产业。然而旅游业发展中规划不周、管理不善引起的对自然环境的破坏也已初露端倪，如随着大型交通运输车辆的发展，草原道路剧增，道路对草场的破坏已非小面积。这些都应引起注意，但限于篇幅，我们下面主要讨论草原生态系统的放牧退化问题。

5.1.6.3 草原生态系统中植被的放牧退化模式

草原植被构成了草原生态系统的景观特征，且对家畜放牧有易于测定的敏感性反应，常被作为判别草场利用或退化状况的指标。草原在放牧影响下的演替有一些共同的规律，一般而言，草群中耐牧和适牧植物逐步增多，不耐牧植物减少或消失；草地生产力降低，优质饲草比例下降；但草地生物多样性在适度放牧下最高。然而我国草原面积辽阔、类型多样，其放牧退化演替的模式是相异的。

在内蒙古草原，不同草原类型的放牧退化演替已为许多草地生态学者所关注。李世英和肖运峰（1964）划分了羊草草原的放牧退化阶段；李德新（1980）对克氏针茅（*Stipa krylovii*）草原、安宝林（1986）对本氏针茅（*S. bungeana*）草原、昭和斯图和祁永（1987）对短花针茅（*S. breviflora*）草原在不同放牧强度下的特征开展了研究；潘学清（1988）则研究了草原草场在放牧影响下的动态。李永宏（1988）研究了羊草草原和大针茅草原在牧压梯度上的空间变化及退化草原的恢复演替动态，认为内蒙古草原的放牧退化演替是单稳态的，且草原在牧压梯度上的空间变化与恢复演替动态相对应；同时综合分析了内蒙古主要草原类型的放牧退化模式，揭示出除了干旱的小针茅（*S. clements*）草原外，主要的针茅草原（*S. aicalensis*、*S. grandis*、*S. krylovii*、*S. breviflora*，以及部分 *S. clements*）在自由放牧下的退化模式均相似，经过小禾草阶段而趋同于冷蒿（*Artemisia frigida*）草原。冷蒿由于具有适牧的营养繁殖对策，随放牧的增强而增加，是定量的放牧退化指示植物，同时又是优良牧草和草原退化的阻截者（李永宏，1994）。

东北平原的草原放牧（或刈割）退化往往与土壤的盐碱化相伴发生，植被退化程度严重的地区，土壤的盐碱化程度也严重，反之亦然，二者互为因果，相互影响与抑制（张为政，1994）。例如，东北松嫩平原的羊草草原，在放牧的影响下，退化与盐碱化同时发生，随放牧强度的增加，羊草等优势种逐步减少，甚至完全消失；而另一些植物如寸草苔（*Carex duriuscula*）、星星草（*Puccinellia tenuiflora*）则逐步增多或出现，成为优势种。草原群落退化演替的一般过程为羊草群落→寸草苔群落→虎尾草（*Chloris virgata*）群落、星星草群落→碱蓬（*Suaeda glauca*）群落。

在黄土高原地区，由于土层深厚，气候条件有利于种植业，长期以来种植业一直是主要的土地利用方式，因而开垦对草原植被的破坏在该区是首要的。随着人口的增加，开垦从河谷向缓坡和陡坡逐步发展，一些地区的短花针茅、克氏针茅或本氏针茅草原均被开垦为农田。由于黄土质地疏松，开垦后极易水土流失，植被的恢复是十分艰难的。过度放牧引起的草场退化也十分普遍，目前退化草场占草场总面积的 36.6%，其中重度退化的草场占 14.8%。有些地区，如宁夏可占到 72%。由过度放牧引起的草原退化还表现为草地生产力和质量的下降，如位于固原市原州区的本氏针茅和大针茅草原草场退化后变成了适口性很差的百里香（*Thymus mongolicus*）、星毛委陵菜（*Potentilla acaulis*）草场，产量由每公顷 5823kg（青草）降为 1670.9kg。但更为严重的是，在黄土高原草原的放牧退化极易引起风蚀和水蚀，导致土壤沙化或水土流失（王义凤，1991）。

5.1.6.4　退化草原生态系统的生态恢复与持续管理

1. 自然恢复

生态系统均具有自愈能力。对于退化的生态系统，在环境条件不变的情况下，只要排除致使其退化的因素，给予充分的时间，均可自行恢复到其原来的状态。排除放牧等干扰因素，使草原自然恢复，作为一种低投入的措施在退化草原生态系统整治中已得到了广泛应用。例如，内蒙古典型草原区，以冷蒿、针茅（*Stipa krylovii* 和 *S. grandis*）、羊草、冰草（*Agropyron cristatum*）为主的退化草原，经过7年的自然恢复，其地上生物量由 1.1t/hm² 恢复到 1.9t/hm²，增加了 73%；草群盖度也有所增加（48%→55%），高度大幅度增加（10cm→30cm）；以羊草和冰草等为主的禾草类植物比例由 38% 增到 71%，其中羊草由 9.0% 增加到 35.7%；而以冷蒿为主的菊科植物比例由 31% 大幅度下降至 9%，其中冷蒿由 27.0% 下降至 4.7%；豆科植物比例明显增加，如扁蓿豆（*Melilotoides ruthenica*）由 0.8% 上升至 4.1%；草地质量有了明显的提高，退化至冷蒿+小禾草阶段的草原生态系统经过 10 年左右的时间，便可恢复到近似未退化前的草地状况，即以羊草和针茅为主的草原群落（李永宏，1992）。当然，如前所述，退化草地的恢复速率不仅与当时的草地状况有关，还与放牧史的长短有关。由于上例中草原退化也仅十几年，草原土壤质地并未完全恶化，植物种质资源并未从生态系统中完全消失，因此恢复起来较快。对于这一类草原进行围栏封育，使其自然恢复，不失为一种经济的恢复措施。然而若土壤理化性状恶化（张小川等，1990），则仅靠自然恢复是相当缓慢的。

2. 人工促进生态恢复

对于某些退化的草原生态系统而言，其自然恢复是极其缓慢的。生态恢复就是要认识并消除生态系统恢复的限制因子，达到快速、低投入恢复的目标。在退化草原生态系统恢复与改良中，已有许多措施得到了应用，包括松土、浅耕翻等改善土壤物理性状的措施；增施肥料，尤其是氮肥，以改善土壤营养状况的措施；补播本土优良牧草以增加植被恢复速率的措施；通过轻度合理放牧来促进草地恢复的措施等。

浅耕翻、松土对退化草地生态系统的恢复有明显的效果。例如，内蒙古典型草原地带的退化草原，进行松土处理后，土壤通气性好转，孔隙度增加 6.4%，从而有利于土壤动物和微生物的活动（李永宏，1994）。另外，观察还发现，浅耕翻、松土还可切断根茎性植物，如切断优良牧羊草的地下茎而促进其萌蘖，增加其枝条密度，从而增加其恢复速率。天然草场松土可使其产量增加 27%-87%（马志广，1989）。然而单纯改善土壤的物理性状，从生态系统物质循环的角度出发，由于未能从根本上改善植物生长所需的营养元素，其效益是难以持久的。

草原施肥是保证草原生态系统物质输入与输出间的平衡，实现系统持续生产的重要措施。陈佐忠等（1988）、陈佐忠（1990）对内蒙古退化草原生态系统的施肥处理表明，其效果是十分明显的，尤其是氮肥，如施用硫酸铵可使产草量增加 51%。

补播牧草是加快某些优良牧草繁殖或扩张速率，实现快速恢复的有力措施。例如，在内蒙古羊草草原地区，补播羊草能使其生产力在短短的 2-3 年内达到与自然恢复近似的草原，其群落结构的稳定性和物种多样性均较天然草原低，但由于羊草是优良牧草，对生产有利。补播或混播豆科牧草也是较常用的退化草原恢复改良措施，这主要是由于退化草原土壤的氮素非常不足，补播豆科牧草可以增加土壤的肥力，从而增加草原植物的生产力，而加快恢复。例如，在内蒙古典型退化草原上混播羊草与豆科牧草（黄花苜蓿、紫花苜蓿、扁蓿豆等），其产草量是单播羊草的 1.34-1.44 倍（陈敏和宝音陶格涛，1988）。但常常可以看到在补播的初期，豆科植物生长较为茂盛，而到后期由于土壤养分状况的改善、禾草竞争能力的增加，豆科植物逐步减少，减少到自然群落中的比例。因此维持禾草与豆科牧草混播草地的高生产力，需要有一定的持续管理投入。对于生境条件较好，尤其是水分条件较优的严重退化草原地区，选用优良牧草组合、建设人工草地可以大大地增强种质资源的获得性及其扩展速率，达到快速恢复的目的。例如，在内蒙古草原典型草原区，在撂荒地上建立人工草地，3 年后的草地产量可比同区天然草原高 60%（姜恕，1988），然而人工草地的维持也是需要一定的管理投入，否则便会向自然的草原群落演替。值得说明的是，有时为了加快草地的生产力恢复，可选用非本土植物。这种仅以生产力的快速恢复，从理论上讲不属于生态恢复，属于生态重建，可在局部地区开展，但不应是草原生态系统持续管理的目标。

合理调控畜群可在一定程度上改善草原生态系统的物质循环，促进植物的生长，达到改良草地状况的目的。例如，初步研究表明，在内蒙古小禾草典型草原放牧场上，通过轻度轮牧的草地，其生产力的恢复大于无牧封育草地。这方面的研究尚不充分，是值得深入研究的重要方面。

3. 退化草地恢复重建模式

我国温带草原退化草地恢复重建模式主要包括以下几种。

1）北方温带典型草原退化草地恢复与合理利用的"1/10 草地转型"模式

在内蒙古半干旱典型草原区，草地退化主要由超载过牧引起，表现为生产力低下、植物多样性降低、虫鼠害频发及表土沙化和灌丛化。针对上述问题，中国科学院内蒙古草原生态系统定位研究站基于多年长期野外定位研究和试验示范工作，韩兴国、李凌浩和白永飞等提出了"1/10 草地转型"模式，即在水土适宜的低洼地以高产优质青贮饲料种植和集约化经营管理为主；在生产力和自然条件中等的天然草地实施以夏季适度放牧、合理轮牧和延迟放牧利用为主的适应性经营管理；而在严重退化的天然草地，实行 3-5 年的围栏封育，在此期间严格禁止放牧，并在降水丰富的年份进行松土补播。根据多年数据，种植 1/15 面积的青贮饲料可以使 2/3 面积的天然草地得到改良与可持续利用，使 2/3 面积严重退化草地得以恢复重建。该模式的推广要严格控制在降水量超过 300mm 的半干旱草原区。在土质疏松的沙壤草地，松土补播要慎重进行。

根据白永飞和潘庆民等的研究，"围封禁牧"可以在两个阶段进行："春季禁牧"和"秋季禁牧"。春季禁牧自每年 4 月上旬（牧草返青）开始至 6 月上旬结束，可以显著提高天然草地的生产力。秋季禁牧自每年 8 月中旬开始至 9 月中旬结束，其目的主要是保证牧草种子成熟并进入土壤，保持草地种子库有足量的新种子。"围封禁牧"的天然草场，生产力恢复到一定水平，可以进行"划区轮牧"。一些保护较好的天然草场也可以直接进行"划区轮牧"。根据"划区轮牧"试验，轮牧区全年平均草地牧草产量（干重）为 61.24g/m²，自由放牧区为 46.75g/m²，草产量提高了 30.99%。由于羊群减少了游走，体重增加显著，每只羊每生长季平均增重 5-8kg（韩兴国和李凌浩，2005）。

2）北方农牧交错区"北繁南育、农牧耦合"模式

该区域退化生态系统恢复重建以"退耕还草、生态保育"为生态治理原则，以"北繁南育、农牧耦合"为主要生产模式，将农牧交错带定位为以优质高产人工草地为基础，具有高度牛羊育肥能力的集约化草地畜牧业生产基地，并成为联系牧区与农区的纽带，作为京津及东部地区的畜产品供应基地、北部牧区的育肥带和初级畜产品的中转市场。

该区域退化草地恢复的重点：沙化农田的主要改良途径是退耕还草，将低产的沙化农田和撂荒地改建为以多年生豆科植物为主的人工草地，以改善土壤结构、增加氮素和土壤有机质，对于贫瘠的农田采取草田轮作的方式加以培肥。通过人工草地建设，达到"进一退五"，即建 1/15 面积的人工草地使 1/3 面积的天然草地得以全年禁牧或冬季休闲，从而实现退化草地恢复的目标（韩兴国和李凌浩，2005）。

3）浑善达克沙地的"三分治理"模式

根据蒋高明和董鸣等在浑善达克沙地的调查和研究，该地区风蚀坑、流动沙丘、半流动沙丘的面积约各占 1/3。约有 1/3 退化沙化严重的草地需要进行人为干预治理，其余约占 2/3 的退化沙化草地尚有一定量的植被覆盖，土壤种子库仍保存着一定量的植物种子，可以通过封育，保护新生的植物幼苗，充分利用自然的力量使植被逐渐恢复。据此提出了浑善达克沙地的"三分治理"模式；即对该类型的草地采取"1/3 治理，2/3 自然恢复"的技术路线。对于风蚀坑、"光头顶"（流动沙丘）等采用工程措施进行治理后，补播固沙先锋植物，增加土壤种子库，对于丘间低地、平缓台地只进行围封，依靠自然种子库的植物种子实现植被的恢复。

治理风蚀坑和流动沙丘可采取"生物网格治沙技术",即通过播种小麦、莜麦,扦插黄柳等措施,建立小麦生物网格,再在网格内播种柠条、羊柴等固沙先锋植物种。在生物网格的保护下,网格内的先锋植物实现定居,进而植被可逐渐恢复。实践证明,3 年即可使风蚀坑和流动沙丘得到固定(韩兴国和李凌浩,2005)。

4)草原生态系统持续管理体系的建立

不合理的放牧制度是致使草原退化的首要原因。目前,我国退化草原生态系统治理的现状是"边治理,边退化;退化大于治理"。因此建立适宜的草原生态系统持续利用体系,是遏制草原退化、恢复退化草原、达到长治久安的根本策略。例如,在草地资源不足时,轮牧、连续放牧有较大的优势,且对于同样的载畜水平,"短时高强度放牧"比"长时低强度放牧"更有利于植物的生长等。然而适宜的草原利用体系是因不同草原类型而异的。阐明不同类型草原生态系统第一性生产力及其持续载畜能力、不同放牧方式和季节对草原草-畜-土系统的影响、草原植物生产力与家畜放牧强度间的相互作用模式、草原生物多样性的维持机制等,是制定草原生态系统持续管理措施的基础。而这些方面都有更进一步的研究、示范与实践。同时,草原地区土地经营等体制的优化则是在更高尺度上实行草原生态系统持续管理的策略。

5.2 退化淡水湿地生态系统的恢复

湿地是地球上水陆相互作用形成的独特生态系统,是自然界最富生物多样性的生态景观和人类最重要的生存环境之一,在蓄洪防旱、调节气候、控制土壤侵蚀、促淤造陆、降解环境污染物等方面起着极其重要的作用。全球约有 860 万 km^2 的湿地(约占地球陆地表面积的 6%),其中约 56%的湿地分布在热带亚热带区域。此前 Matthews 于 1987 年估计全球湿地有 530 万 km^2。两者数据不同的主要原因是两人对湿地的划分范围不同,当前人们沿用较多的仍是较大的数据(Mitsch & Gosselink,1993)。到 2012 年为止,共有 160 个国家的 1994 块湿地被列入《国际重要湿地名录》,总面积为 1.9 亿 hm^2。我国现有 100hm^2 以上的各类湿地 3848.56 万 hm^2(不包括水稻田),这其中,沼泽湿地 1370.03 万 hm^2,湖泊湿地 835.16 万 hm^2,河流湿地 820.7 万 hm^2,沿海湿地 594.17 万 hm^2,库塘湿地 228.5 万 hm^2。到 2012 年我国共有 41 块湿地被列入《国际重要湿地名录》中,总面积 371 万 hm^2。湿地是地球上最脆弱的生态系统之一,在维持自然平衡中起着重要的作用。由于大多数人并未意识到湿地的重要功能,随着社会和经济的发展,全球约 80%的湿地资源丧失或退化,严重影响了湿地区域生态、经济和社会的可持续发展(Middleton,1999)。自 20 世纪 70 年代开始,西方发达国家就开展了有关研究和实践,以保护自然湿地并恢复退化的湿地生态系统,我国虽然起步晚一些,但发展很快,尤其是在红树林湿地恢复和湿地综合利用方面。本节拟探讨湿地退化的原因、湿地恢复的有关理论及方法。

5.2.1 湿地的功能及其退化原因

湿地是陆地和水生生态系统间的过渡带，其水位常常较浅或接近陆地表面，主要分布在海岸带和部分内陆区域。一般可将湿地分为海岸带湿地生态系统和内陆湿地生态系统，其中前者又可细分为潮汐盐沼、潮汐淡水沼泽和红树林湿地三类，后者可细分为内陆淡水沼泽、北方泥炭湿地、南方深水沼泽和河岸湿地四大类（Cowardin，1978）。

湿地作为一种生态系统，其主要的功能体现在：调控区域内的水分循环，调节区域乃至全球 C、N 等元素的生物地球化学循环，具有生物生产力，分解进入湿地的各种物质，作为生物的栖息地（Middleton，1999）。对人类来说，这些功能体现的价值包括：生物多样性的生境，调控洪水、暴雨的影响，过滤和分解污染物，改善水质，防止土壤侵蚀，提供食物和商品，作为旅游资源等（Cairns，1992）。

湿地退化有水体、植被、其他水生生物和土壤退化 4 类要素。湿地丧失和退化的主要原因有物理、生物和化学三方面，具体表现为：围垦湿地用于农业、工业、交通、城镇用地；筑堤、分流等切断或改变了湿地的水文过程；建坝淹没湿地；过度砍伐、燃烧或啃食湿地植物；过度开发湿地内的水生生物资源；废弃物的堆积；排放污染物和化肥的大量使用。此外，外来种入侵和全球变化还对湿地结构与功能有潜在的影响（Mitsch & Gosselink，1993；Middleton，1999；余作岳和彭少麟，1997）。

5.2.2 湿地恢复的概念

湿地恢复是指通过生态技术或生态工程对退化或消失的湿地进行修复或重建，再现干扰前的结构和功能，以及相关的物理、化学和生物学特性，使其发挥应有的作用。它包括提高地下水位来养护沼泽，改善水禽栖息地；增加湖泊的深度和广度以扩大湖容，增加鱼的产量，增强调蓄功能；迁移湖泊、河流中的富营养沉积物及有毒物质以净化水质；恢复泛滥平原的结构和功能以利于蓄纳洪水，提供野生生物栖息地及户外娱乐区，同时也有助于水质恢复（崔保山和刘兴土，1999）。目前的湿地恢复实践主要集中在沼泽、湖泊、河流及河缘湿地的恢复上。

在许多情况下，湿地受扰前的状态是湿林地、沼泽地或开放水体，恢复哪一种状态在很大程度上取决于湿地恢复管理者和计划者的选择，即他们对受扰前或近于原始湿地的了解程度。恢复与重建有细微差别，如果是恢复，一个地区只会再现它原有的状态,重建则可能会出现一个全新的湿地生态系统。在湿地恢复过程中,由于许多物种的栖息地需求和适应性不能被完全了解,因而恢复后的栖息地没有完全模拟原有特性,加上恢复区面积经常会比先前湿地要小,先前湿地功能不能有效发挥。因此,湿地恢复是一项艰巨的生态工程,需要全面了解受扰前湿地的环境状况、特征生物,以及生态系统功能和发育特征,以更好地完成湿地的恢复和重建(Riley,2016;Finlayson et al.,2018)。

在受损湿地恢复与重建方面,美国开展得较早。1975-1985 年,美国国家环境保护局(EPA)清洁湖泊项目(CLP)的 313 个湿地恢复研究项目得到了政府资助,包括控制污水的排放、恢复计划实施的可行性研究、恢复项目实施的反应评价、湖泊分类和湖泊营养状况分类等。1988 年,美国水科学和技术部(WSTB)对国家研究委员会(NRC)所从事的湿地恢复研究项目评价和技术报告进行了讨论。1989 年,美国水科学和技术部的水域生态系统恢复委员会(CRAM)开展了湿地恢复的总体评价,包括科学、技术、政策和规章制度等许多方面。1990-1991年,美国 NRC、EPA、CRAM 和农业部提出了庞大的湿地恢复计划:在 2010 年前恢复受损河流 64 万 km^2,湖泊 67 万 hm^2,其他湿地 400 万 hm^2。计划实施的最终目标是保护和恢复河流、湖泊和其他湿地生态系统中物理、化学和生物的完整性,以改善和促进生物结构与功能的正常运转(崔保山和刘兴土,1999)。

欧洲的一些国家如瑞典、瑞士、丹麦、荷兰等在湿地恢复研究方面也有了很大进展。例如,在西班牙的 Donana 国家公园,安装水泵来充斥沼泽,补偿减少的河流和地下水流;在瑞典,30%地表由湿地组成,包括河流和湖泊,由于湿地的不断退化,有些学者已经建议并提出方案来恢复浅湖湿地,提高水平面,降低湖底面,或这两种方法相结合。在欧洲的其他国家,如奥地利、比利时、法国、德国、匈牙利、荷兰、瑞士、英国等已经将恢复项目集中在泛滥平原上。这些项目计划的目标是多种多样的,主要依赖于河流和泛滥平原的规模和地貌特征(崔保山和刘兴土,1999)。

我国对湿地恢复的研究开展得比较晚(崔保山和刘兴土,1999)。20 世纪 70年代,中国科学院水生生物研究所首次利用水域生态系统藻菌共生的氧化塘生态工程技术,使污染严重的湖北鸭儿湖地区水相和陆相环境得到很大的改善,推动了我国湿地恢复研究的开展。我国相继对江苏太湖、安徽巢湖、武汉东湖及沿海滩涂等湿地恢复进行了研究。

5.2.3 湿地恢复的理论

5.2.3.1 自我设计和设计理论

自我设计和设计理论(self-design versus design theory)据称是唯一起源于恢

复生态学的理论。由 van der Valk（1999）、Mitsch 和 Jorgensen（1989）提出并完善的湿地自我设计理论认为，只要有足够的时间，随着时间的进程，湿地将根据环境条件合理地组织自己并会最终改变其组分。Mitsch 和 Jorgensen（1989）认为，在一块要恢复的湿地上，种与不种植物无所谓，最终环境将决定植物的存活及其分布位置。Mitsch 和 Wilson（1996）比较了一块种了植物与一块不种植物的湿地恢复过程，他发现在前 3 年两块湿地的功能差不多，随后出现差异，但最终两块湿地的功能恢复得一样。他与 Odum（1998）均认为，湿地具有自我恢复的功能，种植植物只是加快了恢复过程，湿地的恢复一般要 15-20 年。

而设计理论认为，通过工程和植物重建可直接恢复湿地，但湿地的类型可能是多样的。这一理论把物种的生活史（即种的传播、生长和定居）作为影响湿地植被恢复的重要因子，并认为通过干扰物种生活史的方法就可加快湿地植被的恢复（图 5.1）。

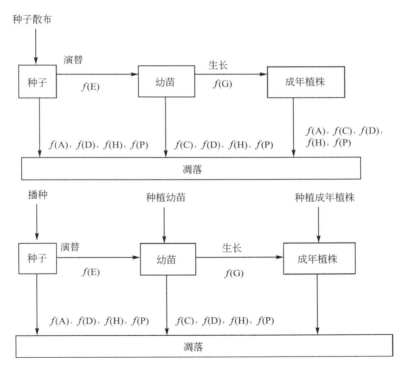

图 5.1　通过干扰物种的生活史加快湿地恢复的设计理论
A. 年龄；C. 竞争；D. 干扰；E. 环境条件；G. 生长；H. 啃食；P. 疾病

这两种理论的不同点在于：自我设计理论把湿地恢复放在生态系统层次考虑，未考虑到缺乏种子库的情况，其恢复的只能是环境决定的群落；而设计理论把湿地恢复放在个体或种群层次上考虑，恢复的可能是多种结果。这两种理论均未考虑人类干扰在整个恢复过程中的重要作用。

5.2.3.2 演替理论（succession theory）

演替是生态学中最重要而又争议最大的基本概念之一，一般认为演替是植被在受干扰后的恢复过程或在从未生长过植物的地点上形成和发展的过程。演替的观点目前至少已有 9 种（邬建国等，1992），但只有 2 种与湿地恢复最相关，即演替的有机体论（整体论）和个体论（简化论）（van der Valk，1999）。

有机体论的代表人物 Clements 把群落视为超有机体，将其演替过程比作有机体的出生、生长、成熟和死亡。他认为植物演替由一个区域的气候决定，最终会形成共同的稳定顶极。个体论的代表人物 Gleason 认为植被现象完全依赖于植物个体现象，群落演替只不过是种群动态的总和。

上述两种演替观点代表了两个极端，而大多数的生态演替理论反映了介乎其间的某种观点（van der Valk，1999）。例如，Egler（1977）提出的"初始植物区系学说"认为，演替的途径是由初始期该立地所拥有的植物种类组成决定的，即在演替过程中哪些种出现将由机遇决定，演替的途径也是难以预测的（图 5.2）。事实上，前两种演替理论与自我设计和设计理论在本质上是一回事。利用演替理论指导湿地恢复一般可加快恢复进程，并促进乡土种的恢复。

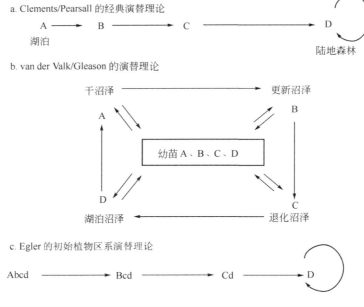

图 5.2　湿地演替的几种理论

图中的 ABCD 及 bcd 均表示某个植物种类

Odum（1969）提出了生态系统演替过程中的 24 个特征，Fisher 等（1982）在研究了美国 Arizona 的一条溪流的恢复过程后，与 Odum 预期的演替过程中的特征做了比较，他们发现所比较的 14 个特征中只有不到半数是相符的（表 5.1）。因此，虽然可以用演替理论指导恢复实践，但湿地的恢复与演替过程还是存在差异的。

表 5.1　溪流恢复过程与 Odum 预期的演替过程中的特征比较

生态系统特征	预期（Odum，1969）	实际恢复（Fisher et al.，1982）
生产力/呼吸量	接近 1	从<1 升为>1
生产力/生物量	降低	先快速增加，后降低
生产力/叶绿素 a	—	降低
净生产力	降低	增加
食物链	啃食—腐食	腐食—啃食—腐食
总有机质	增加	增加
非有机质循环	增加	增加
物种多样性	增加	不同群体不同
生物化学多样性	增加	稳定
有机体大小	增加	不同群体不同
食物网	变长和复杂	短而简单
碎屑的作用	重要	重要
营养保存	加强	加强
抗干扰力	加强	较低

5.2.3.3　入侵理论（invasion theory）

在恢复过程中植物入侵是非常明显的。一般来说，退化后的湿地恢复依赖于植物的定居能力（散布及生长）和安全岛（safety island，适于植物萌发、生长和避免危险的位点）。Johnstone（1986）提出了入侵窗理论，该理论认为，植物入侵的安全岛由障碍和选择性决定，当移开一个非选择性的障碍时，就产生了一个安全岛。例如，在湿地中移走某一种植物，就为另一种植物入侵提供了一个临时安全岛，如果这个新入侵种适于在此生存，它随后会入侵其他的位点。入侵窗理论能够解释各种入侵方式，在恢复湿地时可人为加以利用。

5.2.3.4　河流理论（river theory）

位于河流或溪流边的湿地与河流理论紧密相关。河流理论有河流连续体概念（river continuum concept）、系列不连续体概念（serial discontinuity concept，有坝阻断河流时）两种。这两种理论基本上都认为沿着河流不同宽度或长度其结构与功能会发生变化。根据这一理论，在源头或近岸边，生物多样性较高；在河中间或中游，由于生境异质性高，生物多样性最高，在下游，因生境缺少变化而生物多样性最低（Vannote et al.，1980；Ward & Stanford，1995）。在进行湿地恢复时，应考虑湿地所处的位置，选择最佳位置恢复湿地生物（Riley，2016；Lake et al.，2017）。

5.2.3.5　洪水脉冲理论（flood pulsing theory）

洪水脉冲理论认为洪水冲积湿地的生物和物理功能依赖于江河进入湿地的水的动态。被洪水冲过的湿地上植物种子的传播和萌发、幼苗定居、营养物质的循环、分解过程及沉积过程均受到影响（Middleton，1999）。在湿地恢复时，一方面应考虑洪水的影响；另一方面可利用洪水的作用，加速恢复退化湿地或维持湿地的动态。

5.2.3.6　边缘效应理论（edge effect theory）和中度干扰假说（intermediate disturbance hypothesis）

湿地位于水体与陆地的边缘，又常有水位的波动，因而具有明显的边缘效应和中度干扰，是检验边缘效应理论和中度干扰假说的最佳场所。边缘效应理论认为，两种生境交汇的地方因异质性高而物种多样性高（Forman，1995）。湿地位于陆地与水体之间，其潮湿、部分水淹或完全水淹的生境在生物地球化学循环过程中具有源、库和转运者三重角色，适于各种生物生活，生产力较陆地和水体的高。

湿地上环境干扰体系的时空尺度比较复杂（图 5.3），Connell（1978）提出的中度干扰假说认为，在适度干扰的地方物种丰富度最高。具体来说，在一定时空尺度下，有适度干扰时，会形成斑块性的景观，景观中会有不同演替阶段的群落存在，而且各生态系统会保留高生产力、高多样性等演替早期特征，但这一理论应用时的难点在于如何确定中度干扰的强度、频率、持续时间。

在许多湿地恢复研究与工程中，特别要注意如下理论问题：景观环境和格局对湿地恢复至关重要，地带性的自然生境类型是合适的参考生态系统，特别是水文过程是恢复多样性和功能的关键，根据生态演替和生态位原理选择合适的种类很重要，生态系统特征以不同的速度恢复，营养供应率影响生物多样性恢复，特殊的干扰可能增加物种丰富度，种子库和种子扩散能够限制植物种类丰富度的恢复，在恢复生物多样性时环境条件和生活史特征必须考虑，植物-其他生物-土壤-水文整体性需要统筹考虑，预测湿地恢复可从演替理论开始，基因型影响生态系统的结构和功能（Zedler，2000；Riley，2016）。

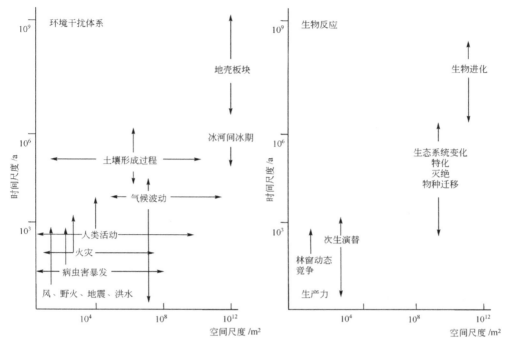

图 5.3　环境干扰体系和生物反应的时空尺度（仿 Delcourt & Zicari，1991）

5.2.4　湿地恢复的原则和目标

5.2.4.1　湿地恢复的基本原则

1. 可行性原则

　　可行性是许多计划项目实施时首先必须考虑的。湿地恢复的可行性主要包括两个方面，即环境的可行性和技术的可操作性。通常情况下，湿地恢复的选择在很大程度上由现在的环境条件及空间范围所决定。现时的环境状况是自然界和人类社会长期发展的结果，其内部组成要素之间存在着相互依赖、相互作用的关系，尽管可以在湿地恢复过程中人为创造一些条件，但只能在退化湿地基础上加以引导，而不是强制管理，只有这样才能使恢复具有自然性和持续性。例如，在温暖潮湿的气候条件下，自然恢复速度比较快，而在寒冷和干燥的气候条件下，自然恢复速度比较慢。不同的环境状况，花费的时间也就不同，在恶劣的环境条件下恢复很难进行。另外，一些湿地恢复的愿望是好的，设计也很合理，但操作非常困难，恢复实际上是不可行的。因此全面评价可行性是湿地恢复成功的保障。

2. 稀缺性和优先性原则

计划一个湿地恢复项目必须从当前最紧迫的任务出发，应该具有针对性。为充分保护区域湿地的生物多样性及湿地功能，在制定恢复计划时应全面了解区域或计划区湿地的广泛信息，了解该区域湿地的保护价值，了解它是否是高价值的保护区，是否是湿地的典型代表。

3. 美学原则

湿地具有多种功能和价值，不但表现在生态环境功能和湿地产品的用途上，而且表现在美学、旅游和科研价值上。因此在许多湿地恢复研究中，特别注重对美学的追求，如国外许多国家对湿地公园的恢复。美学原则主要包括最大绿色原则和健康原则，体现在湿地的清洁性、独特性、愉悦性、可观赏性等许多方面。美学是湿地价值的重要体现。

5.2.4.2 湿地恢复的目标

湿地恢复的总体目标是采用适当的生物及工程技术，逐步恢复退化湿地生态系统的结构和功能，最终达到湿地生态系统的自我维持状态。在这一过程中，要实现湿地地表基底的稳定，恢复良好的水文条件，恢复乡土的植被和原生土壤，增加生物多样性，实现自我维持群落的恢复，有一定的景观，要考虑到生态经济和社会因素的平衡（张永泽和王烜，2001）。根据不同的地域条件，不同的社会、经济、文化背景要求，湿地恢复的目标也会不同。有的目标是恢复到原来的湿地状态，有的目标是重新获得一个既包括原有特性，又包括对人类有益的新特性状态，还有的目标是完全改变湿地状态等。在湿地恢复计划或实践中经常希望达到的两个目标是湿地的先前特性和机遇目标。一般来说，湿地恢复包括生态系统结构和功能的恢复、生物种群的恢复、生态环境特别是水文的恢复，以及景观的恢复。

1. 湿地的先前特性

湿地恢复的成功与否，经常要受两个条件制约。一是湿地的受损程度，二是对湿地先前特性的了解程度。所谓先前特性，就是指原始阶段的后序列状态，亦即受干扰前的自然状态。这些状态从某种意义上讲就是恢复者的一个选择或偏好，或者说这些状态具有一定的不确定性。因为对湿地先前特性的了解程度及理解决定了恢复只能是近于先前的状态，而近于先前或受扰前的程度是很难把握的，这就需要大量资料的积累。

2. 恢复过程中的机遇

恢复过程是受多种因素制约的，水文状况、地形地貌、生物特性、当地气候及环境背景变化等都是影响湿地恢复的重要因素，这些因素的自然表现在历史时期内不尽相同，因而湿地恢复的过程及结果常常具有不确定性，可能会有多种选择的机会。在这种条件下，某些结果的出现可能被当作浪费了一个机会，因为这些可能的结果在多种状况下都是可以被恢复的，而浪费的机会却很难再一次出现，所以恢复者在湿地恢复的操作过程中要关注，珍惜机会并把握住，而不是去浪费它。

5.2.5 湿地恢复的策略

湿地退化和受损的主要原因是人类活动的干扰，其内在实质是系统结构的紊乱和功能的减弱与破坏，而外在表现上则是生物多样性的下降或丧失及自然景观的衰退。湿地恢复和重建最重要的理论基础是生态演替。由于生态演替的作用，只要克服或消除自然的或人为的干扰压力，并且在适宜的管理方式下，湿地就是可以被恢复的。恢复的最终目的就是再现一个自然的、自我持续的生态系统，使其与环境背景保持完整的统一性（Laub & Palmer，2009；Field et al.，2011）。

不同的湿地类型，恢复的指标体系及相应策略亦不同。对沼泽湿地而言，泥炭提取、农业开发和城镇扩建使湿地受损和丧失。若要发挥沼泽在流域系统中原有的调蓄洪水、滞纳沉积物、净化水质、美学景观等功能，必须重新调整和配置沼泽湿地的形态、规模和位置，因为并非所有的沼泽湿地都有同样的价值。在人类开发规模空前巨大的今天，合理恢复和重建具有多重功能的沼泽湿地，而又不浪费资金和物力，需要科学的策略和合理的生态设计。

就河流及河缘湿地来讲，面对不断的陆地化过程及其污染，恢复的目标应主要集中在洪水危害的减小及其水质的净化上，通过疏浚河道、河漫滩湿地再自然化、增加水流的持续性、防止侵蚀或沉积物进入等来控制陆地化，通过切断污染源及加强非点源污染净化使河流水质得以恢复。而对湖泊的恢复却并非如此简单，因为湖泊是静水水体，尽管其面积不难恢复到先前水平，但其水质恢复要困难得多，其自净作用要比河流弱得多，仅仅切断污染源是远远不够的，因为水体尤其是底泥中的毒物很难自行消除，不但要进行点源、非点源污染控制，还需要进行污水深度处理及生物调控。

湿地恢复策略经常由于决策者缺乏科学的知识而被阻断，特别是对湿地丧失的原因、湿地的自然性及控制因素、生物体对控制要素的反应等认识还不够清楚，因此获得对湿地水动力的理解，以及评价不同受损类型的生态效应是决定恢复策略的关键。

5.2.6 湿地恢复的过程与方法

5.2.6.1 湿地恢复的过程

湿地恢复的过程常包括清除和控制干扰，净化水质，去掉顶层退化土壤，引种乡土植物和稳定湿地表面等步骤。但由于湿地中的水位、流速、方向经常波动，还有各种干扰，因此在湿地恢复时必须考虑这些干扰，并将其当作恢复中的一部分（图 5.4）（Kauffman et al.，1995）。

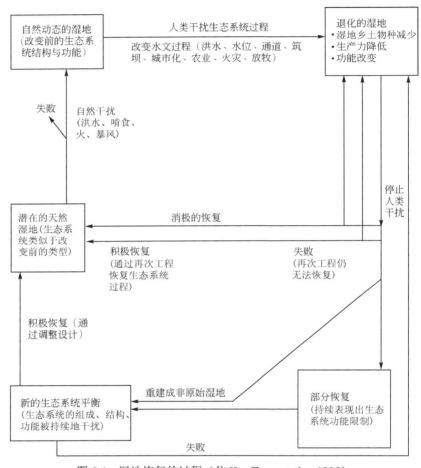

图 5.4　湿地恢复的过程（仿 Kauffman et al.，1995）

5.2.6.2　湿地恢复的方法

湿地恢复的目标、策略不同，拟采用的关键技术也不同。根据目前国内外对各类湿地恢复项目研究的进展，可概括出以下几项技术：废水处理技术（包括物理处理技术、化学处理技术、氧化塘技术），点源、非点源控制技术，土地处理（包括湿地处理）技术（含土壤物理化学、生物属性的生态恢复），光化学处理技术，沉积物抽取技术，先锋物种引入技术（以种植小苗为主，较少播种），土壤种子库引入技术，生物技术、生物控制和生物收获等技术，种群动态调控与行为控制技术，物种保护技术等。这些技术有的已经建立了一套比较完整的理论体系，有的正在发展。河流恢复关注河岸缓冲带的管理、河道内栖息地的恢复，以及堰坝和小坝的拆除 3 种技术。河岸缓冲带可减少细泥沙、营养物质和农药流入河流并防止长期负面影响水生生物，一般缓冲带的宽度为 5-30m、长度为 1km 最为有效。河道内栖息地的恢复多用大型木质碎屑、巨砾和砾石来改进或增强局部生境。堰坝的拆除有明显的有益效果，但生物恢复可能会滞后几年（Pander & Geist，2013）。河流恢复技术有如下 3 个新趋势：生态恢复的尺度越来越大、生态恢复成功的标准需要满足多元化的目标、水环境管理正从水质管理向水生生态系统管理转变（Pan et al.，2016）。在许多湿地恢复的实践中，其中一些技术常常是整合应用的，并取得了显著效果。

与其他生态系统过程相比，湿地生态系统的过程具有明显的独特性：兼有成熟和不成熟生态系统的性质；物质循环变化幅度大；空间异质性大；消费者的生活史短但食物网复杂；高能量环境下湿地被气候、地形、水文等非生物过程控制，而低能量环境下则被生物过程控制（Mitsch & Gosselink，1993）。这些生态系统过程特征在湿地恢复过程中应予以考虑。不同的湿地恢复方法不同（如红树林和江心洲），而且在恢复过程中会出现各种不同的问题，因此很难有统一的模式，但在一定区域内同一类型的湿地恢复还是可以遵循一定模式的（Giller et al.，1992），当然这个模式是需要进行试验探索的。在我国已应用的模式也非常多，比较著名的是桑基鱼塘模式（钟功甫等，1987）和林果草（牧）渔模式（余作岳和彭少麟，1997）。从各种湿地恢复的方法中可归纳如下的方法：尽可能采用工程与生物措施相结合的方法恢复；恢复湿地与河流的连接为湿地供水；恢复洪水的干扰；利用水文过程加快恢复（利用水周期、深度、年或季节变化、持留时间等改善水质）；停止从湿地抽水；控制污染物的流入；修饰湿地的地形或景观；改良湿地土壤（调整有机质含量及营养物质含量等）；根据不同湿地选择最佳位置重建湿地的生物群落（Middleton，1999）；减少人类干扰提高湿地的自我维持力；建立缓冲带以保护自然的和恢复的湿地；发展湿地恢复的工程和生物方法；建立不同区域和类型湿地的数据库；开展各种湿地结构、功能和动态的研究；建立湿地稳定性和持续性的评价体系（表 5.2）。

在湿地恢复过程中建立监测系统非常重要，一方面它可评价是否达到预期目标，另一方面可为改正错误或解决出现的问题提供机会。在湿地工程的监测和适应管理中要关注 5 个问题（Keddy，1999）。①在评价生态系统整体性时要测定什么生态学特征或指标（水质、初级生产力、预期种类的多度）？②测量这些指标的最好方式是什么（取样单元的大小、简单的单元数量、取样单元的时间和空间分布、分层程度）？③数据如何收集、储存和分析（监理的责任、仪器、软

表 5.2   湿地生态系统评价生态特征指标标准分级

指标	级别				
	很健康	健康	较健康	一般病态	疾病
河岸、河床边缘植被	未受扰动的原始或当地植被,盖度>80%	轻微扰动,有个别外来物种,盖度为60%-80%	中等覆盖混合有原始的/引入的物种,盖度为40%-60%	扰动较强烈,且多为外来种,盖度为20%-40%	光秃地或零星植被,盖度<20%
河道冲刷/淤积	稳定、无冲刷/淤积	仅有零星冲刷	中等,影响部分河段	冲刷较显著	冲刷/淤泥广泛且强烈
水质	I	II	III	IV	V
水源保证率	>70%	60%-70%	50%-60%	40%-50%	<40%
物种多样性	>40%	30%-40%	20%-30%	10%-20%	<10%
动物个体尺度	个体明显增大,无畸形,变化率>20%	个体相对增大或没有明显变化,变化率为0-20%	个体大小没有明显变化,稍有变小,变化率为0-20%	个体明显变小,变化率>20%	个体变小程度大,有畸形
植物个体尺度	个体高度增加,茎粗增加,变化率>10%	个体高度或茎粗相对增加或没有明显变化,变化率为0-10%	个体大小没有明显变化或稍有变小,变化率为0-10%	个体变小,茎粗变细,变化率>10%	个体已明显发生改变或突变
生物量	生物量增加,变化率>10%	生物量增加或没有明显变化,变化率为0-10%	生物量没有明显改变或稍稍减小,变化率为0-10%	生物量减小,变化率>10%	生物量已明显减小,变化率>50%
湿地退化率	<5%	5%-15%	15%-25%	25%-35%	>35%
湿地受威胁状况	无过度渔猎、割草、捡鸟蛋、垦殖等现象	有渔猎、割草现象,但很适宜,无捡鸟蛋、垦殖等现象	过度渔猎、割草,无垦殖等现象	渔猎、割草强度大,垦殖、捡鸟蛋等现象严重	过度渔猎、割草、捡鸟蛋、垦殖

件、备份、分析的类型)?④每个生态系统特征或指标可接受的范围是什么(最低值或预警值是多少、长期的气候循环或火灾频率是否考虑)?⑤当一个指标达到不可接受值时,可采取哪些适应性管理行动(谁做决策、完成管理的责任是谁)?上述问题在实际工作时并不容易解决,研究发现,水文地貌是学术界最常用的评估指标(50%),种植和播种次之(39%),但是需要与其他技术相结合。实际上评估恢复轨迹的变化要用参考生态系统的方法更好,恢复长于 6 年以上,基于支流尺度的多维目标的评价更好(González et al.,2015)。

5.2.7 湿地恢复的合理性评价

5.2.7.1 生态合理性

生态合理性亦即恢复的生态整合性问题。从组成结构到功能过程,从种群到群落,湿地生态系统最终的恢复目标是完整的统一体,违背了生态规律,脱离了生态学理论或者与环境背景值背道而驰，均是不合理的。湿地恢复不但包括生态要素的恢复，而且包含生态系统的恢复。生态要素包括土壤、水体、动物、植物和微生物，生态系统则包括不同层次、不同尺度规模、不同类型的生态系统。因此，恢复的生态合理性亦即组成结构的完整性和系统功能的整合性。恢复被损害的湿地到接近它受干扰前的自然状态，即重现系统干扰前的结构和功能及有关的物理、化学和生物学特征，直到发挥其应有的功效并健康发展，是生态合理性的最终体现。

5.2.7.2　社会合理性

社会合理性主要指公众对恢复湿地的认识状况及其对湿地恢复必要性的认识程度。目前，人类活动不断加剧，对各类型湿地均造成了极大的损害。湿地从质量和数量上均有明显的丧失。再加上许多湿地类型的市场失效性，公众对恢复湿地还没有形成强烈的意识。因此，加强湿地保护宣传力度，尽快出台湿地立法，增强公众的参与意识是湿地恢复的必要条件，是社会合理性的具体体现。

5.2.7.3　经济合理性

经济合理性一方面指恢复项目的资金支持强度，另一方面指恢复后的经济效益，即遵循风险最小与效益最大原则。湿地恢复项目往往是长期的和艰巨的工程，在恢复的短期内效益并不显著，往往还需要花费大量资金进行资料的收集和定位定时监测。而且有时难以对恢复的后果及生态最终演替方向进行准确地估计和把握，因此带有一定的风险性。这就要求对所恢复的湿地对象进行综合分析、论证，将其风险降到最小。同时，必须保证长期的资金稳定性和对项目的监测。只要恢复目标是可操作的，生态是合理的，并且有高素质的管理者和参与者，湿地恢复的效益最终就能够实现。

5.3　极度退化的热带季雨林恢复

热带森林养育了全球 2/3 的植物种类，对维持全球生物多样性及生态系统功能至关重要。由于严重的人类干扰，热带森林正以每年 $1.54 \times 10^7 \text{hm}^2$ 的速率锐减。自 20 世纪 90 年代以来，热带雨林的恢复问题被认为是人类面临的主要挑战之一，因而毁坏后的热带森林能否恢复、恢复过程中生物多样性及生态系统功能如何变化已成为迫切需要解决的科学问题。大量研究表明，在某些退化土地上（如尾矿地、弃耕地）可以恢复热带森林，并遵循植被自然演替规律，即先锋种首先定居、发展，从而为后续侵入的建群种提供相对优越的环境条件。但是，在类似的自然演替过程中，具体的演替轨迹及不同物种入侵速率会受当前景观基底、过去土地利用历史，以及原始植被物种组成的显著影响。要澄清这些问题，长期定位研究是主要途径之一。

源于曾经盛行的"自然平衡"理念，生态学的传统观点之一是"自然最了解其本身"，因而对于退化土地的恢复，应由自然发挥其自身作用。然而我们认为，虽然自然过程对成功恢复退化生态系统不可或缺，但对于某些极度退化的生态系统，如彻底毁坏的森林和沙漠化后的草地（表层土壤不复存在），仅依赖自然恢复是难以成功的。本节介绍我们在我国热带地区的一项长期的雨林恢复试验结果，着重探讨热带雨林恢复过程中生物多样性及生态系统功能的动态变化规律（Ren et al.，2007）。

5.3.1 恢复地点的自然概况

恢复地点位于中国科学院小良热带森林生态系统定位研究站（简称小良站）。小良站位于广东省西南的沿海台地（21°27′49″N，110°54′18″E）。该地区主要受热带季风气候影响，年均气温为23℃，年均降水量为1400-1700mm。未受人类破坏前，地带性植被为常绿阔叶季雨林。经过大约100年的采伐、收集薪材，以及继之而来的水土流失，至20世纪50年代初，该地区约有400km²的热带季雨林被彻底毁坏，仅有一些旱生小灌木、草本及藤本植物散布于侵蚀沟内。水土流失直接导致表层土壤剥离、粗沙粒和富含铁、镁的结核外露。失去植被的遮阴，地表土壤月均温达47℃，高于气温近17℃，有记录的历史最高地表温度曾达62.5℃（1989年7月15日）。多年水土流失也致使土壤极为贫瘠，表层（0-20cm）有机质含量为0.6%，全氮含量仅为0.027%。这些极端严酷的土壤条件是植被自然恢复的物理阈值（任海等，2008）。

这个长期恢复试验始于1959年。恢复试验主要包括4种处理：未施加任何人为处理的光裸地对照区（3.7hm²）、分别以马尾松（*Pinus massoniana*）和窿缘桉（*Eucalyptus exserta*）为先锋树种的松林（3.2hm²）和桉林（3.9hm²），以及阔叶混交林（3.8hm²）。这些试验区分别位于地形条件相似的4个集水区内。造林时采用了相似的种植规格（2.5m×2.5m）。健壮的幼苗分别依此规格植于挖好的约1m³的坑内，同时施入有机肥并浇水以提高苗木存活率。其中阔叶混交林始于桉林的采伐迹地上，因为此前的试验表明，所使用的阔叶树种不经先锋树种对土壤和微气象条件的改善是难以存活的。阔叶林构建初期主要使用了12种阔叶树种：黧蒴（*Castanopsis fissa*）、樟树（*Cinnamomum camphora*）、竹节树（*Carallia brachiata*）、杪椤（*Aphanamixis polystachya*）、假轮叶厚皮香（*Ternstroemia pseudoverticillata*）、大叶相思（*Acacia auriculiformis*）、铁刀木（*Cassia siamea*）、白格（*Albizia procera*）、黑格（*Albizia odoratissima*）、新银合欢（*Leucaena leucocephala*）、白木香（*Aquilaria sinensis*) 和麻楝 (*Chukrasia tabularis*)。1964-1975 年，约有 312 种阔叶树种被陆续引进到阔叶混交林试验地。这些阔叶树种主要来自附近的次生林和距离试验地约 200km 的海南岛热带雨林。

自 1959 年试验开始，阶段性监测和分析了各集水区的气象条件（大气降水、空气，以及土壤温度、湿度），地表径流，土壤侵蚀，植物、动物和微生物群落的物种组成和生物量，以及土壤有机质与全氮含量等生态系统属性。气象因子的监测按照气象观测标准进行。水、土流失量的观测采用小集水区法，即在集水区的出口处安装 V 形流水堰，从而测算水流量，邻接流水堰的沉沙池用于收集和测量泥沙流失量。土壤理化分析样品采自表层 0-20cm，在集水区内随机取 10 个点，混合成 1 个分析样，以相同的方法获得 3 个重复样，样品经风干、过筛后分析有机质及全氮含量。昆虫、鸟类和动物种类与数量也定期在每个集水区内观测。土壤动物观测主要采用 Tullgren 法与 Baermann 法。土壤微生物测定样品为表层 0-15cm 土壤，每个处理区随机设置 10 个取样点，每个取样点作为一个重复，样品过筛后装入密封塑料袋冷藏（4℃），然后测定细菌、真菌和放线菌的数量（Ren et al., 2007）。从总体上看，这个生态恢复项目包括了控制引起极度退化的生态因子、重建先锋群落、林分改造加速演替的进程、综合研究和复合农林业利用 4 个阶段。早期选择适宜的先锋植物种类非常重要，后期进行林分改造时选择中生性和耐阴性种类较重要（彭少麟，2007）。

5.3.2 森林恢复前后的生态效应对比

观测结果显示，光裸地的环境条件极为严酷，在没有人工干预的情况下，植物基本不能生长。1981-1990 年观测资料显示，光裸地年均土壤含水量为 13.21%，而 1-4 月含水量低于当地植物种子萌发所需的最低土壤含水量 13%（图 5.5a）。光裸地最高地表温度在炎热的夏季可达 60℃以上（图 5.5b），如此高温超过了绝大多数植物种所能承受的极限。另外，光裸地的土壤肥力也极其低下（图 5.5c），加之极为恶化的土壤物理性状，很难充分供给植物生长所需的养分。45 年间，即使周边已恢复了植被，但这种极度退化的光裸地几乎没有明显的植被恢复。1994 年、1998 年和 2004 年的三次植物群落调查显示，只有 3-5 种草本植物生长于光裸地的侵蚀沟内，并且盖度不超过 5%。

1959 年栽植的松林早期生长较好，但 1964 年完全毁于虫害和高温胁迫。桉林虽然存活了下来，但是个体持续减少，从 1959 年的 40 株/100m^2 降至 2002 年的 25 株/100m^2。桉林的林下层发育也极为不良，仅发现有一种草本植物鹧鸪草（*Eriachne pallescens*）。但是通过对立地条件的改造，桉林为阔叶混交林的构建提供了基本的条件，如土壤侵蚀得到控制，小气候环境得到改善。相对于光裸地和

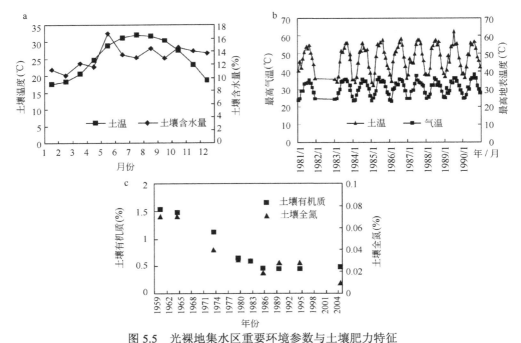

图 5.5　光裸地集水区重要环境参数与土壤肥力特征

a. 1981-1991 年月均土壤温度与土壤含水量；b. 月均最高气温与最高地表温度；c. 土壤有机质与全氮动态

按林来说，阔叶混交林的植物、动物和微生物多样性明显增加。1994 年的调查结果显示，约有 128 种本地植物种已经入侵、定居在混交林内，这些新定居的种包括 47 种乔木、57 种灌木和 24 种草本；与此同时，混交林构建时引入的 312 种植物中，有 120 种消亡了。混交林的群落结构也发育良好，至 1994 年调查时，已有 3 个明显的垂直层次：乔木层、灌木层和草本层。2004 年调查时，这种结构特征得到了进一步演进，一些热带雨林的显著特征开始出现，如高生物多样性水平、复杂的群落结构、茎花、板根及高大木质藤本植物等。2004 年时，试验混交林的物种组成和群落结构已与附近的天然次生林非常接近，两个林分共有代表当地地带性森林的优势种，如白车（*Syzygium levinei*）、竹节树（*Carallia brachiata*）、鸭脚木（*Schefflera heptaphylla*）、红车（*Syzygium hancei*）、九节（*Psychotria rubra*）和银柴（*Aporusa dioica*）。小良混交林的许多优势种也与海南热带常绿季雨林的优势种相同。

混交林的动物多样性也随林分发育逐渐增加。1964-1972 年，混交林中发现有鸟类 4 种、昆虫 50 种。这 50 种昆虫分属于 11 门 29 科。1974-1978 年，8 种食叶性昆虫大面积入侵到混交林中，大量采食树叶，其中臭椿（*Ailanthus altissima*）和麻楝（*Chukrasia tabularis*）受损严重。虫害的暴发吸引了约 16 种食虫性鸟类与蜘蛛进入混交林中。鸟类数量从 1979 年的 9 种、1984 年 18 种增加到 2004 年的约 100 种。鸟类数量的增加有助于乡土树种的种子传播与定居。混交林中的土壤动物主要是线虫类；1981 年时只观测到 8 种，1984 年时增加至 25 种，1998 时已达到 32 种。土壤动物群落的发展大体上经历了 3 个阶段：第一阶段大约 10 年，是快速增长期；第二阶段也需要大约 10 年，是波动期；此后进入第三阶段稳定期。土壤动物的发展对增加土壤肥力，尤其是土壤有机质的含量非常有帮助。由此可见，植物和动物多样性的变化是紧密相连的，植物多样性为动物多样性的发展奠定了基础。

植被的恢复过程也是土壤微生物多样性的发展过程。1984 年的调查结果显示，混交林的微生物数量与种类远高于桉林与光裸地（表 5.3），但低于附近的村边次生林（13.33×10⁶ 个/g 土壤）。与混交林相比，桉林与光裸地的土壤微生物主要由真菌组成，细菌数量较少，进一步说明土壤肥力状况较差。混交林土壤则含有大量的细菌和放线菌，真菌数量较少（表 5.3）。微生物活动加速了混交林的营养循环，从而有利于植物生长。混交林目前已经发育出复杂的食物网，至少包括 3 级营养级。这些营养级分别由不同类型的动物组成，包括蚂蚁、白蚁、蜘蛛、蝗虫、蜂类、蝴蝶、鸟类、树蛙和啮齿类动物等（图 5.6），但仍然缺乏顶级捕食者和大型哺乳动物等典型热带季雨林的特征。与混交林相比，桉林食物网结构较为简单，只有两级营养级。食物网结构的复杂性水平往往指示着生态系统发育程度，混交林的复杂食物网结构说明它已具有相当高的营养级交互作用并趋于成熟（Ren et al.，2007）。

表 5.3　光裸地、桉林与混交林的生物多样性比较

指标		光裸地	桉林	混交林
植物（种）		3（仅见于侵蚀沟内，盖度<< 1%）	2	320
鸟类（种；包括居留的和路过的）		4	7	18
小哺乳动物（种）		0	2	8
土壤动物（种）		15	25	31
土壤动物生物量（g/m²）		0.33	8.91	18.14
昆虫（种）		12	63	123
土壤微生物（×10⁶个/g 干土）	细菌	0.09	1.80	4.22
	真菌	0.29	1.96	0.65
	放线菌	0.06	1.35	2.45
	总计	0.44	5.11	7.32

注：除植物多样性数据是 1994 年调查外，其余均是 1984 年调查数据

随着结构方面的良性发展，混交林的生态系统功能也随之显著提高。1959-2004 年，混交林的土壤有机质含量增加了近 5 倍，从 1959 年的 0.64%增加到 2004 年的 2.95%；土壤全氮含量增加了近 2 倍，从 1959 年的 0.063%增加到 2004

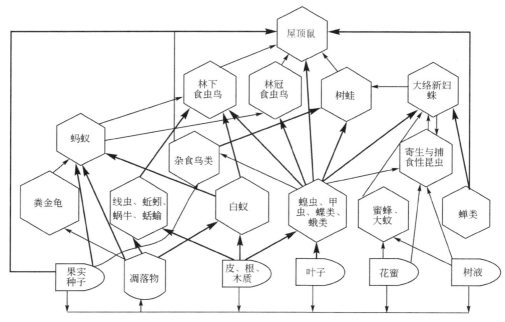

图 5.6 阔叶混交林生态系统食物网结构
图中线条粗细代表其在系统中的相对重要性，线条越粗，代表其在系统中越重要

年的 0.119%（图 5.7a）。据 1983-1989 年的观测，光裸地始终维持着较高的地表径流量和土壤流失量；从 1986 年开始，混交林的地表径流量与土壤流失量较之桉林与光裸地几乎可忽略不计（图 5.7b，c，d）。3 个集水区的地表径流量与土壤流失量均与大气降水密切相关，降水量多的年份通常水土流失量增加（图 5.7b，c，d）。特殊之处在于，桉林集水区的地表径流量甚至高于光裸地（图 5.7c），这是由于桉林地表有一板结层，它阻止了水分的下渗，但这一板结层也有利于林地抵御土壤水蚀，因此，桉林的土壤流失量仅是光裸地的 20%（图 5.7d）。

5.3.3 热带季雨林恢复机制

这个研究结果对我国南方和世界其他类似地区恢复极度退化的土地具有重要启示和参考价值。首先，极度退化土地上的植被恢复需要克服两类障碍因素，一是严酷的物理条件，二是生物多样性的临界水平和可提供种源的景观基底。在极度退化生态系统内，要克服这两类阈值必须采取一定的人工辅助措施，如在恢复早期需着重控制水土流失，改善土壤理化状况，从而消除植物入侵和定居的物理障碍；另外，选择适生的先锋种类也非常重要，如这个恢复中的桉树，耐瘠速生，对改善土壤理化性状和微生境条件均非常有效。其次，研究也表明，恢复初期阶

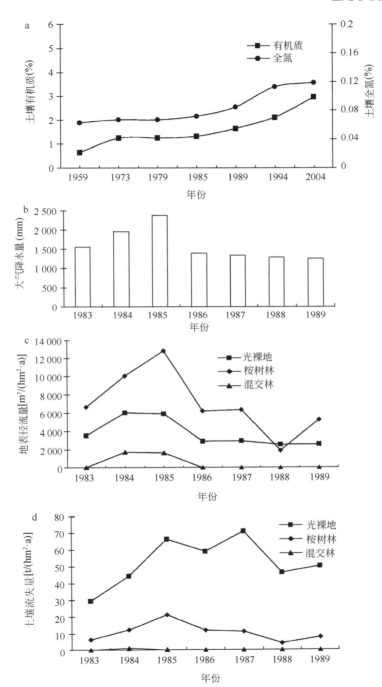

图 5.7 光裸地、桉林与混交林 3 个集水区生态系统功能动态特征

段的生物多样性水平和物种组成,对恢复后生态系统的后续演替轨迹有长期影响。例如,本研究中使用单一的桉树种,虽然可以把光裸地改造成人工林,但这种人工林很难发育成地带性森林。很多矿区恢复试验也存在类似情况,使用速生耐瘠的外来种可以有效控制水土流失,但从长远来说,这些先锋林也可能会阻滞生态系统向稳定的地带性植被演替。另外,对人工纯林的不合理管理也可能造成本地种不能成功定居,如移除枯落物层后增加土壤蒸发,从而使土壤含水量低于种子萌发所需的临界值。相对而言,营造多树种的混交林并利用周边原始林或风水林的种源(图 5.8)可以加速生物多样性与生态系统功能的恢复进程、提高系统稳定性,并使系统往地带性森林方向自然演替,从而形成具有复杂食物网结构、群落垂直层次、高土壤肥力和高土壤微生物多样性的稳定生态系统。最后,由于恢复极度退化的热带土地极其耗财耗力,从生态和经济两方面来说,采用科学合理的管理措施阻止热带森林的毁坏显得尤为重要。

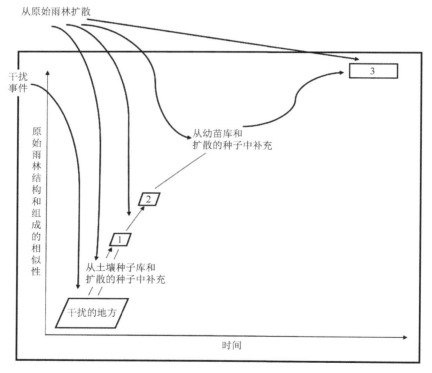

图 5.8　热带雨林恢复过程中种源来源及补充过程(仿 Hobbs & Suding,2009)

　　考虑到热带地区不是所有的森林恢复都要往天然林恢复方向发展,也会有一些种植商业人工林的情况,Brancalion 和 Chazdon(2017)提出在热带制定碳蓄积和商业林植树方案时要考虑 4 个原则:①恢复干预应加强和促进当地生计多样化；②天然热带草原或稀树草原生态系统不应该被造林替代；③造林方法应促进景观异质性和生物多样性；④原始林的碳储量应与新造林的碳储量进行定量和定性区分。在这些原则指导下的活动和土地利用，可以增加在人类修饰的景观下的树木覆盖，同时在区域尺度上可以取得良好的社会生态效果（Brancalion & Chazdon，2017）。

5.4　南亚热带退化草坡生态系统的自然恢复

由于人类干扰，加之缺乏合理的开发利用，保护和整治未得到足够的重视，原有的自然生态系统遭到很大的破坏，仅华南地区每年就有 500 万-600 万 hm^2 的土地失去再生产能力。这类退化生态系统土地贫瘠，水资源枯竭，生态环境恶化，从而严重地制约着农业生产的发展，并将影响人类生存空间的质量。如何进行综合治理，使退化生态系统得以恢复，是提高区域生产力、改善生态环境、使资源得以持续发展的关键。退化生态系统一旦停止干扰，便发生进展演替，向原群落方向发展，其恢复过程可视为与原群落的结构、功能的相似度从低到高的发展过程。"自然恢复"就是无需人工协助，只是依靠自然演替来恢复已退化的生态系统。退化群落自然恢复的终极目标是达到与原顶极群落相同的植被型，其外貌、层片、组成结构类同，而不一定是群落组成完全一致的群丛。"自然恢复"在各种恢复方法中是最值得推荐的方法。在保持水土、增加森林的稳定性，控制和改善微（局地）气候、保护生物多样性和珍稀物种及维持大气平衡方面，人工林要比封闭后自然恢复的森林逊色得多。

广东鹤山丘陵退化草坡是地带性植被在人类长期干扰下退化而成的演替早期群落，是南亚热带具有代表性的植被类型，这类由于森林遭到破坏而形成的丘陵荒坡面积约有 3.74×10^{6}hm^2，其范围包括粤中、闽南和桂东南。本节主要总结了鹤山南亚热带草坡退化生态系统长期观测的数据，探讨了草坡在自然恢复过程中植物多样性、土壤营养、生物量及生产力等恢复动态，重点研究了退化草坡早期结构与功能恢复的特征及其关系（任海等，2007）。

5.4.1　草坡恢复过程中的植物多样性演变规律

1983 年刚设立草坡永久样地时，在 100 m^2 的固定样地内，主要是鹧鸪草（*Eriachne pallescens*）和岗松（*Baeckea frutescens*）2 种旱生性植物，由表 5.4 可知，1993 年该草坡内有高等植物 19 种，其组成成分以热带-亚热带分布的科占优势，无乔木层，灌木层植物 14 种，草本植物 2 种，蕨类植物 3 种，群落的 Shannon-Wiener 多样性指数为 1.25。到 1997 年时物种有 20 种，群落中入侵了 7

株马尾松（*Pinus massoniana*），桃金娘和梅叶冬青（*Ilex asprella*）个体数量有了很大的增加，岗松数量明显减少，野牡丹（*Melastoma candidum*）、算盘子（*Glochidion puberum*）、山菅兰（*Dianella ensifolia*）、纤毛鸭嘴草（*Ischaemum indicum*）、芒萁（*Dicranopteris dichotoma*）、玉叶金花（*Mussaenda pubescens*）、凤尾蕨（*Pteris austro-sinica*）等种类消失，而野漆（*Toxicodendron succedaneum*）、三叉苦（*Evodia lepta*）、粗叶榕（*Ficus hirta*）、酸藤子（*Embelia laeta*）、龙船花（*Ixora chinensis*）、弓果黍（*Cyrtococcum patens*）和团叶陵齿蕨（*Lindsaea orbiculata*）等种类入侵。2003 年植被调查时，该草坡主要有高等植物 25 种，乔木层仍仅为马尾松一个物种，但个体数量有所增加，桃金娘个体数量有所减少，而梅叶冬青、三叉苦和山黄麻（*Trema tomentosa*）个体数量有明显的增加，山芝麻（*Helicteres angustifolia*）、水杨梅（*Geum aleppicum*）、团叶陵齿蕨这 3 个种消失，同时有新的物种如山黄麻、豺皮樟（*Litsea rotundifolia* var. *oblongifolia*）、山苍子（*Litsea cubeba*）、变叶榕（*Ficus variolosa*）、水石榕（*Elaeocarpus hainanensis*）等入侵，群落的 Shannon-Wiener 多样性指数为 1.97。由此可见，由于人类干扰，该群落乔木层原有植物已完全消失，仅有灌木和草本植物，其多样性较低。草坡经过保护，其物种多样性会增加，在近 20 年后植物种类变化比较明显，阳生性的种类减少，耐阴性种类明显增加。经过自然恢复，鹤山退化草坡基本恢复到了演替早期灌木和小乔木群落时期，但小乔木仍处于低水平。

表 5.4　草坡植物种类的组成和特征

乔木层				灌木层							草本层			
	个体数				个体数			高度（m）				盖度（%）		
种名	1993年	1997年	2003年	种名	1993年	1997年	2003年	1993年	1997年	2003年	种名	1993年	1997年	2003年
马尾松	0	7	15	桃金娘	131	422	203	1.2	1.9	1.4	铁线蕨	2	20	35
				岗松	42	17	1	0.9	0.8	1.6	凤尾蕨	12	—	—
				梅叶冬青	8	84	168	1.1	2.2	2.5	团叶陵齿蕨	—	25	—
				米碎花	2	9	30	0.9	0.9	1.5	芒萁	80	—	—
				黄栀子	3	6	37	0.6	1.4	1.0	纤毛鸭嘴草	3	—	—
				水杨梅	1	1	—	0.7	1.6	—	山菅兰	2	—	—
				黑面神	3	2	2	0.6	1.1	1.4	淡竹叶	—	—	2
				春花	2	2	20	0.5	0.8	1.1	异叶双唇蕨	—	—	3
				鬼灯笼	4	2	21	0.5	0.5	1.2	乌毛蕨	—	—	10
				了哥王	1	1	5	0.5	0.5	1.2				
				山芝麻	3	1	—	0.5	0.8	—				
				野牡丹	2	—	—	1.0						
				算盘子	2	—	—	0.5						

续表

乔木层				灌木层						草本层			
种名	个体数			种名	个体数			高度（m）			种名	盖度（%）		
	1993年	1997年	2003年		1993年	1997年	2003年	1993年	1997年	2003年		1993年	1997年	2003年
				玉叶金花	11	—	—	0.8	—	—				
				野漆	—	4	5	—	1.7	2.5				
				三叉苦	—	7	319	—	2.2	1.8				
				粗叶榕	—	1	6	—	2.0	0.6				
				酸藤子	—	3	19	—	0.8	1.2				
				龙船花	—	1	2	—	0.5	1.3				
				水石榕	—	—	19	—	—	0.3				
				豺皮樟	—	—	2	—	—	0.7				
				山苍子	—	—	24	—	—	2.4				
				弓果黍	—	2	2	—	0.5	0.8				
				山黄麻	—	—	82	—	—	2.3				
				变叶榕	—	—	2	—	—	0.9				

　　植被的恢复演替遵循群落演替的一般规律，群落的种类组成由简单到复杂，演替的各个阶段由不同生活型的种类占据着优势。鹤山丘陵地区植被演替模式是：由于人类的干扰，原有的森林遭到破坏，形成丘陵草坡的退化生态系统。在没有人为的重复干扰情况下，植被恢复的自然演替自此开始，先是当地的杂草形成生产力较低的草坡，然后出现一些阳生性的灌木与多年生的杂草混生，几年以后，先锋树种（如马尾松）定居，逐渐成林，与阳生性的灌木组成演替早期的先锋群落，但其结构简单，冠层透光率大，林内形成了高温低湿的小气候，但为阳生性的阔叶树种的入侵提供了较好的生长条件。一旦这些阳生性的阔叶树种占据了上层树冠，林内透光率就会明显降低，荫蔽度增加，导致先锋树种无法更新而死亡，同时又为后继的中生性树种提供适宜的环境，随着后者的发展，其占据林冠上层，演替后期乔木群落形成，亦即较稳定的中生性顶极群落（鹤山站附近的村边林即自然次生成熟林，具有类似的特征）。

5.4.2　草坡恢复过程中的土壤化学成分变化

　　赤红壤的养分含量一般不高，有机质平均含量为（17.8±6.71）g/kg，在植被保护较好的地方，有机质含量可达 30g/kg 左右，氮、磷含量低，缺钾严重，速效性磷、钾更是缺乏。土壤有机质是土壤的重要组成部分，它既是植物所需的各种营养物质的来源，又具有改善土壤物理和化学性质的功能，所以有机质是反映赤红壤养分贮量的标志，也决定着赤红壤综合肥力水平。由表 5.5 可知，赤红壤中有机质的贮量依其自然恢复的时间不同而有较大的差异。赤红壤的氮素含量变化与有机质状况基本一致，因为赤红壤本身固定铵的能力差，约有 95%的氮素存在于有机质中，故土壤有机质的多寡可大体反映氮素的丰缺状况。1985 年，表土层有机质含量仅 18.8g/kg，全氮含量为 8.2g/100g，当停止人为干扰进入植被自然恢复后，草丛具有一定的生物量归还，有机质的含量明显增加，氮含量也增加。2003年，当植被恢复到灌草丛阶段和马尾松混交林阶段后，由于大量枯枝落叶凋落于地面，形成残落物层，残落物在湿润的环境下腐解，表土中有机质积累起来，土壤有机质含量为 38.9g/kg，全氮含量为 11.5g/100g，水解氮为 109.63mg/kg（表 5.5）。而鼎湖山季风常绿阔叶林养分含量总的来说还算比较丰富，有机质和水解氮含量全年平均分别为 47.2g/kg 和 173.8mg/kg，鹤山草坡的有机质含量已接近了鼎湖山天然季风常绿阔叶林的含量，而水解氮还需要一定的时间进行恢复。

表 5.5　草坡土壤化学特征

年份	水解氮（mg/kg）	全氮（g/100g）	有机质（g/kg）	有效磷（mg/100g）	有效钾（mg/kg）
1985	—	8.2	18.8	2.5	20
1986	—	9.2	22.2	5.0	13
1990	—	10.5	17.9	8.0	—
1995	—	11.8	26.8	13.1	—
2001	100.5	—	24.6	19.1	28.77
2002	100.95	11.5	30.7	16.0	39.48
2003	109.63	11.5	38.9	16.8	52.07

赤红壤的含磷量较低，磷素供应水平低是植被恢复中严重的限制因子之一，特别是赤红壤严重侵蚀地，由于磷素特别是有效磷供应水平低，大多数植物生长不良。鹤山退化草坡恢复初期的有效磷含量仅为 2.5mg/100g，当 2003 年恢复到早期灌木和小乔木群落植被阶段时，有效磷含量增加到了 16.8mg/100g，土壤中有效磷含量随植被恢复增加了 5.72 倍（表 5.5）。钾是植物所需的主要营养元素，随着植被盖度的增加，植物总量大幅度增加。1986 年，土壤有效钾含量为 13mg/kg，2003 年为 52.07mg/kg，增加了 3 倍多（表 5.5）。鼎湖山季风常绿阔叶林有效钾含量全年平均为 64.1mg/kg，有效磷含量全年平均为 16.55mg/100g。鹤山草坡土壤有效钾成分已基本达到了鼎湖山季风常绿阔叶林的水平，而有效磷甚至超过了鼎湖山天然林的水平。

由以上可知，鹤山草坡经过近 20 年的自然恢复过程，土壤中的有机质、水解氮、有效磷和有效钾等含量已经基本恢复到了同地带的顶级群落的水平。

5.4.3 草坡恢复过程中的水文变化特征

由表 5.6 可知,草坡生态系统年总径流系数为 50.1%,地表径流系数为 17.3%,最高在 9 月,可达 23.6%,除与本月降水量大有关外,系统对前期降水的截留也是重要的影响因子。由表 5.6 也可以看出地表径流的季节分配特点,干季地表径流非常小,在有些年份或有些月份甚至为 0,湿季地表径流量可占全年地表径流量的 94.3%。总径流系数也有相似的季节变化特征,而且与降水量变化趋势相似,降水量大的月份总径流和地表径流均较大。另外,由表 5.6 还可以看出,虽然干季集水区收入的降水量很少,但集水区在干季依然能维持一定量的径流流出,这说明草坡生态系统对降水和径流有一定的滞后和调节作用。

表 5.6 鹤山丘陵草坡生态系统的水文特征及水量平衡

月份	草坡生态系统的水文特征（1993-1996 年）						1994 年集水区的水量平衡（mm）					
							收入			支出		
	降水量（mm）	地表径流（mm）	地表径流系数（%）	地下径流（mm）	总径流（mm）	总径流系数（%）	降水量	系统蓄水增量	总输入	径流和蒸散量	系统蓄水减量	总输出
1	25.49	0.66	2.6	7.73	8.39	32.9	2.8	45.97	48.77	48.77	0	48.77
2	59.92	3.49	5.8	12.29	15.78	26.3	61.8	0	61.8	55.8	6.02	61.82
3	62.28	6.07	9.7	12.35	18.42	29.6	85.3	0	85.3	83.3	2.01	85.31
4	175.16	27.68	15.8	65.38	93.06	53.1	69.3	36.52	105.82	105.82	0	105.82
5	204.64	47.51	23.2	56.86	104.37	51.0	191.3	1.45	192.75	192.75	0	192.75
6	311.37	43.02	13.8	121.11	164.13	52.7	283.4	0	283.4	220.97	62.44	283.41
7	300.54	57.10	19	106.19	163.29	54.3	462.6	0	462.6	358.9	103.70	462.6
8	279.62	56.99	20.4	89.82	146.81	52.5	305.3	0	305.3	286.67	118.63	405.3
9	235.42	55.50	23.6	79.27	134.77	57.2	313.8	0	313.8	297.06	16.73	313.79
10	43.14	6.76	15.7	6.18	12.94	30	0	68.63	68.63	68.63	0	68.63
11	41.94	0	0	13.42	13.42	32	0	54.84	54.84	54.84	0	54.58
12	21.85	0.55	2.5	6.79	7.34	33.6	65.95	0	65.95	48.36	17.59	65.95
合计	1761.37	305.33	17.3	577.39	882.72	50.1	1841.55	207.41	2048.96	1821.87	327.12	2148.99

由表 5.6 可知,1994 年集水区水量总输入 2048.96mm,实际输入 1841.55mm,其中 207.41mm 是由系统蓄水变化产生的。支出的总水量 2148.99mm,实际输出 1821.87mm,有 327.12mm 是由系统蓄水变化引起的。实际输出水量占实际输入水量的 98.93%,输入略大于输出,这也是草坡集水区能够常年有径流流出的根源所在。系统总输入和总输出均比实际的输入输出要多,可见草坡集水区年水量平衡是一种输入对输出的补给和输入输出项目中可变形的动态平衡。

鹤山草坡的地表径流系数为 17.3%,比鼎湖山的季风常绿阔叶林顶级群落的 14.19%略高;而鹤山草坡年径流系数为 50.1%,基本和鼎湖山天然林的 50.22%相同,说明草坡通过自然恢复已经基本解决了水土流失问题。

5.4.4 草坡恢复过程中的草坡生物量和生产力

鹤山南亚热带草坡在 1997 年演替早期时，其生物量和生物量年增量分别为 5.230t/hm^2（干重）和 1.401t/(hm^2·a)。占总生物量 71.93%的芒萁的生物量年增量占了总生物量年增量的 95.98%，所以芒萁是草坡生物量和生物量年增量的主要来源。结合张祝平等（1989）对这些种的测定结果，取其呼吸速率为光合速率的 80%，则其净初级生产力为 9.108t/(hm^2·a)，这一值比生物量年增量 1.401t/(hm^2·a)高出 7.707t/(hm^2·a)，高出部分若略去实验误差，则主要以凋落物、昆虫动物吞食和植物枯死的形式消耗掉。根据 Miami 模型计算出的鹤山本地气候顶极的生产力为 23.4t/(hm^2·a)，远远大于草坡的实际年产量（净初级生产力）1.401t/(hm^2·a)，草坡的生产量和生物量年增量这么小，也正好说明草坡生态系统远远未充分利用本地带的气候资源。鹤山各人工林群落的生物量年增量均为 6-10t/(hm^2·a)，仅仅 7-10 年的植被恢复演替，与同地带的鼎湖山分布着的南亚热带地带性顶极群落季风常绿阔叶林的年净初级生产力 23.26t/hm^2 相比，人工林群落的年净初级生产力已达到该群落的 1/4-1/3，说明在该地带的优越气候条件下，通过人工改造林分，植被的生物量将有一个很快的恢复演替速度。

5.4.5 南亚热带草坡自然恢复的机制

人类的干扰导致退化草坡的形成，这种草坡的种类结构较简单，层次少，生产量低，生态环境比较差，调节气候及涵养水分的作用减弱，若进一步干扰会形成更严重的退化生态系统。与同地带的天然林相比，退化草坡的植物多样性、土壤肥力与生物量均较低。这可能是退化草坡在自然恢复过程中，主要是进行了先锋种的集聚或集合，而这些先锋种在扩散过程中对环境的要求不高，主要限制它们存活或生长的可能是土壤有机质、土壤物理结构与微地形。表 5.7 显示了南亚热带季风常绿阔叶林在自然恢复过程中结构、功能与动态的变化机制。

表 5.7　南亚热带季风常绿阔叶林恢复过程机制（仿彭少麟，1996）

特征	恢复早期	恢复中期	恢复后期
种类组成特征			
种类组成数量			
种类数量	少	多	多或较多
草本植物	多	中	中或少
灌木植物	多	中	中或少
乔木植物	较少	较多	多
林间植物	少或中	较多	较多或多
阳生性种类	多	较多或中	很少

续表

特征	恢复早期	恢复中期	恢复后期
中生性种类	无或少	中或较多	多
耐阴性种类	无很少	中或较多	多
先锋种类	很多	中或较少	少
建群种类	少	多	多
顶极种类	无或较少	中	多
种类发展速度	很快	较快	慢
种类组成稳态	不稳定	不稳定	稳定
群落结构特征			
垂直空间结构			
冠层分化	不明显	较明显、层次较少	明显、层次多
径级分化	不明显	较明显	明显
高度级分化	不明显	较明显	明显
林间层分化	不明显	较明显	明显
水平空间结构			
密度发展	小	大	较大
相对多度			
乔木	小	较大	大
灌木	大	较大	中
草本	大	中	小
层片分化	无	少	多
组织结构			
物种多样性	少	大	较大或大
生态优势度	大	较小	小
群落均匀度	小	较大	大
组织结构稳态	不稳定	不稳定	稳定
种群特征			
分布格局			
群落发生种	集群分布	趋于随机分布	随机分布
顶极先锋种	趋于集群分布	集群分布	随机分布
顶极优势种	随机分布	趋于集群分布	集群分布
顶极一般种	随机分布	趋于随机分布	趋于集群分布或趋于随机分布
生态位宽度			
群落发生种	大	中	很小
顶极先锋种	大	较大	小
顶极优势种	很小	中	大
顶极一般种	很小	小	小或中

特征	恢复早期	恢复中期	恢复后期
数量动态			
群落发生种	多	少	很少或无
顶极先锋种	少	多	少
顶极优势种	无或很少	中	多
顶极一般种	无	少	中
种间关系特征			
种间联结			
针叶-阳生性种群	大	弱	无
针叶-中生性种群	无	弱	无
阳生性-中生性种群	无或弱	较大	大
生态位重叠			
针叶-阳生性种群	大	弱	无
针叶-中生性种群	无	弱	无
阳生性-中生性种群	无或弱	较大	大
内部共生	不发达	一般	发达
种间关系的稳态	不稳定	较稳定	稳定
食物网长度	短	较长	长
食物网网状	链状或简单网状	简单或较复杂网状	复杂网状
生物量与生产力的特征			
各组分生物量			
总生物量	较低	中	高
根生物量	低	较高	高
茎生物量	较低	中	高
枝生物量	低	中	高
叶生物量	低	高	较高
叶面积指数	较低	中	高
生物量空间分布密度	低	较高	高
乔木层	高	中	较低
灌木层	高	中	中
草本层	高	中	较低
总初级生产力	较低	高	高
净初级生产力	低	高	较高
生物量增量	较低	高	较高
光能利用效率	较低	较高	高
环境特征			
小气候			

续表

特征	恢复早期	恢复中期	恢复后期
年均气温	较高	下降	下降
极端气温	恶劣	较缓和	缓和
温度日较差	大	中	少
温度年较差	大	中	少
年均土温	较高	下降	下降
土温日较差	大	中	少
土温年较差	大	中	少
林内湿度	小	中	大
光直射与总辐射比	高	下降	下降
散射	低	增加	增加
反射	多	减少	减少
林内透光	多	下降	下降
土壤			
物理性状	差	较好	好
养分状况	差	较好	好
含水量	小	较高	高
pH	偏酸或偏碱	改善	趋于中性
环境效应			
径流量	大	中	小
侵蚀临界雨量	大	较小	小
水土流失量	大	较小	小
地下水位	低	较高	高
其他生物群落特征			
土壤动物			
发展趋势	增长	过渡	稳定
小型湿生动物	少	中	多
生物量	少	较多	多
物种多样性	少	较多	多
昆虫	少	较多	多
鸟类			
物种多样性	少	较多	多
生物量	少	中	多
土壤微生物			
类群数	少	中	多
生物量	少	较多	多
细菌	少	中	多

续表

特征	恢复早期	恢复中期	恢复后期
放线菌和真菌	规律不强	规律不强	规律不强
呼吸强度	低	较高	高
土壤酶活性	低	中	高
时间特征			
经历时间	短	较长	很长
演替速率	快	较快	慢
线性程度	较强	不强或中	不强
演替方向	多向	专向	专向
景观特征			
景观结构	多样	较多样	趋于均一
景观斑块	简单	较复杂	复杂
斑块功能	弱	较强	强
斑块稳态	不稳定	较稳定	稳定
综合特征			
稳定性	差	较强	强
熵	高	中	低
信息	小	中	大

对于退化生态系统的植被恢复，系统内物种多样性的发展是人们最关心的问题之一。退化生态系统在未成熟之前，微弱的干扰都会使其延缓或停止顺向演替，强度大的干扰甚至可能导致逆行演替，人为配置多样性的生态系统是提高退化生态系统稳定性的有效手段之一。在恢复过程中，植物多样性的发展是整个生态系统多样性增加的关键，多样性的植物可以使整个生态系统变得更加稳定，植被恢复也可得以尽快实现。

在南亚热带的生态因子中，有光、温、水充裕等有利的一面，也有秋旱、台风和保育等不利的因素，但总的来说，影响退化生态系统恢复的主导生态因子是土壤因子，其中最主要的是土壤肥力和土壤水分。植被恢复演替的初级阶段，无论土壤的性质如何，在生态系统恢复的过程中，在不断变化的植被直接影响或植被与当地气候相互作用的间接作用下，土壤都要发生变化，其中最明显的变化发生在演替早期的几年间，尤其是在土壤上层。氮和磷的有效性是生态系统恢复的关键，许多生态系统恢复的研究计划主要是改善氮和磷的状况。通过自然恢复，草坡土壤中的有机质、水解氮、有效磷和有效钾等含量已经基本恢复到了鼎湖山季风常绿阔叶林的水平。那么对于草坡这样的退化生态系统（非裸地）来说，停止干扰自然恢复 20 年后，土壤的营养状况就可以基本恢复到当地的顶级群落水平。

水土流失也是我国亚热带红壤区土地退化的重要表现形式，在已经形成的退化生态系统中，严重的水土流失最终导致土地的极度贫瘠，其理化结构也与林地相差甚远。而对于许多退化生态系统的恢复与重建来说，第一步就是控制水土流失，逐步提高土壤肥力和改善土壤理化性质。鹤山草坡的地表径流系数为 17.3%，比鼎湖山成熟的季风常绿阔叶林的 14.19%略高，而鹤山草坡年径流系数为 50.1%，基本和鼎湖山天然林的 50.22%相同，说明草坡通过 10 多年的自然恢复已经基本解决了水土流失问题。

研究表明，鹤山同期种植的马占相思林等各种人工林的生物量及生物量增量均高于草坡，虽然这些值均分别小于鼎湖山常绿阔叶林，但是都分别大于鹤山的自然恢复草坡。这意味着在退化生态系统恢复的初级阶段，这些人工恢复方式比自然恢复更能加速植被演替和退化生态系统的恢复，其中马占相思林和豆科混交林的生物量恢复是最好的，这表明要提高草坡的生产力，进行植被恢复是必要的。所以在鹤山草坡恢复的初级阶段，通过调整群落结构，构建马占相思林或豆科混交林可以明显提高光能利用效率，加速生物量功能的恢复，而单单依靠草坡的自然恢复需要更长的时间。

退化生态系统在自然恢复过程中，结构与功能的恢复往往是不同步的。群落结构、生物多样性尚未恢复，且处于低级阶段时，土壤肥力、水文功能首先得到改善。生态系统的结构、功能与动态三者之间存在一定的关系，较先恢复的部分高级的生态功能有助于低级系统结构的发育，系统的结构影响着系统的动态，退化生态系统的自然恢复突破物理环境因素限制后，其恢复的动态主要受生物因子控制。

通过以上分析可知，对于鹤山草坡这类一般退化生态系统来说，自然恢复可以使土壤中的营养状况和水土保持能力很快达到顶级群落的水平，但是对于生态系统的其他功能，则需要通过构建合适的人工林来加速这一过程，仅仅通过自然恢复难以在较短的时间内恢复其物质循环等功能。

为了使退化草坡尽快恢复其结构和功能，可采用多种利用途径。可通过人工造林以恢复乔木层植被，进而提高林下植物的多样性。此外，对于这类退化草坡还可根据自然条件，合理搭配乔、灌、草，可进行适当的农林业开发，建立各种复合农林业生态模式，从而使生态效益、社会效益和经济效益统一。

值得指出的是，南亚热带也存在自然条件好于草坡的次生林，这些次生林地一般生境较好，或植被刚被破坏而土壤尚未被破坏，或是次生裸地已有林木生长，因而其恢复的步骤是按演替规律，人为促进正向演替的发展。主要方法为：①封山育林。这是简单易行、经济省事的措施，因为封山育林可为乡土树种创造适宜的生态条件，促使被破坏的林地的林木生长，进而顺行演替为地带性的季风常绿阔叶林。②林分改造。为了促进森林的快速演替，可对处于演替早期阶段森林或人工林进行林分改造，引种地带植被中的优势种、关键种，加速顺行演替的速度。③透光抚育或遮光抚育。在南亚热带（如广东），森林的演替需经历针叶林、针阔叶混交林和阔叶林阶段。在针叶林或其他先锋群落中，对已生长的先锋针叶树或阔叶树进行择伐，促进林下其他阔叶树的生长，使其尽快演替成乡土林。在东北，由于红松纯林不易成活，而纯的阔叶树（如水曲柳等）也不易长期存活，于是有科学家提出了栽针保阔的人工恢复途径，实现了当地森林的快速恢复。透光抚育和遮光抚育主要是通过改善林地环境条件来促进演替的。

5.4.6 植被恢复研究与实践的发展趋势

植被恢复的目标或成功标准实际上就是要恢复植被的合理结构、功能和动态过程，可以把原始生态系统作为参考生态系统。由于全球变化及历史变迁，植物生态系统恢复不可能再恢复到历史上的"全原始"状态，恢复必须放在各种自然和人为影响的不同等级尺度过程下考虑，至少要考虑大气和气候、地理、地貌、水文（地表和地下水）、土壤（土层发育、淋溶、酸化、有机质积累）、植被（演替）、动物等自然过程，同时考虑这些过程可能受到的人类干扰，进而设计出对应的恢复方式及对策（Maarel & Franklin，2013）。目前，已有很多关于植被恢复的目标及成功标准的探讨，除了关注结构、功能和动态过程恢复外，其他还有可持续性（可自然更新）、不可入侵性、有一定的生产力、有一定的营养保持力、具有生物间的相互作用平衡、有一定的生态系统服务功能等（任海等，2008）。国际生态恢复学会（SER，2004）列出的 9 个特征可作为判定生态恢复是否成功的标准（详见第一章）。研究表明，植被恢复虽然离不开回到历史状态的目标，但由于全球变化及条件限制等问题，不是所有植被恢复都要恢复到原生的植被类型，恢复必要的结构、生态系统功能、生态系统服务功能并能够自我维持即可，上述标准可作为植物生态系统恢复的标准。

退化森林生态系统恢复评价的程序包括恢复目标的确定、参照系的选择、评价指标体系的构建及定量评价等几个方面。目前，大多数退化森林恢复评价主要包括物种多样性、植被结构和生态学过程 3 个方面。其中，物种多样性包括物种丰富度和多度等；植被结构包括植被盖度、乔木密度、高度、胸高断面积、生物量和凋落物结构等；生态学过程包括养分库、土壤有机质及生物间的相互关系等（马姜明等，2010）。关于植被恢复的程序，目前比较有共识性的看法包括如下过程：按受植被恢复项目→明确被恢复对象、确定系统边界（生态系统层次与级别、时空尺度与规模、结构与功能）→生态系统退化的诊断（退化原因、退化类型、退化过程、退化阶段、退化强度）→退化生态系统的健康评估（历史上原生类型与现状评估，找出限制因子）→结合恢复目标和原则进行决策（是恢复、重建或改建，可行性分析，生态经济风险评估，优化方案）→生态恢复与重建的实地试验、示范与推广→生态恢复与重建过程中的调整与改进→生态恢复与重建的后续监测、预测与评价以及可能的适应性管理（任海等，2008）。

关于恢复的机制研究，当前植被恢复研究已从静态研究、单一状态研究、基于结构的方法和集中于某一类型生态系统研究等转向动态研究、多状态研究、基于过程的方法和多维向恢复评价标准研究。再进一步讲，关于植被生态系统恢复主要从两个角度研究，一个角度是退化的原因与过程、恢复的过程与机制；另一个角度是在生境、种群、群落、生态系统和景观（含全球变化和社会经济因素）等不同尺度上的恢复（任海等，2014）。

从退化到恢复过程的角度看，目前对植被及其生态系统退化的原因，尤其是干扰的作用机制已基本研究清楚，对不同气候区、不同植被类型、不同退化程度的植被生态系统恢复的步骤也已明确（王伯荪和彭少麟，1997）。这些研究主要来源于林业实践，多集中在植被退化的基本特征及其生态后果、植被恢复目标及其生态学原理、干扰体系对退化植被系统的影响、植被恢复途径与技术（背景调查、策略制定、规划设计、物种选择、群落配置、监测与优化），以及植被恢复对环境影响及效益等方面。例如，理解演替过程中的时间序列、植物多样性和组成、群落结构、土壤理化性质、植物物候、传粉、动植物相互作用是进行森林恢复的关键（Quesada et al.，2009）。日本的 Miyawaki 根据演替理论，采用地方的乡土树种的种子进行营养钵育苗，并进行适当的土壤改良，在较短的时间内建立了当地气候的顶极群落（宋永昌，2001）。美国夏威夷由于人为干扰及退化，自然植被有半数被转换成了非乡土树种，在恢复中种植了大量乡土种及珍稀濒危种，控制入侵种，借鉴林业产业中的植物生产、杂草控制和林地准备等以降低成本，并且注意人工恢复的群落与自然群落间的连接进而促进扩散（Friday et al.，2015）。总体上看，植被恢复对土壤水分、土壤密度、土壤有机质、土壤氮等 4 个方面有正面的影响。

有大量文献从不同尺度研究了恢复的机制，在群落和生态系统尺度的研究进展尤其显著。当前的森林恢复研究开始强调多样性-生态系统功能恢复。多功能的和稳定的恢复就要求多物种，而且这些种类可以具备不同的功能，也需要同时考虑功能多样性、遗传多样性和地上地下的联系（Aerts & Honnay，2011）。据 Moreno-Mateos 等（2012）对全球 621 个湿地恢复案例的分析，即使有一定年限的恢复，相对于参考生态系统，也只有 23%-26% 的生物结构（主要由植物集合驱动）和生物地球化学功能（主要由土壤碳库驱动）恢复。已有试验证明，砍伐后的森林或有残存林的地方因为有乡土种源而可以恢复成森林，但对于清光植物的林地来说，即使恢复，物种多样性也较低且一些功能群会丧失。植被恢复时，种植演替后期阶段的种类可以增加结构与功能多样性，种植大果和耐阴种可在林冠层下形成新的多样性树岛；种植先锋种和固氮树种可以形成林冠层遮阴并促进演替后期种的定居和更新；在森林完全消失且土壤和植被完全改变的地方只能通过造林形成森林；在林下种植演替后期阶段的耐阴种可增加种类组成和促进结构优化（Griscom & Ashton，2011）。生态过程影响更新，水分、土壤、生物等因子会影响树种定居和建立的成功率，促进种子扩散（Lamb & Gilmour，2003）。热带干旱森林的种类多具有小、干和风传播的种子。在小尺度上，风传播种子的种类比脊椎动物传播种子的种类更易于在退化土地上定居。小种子和低含水量的种子不易干燥，这是阻碍它们在退化光板地定居的主要因素。土壤中的种子在雨季早期更易萌发并有足够的时间生长。然而，降雨变化和干旱频繁会导致种子和幼苗死亡，在干季收集种子并在土壤足够潮湿时种植可以促进幼苗定居，缩短建立时间并减少被捕食。在干旱时，荫蔽的地方有利于种子萌发和幼苗建立，但开阔地更易于幼苗的生长（图 5.9）。对幼苗期的恢复林地进行植物修剪可以促进植物的生

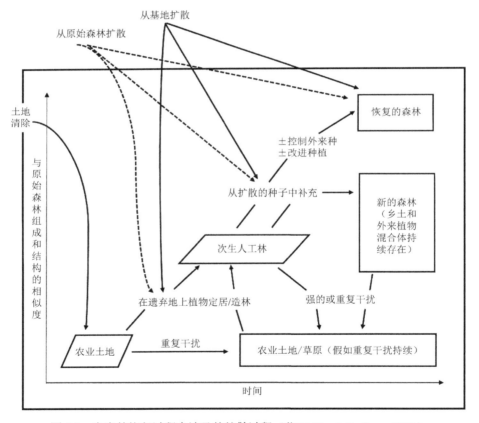

图 5.9　在森林恢复过程中涉及的扩散过程（仿 Hobbs & Suding，2009）
图中"±"表示正负效应

长和存活（Vieira & Scariot，2006）。模拟长期未受干扰的天然林或原始林结构，最大化地利用自然过程加速森林自我发展或是激发新的发展，被视为人工林异龄混交化培育的有效途径（Kint et al.，2006；Hobbs & Suding，2009；亢新刚，2011）。

5.5 亚高山人工针叶林的恢复

亚高山针叶林（subalpine coniferous forest）是指分布于亚热带地区有一定高度的山地垂直带谱中上部，由耐寒的针叶树种为优势种组成的具有垂直地带性意义的植被类型，是亚热带山地的一个垂直自然带在山地寒温性气候条件下的顶级森林群落（刘庆，2002）。亚高山针叶林是我国第二大林区——西南林区的主体，作为岷江、雅砻江、大渡河、白龙江等多条江河源区的重要植被，在涵养水源、调节气候、维持区域生态安全等方面具有十分重要的意义，是长江上游主要的生态屏障（刘庆等，2001）。由于其地处低纬度、高海拔地带，既有亚热带植被的深刻烙印，又具有古地中海历史渊源，既有古老的物种，又有新的成分不断侵入和衍化（四川植被协作组，1980），复杂多样的高山生态环境使得该区成为世界生物多样性分化、形成、分布的重要中心之一，被誉为高寒生物种质资源库，是世界生物多样性研究的热点地区和对全球变化响应敏感的地区之一（李承彪，1990）。自 20 世纪 40 年代以来，该区森林遭受了大规模采伐，在采伐迹地上营造了大量的人工林。开展亚高山针叶林人工恢复过程与机制研究，将有助于为该区域大规模针叶林恢复重建及调控提供科学依据，对于该区域景观格局的维持、生物多样性保护及社会经济可持续发展具有重要意义。

5.5.1 样地概况

研究样地位于四川省理县米亚罗林区（31°35'N，102°35'E），属青藏高原向四川盆地过渡的高山峡谷区。夏季温凉多雨，冬季寒冷干燥，年平均气温为 6-12℃，≥10℃的年积温为 1200-1400℃，年降水量为 600-1100mm，年蒸发量为 1000-1900mm，寒温带气候类型，季节性山地气候，主要土壤类型为棕壤（吴彦等，2001）。

采用空间代替时间的方法，选取海拔、坡度、坡向和土壤等环境因子基本一致的不同恢复阶段云杉人工林序列，并以原始林为对照，研究恢复过程中物种多样性、生物量动态、凋落物动态、土壤肥力变化及植物对土壤氮获取策略的变化。

5.5.2 物种多样性变化

5.5.2.1 乔木层物种多样性的变化

云杉人工林在近 70 年的恢复过程中，乔木物种数从人工林早期到郁闭初始阶段呈上升趋势，郁闭以后（30多年后）在波动中有下降趋势（表5.8）。恢复早期阶段乔木物种增加的原因在于人工林中云杉生长比较缓慢，林分尚未充分郁闭，为其他物种的侵入创造了良好的光热条件。林分郁闭后，乔木层在以后的一段时间内由于种植密度比较大而开始进入自疏阶段，不但其他新的乔木物种不能侵入林内，一些前期侵入的物种也都陆续消失。总体来看，乔木层物种多样性从早期到30a林龄阶段急剧上升，以后则呈下降趋势，其间略有波动（表5.8）。

表5.8　乔木层物种多样性指数

多样性指数	人工林不同恢复阶段（林龄）						原始林
	10a	20a	30a	40a	50a	70a	
物种数	3	5	11	7	10	4	20
个体数	274	179	213	320	175	50	297
Margalef 指数	0.3563	0.7711	1.9563	1.0613	1.6739	0.8530	2.3230
Simpson 指数	0.3054	0.6438	0.7034	0.6655	0.6895	0.6490	0.8634
MacIntosh 指数	0.1766	0.4343	0.4887	0.4556	0.4762	0.4689	0.6409
Shannon-Wiener 指数	0.5854	1.1549	1.6361	1.3941	1.4244	1.1574	2.2365
Pielou 均匀度指数	0.5329	0.7176	0.6737	0.7260	0.6316	0.7926	0.7466
Hurbelt 均匀度指数	0.5298	0.7131	0.6660	0.7234	0.6236	0.7832	0.7461

5.5.2.2　灌木层物种多样性的变化

灌木层物种多样性在恢复的早期阶段，由于人工林乔木层尚未郁闭，林内光热条件优越，灌木物种数量多达9种，30a林龄后随着乔木层高度的增加和郁闭度的增大，一些喜光的灌木物种开始消失。30-50a林龄阶段是云杉人工林自疏作用比较激烈的阶段，此时林冠层透光性极差，林下灌木不断死亡，一些灌木物种开始退出，成为灌木物种最少的阶段。在恢复过程中灌木物种数量呈现"高→低→高"的变化趋势，乔木层的郁闭可能是影响灌木物种数量波动的主要原因（表5.9）。

表5.9　灌木层物种多样性指数变化

多样性指数	人工林不同恢复阶段（林龄）						原始林
	10a	20a	30a	40a	50a	70a	
物种数	9	11	6	6	7	12	12
个体数	303	229	22	28	33	85	132
Margalef 指数	1.4000	1.8400	1.6416	1.6669	1.8476	2.4760	2.3431
Simpson 指数	0.5430	1.0040	1.0544	1.0521	1.0330	1.0119	1.0098
MacIntosh 指数	0.3420	1.0710	1.2904	1.2779	1.2162	1.1217	1.1067
Shannon-Wiener 指数	1.1880	0.6260	1.6325	1.5680	1.5296	1.5470	1.5621
Pielou 均匀度指数	0.5410	0.2610	0.9294	0.8677	0.7935	0.6226	0.6322
Hurbelt 均匀度指数	0.5350	0.2480	0.9255	0.8566	0.7802	0.6035	0.6209

5.5.2.3　草本层物种多样性的变化

人工恢复的前 20 年，人工林群落中以草本种类居多，10a 林龄时草本物种数为 24 种，20a 林龄时为 20 种（表 5.10），30a 林龄的人工林，乔木的郁闭导致林下光照条件变化，使得草本层物种数急剧减少，到 70a 林龄时草本物种数达到了 17 种。在人工林的恢复过程中，草本植物物种数量变化规律与灌木层相似，表现为"高→低→高"的变化趋势，但草本植物的种类和生活型却发生了很大的变化，由喜光的阳生性草本物种逐渐演变为耐阴的物种。

表 5.10　草本层物种多样性指数变化

多样性指数	人工林不同恢复阶段（林龄）						原始林
	10a	20a	30a	40a	50a	70a	
物种数	24	20	8	11	15	17	20
个体数	811	429	73	172	220	176	449
Margalef 指数	3.4337	3.1346	1.5130	1.9003	2.5574	3.0945	3.1218
Simpson 指数	0.8816	0.8715	0.7493	0.7164	0.7612	0.8917	0.8975
MacIntosh 指数	0.6782	0.6711	0.5559	0.5149	0.5527	0.7174	0.7156
Shannon-Wiener 指数	1.1053	1.0080	0.6907	0.7030	0.7954	1.0739	1.1168
Pielou 均匀度指数	0.8009	0.7748	0.8026	0.7063	0.6888	0.8727	0.8660
Hurbelt 均匀度指数	0.7964	0.7461	0.7436	0.6157	0.6158	0.8233	0.8469

从研究结果来看，亚高山人工针叶林恢复过程中物种的丰富度、多样性和均匀度都在波动中逐渐增加，云杉人工林恢复（正向演替）过程总体上朝着有利于物种多样性恢复的方向发展。但对于云杉人工林的恢复而言，70 年的恢复经历还只能是初期或者中期阶段，在往后的演替过程中物种多样性的变化情况，还有待进一步深入研究。

5.5.3　群落生物量变化

不同恢复阶段云杉人工林群落总生物量表现出随着林龄的增加而持续增长，其中主要体现在乔木层生物量的增长，灌木层、草本层和枯枝落叶层的生物量变化趋势则各不相同。例如，10a 林龄以前，灌木的生物量所占比率很高，枯枝落叶层（主要为人工林营造以前植被中残存的）也占相当的比例。到 20a 林龄时，灌木生物量仍占 43.1%，但此时乔木层云杉生物量所占比例已经超过 40%。此后，乔木层生物量所占比率逐步增长到 70a 林龄时的将近 90%，而灌木层的生物量则不断下降，但到 70a 林龄时所占比率不足 5%。草本层的生物量则从人工林营造开始就不断下降，而且所占比率越来越小，到 70a 时不到群落总生物量的 0.2%。枯枝落叶层生物量的比率先降后升（10a 林龄时最大），到 40a 林龄时达到次大，以后逐渐减小（表 5.11）。

表 5.11　不同恢复阶段云杉人工林群落生物量变化　　　（单位：t/m²）

林龄	10a	20a	30a	40a	50a	70a
乔木层	7.9	40.6	101.4	125.4	142.9	218.9
灌木层	18.4	42.3	24.5	12.6	11.4	10.6
草本层	2.7	2.43	1.2	0.45	0.48	0.42
枯枝落叶层	8.6	12.9	20.9	26.8	18.0	15.5
总生物量	37.6	98.2	148.0	165.3	172.8	245.4

5.5.4　凋落物的变化

5.5.4.1　凋落物贮量的变化

10a 林龄人工幼林凋落物贮量较高，为 $68.48 \times 10^3 kg/hm^2$，30a 林龄人工林为 $31.94 \times 10^3 kg/hm^2$，50a 林龄人工林达到最大值 $76.90 \times 10^3 kg/hm^2$，随后趋于平缓，并略有减少。亚高山不同恢复阶段人工针叶林地表凋落物贮量总体上呈现先减少后增加并逐渐趋于平缓的变化趋势，然而表层和底层凋落物贮量的变化规律不同（图 5.10）。

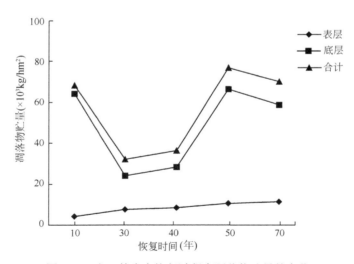

图 5.10　人工林生态恢复过程中凋落物贮量的变化

5.5.4.2　凋落物养分贮量的变化

人工恢复初期，凋落物养分贮量较高，为 $5.42 \times 10^3 kg/hm^2$，恢复 20 年后，林地凋落物养分贮量下降为 $2.54 \times 10^3 kg/hm^2$，随后逐渐增加，70a 人工林养分贮量增加到所研究恢复阶段的最大值 $6.17 \times 10^3 kg/hm^2$。因此，人工林随着恢复进程，凋落物养分贮量总体上表现出先减少后增加的变化趋势，然而表层和底层凋落物养分贮量的变化规律不同（图 5.11）。

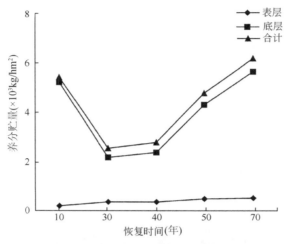

图 5.11   人工林生态恢复过程中凋落物养分贮量的变化

5.5.4.3   凋落物持水性能的变化

人工林恢复的初期阶段，凋落物最大持水量约为 72.31×10³kg/hm²，恢复 20 年后，凋落物最大持水量下降了 30.30%，以后逐步增加，恢复 50 年后凋落物最大持水量达到最大值，以后略有下降。人工林随着恢复，凋落物最大持水量总体上有先减少后增加再减少的变化趋势，其中表层和底层凋落物最大持水量变化规律不同（图 5.12）。

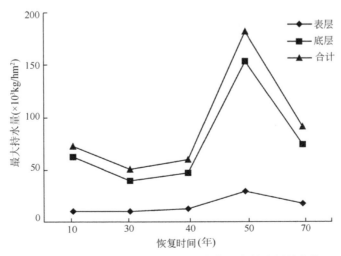

图 5.12   人工林生态恢复过程中凋落物最大持水量的变化

5.5.5 土壤肥力的变化

随着人工林恢复进程，土壤肥力综合指标值（IFI）呈下降趋势，到 40a 云杉林地达最低值，土壤肥力处于耗损阶段，生物与土壤间物质和能量的交换能力减弱，表明云杉自肥能力低，故土壤肥力下降。在云杉人工林出现自疏现象以后，土壤 IFI 稍有增加的趋势。这可能与植物群落生物循环和生物富集作用有关，如40a 云杉林凋落物贮量最大，说明在此之前的一段时期，云杉凋落物产生量大于分解量（图 5.13）。

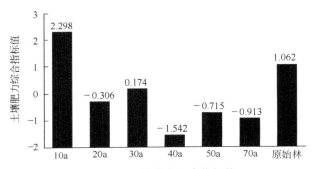

图 5.13　土壤综合肥力指标值

从图 5.13 还可以看出，人工云杉不同演替阶段土壤 IFI 下降幅度不一样，从20a 云杉林（-0.306）→30a 云杉林（0.174）→40a 云杉林（-1.542），土壤肥力下降显著，这是因为在云杉幼林阶段，云杉生长速度快，原始林积累的养分被迅速消耗，再加上云杉幼林期（未郁闭之前）凋落物量少，土壤肥力耗损大于归还。从 40a 云杉林（-1.542）→70a 云杉林（-0.913）及以后的演替阶段，可代表人工云杉出现自疏现象以后土壤肥力恢复阶段，可以看出，此阶段土壤肥力恢复十分缓慢，主要与此阶段土壤酶活性低和微生物数量少有关，特别是有利于针叶分解的真菌数量下降，导致凋落物分解进入土壤较慢。可以推测，此阶段的人工针叶纯林通过物种竞争，会逐渐向针叶原始林演替，但会经过较长时间，从土壤肥力演替来看，土壤肥力恢复为原始林状态也是十分缓慢的过程，说明针叶林自肥能力十分弱。

5.5.6 植物对土壤氮获取策略的变化

云杉人工林在不同恢复阶段均偏好利用土壤无机氮（表 5.12），但植物氮养分来源中 23%-44%来自于土壤可溶性有机氮（图 5.14），表明土壤可溶性有机氮是该区域人工针叶林植物重要的氮养分来源。这可能与该区域森林植物高度共生的外生菌根真菌有关，研究表明，外生菌根真菌有助于植物吸收利用土壤有机氮

（Mayor et al.，2015；Phillips et al.，2013）。但关于亚高山针叶林植物利用有机氮潜在的机制，还有待进一步深入研究。

表 5.12 不同恢复阶段云杉人工林对土壤不同形态氮的吸收偏好

森林类型	林龄	$\beta_{NH_4^+}$	$\beta_{NO_3^-}$	β_{DON}
云杉人工林	20a	−0.39（0.07）	0.42（0.08）	−0.26（0.16）
	30a	−0.36（0.10）	0.56（0.26）	−0.54（0.07）
	40a	0.25（0.06）	−0.02（0.03）	−0.40（0.04）
	50a	0.68（0.12）	−0.22（0.02）	−0.55（0.06）
	70a	0.32（0.13）	0.06（0.07）	−0.24（0.10）
原始林		0.37（0.08）	−0.04（0.02）	−0.20（0.12）

注：括号内的数字为标准误差。NH_4^+为铵态氮，NO_3^-为硝态氮，DON 为可溶性有机氮

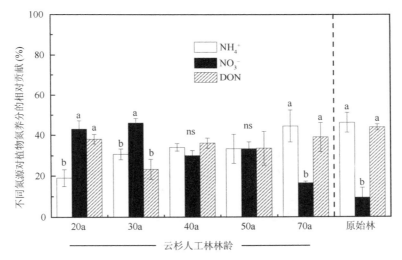

图 5.14 土壤中不同氮源对植物氮养分的相对贡献

NH_4^+为铵态氮， NO_3^-为硝态氮，DON 为可溶性有机氮

不同小写字母表示差异显著（$P<0.05$）

此外，随着人工林恢复进程，植物对土壤不同形态氮素的获取策略发生了显著的变化。具体表现为：20a 和 30a 云杉林土壤中的主要氮源为硝态氮，且植物偏好吸收硝态氮，而从 40a 云杉及以后的恢复阶段，植物转变为偏好利用铵态氮（图 5.14，表 5.12）。这可能与不同恢复阶段人工林土壤中氮素有效应性和植物生理特征差异有关。一方面，土壤氮库的大小对植物吸收不同氮源的偏好具有决定性的影响（Houlton et al.，2007），随着土壤中各种氮素的有效性发生变化，植物对土壤氮素的吸收会表现出一定的可塑性，会通过调整自身对氮素的吸收偏好来维持植物体的氮需求（Martens-Habbena et al.，2009；Zhang et al.，2018）。从我

们的研究结果可以看出，随着林龄的增加，云杉林土壤硝态氮浓度逐渐降低，而铵态氮浓度逐渐升高（表 5.13），从而使得云杉林对土壤氮源的利用偏好由硝态氮转变为铵态氮。土壤硝态氮对植物氮养分的相对贡献与土壤硝态氮库的大小表现出显著的正相关关系也佐证了这一解释（图 5.15）。另外，随着林龄的增加，云杉林对土壤氮源利用偏好的转变也可能与其对 NH_4^+ 毒性逐渐降低的敏感性有关（Niinemets，2010）。从能量消耗的角度来看，尽管植物吸收铵态氮比吸收硝态氮会耗费更少的能量（Salsac et al.，1987），但土壤 NH_4^+ 在植物体内积累并易产生毒性这一现象可能会抵消植物吸收铵态氮在能量消耗上所具有的优势（Boudsocq et al.，2012）。20a 和 30a 云杉林对土壤硝态氮表现出更大的依赖性，可能反映了植物为了避免 NH_4^+ 毒性而产生的适应性策略（图 5.14，表 5.12）。而随着林龄的增加，林木冠幅的增大使得植物能够截留更多的光照，进而增强云杉林对 NH_4^+ 毒性的抵抗性（Niinemets，2010；Setién et al.，2013），因此，在人工林恢复后期，云杉林又转变为偏好吸收铵态氮。

表 5.13 不同恢复阶段云杉人工林土壤不同形态氮库变化

森林类型	林龄	氮库（mg N/kg）			
		NH_4^+	NO_3^-	DON	TDN
云杉人工林	20a	9.58（1.68）[bD]	21.40（3.04）[aA]	21.49（4.06）[aA]	52.47（6.25）[B]
	30a	14.43（2.62）[bC]	16.58（2.98）[bA]	31.32（7.33）[aA]	62.34（10.52）[B]
	40a	18.51（1.82）[bB]	11.57（1.41）[cB]	34.10（4.18）[aA]	64.28（5.47）[B]
	50a	23.16（3.40）[aB]	6.33（0.78）[bC]	23.02（1.70）[aA]	52.51（8.36）[B]
	70a	21.98（3.08）[aB]	3.88（0.33）[bD]	21.50（2.06）[aA]	47.36（5.63）[B]
原始林		43.01（3.63）[aA]	8.11（0.46）[bC]	35.94（5.92）[aA]	87.06（4.22）[A]

注：括号内数字是标准误差。上标字母是多重比较的统计结果，小写字母指示林龄之间的差异，大写字母代表林型之间的差异，不同字母代表 $P<0.05$ 水平上差异显著

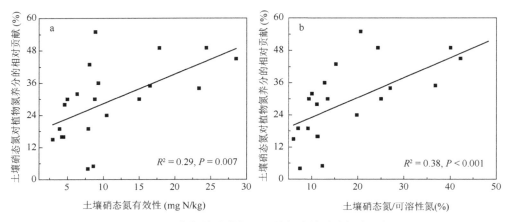

图 5.15 土壤硝态氮对植物氮养分的相对贡献与土壤硝态氮有效性的相关性分析

对比 40a 及以后的云杉人工林与原始林植物对氮素的吸收偏好，可以看出，人工林恢复后期与原始林具有相似的氮素获取策略（图 5.15，表 5.12）。可以推测，从演替的角度来看，云杉人工林恢复（正向演替）过程总体上也朝着原始林的方向发展。

5.5.7　亚高山人工针叶林恢复的生态特征

通过对亚高山针叶林不同恢复阶段的物种多样性、群落生物量、凋落物、土壤肥力及植物对土壤氮素获取策略等方面的研究，发现川西亚高山人工针叶林恢复过程有如下生态特征：①亚高山人工针叶林恢复过程中物种的丰富度、多样性和均匀度都在波动中逐渐增加，云杉人工林恢复过程中总体上朝着有利于物种多样性恢复的方向发展。②群落生物量总体上持续增长，林地表层凋落物贮量、养分贮量及最大持水量总体上呈现先减少后增加，在恢复后的 50 年左右达到最大量，并逐渐趋于平缓或略微减少的变化趋势。③与原始林相比，70a 林龄人工林凋落物贮量、养分贮量及最大持水量仍存在较大差距，因此人工针叶林生态功能的恢复是一个十分漫长的过程。④云杉幼林向成熟林恢复时，植物对土壤氮源的利用偏好由硝态氮转变为铵态氮；与原始林相比，云杉人工林恢复后期与原始林表现出相似的氮素获取策略，恢复过程总体上朝着原始林的方向发展。

在云杉人工林地中，土壤 IFI 表现出非正 "U" 形的变化，即云杉幼林向成熟林演替时，土壤 IFI 迅速下降，大约在云杉 40a 出现自疏之后，土壤 IFI 回升，但恢复速度十分缓慢。土壤肥力是土壤的基本属性和质量特征，它对群落演替的影响不容忽视。某一阶段土壤肥力状况，不仅反映了在此之前群落与土壤协调作用的结果，还决定了后续演替群落的土壤肥力基础和初始状态。川西亚高山地区，原始林采伐后形成迹地，如在采伐迹地上进行人工抚育，由于立地继承了原始林累积的大量凋落物，土壤肥力较高，云杉生长迅速，但由于人工种植前实施清林过程，灌木、草本被清除，林地生物归还能力极低，土壤肥力迅速下降，在云杉郁闭度达到一定程度以后，种间竞争加强，林内光照弱，幼小个体退出竞争，林地凋落物量增加，竞争自疏后，林地光照、水分条件得到一定程度的改善，凋落物分解速率加快，但凋落物以针叶为主，分解归还仍十分缓慢，故此阶段土壤肥力虽得到一定程度恢复，但速度极慢。

此外，与原始林相比，云杉人工林土壤相对较低的无机氮库和相对较慢的氮周转速率使得人工林严重受到氮素限制（Xu et al., 2010，2014）。鉴于此，人工林会采取怎样的应对措施来满足自身氮素需求和维持长期的生产力？研究结果表明，云杉人工林和原始林会形成两种独特的养分经济模式（图 5.16）（Zhang et al., 2017）。具体而言，人工林植物在生长季选择通过形成稳定复合物来增加土壤有机氮的滞留，而不是促进氨基酸的生产来补偿较低的无机氮有效性。而在非生长季，人工林这种"保留"式的养分经济模式很可能会被季节温度的变化所改变。当土壤温度降低使得土壤氮矿化极端受到抑制，土壤中无机氮的可利用性降低到不能满足植物基本氮需求这一阈值时，人工林植物被迫释放原先保存于复杂有机物中的有机氮来增加氨基酸的生产（图5.16），通过调整氮源获取策略，使土壤氨基酸在非生长季成为人工林植物主要的氮源来补偿严重受限制的无机态氮养分有效性，进而维持长期的森林生产力和稳定性。

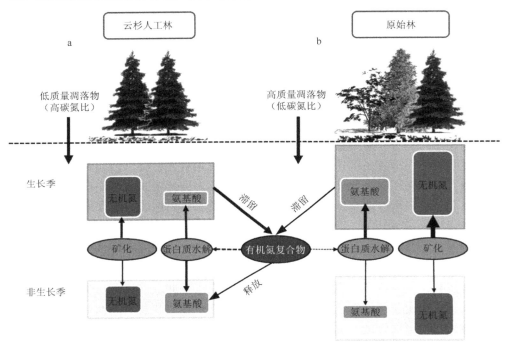

图 5.16　云杉人工林与原始林的养分经济模式概念图
箭头粗细表示养分流量的多少

　　根据川西亚高山人工针叶林恢复的现状，应采取两方面的调控措施。①人工纯林群落结构单一，容易造成养分生物循环过程缓慢，导致土壤肥力下降。为此，中国科学院成都生物研究所的研究人员根据地块内的微生境的异质性特点，首次在西南亚高山针叶林采伐迹地内，在不同的局部小区域，分别采用了不同的群落配置模式，提出了植被恢复的"复式镶嵌群落配置模式"。在亚高山人工林营建过程中，采取乔木、灌木和草本植物适当搭配，如乔木-针叶树种（如云杉）和阔叶树种（如桦木）等有机配置，尽量不要营造纯林。该模式的运用增加了人工林群落的物种多样性和群落结构的稳定性，加快了生态功能的恢复进程。②在恢复过程中注意搞好抚育间伐，降低林分密度，提高透光度，这将促进人工林植物对土壤优势氮源的获取，有助于促进林下植物生长，充分发挥林下植物养分含量高、凋落物分解较快的特点，加快人工林生态系统营养元素生物化学循环速度与效率，提高表层土壤营养元素和可溶性有机氮含量。同时避免云杉因为自疏过程而造成的生长缓慢，有利于其快速生长，促进人工林生态功能的恢复。

5.6 退化农田生态系统的恢复

农业是人类最早开展的生产活动之一，随着全球人口的持续增加和扩散，地球上的许多森林被人类改造为农业生产基地。早期由于缺乏工具和农业知识，农业以刀耕火种为主，生产力极低。随着社会的发展，各种农用工具、农业知识和技术、作物品种被广泛利用，人类步入有机农业时代，这一时期农业以施用土杂有机肥为主，生产力较高。第二次世界大战后，西方发达国家和部分发展中国家进入了化学农业（或称石油农业）时期，这一时期以高耗能（大量投入化肥、农药和机械等）、高产出（高的作物产量）为特征。进入 20 世纪 90 年代，发达国家认识到化学农业导致了一系列环境和土地退化问题，转而提倡可持续性农业，这种农业强调施用有机肥、无环境污染及可永续利用。迄今世界各国仍存在大面积的退化农田生态系统，退化农田面积约占农田总面积的 4/5（Hoffman & Carroll，1995；Gliessman，1998；陈灵芝和陈伟烈，1995）。我国耕地数量不足且还在减少，耕地质量整体水平偏低，耕地土壤退化较为严重（占耕地总面积的 40% 以上），土壤污染严重（沈仁芳等，2018）。

5.6.1 农田生态系统的退化

为了养活更多的人口，一段时期以来，各国农业均以追求最高产量和最高利润为目的，以耕作强度高、单一种植、应用复合肥、灌溉、施用农药控制害虫和杂草、推广高产品种等为特征。这种农业运作模式引发了严重的后果：耕层变浅、土地肥力衰减（有机质含量偏低、土壤养分呈现非均衡化）、水土侵蚀严重、土壤盐渍化/酸化/沙化严重、土壤微生物种类及数量下降、水的浪费或过度使用、地下水位下降、农药残留等环境污染、农业依赖于人类投入、农业遗传多样性丧失、农业产量失控、全球农业失衡等（Gliessman，1998；沈仁芳等，2018）。

由于区域的经济、生态和社会条件的限制，退化的农田生态系统很容易进入恶性循环（图 5.17）。要解决农业生态系统恢复问题，有赖于一定的农业知识、生态知识、技术条件、文化背景、经济水平和人类素质。更具体地说，退化农田生态系统的恢复有赖于土壤、气候、作物、市场、经济条件和农民经验及技术等因素（陈灵芝和陈伟烈，1995）。

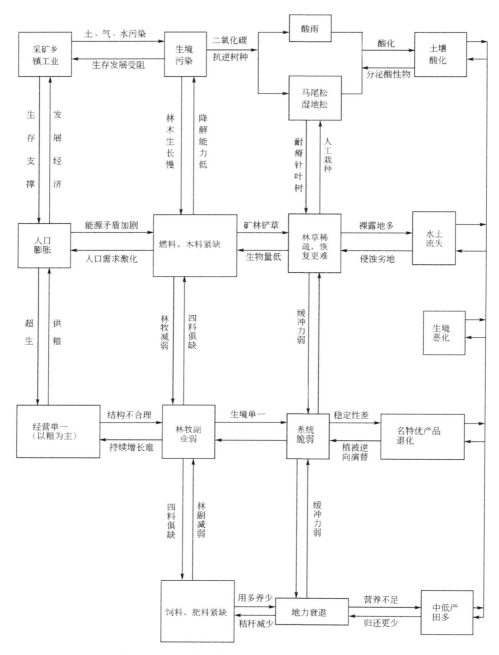

图 5.17　红壤农业生态系统恶性循环示意图（仿王明珠和张桃林，1995）

　　农业生态系统的组分多，而且组分间的相互作用复杂，因而导致农业生态系统退化的因素也很复杂的。例如，导致水稻田退化的因素可能包括光、温度、水分、湿度、蒸发、动物、植物、微生物、土壤、水稻遗传特性、地形、地理位置、火、降水、风、大气、生境异质性等，这些组分在不同时间内有不同的相互作用，形成了一个复杂的等级系统（Hoffman & Carroll，1995）。

5.6.2 退化农田恢复的程序及措施

退化农田生态系统的恢复程序一般包括：研究当地土地历史、乡土作物、人类活动、土壤特征，以及农用动物、植物、微生物关系，分析退化原因；针对退化症状进行样方试验；进行土壤改良和作物品种改良；控制污染并合理用水；恢复后评估及改进。

不同的退化农田生态系统的恢复措施不同，一般弃耕地的恢复相对容易，干旱区农田恢复成本要高于湿润区农田的恢复成本。退化农田的恢复措施大致包括：模仿自然生态系统、降低化肥输入、混种、间种、增加固氮作物品种、深耕、施用农家肥、种植绿肥、改良土壤质地、利用生物技术修复污染土壤、建立土壤微生物-作物互作系统、轮作与休耕、利用生物防治病虫害、建立农田防护林体系、利用廊道梯田和生态技术等控制水土流失、秸秆还田等。此外，在恢复干旱及贫瘠农田时可采用渗透技术（Mitsch & Jorgensen，1989；彭少麟，1997；任海和彭少麟，1998）。

5.6.3 评估农业生态系统恢复的参考指标

亚热带红壤严重退化生态系统植被稀少，植物区系组成简单，生物多样性各种指数低。退化生态系统恢复重建后，植被覆盖恢复，植物种类增加，区系组成向复杂化方向发展，各多样性指数增大。其中用乡土林的物种进行恢复的生态系统，其乡土物种最为丰富，区系组成较为复杂，多样性指数最大。严重退化生态系统经封禁管理措施恢复后，生态系统的植物物种多样性也有很大程度的恢复，但与乡土林相比，还有较大差距（郑本暖等，2002）。

在确定某一农业生态系统退化或恢复程度时，可采用土壤资源特征、水文地理特征、生物特征、生态系统层次特征、生态经济特征和社会文化环境特征等进行评判，不同的农业生态系统类型可选用不同的指标，而且其定量指标不同。这些特征的详细指标如下。

（1）土壤资源特征：可分为长期和短期特征。长期特征：土壤深度（表层土及有机质层深度）、表层土有机质含量及质量、水分过滤及渗透率、矿质营养水平及碳氮比、离子交换水平、土壤盐度等。短期特征：年侵蚀率、营养吸收效率、作物必需营养可获得性及其库源等。

（2）水文地理特征：可分为农业水利用效率、表面水流和地下水质三部分。农业水利用效率：灌溉水或降雨的渗透率、土壤含水量、侵蚀率、根系层含水量、土壤湿度分布与植物需水的配合度等。表面水流：水的持留、农业化学水平运输、表面侵蚀率、农田保护系统的有效性。地下水质：水在土壤中的运移、营养成分的淋溶、杀虫剂及污染物的淋溶。

（3）生物特征：可分为土壤和地面两部分。土壤：土壤中总微生物生物量、土壤微生物生物多样性、土壤生物量的流通率、土壤微生物活动与营养循环、生物营养量、致病微生物的控制、固氮根瘤的结构与功能等。地面：害虫的多样性与多度、抵御杀虫剂的能力、天敌和益虫的多样性及多度、植物生态位的多样性及重叠、乡土动植物的多样性与多度、病虫害及杂草控制的持续性等（Forman，1995；任海和彭少麟，1998）。

（4）生态系统层次特征：年产量、生产力过程的组分、多样性（结构、功能、垂直、水平、时间）、稳定性、抗逆性、恢复力、外部输入的强度及来源、能源及利用效率、营养循环效率、种群生长力、群落复杂性与相互作用等（Odum，1969）。

（5）生态经济特征：单位农田产值、投资效率、盈利率等。

（6）社会文化环境特征：农场主劳动力和消费者的平衡性、农场主决策的自主性、社会公平性、生态伦理等。

全球约有40%的陆地面积因农业利用而改变了原有生态系统类型，伴随这一过程的是生物多样性的降低和生态系统服务功能的减弱。Barral等（2015）对全球20个国家的54个研究案例分析后发现，在农业生态系统恢复过程中采取集约型有机农业生产方式和近自然复合农业方式的效果不同。总体上，农业生态系统恢复可以增加68%的所有生物类型的多样性水平，增加42%的供给服务和120%的调节服务水平（与恢复前相比），这些值已接近参考生态系统的水平。生物多样性与生态系统服务紧密相关，恢复的效果与恢复时间相关性不强。近自然复合农业方式的恢复效果更好一些，但作物产量可能受影响。

5.6.4 复合农林业

5.6.4.1 复合农林业的定义

我国是一个有悠久农业生产历史的文明古国，早在春秋战国时期就形成了农、林、牧、副、渔等，各业间"相继而生，相资以利用"。后来，在长期生产实践中创造了各种林粮间作、林牧结合、桑基鱼塘、庭院经营和农林牧复合经营等农业经营模式，它们包含了大量的可持续发展思想。复合农林业生态系统是以生态学原理为基础，遵循技术、经济规律建立起来的一种具有多种群、多层次、多序列、多功能、多效益、低投入、高产出的高效、持续而稳定的复合生态系统。它突破了传统农业、林业生产单一的生产方式，形成了以林为主的一个复合的、开放的、具有整体效应的生态系统。这种复合生态系统能有效地提高土地资源利用率，促进太阳能和有关物质在系统内的多次循环利用，实现整个系统在空间和时间上的高效利用（李文华和赖世登，1994）。

　　虽然很早就有复合农林业（agroforestry）的实践活动，但复合农林业这个词在英语中出现仅是 1960 年的事。今天，复合农林业这个词已广泛应用，尤其是被许多国际组织大量用在其项目中。国际农林复合研究理事会（International Council for Research in Agroforestry）将复合农林业定义为：复合农林业是一个针对土地利用的系统和技术的集体术语。在这个系统中，地面的多年生木本植物（乔木、灌木、灌丛、矮树、棕榈）按一定的时空顺序被仔细耕种，或者用于作物/或储备耕作，在该系统中木本植物与另外的组分间有生态和经济的相互作用，而且这些相互作用形式多样，有正作用，也有负作用，而且会随时间而变化。

5.6.4.2　复合农林业的潜能

　　复合农林业系统包含大量的生物和非生物因素，主要有植物、水分、动物、土壤等。这些复合农林业生态系统的组分有较大的潜能（表 5.14）。此外，复合农林业生态系统的潜能还包括：保护和稳定生态系统，生产高水平的经济产品（如食物、燃料、小木材、饲料、有机肥等），为农村提供稳定的就业岗位、增加农民收入。

表 5.14　增加动植物产量导致的主要环境风险和复合农林业系统的优势

技术	主要的环境风险	复合农林业的优势
灌溉	导致气候变化（尤其是改变反射后的后果） 影响动物活动 促使土壤盐碱化 诱发人类和动物的某些疾病 土壤侵蚀 浪费水资源	树木可减少阳光反射、挡风、改善小气候 植物组分可能成为动物的栖息地 可利用木本植物吸盐改造土壤 应用木本植物来抵抗疾病或生产药物 种植适当的多年生植物可防土壤侵蚀 避免木本植物过多消耗水分
使用适当的种类和品种	无序引种会导致外来种入侵 遗传多样性损失	有利于植物生长繁殖 保护遗传多样性
使用化肥	增加水污染、土壤酸化	使用固氮树种和净水树种
控制减产类害虫	增加土壤、水、植物和食物中的毒素 阻碍植物的正常生长	使用驱虫植物
减少废物生产，增加废物利用	增加土壤和水体被废物污染的风险	复合系统生产有机质
保护现有植物资源	导致物种和生物带濒危	使用濒危种并保护生物带
物种保护	一些家畜或野生物永久消失	树林等可为濒危物种提供栖息地
使用适当的物种和品种	保护动物遗传多样性	维持或创造适当的生态带供动物栖息
饲养改进和生长剂	动物产品通过食物链对人类产生影响	增加饲料的质和量
害虫控制	污染水土和导致动物中毒	植物中有杀虫物质
对人类安全和生活质量影响	许多	为人类提供大量原材料、生态系统服务

5.6.4.3 复合农林业生态系统设计的技术

要在坡地建立复合农林业生态系统，技术是这一模式成功与否的关键。这些技术主要包括以下几种（任海等，1999）。

1. 立体种植与立体种养技术

这种技术因实施的时间空间差异，其方式也多种多样。第一是在立体空间上根据坡地光、热、气、水、土等环境因子的差异，从坡顶至谷底因地制宜进行分层设计和利用；第二是在同一层次的水平空间内，协调生物与生物之间、生物与环境之间的关系，利用生态农业的基本原理进行立体种植、立体种养或立体养殖；第三是在时间序列上，在同一层次内进行轮套种，不同作物的生产交叉进行，一年收获多种农产品。

2. 有机物质多层次利用技术

通过物质多层次、多途径循环利用，体现生产与生态的良性循环，提高资源的利用效率，这是生态农业中最具代表性的技术手段。其技术主要通过种植业、养殖业的动植物种群、食物链及生产加工链的组装优化加以实现。有机物质多层次利用技术可大幅度提高物质及能量的转化利用效率。农业生态系统中物质多级利用的主要方式有：畜禽粪便综合利用、秸秆综合利用等。

3. 生物防治病、虫、草害技术

生物防治病、虫、草害技术即利用轮作、间混作等种植方式控制病、虫、草害，通过调整收获和播种时间来防止或减少病、虫、草害，利用特定动物、微生物防虫、除草，利用从生物有机体中提取的生物试剂来替代农药防治病、虫、草害。

4. 再生能源技术

开发利用生物能（薪炭林、沼气）、生态能（太阳能、风能、水能）等新能源，来替代部分化石能源是生态农业的一项重要技术，主要包括沼气发酵技术、太阳能利用技术、地热能利用技术。

5. 耕作技术

耕作技术包括等高耕作、深耕、带状间作、混作、套作、轮作、密植、等高活篱笆、农林间作、覆盖等。

6. 工程技术

工程技术主要是指改变坡地地表形态、降低坡度、减少径流冲刷动能的方法，如筑梯田、修山边沟等。

5.6.4.4 复合农林业生态系统的结构与类型

复合农林业生态系统是指农业生态系统各组分相互联系、相互作用而构成的，在空间上具有一定系统边界，在时间上相对稳定，具有一定结构和功能的生产综合体。

目前，对复合农林业生态系统类型的划分尚无统一标准，现行的分类方法有以品种组合搭配命名的（如稻-鱼-菜模式），有以地貌单元命名的（如庭院经济模式），有以产业结构命名的（如种-养-加模式）。李文华和赖世登（1994）将复合农林业类型划分为庭院复合经营、桐农复合经营、杉农复合经营、杨农复合经营、枣农复合经营、桤柏混交林-农业复合经营、桑田复合经营、林牧复合经营、林参复合经营、湿地生态系统农林复合经营、胶园复合经营、等高绿篱-坡地农业复合经营、农田林网复合经营和小流域农林牧复合经营等类型。章家恩等按五级分类指标系统对复合农林业生态系统进行分类。其第一级为自然区域特征指标子系统，第二级为地貌形态单元指标子系统，第三级为产业链结构指标子系统，第四级为品种组合搭配的时空结构指标子系统，第五级为模式的经营属性（表5.15），命名时自上而下排列。例如，亚热带坡地种养即"果-鸡"的农户经营模式表示在亚热带坡地上种养结合，在果树下养鸡的农户生产模式。

表 5.15   复合农林业生态系统模式的分类系统及其表达内容

模式指标	I 自然区域特征	II 地貌形态单元	III 产业链结构	IV 品种组合时空结构			V 经营属性
				平面结构	立体结构	时间结构	
可能出现的组合类型	热带 亚热带 温带 寒带 海洋性气候 地中海式气候	小流域、山坡、平原、低洼地、湖泊、河流、沼泽、滨海等	种-养 种-养-加 产-供-销 科-工-贸	平面镶嵌型 间作套种型	庭院立体式 农林复合式 阶梯式结构	复种型 轮作型 时间嵌合型	农户 农场 基地 公司 公司+农户

在建立并划分复合农林业生态系统模式的类型时，可综合考虑如下因素。

（1）模式的地域性与适应性：由于纬度、海陆位置、海拔、地质条件和地形地貌等因素的影响，不同地区存在气候、土壤、水文和生物群落的差异及其组合特征，进而形成相应的生态环境背景与景观生态类型。因此，对光照、水分、温度、土壤、大气、生物具有强烈依赖性的农业生态系统必然具有地域性。在进行复合农林业生态系统模式的选择与构建设计时，应该因地制宜，立足于本地区的生态环境条件和资源特点。据不完全统计，我国现有复合农林业生态系统模式6000多种，李文华和赖世登（1994）将其划分为东北区、华北区、华中区、华南区、西北区、青藏区等六大区，每个区域内都有不同的类型。

（2）模式的整体性：模式的各组分之间具有固定的联系以及物质循环和能量流动途径，具有整体的结构，完成着一定水平的固有功能，而且具有调控特征。其中任何一个要素发生改变或被破坏，必然会影响整个系统的结构与功能。在构建复合农林业生态系统时，要有系统论的观点，搞清模式各组分之间的相互适应性及其组合的比例参数，统筹兼顾。例如，"牧-沼-果"复合生态系统的畜禽产生的粪尿可生产沼气，而生产沼气后的废渣可用于果园施肥，物质得以层层利用，形成了一个整体。当改变其中某一个组分时，可能要对其他组分进行调整，以保证其整体性。

（3）模式的时空特性：模式的时空特性包含两个方面，在大尺度的时间范围内，模式会随着时间的推移而发生结构和功能的演变与更替，在短期内，模式又具有周期性的节律变化而表现为一定的时间结构。因此，在构建复合农林业模式时，应综合考虑属于农田、集水区、流域、县地市规模（如某县供应养殖肥料，而另一县用于种植作物）中的哪一个尺度。从目前的研究与实践来看，最适宜的规模是小流域或小地貌单元的尺度，同时将其考虑为一个具有平面结构和立体结构的三维空间物质实体。例如，在广东省鹤山市等地，农民或投资者多以丘陵区的集水区（一般约 $20hm^2$）为单位，在坡顶造林，坡腰种果，坡底筑塘，塘边种草，开展林-果-草-渔复合农林业模式开发，这种尺度的模式投资与当前人们的经济水平相当，而且农产品面对市场销售快，经济效益、生态效益和社会效益较好。

（4）模式的阶段性：复合农林业生态系统模式是自然、经济和社会因素相互作用的产物，随着它们的变化，复合农林业生态系统的内容、结构与功能、多样性与复杂性也会发生相应变化而呈现一定的阶段性，从而导致农业模式由单一到复合，功能由简单到复杂，物种多样性和农业生产力由低到高。例如，由于蚕桑经济价值低下，珠江三角洲的"桑基鱼塘"后来被"蔗基鱼塘、果基鱼塘、花基鱼塘和菜基鱼塘"等取代。又如，某些地方由于大力发展电力和石油液化气，原有的"牧-沼-果生态系统"中的沼气被淘汰，原有模式中的生态链断裂。当然，在一定时间范围内，某些复合生态系统模式还是有相对稳定性的，随着时间的变迁，某些模式会不断优化，要求不断地改变和调控农业生态系统中的某些组分和生态联系，以保证系统的稳步、和谐、持续发展。

（5）模式的应变性和弹性：复合农林业生态系统模式是一个多层次、多通道、全方位和多功能的农业生产体系。这种多元结构不仅具有动态调控性，还具有一定的抗逆能力与应变性，能够抵抗一定程度的外界干扰和自然灾变的侵袭，而且在人为调控下能够根据市场需求做出灵敏的反应。例如，华南的基塘系统主要由水陆交互作用界面组成，在开始时，基主要是桑，后来基变成了果、菜或花，子系统发生了变化，而总系统结构依然存在。

（6）模式的相对优劣性：农业生态模式常具有不同的优劣水平。三高农业模式实际上是物种、物质、能量、信息在空间、时间和数量方面的最佳组合及运用。而相对低劣的农业生态模式常结构简单、功能低下、生产力和经济效益低。值得指出的是，模式的优劣性与系统的复杂性或多样性之间的关系并不简单。是构建复杂的还是简单的复合农林业生态系统，要根据多种因素进行选择，有时建立单一的模式可能比复合模式的总体效益还要高。例如，有些地方开展复合农林业产值很高，但有些地方建立粮、棉、油基地，形成规模效应后效益也很好。

5.6.4.5 广东的复合农林业生态系统模式概况

广东省坡地开发历史悠久，组成模式繁多，尤其是改革开放以来，呈现出多样性，相继涌现许多层次多、结构合理和效益高的新模式。概括起来主要有以下几大系统和一些模式（任海等，1999）。

1. 农林系统

这种模式强调林业和农业生产，在广东常见的有以下几种模式。

粤东主要有：林-茶、林-茶（草）、林-沙田柚（柱花草）、林-沙田柚（花生或黄豆等）、林-青梅（番薯或蔬菜）、林-柑橙（前期花生或蔬菜）、林-乌榄或白榄-柑橙或香蕉、林-芒果、林-水稻、林-木薯、林-花生。

粤中主要有：林-荔枝、林-龙眼、林-荔枝（前期间种花生或蔬菜、番薯、西瓜、南瓜等）、林-龙眼（前期间种花生或蔬菜、番薯、西瓜、南瓜等）、林-芒果、林-菠萝。

粤北主要有：林-茶（合欢）、林-柑橘、林-菜、林-板栗（茄瓜或辣椒、花生）、林-白果、林-板栗、林-白果（前期花生等）、林-玉米。

粤西主要有：林-玉桂、林-巴戟、林（砂仁）-玉桂、林-荔枝、林-龙眼、林-荔枝（前期花生等）、林-龙眼（花生等）、林-芒果、林-木薯、林-水稻。

粤西南主要有：林-香蕉、林-荔枝、林-龙眼、林-蔬菜、林-荔枝（前期蔬菜等）、林-龙眼（前期蔬菜等）、林-菠萝。

2. 林牧系统

这种模式是指在林地上间种牧草或在同一小区上放牧，在广东常见的有林-黄牛、林-山羊、林-鸡、林-草-牛等，常见的牧草有象草、皇草、黑麦草、柱花草、雀稗等。

3. 农林牧系统

这是由树林、农作物、动物或牧场组成的农林牧复合系统，常见模式有：林-沙田柚-猪（圈养，下同）、林-沙田柚-鸡（散养，下同）、沙田柚-猪（以上主要分布于梅州市)、林-青梅-猪、林-青梅-鸡、林-柑橙-鸡（以上几种主要分布于潮汕地区）、林-花生等旱作-猪、林-龙眼-猪、林-荔枝-猪、林-龙眼-鸡、林-荔枝-鸡、林-龙眼-鸡-猪、林-玉桂等药材-猪等（以上主要分布于粤中、粤西地区），果树下常间种农作物、牧草、蔬菜等。

4. 林渔系统

林渔系统以林、渔为主，主要是在山上造林，山坑养鱼，全省均有分布。

5. 林农牧渔系统

这种系统在山上造林，坡腰脚种果、种粮或蔬菜，山坑筑塘养鱼，塘坝猪舍养猪，这种模式类型在全省均有分布，在珠江三角洲及粤东地区分布尤为广泛。

6. 林农虫系统

林农虫系统是在复合农林业中，资源昆虫与其他植物并存的开发利用形式。常见有以下几种：①桑树-家蚕-农作物（豆科作物、蔬菜等）。②桑树-家蚕-鱼塘即著名的桑基鱼塘模式，一些学者称之为"林虫渔系统"，以前在珠江三角洲非常常见。近几年由于蚕茧受市场价格波动的影响比较大，这种模式的规模已大大减小。③南岭黄檀-紫胶蚧或南岭黄檀-紫胶蚧-木薯（或花生、黄豆、旱稻）或南岭黄檀-紫胶蚧（间种砂仁等中药），这种模式在粤东、粤西有较为广泛的分布。此外，还有一些资源昆虫与农林生态系统结合的模式，在生产实践中有些还不够完善，但鉴于大部分昆虫还没有被利用，所以林农虫系统在坡地的开发利用前景应当被看好。

7. 特殊的旅游观光型农林系统

近几年来，由于社会经济的迅速发展，人们的社会需求呈多样化发展，旅游观光型农业成为新的投资热点。在一些地区以观赏林为主，结合不同品种的果树，养殖珍禽、修建鱼塘等，进行以旅游和农业开发为目的的农林生态系统建设。

以上这些复合生态系统可为同时型或错时型，也主要是一些常见的类型，全省各种系统类型的模式种类繁多，但这些复合系统的模式都强调因地、因时制宜，合理组装配套，最大限度地实现生物配置上的优化组合、资源开发利用和系统的能流物流多级利用，这是复合农业生态系统模式建设和调控优化的基础。

5.6.4.6 通过复合农林业保护生物多样性

自然森林的物种多样性往往比较高，而单一种植的农业生态系统由于长期的耕作，土地退化，导致物种多样性下降。退化土地还由于受水土流失、土壤水分过度消耗、气候变化和新病虫害的袭击等环境因素的影响，物种的自然恢复变得非常艰难。如果选定对某一退化的土地进行恢复，使用原来森林的种类构建生态系统时，很难预见这些种类是否能适应已改变了的环境。构建和经营复合农林生态系统或许能解决这个问题，因为复合农林生态系统的结构特征是多种、多层结构，符合物种多样性的环境特点。

复合农林生态系统不应被认为是保护热带亚热带天然林的一项替代性的措施，但其实践还是有助于保护其物种多样性的，它能够为许多物种（从土壤微生物、昆虫到哺乳动物等）提供较大块的生境。复合农林业究竟在多大程度上使物种多样性受益呢？在南美洲，大量研究结果表明，传统的咖啡农林系统（咖啡与2-3 种树木间种）的鸟类、昆虫、蝙蝠甚至哺乳动物的多样性仅次于未受干扰的热带森林。Smithsonia 候鸟研究中心的研究发现，墨西哥的咖啡农林系统至少有 180种鸟，是单一咖啡种植园内鸟类多样性的 10 倍。苏门答腊低地生产树脂的复合农林生态系统已种植几代，是当地为数不多的生物多样性保护区之一，聚集有珍稀附生植物、禾草植物、46 种哺乳动物、92 种鸟类，还有许多当地土壤动物。许多成功的自然保护机构或组织都将复合农林系统纳入他们的项目，作为重要的研究部分。

复合农林业保护生物多样性是其生物效应的具体体现，其作用原理在于改善生态系统的生态环境，促进系统内植被（尤其是草本植物）演替，系统内植物种群数量大幅提高，形成了较稳定的植被类型，为昆虫、鸟类及哺乳动物等提供食物和藏身之处，为其繁殖提供有利条件，并对土壤微生物数量及组成产生了明显的影响。据研究，土壤微生物数量显著增加，细菌、放线菌、真菌数量分别增加29%、60%、81%，有的甚至增加数倍，土壤酶活性提高 60%，对枯枝落叶的分解，有机质、腐殖质的积累及养分循环起到明显的促进作用。因此，复合农林生态系统在生物多样性保护中的作用是显而易见的。

5.6.5 防止退化的必由之路——可持续性农业

从发达国家的农业发展来看，开展农业活动肯定会对环境造成不利的影响，但从现实情况来看，农业活动又是社会的重要组成部分。农业在经历了传统农业、机械农业、化学农业等阶段后又走上了有机农业之路。人们普遍认为，利用农业新技术可以减少对环境的影响（图 5.18，表 5.16）。通过比较我国和西方发达国家的农业发展历史可以发现，虽然利用生物技术发展农业是发展方向之一，而且经济效益可观，但生态农业和有机农业才是农业可持续发展之路，而复合农林业是有机农业中重要的一员。以我国南方"七山一水两分田"的丘陵地形来发展复合农林业是一条可持续发展之路。

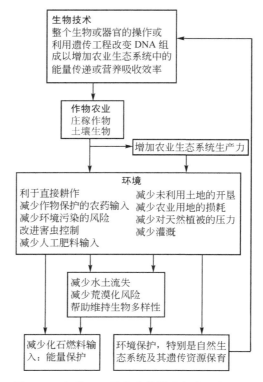

图 5.18　农业、环境和生物技术间的积极关系

表 5.16　自然生态系统、传统农业生态系统与可持续性农业生态系统比较

	自然生态系统	传统农业生态系统	可持续性农业生态系统
生产力	中等	低/中等	中/高等
物种多样性	高	低	中
遗传多样性	高	低	中
食物网关系	复杂	简单/线性	复杂/网状
物质循环	封闭	开放	半封闭
恢复力	强	弱	中
输出的稳定性	中	高	低/中
存在时间	长	短	短/中
人类控制	独立	完全控制	半控制
对输入的依赖性	低	高	中
生境的异质性	复杂	简单	中等
自主性	高	低	高
灵活性	高	低	中
可持续性	高	低	高

在恢复退化农田生态系统的同时，还必须发展可持续性农业（表 5.16），避免农业生态系统的再次退化，以实现区域农业的可持续发展（Gliessman，1998）。

5.7 红树林生态系统的恢复与管理

5.7.1 红树林概论

湿地生态系统是地球表面三大生态系统之一，而红树林生长于热带亚热带沿海潮间带，是处于陆地生态系统与海洋生态系统过渡带的一类特殊湿地生态系统，兼有陆地和海洋生态系统的特征。红树林是自然分布在热带、亚热带海岸潮间带的木本植物群落，是海滩上特有的森林类型。红树林主要由几十种红树植物和半红树植物、许多藤本植物、草本植物和附生植物组成，另有数百种鸟类、昆虫、鱼类、甲壳动物、软体动物和大量微生物。红树林不仅具有生物多样性高的特点，还具有生产力高、归还率高、分解率高、物质循环和能量流动强的特点。作为海岸滩涂和河口海湾的一种湿地生态系统，它具有促淤沉积、扩大海滩、扩堤防波、净化水质、固定 CO_2、保护农田和村落等生态系统服务功能，而且为许多动物提供必需的食物和栖息地。此外，红树植物还具有木材、薪炭、食物、药材、化工原料及观赏等价值（任海等，2004；廖宝文等，2010）。

红树林是一个大致与海岸平行的优势林带，它们只有少数是混交的，不同的红树林种类通常生长在不同的林带内，这是不同红树林种类之间竞争的结果，它与潮汐紧密相关，而海水盐度是这种成带现象的决定因素，越长在红树林外缘的种，其根系在盐水中越长越深。红树林的特殊生境决定其特殊的生态特性，主要包括胎萌或胎生现象、特殊根系、泌盐现象和高的细胞渗透压。

全世界约有红树林 1700 万 hm^2，约有 16 科 23 属 53 种，以赤道为分布中心，大致分布在南北回归线之间。对红树林的不合理利用和破坏，导致红树林资源急剧减少和退化，体现在面积和种类减少，结构和功能下降。我国红树林主要分布在广东、广西、海南、台湾、福建和香港等地。由于滥砍、围垦等人为破坏，东南沿海的红树林已从 20 世纪 50 年代初的约 5 万 hm^2 降至 90 年代的 1.47 万 hm^2。造成近代我国红树林面积急剧下降的主要原因是 20 世纪 60-70 年代中期的围海造田，80 年代的围塘养殖、海岸工程与城市建设。红树林面临的主要威胁包括土地利用模式的改变、水污染、大气污染、噪声污染、人类活动干扰等（廖宝文等，2010）。红树林的减少导致海岸带地区的生态环境严重退化，原有动植物资源衰退，风暴潮等自然灾害增加。目前，我国的红树林面积约为 2.5 万 hm^2。

广东省是我国红树林分布面积最大的省份。2001 年调查表明，广东全省有红树林面积 10 065.3hm^2，其中成林地 9084hm^2、人工未成林地 373.9hm^2、天然更新未成林地 607.4hm²。红树林分布于沿海 13 个地级市的 41 个县（区、市），主要集中在湛江市、阳江市和江门市。但是，近几十年来，全省红树林遭到严重破坏，面积大幅度减少，林分质量明显下降，群落严重退化。20 世纪 50 年代全省有红树林 4 万多公顷，至 90 年代初只剩下 1.47 万 hm²。1980 年以来，全省被占用的红树林面积高达 7912.2hm²，其中绝大部分为挖塘养殖所占用，面积达 7767.5hm²，占被占用红树林地的 98.2%；其次为工程建设占用，面积 139.4hm²，占 1.76%；其余如围海造盐田等占用了 5.3hm²，不足 0.1%。此外，全省还有 22 260.6hm² 的沿海滩涂适宜种植发展红树林，若加上部分可退塘还林，则宜林滩涂面积更大。由此可见，广东海岸红树林生态系统的管理和恢复具有重要意义。

5.7.2 实例——深圳湾红树林生态系统

5.7.2.1 外貌结构及种群分布

深圳红树林自然保护区的红树林基本呈带状分布，群落外貌简单，呈黄绿色，为灌木或小乔木林，林冠较整齐，一般高 4m，最高地段可达 6m，有的地方群落可分为 2 层，盖度通常为 90% 或更大。区内红树植物较矮小，且种类贫乏，个体生长发育也受到一定的限制。这里缺乏自然生长的嗜热性真红树植物如海桑、红树、角果木等（王伯荪等，2002）。

群落的种类组成中，海榄雌、秋茄和桐花树三者共同占绝对优势，构成了最典型的植物群落。海榄雌从车公庙至沙嘴近 5km² 的连片红树林中呈带状分布，茎干粗大，枝条弯曲斜上，分枝稀疏，叶片腹面绿色，叶背披灰色柔毛，远观呈灰绿色。林下有许多突出地面的指状呼吸根，每平方米 80-300 条。区内不同地段，由于土壤基质存在差异，海榄雌的分布亦有区别，如在车公庙，20-30cm 以下为沙壤土，从内缘至外缘为连续分布；而在淤泥深厚的沙嘴，海榄雌仅见于内缘。秋茄具明显的板状根，树干最为高大，叶色深绿，花白色而且数量多。从车公庙至沙嘴红树林范围内都有分布，生长发育良好。在沙嘴地段可延伸至低潮滩的前沿，外缘以幼苗居多。桐花树在局部地区则可构成纯林，数量极多，长势良好，但在所调查的数个样方中均发现为数不少的死亡个体，而在有些样方中有幼苗生长。

零星分布于海潮淹没不到的海滩或群落内缘的红树植物有木榄和海漆。木榄和海漆多分布于凤塘河口以西至车公庙。生长在淤泥深厚处的木榄，以数量众多的膝状根适应缺氧的生境。在福田红树林植物区系中木榄为稀少的种类。老鼠簕分布在河口出处或离海较远的两岸及较高的地段，小片集中或零星分布，一般高 1.2m。其他几种半红树植物如银叶树，伴生植物如黄槿、杨叶肖槿、假茉莉等亦只分布于内缘，呈伴生状，数量也不多。卤蕨则生长于内缘高地或河口两岸，呈丛状；鱼藤常攀缘于秋茄、桐花树的树冠上，构成连片的冠层，尤以车公庙和上沙处最繁茂（王伯荪等，2002）。

5.7.2.2 群落类型

福田红树林群落类型较为贫乏，主要是以乡土树种秋茄和桐花树为优势种的3个群落，但1993年引种的海桑属植物已发展成繁茂的人工群落，并趋于自然更新状态（王伯荪等，2002）。

1. 海榄雌+秋茄+桐花树群落（*Avicennia marina+Kandelia candel+Aegiceras corniculatum* community）

本类型群落主要分布于车公庙和沙嘴，群落发育比较成熟，树龄较老，人为干扰较少，表层淤泥约30cm，其底层是沙壤土，比较坚硬，群落内各种植物生长发育良好，盖度达80%。海榄雌树高4.5m，居群落的上层，胸径可达14cm，离泥面30cm的基部直径可达35cm，分枝稀疏，枝条弯曲而上斜，盖度为50%。秋茄在群落内虽然数量不多，但生长发育良好，样方内植株全部高4.5m，与海榄雌一起构成本群落的上层，且植株大量开花，林下亦有幼苗，盖度为20%，板状根明显。桐花树在本群落中构成第二层，树高一般1.5-3m，最高可达3.5m，丛生，每丛植株少则2-3株，多则20株，盖度为30%。

2. 秋茄+桐花树+老鼠簕群落（*Kandelia candel+Aegiceras corniculatum+Acanthus ilicifolius* community）

本类型群落主要分布在区内上沙段，位于高潮线内，成为密灌丛。表土淤泥浅，为20-30cm，底层为硬质黏土。群落上层为秋茄，下层为桐花树，并有大量老鼠簕均匀散布其中，少数植株有鱼藤攀缘其上，盖度达90%，由于密度大，林内较阴暗，呈丛生的桐花树生长不良，枝多而小，但大量枯萎，开花结果的甚少。本类型群落与海榄雌、秋茄树、桐花树群落在保护区内交错分布。

3. 桐花树群落（*Aegiceras corniculatum* community）

本类型群落位于区内沙嘴地段，在生态序列中处于中间位置。海滩前沿淤泥深厚，以秋茄为主；中间位置则为桐花树；靠近内缘的土层含沙质较多，以海榄雌生长较好。桐花树群落中，桐花树密度大，植株高，生长发育良好，处于成熟阶层，而且基本为纯林。

桐花树为紫金牛科灌木或小乔木，在我国分布于台湾、福建、广东、广西、海南、香港等，生长于河口或海边盐沼土上，是红树林的优势种群之一，通常构成单优群落，位于红树林生态序列的前缘或居间地带。

4. 无瓣海桑+海桑群落（*Sonneratia apetala*+*S. caseolaris* community）

本类型群落位于福田红树林自然保护区观鸟亭南面的红树林前缘滩涂上，它是 1993 年种植的人工林，2000 年 7 龄时，群落结构已分化为两层乔木层，即灌木层和幼苗层。乔木层第一层高度已达 5m 以上，盖度达 80%，全部由无瓣海桑和海桑构成。其中无瓣海桑最高可达 13.5m，胸径达 26.34cm，最大冠幅达 5m×6m；海桑最高可达 12.5m，胸径达 23.38cm，最大冠幅为 6m×6m。第二层乔木层高度为 2.5-4m，盖度为 60%，以秋茄占优，并伴有少量桐花树。幼苗层则以自然扩散的秋茄和桐花树为主，海桑的幼苗次之，无瓣海桑的幼苗最少。

5.7.2.3 深圳湾红树林的演替模式

深圳湾的红树林群落可以划分为海榄雌群落、桐花树群落、桐花树+海榄雌群落、秋茄+桐花树群落、秋茄+海榄雌群落、秋茄+桐花树+海榄雌群落、秋茄群落、秋茄+木榄群落、木榄+桐花树群落、木榄群落、木榄+海漆群落、海漆群落、海漆+黄槿群落等。这些群落的演替是与其优势种群的生物学、生态学特性，潮滩的性质等密切相关的，尽管这些红树林群落并非处于同一地段而呈现出其典型的生态序列、演替序列或成带现象，但据此可以确定海榄雌和桐花树是优势先锋树种，它们分别或共同组建成深圳红树林演替先锋群落，首先出现于白滩上，而秋茄占优势的红树林群落则占据着中潮位的潮滩，木榄占优势的红树林群落则处于中潮位和回归高潮位的潮滩，而以海漆为优势种的红树林群落占据着回归潮高潮滩，并可与海岸植物黄槿于海岸带组成群落，它们的分布实际在空间上反映了群落演替的时间进程，也反映出它们的演替模式（图 5.19）。

5.7.3 红树林生态系统的管理与恢复要点

研究表明，红树林面临的主要威胁包括土地利用模式的改变、水污染、大气污染、噪声污染、人类活动干扰等。针对上述问题，可以采取的对策应包括减少人类干扰、水污染治理、病虫害防治、对外来入侵种进行清除、保护区内鸟类、开展红树林的生态恢复示范。根据生态系统管理的原理，最重要的是进行分类经营、多元化管理和利用。即对健康的红树林生态系统在保护的同时进行合理利用，主要是旅游开发利用；对退化的红树林实行封围，利用自然演替进行自然恢复；对需要恢复的滩涂，在关键地段进行人工恢复，最终实现红树林生态系统的可持续发展（廖宝文等，2010）。

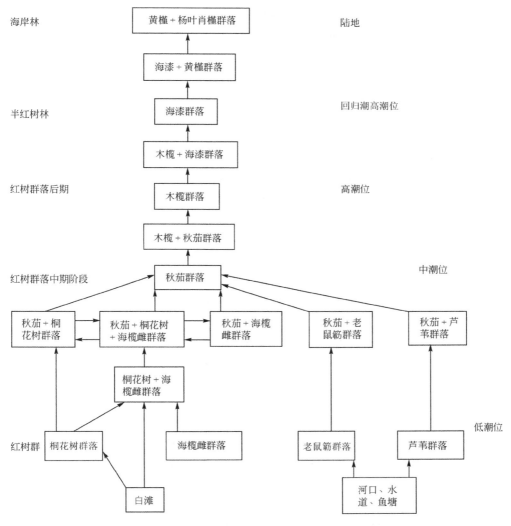

图 5.19　深圳湾红树林演替模式（仿王伯荪等，2002）

红树林恢复的方法主要有：利用胎生苗进行自然再生，在自然再生不足的地方人工种植繁殖体和树苗。在种植红树林树苗时，在潮间带选用合适的固定技术，充分利用潮汐，确定适当的盐度，从而提高其存活率。

5.7.3.1　红树林海岸旅游资源及其开发

随着人们经济条件的改善，旅游已成为当前人们最重要的娱乐方式之一。旅游具有陶冶性情、增长知识和锻炼身心的重要作用。过去人们选择的主要是山水旅游资源，事实上，分布于海陆交界处的红树林也具有重要的旅游价值。

海滨旅游资源比较丰富，其海岸可分为岩岸、沙岸和生物海岸（包括珊瑚礁海岸和红树林海岸），红树林海岸是自然景观与人文景观的复合体。红树林海岸的地貌和植被既有自然景观，也有人文景观（包括捕渔业、水产养殖业、农业、饮食与居住文化）。

红树林海岸一般具有形态美、色彩美和动态美的景观特色。红树林一般位于港湾或海岸线内凹的地方，这些曲折的海岸生态系统本身就是特色鲜明的旅游资源，在这些地方，外围是波涛起伏的碧海，中间是茂密的红树林群落，内线则是各类防护林、林网和各类农田村舍，这种景观的形态美突出。作为红树林海岸的主体，有"海底森林"之称的红树植物则更是令人叹为观止：在茂盛的红树林地，自然形成的纵横交错的潮沟，形态各异的植物冠层，多种多样的叶片和花果等。为了适合在潮间带生殖，红树植物常具有"胎生"现象，其种子落地前在母树上就萌发生长，形成长达 20-40cm 的幼苗，像悬挂在林中的摇篮；最为奇特的是红树植物的根，为了适应海浪的冲击，红树植物多形成各种奇形怪状的根系，有宽大的板状根，拱状的支柱根，蛇形匍匐的缆状根，垂直向上的笋状根、指状根，以及裸露地表的膝状根等。这些根单看，组合看，千姿百态。

红树林的色彩美主要体现在 3 个方面：其一是整体的色彩美，红树林位于海陆交错区，在蓝天白云下，碧蓝的海，葱绿的林和深红的陆地；其二是林内的绿叶、灰茎、黑根和各色花；其三是红树林内各种生物的颜色组合。

动态美有两方面。一方面是随着周期性的潮涨潮落，红树林展示着不同的美。高潮时，海水浸没滩涂，红树林仅有部分树冠露出水面，这些分离的树头在碧波中像是一座座绿岛，随波飘浮摇摆。低潮时，红树林植物的根系裸露，纵横密布的根系上下交错，配以浓密的树冠，美不胜收。在林内栖息的各种生物则展示另一种动态的美，各种水鸟分栖树梢，或漫步浅滩，或成群游嬉于水面，或群翔于天空；弹涂鱼蹦跳于林下，招潮蟹神出鬼没。

人类对红树林的开发和利用很早，自 20 世纪 50 年代以来，广东省的红树林一直未能处理好利用与保护的关系，大面积的红树林被破坏，主要是围海造田、填海工程、建立盐场和鱼塘占用了红树林林地，另外是过度砍伐或采摘红树植物用于建材、薪柴、食物、药物、饲料、化工原料。事实上，基于红树林的保护开展生态旅游和开发很有潜力。已有的国内外经验表明，对红树林的特色进行开发将有利于红树林的保护和利用：在旅游过程中进行科普教育，如介绍红树植物的生态生物学特征，红树林的作用和功能，民间利用，红树林的景观价值等；制作和出售根雕、叶片等生态旅游产品；建立红树林生态系统博物馆；利用红树林开辟钓鱼区和划船区；在不破坏林地的前提下设立各种特色休息场所；增加餐饮和旅社服务，尤其是出产于红树林内的药用食物和海鲜。

5.7.3.2 红树林的演替与自然恢复

我国境内红树林演替系列的先锋群落，主要是由非红树科植物海榄雌、海桑和桐花树等构成的单优群落。

海榄雌和海桑的适应性很强，既能抗御风浪，又能耐贫瘠，它们的半胎萌现象或硕大的果实，非常有利于作为先锋种而定居于新生的滨海沙滩上，当随海水漂流的果实被阻搁于低凹积泥处或陷于稍具淤泥积物的缝隙中，或者为浅沙所埋时，都可在适当的条件下生根，并以其独特的树形或广展的水平根系以避免海浪的冲击而牢固地扎根生长，成为新生海滩上红树林的第一批开拓者。它们突出地面的大量指状呼吸根是对潮水浸淹而缺乏空气的土壤环境的一种独特的适应，既可阻碍海潮的移动，又能聚集海泥和凋落物，从而改变原有基质的性状，有利于本身的大量发展。因此，在新定居先锋种的海滩上，常常在母株周围生长着大量幼苗，显然，它们是通过个体连锁式递增来占领新生白滩而迅速形成郁闭的单优先锋群落的。

桐花树则比较适于含盐度较低的基质，通常在河口、河湾等与淡水交汇处占据裸滩而形成单优先锋群落。在海滩裸地较少见，通常仅是次生性白滩的先锋种。

先锋群落的形成，大大地削弱了风浪对内缘的冲击，并进一步加速了海滩淤泥的累积，促使立地条件渐趋稳定，贫瘠的土壤开始泥滩化并积累有机质，为适应静风和泥质生境的其他红树植物的定居提供了先决条件。

先锋群落郁闭后，林地发生了明显变化，风微浪弱，淤泥深厚，有机质丰富，含盐度增高等，极有利于胎萌类型红树科植物的发展，红树属、角果木属、秋茄属等植物具有明显的生态适应性状，胎萌现象使它们能迅速生根固着，高渗透压使它们能适应含盐度高的土壤，庞大而众多的支柱根使它们能立足于深厚的淤泥中，并不断地积累海泥和凋落物，不断地使海滩升高。因此，它们能迅速地取得优势，形成典型的红树林群落。

然而，随着演替的进展，典型的红树林群落的高度郁闭，地上根系的极端密致，反过来又限制了其本身的更新，而土壤在群落的作用下进行着脱沼泽化和脱盐渍化过程，导致地表变干变淡，地下水位下降，含盐度降低，潮流频度降低，内陆和淡水的影响增强，因而土壤有逐渐向地带性土壤过渡的趋势，木榄、海莲及木果楝等适于红树林内缘生境的种类逐渐取得优势而形成演替系列的后期群落类型。

最后，由于基质的高度脱盐化，潜水位下降，土壤条件自外向内逐渐固结而干硬，这显然不利于胎萌种类的更新，同时，因地势的抬高，海潮浸淹的机会更少，或许只是每月的大潮甚至仅是特大潮水才有海水到达，而不利于红树植物的发育和繁衍，红树林逐渐被水椰、海漆等半红树林所取代，并进一步向海岸林过渡。

很明显，我国红树林演替系列是与红树林生态序列相一致的，不同演替阶段的红树林演替系列群落在特定的区域内分布于一定的范围内，形成与海岸线平行的带状分布，在一定的水平空间上形成与海岸线垂直的生态序列，红树林在时间上的演替系列与在空间上的生态序列密切吻合，空间上的生态序列充分反映了时间上的演替系列。利用其自然演替规律进行围滩封育，可以恢复次生乃至近顶极的红树林生态系统。

红树林演替系列及生态序列显然是与红树林土壤的盐度、氯离子含量、钠钾总量，以及红树植物的叶细胞渗透压密切相关的，通常土壤盐分的变化和细胞渗透压均以中期阶段为最高，前期或前缘、后期或内线为低，过渡为海岸林时为最低。例如，海南岛烟墩地区红树林演替过程中，在生态序列前缘或演替系列的前期占优势的海榄雌、海桑等的叶细胞渗透压一般为 29-32 个大气压（1 个大气压=101 325Pa），土壤含盐度为 0.8%左右，氯离子含量为 9.9-21mg 当量/100g 土，生态序列中间带或演替系列中期占优势的红树属、角果木属、秋茄属植物的叶细胞渗透压为 32-39 个大气压，土壤含盐度为 2.7%-4.21%，氯离子为 35-62mg 当量/100g 土，而位于生态序列内缘或演替系列后期的海莲、木榄等植物的叶细胞渗透压则降为 23-27 个大气压，土壤含盐度降为 10%左右，氯离子则降为 12-14mg 当量/100g 土（王伯荪等，2002）。

5.7.3.3 红树林生态系统的生态恢复

在红树植物多样性恢复方面，胎生种类的繁殖体在母树上就已萌发，成熟繁殖体可直接用于海滩造林，大多数种类已用于红树林恢复；而非胎生红树植物繁殖体的萌发脱离母树，成熟繁殖体难以直接在海滩造林，育苗具有一定难度，因此较少用于红树林恢复。基于非胎生红树植物的种子休眠、生理生态和化感作用等方面的研究结果，极大限度地增加红树植物生态恢复的种类。在动物多样性恢复方面，底栖动物生物多样性恢复还是"非定向"的，可参考具有相似底质、盐度和潮位的河口海岸地段不同恢复时间的人工红树林的底栖动物生物多样性（叶勇等，2006）。

与陆地森林生态系统的恢复不同，红树林的恢复涉及大量的生态恢复技术，主要包括红树植物引种、驯化与造林技术等。红树植物引种驯化成功与否与其生理生态特性密切相关，而一种植物的生理生态特性又与其原产地的生态因子密切相关。红树植物生长的主导生态因子是气温、盐度、土壤、地貌及潮汐动力等。

红树林湿地恢复技术包括生境恢复技术（宜林地选择、生境诊断、生境改良）、生物恢复技术（树种选择、种植技术、种群调控技术、群落结构优化技术）、生态系统结构与功能恢复技术（基围鱼塘）和红树林区的海堤修改技术（防护林）等（廖宝文等，2010）。红树林恢复涉及的育苗方法与造林技术如下。

1. 育苗方法

不同树种采用不同方法育苗。桐花树、海榄雌可采用催芽点播和催芽装袋（营养袋）两种方式育苗，待苗木长至 15-25cm 时再出圃造林。秋茄、木榄一般采用插植造林方法，从母树上采集成熟胚轴直接在滩涂上插植，不需要经过育苗阶段，省时省工，幼苗存活率高，成林也快。但在实践中也发现，适当发展一些秋茄、木榄营养袋苗有一定的价值，既可以用于当年造林补苗，又可以延长造林时间，更方便引种到外地种植，还可以用于制作盆景。

引种前，首先要切实做好苗床整理、基肥配施、营养袋制作等准备工作，为引进树种及时种植、提高存活率打下基础。在采种及运输过程中，要根据不同树种选用健壮的胚轴或成熟的种子，包装时要尽量避免胚芽受损伤。红树植物的胚轴运输时，如果路程远、时间长，可用当地海水先浸泡 1h，然后用少许青苔覆盖，可防止途中胚轴干缩，使胚轴处于安全含水量范围内，在较长时间内保存活力。若引进的是种子，可进行催芽处理，以提高出芽率。育苗时应注意方法，引进的胚轴应尽快种植，也可将胚轴移入营养袋培育后再种植。总之，尽量使种苗在寒季到来之前有较长的生育时间，以提高存活率。如果引进的是种子，则可采用海滩育苗法。海滩育苗一般分为本土法和客土法，本土法就是直接用海滩淤泥作苗床；客土法则是用营养土作苗床，营养土配方为 3%复合肥+30%火烧土+10%猪粪+57%壤土。深圳的试验证明，与客土法相比，用本土法育出的无瓣海桑苗又高又壮，育苗效果更好。苗床中的苗木生长到一定高度后再移至营养袋培育，一般苗高 5-10cm 时进行移植。苗木越冬应着重注意防寒，寒潮来临前，可用塑料薄膜覆盖在苗床或营养袋上方以防冻害。

2. 造林技术

秋茄以 4 月下旬至 6 月上旬为最佳移植时间，4 月中旬胚轴刚刚成熟，而且多数为早熟，6 月中旬及以后，胚苗全部掉落在地上，此时又值高温季节，幼苗存活率低，不宜继续种植；木榄以 5 月上旬至 6 月中旬为最好的种植时间。至于桐花树、海榄雌等树种，由于是先育苗后种植，时间充足，一般装袋（营养袋）时间以 8-9 月为宜，待到 11 月苗长至 10cm 左右时再进行种植。秋茄、木榄造林，胚轴插植深度以胚轴的 1/3-2/3 为好，太浅易被潮水卷走，太深则生长不良。桐花树、海榄雌等袋苗种植或天然小苗种植方法也比较简单，种植时先在植树点上用锄头或铲挖 25-30cm 深的坑，然后将苗木放进坑内，袋苗连袋一起种植，实生苗放入坑内后，用手把根系舒展后，扶正苗木，压实即可。植苗深度应比原来生长深度深 2-3cm，而不宜浅种，过浅苗易歪斜，甚至被潮水冲走，从而降低存活率，当然也不能太深，太深苗也会生长不好或死亡。

多年的种植试验表明，种植密度非常重要，理论上讲秋茄和桐花树以 1m×1m 或 0.5m×0.5m 规格种植较为合适，但其防浪效果差，存活率低。所以进行红树植物种植时，密度要适当增大，株行距以 0.3m×0.3m 或 0.2m×0.2m 为好，这种密度种植防浪效果好，存活率高。因为较大的密度可使林子很快郁闭，待到第 2 年或第 3 年，再从中移出部分苗木，逐步扩大种植面积，这种方法即为密植扩大法。这种方法既有利于红树林生长成材，又有利于防浪护岸，效果较好。同时，种植时还得讲究方法，要用绳索固定幼苗，从岸边逐步向海中延伸，从而使新造的林子既形成一定的梯度，又整齐划一，这样种植既有利于林子通风透光，又便于管理。

俗话说"三分种七分管"，造林后还需加强抚育管理。在抚育管理过程中，主要做到：①严格控制下海人员和船只进入造林地段挖蚝或捕捞，防止人为破坏；②定期清捞漂浮杂物，以免覆盖胚芽或黏附叶片，影响叶片光合作用，从而影响幼苗生长；③定期进行补苗，以利成林，种植后还需要进行 1-2 次补苗。

5.8 海岛生态系统的恢复

海岛是地球进化史上不同阶段的产物，可反映重要的地理学过程、生态系统过程、生物进化过程及人与自然相互作用过程。海岛由于海水的包围而有明显的边界，岛内的生物群体在长期进化过程中形成了自己的特殊动物区系斑块，往往是受威胁种的避难所（Lugo，1988）。由于其隔离性且易受大气环流的影响，海岛生态系统在干扰下极易退化且不易恢复。例如，由于开垦和引入大量的家畜，美国夏威夷群岛 1/3 的生物消失或面临灭绝，成了美国的受威胁种和消失种之都，夏威夷州政府花了大量的人力、物力和财力，引种了大量的乡土种，但仍有许多种类不能再次在此定居（Whittaker，1998）。

5.8.1 海岛恢复概论

岛屿在发展保护生物学理论中占有重要的地位，例如，MacArthur 和 Wilson（1967）提出的岛屿生物学理论；Harper（1969）发现草食动物对草本植物的空间竞争会产生影响，进而会增加物种多样性；Botkin（1977）和 Taylor（1984）根据海岛研究提出增加一个捕食者成分能部分稳定植物和大型草食动物间的相互作用。此外，由于更少的种类和易于分离种群，岛屿还常用于测试生物控制项目。

但是目前关于海岛恢复的研究还非常少，还没有从海岛恢复试验中总结出一般性的理论（Whittaker，1998）。

海岛有大小，大海岛的生态过程与大陆相似，因而其恢复方法与大陆类似；小的海岛由于与大陆隔离，物种较少，生境斑块小，抵御自然灾害的能力弱，一些生态系统过程不能在小尺度上维持，因而小岛的恢复目前还无成功的先例；中等大小的海岛由一定尺度的景观组成，兼有大陆和海岛的特性，相对于小海岛更易恢复，目前中等海岛的恢复在新西兰比较成功。此外，海岛可分为海岸带、近海岸带和岛中心三部分，不同部分的恢复策略也不同。

虽然单位面积海岛的植物种类数明显少于大陆的（小岛更明显），但海岛植被恢复仍可参考其群落演替过程。Whittaker（1998）研究了 Rakata 岛自 1883 年来的演替过程，结果表明，该岛植物群落演替可分为三个阶段：早期以草本植物和蕨类植物入侵为主，主要传播者是海水、风及其他因子；中期以草本植物定居为主，主要传播者是动物、海水和风，这表明演替早期的草本群落为动物扩散提供了适宜的生境；后期有灌木和乔木入侵，主要传播者是动物、风，而海水的传播作用最小，此时该岛植物群落已具备一定结构与功能，可以抵制一定的外来种入侵。在中美洲及大洋洲一些海岛的恢复试验表明，在恢复初始阶段，必须经常去除被海水、风等带入的外来草种，否则极易造成植被恢复努力的失败。

海岛的恢复至少是一个群落或生态系统水平的恢复，而不能只限于种群和个体水平，但合适的种群管理可帮助海岛恢复。为了加快恢复，有时可以在原群落中再加入 1-2 个种群，但一定要小心。例如，人们在新西兰的 Santa Catalina 岛引入山羊控制一种杂草，但没想到山羊却将全岛的一种乡土树吃得只剩下 7 株（Towns et al.，1990）。

5.8.2 海岛的干扰

影响海岛退化的干扰很多，大致可分为毁林、引种不当和自然干扰三类。Lugo（1988）根据干扰对海岛能量流动的影响程度将海岛的干扰现象分为五类：第一类干扰是其能量被海岛利用前能改变海岛能量的质及量，如厄尔尼诺循环（ENSO）现象导致的干旱或强降水；第二类是海岛自身的生物地球化学途径，如地震导致的变化；第三类是能改变海岛生态系统的结构但不改变其基本能量特征，如飓风的影响，这类干扰过后较易恢复；第四类是改变海岛与大气或海洋间的正常物质交换率，如大气压改变后影响季风的活动；第五类是破坏消费者系统的事件，如人类战争对海岛的影响（表 5.17）。

表 5.17　海岛的干扰现象（Towns et al., 1990）

干扰现象	类型	影响面积	主要影响机制	持续时间	周期
飓风	3、5	大	机制的	小时至天	20-30 年
强风	3-5	大	机制的	小时	1 年
强降雨	4	大	生理的	小时	10 年
高压系统	1	大	生理的	天至周	几十年
地震	2、5	小	机制的	分钟	百年
火山爆发	1-5	小	机制的	月至年	千年
海啸	3-5	小	机制的	天	百年
极低潮汐	1	小	生理的	小时至天	几十年
极高潮汐	3-5	小	机制的	天至周	1-10 年
外来种入侵	2、3	大	生物的	年	几十年
人类开发	1	小	生物的	年	1-10 年
战争	5	小	机制的	月至年	?

注："?"表示不确定性

5.8.3　海岛恢复的限制性因子

　　海岛与大陆不同，一般由低地和海岸带群落组成，海岛与大陆生态环境的主要不同点是大风及各种海洋性气候带来的附加影响。海岛一般与物种丰富的大陆相隔离，面积较小，有高的边缘/面积比，有独特的地形特征和有限的土壤，土壤中的 Cl^- 和 Na^+ 多，气候变幅小，蒸发量大，更易受到台风等极端气候或自然灾害的袭击，生境多样性少，这些特征产生了海岛有特色的生物适应及营养循环，同时也决定了海岛恢复的限制性因子：缺乏淡水和土壤、生物资源缺乏、严重的风害或暴雨。

　　海岛一般有大量裸露的岩石，缺乏淡水资源和土壤资源，这样的生态系统一旦被破坏，退化生态系统的土壤和水分就很难支撑重建或恢复的生态系统过程。

　　原始的海岛生物资源一般有 4 个特征：①抗盐和抗风的海岸树种常形成一个完整的冠层；②群落中有一些大的脊椎动物；③海鸟和爬行动物的密度与多样性比较高；④由于海岛的种类相对于大陆少，因而其乡土种的生态位更宽些，再加上生态隔离，海岛乡土种的竞争力低于大陆种。海岛的原始生物资源在恢复中具有重要的作用，可以在要恢复的海岛中引入这些种类，并模拟它们在群落中的位置。当然如果缺乏乡土种，亦可引进大陆的一些地带性种类。

　　风害对于海岛的恢复影响极大，尤其是处于迎风口的退化生态系统的恢复特别难。由于海风的影响，海岛群落的平均高度低于大陆，一些易风折的树种及蒸发量大的地带性树种很难成活。例如，广东南澳岛东半岛东西两个迎风口的原生群落被砍伐后,形成了退化草坡,草坡的土壤理化结构较差,植物种类以阳生性和旱生性种类为主,虽然当地政府曾种了大量的树,但至今东面迎风口的植被仍不能恢复。

5.8.4 海岛恢复的利益与过程

海岛恢复的短期利益包括重建生产、生活、生态系统,保护稀有种,避免物种的消失;长期利益包括重建海岛的生物群落,再现海岛生态系统的营养循环,恢复海岛的进化过程。

一般海岛的恢复过程如下:了解海岛退化前的物理、生物、气候、古植物、文化、经济背景;对海岛进行功能分类(表 5.18);确定恢复的目标;理解海岛恢复的过程;开发适于海岛恢复的技术(例如,在海边营造防护林,林后营造防护林网,林网内种植作物的防护林网技术,迎风口造林技术,消灭灾害性草食动物技术等);制定海岛恢复计划并实施;改造生境并引入适宜的乡土种;海岛恢复后的管理。此外,在海岛恢复过程中还可开展淡水再利用、风能发电、生态旅游等活动,以配合海岛恢复活动。

表 5.18 海岛的功能分类(Towns et al.,1990)

	基本无干扰海岛	物种避难海岛	需恢复的海岛	可开放的海岛	多用途海岛
保护功能	保护乡土种及群落,特别是大陆有的群落	保护乡土种及群落,包括所有的群落	恢复濒危种群和特殊的群落	保护乡土种及其生境上没有的种	保护和加强经选择的物种和群落
分类标准	乡土种丰富,没有引入动物,大量乡土种生境,基本无人干扰的各种大小海岛	大陆与海岛乡土种均丰富,引入少量动物,生境丰富,适度干扰的各种大小海岛	需恢复濒危种的生境,海岛被人类严重改变的各种大小海岛	稀有种和濒危种的潜在生境有游客等人类干扰	以农业、林业和旅游业为主,大多被人类严重干扰
保护行动	防止动植物引入,防止非法参观和火灾	防止动植物引入,防止非法参观和火灾	防止动植物引入,防止过多参观和火灾	防止动植物引入,防止过多参观和火灾	依生产活动而定
恢复行动	严格保护生境,限制部分种类的扩散,利用大陆种恢复	严格保护生境,保护部分区域	保护恢复位点,重建消失群落	保护历史文化价值,利用乡土种扩大稀有种群改善生境	控制无序开发,持续利用乡土种恢复
科普活动	监测变化,确定生物价值	部分监测变化,确定生物价值	试验恢复方案	试验开发方案,控制科普观光	生活与生产

5.8.5 海岛恢复中的注意事项

在恢复被外来种占据的海岛的乡土种时,对乡土种生活史特征的研究非常重要，因为海岛上的引进种如果缺乏植物、动物和微生物间的协同进化，很难成活；恢复和维持退化海岛的水分循环与平衡过程比大陆退化生态系统更重要；引种不当时，新入侵的外来种由于缺乏病虫害和捕食者的限制作用，会轻易地控制全岛，形成生态灾难；由于隔离性，海岛的遗传多样性一般较小，恢复时可尽量增加海岛物种的遗传多样性，以增加海岛生物的抗逆性潜力；严格控制动物引进（例如，澳大利亚引入的兔子繁殖太快，大量啃食草资源，减少了羊的饲料，严重影响到澳大利亚的羊毛产量）；如果可能的话，尽量选择附近无人干扰的岛屿作参考，而且最好是将这些无人干扰的海岛设立为自然保护区。此外，最关键的是要选择好适生的关键种，因为关键种数量大，控制了群落的能流，会改变整个海岛生态系统的结构、功能和动态，是新的生境的重要组分，而且会修饰现存的生境。例如，在海岛的无林地带植造一片新的森林，这片新的森林可能会影响乡土种的定居及扩散，也可能为一些低密度的害虫提供适生环境，还可能影响土壤质量等。

周厚诚等（2001）以广东南澳岛的 1 个草坡、4 个人工林和 3 个次生林群落为对象，采用时空互代的方法，将这 8 个群落当作植被恢复中的不同阶段，研究各群落的群落结构、生物量、叶面积指数和土壤养分等，并分析了南澳岛退化生态系统植被恢复的过程和机制。随着植被的恢复进程，群落的阳生性种类逐渐减少，中生性种类逐渐增加。对物种多样性、均匀度、生态优势度和 β 多样性指数的分析表明，在南澳岛植被恢复过程中，群落组成结构的复杂性随退化草坡→人工林→次生林逐渐增加。南澳岛退化草坡、10 年生人工林、15 年生人工林和次生林的生物量分别为 4.81t/hm²、45.18t/hm²、100.39t/hm² 和 88.34t/hm²，叶面积指数分别为 1.04、3.81、5.89 和 6.52，凋落物贮量分别为 0.42t/hm²、3.20t/hm²、3.70t/hm² 和 4.90t/hm²。南澳岛植被恢复过程中土壤有机质、全氮、速效磷和交换性钾含量逐渐增加。由于海岛的生境、大风和暴雨的影响，海岛植被恢复的格局不同于大陆，而其恢复速度也比较慢，特别是在迎风面上，种植树木效果并不好，恢复成以禾本科草类为主的植被效果更好且成本更低。

5.8.6 实例——热带珊瑚岛的植被恢复

我国南海的 200 多个岛礁均为热带珊瑚岛，按其分布位置分为东沙群岛、西沙群岛、南沙群岛、中沙群岛。南海诸岛对巩固我国海防和维护海洋权益具有重要作用（任海等，2017）。

5.8.6.1 南海诸岛的植物

南海诸岛的地史比较年轻，远离大陆，土壤比较特殊，因此岛上的植物与邻近大陆相比较简单，但与我国的海南、台湾及邻近国家的植物区系比较相似。南海诸岛因缺乏泥质海湾和海滩而没有红树林生长（仅东沙岛有极少的秋茄和榄李）。总体上，这些岛屿均属热带海洋珊瑚岛，地处低纬度，其植物区系基本成分相同，均属于古热带植物区的马来西亚亚区。由于各群岛形成的年代不同，自然条件有差异，各群岛的优势植物种类分布和数量都有不同程度的差异，而且各群岛内各岛屿间（特别是大小岛间）也存在这些差异。例如，永兴岛野生植物有148种，占西沙群岛野生植物总种数的89%，而赵述岛则以草海桐的单优群落为主，中建岛几乎没有野生植物分布（广东省植物研究所西沙群岛植物调查队，1977；童毅等，2013）。

据邢福武和吴德邻（1996）统计，南海诸岛的陆上植物共有405种，隶属于97科262属。种类比较多的科有禾本科、蝶形花科、大戟科、莎草科、锦葵科、茜草科、旋花科、菊科、苋科、茄科、椴树科、苏木科、马鞭草科等13科。在这些植物中有野生植物260多种，以热带成分为主，多数植物科属于热带和泛热带成分，世界广布种少，没有特有种，这些种类多是东半球热带海岸和海岛常见植物，厚藤和海刀豆在东西半球均有。4个群岛的植物区系中的植物亲缘关系比较疏远，其单科单属单种比例高，种与属的数量很接近。

各群岛的植物因受海洋隔离，植物不是以其亲缘关系而群居的，而以其生物和生态学特性趋同而组合，部分是人为作用的结果，例如，西沙有91%的植物种类可在海南岛发现，许多植物是我国人民自古就在西沙群岛开展生产活动的结果（广东省植物研究所西沙群岛植物调查队，1977）。再如，南海诸岛的植物除海柠檬、银背落尾木、大叶蝶豆、莲实藤、毛短颖马唐、铺地刺蒴麻、圆叶黄花稔、海人树、西沙灰叶等在我国台湾和海南没有分布外，其余均有分布（邢福武和吴德邻，1996；李培芬，2009）。南海诸岛上的植物物种多样性与岛屿面积、海拔、人类活动、距大陆远近、海流流向、鸟播和风播有关（邢福武，2016）。

南海诸岛的常见乔木有榄仁树、抗风桐、海岸桐、橙花破布木、莲叶桐、海柠檬等；灌木主要有草海桐、银毛树、海巴戟、海人树等；草藤本植物有厚藤、海刀豆、滨豇豆、海滨大戟、李花蟛蜞菊、锥穗钝叶草、盐地鼠尾粟和沟叶结缕草等（简曙光和任海，2017）。海人树数量稀少，是珍稀濒危植物，且其遗传多样性极低（Chen et al.，2016）。

由于人类活动，南海诸岛上人工栽培的植物有近100种，大面积的主要是椰子树和木麻黄等绿化树种及狗牙根等绿化草种。南海各岛屿还种植有香蕉、番木瓜、菠萝蜜、龙眼、荔枝、芭蕉、杨梅、酸豆、油甘子、榴莲、人心果、腰果、油梨、番石榴、甜蒲桃、芒果、山竹等果树，以及大陆的各种蔬菜（邢福武和吴德邻，1996；邵广昭和林幸助，2013；刘东明等，2015）。

南海诸岛上植物种类随时间变化还是比较大的。以东沙岛为例，1994 年共发现 111 种维管植物，其中原生植物 73 种，栽培植物 24 种，归化植物 14 种；2006 年共发现 168 种维管植物，其中原生植物 97 种，栽培植物 48 种，归化植物 23 种；2009 年共发现 211 种维管植物，其中原生植物 107 种，栽培植物 71 种，归化植物 33 种（Huang et al.，1994；李培芬，2009；郭城孟等，2010）。

5.8.6.2 南海诸岛植物功能性状

南海诸岛的滨海沙地土壤粗粒多、干旱、强光高温、高盐碱、贫瘠、强风、沙埋等，条件恶劣，植物形成了一系列的功能性状及生理生态适应机制。各岛礁以阳生植物为主，阴生植物极少，这些阳生植物还具有耐盐、耐高温、耐旱、喜钙、嗜肥等的特征。各岛礁 C3 植物占绝对优势。

南海诸岛礁野生植物对干旱适应的功能性状有：种子多且萌发快，根系生长快且发达（有些有不定根），叶片具旱生结构（较厚角质层、表皮毛、气孔下陷、栅栏组织发达、蓄水组织发达、细胞持水力强），叶片肉质化，卷叶或叶片硬质化，根系细致、多或很深（李婕等，2016）。

南海诸岛植物一般在土壤含盐量达 8-10ECe 时叶片仍未见任何盐害症状，这些对盐分适应的功能性状有：厚的角质层、气孔下陷、叶片针刺状、叶片有盐腺、叶片肉质化。此外，生长于盐生环境的植物为了减少盐分的吸收，采取了根系拒盐、根系和物质运输过程中选择性吸收离子、叶脉内再循环、气孔关闭降低蒸腾以减少盐分吸收等策略，一般旱生结构也与抗盐雾能力相关（王文卿和陈琼，2013）。

南海诸岛许多植物是海漂植物，它们适合海漂的功能性状有：果皮具纤维（林投、椰子、棋盘脚），果皮木质化或栓质化（橄树、草海桐、海人树），种子种质坚硬，颖果有船形外稃（郭城孟等，2010）。

在生理生态指标方面，这些热带珊瑚岛植物对珊瑚岛的养分缺乏有较好的耐受能力，它们通过降低蒸腾速率的方式来提高水分利用效率，抵御干旱胁迫，多数植物能有效协调碳同化和水分利用效率（张伟伟等，2012；易慧琳等，2015；李婕等，2016；任海等，2017）。

除人为带上岛外，其余种类均由海流和鸟类传播而来，因而其种子或果实均具耐盐、适于海漂及鸟类传播的构造或特性。核果、浆果、榕果和聚合果常为鸟类或其他动物的食物而被传播。土牛膝和蒺藜果实具刺，易被鸟附着而传播；飞扬草和笔管榕的果实为浆果或颖果，被鸟食传播；抗风桐的果实小且有黏液，易粘在动物身体上而传播。南海诸岛靠风传播的植物种类相对较少，主要是一些菊科和禾本科植物（张宏达，1974；李培芬，2009）。

由于风大、干旱、盐生的影响，热带珊瑚岛的野生植物均具有多种功能性状，但每种植物会有一个突出的功能性状适应逆境。例如，肉质形态是海马齿适应旱生的功能性状。由于盐、风及强光，植物通过肉质叶片和叶表皮密被白毛以降低蒸腾和失水，如银毛树。草海桐叶片有一层蜡质层用于反射日光和保护叶片。大部分木本植物的树干里薄壁细胞非常发达，具有显著的髓部或髓腔，木质化不完全，机械组织不发达而易折。所有乔木会变矮，其叶子均为大型或中型叶。

5.8.6.3 南海诸岛的植被及其分布

南海诸岛的自然植被有森林（珊瑚岛热带常绿乔木群落）、灌木林（珊瑚岛热带常绿灌木群落）、草地（珊瑚岛热带草本群落）和湖沼植被。森林主要分布于面积相对较大的岛中部，灌木林在森林之外遍布，草地不连续分布在沿岸。湖沼植物仅见于东岛等大的岛屿。栽培植被以椰子林、木麻黄林和栽培蔬菜为主。

由于各岛礁的植物种类相对较少，且各岛礁各群落中优势种类少但优势度突出，具有多个寡种属和单种属，生活型相对少，形成了较多的单优种群落。珊瑚岛热带常绿乔木群落是目前诸岛发育最好的植被。组成树种都是热带海岛和海岸成分，在不同的区域、不同的海岛或同一个岛上不同地段都有各自的单优乔木，形成单优势的群落（张宏达，1974；广东省植物研究所西沙群岛植物调查队，1977；李培芬，2009；张浪等，2011；邵广昭和林幸助，2013）。

南海诸岛的水热条件和土壤性质地域差异相对较小，其形成的植被群落虽有差异，但有很强的相似性，而且各海岛越邻近海岸的植物群落越相似，属于隐域植被。根据海岛的生境异质性，不同的种类集聚在不同的区域：从岛外至内的空间上植被盖度逐渐增加，高度增加，形成条带状或镶嵌状群落分布的空间梯度。各岛礁的内部中心是高大的乔木林，如麻风桐、海岸桐、海棠果等；而它的外侧，是由草海桐、银毛树、海巴戟、水芫花等组成的灌木植物带；最外侧沿着海岸，则分布着一道低矮的草本植物带，如锥穗钝叶草、盐地鼠尾草、厚藤、海马齿苋等。

影响南海诸岛植被演替的主要因素是土壤基质和水分状况，属于外因演替。由于环境的影响，南海诸岛上很少形成乔-灌-草三层的结构。海岛外围由于环境恶劣，主要为矮小稀疏的草藤本和灌丛，且停留在这个阶段。以西沙群岛为例，166 种野生植物中，矮小多年生浅根草本植物占 62.5%，灌木占 21.3%，藤本占 8.4%，乔木只占 7.8%。草本中又以阳生性盐生或耐盐的蔓生、匍匐生和丛生型为主，多生长于海滩前沿。灌木中以阳生性矮小的灌木和亚灌木为主，藤本植物几乎全为草质藤本，且以旋花科为主。

5.8.6.4 南海诸岛的植被环境

南海各群岛的岛礁均是全新世海面上升后堆积而成的,海拔一般在 10m 以内,大部分面积都小于 1.5km²,受风的影响,大部分岛礁(盘)都形成东北至西南长而南至北狭的长椭圆形。由于海岛处于高温多雨的海洋中、面积小、海拔低、地形简单、常风大、土壤含 Ca 和盐较高,这些生态因子对植物和植被的影响比气候更大,因而海岛植物的生活型和生态特征均适应这些生境特点,即这里具备典型的热带气候条件而植被缺乏适于季雨林和雨林的结构与特征,在很大程度上是土壤对植被的影响超过了气候对植被的影响。

南海诸岛的土壤可分为两类:一类是在部分岛礁中部的常绿乔木和常绿灌木林下的石灰质腐殖土;另一类是冲积珊瑚沙,多分布在岛外围沿岸海滨,有机质缺乏,植物稀少。

南海诸岛土壤与大陆热带森林下的土壤形成机制不同,其形成过程包括:珊瑚沙等浅海沉积物、沙质潮滩盐土、沙质滨海盐土、滨海风沙土(包括流动沙土、半固定沙土和固定沙土)、地带性土壤或潮土(王文卿等,2016)。南海诸岛的土壤是第四纪珊瑚等其他海洋生物残骸、海鸟粪和植物残体相混合而成的,经过脱盐后形成,这类土壤在成土过程中没有产生次生黏土和硅等矿物,有机质丰富,土中富含磷、钙而缺乏硅、铁、铝和黏粒,pH 为 8-9,土壤水分含盐度较高,全土壤剖面呈强碱性和石灰性反应,形成年龄为 1000-2000 年,土壤由滨海沼泽盐土或磷质粗骨土发育成普通磷质石灰土,乃至硬磐磷质石灰土,土壤年龄呈现出渐增的趋势(龚子同等,2013)。滨海土壤的指示植物是蒺藜(*Tribulus cistoides*)、喜氮植物马齿苋(*Portulaca oleracea*)和土牛膝(*Achyranthes aspera*)。

一般认为,新产生的海岛,最先是风传播的植物到达,其次是海漂植物,再次是鸟播植物,最后才是人为传播的种类(任海等,2004)。南海这些珊瑚岛虽然成陆时间不长,但植物种子可以通过海水漂流、海鸟携带、风力吹送及人工移植等方式传播,因而岛上的植物种类还不算少,这些植物和鸟类的到来,促进了岛礁从沙到土壤的形成过程,土壤形成后又帮助植物定居和生长。

南海诸岛的鸟类有 40 多种,它们对植物种子的传播、土壤的形成、植物的生长起重要作用,昆虫有蛾、蝶、蜂、蚁、蚊、蝇等,这些昆虫对植物的传粉起重要作用。但蛾和蝶的幼虫是植物的害虫,特别是褐斑蛾的幼虫在夏季暴发,几天之内就可把抗风桐的叶子吃光。老鼠也啃食植物的块根和果实,制约了岛上块根类和果实含淀粉类植物的发展。

南海岛礁 11 月至次年 2 月为东北季风,5-9 月为西南季风,风速年均达 5-6m/s。这种常风对岛的形成和植物种子的传播是有利的,但加强了植物的蒸腾和土壤的蒸发,使旱季更干旱,树木的高度受限,形成旗树树冠,甚至被吹断。岛礁常年吹的盐风使叶片受害变黑而致植物死亡。

此外，由于南海诸岛的雨水季节分配不均，在旱季时较干旱，植物缺少水分。有些岛礁（如永兴岛、太平岛）形成了地下淡水透镜体，需要合理利用，破坏以后对植物的生长也会造成不利影响（赵焕庭等，2014）。

5.8.6.5 南海诸岛的植物保护利用与植被恢复

由于人类干扰和环境变化，这些海岛的部分自然植被出现了退化现象。据研究，在热带珊瑚岛上，从岩石风化到形成 1cm 厚的自然土壤约需要 1000 年，在天然礁砂（土壤）上，形成自然植被约需要 400 年。因此，在保护好热带珊瑚岛自然植被的基础上，要对退化的植被进行科学的恢复。南海岛礁生态环境特殊，具有高盐、强碱、高温、强光、季节性干旱和常年吹咸风等极端生境特点，珊瑚岛礁缺少真正的土壤及肥力，普通的植物种类极难存活、生长及定居，无法形成相应的植被景观及宜居环境（简曙光和任海，2017）。

植被是海岛的基本组成要素之一，也是陆地生态系统的主体，具有供给（食物和水）、调节（调节气候、涵养水源、保持水土、防风固沙、减轻灾害）、支持（维持环境）和文化（精神娱乐）等生态系统服务功能，是人类与其他生物赖以生存的基础，也是海岛宜居和可持续发展的基础。因此，植被是热带珊瑚岛（礁）生态系统的主体，是建成可持续、有活力、安全的生态岛的基础，也是未来海岛生态、经济和社会建设的重要内容。

开展热带珊瑚岛礁的植被恢复与生态重建，生态规划要先行。生态规划以重建岛礁的生态系统活力及可持续性为方向，要注重"景观（整体岛礁）尺度注重生态安全、生态系统尺度（区域）注意物质循环利用、物种尺度强调乡土性与多样性"的三尺度耦合理念。植被建设要考虑时（分为通过骨干种重建先锋群落的初期覆绿、引入建群种的中后期促进演替、后期的近自然群落）空（覆绿区和半园林区域）秩序，建设可持续维持的近自然节约型功能群落。规划时要通过"在关键的地点，种合适的种类，用最小的面积，达到最大的生态系统功能"实现各岛礁空间上的整体景观布局。在空间上，通过点（重要绿地斑块）-线（沿岛礁防风林带与行道树带）-面（整体绿化基底）建设实现岛礁这一景观尺度的生态安全。

热带珊瑚岛礁的植被构建需要解决选育适生植物种类、解除植物定居限制和构建可持续群落 3 个主要科技问题。在选育适生植物种类方面，从南海诸岛（礁）主要分布的抗风桐林、草海桐群落、厚藤和海刀豆群落等 10 多种植被类型中选取常见乡土植物约 60 种，这些植物大多数是砂生、深根系、耐盐碱、耐干旱、耐贫瘠、抗风且生长快的先锋种类，大多具有无性繁殖和有性繁殖方式，主要通过人类活动引进和海鸟、海流及风传播。在解除植物定居限制和构建可持续群落方面，主要是通过生境简单改良并利用植物种间正相互关系集成技术，建设"近自然、节约型、功能性"植物群落的方法，以提高植物存活率、生长速度，促进群落的快速建成。

珊瑚岛礁的植被新建是一个长期过程，要分阶段进行。在短期内（半年到 1年）使岛礁上尽快覆盖上绿色植被以实现固沙绿，再通过 3-5 年时间进行植被优化或改造，最后通过 10-15 年的人工辅助及促进技术，最终建成可持续发展的近自然的珊瑚岛礁植被生态系统。在植被建设过程中，仅有适生的植物种类还不够，还需要对这些种类进行规模化快速繁殖，对种植地点进行生境改良，在种植时进行合理的种类搭配以形成功能性的植物群落。植物配置以"种间协调、三五成丛、高低错落、疏密有致"为原则。根据岛礁用地的功能性质和植物间竞争（如阳生性和阴生性、深根系和浅根系、固氮植物和非固氮植物）关系，采用单种或混交方式（可以是条状或块状或不规则）配置。初期以骨干灌草藤种类为主进行覆绿固沙，在此基础上，再种植适生乔木（以抗风桐、木麻黄、椰子、橙花破布木为主）；后期辅以其他物种（多种乔木和灌木）进行绿化美化。对植物进行简约化维护，在空间上对植物群落进行合理布局，促进人工绿地向近自然植被生态系统快速演进，最终形成具有生态活力的植被生态系统，以形成生态岛的"绿色基底"。

恢复或重建岛礁植被时，可以参考岛礁的天然植被生态系统，开展"近自然、节约型、功能性"植物群落的建设，在这一过程中，要将人工修复与自然恢复相结合，形成海岛生态系统完整性，利用植物多样性与乡土性，考虑好海陆系统的衔接性（任海和彭少麟，2001；任海等，2004）。在岛礁种植植物时，沿海地区由于受大风和海浪的作用会形成盐雾，盐雾沉降于树木的枝叶上造成枝叶生理脱水，严重时枯萎渍死，这一现象被称为海煞（王文卿和陈琼，2013）。为了避免这种情况，可以建立防护林，或在防护林建立前通过土堤、网、墙等障碍物预防海煞。由于邻近地区的植物通过海流传播到海岛上，在这些人工岛上可以新设一些物种漂流"受体站"，吸引本土植物来自然定居（任海等，2017）。

在植物建设过程中，还要注意刚建成植被的外来入侵种或恶性杂草问题，避免出现夏威夷的入侵种失控现象。目前，南海诸岛的入侵种及恶性杂草有李花蟛蜞菊、南美蟛蜞菊、飞机草、羽芒菊、蒺藜草、白花鬼针草、含羞草、链荚豆、假臭草、喜旱莲子草、飞扬草、曼陀罗、水茄、假马鞭草、红毛草、龙爪茅、无根藤等。另有椰心叶甲、斜纹叶蛾等虫害需要及时防治（任海等，2017）。

当然，在植物保护和植物建设的过程中，还要加强监测和科研工作。南海诸岛的植物和动物研究过去有一些定性的研究，缺少定量的研究；面上调查的多，缺少生态因子和植物的长期定位研究；更缺少生态系统恢复和重建的相关研究。在未来需要对这些进行改进，为南海诸岛植物的可持续发展和利用提供科研支撑。

5.9　红壤退化生态系统及其植被恢复

我国南方红黄壤地区面积为 218 万 km^2，约占全国土地面积的 22.7%。这些地区由于受季风气候影响，水热资源丰富，农业生产和经济发展潜力很大（张桃林，1999）。然而，随着人口的快速增长，加上对土壤资源的不合理开发利用，土壤肥力、土壤侵蚀和土壤酸化问题已日益严重。热带亚热带地区的土壤退化是当今世界关注的重大问题。

5.9.1　红壤退化的原因与过程

5.9.1.1　土壤侵蚀对土壤肥力的影响

侵蚀退化红壤的有机质含量极低，强度侵蚀的土壤有机质大多低于 5g/kg；水解氮含量也不高，中度和强度侵蚀土壤水解氮大多低于 50mg/kg；速效磷奇缺，大多低于 5g/kg；土壤钾含量相对较丰富。研究还表明，侵蚀土壤养分含量较低，且土壤养分含量往往与土壤侵蚀程度密切相关（表 5.19）。

表 5.19　不同侵蚀程度表层土壤（0-20cm）平均养分含量（张桃林，1999）

类型	有机质（%）	全氮（%）	全磷（%）	全钾（%）	水解氮（mg/kg）	速效磷（mg/kg）	速效钾（mg/kg）
无明显侵蚀	5.2	0.23	0.10	1.91	210.8	痕量	106.7
轻度侵蚀	2.2	0.09	0.08	1.91	77.0	0.6	91.3
中度侵蚀	1.2	0.06	0.04	2.43	47.5	2.0	61.8
强度侵蚀	0.7	0.03	0.05	3.41	32.1	0.7	62.0

5.9.1.2　土壤侵蚀对土壤物理性质的影响

由于土壤侵蚀对土壤颗粒的选择性作用及土壤细粒物质和黏粒的大量流失，土壤物理性质一般会随着侵蚀的加剧而不断恶化。主要表现在土壤团聚体破坏，水稳性大团聚体明显减少，同时土壤总孔隙度、通气孔隙（>0.03mm）度及毛管孔隙（0.0002-0.03mm）度均明显下降，而非活性孔隙（<0.0002mm）所占比例明显增大。此外，随着水土流失过程的发展，土壤砂质化过程往往也不断发展，这些变化最终将严重影响土壤的保水持水性能。

5.9.1.3　土壤侵蚀对生态环境的影响

土壤侵蚀具有明显的异地效应，上游的土壤侵蚀会引起下游河流泥沙含量的增加、水流变化及水库淤积等问题。目前，红壤酸化也是一个严重的问题，红壤自然酸化速率一般相当缓慢，但在人类活动的影响下这一过程可大大加快。此外，由于化肥、农药、采矿及工业排放的影响，红壤区土壤及水体污染也日趋严重。

5.9.1.4　红壤养分退化的评价标准

由于强烈的风化和淋溶作用，红壤多呈酸性反应，阳离子交换量小，矿质养分贮量少，土壤肥力低下。由于不合理利用及侵蚀，土壤极易退化。退化红壤旱地的养分自然供应能力低下，尤其是 N、P 养分供应能力极低。根据张桃林（1999）的研究，红壤养分退化的评价标准如表 5.20 所示。

表 5.20　红壤养分退化的评价标准（张桃林，1999）

等级	养分水平	全氮（g/kg）	有效磷（mg/kg）	交换钾（mg/kg）
肥沃	充足	>2.0	>20	>100
退化一级	轻度缺乏	1.5-2.0	15-20	80-100
退化二级	中度缺乏	1.0-1.5	10-15	60-80
退化三级	严重缺乏	0.5-1.0	5-10	40-60
退化四级	极严重缺乏	<0.5	<5	<40

5.9.1.5　红壤养分退化的类型和过程

红壤养分退化的类型和过程可用图 5.20 表示。它包括 3 个基本退化过程，即物理的、化学的和生物的；可归纳为 3 大退化类型，即数量性退化、有效性退化和生物消耗性退化。

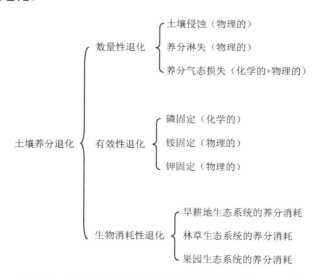

图 5.20　红壤养分退化的类型与过程（张桃林，1999）

5.9.2 红壤退化的防治及恢复

针对红壤区的土壤退化及资源环境问题,结合长期的研究试验,张桃林(1999)提出,在低丘岗地要重视综合治理与开发,改变土地利用模式,变单一的沟谷农业为农林牧副渔综合发展(如一年三熟五作制,麦、玉、薯复种方式,以垄作覆盖为中心的格网式垄作法,林果草渔复合农林业系统)的集约持续农业,实现各种资源在时空上的优化配置;研究和发展能防止或减少土壤侵蚀和恢复退化生态系统生产力的各种水土保持型耕作制度;增加投入,恢复和提高土壤肥力[种植人工植被(如牧草等),调整无机肥料结构,提高 N、P 肥利用率];改山与治山、治水相结合,促进红壤生态系统的恢复。

郑本暖等(2002)在对福建省长汀县河田镇未治理的侵蚀地(严重退化生态系统,即群落 A)、封禁管理措施恢复的马尾松林(群落 B)和村边残存的乡土林(风水林,即群落 C)群落进行植被调查的基础上,研究了植物物种多样性的恢复情况。结果如下。

未经治理的严重侵蚀退化生态系统群落 A,植物种类稀少,除稀疏的马尾松(9.25 株/100m²)外,仅有 7 种植物。土壤极度贫瘠、土壤水分的缺乏和地表温度的剧烈变化是阻碍植物生存的关键因素。一般认为,这种生态系统要自然恢复是不可能的。而经过初期的人工干预,即经过生物和工程措施进行治理,改善了植物生存的小生境,缓和了地表温度的变幅,减轻了水土流失,地表覆盖先锋植物后,通过消除人为干扰,真正的演替就此开始。

在严重侵蚀地营造马尾松林后,即群落 B 随着林木的生长,生境发生变化,与对照相比,郁闭度(85%)增加,林内相对湿度增大,温度变幅减小,土壤条件也得到初步改善,植物的种类组成发生了较大变化。群落 A 植物种类和数量极少,仅在 1 个样方内有出现。群落 B 的灌木层植物种类发展到 14 种,人工引进的胡枝子重要值比其他灌木种类大得多,乔木树种极少,仅见有 1 种。而群落 C 中,灌木树种增加到 24 种,由于环境的中生化,强阳性灌木树种(如岗松和桃金娘等)消失,中生性的灌木种类较多。乔木树种木荷幼苗的重要值位居第 2,同时出现了山矾、黄楠、虎皮楠、乌桕、石栎、枫香、阿丁枫、桃叶石南、五月茶等阔叶乔木树种,而马尾松幼树重要值仅居第 26 位,在 11 种乔木树种中居第 9位,说明木荷马尾松混交的乡土林正向地带性群落常绿阔叶林演替。

群落 A 草本植物仅有画眉草、芒其和芒 3 种植物,以画眉草和芒其占优势,重要值分别为 129.26 和 115.60。群落 B 草本植物种类增加到 6 种,但强阳性的画眉草消失,芒其在草本层中占据绝对优势。群落 C 草本植物种类由群落 B 的 6 种增加到 14 种,芒其仍是草本层的优势植物,但其重要值有所下降,同时阳生性禾本科草类重要值也有所下降，反映了群落中生化且向阴生化发展的趋势。藤本植物在群落 A 中数量很少，仅在 1 个样方出现。群落 B 藤本植物也仅有 2 种，以香花崖豆藤占优势。群落 C 藤本植物发展到 7 种，菝葜、玉叶金花、藤黄檀、香花崖豆藤的重要值都在 50 以上。

　　群落 B 与群落 A 相比，3 种植物相同，4 种植物未见，增加 16 种植物；与群落 C 相比，15 种植物相同，41 种植物群落 C 有而群落 B 没有，8 种植物群落 B 出现而群落 C 未出现，群落 B 比群落 C 少 33 种植物。除马尾松外，仅有芒萁和芒 2 种草本植物在 3 个群落中都有出现。以上分析说明，群落 B 演替有所发展，但进展极为缓慢，该群落还处于演替的早期阶段，特别是乔木树种，并未真正侵入群落，这可能是由于土壤种子库缺乏乡土树种的种子资源，而其他地方的种源较远而难以传播。

　　群落 A 的物种丰富度指数极低，仅有 3 种草本、2 种灌木和 2 种藤本植物，群落 B 的物种丰富度得到一定程度的提高，但均低于乡土林，其中灌木层>草本层>藤本层。

　　随着恢复和演替的进程，从群落 A、群落 B 到群落 C 的各种多样性指数逐渐增大，表明群落朝着复杂化方向发展。从群落 A 到群落 B 的多样性指数变化幅度大于从群落 B 到群落 C 的变化幅度，说明演替初期群落极不稳定，演替速度较快，而演替到一定阶段之后，群落稳定性增加，演替速度变缓。灌木层的多样性指数从群落 A 到群落 B 的变化幅度大于从群落 B 到群落 C 的，说明灌木层的复杂化进程变慢。而草本层的多样性指数则从群落 B 到群落 C 的大于从群落 A 到群落 B 的，说明草本层的演替速度与灌木层的演替速度并不一致，草本层的演替可能随生境的改善而变化。藤本层植物的多样性指数则先下降后有较大幅度的上升，这也说明了藤本植物的演替可能与草本层具有相似之处。

　　而灌木层、草本层和层间植物的各均匀度指数，从群落 A 到群落 B 先下降，到群落 C 又有所增加。群落 B 灌木层以胡枝子占据优势，草本层以芒萁占据优势，单优或寡优势种的均匀度较低，群落 A 灌木层、草本层和藤本植物种数少，各层植物的优势种不明显，因而具有较高的均匀度指数，但总的群落又以芒萁和画眉草占绝对优势，因而群落中总的均匀度指数较低。一般情况下，相对稳定的群落具有较高的多样性和均匀度，群落 C（乡土林）一般较稳定，具有较高的多样性和均匀度，而群落 A 和群落 B 的群落稳定性较低，因此多样性和均匀度较低。未经治理的严重侵蚀退化生态系统，植物种类稀少，群落物种的丰富度指数和多样性指数均极低，这种生态系统要自然恢复物种多样性是不可能的。而经过生物和工程措施进行治理，并通过封禁消除人为干扰，改善了植物生存的小生境，减轻了水土流失，地表覆盖先锋植物后，演替就此开始，植物种类增加，物种的丰富度指数、多样性指数和均匀度指数均有较大程度增大，但与乡土林相比，还有较大差距。如何加快封禁管理群落的演替，使其加快向地带性群落发展，将是今后应研究的课题。

5.10　黄土高原植被恢复

黄土高原是一个自然单元，指太行山以西，贺兰山—日月山以南，秦岭以北，古长城以南约 48 万 km² 内堆积的、不同厚度的黄土地区，海拔 500-2000m，其地形结构包括平地、丘陵、山地、沙地等，分别占黄土高原总土地面积的 24.43%、29.25%、37.15% 和 8.97%；黄土高原年降水量为 150-750mm，多年平均年降水量由东南向西北逐渐减少，年内降水量分配不均，且多集中在 7 月、8 月、9 月，占全年降水量的 60% 以上，相对集中的暴雨是该地区土壤侵蚀最直接的外营力。但黄土高原是全国光能资源最丰富的地区之一，区内年总辐射量为 50.2 万-67.0 万 J/cm²，比华北平原高出 4.2 万-6.3 万 J/cm²（杨光和王玉，2000）。

黄土高原原生植被已不复存在，取而代之的是天然次生植被与人工植被，再加上人为活动的破坏作用，诱发了严重的水土流失，致使森林质量退化，现有植被在某种程度上已不能客观地反映出植被地带性实质。根据中国科学院黄土高原综合科学考察队的研究结果，黄土高原划分成森林地带、森林草原地带、典型草原地带和荒漠草原地带。1988 年，全区森林覆盖率为 7.16%，人均有林地 0.056hm²，人均蓄积量 2.159m³，分别为全国平均数的 0.55%、48.7% 和 25.64%。由于黄土高原植被稀少且分布不均，自然条件复杂，水土流失、干旱、风沙、土地沙化、水和空气污染都十分严重（杨光和王玉，2000）。

5.10.1　黄土高原生态系统退化的主要原因

陕北黄土高原生态系统退化的直接原因是人为因素，部分是自然因素。陕北黄土高原属于干旱半干旱地区，降水量少且分布不均匀，多以暴雨形式出现，坡陡沟深，黄土土体以粗粒为主，土质疏松，易被降水和风侵蚀，水土流失使养分丢失、土壤贫瘠，这些自然因素也加剧了生态系统的退化。但是，在远古时期，这里大部分地面有茂密的林草覆盖，水土流失轻微，处于自然侵蚀状态。黄土高原由自然侵蚀发展为加速侵蚀，主要是近 3000 年来的森林砍伐、开垦、樵采、过度放牧等造成的，而这些都可归结为人口增长所致，尤其是近代人口的激增破坏了林草植被，加速了对黄土高原的侵蚀。到 20 世纪 80 年代，黄土高原地区平均人口密度达 100 人/km²，已远远超出国际公认的半干旱地区人口承载上限（20 人/km²）。因此，人口严重超载是西北地区生态退化的根本原因，而违背自然和经济规律的政策，则是这一退化过程的催化剂。本应属于适生性稀树灌丛草原植被，仅适于草、畜牧业的半干旱地区，却以开垦荒地为中心，导致生态环境进一步恶化（徐文梅等，2005）。

5.10.2　恢复策略

在景观尺度上，首先是消除或控制引起退化的干扰体，强调的是修复基本过程和启动自我修复过程。水文过程（径流和侵蚀）是黄土高原景观生态退化与恢复的重要影响因子（黄志霖等，2002）。

（1）过程导向策略。生态过程是生态系统恢复的关键。过程导向策略着重考虑基本生态过程（主要的水文和营养循环）功能的恢复。黄土高原生态系统的退化削弱了对基本水文和营养循环过程的控制。生物与工程措施结合，在坡面进行水平沟、鱼鳞坑和条田等工程措施，坡顶、陡坡处植被以灌木和草本为主，减少径流与侵蚀；缓坡发展经济林，梯田化发展集约农业，沟底修建谷坊、库坝，种植农作物及防护林。

（2）启动和引导自生的过程。区域尺度的植被恢复完全依赖人工管理，输入非常困难且需要极高的成本。恶劣环境下的植被恢复需要通过人工干预，通过土壤表面处理来改变生境条件，促进随后自生过程的进展。由于它是自维持的、无耗费的，且在大尺度上是有效的和稳定的，因此利用自然的过程来修复破坏的生态系统是有益的。

（3）考虑景观结构的相互作用。黄土高原退化系统具有很小的生物量，其生态过程受地形和微地形特征所控制。理解、预测和引导生态过程，是规划和实施生态恢复计划的依据。傅伯杰等（1998）研究表明，不同土地利用结构影响土壤水分空间分布。Poesen等（1996）认为，集中侵蚀区的位置是由景观中径流产生区的位置、地的边界位置和耕作模式决定的，不同土地利用类型的边界对沉淀物的沉积和传输率产生影响。

恢复、创建和连接各种类型生态系统，选择与相邻基底不同的景观类型之间建立条带结构，具有缓冲、拦蓄、截流和集中土壤及养分，形成生态系统良好的水分和养分循环，改善集约耕作的景观生态系统功能。

黄土高原水土流失治理经历了50余年，关于治理的理论、技术和方法有大量的研究结果，为生态恢复提供了良好的理论技术基础。例如，在晋西黄土高原封山育林小流域，植被多度指标的改善速率在封山育林后2007-2016年阶段慢于封山育林后1996-2007年的前期阶段；阴坡与半阴坡、阳坡与半阳坡群落的相似度提高，物种更替速率减慢；随着时间延长，同一生境其群落间具有一定的相关性，群落结构渐趋稳定，但仍处于进展演替阶段（李梁等，2018）。

黄土高原的生态恢复也存在很多问题与争议，主要表现在工程管理与自然规律的背离，恶劣环境条件与过高的期望，工程的高投入、高风险与低效的矛盾等。关键是植被恢复重建一定要符合自然规律，重视脆弱的生境条件对植被恢复重建的影响和约束，恢复过程、生态和经济目标要切合实际，建立一系列渐进的恢复目标，实现生态环境改善和社会经济的可持续发展。

5.10.3 恢复技术问题

黄土高原生态恢复技术主要集中在植物种的选择、植被结构配置和植物种植技术等方面（黄志霖等，2002）。

（1）植物种类和材料的选择。黄土高原有许多乡土植物种，不同生物气候区适宜的植物类型不同，退化生境地带性植被优势种选择十分困难，还没有真正解决大面积造林种草的关键问题。生态工程项目草率地大面积种植乔木如刺槐、侧柏、杨树和柳树，结果令人担忧。

（2）植被类型和结构的选择。不仅植物种类的选择存在问题，而且在实施中乔、灌、草的比例与空间配置结构也存在问题。乔木和灌木栽种比例、密度过大，普遍存在人工造林种草存活率低、保存率低、生态功能差的问题。

（3）植被重建模式和效益。黄土高原水土保持治理仍是粗放型的，治理措施的配置比较单一，生物与工程措施的进展不平衡，不同条件下的优化配置比例不明确。水土保持和生态建设需要集约化、规模化和产业化。

（4）水分及水环境问题。植被重建应该在查明水分承载力与容量本底值的基础上，选择适宜的草本、灌木和乔木种，确定合理的配置结构、适宜密度、栽种方法及管理措施，控制水量平衡是关键，根据水分承载力和雨水资源化水平调整植被结构，以集水、截流和蓄水技术提高径流利用率和改善土壤水分状况。

5.10.4 植被恢复技术

1. 因地制宜，选取合适的树种与草种

根据植被的地理分布、植物区系成分、环境条件的地理变化及造林实践，陕北黄土高原从南至北分属落叶阔叶林区、森林草原区和干草原区。以延安一线为界，南部为落叶阔叶林区、北部为草原地区；再以长城沿线为界，南部为森林草原区，北部为干草原、沙化草原分界线，这2条生态线，把陕北黄土高原划分为3个植被区，即森林区、森林草原区和干草原区。植被区化是造林种草的理论依据之一，为了保证这一地区造林种草的成功，陕北黄土高原的种树种草应遵循这2条生态线，使其与植被分区相符合。在延安以北的森林草原区，构成本区森林草原的草本成分，东部有白羊草（*Bothriochloa ischaemum*）、长芒草（*Stipa bungeana*）等旱中生植物，西部针茅属和其他干草原植物占优势，而

且从草原区引种的柠条、小叶锦鸡儿（*Caragana microphylla*）在各处生长发育较好。乔木以旱中生矮生种类为代表，如山杏（*Armeniaca sibirica*）、杜梨（*Pyrus betulifolia*）和刺槐（*Robinia pseudoacacia*）等。不同生态型植物空间配置为：灌木草原多居丘顶、梁脊，乔木疏林分布在沟谷或其他较湿润地段。延安南部的落叶林区主要是一些喜温植物，落叶栎林是本区主要的地带性植被类型，其次还有油松（*Pinus tabulaeformis*）、次生山杨（*Populus davidiana*）林和白桦（*Betula platyphylla*）林。优势度较大和常见的灌木有柔毛绣线菊（*Spiraea pubescens*）、虎榛子（*Ostryopsis davidiana*）、黄刺玫（*Rosa xanthina*）等。森林恢复过程中各阶段的代表群落有白羊草、大油芒（*Spodiopogon sibiricus*）、酸枣（*Ziziphus jujuba*）、荆条（*Vitex negundo*），以及杨属（*Populus*）和桦属（*Betula*）植物。在选种时一定要因地制宜，比较耐旱的小叶杨（*Populus simonii*）只能在沟底及沟坡下部正常生长，在梁峁坡营造的只能生长成"小老头林"；同时在选种时也要符合生态学规律，否则会造成另一种严重的后果。例如，美国中西部地区，为治理水土流失，从亚洲引进大量葛藤，经过几年的种植，水土流失得到了一定程度的治理，但因葛藤在美国没有相应的草食动物和病原物及竞争物而成为一种到处蔓延的杂草（徐文梅等，2005）。

2. 保持水土以加快植被的恢复

陕北黄土高原多为丘陵沟壑区，属于干旱半干旱区，年降水量一般在300-700mm，且分布不均匀，主要集中在7-9月，占全年降水量的60%以上，以暴雨形式为主。黄土丘陵地区，千沟万壑，不利于水的储存。暴雨强度又大，水力侵蚀成为一种主要的土壤侵蚀方式。暴雨时陡崖一片一片地往下倒，沟头一场暴雨能侵蚀5-10m。延安市纸坊沟流域1989年7月26日的最大降雨强度高达1.40mm/min，侵蚀模数高达27 054.3t/km^2，是正常降雨年份侵蚀模数6000t/km^{2}的4倍之多。而这一水力侵蚀不是单纯用种树就能解决的，这也正是陕北黄土高原区别于长江流域和其他地区水土流失的根本所在，因地制宜地治理水土流失显得更为突出。张有实的平治水土理论值得借鉴。根据平治水土原理，结合黄土丘陵沟壑这一地理特征，应采取以下措施。①打淤地坝。筑坝淤塞沟床，不仅遏制了沟蚀，改善了沟道地形，便利了交通，为山区经济发展打下了坚实基础，而且为陕北粮食安全提供了可靠保证。②治理坡耕地。坡耕地每年流失水量450-900m^3/km^2，流失土壤75-150t/km^2，是土壤侵蚀的关键部位。25°以上坡地必须退耕还林（草），25°以下尽量实现缓坡耕地的梯化，而且不同的坡度应采取不同的措施。7°以上的坡耕地修水平梯田，5°-7°修坡式梯田，5°以下采取横向做水平耕种，形成植物带，以保持水土（徐文梅等，2005）。

3. 封山育林是恢复植被的有效途径

在黄土丘陵沟壑区存在大面积的宜林荒山荒地，在目前生产力发展水平相对较低的黄土丘陵沟壑区，封山育林是今后一个时期扩大和恢复森林植被的重要措施之一。在年降水量 500mm 左右的森林草原区，荒坡经过 2-3 年的封育，植被盖度由 30%-40% 提高到 60%-90%，牧草产量由 1500-2250kg/hm^2 提高到 3750-6000kg/hm^2；在年降水量 350-400mm 的灌丛草原区，封禁 10 年后，产草量由 450-750kg/hm^2 提高到 1050-2250kg/hm^2；在年降水量大于 500mm 的森林区，通过封山育林措施，促进了森林植被的恢复，林分质量明显提高。黄龙县南坡的荒山灌丛经过 15 年封山育林，辅以人工栽植少量油松，现已形成油松、辽东栎（*Quercus wutaishanica*）、山杨混交林，平均树高 6.5m，平均胸径 8.0cm，林分的郁闭度达 0.6。张家山西沟实施封山育林措施，利用沟道散生的山核桃（*Carya cathayensis*）母树天然下种更新，经过 16 年的封育，已形成了山核桃幼林，林分密度为 1230 株/hm^2，平均树高 7.8m，平均胸径 7.9cm。由此可见，在黄土丘陵沟壑区可采用封山育林技术，充分利用自然力促进植被的恢复（徐文梅等，2005）。

4. 建设基本农田，以保证退耕还林（草）不反弹

在不考虑人口压力，只考虑农业可持续发展和生态恢复的情况下，陕北黄土高原区的农业发展主体应为草地畜牧业，因而退耕无疑是有利于减轻水土流失及生态恢复重建的前提性措施。但由于国情和区情的制约，尽管这里的人口远远超过国际公认的同类地区的人口承载上限，却不可能采取大规模向外移民和放弃农业的做法；相反，随着西部大开发的实施，陕北能源基地的建成，其人口可能进一步增加，加之陕北地区山高谷深，运粮困难，这都要求农业的地位只能加强。所以，只能加强基本农田的建设，使农民的粮食能自给自足，从根本上解决农民对粮食的后顾之忧，否则，农民仍会在退耕地上重新开垦，使政府退耕还林（草）工程付诸东流（徐文梅等，2005）。

5.11 干旱区的植被恢复

5.11.1 干旱区的植被及其恢复概况

干旱区缺水，强烈的太阳辐射和日夜剧烈变化的温差，对植物的生存适应有严重的影响。

干旱荒漠区除存在唯一的真正森林——胡杨林外，植被多是以稀疏的多年生旱生植丛为主，植被的组成种类贫乏（例如，塔克拉玛干沙漠区有记录的高等植

物仅 72 种），各有其特殊的适应能力。而种类较少的旱生植物存在明显的寡种科属现象，这与当地植被的演化过程紧密相关。干旱缺水抑制植物生长，随着干旱度增加，植被呈紧缩分布现象，且植被低矮而生物量极低，从而对环境的庇护作用极弱（除局部地区存在早春短命植物层片外，其余地区除短暂的早春期外，缺少葱绿生机，呈现荒凉的景观，很难形成对地表的有效郁闭），使这一区域的生态系统具有明显的脆弱性（黄培祐，2002）。

黄培祐（2002）研究发现，荒漠植被的绝大部分种类都具有先锋种群的显著特征（其生态习性是旱生的、需光的、能忍耐强烈变温、能适应苛求立地的土壤），从而决定这些物种可以在物理环境占绝对支配地位的荒漠裸地定居。荒漠中占主要地位的种群，如梭梭、树柳、沙拐枣、胡杨等，全都能在前期不存在植被的原生裸地直接建立群落（这些植物倾向在其周围增殖个体，从而形成以同种的个体群集结的单种植丛，各个孤立的单种植丛趋向发展为郁闭的植被空间，形成一个完整的植被冠层），只需立地的物理环境满足这些种群的最低需求。

选择满足特定种种群生存最低需求的立地，因地制宜，以特定优势种通过自然或辅以一定人力建立先锋群丛，构建荒漠植被恢复的轮廓，这是极其关键的一步。因而研究如何在荒漠环境建立先锋群丛，是荒漠植被恢复的突破点。

对荒漠植被自然建群现象的研究发现，如何使当年生幼苗成功地经受其生活周期第一个干热季将是使其重建的核心问题。

由于干旱荒漠环境极其恶劣，当地适生的植物成年植株，已形成适应恶劣气候的结构与功能，对恶劣生存条件具有较强的忍耐能力。植物要生存繁衍，必须要从忍耐力极强的休眠种子状态转变为活跃生长的嫩苗，而此期的幼苗对干旱环境毫无抵抗能力，如何在干旱季节来临之前，转变成具有其亲本适旱能力的成体就是决定建群成败的焦点。在自然状态下，通过种子来实现建群的概率非常低，而且只有在气候温和的年份才能成功。因此，恢复成败完全依靠机遇。灌溉造林只能施于小范围的林地，与植物复原还有差距。

气候制约着荒漠植被的发生、发展过程，环境因素却孕育了与其相适应的大量荒漠植物物种。因此，在此区进行恢复时要优先选择当地适生的种群，尤其是优势种群。在当地植被已严重受损的情况下，通过补给种源来促使植被恢复的方法，由于气候的强烈制约，很难有效预测其结果。另一种情况，如胡杨生长的水分主要靠潜水或河流泛滥水，由于洪水已普遍消失，幼苗自然补充已丧失，因而必须寻找类似实生起源、又保护实生起源优点（即长期免灌而依靠自然水源存续的植被类型）的替代办法，使幼苗在人工状态下安全渡过生活周期的最软弱阶段，然后融入自然生境。

干旱区退化生态系统恢复要考虑因地制宜原则、可持续性原则、防治并重原则、生物配置多样性原则，该区域生态恢复和重建的对策主要有 6 个方面：①以可持续发展和恢复生态学理论为指导，建立人口资源环境相协调的良好人地关系；②以植被恢复为生态恢复的核心，因地制宜，合理退耕还林还草；③以水资源的安全保障为关键，切实加强水资源的合理开发利用；④加强生态环境的动态监测和评估，进一步完善地面监测和卫星遥感监测相结合的生态环境立体监测系统，加强对生态环境的动态监测和科学评估，为西北地区生态环境保护和建设提供连续、立体、动态的监测信息；⑤依靠科技进步与科学规划，促进和加快生态环境建设；⑥实施生态教育，加大执法力度，加强综合治理（徐树建，2002）。

5.11.2 西北干旱区生态恢复应考虑的问题

我国西北干旱区幅员辽阔，包括内蒙古、陕北半干旱的草原地带，宁夏、甘肃、新疆、青海干旱的荒漠地带。在西北干旱区的发展战略中，生态建设是重要的内涵。陆地表层主要生态系统类型的分布取决于温度、水分条件的组合，形成受自然地带规律制约的空间格局。按照尊重自然的原则，郑度院士曾多次论及对西北干旱区的生态建设要注意如下问题（徐建辉，2006）。

5.11.2.1 植树造林与"绿化工程"

长期以来，民众中存在"绿化等于植树造林""生态建设就是植树造林"的片面认识，这主要是因为人们对自然地带性规律缺乏了解。通常，湿润、半湿润地区自然条件好，可以植树造林，也有森林分布；而在半干旱、干旱区则仅能在局部地段植树，山地的适宜部位有森林分布，但不宜大面积造林。以森林覆盖率作为我国各个区域可持续发展的共同指标之一是值得商榷的。以西北干旱区为例，适宜森林生长分布的区域面积有限，目前一些省区的森林自然覆盖率多在 5% 以下。如果要求这些省区大面积植树造林，以达到对湿润、半湿润地区要求的同样的森林覆盖率指标，是不符合自然规律的。因此，半干旱、干旱气候下各省区环境与发展的协调应当尊重自然，既不要背上森林覆盖率低的包袱，也不应片面追求不切实际的造林指标。

然而，在半干旱、干旱区仍然可以看到引水灌溉、植树及建造机场高速"绿化带"，或在部分高速公路两侧山丘沿等高线挖坑种植灌木，进行喷灌以营造"绿化工程"等现象。结果事与愿违，既不见林带，又破坏了原有的十分脆弱的环境。有关部门甚至提出要在乌鲁木齐市郊拍卖荒漠山丘土地，以承包方式实施"植树绿化"的计划。在我国西北干旱区绿洲边缘可以适当地营建小规模的农田防护林，但是不宜大片营造森林，更不应过分渲染、夸大防护林的作用。

5.11.2.2 生态修复与封护管理

中国科学院沙坡头沙漠研究试验站的研究表明,在流动沙丘表层的结皮形成后,降水在沙地中的分配浅层化,这是人工植被中柠条(*Caragana korshinskii*)衰退,而浅根的油蒿(*Artemisia ordosica*)得以生存的主要原因之一。由于土壤无效蒸发比例增大,植物所能利用的水分减少,从长远来看对油蒿的生长和生存也是不利的。因此,沙漠化整治的目标不应是片面追求植被盖度的增加。许多研究表明,通过对现有植被的封护管理,减少和避免人类扰动,可以使退化植被自然更新与恢复,促进沙漠草本、灌木自然植物发育,从而可减少区域内流沙活动,防止造成新的破坏和沙漠化土地的蔓延,对沙区的可持续发展有重要作用。我国的沙漠化有明显的地带性特点,干旱区荒漠植被对极端生境的适应性强,一旦遭到破坏,其生态的自我修复能力就会受到限制。所以沙漠化治理的基本原则是对现有的植被加以保护,充分利用生态系统自我调节和自我修复的功能。

5.11.2.3 自然保护区建设

沙漠作为大自然的产物有其形成、演化和发展的自然规律。20世纪50年代以来,对西北干旱区开发的成功经验与失败教训值得认真总结与吸取。例如,在准噶尔盆地位于天山北麓冲积平原的莫索湾地区,原有天然植被较好,不合理的大规模垦殖、强度樵采薪柴和过度放牧,导致沙丘活化严重。准噶尔盆地中部的古尔班通古特沙漠,以固定、半固定沙丘为主,有大面积的白梭梭(*Haloxylon persicum*)和梭梭(*H. ammodendron*)林生长,还有独特的春季短命植物,是温带荒漠中生物多样性最为丰富的区域之一,也是温带干旱区重要的基因宝库。虽然受人类不合理活动的影响原有植被遭到破坏,但只要采取适当的封育措施,就能较快地恢复演替为相应的顶极群落。实践表明,封育保护是恢复沙区退化生境的一种有效方式。建议加强对整个古尔班通古特沙漠的自然保护,划定有特别价值的地区建立自然保护区或国家荒漠公园。位于中昆仑山的阿尔金自然保护区自1983年建立以来,山地草原等各类植被得到了保护,藏野驴(*Equus kiang*)、藏羚(*Pantholops hodgsoni*)和野牦牛(*Bos grunniens*)等珍稀动物种群逐渐增长,植被天然恢复的成效明显。

5.11.2.4 水资源的开发利用

环境整治、生态建设与区域发展有着密切的关系,它们相互制约、共同作用。与世界其他荒漠区相比,我国西北干旱区得天独厚。一系列高山上发育着许多山地冰川,为荒漠绿洲的发展提供了重要的水源。目前,主要的问题是水资源利用不充分，管理不善，效率低下且浪费很大。

　　水是干旱区十分紧缺的资源，在节约田间灌溉用水方面，需要结合当地条件做切实的科学试验，总结出适于干旱区应用的技术措施。地膜覆盖农业在干旱区的发展前景很大，在薄膜塑料覆盖下，既能获得充足的光合有效辐射能，消除日温变化大的缺点，又可以节约水的消耗，将有利于促进各种植物生长。当然也应研究地膜覆盖下地表条件改变后，对土壤、土壤动物和土壤微生物的影响。西北干旱区内的跨流域引水工程计划需要十分谨慎，应当以服务城市和工矿用水为主要目标。而不宜调水用于垦殖发展农业，否则将破坏天然植被，加重土壤次生盐渍化。当前新疆北部山麓平原绿洲地下水超采开发，地下水位急剧下降，严重威胁着该地区绿洲的生态安全与可持续发展。

　　有人从湿润地区的角度出发，认为调水到西北干旱区是开发和整治的必要前提。他们认为只要有充足的水，沙漠、戈壁都可以变良田，粮食、棉花、水果都是优质品。于是有人提出"东水西调，彻底改造北方沙漠"的设想，也有人主张从雅鲁藏布江调 400 亿 m³ 的水到新疆，认为完全具备了相应的科学技术能力。然而他们却不知道干旱区的问题不是调水能解决的，客观存在的自然地带性规律是不以人的意志为转移的。

　　无论从自然条件来看，还是从社会经济发展角度出发，对西北干旱区进行大规模的、远距离跨流域调水的设想，都存在可行性、市场需求、投资效益等诸多问题，需要慎重分析，绝不可轻率决策。

5.11.2.5　土地资源的垦殖

　　20 世纪 50-60 年代，西北干旱区的开发多以土地资源的垦殖利用为主。农垦在当时起到了积极的作用并取得了较明显的成绩，然而大面积垦殖对环境也产生了一定的负面效应。以新疆为例，1950-1998 年，累计垦荒 $392.8 \times 10^4 hm^2$，加上原有耕地，应有耕地面积 $513.8 \times 10^4 hm^2$。而 1998 年实有耕地 $331 \times 10^4 hm^2$，丧失耕地面积 $182.8 \times 10^4 hm^2$，丧失率达 55.2%。如果按新垦荒地计算，丧失率则高达46.5%，其中除少数为建设占用外，绝大部分为再次返荒。柴达木盆地在 1953-1965年累计垦殖开荒 $8.39 \times 10^4 hm^2$，开荒的土地大多是较好的草地或林地。由于土地次生盐渍化和土地沙化，保留到 1995 年的实际耕地面积仅有 $3.74 \times 10^4 hm^2$，弃荒率达 55% 以上，撂荒地的表土风蚀量远大于耕地和荒漠地。可见，西北干旱区虽然地域广阔，但适宜农耕的土地大多已经被开垦利用，而且后备耕地资源中，盐渍化土地面积所占比例很高。今后应以提高现有农田的产出为主，而不应盲目开荒垦殖扩大耕地面积。近年新疆有关部门曾提出垦殖 66.7 万 hm^2 以上荒地的计划，引起了人们的关注和担忧。

5.11.2.6 石羊河下游绿洲的危机

自然界是有机的整体，区域间彼此联系、相互制约，上下游之间的作用与影响更为突出。石羊河下游的民勤绿洲开发历史悠久，20世纪上半叶土地沙漠化严重。50-80年代初，一系列生物与工程措施相结合的治沙办法取得了较好成效。民勤盆地自50年代以来曾经建成了以沙枣林为主的防护林，并大面积加以推广。截至1991年，累计营造沙枣林$1.7×10^4hm^2$，灌木林$2.7×10^4hm^2$。由于地下水位迅速下降，导致林带严重衰退，$0.6×10^4hm^2$沙枣林成片死亡，$0.6×10^4hm^2$枯梢，$0.8×10^4hm^2$人工灌木林死亡。可见在干旱荒漠区的绿洲，防护林带的营造不宜片面追求林地覆盖面积的比例，而应适度安排。否则，区域地下水位急剧下降，不仅影响农牧业生产的发展，所营造的林带也将衰败而失去作用，使沙漠化卷土重来。

5.12 喀斯特山地生态系统石漠化过程及其恢复

喀斯特（karst）即岩溶，是水对可溶性岩石（碳酸盐岩、石膏、岩盐等）进行以化学溶蚀作用为主，流水的冲蚀、潜蚀和崩塌等机械作用为辅的地质作用，以及由这些作用所产生的现象的总称。由喀斯特作用所造成的地貌，称为喀斯特地貌（岩溶地貌）。世界喀斯特石山面积约占陆地面积的12%。我国分布有裸露、覆盖、埋藏等3类喀斯特地貌，面积约为$3.443×10^6km^2$，其中裸露喀斯特面积$9.07×10^5km^2$，主要分布于贵州、广西、云南等西南地区。贵州、广西、云南三省区裸露喀斯特分布面积$3.284×10^5km^2$，占三省区总面积的40.7%。按地质年代、分布地域和主要地貌景观特征，可将我国石漠化土地划分为扬子准地台元古代至中生代碳酸岩系岩溶区、华南褶皱系晚古代及中生代碳酸岩系岩溶区、滇西褶皱系古生代碳酸岩系岩溶区等3个岩溶区13个亚区（任海，2005）。喀斯特地区脆弱的生态环境，加上长期以来人为因素的影响，导致森林植被严重破坏，水土流失加剧，土地严重退化，基岩大面积裸露，最终形成石漠化的面积达$4.63×10^5km^2$，短期内有潜在石漠化严重趋势的土地达$8.76×10^5km^2$。全国石漠化区域共涉及429个县，总人口约1.3亿人。石漠化导致自然灾害频发，生存环境不断恶化，严重制约着该区域的社会、经济和生态协调发展。

喀斯特是一种易受干扰而遭受破坏的脆弱生态环境，对环境因素改变反应灵敏，生态稳定性差，生物组成和生产力波动较大，被学术界定为世界上主要的生态环境脆弱地区之一，同时喀斯特也面临着贫困与环境恶化的双重难题。20世纪80年代末至90年代初，水土保持科技工作者根据石山荒漠化是水土流失的一个重要特点提出了石化、石山荒漠化、石质荒漠化等概念，随后袁道先、屠玉麟、王世杰等分别探讨了石漠化的定义，概括起来如下：喀斯特石漠化是指在亚热带脆弱的喀斯特环境背景下，受人类不合理经济活动的干扰破坏，土壤严重侵蚀，基岩大面积出露，土地生产力严重下降，地表出现类似荒漠景观的土地退化过程。在此基础上，开展了大量恢复研究与示范。本节在总结国内外喀斯特生态系统研究基础上，重点综述了喀斯特生态系统石漠化过程及其恢复研究进展，为下一阶段的喀斯特生态系统适应性恢复与管理研究和实践提供参考（任海，2005）。

5.12.1　喀斯特研究概况

国际上早期的喀斯特研究以欧洲为主，他们对喀斯特的地质成因、地貌特征、水文特征、发育过程做了地理、地质综合研究。随后，根据社会经济发展需要，对喀斯特水文地质、工程地质、地球物理勘探、喀斯特洞穴和喀斯特发育理论等做了大量研究。自 1973 年 Legrand 在 *Science* 上发表了文章后，喀斯特区地面塌陷、森林退化、旱涝灾害、原生环境中的水质恶化等生态环境问题受到重视。在此期间，国际上对马来半岛、美国卡罗来纳、新西兰和南非喀斯特地区及德国的 Solnhofen 石灰岩地区也开展了一些石灰岩植物区系的形成及其生理生态研究工作。20 世纪 80 年代后国际有关喀斯特地区生物多样性的研究主要集中在植物区系、洞穴动物、植被调查分析等方面，缺乏生物多样性演变与生态系统功能的系统性研究。20 世纪 90 年代以后侧重于喀斯特生态环境脆弱性成因机制、喀斯特生态系统的碳循环及其对全球的响应等方面的研究。当前，比较重要的喀斯特研究是国际地质对比计划中的 IGCP299“地质、气候、水文与岩溶形成”（1990-1994）、IGCP379“岩溶作用与碳循环”（1995-1999）、IGCP448“全球岩溶生态系统对比”（2000-2004）研究。由此可见，国际上关于喀斯特的研究发展趋势是：越来越强调在全球变化背景下的喀斯特反应；重视从喀斯特生态系统的角度研究喀斯特现象；喀斯特生态系统与人类活动的相互作用；将加强喀斯特生态系统恢复与生态系统管理研究；喀斯特地区生态-经济-社会复合生态系统可持续发展研究；大尺度的跨越国界的喀斯特对比研究（任海，2005）。

国内一直在开展喀斯特研究与示范，从“五五”国家科学技术委员会和地质矿产部组织“四片五点”喀斯特科研会战治理旱涝研究以后，又先后开展了南方喀斯特地下河及喀斯特矿区水文地质调查和评价、西南石灰岩地区有效开发利用途径研究、滇黔桂石山地区农村经济开发研究、大西南连片贫困喀斯特地区脱贫与振兴经济建设、滇黔桂湘喀斯特贫困区喀斯特水有效开发利用规划建议与开发示范、中国西部重点脆弱生态区综合治理技术与示范——喀斯特课题等项目。此外，林业部门、高等院校和科研单位还分别从造林、农业开发和森林生态等角度开展了一些研究工作。可以认为，在 20 世纪 90 年代以前主要集中在喀斯特地貌形成、演变，水资源的赋存规律研究以及喀斯特水资源和水利水电工程的防渗处理技术等领域；90 年代以后侧重于洞穴旅游、脆弱的喀斯特生态环境区的水土流失防治及植被的恢复、喀斯特石漠化的 RS-GIS 等级划分及空间态势、典型石山脆弱生态环境综合治理与可持续发展试验示范等领域（任海，2005）。

南方喀斯特区退化系统恢复生态学的研究可追溯到 20 世纪 40 年代，侯学煜（1946，1952）、郭魁士（1940）对南方喀斯特森林植物与土壤之间的关系，土壤发生及利用进行了研究。60 年代，杨明德（1982）、刘志刚（1963）研究了喀斯特地区自然景观和土壤侵蚀特点；中国科学院昆明植物研究所于 1966 年、周政贤于 1987 年分别研究了云南、贵州喀斯特森林的特点、演替规律并提出了石灰岩山地植被自然恢复与现存植被改造利用途径。至此，具有了喀斯特森林生态系统恢复与重建研究的雏形（任海，2005）。

喀斯特区恢复生态学理论与实践研究主要发生在 20 世纪 80 年代以后时期。在理论研究方面，在 80 年代对喀斯特森林顶极群落的特点、属性的讨论成为研究的焦点；90 年代，对喀斯特森林的结构功能，种群特征，退化原因、过程，自然恢复途径进行了较多的研究，此外，还研究了喀斯特生境条件及树种适应性、喀斯特群落组成结构功能、喀斯特森林种群变化、喀斯特森林更新特征、退化群落自然恢复途径及自然恢复的生态学过程，提出了退化群落自然恢复的评价方法和指标（任海，2005）。

在恢复实践方面，贵州大学林学系先后承担了国家"七五""八五""九五"期间相关的攻关课题，贵州"九五"攻关项目"花江峡谷喀斯特区综合治理与农业可持续发展的综合试验示范建设"，通过对湿润喀斯特石质山地影响造林成效和植被恢复的障碍因子——水分亏缺的特征、程度、时空变化，以及植物对临时性干旱的适应方式、途径、类型进行多学科综合研究，开展了喀斯特区宜林石质山地植被恢复与造林技术综合研究，建立了两个试验示范区，其成果已被国家林业局批准为 2000 年的科技推广项目，在贵州大面积推广应用。

总的看来，国内最近 20 年来喀斯特主要研究内容包括：喀斯特地质地貌和洞穴、喀斯特地球化学循环、岩溶水资源开发利用、喀斯特石漠化的概念及其科学内涵、喀斯特森林资源综合调查、洞穴生物的生理生态学特征、基于 3S 技术面上和实地点上的喀斯特石漠化的现状调查与评价、喀斯特生态系统定位、岩溶生态系统的结构、驱动机制和功能、人为干扰对喀斯特森林的影响、石漠化过程中土壤和植被变化初步观察、退化喀斯特生态系统自然恢复过程、石漠化退化土地及植被恢复与治理模式、喀斯特农业生态系统、石漠化防治对策、喀斯特区域资源开发利用与生态旅游规划等方面。这些研究虽然突破了水土流失的研究范畴，为后续研究积累了可贵的基本资料，但对不同喀斯特地貌生态经济类型区的石漠化发生的原因、类型，石漠化过程、演替模式、驱动力因子及相应的生态重建技术途径和模式的研究较为缺乏，基本停留在定性分析阶段，定量化和空间性研究明显不足，理论体系相当零散；对生态修复、维持与适应性管理（可持续利用）等关键科技问题及其作用机制不清，缺乏成熟的可操作性强的生态系统恢复、重建、管理的模式。这些对喀斯特生态系统保育与石漠化恢复过程中的关键基础理论问题没有进行深入系统研究，无法取得重要的理论和方法突破，其应用范围也深受局限。

5.12.2 石漠化的原因与机制

5.12.2.1 石漠化原因及过程

喀斯特地区生态系统有区域性、等级性和层次性、脆弱性、敏感性、有限的可调控性、趋向性和变异性等特点。石漠化是在自然岩溶过程基础上人为因素叠加所造成的，它作为岩溶地区的一种环境恶化和土地退化过程，根本原因是岩溶生态系统的脆弱性。喀斯特生态系统石漠化过程涉及了自然和人为因素，但人为因素是主因。

自然因素：石灰岩为形成表层土壤的母质；特殊的水文地质条件为土地石漠化创造了条件，在地表起伏较大而地下水以垂向作用为主的岩溶石山区只能出现不连续的薄层有机质土；由于崎岖破碎及山多坡陡等地形地貌的影响；年均温相对较低及降水相对少的高原气候导致植被生长慢；岩溶地区性质独特的土壤极易造成石漠化，碳酸盐岩系抗风蚀能力强，母岩造壤能力差，成土过程缓慢，每形成 1cm 厚的风化壳要 4000-8500 年，若考虑淋溶则要 1.3 万-3.2 万年，成土模数为 45-75t/（$hm^2 \cdot a$），较非喀斯特地区慢很多，且厚度不均，因而土壤资源缺乏；土壤独特的肥力性质决定了岩溶生态系统的脆弱性，由于岩溶作用，其土壤中阳离子交换量和有机质含量较高，但土壤中 Mn、Fe、P 等元素有效性低，形成了低的肥力，加之土层薄、岩体裂隙、漏斗发育等导致干旱，因而较脆弱；岩溶地区土壤结构的上松下紧两种质态界面降低了稳定性，对环境脆弱起放大作用。

人为因素：人为干扰的主要形式是火烧、开垦、放牧和樵采。在喀斯特区域，人口超载导致了大规模的毁林开荒，特别是陡坡垦荒及超载放牧等导致水土流失而发生难以逆转的破坏；传统的旱坡顺坡耕种等耕作方式以及农林牧比例失调等不合理的土地利用方式破坏了植被和水土环境；工农业污染使岩溶地区水、土、气污染物指标超过其自净能力而出现土壤条件恶化，例如，贵州 1998 年 SO_2 排放总量全国第二，加速了岩石的溶解，采矿过程中产生的大量废渣、矿石等也可产生不良影响。

石漠化土地的形成一般有 3 个阶段：毁林开荒—水土流失—岩石裸露，经历了顶极植被—灌草丛—石漠过程。不同地方不同情景下土地石漠化的演化时间、速率不同。一般从一种状态到另一种状态要几十年到几百年，但在重度干扰下，从森林变化为裸地很短时间就可完成，详见图 5.21。

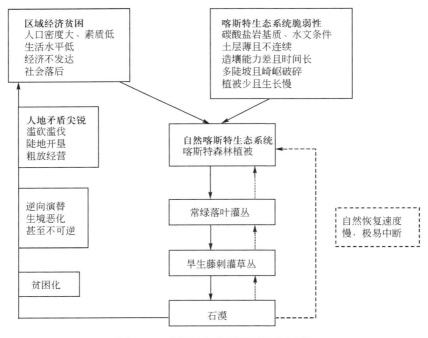

图 5.21　喀斯特生态系统石漠化过程

5.12.2.2　石漠化机制

石漠化是在诸多自然因素和社会因素共同作用下发生、形成的。脆弱的生态环境为石漠化提供了条件，不合理的人为活动则加速了这一进程。从喀斯特区域研究看，典型喀斯特区域同时存在由石漠化向顶极森林的正向演替，也存在由森林向石漠化演变的逆行演替，两者均以藤刺灌丛为中间环节，形成了两个演变系列时间并存、空间互补。在人类干扰下，石漠化正向演替的空间驱动力明显小于逆行演替，动态平衡失衡。

喀斯特石漠化对环境的选择性导致喜 Ca、耐旱和岩生性的植物适于生存，而对生境条件要求较高的喜湿、喜酸性植物甚至许多普适性植物难以生长，这种选择导致有些植物发生变异适应，且正向演替速度慢。在石漠化过程中，若无人为作用，正向或逆行演替都循序渐进，不发生从低态向高态的直接跃迁，即跨越阶段的演替。

喻理飞等（1998）研究发现，喀斯特森林退化可划分为 A-F 6 个等级，干扰不大时，顶极群落发生正常波动，干扰增大时才发生明显退化，生物量的移出和耐阴树种消退是退化的关键因素。王德炉等（2003）发现，石漠化过程中，植被种类组成从高大乔木向典型小灌木退化，并随着环境干旱程度的加剧向旱生化演替；植被退化的趋势依次为次生乔林—乔灌林—灌木林或藤刺灌丛—稀灌草坡或草坡—稀疏灌草丛，但优越的气候条件仍保持了区域内较高的物种多样性；退化过程中群落的密度先增加后降低，群落的高度和盖度随环境退化降低明显，形成稀疏植被覆盖的荒漠景观；小生境的恶劣程度随暴露程度的增加而增加，植被起源方式受干扰的影响较大；土地生产力的衰退以乔木树种的衰退为主要标志，群落生物量急剧减少。退化过程中植被与环境形成正反馈关系，并具有退化方向上的一致性、退化过程的非同步性和退化速度的非线性等特点。

据王德炉等（2003）研究，随着石漠化的发展，土壤黏性增强，容重增加，孔隙度降低，坚实度加大，保蓄水肥能力和通透性降低，结构恶化；同时，侵蚀和淋溶程度加强，生物富集作用不断减弱，土壤有机质含量大大减少，引起土壤中全 N、腐殖质、阳离子交换量等主要化学成分的降低，使土壤肥力下降，生产力逐渐丧失。土壤理化性质的变坏与石漠化过程形成相互促进的正反馈关系，并在退化方向和阶段上具有一致性和同步性。

从目前生态学和喀斯特基础研究的发展趋势看，石漠化过程中喀斯特生态系统功能衰退机制将是未来的研究重点，涉及典型喀斯特生态系统脆弱性的内在动力机制；喀斯特生态系统石漠化过程的阶段性特征；石漠化过程中基质持水能力变化，降水有效性变化，植物生长变化，生态系统功能变化，生境多样性变化，植物、动物、微生物物种多样性变化，能量流动与物质循环变化；喀斯特生态系统综合适应对策等内容。

5.12.3 石漠化喀斯特生态系统恢复

5.12.3.1 石漠化喀斯特生态系统恢复的理论研究

喻理飞等（1998）、朱守谦等（1998）通过对原生性喀斯特森林和次生性森林的自然恢复过程研究发现，喀斯特森林的自然恢复是各适应等级种组的有序更替；恢复对策经历了由早期更新对策向中期结构调整对策直至后期结构功能协调完善对策更替；更新对策以幼苗库为主，早期幼苗库的贡献以无性繁殖苗为主，后期以有性繁殖苗为主。此外，他们还构建了自然恢复潜力度、程度、速度的评价方法。低一级演替阶段群落向相邻更高一级演替阶段群落恢复的潜力度最高，群落自然恢复由低级阶段向高级阶段顺序替代；早期阶段恢复潜力度较高、恢复程度低、速度慢，中期阶段恢复潜力度高、恢复程度中等、速度快，后期阶段恢复潜力度较低、恢复程度高、速度慢。群落整体恢复速度低于群落各特征指标恢复速度。群落结构恢复快于功能恢复，退化喀斯特森林自然恢复 40-50 年可有较为正常的物种组成、外貌和结构，但功能完全恢复则要更长时间。苏维词从生态系统景观特征及其组成要素出发，分析了流域生态系统稳定性的影响因子，应用图论和脉冲论建立了流域生态系统稳定性结构模型,试图从流域尺度对生态系统进行优化调控(任海,2005)。

总体而言,喀斯特生态系统恢复生态学的理论与技术也远远落后于实践的需求,下一步可能应从喀斯特生态系统生态异质性、脆弱性和健康评价,植物对喀斯特生境的综合适应对策,喀斯特生态系统生物多样性和生产力维持机制,石漠化喀斯特生态系统的恢复/重建机制等关键科学问题切入。

5.12.3.2 恢复技术

经过多年来的理论研究与生产实践,已探索出了一套退化喀斯特生态系统的恢复与治理技术,主要原则是喀斯特石漠化过程中不同阶段的类型应采取不同的策略。即生境较好的轻度退化生态系统以人工造林为主,缓坡及岩石裸露率在 40% 以下的中度退化生态系统以造林为主、自然恢复为辅,严重退化的生态系统以自然恢复为主、人工恢复为辅,极度退化的生态系统以自然恢复为主。

在植被自然恢复方面,首先要遏制引发生境退化的干扰,选择有种子或无性繁殖体的地段,根据生态系统自身演替规律分步骤分阶段进行,自然恢复要辅以人工促进措施,因地制宜地补充种源、促进种子发芽、幼树生长、密度调控、结构调整等。

人工恢复的基本内容是造林,水分亏缺导致存活率低,因此主要技术是:正确选择造林树种,按小生境类型配置树种的适地适树适小生境技术;不全面砍山、不炼山、见缝插针、局部整地的造林植被利用技术;切根苗造林,容器苗补植,生根粉浸根等提高造林存活率技术;汇集表土,加厚土层,造林地穴面覆盖,提高土壤墒情的生境改造技术;栽针留灌抚阔,利用自然力形成针阔复层混交林技术。

人工促进植被自然恢复的技术非常重要,在适于植被自然恢复的地段,南方喀斯特区优越的水热条件、丰富的树种资源为植被自然恢复提供了环境和物质基础。一方面,在恢复早期阶段,群落组成以阳性先锋种占优势,群落高度低、盖度小,先锋种的种实小、重量轻,易到达退化群落中,并能适应早期群落环境,迅速萌发生长,恢复潜力度高。另一方面,在自然恢复过程中,植物能较充分地利用喀斯特生境中各类小生境资源,如石面、石缝、石沟等,而这往往又是人工造林所不能及的,反映出自然恢复在对资源利用上更合理、充分。在经济较落后、交通闭塞、自我发展活力不高、资金注入有限的条件下,植被自然恢复具有重要作用和地位;但自然侵入树种杂乱,树种间竞争并逐步淘汰所需时间长,因此,仍需要采取人工促进措施,一方面,通过补播、补植,增加既有利于演替发展,又有利于提高经济效益的树种数量,另一方面,局部整地、割灌、除草以改善种子萌发条件,间苗、定株、除去过多萌条,促进幼树生长,调整种类组成与密度,改善林分结构。同时，预防病虫害、森林火灾及人畜破坏，保证林分正常生长，建立健全封山育林规章制度，协调好群众的生产生活用地，采用灵活多样的封育方式以保证自然恢复顺利进行（李文华和王如松，2002）。

在农业综合开发利用方面，已有大量治理模式，如以花椒种植为核心的"花椒-养猪-沼气"模式，以砂仁种植为核心的"砂仁-养猪-沼气"模式，以花椒、砂仁与传统粮经作物混种的"传统粮经作物（如苞谷、花生、红薯等）-花椒、砂仁"间作套种模式，相对单一的"传统粮经作物（如苞谷、花生等）-野生乔灌木（如乌柏、栾树、构皮树等）"模式，以花椒种植为核心的"经果林（如柚木、柿树、枇杷、桃等）-花椒-金银花"套种模式，以花椒种植为核心的"防护林（如肥牛树等）-花椒-金银花-苞谷"混农林业模式，以皇竹草种植为核心的"皇竹草-养殖（牛羊、猪等）-沼气"草食型养殖业循环经济模式，以特色养殖为核心的"养殖（如火鸡、竹鼠等）-传统粮经作物"农牧复合模式等（Cheng et al.，2017）。

5.12.3.3 恢复对策

大量研究表明，喀斯特山地的主要环境问题是土地退化，而贫困是环境退化的根源，环境退化的人类驱动是土地利用变化。因此，喀斯特山区应以协调人地关系、实现区域人类生态系统持续发展的生态重建为目标，其核心是整体人地系统的生态优化，主要是土地利用和产业结构的优化配置。

适当降低人口出生率，劳动力输出和移民相结合，发展生态小城镇，通过政策缓解人口对环境的压力，将喀斯特区域内的人口密度从 225 人/km^2 降至 150 人/km^2。加强农田基本建设，建立高产稳产田，提高生产力，提高区域粮食自给率。建设以林业为核心的农林复合生态系统，调整目前农林牧土地结构比例 1:1.03:1.12 为 1:3:1.5，强化封山育林育草，最大限度地提高绿色覆盖率。改变落后的耕种方式，利用资源优势，建设特色农产品生产基地和支柱产业。加强立法，合理规划用地并严格管理。

5.12.4 石漠化喀斯特生态系统恢复研究趋势

对石漠化形成过程和机制的研究，特别是对石漠化类型的划分，是科学制定石漠化防治对策的基础。由于缺乏全面系统的研究，虽然宏观上定性认识较一致，但微观和定量研究不深入，下一步要确定一套划分类型、评价石漠化潜在危险性的指标体系，要阐明指标与石漠化类型、石漠化程度和潜在危险性及石漠化防治的关系（Jiang et al.，2014），重点关注生境异质性造成的植被恢复障碍与限制因子变化、不同干扰情景下石漠化过程及治理途径、不同时空尺度下的研究等研究方向。

在研究对象上，以喀斯特石漠化景观为目标的研究一直很薄弱，特别是对植物适应喀斯特异质性生境的综合对策，喀斯特生态系统的脆弱性、可恢复性和恢复障碍，喀斯特生态系统恢复过程中基因流、能流与物流耦合，喀斯特生态系统生物多样性与生产力维持机制，喀斯特复合生态系统的适应性管理等方面的研究较少。近期，森林生态系统的退化与恢复过程中结构、功能和动态的复杂性，生态系统退化过程中生物与环境、能量流动与物质循环协同作用，生态系统退化与恢复阈值、生态恢复的方向和速度的不确定性等方面的研究比较热门，已成为恢复生态学的学科前沿和当今国际生态环境科学领域基础研究的重点。以我国西南发育最典型、面积最大、空间连续性最好、各类生态系统组合最多、村落与民族文化典型、经济较落后、石漠化最严重的喀斯特生态系统为对象，系统探讨西南喀斯特生态系统维持机制、生态综合适应性、生态系统退化与恢复机制，极有可能在理论上有所突破，从而在实践上为我国西南及少数民族区域的"喀斯特贫困"提供解决途径。

喀斯特石漠化研究的发展趋势是：①建设不同成因类型石漠化景观的生态示范区；②研究石漠化在不同时空尺度下的驱动机制，特别是人类驱动力，确定自然因素和人文作用对石漠化过程正负面影响及各自的贡献率；③研究石漠化基础信息系统、灾害监测预警系统、灾害评价与辅助决策系统；④研究石漠化的水文生态过程与植被恢复重建机制；⑤研究喀斯特生态系统退化和石漠化过程中的生物地球化学过程；⑥研究石漠化综合防治战略与模式（王世杰和李阳兵，2007；Jiang et al.，2014；Tong et al.，2018）。

5.13 矿业废弃地的植被恢复

采矿业为人类的发展提供了重要的物质和经济基础，但所导致的环境破坏也是巨大的，所形成的废弃地环境极其恶劣，重金属含量高，营养贫乏，急需人工协助进行生态恢复。工矿区废弃地是在采矿、选矿和炼矿过程中被破坏或污染的、不经治理而难以使用的土地，这类土地是人为剧烈干扰后形成的一种特殊的景观类型，原生生态系统遭到非常严重的破坏，其生态系统结构和功能退化严重。根据其来源可分为三种类型：一是由剥离的表土、开采的废石及低品位矿石堆积形成的废石堆、废弃地；二是随着矿物开采而形成的大量采空区域及塌陷区，即开采坑废弃地；三是利用各种分选方法选出精矿物后排放的剩余物所形成的尾矿废弃地。这些废弃地产生了许多生态环境问题：破坏地表景观，占用土地资源，地质灾害隐患，污染环境，影响动植物生境等。基于上述原因，矿业废弃地的生态恢复已为世界各国所普遍关注（谷金锋等，2004）。我国金属矿山废弃地大规模有组织的复垦工作起步较晚，目前近 2/3 的矿产资源处于中后期开采阶段或接近枯竭，在未来的几十年将有不少矿山关闭，大量的废弃地需要复垦。

5.13.1 矿业废弃地恢复概论

除了矿业废弃地，还有城市工业废弃地及垃圾处理场等废弃地，这些不同类型的废弃地的特征、恢复方法及恢复目标是不同的（表 5.21）。

表 5.21 不同类型废弃地的特征、恢复方法及恢复目标（李洪远和鞠美庭，2005）

废弃地类型		特征	恢复方法	恢复目标
矿区废弃地	采场	原生生态系统完全被破坏，轻度污染	恢复土壤，再植	原生生态系统
	排土场	原生生态系统被严重破坏，无污染	土壤改良，再植	原生生态系统
	尾矿区	有害元素大量富集，严重污染	去除有害元素，再植	原生生态系统
城市工业废弃地	厂区废弃地	土壤本底轻度改变，重度/轻度/少量污染	生态系统设计重建	城市人工生态系统
	工业弃渣场	原生生态系统完全被破坏，严重污染，常常有大量有害元素富集	生态系统设计重建	人工/自然生态系统
垃圾处理场		原生生态系统完全被破坏，中度污染	覆土，再植，生态系统重建	人工/自然生态系统

废弃地恢复的原则主要有：自然原则、系统原则、安全原则、无害化原则、经济原则和可持续发展原则。废弃矿地的恢复一般有制定目标、发现和分析问题、设计解决问题的方案、选择和应用相关技术、监测和评价恢复趋势等 5 个步骤（Tongway & Ludwig, 2011），具体步骤可参照国际生态恢复学会提出的恢复指南。其中，矿业废弃地的土壤处理方法最重要（表 5.22）。

表 5.22 矿业废弃地土壤的主要问题及处理方法（Bradshaw, 1983）

问题方面	问题类型	问题	短期处理方法	长期处理方法
物理方面	结构	过于紧密 过于松散	松土 压紧/覆盖	种植植被
	稳定性	不稳定	使用固定物、养护	种植植被
	水分	过高 过低	排水 养护	排水 种植抗性植物
营养方面	主要营养元素	缺乏	施肥	种植固氮植物和抗性植物
	微量营养元素	缺乏	施肥	—
毒性方面	酸碱度	碱性过强 酸性过强	添加炼铁残渣或有机质 添加碱石灰	种植抗性植物 种植抗性植物
	重金属	含量过高	添加有机质	种植抗性植物
	盐度	过高	添加石膏、灌溉	种植抗性植物

根据目前国内外的研究，受关注程度最高的一直是植被，包括林地、苔藓、灌木、草本、豆科植被等。根据植被所在地区的不同又可细分为矿区植被、流域植被、泥炭地植被与湿地植被等；根据所处地，可分为干旱带、干湿热带、热带及寒带植被等。受关注程度次高的是土壤的恢复，包括土壤有机质含量提高、重金属迁移和土壤结构重构等。除此之外，修复要素还包括生态景观、物种多样性、本土物种结构、土壤微生物、生态系统服务、水资源污染、地下水水位、土壤种子库等的修复（张绍良等，2018）。

从废弃矿地生态修复方法来看，人工修复是研究的主体。相比之下，自然恢复的研究较少，但有增长趋势。对这两种修复方法的反思和比较是一个热点。对自然恢复的研究强调恢复效果的监测和评价，而人工修复研究则侧重于开发不同的修复方法，如植被修复、动物修复、微生物修复、表层土壤重构、营养物覆盖方法等。在植被修复方面，研究人员关注固氮植物、吸附重金属植物、保水植物、耐受性植物等的优选方法（张绍良等，2018）。在废弃矿地生态恢复中，有效控制采矿业的环境污染，并使采矿地成功恢复的5个最重要的措施是：①采用适当的方法对基质进行改良；②选择或培育适宜的植物——尤其是重金属超富集种类——进行种植；③对酸性矿山废水（acid mine drainage，AMD）进行有效处理；④表土覆盖；⑤自然恢复和人工恢复的结合（李永庚和蒋高明，2004）。

废弃矿地土地复垦的基础是再造良好的土壤结构和层次，提供植物生长必备的土壤生境；植被恢复能提高退化土壤的生物活性、增加土壤养分、改善土壤的理化属性等；矿山开采复垦活动将改变原有土地景观结构，结构发生变化必然导致生态功能发生变化。因此，废弃矿地的恢复要关注土壤生境再造、植被重建、复垦土地景观结构与生态功能恢复3个方面（黄元仿等，2015）。植被、土壤和水的修复是矿山生态修复的核心主题，当前的理论研究主要有：①系统性、大尺度的生态恢复理论研究；②复垦的土壤和修复的植物之间相互作用机制的研究；③本土物种保持与特定污染的土壤修复技术研究；④矿山生态系统服务价值及其可持续发展研究；⑤矿山生态恢复需要引入恢复力理论研究；⑥应对全球气候变化的矿山生态修复新思维研究；⑦矿山生态修复需要重视新型矿山生态系统的设计及研究；⑧排土场植被自然恢复与复垦绿化技术结合研究；⑨矿山恢复的土壤侵蚀控制研究；⑩矿山废水处理与循环利用技术研究；⑪固体废弃物处理与生产力恢复技术研究；⑫矿山恢复的技术操作规程及效果评价等研究。

5.13.2 矿业废弃地植被恢复与重建方法

5.13.2.1 植被的自然恢复

几乎在所有的情况下，开采活动的干扰都超过了开采前生态系统的恢复力承受限度，任由采矿废弃地依靠自然演替恢复是很缓慢的，但在不能及时进行人工建植植被的矿业废弃地上，植被自然恢复仍有其现实意义。试验表明，在人为裸地上的植被自然恢复过程长达 10-20 年，条件差的地区 20-30 年也难以恢复。张树礼等（1997）在准噶尔煤田露天矿采挖区排土场，对植被自然侵入的速度、科属组成等进行了研究，并与附近的原始植被做了比较。结果表明，在 3 年多的时间里有 47 种植物侵入排土场。第一、二年植被侵入种数最多，占总数的 94%，第三年仅有 3 种，占总数的 6%。与周围地区自然植被中 298 种植物相比，新建群落的种数比例仅为 16%。与该地的原始植被相比，新植被的特征发生了很大变化，盖度小<10%，种类单调，多年生植物比重很低，是一个极不稳定的植物群落。考虑到植被自然恢复所需要的时间，以及植被恢复过程中生态效益和经济效益并重原则，矿业废弃地植被恢复不应被动地等待植被的自然恢复，实行人工复垦对于尽快恢复矿区生态是非常必要的（卫智军等，2003）。

废弃矿地植被自然恢复的理论基础是自然演替理论。植物群落演替的早期，非生物因素（物理环境）起主要作用，随着演替的进行，生物因素（物种及其相互作用）起主要作用。废弃矿地邻近的自然植被中的土壤和繁殖体也可通过扩散对恢复起重要作用。除了非生物和其他的定居限制因子，先到达恢复地点的物种，其竞争能力的变化决定了演替过程。演替过程中受到的干扰往往成为演替重要的驱动力。废弃矿地的物理稳定性对植被恢复有重要影响，有机废物的使用和施肥可以影响恢复演替的方向和生物多样性。播种一定的植物能够改变恢复演替方向，加速演替过程。乡土物种适应当地气候，能够促进演替。随着修复时间的延长，土壤有机质含量、植被盖度和物种丰富度不断增加，土壤微生物生物量随之增加（杨振意等，2012）。因此，在废弃矿地植被恢复过程中，物种的选育、乡土物种的功能特性、土壤微生物群落和酶的变化、植物种间的竞争关系、地上地下相互作用、植物-动物-微生物-环境间的相互作用都是值得考虑的因素。

5.13.2.2 采矿废弃地恢复工程技术

煤矿等废弃地属于极度退化的生态系统类型，其恢复依靠自然演替需要 50-100 年的时间。因此，在矿山开采—损毁—复垦全过程中都要关注生物多样性保护与恢复，开采前可制定生物多样性保护规划，进行矿山区域的生物多样性调查、监测和评价；在矿山开采、运营阶段，由于严重破坏了地表结构和土壤水体环境，道路、沟渠的建设破坏了原有的生物栖息地、阻碍了物种的扩散，形成了较为恶劣的环境条件，要保护表土中种子库、动物、生物结皮，并且采用边采边复的优化开采技术；在复垦过程中，要先开展影响恢复的关键因素研究，改良土壤结构和质量，为生物多样性恢复提供必备的土壤生境，再进行植被重建，加快生物多样性恢复的进程（黄元仿等，2015）。

矿山开采对土地（土壤）造成了严重破坏，使原先的良田变成半绝产或绝产的废弃地，修复工程就是使这些废弃地重新变成可耕地。这些技术主要包括以下几种（卫智军等，2003）。

（1）表土转换技术：一层可耕种的表土需要千万年才能形成。在表土上任意堆放煤矸石或其他矿渣，可毁坏良田，造成对环境永久性污染。最简单、最经济也最科学的方法就是在堆放煤矸石（或其他矿渣）之前，先把堆放地的表土（耕植土）层取走，并保护好，然后在堆放地铺上 50cm 厚的黏土并压实，以防煤矸石或矿渣向下渗透而污染地下水及地面水。同样，在煤矸石或矿渣堆放完并展平压实之后，还需再铺上一层 50cm 厚的黏土并压实，造成一个人工的黏土封闭层。再垫上 1m 厚的生土，最后把表土搬回铺上，马上就可以在上面种植作物了。这种方法可以基本保持原表土层的肥力，达到立即复耕的效果。

（2）表土改造技术：依据国内外的研究，煤矸石的淋溶水中镉、汞、铅、砷等剧毒元素的含量均超过水质标准，这些淋溶水将严重污染地下水和地面水，将对人类和其他生物健康造成严重影响。但因煤矸石已经堆放在那里，很难将它搬走，所以在进行表土改造之前，应设法灌注黏土泥浆，以便让泥浆包裹在煤矸石表面，减缓煤矸石淋溶速度，降低其淋溶水中有毒物质的含量，再铺上 50cm 厚的黏土并压实。这样做的目的是造成一个人工隔水层，尽量减少地面水下渗，减缓煤矸石淋溶速度，降低其淋溶水中有毒物质的含量，以求达到国家标准，保障人类和其他生物的健康。最后覆盖表土，覆盖的表土层的厚度不能小于 1m。由于覆盖的生土层过于贫瘠，表面 30cm 这一层必须混入足够量的有机肥或淡水水域中的淤泥以增加土层中的含氮量。同时还要每年施入足量的氮、磷、钾肥，复垦后的最初几年应大量种植豆科植物，这是增加土壤中含氮量的最好办法。

（3）先锋种群种植技术：废弃矿地一般要经过 40-60 年，甚至上百年的时间才能重新被一些植物所覆盖。为了迅速地让煤矸石山披上绿装，减少污染，进行先锋种群种植是最好的办法。首先要在当地进行详细的野外调查，并进行优化筛选，然后确定种植的种类，进行全区域种植，使这些先锋植被迅速地覆盖煤矸石山及其他一些难以复垦的废弃地，以期达到迅速修复环境的目的。在这一过程中，要利用不同种类的人工植物群落的整体结构，增加植被盖度，减缓地表径流，拦截泥沙，调蓄土体水分，防止风蚀及粉尘污染。利用植物的有机残体和根系的穿透力以及分泌物的物理、化学作用，改变下垫面的物质、能量循环，促进废石渣的成土过程。利用植物群落根系错落交叉的整体网络结构，增加固土防冲能力，保障工矿区工程建设的顺利进行，以及工程建设结束后退化生态系统的迅速恢复和重建（王洁和周跃，2005）。

此外，对废矿地的植被恢复，还要注意化学改良和有机废物应用这两方面的技术。

5.13.2.3 植物改良

植物改良或修复技术可分为植物提取、植物挥发、根际过滤和植物固定 4 种过程类型。在应用植物进行修复时，要优先考虑植物种类的选择、金属耐性、固氮和绿肥作物。

（1）植物种类的选择。在植被恢复与重建过程中，植物的选择十分重要，要因时因地选择适宜的植物种，才能使植物迅速定植，并具有长期的利用价值。豆科牧草中的沙打旺、草木樨、紫花苜蓿、杂花苜蓿、小冠花、胡枝子等植物被广泛用于矿业废弃地的植被人工恢复。乔木中杨树、油松、杜松、云杉、侧柏、国槐等不仅可以改善废弃地状况，还是绿化、美化环境的主要树种。禾本科植物，特别是芒属植物，根系代谢能力强，根际存在多种共生微生物，抗氧化和光合作用能力强，重金属耐性强，可以清除土壤重金属、改善土壤性质和促进生物多样性发展，芒属植物还是重要的能源植物，其在矿山废弃地植被恢复中也被广泛应用（吴道铭等，2017）。一些新的试验表明，在恢复时引入蚯蚓、线虫等土壤动物与植物一起作用，可以促进生态恢复进程。不同植物组合方式的土壤恢复效果也不同，混交林的改良效果比纯林好。

（2）金属耐性或超富集植物。金属耐性植物是指能在较高的重金属毒性的基质中正常生长和繁殖的一类植物。这类植物既能够耐受金属毒性，也能够适应干旱和极端贫瘠的基质条件，特别适用于稳定和改良矿业废弃地。在一定管理条件和水肥条件下，耐性植物能在废弃地上很好地生长，随着耐性植物对基质的逐渐改善，其他野生植物也逐渐侵入，最终可形成一个稳定的生态系统。金属富集植物能够在含不同重金属的基质上正常生长，在植物体内往往积累大量的重金属（1000mg/kg 以上，干重），因此，通过反复的种植和刈割的方法，即可除去土壤中的大部分重金属，它特别适用于解除轻度重金属污染的矿业废弃地土壤。对 Pb 超富集的植物有酸模、羽叶鬼针草、土荆芥、'鲁白'（白菜品种）、印度芥菜、芥菜、双穗雀稗、雀稗、黄花稔、银合欢、宽叶香蒲。对 Cd 超富集的植物有龙葵、球果蔊菜、宝山堇菜、小白菜（'日本冬妃'和'日本华冠' 2 个品种）、结球甘蓝（'夏秋 3 号'品种）、印度芥菜。对 Mn 超富集的植物有鼠麴草、商陆、板栗、加拿大飞蓬、马唐。对 As 超富集的植物有蜈蚣草和大叶井口边草。对 Zn 超富集的植物有东南景天、大叶相思、印度芥菜。对 Cu 超富集的植物有鸭跖草、印度芥菜、密毛蕨和海州香薷。加拿大白杨幼苗是对 Hg 超富集的植物（王英辉和陈学军，2007）。

（3）引入固氮生物。利用生物固氮作用在重金属含量较低的废弃地进行土壤改良及植被重建显示出很大的作用和潜力。改良废弃地广泛引入的固氮植物有红三叶草、白三叶草、桤木（*Alnus cremastogyne*）、紫穗槐（*Amorpha fruticosa*）、刺（洋）槐（*Robinia pseudoacacia*）和相思（*Acacia richii*）等。近年来，长喙田菁（*Sesbania rostrata*）的茎瘤共生体系因其具有极高的固氮效益而备受关注。豆科植物对土壤有机质和氮元素含量的改善能力较强，但对土壤磷元素含量的改善能力较弱。对于具有较高重金属毒性的废弃地，必须用相应的工程措施（如掺入一定比例的污水、污泥等）以解除其毒性，保证植物结瘤固氮。菌根能够有效地利用基质中的磷，而且不受尾矿中富含金属的毒害，所以将其接种于相应的共生树种中，共生树种可以较好地适应废弃地的生境，这对尾矿上植物定居起着重要作用，可达到一定的改良目的。

（4）绿肥作物。绿肥作物具有生长快、产量高、适应性较强的特点。各种绿肥作物均含较高的有机质及多种大量营养元素和微量元素，可以为后茬作物提供各种有效养分，增加土壤养分，改善土壤结构，增加土壤的持水保肥能力。因此，可以利用绿肥作物迅速改良废弃地，不过这需要良好的管理才能实现。

5.13.3 矿业废弃地植被恢复与重建模式

5.13.3.1 塌陷区植被恢复

淮北煤矿第三、第十采区经采煤后地表塌陷，稳定后平均塌陷厚度约 4m。淮北发电厂于 1980 年将塌陷区设计为粉煤灰储灰场。在植被恢复过程中，利用挖泥船和水利挖塘机组将煤矿塌陷地整理成池塘状，周围高且呈堤坝形，而且将电厂粉煤灰用大型输灰管道按水灰 15：1 的比例，将粉煤灰填入塌陷区，待粉煤灰充满后，将周围堤坝及附近的土壤覆盖于粉煤灰之上，平均覆土厚 30-50cm，构成了煤矿塌陷区粉煤灰复田。在粉煤灰复田上引种刺槐、柳树、榆树、杨树、灌木柳等 8 种植物 130 多个无性系品种，分别营造了上层乔木速生丰产林，中层灌木条类低矮林、观赏花卉及下层草坪等绿色植被，形成上、中、下相结合的复层生态结构，取得了较好的生态效益与社会效益。

赤峰市元宝山区是我国北方 20 世纪 60 年代新兴的煤炭电力生产基地，由于连年开采，形成了块状、带状的塌陷地面，地表破碎，起伏不平，水土流失严重。为探索矿业废弃地生态恢复的途径，赤峰市草原站的科技人员于 1989 年对元宝山区煤矿塌陷地的植被恢复和重建进行了试验研究。对新形成的塌陷地主要采用机械平整、填沟等工程措施，防止漏水和发生新的裂陷。另外，选择较平坦的地段，播种沙打旺和紫花苜蓿，建立人工草地。对于相对稳定的老塌陷地，直接用机械平地，播种沙打旺，建立人工草地。试验证明，在土壤贫瘠、干旱的条件下，种植沙打旺更为适宜。经过平整后的塌陷地，重新获得了使用价值，人工草地获得了较高的生产力，为对照草地的 7 倍多，取得了良好的生态效益和经济效益。

5.13.3.2 排土场植被恢复

位于内蒙古的准格尔黑岱沟露天开采煤矿是目前我国开发的五大露天矿之一。自 1990 年破土动工以来，上亿吨的剥离物形成大面积无土壤结构、无地表植被的排土场。准格尔煤田地处环境条件严酷、生态系统十分脆弱的黄土高原地区，如果不能在煤田开采中和开采后迅速恢复植被，矿区和周围地区的自然生态环境将会迅速恶化。为此，内蒙古自治区环境保护厅、内蒙古农牧学院等单位于 1992 年在准格尔露天矿排土场进行了植被恢复研究，为黄土高原地区的矿山资源开发后排土场综合治理提供了有益的经验。他们的主要方法如下。

首先，引入各类植物 99 种，通过 3 年多观察研究，按照植物出苗率、存活率、越冬及生长状况的综合评价，筛选出适于排土场生长的植物：草本有杂种苜蓿、紫花苜蓿、沙打旺、草木樨状黄芪、冰草、老芒麦、披碱草等；灌木有沙棘、玫瑰、紫穗槐、丁香、沙柳；乔木有油松、杨树、云杉、侧柏、杜松、国槐、榆树。其中草本植物以沙打旺、杂种苜蓿、紫花苜蓿、草木樨尤为突出，鲜草的平均产量均达到 17 910kg/hm^2。根系多分布在 1m 深、0.5m 宽范围内，主根最深达 2m，生态效益明显，可作为矿区固土、防风和熟化土壤的先锋植物。灌木以沙棘为优，其具有抗性强、生长快、根蘖力强、根瘤量大的特点。第二年高度可增加 54cm，枝条增加 10-25 条，每丛覆盖面积达 50-100cm^2，根入土深度 1.5m，平均每丛根瘤量在 10g 以上。乔木以油松最佳，存活率达 90%，移栽第三年，树高达 245cm，增加高度为 40cm。另外，杨树、柳树生长速度快，杨树平均年增加高度 1-1.5m，胸径增加 0.5cm。由于杨树、柳树不但速生存活率高，而且成本低，可成为矿区普遍推广的乔木种。选出的几种果树如苹果、梨、杏等，存活率均在 85% 以上，说明在排土场可设置果园，增加经济效益。

其次，在排土场上建立乔灌草生态结构模式，有灌草型、乔草型、乔灌草型和观赏型乔灌草。配置方式，灌草型：以间行种植为主要方式，即灌成行，草成带，灌草占地面积比为 1：2 和 1：1。乔草型：与灌草型相同。乔灌草型：乔灌行数比为 1：1 或 1：2，行间距 2-3m，行间撒播牧草，占地面积比为乔木 30%、灌木 40%、草本 30%。观赏型乔灌草：路两边以间种乔灌为主，间距 1.5m，草本以种草坪草为主，种于乔灌与建筑物的空旷地带，中间点缀有苹果、杏、李子等。试验表明，在上述乔灌草生态结构设置上以沙棘-沙打旺、油松-沙打旺为最佳。其中以乔灌草型最为突出，以油松-沙棘-沙打旺为例，从垂直分布来看，形成明显的 3 个层次，即乔木层（油松），层高 245cm，灌木层（沙棘），层高 110cm，草本层（主要为沙打旺），层高 95cm；4 个层片，即油松、沙棘、沙打旺和杂类草层片。同时，根系也形成不同的层次，沙棘、沙打旺根深均在 1.5m 以上，油松在 1m 以上，禾草类在 15cm 左右，地上地下呈多层现象，形成了该类型较为复杂稳定的生态结构。这种结构不但能充分利用地上、地下空间及光照和水分，而且复杂的生态结构产生了良好的生态效益，形成了排土场植被恢复的特有景观。植物庞大的根系的垂直与水平分布：根系在土壤中形成 30-70cm 的网状结构，起到了固定土壤、涵养水分、增加肥力、降低地表温度的作用。与此同时，加快了土壤熟化速度，土壤有机质提高 0.11%，土壤的速效氮、速效磷、速效钾分别增加 6.0mg/kg、4.0mg/kg、16.1mg/kg，5-10cm 土壤含水率提高 4 倍，地表温度（7 月上旬 16 时）从 42.5℃降为 29.4℃，与建立人工植被前相比较，冲刷沟的数量、深度和宽度均有大幅度减小，充分说明了乔灌草生态结构有显著的生态效益。

5.14 珍稀濒危植物种群的生态恢复

最近几十年来，过度开采导致分布区缩小、生境恶化，再加上植物自身的繁殖障碍、气候变化的影响，全球植物受到严重影响。据世界自然保护联盟（IUCN）估计，目前世界上已知的 31 万-42 万种高等植物中，有 9.4 万-19.4 万种处于濒危状态（Ren et al.，2019）。为此，《生物多样性公约》缔约国于 2002 年通过了《全球植物保护战略》，2011 年又升级至 2020 年的保护战略。我国目前的珍稀濒危植物包括：《国家重点保护野生植物名录》中的植物（农业部 1999 年颁布，第一批包括 246 种及 8 个类群）、《中国植物红皮书》中的植物、按 IUCN 等级标准评估的受威胁植物（环境保护部和中国科学院联合发布的《<中国生物多样性红色名录——高等植物卷>评估报告》采用 2001 年《IUCN 红色名录》等级和标准对 34 450 种高等植物进行了评估，有约 11%，即 3789 种受到不同程度的威胁）、极小种群野生植物（国家林业局 2012 年发布，120 种）等。这些珍稀濒危植物大多为我国特有，具有不可替代的生态、经济、科学和文化价值，急需实施这些物种的综合保护和生态恢复（任海，2017）。我国为完成国际植物保护战略于 2008 年发布了《中国植物保护战略》。植物多样性保护的主要方式是就地保护、迁地保育和野外回归。我国通过自然保护区和国家公园体系就地保护了约 65%的高等植物群落，通过植物园及其他引种设施迁地保育了中国植物区系成分植物物种的 60%（黄宏文和张征，2012；任海，2017）。回归自然是野生植物种群重建的重要途径，其保护效果超出了单纯的就地保护和单一的物种保护，能更有效地对珍稀濒危野生植物进行拯救和保护。

5.14.1 植物回归的定义及发展历史

珍稀濒危植物的种群恢复相当于回归。植物回归是在迁地保育的基础上，通过人工繁殖把植物引入其原来分布的自然或半自然的生境中，以建立具有足够的遗传资源来适应进化改变、可自然维持和更新的新种群。回归有 4 种类型：①增强回归（augmentation、reinforcement 或 enhancement），即在现有野生种群内引入同一物种的个体，以增加该种群的生存能力；②回归（reintroduction），即狭义的"回归引种"，在拟回归物种的历史分布区范围内，再引入该物种新的个体，重建已消失的种群；③异地回归（translocation，conservation introduction），在历史分布范围以外相似生境中开展的回归；④重建回归（restitution、reestablishment 或 restoration），指通过人工修复那些受到破坏的种群，使其尽可能恢复到历史的状态。前 2 种回归集中在物种尺度，而且是在已知范围内进行的种群恢复，而后 2 种是生态系统尺度的工作（Ren et al.，2014a）。此外，国际上把野外已灭绝，但有人工保存的珍稀植物再回归种植的称为"复活"（resurrect）。

把植物从栽培环境移入经过改造的半自然或野生环境中有很长的历史，林业上把树苗种在现存植被中也有几百年的历史。现代意义上的回归研究和实践起源于 20 世纪 60 年代的动物回归野外工作，植物的回归工作则是在 20 世纪 70 年代末 80 年代初生物多样性保护受到重视之后，才由植物园做起来的。目前已知最早报道植物回归的案例于 1979 年发生在西班牙（Sainz-Ollero & Hernandez-Bermejo，1979；Maunder，1992）。植物园是在调查评价植物野外生存状况及保护效果的基础上开展迁地保育工作的，在迁地保育成功后，欧美的植物园于 20 世纪 80 年代初就开始把迁地保育过程中生产的苗木或种子回归到野外，用于就地保护实践。早期的回归注重用园艺手段增加苗木存活率，后来强调了种群恢复，再后来把回归放到生态系统尺度上考虑，近几年强调了全球变化背景下回归的研究（任海，2017）。

国际上一般把濒危植物和具有重要经济、文化或生态价值的种类列为优先回归类群。至 2012 年，欧美国家约开展了 700 个分类群的回归实践，其中 301 个植物种类中有 128 个获得了成功（Ren et al.，2014a）；我国开展了 154 种植物的回归，大部分取得了成功（Liu et al.，2016；任海，2017）。

欧美国家的科学家及组织在回归实践中形成了一定的程序（Falk et al.，1996）。欧洲理事会（Committee of Ministers，1985）、BGCI（Akeroyd & Jackson，1995）、IUCN（1998，2009）、Maschinski 和 Haskins（2012）先后出版了回归的程序或指南，这些指南主要内容包括：回归的目标、如何选择回归的物种、回归的生境要求、回归的植物材料要求、植物种群的调控、回归后的管理与监测、回归成功的标准、回归的步骤等。在回归程序中，试验方法和生物因素是影响回归成败的两个重要因子，前者包括繁殖体扩繁方式、回归地点选择、释放生物材料后的监测和管理、土壤理化性质改良等方面；后者包括繁殖体类型选择、回归地点的生境特征、源种群所处的地理位置及所能提供繁殖体的数量等方面。总体来看，这与一项生态恢复工程或种群生态恢复的程序基本相似。

5.14.2 回归与种群恢复

在回归中用的植物材料主要有 3 种来源（Palmer et al.，2016）：本乡的（在恢复位点的乡土种类、种群或基因型）、异地的（在某个种自然分布范围内收集的基因型）、引入的（从历史分布范围外引入的种类、种群或基因型）。回归的材料遗传多样性越高越好。遗传多样性高的种群或种类面对环境变化时存活下来的可能性会更高，把遗传多样性数据整合进物种分布范围的空间环境模型可以评价其对现在和将来的适应性，这种方法对考虑了遗传多样性的回归比较重要（Palmer et al.，2016）。种群越小，受到随机因素的影响越大，也就有更大的灭绝风险。生态恢复时，创始种群足够大时重建一个种群的概率才足够大。Bell 等（2003）发现，为了使瓶蓟（*Cirsium pitcheri*）种群恢复且在 100 年内灭绝的概率低于 5%，至少需要 400 株一年生的植株，或 1600 株幼苗，或 250 000 粒种子。

回归要考虑试验是否有可验证的假说、成功的标准、生境合适性及长期监测。回归的成功标准分为短期和长期两类，前者包括个体的成活、种群的建立和扩散；后者包括回归种群的自我维持和在生态系统中发挥功能等。短期评价标准主要有 3 个方面：①物种能在回归地点顺利完成生活史；②物种能顺利繁衍后代并增加现有种群大小，种群生长速率（λ）至少有一年应该大于 1，同时种子产量和发育阶段分布类似于自然种群；③种子能够借助本地媒介（如风、昆虫、鸟类等）得到扩散，从而在回归地点之外建立新的种群。长期评价标准包括 4 个方面：①适应本地多样性的小生境，能够充分利用本地传粉动物完成其繁殖过程，建立与其他物种种群的联系，在生态系统中发挥作用和功能；②能够得到最小的可育种群，并且可以维持下去；③建立的回归种群具有在自然和人为干扰的条件下自我恢复的能力；④在达到有效种群大小的前提下，建立的回归种群能够维持低的变异系数。由此可见，回归成功最主要的是实现回归种群融入生态系统过程，这个过程包括了种群动态、种群遗传、个体行为和生态系统功能，这也是回归在生态恢复中占有重要地位的表现（Ren et al.，2014a）。

Polak 和 Saltz（2011）认为植物回归可以在生态系统恢复和功能重建中起重

要作用。成功的回归可当作检测一个种对生态系统功能影响的自然的空间扩散试验。他们据此认为，在生态系统功能恢复过程中的回归应该纳入回归项目的框架，此外，还要考虑景观尺度的问题。

回归也提供了一个重要机会来测试种群建立和自然系统管理的模式与范式。在选择回归地点时要考虑干扰历史和回归地点的生态过程，回归项目也要考虑生态系统过程。回归不仅要考虑物种层次的生活史、生境要求、园艺方法、干扰等，还要考虑到群落和生态系统功能层次的消费者、分解者、物质循环、能量流动及空间尺度等问题。回归最重要的是重建种群动态和自然过程中所有重要的生态联结性。Rayburn（2011）则建议为了增加回归的成功率，植物间的正相互作用应该被考虑。

5.14.3 植物回归实践与研究

目前，全世界的植物回归研究主要集中在影响回归植株定居的因素、回归的遗传多样性、全球变化对回归的影响和成功回归的标准等 4 方面。研究表明，繁殖体类型、材料来源、种源是直接野外收集还是储藏、种源的数量及处理、不同种群与地点的适合度、回归地点、生境观测数据、生境的处理、种植时间等都对回归植物的成功定居有影响（Guerrant & Kaye，2007）。回归时会因居群的时空隔离而产生高的遗传分化和降低遗传多样性丧失风险，但增强型回归会导致亚种群间遗传同质化并降低遗传多样性（Ren et al.，2010；Wang et al.，2013）。在全球变化情况下，回归可以增加一个物种的分布和多度，改进基因流，加强复合种群动态并降低种群灭绝的风险（Falk et al.，1996）。回归种群也面临着外来种入侵、生境破碎化、气候变化等影响。为了减少这些影响，历史的分布范围不再是唯一考虑的因素，可利用生境分布模型为物种找到合适的地点开展异地回归，这类模型会考虑回归过程中的生态相似性、源种群的遗传性及生境质量的影响 3 个重要因素（Ren et al.，2014a）。关于成功回归的标准虽然还未达成共识，但一般会分为短期成功和长期成功，短期成功是指回归个体的成活、种群的建立和扩散；而长期成功是指回归种群能自我维持并在生态系统中发挥作用。最成功的回归包括产生第二代个体，回归种群融入种群动态、种群遗传、个体行为和生态系统功能等生态系统过程（Andel & Aronson，2012）。

我国开展了 154 种植物的回归研究和实践（Liu et al.，2016）。例如，武汉植物园在三峡工程前后，系统开展了库区受影响的疏花水柏枝（*Myricaria laxiflora*）等 82 种珍稀植物的异地回归；深圳仙湖植物园结合扶贫工作在广西成功开展了德保苏铁（*Cycas debaoensis*）的回归；华南植物园系统开展了报春苣苔（*Primulina tabacum*）、虎颜花（*Tigridiopalma magnifica*）、杜鹃红山茶

（*Camellia azalea*）、长梗木莲（*Manglietia longipedunculata*）等 28 种华南珍稀濒危植物的回归并总结出了一套回归模式，发表了大量论文（Ren et al.，2010，2012b，2014b，2016a，2016b）；昆明植物园成功开展了麻栗坡兜兰（*Paphiopedilum malipoense*）等 6 种极小种群野生植物的回归（孙卫邦，2013）。此外，我国还建立了"选取适当的珍稀植物，进行基础研究和繁殖技术攻关，再进行野外回归和市场化生产，实现其有效保护，加强公众的保护意识，同时通过区域生态规划及国家战略咨询，推动整个国家珍稀濒危植物回归工作"的模式，这种模式初步实现了珍稀濒危植物产业化，产生了良好的社会效益、生态效益和经济效益（Ren et al.，2012a）。

发达国家成功回归的 128 个植物类群中，约 20%是重建回归，30%是增强回归。美国植物保护中心国际植物回归登录系统中有较全记录的 49 个案例中，92%成活，76%达到繁殖状态，33%已产生后代，16%的下一代又生产了下一代；这些种中，美国栗子回归的工作因做得最系统而成了经典回归案例（Jacobs et al.，2013）；夏威夷在外来种大量入侵后的生态恢复中做了大量乡土种的回归工作（Falk et al.，1996）。欧洲做了 234 种植物的回归工作，但成功的不多（Godefroid & Vanderborght，2011）。澳大利亚做了 54 个种的回归，只有 23 个成功，动物的影响是导致失败的主因（Sheean et al.，2012）。新加坡植物园利用组培技术在乡土兰花的回归方面取得了巨大的成功（Yam et al.，2010）。

5.14.4 回归工作的展望

由于对自然保护的重视，自 20 世纪 80 年代以来，回归研究与实践工作日益增多，回归生物学（reintroduction biology）这个学科已被提出（Maschinski & Haskins，2012）。回归生物学的诞生会促进相关工作的开展。当前，植物回归的研究与实践有如下特点或趋势。

植物成功回归的标准是至少要产生下一代的植株，这是一个长期的过程。但目前许多回归案例缺乏长期监测数据，失败的案例又无报道，再加上研究者间的数据共享少（Godefroid & Vanderborght，2011），因此，可能放大了"短期成功"的效应，也不利于回归工作的理论总结。此外，回归工作还主要集中在实践方面，理论研究还不够深入，大部分研究还是验证植物生态学、保育遗传学等学科的理论，这些研究也主要涉及少数生态因子，缺乏多生态因子实验和复杂成分的理论分析。未来一段时间内，植物园在开展回归工作时，除了做更多更系统的案例外，加强长期监测和信息共享也是非常必要的，当然还要进行理论总结（任海，2017）。

Armstrong 和 Seddon（2008）认为物种回归研究还有 10 个关键科学问题未解

决：①回归群体的大小和组成如何影响种群的建立？②回归前后的人工管理如何影响种群的存活和扩散？③回归种群可持续需要什么样的生境条件？④遗传多样性如何影响回归种群的可持续性？⑤采集回归材料时对原种群的影响多大合适？⑥异地回归时如何选择最佳地点？⑦异地回归可否用于种群隔离的补偿？⑧目标种和伴生种是否是这个生态系统中的乡土种？⑨回归种及伴生种如何影响生态系统？⑩回归种如何最终影响生态系统中的物种组成？目前，这些问题仍然未完全解决，值得深入研究。

珍稀濒危植物的回归是种群尺度的工作，但要放在群落、生态系统甚至景观尺度上考虑种群的恢复。生态系统的结构与功能、地上与地下关系、生物种间关系或食物网的恢复会有助于回归种群的可持续存活。目前，回归主要集中在物种个体的存活和生境的营造上，较少关注种群的建立和动态，也缺乏种间关系建立的工作，特别是回归植物与"神秘"的生物群（真菌、根瘤菌、土壤原生动物等）等建立种间连接关系工作，更缺少授粉、种子扩散等关键生态系统过程的重建。因此，下一步要在生态系统尺度上关注回归过程中的非生物障碍和生物障碍等定居限制因子的解除策略，增加回归的成功率（任海，2017）。

要实现珍稀濒危植物的有效保护，需要综合考虑就地保护、迁地保育和回归三位一体的综合保育体系，原因之一就是植物迁地保育的物种遗传多样性可能偏小，且存在近交衰退和杂交问题，植物园迁地保育的植物作野外回归要慎重。在稀有种群回归过程中要考虑遗传多样性，因为遗传多样性考虑了进化过程及未来适应不同环境的问题。多种源的种苗会携带更多的遗传多样性并在回归过程中有更多成功的机会。此外，在回归时，可集成生物技术（组织培养）和生态工程技术，把材料繁殖+生境恢复+园艺措施+种间关系恢复进行技术集成，并开展回归种群的生态适应性管理，以提高回归成功率，并最终实现植物多样性有效保护（任海和段子渊，2017）。目前，大多数人认为植物回归的材料不能用转基因和基因修饰技术改良。

全球气候变化会导致植物生境的改变，这对植物园的迁地保育提出了更高要求的同时，也为植物园提供了进行全球变化与生物多样性保护相关联的研究机会。植物回归必须面对当前的全球变化与人类干扰，要将这些因素纳入回归工作的范畴，特别是要考虑"人类世"中人类社会的经济、文化、乡土知识对回归的正面促进作用或负面影响。还可将回归等保护工作与生态补偿、自然资本或生态系统服务功能评估、绿色发展、《生物多样性公约》国际履约相结合，在实现生物多样性保护的基础上，保证人类的福祉并实现可持续发展。

5.15　生物多样性与生态恢复

生物多样性与生态系统的稳定性、抵抗干扰的能力、恢复力、生产力、抗侵入性（播种更多的目标种可以排除不期望的种类入侵）、养分循环、水源涵养等紧密相关，生物多样性高会导致更多的碳沉降、土壤微生物和动物、凋落物分解。因此，在生态恢复时，用更多的乡土物种或功能群，更容易恢复生态系统功能（Wilson，2013）；用恢复互补性的种类，可以最大化生态系统效益和稳定性，而恢复优势种意味着有更多的生态系统功能和生态系统服务（虽然有可能不一定稳定）。从生物多样性与生态系统功能角度来看，恢复森林多样性的功能和森林稳定需要多个物种，还需要关注树种功能多样性的组装，当然也要关注遗传多样性和地上地下的连接问题（Aerts & Honnay，2011）。遗传多样性恢复、单个种的恢复（回归）、多个种的（群落）恢复和景观恢复这些不同尺度的恢复都会有生物和非生物的限制。生物多样性恢复的效果还与样地的退化程度和管理的力度与时间有关（Zedler & Lindig-Cisneros，2013）。生物多样性恢复要同时考虑样地水平（生物和非生物）、景观水平（斑块间的连接度和斑块几何学）及历史因素（物种到达顺序、土地利用历史）（Brudvig，2011）。

5.15.1 生物多样性恢复概论

生态恢复中要恢复的一个关键成分是生物体，因而生物多样性在生态恢复计划、项目实施和评估过程中具有重要的作用。在生态恢复的计划阶段就要考虑恢复乡土种的生物多样性：在遗传层次上，考虑那些温度适应型、土壤适应型和抗干扰适应型的品种；在物种层次上，根据退化程度选择阳生性、中生性或阴生性种类并合理搭配，同时考虑物种与生境的复杂关系，预测自然的变化，种群的遗传特性，影响种群存活、繁殖和更新的因素，种的生态生物学特性，足够的生境大小；在生态系统层次上，尽可能恢复生态系统的结构和功能（如植物、动物和微生物及其之间的联系），尤其是其时空变化。在恢复项目的管理过程中，首先要考虑生物控制（对极度退化的生态系统，主要是抚育和管理，对控制病虫害的要求不高，而对中度退化的生态系统和部分恢复的生态系统则要加强病虫害控制），然后考虑建立共生关系及生态系统演替过程中物种替代问题。在恢复项目评估过程中，可与自然生态系统相对照，从遗传、物种和生态系统水平进行评估，最好是同时考虑景观层次的问题。因为在景观层次上可以兼顾生境损失、破碎化和退化对生态系统的影响等大尺度的问题。在恢复时可考虑这些因素（任海等，2008）。

在生态系统恢复中采用乡土种具有更大的优势，这主要体现在乡土种更适于当地的生境，其再殖和传播潜力更大，也更易于与当地残存的天然群落结合成更大的景观单位，从而实现各类生物的协调发展。当然，外来种（外来种是人类有意或无意引入的、非当地原生的物种）在生态恢复中也具有一定的作用。例如，广东省鹤山市在森林恢复过程中，大量栽种从澳大利亚引种的马占相思、大叶相思等外来种作先锋种，利用它们固氮、耐旱、速生等特点进行植被覆盖，等其 3-4 年成林后再间种红锥、荷木等乡土种进行林分改造，大大缩短了恢复时间，并节约了成本（余作岳和彭少麟，1997）。许多恢复实践表明，外来种可能在一定时间内为当地带来好的生态效益和经济效益，但也有许多对当地陆地或水生生态系统产生了巨大的不利影响，这主要是由于外来种与当地的物种缺乏协同进化，若其大量发展，很容易造成当地生态系统的崩溃，使其很难再恢复到或接近历史状态（Handel et al.，1994）。尤其值得指出的是，在用外来种恢复退化的海岛时，应该注意引进捕食者（或植食性动物）的关系，否则会导致当地捕食者或啃食者的消失。理想的恢复应全部引进乡土种，而且应在恢复、管理、评估和监测中注意外来种入侵问题，甚至有时候也应关注从外地再引入原来在当地生存的乡土种对当地群落的潜在影响。总之，外来种入侵会造成很多当地植被被取代、消失，从而改变原有生态系统，恢复生态学的目标是要用本地种，排除外来种，不能"引狼入室"（Berger，1993）。

Restoration Ecology 杂志为了庆祝国际生物多样性年（2010 年）出版了一个虚拟专辑（至 2018 年更新），共收入了 14 篇引用率较高的文献，这些论文涉及生物多样性的不同尺度与对象，也包括了评估、保护和利用，分析了生物多样性与生态系统功能，还有生物多样性与全球变化等内容。这些论文题目如下。

（1）From biodiversity to ecodiversity: a landscape-ecology approach to conservation and restoration（Naveh Z，2006）

（2）Biodiversity resources for restoration ecology（Steven N. Handel，George R. Robinson，Andrew J. Beattie，2006）

（3）European wet grasslands: biodiversity，management，and restoration（Joy B. Zedler，P. M. Wade，2002）

（4）Precious heritage: the status of biodiversity in the United States（Reed F. Noss，2001）

（5）Importance of backyard habitat in a comprehensive biodiversity conservation strategy: a connectivity analysis of urban green spaces（Hillary Rudd，Jamie Vala，Valentin Schaefer，2002）

（6）Research priorities for conservation of metallophyte biodiversity and their potential for restoration and site remediation（S. N. Whiting，R. D. Reeves，D. Richards，et al.，2004）

（7）Biodiversity and ecosystem functioning: synthesis and perspectives（Beth Middleton，Jim Grace，2004）

（8）Biodiversity—the appreciation of different thought styles and values helps to clarify the term（Philipp Mayer，2006）

（9）Establishing baseline indices for the quality of the biodiversity of restored habitats using a standardized sampling process（Alan Feest，2006）

（10）An approach to the identification of indicators for forest biodiversity—the Solling Mountains（NW Germany）as an example（Inga Schmidt，Stefan Zerbe，Jörg Betzin，et al.，2006）

（11）Biodiversity and the heterogeneous disturbance regime on military training lands（Steven D.

Warren，Scott W. Holbrook，Debra A. Dale，et al.，2007）

（12）Biodiversity of belowground invertebrates as an indicator of wet meadow restoration success（Platte River，Nebraska）（John J. Riggins，Craig A. Davis，W. Wyatt Hoback，2009）

（13）Are replanted floodplain forests in Southeastern Australia providing bird biodiversity benefits?（Ralph MacNally，Leah De Vries，James R. Thomson，2010）

（14）Climate change implications for river restoration in global biodiversity hotspots（Peter M. Davies，2010）

5.15.2 主要生态系统的生物多样性恢复

热带雨林恢复过程中，其物种丰富度、多度、生物量和功能丰富度都随着恢复时间进程而增加，而功能均匀度和功能离散度随恢复时间进程而下降。热带雨林的恢复可以减缓生物多样性损失，在相对短的时间内增加动物物种多样性、功能多样性和生态系统功能，基于功能性状的指标更适于评价生态系统恢复（Derhé et al.，2016）。

农业生物多样性在支撑农业的发展过程中起了关键作用。农业生物多样性的保护和恢复措施包括就地保护、迁地保育、回归、景观规划途径、社区参与式和政策等方面。当前农业生物多样性恢复研究存在的主要问题是：农业生物多样性的价值评估研究力度不够，缺乏与气候变化之间的关系研究，新型保护措施研究尚处于探索阶段。在农业规模化经营和全球气候变化背景下，要实现农业可持续发展和保护恢复生物多样性的双重目标，需加强和深化如下研究：农业种质资源和新品种创新研究、农业文化遗产良性运转的生态学机制和动态保护研究、平衡农业规模化经营与农业生物多样性保护和恢复间关系的研究、气候变化与农业生物多样性间关系的研究（李明等，2014）。

农作物病害是农业生产上重要的生物灾害，是制约农业可持续发展的主要因素之一，抗病品种大面积单一化种植导致了农业生物多样性水平严重降低，因而农业生物多样性的过度丧失已成为可持续性农业所面临的主要难题。利用生物多样性持续控制作物病害能减轻作物病害发生和作物产量损失，达到保护和恢复作物多样性的目的，还可减少农药过量施用给农业生态环境造成的破坏。揭示生物多样性控制作物病害的机制能有效地指导生产上对不同作物进行合理布局和轮换，建立作物不同组合的优化搭配和种植模式（杨静等，2012）。

城市生物多样性对维护城市系统生态安全、生态平衡和改善城市人居环境具有重要意义。城市生物多样性的保护和恢复离不开城市规划，城市规划也需要通过对城市生物多样性的保护和恢复在城市生态建设方面有所作为。城市生物多样性主要开展宏观尺度的城市生物多样性规划（生态网络规划、城市生物多样性保护规划、地方生物多样性行动规划）、中观尺度的城市生物多样性规划、微观尺度的城市生物多样性设计。当前我国城市生物多样性保护和恢复规划存在如下不足：规划视角重保护缺提升、规划范畴重局部缺整体、规划尺度重两端缺衔接、规划对象重植物轻动物。因此，未来可从如下方面努力：总体规划（保量、划区、定级、联网），控制性详细规划（增量、集绿、控距、通廊），修建性详细规划（提效、适植、降扰、共生）（干靓和吴志强，2018）。

风景园林规划设计中的生物多样性保护和恢复主要包括 3 个方面：①生境恢复与营造，其中植物生境多考虑气候、土壤等非生物因子，动物生境多侧重植被类型；②物种选择，在规划设计中倡导采用本土物种，引进非本土的外来物种应最小限度地影响和破坏当地种群、群落和生态系统的结构与功能；③通过规划设计引导和控制人的行为，减少对生境的干扰，并使人类行为的影响在生境和生态系统的可承受范围内。例如，风景园林师和规划师可以通过调整土地利用的格局与过程、形式与方式、强度与频度等减少生境损失和破碎化等。在生物多样性保护和恢复过程中，规划师、风景园林师需要与保护生物学家、恢复生态学家、自然与社会学家等开展跨学科的合作（王云才和王敏，2011）。

5.15.3　生物多样性恢复与生态系统服务

生物多样性是生态系统提供各种产品和服务的基础，生物多样性和生态系统服务是最为重要的生态恢复目标和定量评价指标。生态恢复方式可分为 3 种：①单纯基于生态系统自我设计的自然恢复方式；②人为设计对环境条件进行干预，反馈影响生态系统的自我设计；③人为设计对目标种群和生态系统进行直接干预和重建。这 3 种恢复方式反映了人类对生态系统的低度、中度和高度干预，可以在不同程度上定向影响生态系统的恢复进程，吴舒尧等（2017）发现：①不同介入程度的生态恢复方式对退化生态系统的生物多样性和生态系统服务都有明显的提升作用，退化生态系统经不同介入程度的生态恢复之后，生物多样性的恢复效果在短期没有明显差异，在中长期差异显著，总体上高度介入的恢复效果最好。②在以退化系统为参照时，以直接调控目标种群、重建生态系统等措施为主的高度介入方式对生物多样性和生态系统服务的恢复效果最好。在热带与陆生生态系统内，因为热带生态系统拥有非常适合植物生长的水热条件，理论上具有很强的自然系统恢复力。以热带雨林采伐迹地的恢复为例，虽然裸地经过一段时间的自然恢复可以普遍发展为次生林，但恢复效果仍然无法与直接进行生态系统结构干预的高度介入恢复效果相比，从而拉开了与自然恢复的差距。③从时间上来看，高度介入方式对生物多样性在中长期的恢复和生态系统服务在中短期的恢复也具有显著作用。因为在退化的生态系统中，原系统结构与物种组成已遭到破坏，常常需要人为促进适生先锋种类的定居，从而改善土壤、小气候等环境条件，并达到生物多样性的临界水平，使得其他物种得以进入并启动后续演替过程。不过，如果生态恢复的目标是未被破坏的自然生态系统，则往往中度介入的恢复方式效果最好。中度介入的恢复方式，通过改善生态系统理化环境和结构，创建适于目标种群生存的生境条件，并利用自然干扰来激发生态系统的自我恢复能力，既能够加快生物多样性和生态系统服务的恢复进程，在短期内得到明显改善，又能够促使系统向地带性的自然生态系统演替。

5.15.4 中国履行国际《生物多样性公约》情况

我国是世界上生物多样性最丰富的国家之一，拥有高等植物 34 984 种，居世界第 3 位；脊椎动物 6445 种，占世界脊椎动物总种数的 13.7%；已查明真菌种类约 1 万种，占世界真菌总种数的 14%；据不完全统计，有栽培作物 1339 种，家养动物品种 576 个（欧阳志云等，2017）。此外，我国还拥有森林、灌丛、草甸、草原、荒漠和湿地等陆地生态系统，以及黄海、东海、南海和黑潮流域等海洋生态系统，包括 10 个植被型组、29 个植被型和 560 余个群系（欧阳志云等，2017）。《中国植被图》记录了全国 11 个植被型组、55 个植被型和 960 个群系和亚群系（武建勇等，2013）。我国也是多样性受威胁最严重的国家之一，据估计，我国 15%-20%的生物面临着威胁（武建勇等，2013）。

我国一直重视生物多样性保护和利用。特别是，1992 年 6 月联合国环境与发展大会（UNCED）通过了具有里程碑意义的《生物多样性公约》，我国于 1993 年建立了履行《生物多样性公约》的国家协调机制，1995-1997 年实施了"中国生物多样性国情研究"，2007-2010 年编制了《中国生物多样性保护国家战略与行动计划》，2011 年成立了"中国生物多样性保护国家委员会"，并针对《生物多样性公约》的目标，实施了多项生物多样性研究和保护行动，包括森林、草原、荒漠、湿地、海洋等自然生态系统保护；物种资源调查、编目、数据库建设及珍稀濒危物种保护；外来入侵种防治与转基因生物生态风险评估等。据评估，我国履行《全球植物保护战略》进展较好，16 个目标中大部分已完成（Ren et al.，2019）。我国在生物多样性本底查明、监测体系建立、就地保护、遗传资源获取与惠益分享、传统知识的保护与应用等方面还存在很多挑战，需要进一步努力履约（薛达元等，2012）。

评估和预测全球生物多样性丧失趋势及其对人类福祉的影响，是当前国际生物多样性研究的重要方向之一，需要建立生物多样性恢复的预测模型（Brudvig，2017）。当前我国生物多样性评估项目主要使用的评估框架是驱动力-压力-状态-影响-响应概念框架。按照评估目的的不同，可将生物多样性评估方法划分为指标评估、模型模拟和情景分析 3 种主要方法。全球 2010 年目标评估指标框架、全球环境综合评估模型（IMAGE）/全球生物多样性评估模型（GLOBIO）组合、政府间气候变化专门委员会（IPCC）的《排放情景特别报告》（SRES）及千年生态系统评估（MA）、全球环境展望（GEO）和经济合作组织（OECD）环境展望等项目建立的情景模式是全球评估项目中主要采用的评估方法。多个全球评估项目表明，全球包括中国生物多样性丧失趋势没有得到有效遏制，在 21 世纪，其速度将进一步加快。在今后的研究中，我国仍需在理解生物多样性、生态系统服务和人类福祉之间的关系，全球 2020 年评估指标框架，以及发展基于多情景、多模型和多生态系统的综合评估方法等方面进行深入探讨。

5.16 土壤生物多样性的生态恢复

随着人们对土壤生物多样性与生态系统功能关系的深入研究，土壤生物学于 20 世纪 50 年代发展为一门独立的学科，它是一门研究土壤中生物种类、多样性及群落结构，土壤生物与生物、环境之间的相互作用，以及土壤生物在养分循环、土壤肥力形成与培育、全球变化适应与反馈、环境污染修复中作用的学科。土壤生物在土壤的形成和发育过程中起主导作用，是评价土壤质量和健康状况的重要指标之一，土壤生物的多样性对地上生态系统的正常运转及恢复等具有重要的影响。对土壤生物多样性及其生态系统服务功能进行研究，有助于进一步理解土壤生物对土壤生态系统功能的维持机制及对人类活动的响应，是目前恢复生态学中的热点领域之一。本节对土壤生物多样性及其生态系统服务功能、土壤生物多样性在生态恢复过程中的演变规律、土壤生物多样性的管理与调控、土壤生物多样性恢复进行介绍，并对土壤生物多样性研究如何与生态恢复整合进行了展望。

5.16.1 土壤生物多样性概论

5.16.1.1 土壤生物及其多样性

一般认为，土壤生物可分为土壤微生物和土壤动物两大类。土壤微生物包括真菌、细菌、放线菌、藻类、病毒、古菌和菌根真菌等。土壤动物则包括线虫、螨类、跳虫、蚯蚓、原生动物、部分节肢动物和穴居土壤动物等（图 5.22）。按照体形大小，土壤生物可分为小型（平均体宽小于 0.1mm）、中型（平均体宽为 0.1-2mm）、大型（平均体宽为 2-20mm）和巨型（平均体宽大于 20mm）。土壤生物的多样性不仅包括在土壤和凋落物层中生活的土壤生物类群多样性，还包括土壤生物的功能多样性、遗传多样性和土壤-生物自组织系统的多样性等（Coleman，2013；Orgiazzi et al.，2016）。

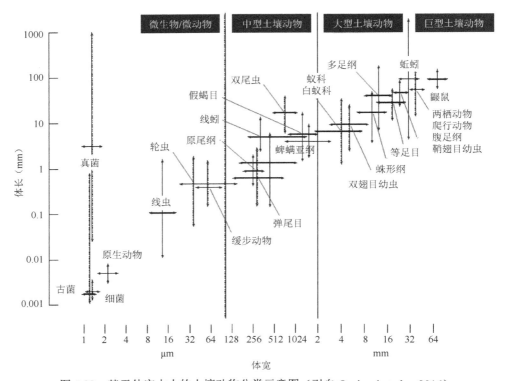

图 5.22　基于体宽大小的土壤动物分类示意图（引自 Orgiazzi et al.，2016）

目前，土壤动物已被证实在时空上的分布存在明显的异质性，而土壤微生物因其体形较小且易于被传播，被认为其分布是不受时空限制的，但其对环境具有选择性（Orgiazzi et al.，2016）。在全球尺度上，土壤生物多样性远高于植物和大型动物的多样性。例如，土壤细菌占土壤微生物总量的 70%-90%，目前已鉴定的细菌种类有 3000 种，但其中仅有不到 5%的种类为可培养细菌（Coleman & Crossley，1996；Joseph et al.，2003），有研究报道，1g 土壤含有的细菌种类估计可多达 50 000 种（Curtis et al.，2002；Torsvik et al.，2002）。真菌是另一类重要的土壤微生物，在森林土壤和酸性土壤中其往往占优势或起主导作用，估计其约有 150 万种，但已被描述的种类只有约 72 000 种。线虫是土壤动物中数量和种类最为丰富的类群之一，在所有类型的生态系统中都有分布，线虫的种类估计多达约 100 万种，但目前已知的仅约 30 000 种（邵元虎等，2015；Orgiazzi et al.，2016）。目前，已知的螨类有 45 000 多种，有研究发现，在堪萨斯大草原的一小块草地上螨类的种类可达 159 种（de Deyn & van der

Putten，2005；St John et al.，2006）。已被描述的蚯蚓约有 3500 种，在几乎所有陆地生态系统中均有分布（Wurst et al.，2012；Orgiazzi et al.，2016）。白蚁是土壤中占主导地位的昆虫，已知约有 2700 种，其趋向分布于较冷和干燥的环境（Orgiazzi et al.，2016）。

5.16.1.2 影响土壤生物多样性的因素

土壤生物多样性受生物和非生物因素的共同调控。影响土壤生物多样性的非生物因素主要为气候（温度和降水）、土壤质地、盐分和 pH 等。例如，较高的温度和湿度有利于增加土壤生物多样性；黏质土壤有利于微生物和蚯蚓的活动，而水分保持力较低的砂质土壤则不利于其活动；氮沉降可以通过改变生态系统内氮素的可获得性，进而使土壤生物多样性发生改变。此外，欧盟委员会发布的欧洲土壤保护主题战略提出，土壤侵蚀、有机质下降、土壤污染、土壤紧实、土壤板结、盐渍化和洪涝灾害也是影响土壤生物多样性的主要非生物因素。例如，土地利用及农业管理措施的改变，可能会对土壤生物的区系分布及物种间平衡造成影响；重金属污染等会降低对污染响应敏感或自适应能力差的物种的丰度，甚至直接将其淘汰，从而改变了土壤生物多样性；高盐分影响植物和土壤生物群落的新陈代谢，盐渍化程度的提高会导致土壤生物个体密度和类群丰富度降低。

植被的组成和多样性及地上部分的营养级互作是影响土壤微生物多样性的重要生物因素之一。不同的植物凋落物和根系分泌物为土壤生物提供的营养和能量不同，释放的有机质和无机物差异很大，对土壤微生物生长具有选择性刺激作用，进而影响土壤生物群落结构和功能及其多样性。研究表明，土壤微生物多样性与地上的植物群落多样性呈正相关关系，自然植被被作物替代时可能改变微生物区系的组成和降低其功能多样性（Orgiazzi et al.，2016）。有研究发现，土壤中微生物群落结构及其碳源代谢潜力的变化与冬季是否种植作物有关，冬季种植作物的土壤比休耕土壤检测出较高含量的真菌和原生动物特征磷脂脂肪酸，此外，作物的残体可增加土壤中磷脂脂肪酸多样性和碳源代谢多样性（Schutter et al.，2001）。也就是说，植被的存在有利于增加土壤微生物多样性和微生物生物量，植被的破坏可能改变土壤微生物区系的组成和降低土壤微生物多样性。此外，外来植物的入侵会引起入侵地土壤理化性质的改变，使得本土植物的养分获取面临竞争，导致本土植物多样性的丧失，进而影响土壤微生物多样性。例如，种植转基因紫花苜蓿导致土壤细菌群落功能多样性较为单一，但可培养的细菌数量增多（Donegan et al.，1995），而带有几丁质酶的抗真菌转基因作物减少了土壤菌根真菌种群的数量（钱迎倩和马克平，1998）。

5.16.2 土壤生物多样性的生态系统服务功能

5.16.2.1 土壤生物的生态系统服务功能

土壤生物在自然生态系统中扮演着消费者和分解者的角色，在全球物质循环和能量流动中有着不可替代的作用，常被称为养分转化器、生态稳定器、污染净化器、气候调节器和生物资源库。土壤生物多样性在土壤的形成和发育、凋落物分解、土壤结构和肥力保持、养分循环、植物群落维持和演替等方面具有重要的作用。土壤动物通过其自身的活动和生活，提高了土壤孔隙度和土壤入渗率等，使土壤物理结构稳定性和通气保水性能得到提高，促进了有机质的分解和土壤团粒结构的形成，改善了土壤物理质量，提高了植物激素类物质的含量（Krome et al., 2009），刺激互利微生物的生长，从而直接影响植物初级生产力。

土壤动物群落营养级丰富，占据土壤食物网的各个位置，对土壤食物网的结构具有重要影响，也是其功能多样性的表现。土壤动物与土壤微生物的相互作用是土壤食物网结构的基础（图5.23）。土壤微生物的繁殖能使凋落物腐解，增加其适口性以利于土壤动物的取食；而土壤动物取食、消化凋落物等分泌或排泄出的养分和其他刺激物质，又促进微生物的分解和生长。土壤动物分泌的大量酶类和其他活性物质也直接促进了有机物的分解和养分矿化的过程。此外，土壤动物的捕食和竞争作用能够维持土壤食物网内各个类群间的平衡，有利于防止病虫害的发生。土壤动物还可以通过信号物质诱导植物抗性的提高（Jana et al., 2010），增加植物的活力及抗病虫害能力。此外，土壤生物多样性越高，包含适应胁迫的互补型分类单元越多（Tilman et al., 2006），在经受胁迫后群落的快速修复能力越强（Flöder et al., 2010），有利于生态系统的恢复。

5.16.2.2 土壤生物生态系统服务功能的研究进展

早在达尔文时代，就有研究发现生物多样性越高，草地的生产力越高（Hector & Hooper, 2002）。之后，人们也注意到生物多样性会影响生态系统的过程与功能（Carlander, 1955），但是相关研究多集中在生物多样性与生态系统稳定性的关系等方面（MacArthur, 1955；Elton, 1958；May, 1973）。1992年，人们对生物多样性与生态系统功能进行了重新的研讨（Schulze & Mooney, 1994），重新审视了生物多样性对生态系统功能和动态产生的影响（Cardinale et al., 2012）。1993年出版的专著 *Biodiversity and Ecosystem Function*（Schulze & Mooney, 1993）则为现代生物多样性与生态系统功能研究奠定了基础。

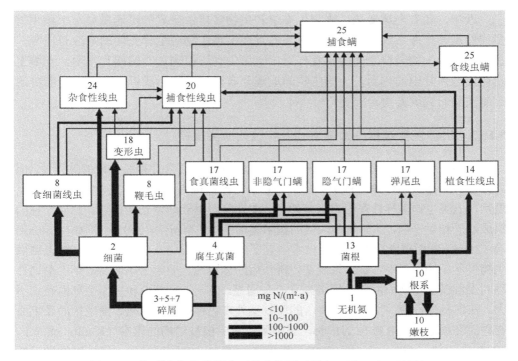

图 5.23 基于消费者-资源交互的食物网（引自 Olff et al.，2009）

图中线条粗细代表氮流大小，框中的数字代表相应的营养类群：3-活性的细碎屑，5-惰性的细碎屑，7-粗碎屑

　　而在生物多样性研究中，土壤生物学直到 20 世纪 50 年代才作为一门真正的学科发展起来，当时主要研究的是土壤生物的收集和研究方法，以及土壤生物不同类群之间的关系（傅声雷，2007）。60-70 年代的研究主要集中于土壤生物对土壤有机质分解的影响（Kurcheva，1960；Olson，1963；Swift et al.，1979）。80-90年代的研究集中在土壤生物对土壤结构和质量演变过程的影响方面（Tisdall & Oades，1982；Rothwell，1984；Ingham et al.，1989；Jastrow & Miller，1991；Edwards & Bohlen，1996）。90 年代末和 21 世纪初的研究热点是土壤生物对环境污染物的清除功能（Boopathy，2000）及其对生态系统的指示作用（Bongers & Ferris，1999），在具体应用的发展上，微生物修复技术因具备成本低、效果好、环境相对安全等优点而被广泛使用，并且已有不少成功应用土壤微生物修复治理污染环境的范例（Boopathy，2000），利用土壤动物和微生物的关系治理土壤重金属污染也有所报道，例如，杨柳和李广枝（2010）研究了在 Pb^{2+} 和 Cd^{2+} 胁迫作用下接种蚯蚓、菌根及其联合作用对植物修复的影响，结果显示，接种蚯蚓后植物地上部的生物量显著提高，接种菌根提高了植物地上部分的重金属积累浓度，同时接种蚯蚓和菌根则使植物吸收的重金属总量的提高幅度最大。

近年，随着全球变化、恢复生态学和生物多样性研究的迅速发展，土壤生物多样性及其生态系统功能的研究主要着重在土壤生物对全球变化的响应与适应，食物网内各生物类群之间的相互作用，土壤生物与植物之间的相互作用，土壤生物在生态恢复中的作用，土壤生物的地理分布格局及其形成机制，以及功能群的控制实验研究等方面。

5.16.3　生态恢复过程中土壤生物多样性的演变规律

生态系统恢复后的物种组成与原地带性植被相比通常会存在一定的差异性，但总体而言，在生态恢复过程中退化群落总是向着结构更为复杂、完善的方向发展。通常，土壤生物多样性在生态恢复的早、中期阶段呈逐渐增长的模式，此后物种的组成趋于相对平衡，此时新种入侵的概率逐渐变小（李新荣，2005）。例如，Potthoff等（2006）利用磷脂脂肪酸图谱技术研究了美国加利福尼亚草原恢复措施对土壤微生物群落结构的影响，其结果表明，耕作后的休闲地、一年生草地及多年生草地处理间土壤微生物磷脂脂肪酸图谱差别十分明显，但一年生草地和多年生草地差别不大。在恢复过程中，土壤生物群落的恢复受外来物种的逐步定殖、摆脱扰动及组成物种对环境条件变化响应的影响，更受到恢复中植被结构的影响（Kardol et al.，2009a）。例如，Viketoft 等（2009）对瑞典北部农田的研究发现，在植物物种多样性和一致性存在差异的条件下，土壤线虫的种类和功能组成产生了分化。

需要注意的是，即使同一土壤生物类群，在不同背景条件下，其演变规律也可能有所不同。例如，Brown 和 Jumpponen（2014）研究了随着喀斯卡特山脉北部冰川消退而形成土壤的过程中，具有不同菌根真菌类型的 4 种植物根系的细菌和真菌群落演替的变化，研究发现，随着演替的进行，真菌的丰富度和多样性估算量没有显著性差异，细菌群落组成比真菌群落组成更受植物类型的影响：细菌和植被群落有着相似的演替模式，即丰富度和均匀度均呈下降趋势；在冰川边缘处细菌和真菌呈非随机分布，但随着与冰川边缘距离的增加，细菌群落的异质性增强。Wubs 等（2016）对长期耕作的土壤进行接种恢复实验，移除表面土层并在不同区域分别接种来自灌木和保存的 24 年前恢复的草地草皮，接种 6 年后，对实验区域植被和土壤微生物群落构成、土壤无机环境进行分析比对发现，接种了灌丛的土壤中细菌和真菌的生物量显著提高，跳虫和螨类的多样性提高，但总数量没有改变，而丛枝菌根和线虫的丰度与总数量在接种了灌丛和草地的土壤中均有所增加。

5.16.4　土壤生物多样性的管理与调控

5.16.4.1　土壤生物多样性的管理与调控方法

土壤生物多样性的管理和调控要建立在监测的基础上。《生物多样性公约》

缔约方于 2002 年举办的第六次会议上正式提出了对土壤生物多样性进行保护和可持续利用，随后联合国粮食及农业组织（FAO）率先倡议对土壤生物多样性进行评价和保护。2006 年，欧盟委员会（EC）启动的土壤保护策略大型项目将监测、评价和保护土壤生物多样性列为重要研究内容。我国则建立了中国生物多样性监测与研究网络（Sino BON）（马克平，2015），对我国重要生态系统中生物的多样性、功能基因及其参与的生态过程进行监测和研究，以达到监测我国重要生态系统中土壤生物时空分布格局、分析土壤生物多样性及其影响因素和演替规律、建立生物大数据平台等目标。土壤生物多样性监测的基本技术路线包括野外样地定点定期取样，以及利用现代分子生物学技术、稳定同位素探针技术和传统的生物学方法等进行实验。常规的土壤微生物学研究方法包括分离培养法、底物利用分析法、基于标志物的非培养方法（磷脂脂肪酸分析法）和基于核酸 PCR 扩增基础的变性梯度凝胶电泳（DGGE）、末端限制性片段长度多态性（T-RFLP）等方法，最新发展起来的分子生物学技术则包括高通量和高分辨率的宏基因组学、环境转录组学等技术。此外，还有诸如 qPCR、稳定性同位素探针（SIP）和纳米二次离子质谱技术（NanoSIMS）等（贺纪正和张丽梅，2011；贺纪正等，2012）。

施用农药和肥料、调整土地耕作方式及集约管理等方法也可用于土壤生物多样性管理和调控。农药包括除草剂、杀菌剂和杀虫剂等，不同类型农药的施用及其施用方式对土壤生物多样性的管理和调控会造成不同的影响。例如，杀虫剂粉绣宁（Triadimefon）被报道在 DNA 水平上影响土壤微生物群落多样性，且受其污染的土壤中微生物生物量碳含量较低（Yang et al.，2000）。类似的，不同肥料的施用及其施用方式也会对土壤生物多样性造成影响：内蒙古典型草原连续 5 年施氮肥使得土壤生物及其多样性均显著降低，而施磷肥显著增加了原生动物数量和多样性（齐莎等，2010）；施厩肥、绿肥等有机肥有利于维持土壤微生物的多样性及活性（Dick，1992），在有机质低输入系统的土壤中，高有机质的输入使微生物生物量持续增加（Bossio et al.，1998）。因此，合理施用农药和肥料，制定合理的施用量、施用药品类型及不同类型药品之间的比例，可对土壤生物多样性的稳定性进行保护和调控。

较多的研究认为，耕作造成土壤团聚体的破坏和表层土壤中有机质的损耗，从而导致免耕土壤中微生物生物量和细菌功能多样性高于传统耕作土壤（Carter，1992；Beare et al.，1994）。目前认为，大团聚体中的微生物生物量比微团聚体中的高（Franzluebbers & Arshad，1997），因此通过减少耕作以增加大团聚体，可能增加微生物多样性和微生物生物量（Lupwayi et al.，1998，1999，2001），同时还可以减少对土壤动物的扰动，提高土壤生物多样性的稳定性。另外，有研究认为，轮作可能比单一栽培的保护性耕作更有利于维持土壤微生物多样性的稳定性，抑制在单一栽培系统中易繁衍的有害微生物，同时提高农作物产量（Dick，1992）。集约管理也被认为可能影响土壤微生物群落结构。在对牧草地、林地、泥炭沼地和耕地几种生态系统的研究中发现，传统管理和集约管理的土壤中可培养真菌的相对分离频率不同（Bardgett et al.，1993；Donnison et al.，2000；Widden et al.，1986；Popova，1993）。集约管理不影响牧场的土壤营养状态和土壤微生物的活性，但会造成土壤真菌生物量明显减少及真菌与细菌的相对比例降低（Donnison et al.，2000）。因此，通过改变耕作方式和土地管理方式，同样可对土壤生物多样性进行管理和调控。

5.16.4.2 土壤生物多样性管理与调控的指标

管理与调控土壤生物多样性从分析土壤生物多样性入手，物种、群落或生态系统水平上生物多样性的测定包括确定测定对象、取样面积、取样方法等生物学及统计学两方面的内容。目前研究较多的分析指标是 α 多样性指数、β 多样性指数和 γ 多样性指数。其中，α 多样性指数用于测量群落内物种丰富度、个体在各物种中的均匀度及生物种类间的相对多度，一般包括物种丰富度指数、多样性指数（Shannon-Wiener 指数）、优势度指数（Simpson 指数）、均匀度指数（Pielou 指数）和相似性指数（Jaccard 指数）等。β 多样性指数表示生物种类对群落内环境异质性或群落间环境变化的反应，度量时空尺度上物种丰富度和均匀度的变化，度量的方法可分为两类：一类是度量分化多样性的方法，考虑物种的组成，比较不同地点的相似性，如相似性系数和相似性随距离的衰减斜率等；另一类是度量比例多样性的方法，比较不同尺度上物种丰富度的差异，如倍性分配方法和加性分配方法。目前应用最广的是相似性（相异）指数，主要有用于二元数据的 Sørensen 指数和 Jaccard 指数，用于数量数据的 Bray-Curtis 指数及它们的各种变型。γ 多样性指某区域多个群落所有物种的多样性，其与 α 多样性具有相同的特征，但应用在更大的空间尺度如景观水平上测量物种多样性的变化或差异（王立志和靳毓，2009；陈圣宾等，2010；贺纪正等，2013）。

5.16.5 土壤生物多样性恢复

5.16.5.1 国内外研究进展

植物群落的组成和多样性会对土壤生物多样性造成影响，植物物种的不同对土壤养分输入的数量和质量的影响也不同，相应地引起土壤生物群落结构和多样性的变化。因此，地上植被和地下土壤生物是相辅相成的。利用植被和土壤生物的互作，可为土壤生物多样性的恢复研究提供思路和方法。阻止外来植物的入侵，维持原生态环境中的植物群落或有意识地引入一些附生植物，可使土壤生物原有生境土壤的理化性质得到保持或改善，维持或改变营养可获取途径和数量，从而使土壤生物多样性得到管理或提高。例如，在连续种植了 13 年的桉树人工林中，磷脂脂肪酸的数量和丰度及土壤总氮量和土壤有机碳的含量都高于其他种植年限较少的人工林（Cao et al.，2010）；种植 4 种植物的草原土壤中可培养微生物群落活性和多样性均高于种植 3 种、2 种和 1 种植物的处理，即植物多样性和结构的增加导致了细菌活性和多样性的快速响应（Loranger-Merciris et al.，2006）；通过比较半流动沙丘、5 年生、10 年生和 22 年生小叶锦鸡儿人工固沙植被土壤的养分状况、微生物和主要土壤酶活性，发现采用植物固沙工程固定沙丘后，表层土壤有机碳和全氮含量显著增加，土壤微生物生物量碳、微生物生物量氮的含量及活性明显提高，且随树龄增长而逐渐增加（曹成有等，2006）。针对土壤微生物多样性的恢复，目前较为成熟的方法还有通过特定程序筛选出易在目标区域土壤中定殖、对病原菌有较强抑制作用、对作物生长有促进作用且对人类健康无害的有益微生物，制成活菌制剂后通过接种或拌种等方式将其引入土壤生态系统，从而改变该系统的生物组成，同时施用有机肥料，促进土壤微生物多样性的恢复。

5.16.5.2 面临的挑战与机遇

土壤生物及其多样性的研究目前还处于初期阶段，面临相当大的挑战，使得其相关恢复研究也受到制约，但同时，新理论和新技术的发展也为其研究提供了新的机遇。

1. 土壤生物及其多样性的机制研究

准确描述土壤中生物的类群并对其分类是土壤生物及其多样性研究的前提，但目前土壤生物究竟具体有多少种类和数量等还缺乏明确的答案。一方面，绝大多数土壤生物个体较小，且在土壤中的分布存在较大的异质性，传统的破坏性随机取样具有很大的偶然性，土壤生物分类学家和分类手段都十分缺乏，获取、收集和观察土壤生物较为困难，使得监测和评估的多样性往往远低于真实水平，监测和评估的有效性值得推敲。另一方面，虽然近几年对土壤生物多样性的地理分布格局及其形成机制已有了一些初步的认识，但在大尺度上的规律和形成的内在机制仍十分不明确。如何更有效地利用现代分子生物学技术，同时结合空间统计学方法来发现土壤生物多样性的大尺度空间分布规律，从而更有效地研究和评估土壤生物多样性是人们面临的一个巨大挑战（图 5.24）。此外，与土壤微生物类群对比，目前土壤动物的研究相当薄弱，其具体的种类和数量、分类方法、生活习性以及彼此间的动态联系等基础理论均有待进一步研究和完善。

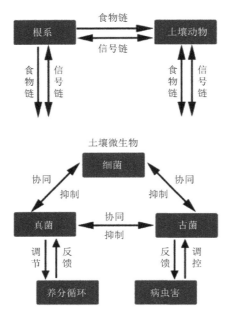

图 5.24 土壤生物系统网络中的关联关系（引自贺纪正等，2014）

在未来的研究中，还应更多地关注土壤生物不同类群之间及其对地上和地下生态环境变化响应方面的研究。土壤动物之间并非简单的取食与被取食关系，它们之间存在着复杂的正、负反馈过程，同时土壤食物网的复杂性可能导致土壤生物之间还存在大量的间接作用，这些都加大了量化研究的难度（傅声雷等，2011）。Morriën等（2017）在进行了 30 年自然恢复的耕地上，对所有土壤生物的多样性和食物网结构进行了分析，并将标记的二氧化碳和矿物质氮引入完整的植物-土壤系统中，以跟踪观察它们在土壤食物网中吸收营养的情况，结果发现，在自然恢复过程中，即使植物主要类群的组成结构没有发生明显变化，土壤生物各个类群之间的联系也会变得更强，碳吸收更为高效，其中真菌类群组成结构发生变化，从而改变了土壤中的元素循环和碳吸收，但并不会使真菌的生物量增加或改变真菌与细菌的生物量比。这说明，土壤生物在土壤食物网中的作用及其与地上部的互作比以往设想的要复杂得多，以往一些研究得到的结果在扩大研究尺度的情况下有可能并不全面，如何重新考量土壤食物网的结构及其与地上部的协同关系是今后研究的难点。

2. 新技术、新平台的应用及量化指标的优化

近年来分子生物学技术特别是高通量测序技术的革命性发展为土壤生物及其多样性的调查和监控提供了新思路。在实现土壤生物主要类群的实时监测方面，包括土壤基因组学、转录组学、蛋白质组学和代谢组学在内的土壤组学技术是未来发展与应用的方向（图 5.25）。现代分子生物学的应用虽然促进了对土壤生物多样性的认识，但是目前仅仅停留在通过宏基因组学来描述特定样品中的生物遗传多样性，对分子生物学信息尚不明确的物种无法进行匹配分析，仍然无法完整地反映整个生态系统的土壤生物多样性，解决土壤生物的高效获得、DNA 的有效提取及分子信息数据库的补全问题，建立传统生理生化分类体系与分子系统发育分类体系之间的内在联系，并将两种分类方法有机统一，是未来发展必须解决的问题及发展方向。

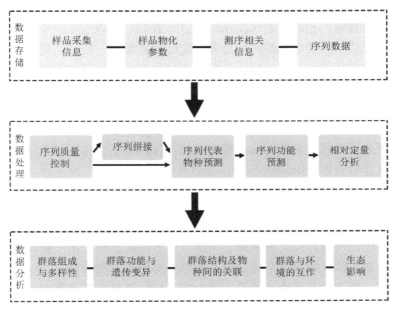

图 5.25　宏基因组研究中信息处理的运用流程（引自贺纪正等，2014）

目前，在对土壤微生物代谢过程的研究中 ^{31}P-NMR 和 ^{15}N-NMR 等技术还没有应用，是今后的应用方向。另外，二维核磁共振（NMR）技术在土壤微生物化学结构和代谢结构方面的应用、NMR 技术与高效液相色谱和质谱等分析技术联用和有机结合，将能更准确地揭示微生物在土壤形成、发生和演变过程中的作用。微生物活体和残留物质谱信息的互补是未来土壤微生物碳氮转化循环过程研究的方向。以纳米二次离子质谱技术（NanoSIMS）为代表的单细胞水平成像技术具有较高的灵敏度和准确度，可为研究微生物类群和功能提供更为完整的信息。在未来，将 NanoSIMS 技术应用于土壤、沉积物等复杂环境的微生物研究仍存在一些技术问题需要解决，如其检测区域尺寸相对较小、在微生物分类水平上分辨率较低，以及同位素标记的局限性影响后续结果分析等。

已有的若干种量化群落多功能性的测度方法都仅仅侧重于多功能性的某一方面（Byrnes et al.，2014a），仍没有得到公认的多功能性测度标准，对于多功能性指标能否正确反映生态系统对群落复杂性增加的响应也尚存争议。Lefcheck 等（2015）对 94 个生物多样性实验进行了整合分析，使用了 3 种方法（功能-物种替代法、平均值法和多阈值法）来量化多功能性，发现物种丰富度高的群落能使更多的功能维持在较高水平，即生物多样性对多功能性的作用会因所考虑的功能数量的增加而增强。Bradford 等（2014）认为，由于对生态系统单个功能响应的不一致，多功能性指标可能会错误地评价生态系统对多样性增加的响应，而 Byrnes 等（2014b）则持相反的观点。与传统的生物生态功能实验相比，生态系统多功能性的野外实验数据仍相对缺乏（Byrnes et al.，2014a）。以前专注于单个功能或分类群的研究低估了生物多样性对生态系统功能的重要性，同时，物种丰富度并非影响生态系统多功能性的唯一因素，其作用也受群落其他属性的调节，是未来研究中需要更加重视的。因此，今后的研究重点应是建立通用的分析框架来更好地对比各实验研究，以整合利用更多的数据信息（Byrnes et al.，2014a），不断优化多功能性的量化方法，得到一个能够赋予各项功能不同的权重，剔除无关的功能，同时研究框架同时涵盖单个功能和整体功能，以揭示单个功能对多功能性的影响的多功能性评价指标（Bradford et al.，2014；Byrnes et al.，2014a）。

3. 恢复策略的制定

土壤生物多样性恢复研究面临着人类活动和全球变化的影响。如上文所述，土地利用变化、气温升高、氮沉降、生物入侵等如何影响土壤生物多样性，如何通过人工控制实验有效模拟全球变化各个因子对土壤生物的影响，从而制定维持、保护和调控土壤生物多样性及促进土壤生物多样性恢复的实施方案，这些问题都值得认真思考和设计严格的科学实验进行研究。另外，还要注意生物多样性和不同的生态系统服务可能在恢复过程中显示出不同的轨迹，从而导致冲突和权衡。以特定生态系统服务为重点的恢复行动可能会对生物多样性或其他服务的提供产生负面影响，需要在规划过程中对此加以考虑。

目前，菌根真菌和植物多样性及其生产力，以及系统异质性之间的联系已被阐明（van der Heijden et al.，1998），建立一个菌根真菌群落是建立目标植物群落的先决条件（Richter & Stutz，2002），这为在大规模采矿等被广泛破坏地区植物群落的建立和恢复提供了一种潜在的低成本手段（Teste & Simard，2008），在沙漠生态系统植被恢复中已有相关成功的例子（Requena et al.，2001）。而直接引入目标生态系统的微生物群落并不一定能加速演替的进行。Kardol 等（2009b）观察到，从一个物种丰富的草原上引进具有高真菌含量的目标生态系统的土壤或草皮，并没有导致在受体部位建立目标植物集合，似乎在非生物条件下，供体和受体之间的不匹配可能超过了任何生物的影响。这说明，除了在特定的研究环境下，对土壤子系统中微生物构成的调控是否能够保证增加生态系统的连续性和功能尚不明确，更全面地评估所有土壤生物群落及其与地上部生物的互作在逆转生态系统退化中的规律是未来研究的重点（Harris，2009）。

借鉴其他动物的恢复策略也许是土壤生物多样性恢复策略制定的突破方向，即通过提供食物、庇护所和繁殖地点等栖息地资源及调控景观模式来提高目标物种生存能力，从而提高其繁殖种群数量（Selwood et al.，2009；Sudduth et al.，2011）。与考虑其他动物及植物在授粉、种子传播和种子被捕食等方面的主要互作（Sekercioğlu et al.，2004）类似，明确地考虑土壤生物与植物在病害传播和营养供给、循环等方面的互作，将能够促进地上-地下协同的成功恢复（图 5.26）。

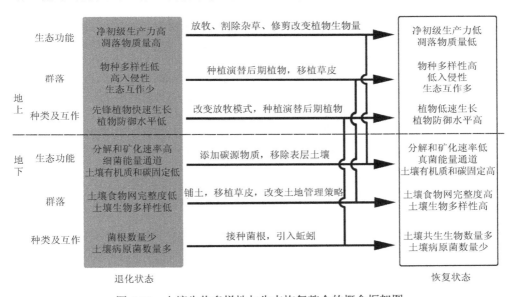

图 5.26 土壤生物多样性与生态恢复整合的概念框架图

主要参考文献

安宝林. 草原退化及治理的战略措施. 中国草地, 1986, (3): 56-59.

曹成有, 腾晓慧, 崔振波, 等. 植物固沙工程对土壤微生物活性的影响. 辽宁工程技术大学学报, 2006, 25(4): 606-609.

曹铭昌, 乐志芳, 雷军. 全球生物多样性评估方法及研究进展. 生态与农村环境学报, 2013, 29: 8-16.

陈吉泉. 景观生态学的基本原理及其在生态系统经营中的应用//李博. 现代生态学讲座. 北京: 科学出版社, 1995: 108-128.

陈灵芝, 陈伟烈. 中国退化生态系统研究. 北京: 中国科学技术出版社, 1995.

陈敏, 宝音陶格涛. 建立羊草与豆科牧草混播草地的试验//中国科学院内蒙古草原生态定位站. 草原生态系统研究(第二集). 北京: 科学出版社, 1988: 239-245.

陈圣宾, 欧阳志云, 徐卫华, 等. Beta 多样性研究进展. 生物多样性, 2010, 18(4): 323-335.

陈宜瑜. 全球变化与社会可持续发展. 地球科学进展, 2003, 18: 1-3.

陈佐忠. 我国天然草地生态系统的退化及其调控//中国科学技术协会学会工作部. 中国土地退化防治研究. 北京: 中国科学技术出版社, 1990: 86-89.

陈佐忠, 盛修武, 杨总贵, 等. 不同类型草原群落雨季施肥的生态效应//中国科学院内蒙古草原生态定位站. 草原生态系统研究(第三集). 北京: 科学出版社, 1988: 225-231.

崔保山, 刘兴土. 湿地恢复研究综述. 地球科学进展, 1999, 14(4): 358-364.

方精云. 全球生态学: 气候变化与生态响应. 北京: 高等教育出版社, 2000.

方精云, 白永飞, 李凌浩, 等. 我国草原牧区可持续发展的科学基础与实践. 科学通报, 2016, 61: 155-164.

傅伯杰, 刘世梁, 马克明. 生态系统综合评价的内容与方法. 生态学报, 2001, 21: 1885-1892.

傅伯杰, 马克明, 周华峰, 等. 黄土丘陵区土地利用结构对土壤养分分布的影响. 科学通报, 1998, 43(22): 2444-2448.

傅声雷. 土壤生物多样性的研究概况与发展趋势. 生物多样性, 2007, 5(2): 109-115.

傅声雷, 张卫信, 邵元虎, 等. 土壤食物网//"10000 个科学难题"农业科学编委会. 10000 个科学难题(农学卷). 北京: 科学出版社, 2011.

干靓, 吴志强. 城市生物多样性规划研究进展评述与对策. 规划师, 2018, (1): 87-91.

干文芝, 任永宽, 干友民. 基于 Web of Science 草地退化研究态势计量分析. 草业科学, 2013, 30: 805-811

谷金锋, 蔡体久, 肖洋, 等. 工矿区废弃地的植被恢复. 东北林业大学学报, 2004, 32(3): 19-22.

龚子同, 张甘霖, 杨飞. 南海诸岛的土壤及其生态系统特征. 生态环境学报, 2013, 22(2): 183-188.

广东省植物研究所西沙群岛植物调查队. 我国西沙群岛的植物和植被. 北京: 科学出版社, 1977.

郭城孟, 王怡平, 张家维. 漂流万里——东沙草木志. 台北: 海洋公园管理处, 2010.

郭魁士. 广西石灰岩区土壤之初步观察. 土壤, 1940, 1(4): 32-47.

郭勤峰. 物种多样性研究的现状及趋势//李博. 现代生态学讲座. 北京: 科学出版社, 1995: 89-107.

韩兴国, 李凌浩. 浑善达克沙地和京北农牧交错区生态环境综合治理试验示范研究报告. 北京: 中国科学院植物研究所, 2005: 1-105.

贺纪正, 李晶, 郑袁明. 土壤生态系统微生物多样性-稳定性关系的思考. 生物多样性, 2013, 21(4): 411-420.

贺纪正, 陆雅海, 傅伯杰. 土壤生物学前沿. 北京: 科学出版社, 2014.

贺纪正, 袁超磊, 沈菊培, 等. 土壤宏基因组学研究方法与进展. 土壤学报, 2012, 49(1): 155-164.

贺纪正, 张丽梅. 土壤微生物生态学研究方法的进展//李俊, 沈德龙, 林先贵. 农业微生物研究与产业化进展. 北京: 科学出版社, 2011: 94-108.

侯学煜. 贵州盘县之植物组合与土壤之初步观察. 土壤, 1946, 5(1): 53-61.

侯学煜. 贵州省南部植物群落. 植物学报, 1952, 1(2): 65-106.

胡自治. 草原的生态系统服务 IV: 降低服务功能的主要因素和关爱草原的重要意义. 草原与草

坪, 2005, (3): 3-8.

黄宏文, 张征. 中国植物引种栽培及迁地保护的现状与展望. 生物多样性, 2012, 20(5): 559-571.

黄建辉. 生态系统内的物种多样性对稳定性的影响//中国科学院生物多样性委员会. 生物多样性研究的原理与方法. 北京: 中国科学技术出版社, 1994: 178-191.

黄培祐. 干旱区免灌植被及其恢复. 北京: 科学出版社, 2002.

黄元仿, 张世文, 张立平, 等. 露天煤矿土地复垦生物多样性保护与恢复研究进展. 农业机械学报, 2015, 46(8): 72-82.

黄志霖, 傅伯杰, 陈利顶. 恢复生态学与黄土高原生态系统的恢复与重建问题. 水土保持学报, 2002, 16(3): 122-125.

简曙光, 任海. 热带珊瑚岛植被恢复工具种图谱. 北京: 中国林业出版社, 2017.

姜恕. 关于草原合理利用策略的探讨——以内蒙古锡林郭勒盟中部白音锡勒地区为例. 草原生态系统研究, 1988, 2: 1-9.

亢新刚. 森林经理学. 北京: 中国林业出版社, 2011.

李博. 中国北方草地退化及其防治对策. 中国农业科学, 1997, (6): 2-10.

李承彪. 四川森林生态研究. 成都: 四川科学技术出版社, 1990.

李德新. 放牧对克氏针茅影响的初步研究. 中国草原, 1980, (4): 1-8.

李洪远, 鞠美庭. 生态恢复的原理与实践. 北京: 化学工业出版社, 2005.

李婕, 刘楠, 任海, 等. 7 种植物对热带珊瑚岛环境的生态适应性. 生态环境学报, 2016, 25(5): 790-794.

李梁, 张建军, 陈宝强. 晋西黄土区长期封禁小流域植被群落动态变化. 林业科学, 2018, 54: 1-9.

李凌浩, 李永宏. 草原生态系统管理//李承森. 植物科学进展 4. 北京: 高等教育出版社, 2001: 268-279.

李凌浩, 刘先华, 陈佐忠. 内蒙古锡林河流域羊草草原生态系统碳素循环研究. 植物学报, 1998, 40(10): 955-961.

李凌浩. 土地利用变化对草原生态系统土壤碳贮量的影响. 植物生态学报, 1998, 22(4): 300-303.

李明, 彭培好, 王玉宽, 等. 农业生物多样性研究进展. 中国农学通报, 2014, 30: 7-14.

李培芬. 认识东沙. 台北: 海洋公园管理处, 2009.

李世英, 肖运峰. 内蒙古呼盟草达吉地区羊草草原放牧演替阶段的初步划分. 植物生态学与地植物学丛刊, 1964, 3(2): 200-217.

李文华, 赖世登. 中国农林复合经营. 北京: 科学出版社, 1994.

李文华, 王如松. 生态安全与生态建设. 北京: 气象出版社. 2002.

李向林. 草原管理的生态学理论与概念模式进展. 中国农业科学, 2018, 51: 191-202.

李新荣. 干旱沙区土壤空间异质性变化时对植被恢复的影响. 中国科学(D 辑), 2005, 35(4): 361 370.

李永庚, 蒋高明. 矿山废弃地生态重建研究进展. 生态学报, 2004, 24(1): 95-100.

李永宏. 草原生态系统管理原则: 生物多样性与生产力维持//李博. 现代生态学讲座. 北京: 科学出版社, 1995: 79-88.

李永宏. 放牧空间梯度上和恢复演替时间梯度上羊草草原的群落特征及其对应性. 草原生态系统研究, 1992, 4: 1-7.

李永宏. 放牧影响下羊草草原和大针茅草原植物多样性的变化. 植物学报, 1993, 35(11): 877-884.

李永宏. 内蒙古草原草场放牧退化模式研究及退化检测系统建议. 植物生态学报, 1994, 18(1): 68-79.

李永宏. 内蒙古锡林河流域羊草草原和大针茅草原在放牧影响下的分异和趋同. 植物生态学与地植物学学报, 1988, 12: 189-196.

李永宏, 陈佐忠. 中国温带草原生态系统的退化与恢复重建//陈灵芝, 等. 中国退化生态系统研究. 北京: 中国科学技术出版社, 1995: 186-194.

廖宝文, 李玫, 陈玉军, 等. 中国红树林恢复与重建技术. 北京: 科学出版社, 2010.

刘东明, 陈红锋, 王发国, 等. 我国南沙群岛岛礁引种植物调查. 热带亚热带植物学报, 2015, 23(2): 167-175.

刘东生. 西北地区自然环境演变及其发展趋势. 北京: 科学出版社, 2004.

刘起. 我国北方草场资源及其开发利用. 北京: 科学出版社, 1989.

刘庆. 亚高山针叶林生态学研究. 成都: 四川大学出版社, 2002.

刘庆, 吴彦, 何海. 中国西南亚高山针叶林的生态学问题. 世界科技研究与发展, 2001, 23(2): 63-69

刘书润. 中国草原. 北京: 科学出版社, 1979.

刘志刚. 广西都安县石灰岩地区土壤侵蚀的特点和水土保持工作的意见. 林业科学, 1963, 8(4): 354-360.

卢良恕. 中国农业新发展与食物安全. 中国食物与营养, 2003, 11: 11-14.

马姜明, 刘世荣, 史作民. 退化森林生态系统恢复评价研究综述. 生态学报, 2010, 30: 3297-3303.

马克平. 中国生物多样性监测网络建设: 从 CForBio 到 SinoBON. 生物多样性, 2015, 23(1): 1-2.

马志广. 中国草地科学与草业发展. 北京: 科学出版社, 1989.

欧阳志云, 王如松, 赵景柱. 生态系统服务功能及其生态经济价值评价. 应用生态学报, 1999, 10: 635-640.

欧阳志云, 徐卫华, 肖燚, 等. 中国生态系统格局、质量、服务与演变. 北京: 科学出版社, 2017.

潘庆民, 薛建国, 陶金, 等. 中国北方草原退化现状与恢复技术. 科学通报, 2018, 63: 1642-1650.

潘学清. 呼伦贝尔三种草地植被的变化. 中国草地, 1988, (2): 19-23.

彭少麟. 恢复生态学. 北京: 气象出版社, 2007.

彭少麟. 恢复生态学与热带雨林的恢复. 世界科技研究与发展, 1997, 19 (3): 58-61.

彭少麟. 南亚热带森林群落动态学. 北京: 科学出版社, 1996.

彭艳, 赵津仪, 莽杨丹. 退化高寒草地生态恢复的研究进展. 高原农业, 2018, (3): 313-319.

齐莎, 赵小蓉, 郑海霞, 等. 内蒙古典型草原连续 5 年施用氮磷肥土壤生物多样性的变化. 生态学报, 2010, 30(20): 5518-5526.

钱迎倩, 马克平. 经遗传修饰生物体的研究进展及其释放后对环境的影响. 生态学报, 1998, 18(1): 1-9.

任海. 喀斯特山地生态系统石漠化过程及其恢复研究综述. 热带地理, 2005, 25(3): 195-200.

任海. 植物园与植物回归. 生物多样性, 2017, 25(9): 945-950.

任海, 杜卫兵, 王俊, 等. 鹤山退化草坡生态系统的自然恢复. 生态学报, 2007, 27(9):

3593-3600.

任海, 段子渊. 科学植物园建设的理论与实践. 2 版. 北京: 科学出版社, 2017.

任海, 简曙光, 张倩媚, 等. 中国南海诸岛的植物和植被现状. 生态环境学报, 2017, 26(10): 1639-1648.

任海, 李萍, 彭少麟. 海岛与海岸带生态系统恢复与生态系统管理. 北京: 科学出版社, 2004.

任海, 刘庆, 李凌浩. 恢复生态学导论. 2 版. 北京: 科学出版社, 2008.

任海, 彭少麟. 恢复生态学导论. 北京: 科学出版社, 2001.

任海, 彭少麟. 中国南亚热带退化生态系统植被恢复及可持续发展. 北京: 中国科协青年学术年会, 1998.

任海, 彭少麟, 向言词, 等. 广东退化坡地上农业生物多样性//马克平. 面向 21 世纪的中国生物多样性研究. 北京: 中国林业出版社, 1999.

任海, 王俊, 陆宏芳. 恢复生态学的理论与研究进展. 生态学报, 2014, 34(15): 4117-4124.

任继周. 藏粮于草施行草地农业系统——西部农业结构改革的一种设想. 草业学报, 2002, 11(1): 1-3.

邵广昭, 林幸助. 南疆沃海——南沙太平岛生物多样性. 台北: 台湾营建相关机构, 2013.

邵元虎, 张卫信, 刘胜杰, 等. 土壤动物多样性及其生态功能. 生态学报, 2015, 35(20): 6641-6625.

神祥金. 中国温带草原退化草地气温与地温变化及其机制研究. 北京: 中国科学院大学博士学位论文, 2016.

沈仁芳, 王超, 孙波. "藏粮于地、藏粮于技"战略实施中的土壤科学与技术问题. 中国科学院院刊, 2018, 33(2): 135-143.

四川植被协作组. 四川植被. 成都: 四川人民出版社, 1980.

宋永昌. 植被生态学. 上海: 华东师范大学出版社, 2001.

孙鸿烈. 农业资源与区划工作的现实作用. 中国农业资源与区划, 2001, 22: 7.

孙卫邦. 云南省极小种群野生植物保护: 实践与探索. 昆明: 云南科技出版社, 2013.

童毅, 简曙光, 陈权, 等. 中国西沙群岛植物多样性. 生物多样性, 2013, 21(3): 364-374.

王伯荪, 廖宝文, 王勇军, 等. 深圳湾红树林生态系统及其持续发展. 北京: 科学出版社, 2002.

王伯荪, 彭少麟. 植被生态学: 群落与生态系统. 北京: 中国环境科学出版社, 1997.

王德炉, 朱守谦, 黄宝龙. 贵州喀斯特区石漠化过程中植被特征的变化. 南京林业大学学报(自然科学版), 2003, 27(3): 26-30.

王洁, 周跃. 矿区废弃地的恢复生态学研究. 安全与环境工程, 2005, 12(1): 5-8.

王立志, 靳毓. 土壤动物多样性的研究方法. 安徽农业科学, 2009, 37(11): 5020-5062.

王明珠, 张桃林. 红壤生态系统研究. 3 版. 南昌: 江西科学技术出版社, 1995.

王世杰, 李阳兵. 喀斯特石漠化研究存在的问题与发展趋势. 地球科学进展, 2007, 22: 573-582.

王文卿, 陈琼, 南方滨海耐盐植物资源(一). 厦门: 厦门大学出版社, 2013.

王文卿, 陈洋芳, 李芊芊, 等. 南海滨海沙生植物资源及沙地植被修复. 厦门: 厦门大学出版社, 2016.

王义凤. 黄土高原地区植被资源及其合理利用. 北京: 中国科学技术出版社, 1991.

王英辉, 陈学军. 金属矿山废弃地生态恢复技术. 金属矿山, 2007, (6): 4-7.

王云才, 王敏. 美国生物多样性规划设计经验与启示. 中国园林, 2011, (2): 35-38

卫智军, 李青丰, 贾鲜艳, 等. 矿业废弃地的植被恢复与重建. 水土保持学报, 2003, 17(4): 172-175.

邬建国, Vandat JV, 高玮. 生态演替理论与模型//刘建国. 当代生态学博论. 北京: 中国科学技术出版社, 1992: 49-64.

吴道铭, 陈晓阳, 曾曙才. 芒属植物重金属耐性及其在矿山废弃地植被恢复中的应用潜力. 应用生态学报, 2017, 28(4): 1397-1406.

吴舒尧, 黄姣, 李双成. 不同生态恢复方式下生态系统服务与生物多样性恢复效果的整合分析. 生态学报, 2017, 37: 6986-6999.

吴彦, 刘庆, 乔永康, 等. 亚高山针叶林不同恢复阶段群落物种多样性变化及其对土壤理化性质的影响. 植物生态学报, 2001, 25: 648-655.

武建勇, 薛达元, 赵富. 中国生物多样性调查与保护研究进展. 生态与农村环境学报, 2013, 29: 146-151.

邢福武. 海南省七洲列岛的植物与植被. 武汉: 华中科技大学出版社, 2016.

邢福武, 吴德邻. 南沙群岛及其邻近岛屿植物志. 北京: 海洋出版社, 1996.

徐建辉. 干旱区生态建设应遵循地带性规律. 科学时报, 2006, 9: 12.

徐树建. 我国西北地区生态恢复研究. 地理学与国土研究, 2002, 18(2): 80-84.

徐文梅, 刘长海, 廉振民. 陕北黄土高原退化生态系统的恢复与重建. 西北林学院学报, 2005, 20(3): 23-25.

许志信. 中国土地退化防治研究. 北京: 中国科学技术出版社, 1990.

薛达元, 武建勇, 赵富. 中国履行《生物多样性公约》二十年: 行动、进展与展望. 生物多样性, 2012, 20: 623-632.

杨光, 王玉. 试论植被恢复生态学的理论基础及其在黄土高原植被重建中的指导作用. 水土保持研究, 2000, 7(2): 133-135

杨静, 施竹凤, 高东, 等. 生物多样性控制作物病害研究进展. 遗传, 2012, 34: 1390-1398.

杨柳, 李广枝. Pb^{2+}、Cd^{2+}胁迫作用下蚯蚓、菌根菌及其联合作用对植物修复的影响. 贵州农业科学, 2010, 38(11): 156-158.

杨明德. 论贵州岩溶水赋存的地貌规律性. 中国岩溶, 1982, (2): 81.

杨振意, 薛立, 许建新. 采石场废弃地的生态重建研究进展. 生态学报, 2012, 32(16): 5264-5274.

叶勇, 翁劲, 卢昌义, 等. 红树林生物多样性恢复. 生态学报, 2006, 26(4): 1243-1250.

易慧琳, 许方宏, 林广旋, 等. 半红树植物杨叶肖槿和海芒果的光合特征研究. 生态环境学报, 2015, 24(11): 1818-1824.

余作岳, 彭少麟. 热带亚热带退化生态系统植被恢复生态学研究. 广州: 广东科技出版社, 1997.

喻理飞, 朱守谦, 魏鲁明, 等. 退化喀斯特群落自然恢复过程研究——自然恢复演替系列. 山地农业生物学报, 1998, (2): 71-77.

张宏达. 西沙群岛的植被. 植物学报, 1974, 16(3): 183-190.

张浪, 刘振文, 姜殿强. 西沙群岛植被生态调查. 中国农学通报, 2011, 27(14): 181-186.

张绍良, 米家鑫, 侯湖平, 等. 矿山生态恢复研究进展: 基于连续三届的世界生态恢复大会报告. 生态学报, 2018, 38(15): 1-9.

张树礼, 曹江营, 薛玲, 等. 黄土高原露天煤矿生态恢复技术研究. 呼和浩特: 内蒙古人民出版社, 1997.

张桃林. 中国红壤退化机制与防治. 北京: 中国农业出版社, 1999.

张为政. 松嫩平原羊草草原植被退化与土壤盐渍化的关系. 植物生态学报, 1994, 18(1): 50-55.

张伟伟, 刘楠, 王俊, 等. 半红树植物黄槿的生态生物学特性研究. 广西植物, 2012, 32(2): 198-202.

张小川, 蔡蔚祺, 徐琪. 草原土壤-植被系统中硅、铝、铁和锰的循环. 生态学报, 1990, 10(2): 109-114.

张新时. 草地的生态经济功能及其范式. 科技导报, 2000, 8: 3-7.

张永泽, 王烜. 自然湿地生态恢复研究综述. 生态学报, 2001, 21(2): 309-314.

张祝平, 彭少麟, 孙谷畴, 等. 鼎湖山森林群落植物量和第一性生产力的初步研究//中国科学院鼎湖山生态系统定位研究站. 热带亚热带森林生态系统研究(第5集). 北京: 科学出版社, 1989: 63-73.

昭和斯图, 祁永. 内蒙古短花针茅草原放牧退化系列的研究. 中国草地, 1987, (1): 29-35.

赵焕庭, 王丽荣, 宋朝景. 南海诸岛灰沙岛淡水透镜体研究述评. 海洋通报, 2014, 33(6): 601-610.

郑本暖, 杨玉盛, 谢锦升, 等. 亚热带红壤严重退化生态系统封禁管理后生物多样性的恢复. 水土保持研究, 2002, 9(4): 57-60.

中国植被编辑委员会. 中国植被. 北京: 科学出版社, 1980.

钟功甫, 邓汉增, 王增骐, 等. 珠江三角洲基塘系统研究. 北京: 科学出版社, 1987.

仲延凯, 朴顺姬, 包青海. 人工羊草草地割草演替试验结果的分析//陈佐忠. 草原生态系统研究2. 北京: 科学出版社, 1992: 172-183.

周厚诚, 任海, 彭少麟. 广东南澳岛植被恢复过程中的群落动态研究. 植物生态学报, 2001, 25(3): 298-305.

周政贤. 茂兰喀斯特森林科学考察集. 贵阳: 贵州人民出版社, 1987.

朱守谦, 何纪星, 祝小科. 乌江流域喀斯特区造林困难程度评价及分区. 山地农业生物学报, 1998, 17(3): 129-134.

朱震达. 中国的沙漠化及其治理. 北京: 科学出版社, 1989.

Abrams MD, Knapp AK. Hulbert LC. A ten-year record of aboveground biomass in a Kansas tallgrass prairie: effects of fire and topographic position. American Journal of Botany, 1986, 73: 1509-1515.

Aerts R, Honnay O. Forest restoration, biodiversity and ecosystem functioning. Bmc Ecology, 2011, 11(1): 29.

Akeroyd J, Jackson PW. A Handbook for Botanic Gardens on the Reintroduction of Plants to the Wild. London: BGCI, Richmond, 1995.

Andel JV, Aronson J. Restoration Ecology: The New Frontier. 2nd ed. Chichester: Blackwell, 2012.

Antoci A, Borghesi S, Russu P. Biodiversity and economic growth: trade-offs between stabilization of the ecological system and the preservation of natural dynamics. Ecological Modeling, 2005, 189: 333-346.

Armstrong DP, Seddon PJ. Directions in reintroduction biology. Trends in Ecology and Evolution, 2008, 23(1): 20-25.

Bardgett RD, Frankland JC, Whittaker JB. The effects of agricultural management on the soil biota of some upland grasslands. Agriculture, Ecosystems & Environment, 1993, 45(1-2): 25-45.

Barral MP, Benayas JMR, Meli P, et al. Quantifying the impacts of ecological restoration on biodiversity and ecosystem services in agroecosystems: a global meta-analysis. Agriculture Ecosystems and Environment, 2015, 202: 223-231.

Bartolome JW. Application of herbivore optimization theory to rangelands of the Western United States. Ecological Application, 1993, 3(1): 27-29.

Beare MH, Hendrix PF, Coleman DC. Water stable aggregates and organic matter fractions in conventional and no-till soils. Soil Science Society of America Journal, 1994, 58(3): 777-786.

Bell TJ, Bowles ML, McEachern AK. Projecting the success of plant population restoration with viability analysis. Population Viability in Plants, 2003, 165: 313-348.

Bennett EM, Peterson CD, Levitt EA. Looking to the future of ecosystem services. Ecosystems, 2005, 8: 125-132.

Berger JJ. Ecological restoration and nonindigenous plant species: a review. Restoration Ecology,1993, 1: 74-82.

Bongers T, Ferris H. Nematode community structure as a bioindicator in environmental monitoring. Trends in Ecology & Evolution, 1999, 14(6): 224-228.

Bonham CD, Lerwick A. Vegetation changes induced by prairie dogs on shortgrass range. Journal of Range Management, 1976, 29: 221-225.

Boopathy R. Factors limiting bioremediation technologies. Bioresource Technology, 2000, 74(1): 63-67.

Bossio DA, Scow KM, Gunapala N, et al. Determinants of soil microbial communities: effects of agricultural management, season, and soil type on phospholipid fatty acid profiles. Microbial Ecology, 1998, 36(1): 1-12.

Botkin MP. The use of aversive agents for predator control. Rangelands, 1977, 12: 8-15.

Boudsocq S, Niboyet A, Lata JC, et al. Plant Preference for ammonium versus nitrate: a neglected determinant of ecosystem functioning? American Naturalist, 2012, 180: 60-69.

Bradford MA, Wood SA, Bardgett RD, et al. Reply to Byrnes et al: aggregation can obscure understanding of ecosystem multifunctionality. Proceedings of the National Academy of Sciences, USA, 2014, 111: E5491.

Bradshaw AD. The reconstruction of ecosystems: presidential address to the British ecological society, December 1982. Journal of Applied Ecology, 1983, 20(1): 1-17.

Brancalion PHS, Chazdon RL. Beyond hectares: four principles to guide reforestation in the context of tropical forest and landscape restoration. Restoration Ecology, 2017, 25(4): 491-496.

Brown SP, Jumpponen A. Contrasting primary successional trajectories of fungi and bacteria in retreating glacier soils. Molecular Ecology, 2014, 23(2): 481-497.

Brudvig LA. The restoration of biodiversity: where has research been and where does it need to go? American Journal of Botany, 2011, 98: 549-558.

Brudvig LA. Toward prediction in the restoration of biodiversity. Journal of Applied Ecology, 2017, 54: 1013-1017.

Byrnes JEK, Gamfeldt L, Isbell F, et al. Investigating the relationship between biodiversity and ecosystem multifunctionality: challenges and solutions. Methods in Ecology & Evolution, 2014a, 5(2): 111-124.

Byrnes JEK, Lefcheck JS, Gamfeldt L, et al. Multifunctionality does not imply that all functions are positively correlated. Proceedings of the National Academy of Sciences, USA, 2014b, 111(51): E5490.

Cairns JJR. Restoration of Aquatic Ecosystems. Washington DC: National Academy Press, 1992.

Cao Y, Fu S, Zou X, et al. Soil microbial community composition under *Eucalyptus* plantations of different age in subtropical China. European Journal of Soil Biology, 2010, 46(2): 128-135.

Cardinale BJ, Duffy JE, Gonzalez A, et al. Biodiversity loss and its impact on humanity. Nature, 2012, 489(7401): 59-67.

Carlander KD. The standing crop of fish in lakes. Journal of the Fisheries Board of Canada, 1955, 12(4): 543-570.

Carter MR. Influence of reduced tillage systems on organic matter, microbial biomass, macroaggregate distribution and structural stability of the surface soil in a humid climate. Soil & Tillage Research, 1992, 23(4): 361-372.

Chen WS, Wang ZF, Zhao G, et al. Microsatellite and chloroplast DNA analyses reveal no genetic variation in a beach plant *Surianana maritima* on the Paracel Islands, China. Biochemical Systematics & Ecology, 2016, 65: 171-175.

Cheng F, Lu HF, Ren H, et al. Integrated emergy and economic evaluation of three typical rocky desertification control modes in karst areas of Guizhou Province, China. Journal of Cleaner Production, 2017, 161: 1104-1128.

Coffin D P, Lauenroth WK. The effect of disturbance size and frequency on a shortgrass plant community. Ecology, 1988, 69: 1609-1617.

Coleman DC. Soil biota, soil systems, and processes // Levin SA. Encyclopedia of Biodiversity. 2nd ed. Volume 6. Waltham, MA: Academic Press, 2013: 80-589.

Coleman DC, Crossley DAJ. Fundamentals of Soil Ecology. San Diego: Academic Press, 1996.

Collins SL. Fire frequency and community heterogeneity in tallgrass prairie vegetation. Ecology, 1992, 73: 2001-2006.

Collins SL. Interaction of disturbances in tallgrass prairie: a field experiment. Ecology, 1987, 68: 1243-1250.

Collins SL, Barber SC. Effects of disturbance on diversity in mixed-grass prairie. Vegetatio, 1985, 64: 87-94.

Committee of Ministers. Recommendation No. R (85) 15 of the Committee of Ministers on the Reintroduction of Wildlife Species. Committee of Ministers, Council of Europe, the 388th meeting of the Ministers' Deputies, 23 September 1985.

Connell JH. Diversity in tropical rainforest and coral reefs. Science, 1978, 199: 1302-1310.

Costanza R, D'Arge R, Groot RD, et al. The value of the world's ecosystem services and natural capital. Nature, 1997, 387: 253-260.

Cowardin LMV. Classification of wetlands and deepwater habitats of the United States. Washington DC: U.S. Department of the Interior, 1978: 31-35.

Curtis TP, Sloan WT, Scannell JW. Estimating prokaryotic diversity and its limits. Proceedings of the National Academy of Sciences of the United States of America, 2002, 99(16): 10494-10499.

de Angelis DL, Huston MA. Further consideration on the debate over herbivore optimization theory. Ecological Application, 1993, 3: 30-31.

de Deyn GB, van der Putten WH. Linking aboveground and belowground diversity. Trends in Ecology & Evolution, 2005, 20(11): 625-633.

Degens BP, Schipper LA, Sparling GP, et al. Decreases in organic C reserves in soils can reduce the catabolic diversity of soil microbial communities. Soil Biology & Biochemistry, 2000, 32(2): 189 -196.

Delcourt C, Zicari R. The design of an Integrity Consistency Checker (ICC) for an object-oriented database system. Lecture Notes in Computer Science, 1991, 512: 97-117.

Denslow JS. Patterns of plant species diversity during succession under different disturbance. Oecologia, 1980, 46: 18-21.

Derhé MA, Murphy H, Monteith G, et al. Measuring the success of reforestation for restoring biodiversity and ecosystem functioning. Journal of Applied Ecology, 2016, 53: 1714-1724.

Diaz S, McIntyre S, Lavorel S, et al. Does hairiness matter in Harare? Resolving controversy in global comparisons of plant trait responses to ecosystem disturbance. New Phytologist, 2002, 154: 7-9.

Dick RP. A review: long-term effects of agricultural systems on soil biochemical and microbial parameters. Agriculture, Ecosystems & Environment, 1992, 40(1-4): 25-36.

Donegan KK, Palm CJ, Fieland VJ, et al. Changes in levels, species and DNA fingerprints of soil microorganisms associated with cotton expressing the *Bacillus thuringiensis* var. *kurstaki* endotoxin. Applied Soil Ecology, 1995, 2(2): 111-124.

Donnison LM, Griffith GS, Hedger J, et al. Management influences on soil microbial communities and their function in botanically diverse hay meadows of northern England and Wales. Soil Biology & Biochemistry, 2000, 32(2): 253-263

During HJ, Willems JH. The impoverishment of the bryophyte and lichen flora of the Dutch chalk grasslands in the thirty years 1953-1983. Biological Conservation, 1986, 36: 143-158.

Dyer MI, Turner CL, Seastedt TR. Herbivory and its consequences. Ecological Application, 1993, 3(1): 10-16.

Edwards CA, Bohlen PJ. Biology and Ecology of Earthworms. 3rd ed. London: Chapman & Hall, 1996.

Egler FE. The nature of vegetation, its management and mismanagement. An introduction to vegetation science. Norfolk: Connecticut, 1977.

Elton CS. The Ecology of Invasions by Animals and Plants. London: Methuen, 1958.

Falk DA, Millar CI, Olwell M. Restoring Diversity: Strategies for Reintroduction of Endangered Plants. Washington DC: Island Press, 1996.

Field CK, Birk S, Bradley DC, et al. From natural to degraded rivers and back again: a test of restoration ecology theory and practice. Advances in Ecological Research, 2011, 44: 119-209.

Finlayson CM, Everard M, Irvine K, et al. The Wetland Book: I: Structure and Function, Management, and Methods. Berlin: Springer, 2018.

Fischer M, van Kleunen M. On the evolution of clonal life history. Evolutionary Ecology, 2002, 15: 565-582.

Fisher SG, Gray LJ, Grimm NB, et al. Temporal succession in a desert stream ecosystem following flash flooding. Ecological Monographs, 1982, 52(1): 93-110.

Fisk MC, Zak DR, Crow TR. Nitrogen storage and cycling in old- and second-growth northern hardwood forest. Ecology, 2003, 83: 73-87.

Flöder S, Jaschinski S, Wells G, et al. Dominance and compensatory growth in phytoplankton communities under salinity stress. Journal of Experimental Marine Biology & Ecology, 2010, 395(1): 223-231.

Forman RTT. Land Mosaics. Cambridge: Cambridge University Press, 1995.

Fox JF. Intermediate-disturbance hypothesis. Science, 1979, 204: 1344-1345.

Franklin JF. Preserving biodiversity: species, ecosystems, or landscapes? Ecological Applications, 1993, 3(2): 202-205.

Franzluebbers AJ, Arshad MA. Soil microbial biomass and mineralizable carbon of water stable aggregates affected by texture and tillage. Soil Science Society of America Journal, 1997, 61(4): 1090-1097.

Friday JB, Cordell S, Giardina CP, et al. Future directions for forest restoration in Hawai'i. New Forests, 2015, 46(5): 733-746.

Fuller RM. The changing extent and conservation interest of lowland grasslands in England and Wales: a review of grassland surveys 1930-1984. Biological Conservation, 1987, 40: 281-300.

Garnier E, Cortez J, Billès G, et al. Plant functional markers capture ecosystem properties during secondary succession. Ecology, 2004, 85: 2630-2637.

Giller PS, Hildrew AG, Raffaelli DG. Aquatic Ecology: Scale, Pattern and Process. Oxford: Blackwell Scientific Publications, 1992.

Gliessman SR. Agroecology: Ecological Processes in Sustainable Agriculture. Chelsea: Sleeping Bear Press, 1998.

Godefroid S, Vanderborght T. Plant reintroductions: the need for a global database. Biodiversity Conservation, 2011, 20(14): 3683-3688.

González E, Sher AA, Tabacchi E, et al. Restoration of riparian vegetation: a global review of implementation and evaluation approaches in the international, peer-reviewed literature. Journal of Environmental Management, 2015, 158: 85-94.

Gough L, Grace JB, Taylor KL. The relationship between species richness and community biomass: the importance of environmental variables. Oikos, 1994, 70: 271-279.

Grime JP. Plant Strategies and Vegetation Processes. New York: Wiley, 1979.

Griscom HP, Ashton MS. Restoration of dry tropical forests in central America: a review of pattern and process. Forest Ecology & Management, 2011, 261(10): 1564-1579.

Guerrant EOJr, Kaye TN. Reintroduction of rare and endangered plants: common factors, questions and approaches. Australian Journal of Botany, 2007, 55(3): 362-370.

Handel SN, Robinson GR, Beattie AJ. Biodiversity resources for restoration ecology. Restoration Ecology, 1994, 2:230-241.

Harper JL. The role of predation in vegetational diversity. Brookhaven Symposia in Biology, 1969, 22(22): 48-62.

Harris J. Soil microbial communities and restoration ecology: facilitators or followers? Science, 2009, 325: 573-574.

Hector A, Hooper R. Darwin and the first ecological experiment. Science, 2002, 295: 639-640.

Hector AB, Schmid B, Beierkuhnlein C, et al. Plant diversity and productivity experiments in European grasslands. Science, 1999, 286: 1123-1127.

Hester AJ, Hobbs RJ. Influence of fire and soil nutrients on native and non-native annuals at remnant vegetation edges in the Western Australian wheat belt. Journal of Vegetation Science, 1992, 3: 101-108.

Hobbs RJ, Gulmon SL, Hobbs VJ, et al. Effects of fertilizer addition and subsequent gopher disturbance on a serpentine annual grassland community. Oecologia, 1988, 75: 291-295.

Hobbs RJ, Huenneke LF. Disturbance, diversity, and invasion: implications for conservation. Conservation Biology, 1992, 6: 324-337.

Hobbs RJ, Mallik AU, Gimingham CH. Studies on fire in Scottish heathland communities. III. Vital attributes of the species. Journal of Ecology, 1984, 72: 963-976.

Hobbs RJ, Mooney HA. Community and population dynamics of serpentine grassland annuals in relation to gopher disturbance. Oecologia, 1985, 67: 342-351.

Hobbs RJ, Mooney HA. Effects of rainfall variability and gopher disturbance on serpentine annual grassland dynamics. Ecology, 1991, 72: 59-68.

Hobbs RJ, Suding KN. New Models for Ecosystem Dynamics and Restoration. Washington DC: Island Press, 2009.

Hoffman CA, Carroll CR. Can we sustain the biological basis of agriculture? Annual Review of Ecology & Systematics, 1995, 26(26): 69-92.

Holdren J, Ehrlich P. Human population and the global environment. American Scientist, 1974, 62: 282-292.

Houlton BZ, Sigman DM, Schuur EAG, et al. A climate-driven switch in plant nitrogen acquisition within tropical forest communities. Proceedings of the National Academy of Sciences of the United States of America, 2007, 104: 8902-8906.

Huang TC, Huang SF, Hsieh TH. The flora of Tungshatao (Pratas island). Taiwania, 1994, 39(1&2): 27-53.

Huenneke LF, Hamburg SP, Koide R, et al. Effects of soil resources on plant invasion and community structure in California serpentine grassland. Ecology, 1990, 71: 478-491.

Hughes RF, Vitousek PM, Tunison JT. Effects of invasion by fire-enhancing, C4 grasses on native shrubs in Hawaii Volcanoes National Park. Ecology, 1991, 72: 743-746.

Huntly N, Inouye R. Pocket gophers in ecosystems: patterns and mechanisms. Bioscience, 1988, 38: 768-793.

Ingham ER, Coleman DC, Moore JC. An analysis of food web structure and function in a shortgrass prairie, mountain meadow and a lodgepole pine forest. Biology & Fertility of Soils, 1989, 8(1): 29-37.

IUCN. Guidelines for Re-introductions. Prepared by the IUCN/SSC Re-introduction Specialist Group. Gland Cambridge: International Union for Conservation of Nature, 1998

IUCN. Guidelines for the *in situ* Re-introduction and Translocation of African and Asian Rhinoceros. Gland Cambridge: International Union for Conservation of Nature, 2009

Jacobs DF, Dalgleish HJ, Nelson CD. A conceptual framework for restoration of threatened plants: the effective model of American chestnut (Castanea dentata) reintroduction. New Phytologist, 2013, 197(2): 378-393.

Jana U, Barot S, Blouin M, et al. Earthworms influence the production of above- and belowground biomass and the expression of genes involved in cell proliferation and stress responses in *Arabidopsis thaliana*. Soil Biology & Biochemistry, 2010, 42(2): 244-252.

Jastrow JD, Miller RM. Methods of assessing the effects of biota on soil structure. Agriculture, Ecosystems & Environment, 1991, 34(1-4): 279-303.

Jiang ZC, Lian YQ, Qin XQ. Rocky desertification in Southwest China: impacts, causes, and restoration. Earth-Science Reviews, 2014, 132: 1-12

Johnstone IM. Plant invasion windows: a time-based classification of invasion potential. Biological Reviews, 1986, 61(4): 369-394.

Joseph SL, Hugenholtz P, Sangwan P, et al. Laboratory cultivation of widespread and previously uncultured soil bacteria. Applied & Environmental Microbiology, 2003, 69(12): 7210-7215.

Kardol P, Bezemer TM, van der Putten WH. Soil organism and plant introductions in restoration of species-rich grassland communities. Restoration Ecology, 2009b, 17(2): 258-269.

Kardol P, Newton JS, Bezemer TM, et al. Contrasting diversity patterns for soil mites and nematodes in secondary succession. Acta Oecologica, 2009a, 35(5): 603-609.

Kauffman JB, Case RL, Lytjen D, et al. Ecological approaches to riparian restoration in northeast oregon. Journal of High Energy Physics, 1995, 13: 12-15.

Keddy PA. Wetland Ecology: Principles and Conservation. London: Cambridge University Press, 1999.

Kint V, Geudens G, Mohren GMJ, et al. Silvicultural interpretation of natural vegetation dynamics in ageing Scots pine stands for their conversion into mixed broadleaved stands. Forest Ecology & Management, 2006, 223(1): 363-370.

Knapp AK, Fay PA, Blair JM, et al. Rainfall variability, carbon cycling, and plant species diversity in a mesic grassland. Science, 2002, 298: 2202-2205.

Koide R, Huenneke LF, Mooney HA. Gopher mound soil reduces growth and affection uptake of two annual grassland species. Oecologia, 1987, 72: 284-290.

Kremen C. Managing ecosystem services: what do we need to know about their ecology? Ecology Letters, 2005, 8: 468-479.

Krome K, Rosenberg K, Bonkowski M, et al. Grazing of protozoa on rhizosphere bacteria alters growth and reproduction of Arabidopsis thaliana. Soil Biology & Biochemistry, 2009, 41(9): 1866-1873.

Kucera CL, Koelling M. The influence of fire on composition of central Missouri prairie. American Midland Naturalist, 1964, 72: 142-147.

Kurcheva GF. Role of soil organisms in the breakdown of oak litter. Pochvovedeniye, 1960, 4: 16-23.

Lake PS, Bond N, Reich P. Restoration Ecology of Intermittent Rivers and Ephemeral Streams. Amsterdam: Elsevier Inc., 2017.

Lamb D, Gilmour D. Rehabilitation and Restoration of Degraded Forests. Gland, Cambridge: International Union for Conservation of Nature and Natural Resources, 2003.

Laub BG, Palmer MA. Restoration Ecology of Rivers. London: Encyclopedia of Inland Waters, 2009.

Lefcheck JS, Byrnes JEK, Isbell F, et al. Biodiversity enhances ecosystem multifunctionality across trophic levels and habitats. Nature Communications, 2015, 6: 6936.

Lewin R. Parks: how big is big enough? Science, 1984, 225: 611-612.

Liu H, Ren H, Liu Q, et al. Translocation of threatened plants as a conservation measure in China. Conservation Biology the Journal of the Society for Conservation Biology, 2016, 29(6): 1537-1551.

Loranger-Merciris G, Barthes L, Gastine A, et al. Rapid effects of plant species diversity and identity on soil microbial communities in experimental grassland ecosystems. Soil Biology & Biochemistry, 2006, 38(8): 2336-2343.

Lugo AE. Ecological aspects of catastrophes in Caribbean islands. Acta Cientifica, 1988, (2): 24-31.

Lupwayi NZ, Arshad MA, Rice WA, et al. Bacterial diversity in water stable aggregates of soils under conventional and zero tillage management. Applied Soil Ecology, 2001, 16(3): 251-261.

Lupwayi NZ, Rice WA, Clayton GW. Soil microbial biomass and carbon dioxide flux under wheat as influenced by tillage and crop rotation. Canadian Journal of Soil Science, 1999, 79(2): 273-280.

Lupwayi NZ, Rice WA, Clayton GW. Soil microbial diversity and community structure under wheat as influenced by tillage and crop rotation. Soil Biology & Biochemistry, 1998, 30(13): 1733-1741.

Maarel EVD, Franklin J. Vegetation Ecology: Historical Notes and Outline. New York: John Wiley

& Sons, Ltd, 2013.

MacArthur R. Fluctuations of animal populations and a measure of community stability. Ecology, 1955, 36(3): 533-536.

MacArthur RH, Wilson EO. The Theory of Island Biogeography. Princeton: Princeton University Press, 1967.

Martens-Habbena W, Berube PM, Urakawa H, et al. Ammonia oxidation kinetics determine niche separation of nitrifying Archaea and Bacteria. Nature, 2009, 461: 976-U234.

Martinsen GD, Cushman JH, Whitham TG. Impact of pocket gopher disturbance on plant species diversity in a shortgrass prairie community. Oecologia, 1990, 83: 132-138.

Maschinski J, Haskins KE. Plant reintroduction in a changing climate: promises and perils. Island Press/Center for Resource Economics, 2012, 21(5): 661-662.

Maunder M. Plant reintroduction: an overview. Biodiversity and Conservation, 1992, 1(1): 51-61.

May RM. Stability and Complexity in Model Ecosystems. Princeton: Princeton University Press, 1973.

Mayor J, Bahram M, Henkel T, et al. Ectomycorrhizal impacts on plant nitrogen nutrition: emerging isotopic patterns, latitudinal variation and hidden mechanisms. Ecology Letters, 2015, 18: 96-107.

Mckane RB, Johnson LC, Shaver GR, et al. Resource-based niches provide a basis for plant species diversity and dominance in arctic tundra. Nature, 2002, 415: 68-71.

Mcnaughton SJ. Diversity and stability of ecological communities: a comment on the role of empiricism in ecology. American Naturalist, 1977, 111: 515-525.

Mcnaughton SJ. Grazing an optimization process: grass-ungulate relationship in the Serengeti. American Naturalist, 1979, 5:691-703.

Mcnaughton SJ. Serengeti migratory wildbeest: facilitation of energy flow by grazing. Science, 1976, 191: 92-94.

Middleton BA. Wetland Restoration, Flood Pulsing and Disturbance Dynamics. New York: John Wiley & Sons, Inc, 1999: 1-288.

Milchunas DG, Sala OE, Lauenroth WK. A generalized model of the effects of grazing by large herbivores on grassland community structure. American Naturalist, 1988, 132: 87-106.

Mitchell JE, Joyce LA. Applicability of Montreal Process biological and abiotic indicators to rangeland sustainability. International Journal of Sustainable Development and World Ecology, 2000, 7: 77-80.

Mitsch WJ, Gosselink JG. Wetland. 2nd ed. New York: Van Nostrand Reinhold, 1993.

Mitsch WJ, Jorgensen SE. Ecological Engineering. New York: John Wiley & Sons, 1989.

Mitsch WJ, Wilson RF. Improving the success of wetland creation and restoration with know-how, time, and self-design. Ecological Applications, 1996, 6(1): 77-83.

Moore AD, Noble IR. An individualistic model of vegetation stand dynamics. Journal of Environmental Management, 1990, 31: 61-81.

Moreno-Mateos D, Power ME, Comín FA, et al. Structural and functional loss in restored wetland ecosystems. PLoS Biology, 2012, 10(1): e1001247.

Morriën E, Hannula SE, Snoek LB, et al. Soil networks become more connected and take up more carbon as nature restoration progresses. Nature Communications, 2017, 8: 14349.

Naveh Z, Whittaker RH. Structural and floristic diversity of shrublands and woodlands in northern Israel and other Mediterranean Areas.Vegetatio, 1979, 41: 171-190.

Niinemets U. Responses of forest trees to single and multiple environmental stresses from seedlings to mature plants: past stress history, stress interactions, tolerance and acclimation. Forest Ecology and Management, 2010, 260: 1623-1639.

Noss RF. Natural History of a Forgotten American Grassland. Washington DC: Island Press, 2013.

Noy-Meir I. Compensation growth of grazed plant and its relevance to the use of rangelands. Ecological Application, 1993, 3: 32-34.

Odum EP. Experimental study of self-organization in estuarine ponds//Mitsch WJ, Jorgensen SE. Ecological Engineering. New York: John Wiley & Sons, 1998: 291-340.

Odum EP. The strategy of ecosystem development. Science, 1969, 164(3877): 262-270.

Olff H, Alonso D, Berg MP, et al. Parallel ecological networks in ecosystems. Philosophical Transactions of the Royal Society, 2009, 364(1524): 1755-1779.

Olson JS. Energy storage and the balance of producers and decomposers in ecological system. Ecology, 1963, 44(2): 322-331.

Orgiazzi A, Bardgett RD, Barrios E, et al. Global Soil Biodiversity Atlas. Luxembourg: European Commission, Publications Office of the European Union, 2016.

Owen DF, Wiegert RG. Do consumers maximize plant fitness? Oikos, 1976, 27: 488-492.

Palmer MA, Zedler JB, Falk DA. Foundations of Restoration Ecology. 2nd ed. Washington DC: Island Press, 2016.

Pan BZ, Yuan JP, Zhang XH, et al. A review of ecological restoration techniques in fluvial rivers. International Journal of Sediment Research, 2016, 31(2): 110-119.

Pan X, Chao J.Theory of stability, regulation and control of ecological system in oasis. Global and Planetary Change, 2003, 37: 287-295.

Pander J, Geist J. Ecological indicators for stream restoration success. Ecological Indicators, 2013, 30(5): 106-118.

Patten DT. Herbivore optimization and overcompensation: does native herbivory on Western rangelands support these theories? Ecological Application, 1993, 3: 35-36.

Petraitis PS, Latham RE, Niesenbaum RA. The maintenance of species diversity by disturbance. Quarterly Review of Biology, 1989, 64: 393-418.

Phillips RP, Brzostek E, Midgley MG. The mycorrhizal-associated nutrient economy: a new framework for predicting carbon-nutrient couplings in temperate forests. New Phytologist, 2013, 199: 41-51.

Pickett STA, Thompson JN. Patch dynamics and the design of nature reserves. Biological Conservation, 1978, 13: 27-37.

Pimm SL. The complexity and stability of ecosystems. Nature, 1984, 307: 321-326.

Platt WJ. The colonization and formation of equilibrium plant species associations on badger disturbances in a tall-grass prairie. Ecological Monographs, 1975, 45: 285-305.

Poesen J, Bunte K, Brandt CJ, et al. The effects of rock fragments on desertification processes in Mediterranean environments. Mediterranean Desertification & Land Use, 1996, 1:1-103.

Polak T, Saltz D. Reintroduction as an ecosystem restoration technique. Conservation Biology, 2011, 25(3): 424-425.

Popova LV. Effect of fertility levels on soil microfungi. Eurasian Soil Science, 1993, 25: 96-100.

Potthoff M, Steenwerth K, Jackson LE, et al. Soil microbial community composition as affected by restoration practices in California grassland. Soil Biology & Biochemistry, 2006, 38(7): 1851-1860.

Quesada M, Sanchez-Azofeifa GA, Alvarez-Añorve M, et al. Succession and management of tropical dry forests in the Americas: review and new perspectives. Forest Ecology & Management, 2009, 258(6): 1014-1024.

Rayburn AP. Recognition and utilization of positive plant interactions may increase plant reintroduction success. Biological Conservation, 2011, 144(5): 1296.

Ren H, Jian SG, Chen YJ, et al. Distribution, status, and conservation of *Camellia changii* Ye (Theaceae), a critically endangered plant endemic to southern China. Oryx, 2014b, 48(3): 358-360.

Ren H, Jian SG, Liu HX, et al. Advances in the reintroduction of rare and endangered wild plant species. Science China: Life Sciences, 2014a, 57(6): 603-609.

Ren H, Liu H, Wang J, et al. The use of grafted seedlings increases the success of conservation translocations of *Manglietia longipedunculata* (Magnoliaceae), a critically endangered tree. Oryx, 2016b, 50(3): 437-445.

Ren H, Ma GH, Zhang QM. Moss is a key nurse plant for reintroduction of the endangered herb, *Primulina tabacum* Hance. Plant Ecology, 2010, 209(2): 313-320.

Ren H, Shen WJ, Lu HF, et al. Degraded ecosystems in China: status, causes, and restoration efforts. Landscape & Ecological Engineering, 2007, 3(1): 1-13.

Ren H, Wang J, Liu H, et al. Conservation introduction resulted in similar reproductive success of *Camellia changii* compared with augmentation. Plant Ecology, 2016a, 217(2): 219-228.

Ren H, Zeng SJ, Li LN, et al. Reintroduction of *Tigridiopalma magnifica*, a rare and endangered herb endemic to China. Oryx, 2012b, 46(3): 391-398.

Ren H, Zhang QM, Lu HF, et al. Wild plant species with extremely small populations require conservation and reintroduction in China. Ambio, 2012a, 41(8): 913-917.

Ren H, Qin HN, Ouyang ZY, et al. Progress of implementation on the Global Strategy for Plant Conservation in (2011–2020) China. Biological Conservation, 2019, 230:169-178.

Requena N, Perez-Solis E, Azcón-Aguilar C, et al. Management of indigenous plant-microbe symbioses aids restoration of desertified ecosystem. Applied & Environmental Microbiology, 2001, 67(2): 495-498.

Richter BS, Stutz JC. Mycorrhizal inoculation of big sacaton: implications for grassland restoration of abandoned agricultural fields. Restoration Ecology, 2002, 10(4): 607-616.

Riley AL. Restoring Neighborhood Streams, Planning, Design, and Construction. Washington DC: Island Press, 2016.

Rothwell FM. Aggregation of surface mine soil by interaction between VAM fungi and lignin degradation products of lespedeza. Plant & Soil, 1984, 80(1): 99-104.

Sainz-Ollero H, Hernandez-Bermejo JE. Experimental reintroductions of endangered plant species in their natural habitats in Spain. Biological Conservation, 1979, 16(3): 195-206.

Salsac L, Chaillou S, Morotgaudry JF, et al. Nitrate and ammonium nutrition in plants. Plant Physiology and Biochemistry, 1987, 25: 805-812.

Schade JD, Espeleta JF, Klausmeier CA, et al. A conceptual framework for ecosystem stoichiometry: balancing resource supply and demand. Oikos, 2005, 109: 40-51.

Schlesinger WH. Better living through biogeochemistry. Ecology, 2004, 85: 2402-2407.

Schulze ED, Mooney HA. Biodiversity and Ecosystem Function. Berlin: Springer, 1993.

Schulze ED, Mooney HA. Ecosystem Function of Biodiversity: a Summary. Berlin: Springer, 1994.

Schutter ME, Sandeno JM, Dick RP. Seasonal, soil type, and alternative management influences on microbial communities of vegetable cropping systems. Biology & Fertility of Soils, 2001, 34(6): 397-410.

Sekercioğlu CH, Daily GC, Ehrlich PR. Ecosystem consequences of bird declines. Proceedings of the National Academy of Sciences of the United States of America, 2004, 101(52): 18042-18047.

Selwood K, Mac NR, Thomson JR. Native bird breeding in a chronosequence of revegetated sites. Oecologia, 2009, 159(2): 435-446.

Setién I, Fuertes-Mendizabal T, Gonzalez A, et al. High irradiance improves ammonium tolerance in wheat plants by increasing N assimilation. Journal of Plant Physiology, 2013, 170: 758-771.

Sheean VA, Manning AD, Lindenmayer DB. An assessment of scientific approaches towards species relocations in Australia. Australia Ecology, 2012, 37(2): 204-215.

Sousa WP. The role of disturbance in natural communities. Annual Review of Ecology and Systematics, 1984, 15: 353-391.

St John MG, Wall DH, Behan-Pelletier VM. Does plant species co-occurrence influence soil mite diversity? Ecology, 2006, 87(3): 625-633.

Stevens CJ, Dise NB, Mountford JO, et al. Impact of nitrogen deposition on the species richness of grasslands. Science, 2004, 303: 1876-1879.

Strang RM. Bush encroachment and veld management in south-central Africa: the need for a reappraisal. Biological Conservation, 1973, 5: 96-104.

Sudduth EB, Hassett BA, Cada P, et al. Testing the field of dreams hypothesis: functional responses to urbanization and restoration in stream ecosystems. Ecological Applications, 2011, 21(6): 1972-88.

Swift MJ, Heal OW, Anderson JM. Decomposition in Terrestrial Ecosystems. Berkeley: University of California Press, 1979.

Taylor RJ. Predators and predation. Predation. Netherlands: Springer, 1984: 1-5.

Teste FP, Simard SW. Mycorrhizal networks and distance from mature trees alter patterns of competition and facilitation in dry douglas-fir forests. Oecologia, 2008, 158(2): 193-203.

Thompson JR, Anderson MD, Johnson KN. Ecosystem management across ownerships: the potential for collision with antitrust law. Conservation Biology, 2004, 18: 1475-1481.

Tiessen H, Cuevas E, Chacon P. The role of soil organic matter in sustaining soil fertility. Nature, 1994, 371: 783-785.

Tilman D. Biodiversity: population versus ecosystem stability. Ecology, 1996, 77: 350-363.

Tilman D, Downing JA. Biodiversity and stability in grasslands.Nature, 1994, 367: 363-365.

Tilman D, Reich PB, Knops JMH. Biodiversity and ecosystem stability in a decade-long grassland experiment. Nature, 2006, 441(7093): 629-632.

Tisdall JM, Oades JM. Organic matter and water-stable aggregates in soils. Journal of Soil Science, 1982, 33(2): 141-163.

Tong XW, Brandt M, Yue YM, et al. Increased vegetation growth and carbon stock in China karst via ecological engineering. Nature Sustainability, 2018, 1: 44-50.

Tongway DJ, Ludwig JA. Restoring Disturbed Landscapes: Putting Principles into Practice. Washington DC: Island Press, 2011.

Torsvik V, Øvreås L, Thingstad TF. Prokaryotic diversity: magnitude, dynamics, and controlling factors. Science, 2002, 296(5570): 1064-1066.

Towns DR, Atkinson IAE, Daugherty CH. Ecological Restoration of New Zealand Islands. Conservation Te Papa Atawhai: Conservation Sciences Publication, 1990.

van der Heijden MGA, Klironomos JN, Ursic M, et al. Mycorrhizal fungal diversity determines plant biodiversity, ecosystem variability and productivity. Nature, 1998, 396(6706): 69-72.

van der Valk D. Succession theory and wetland restoration. Perth: Proceedings of INTECOLV Intenational Wetlands Conference, 1999: 31-47.

Vannote RL, Minshall GW, Cummins KW, et al. The river continuum concept. Canadian Journal of Fishery & Aquatic Science, 1980, 37(2): 130-137.

Verburg R, Grava D. Differences in allocation patterns in clonal and sexual offspring in a woodland pseudo-annual. Oecologia, 1998, 115: 472-477.

Vickery PJ. Grazing and net primary production of a temperate grassland. Journal of applied Ecology, 1972, 9: 307-314.

Vieira DLM, Scariot A. Principles of natural regeneration of tropical dry forests for restoration. Restoration Ecology, 2006, 14(1): 11-20.

Viketoft M, Bengtsson J, Sohlenius B, et al. Long-term effects of plant diversity and composition on soil nematode communities in model grasslands. Ecology, 2009, 90(1): 90-99.

Vitousek PM. Biological invasions and ecosystem processes: towards an integration of population biology and ecosystem studies. Oikos, 1990, 57:7-13.

Vitousek PM, Walker LR. Biological invasion by *Myrica faya* in Hawaii plant demography, nitrogen fixation, ecosystem effects. Ecological Monographs, 1989, 59:247-265.

Vogt KA, Gordon J, Wargo J. Ecosystems. New York: Springer-Verlag Inc., 1997.

Walker BH. Biodiversity and ecological redundancy. Conservation Biology, 1992, 6: 18-23.

Wang ZF, Ren H, Li ZC, et al. Local genetic structure in the critically endangered, cave-associated perennial herb *Primulina tabacum* (Gesneriaceae). Biological Journal of the Linnean Society, 2013, 109(4): 747-756.

Ward JV, Stanford JA. The serial discontinuity concept: extending the model to flood plain rivers. Regulated Rivers Research & Management, 1995, 10: 159-168.

West NE. Biodiversity of rangelands. Journal of Range Management, 1993, 46: 2-13.

West NE. Biodiversity on Rangelands: Definitions and Values. Utah: Utah State University, 1995.

West NE, Whitford WG. The Intersection of Ecosystem and Biodiversity Concerns in the Management of Rangelands. Utah: Utah State University, 1995.

Westman WE. Park management of exotic plant species and issues. Conservation Biology, 1990, 4: 251-259.

Whittaker RJ. Island Biogeography: Ecology, Evolution, and Conservation. Oxford: Oxford University Press, 1998.

Widden P, Howson G, French DD. Use of cotton strips to relate fungal community structure to cellulose decomposition rate in the field. Soil Biology & Biochemistry, 1986, 18(3): 335-337.

Wilson JB. Biodiversity theory applied to the real world of ecological restoration. Applied Vegetation Science, 2013, 16: 5-7.

WRI. World Resources 1986-1987. New York: Oxford University Press, 1987.

WRI(The World Resources Institute). World Resources 1988-1989. New York: Oxford University Press, 1989.

WRI. World Resources 1990-1991. New York: Oxford University Press, 1991.

WRI. World Resources 1992-1993. New York: Oxford University Press, 1993.

Wubs ER, van der Putten WH, Bosch M, et al. Soil inoculation steers restoration of terrestrial ecosystems. Nature Plants, 2016, 2(8): 16107.

Wurst S, de Deyn GB, Orwin K. Soil biodiversity and functions//Wall DH, Bardgett RD, Behan-Pelletier V, et al. Soil Ecology and Ecosystem Services. Oxford: Oxford University Press, 2012: 28-44.

Xu ZF, Hu R, Xiong P, et al. Initial soil responses to experimental warming in two contrasting forest ecosystems, Eastern Tibetan Plateau, China: Nutrient availabilities, microbial properties and enzyme activities. Applied Soil Ecology, 2010, 46: 291-299.

Xu ZF, Liu Q, Yin HJ. Effects of temperature on soil net nitrogen mineralisation in two contrasting forests on the eastern Tibetan Plateau, China. Soil Research, 2014, 52: 562-567.

Yam TW, Chua J, Tay F, et al. Conservation of the native orchids through seedling culture and reintroduction—A Singapore experience. Botanical Review, 2010, 76(2): 263-274.

Yang YH, Yao J, Hu S, et al. Effects of agricultural chemicals on DNA sequence diversity of soil microbial community: a study with RAPD marker. Microbial Ecology, 2000, 39(1): 72-79.

Zedler JB. Progress in wetland restoration ecology. Trends in Ecology & Evolution, 2000, 15(10): 402-407.

Zedler JB, Lindig-Cisneros R. Restoration of biodiversity, overview. Encyclopedia of Biodiversity, 2013: 453-460.

Zhang ZL, Li N, Xiao J, et al. Changes in plant nitrogen acquisition strategies during the restoration of spruce plantations on the eastern Tibetan Plateau, China. Soil Biology and Biochemistry, 2018, 119: 50-58.

Zhang ZL, Yuan YS, Zhao WQ, et al. Seasonal variations in the soil amino acid pool and flux following the conversion of a natural forest to a pine plantation on the eastern Tibetan Plateau, China. Soil Biology and Biochemistry, 2017, 105: 1-11.

6　生物入侵与生态恢复

　　生物入侵已对入侵区的生态环境、社会经济和人类健康造成了严重的威胁，是 21 世纪五大全球性环境问题之一（鞠瑞亭等，2012；Nackley et al.，2017）。生物入侵是指某种生物从原来分布的区域扩张到一个新的地区，在新的区域内过度繁殖、扩散并维持下去。动植物的外来种是指那些以前当地没有的，近期由人类活动引入的物种，外来种有有益（如引进的农作物）及有害（如有害植物及病虫害）之分。既然自然生态系统恢复尝试尽可能地恢复其原貌，那么人们肯定非常希望能减少或消除所要恢复区域的外来种。但由于人力、财力有限，在控制外来种方面只能量力而行。在人文景观中，外来种通常是生态系统不可分割的一部分，尤其是庄稼和家畜，甚至还包括一些与驯化物种协同进化而来的田间杂草。这些外来种对人文生态系统的恢复来说是可以接受的（任海等，2008）。

　　在自然生态系统中，外来入侵种通常与乡土种竞争，并取而代之。事实上，一些以前乡土种所承担的普通生态功能已经变得非常微弱，甚至完全消失了。在这种情况下，它们存在与否就显得不是太重要了。有些外来种是在数百年前由人类或其他媒介引入的，已经变得自然化了，因而是否将它们归为外来种还存在争议。还有一些物种常迁入迁出某个区域，这种行为是对全球气候变化的响应，它们基本不能归为外来种。另外，即使所有外来物种都被移出恢复区域，它们重新入侵的机会也仍然很高。因此，基于生物、经济、人力方面的实际条件，对所有出现的外来种都制定一个管理方案是非常重要的。对生态系统威胁最大的外来物种，应该最先控制或根除，这些物种包括那些流动性很强、在景观或地域水平上具有威胁的入侵性植物种类，以及那些掠食或取代本地物种的动物种类。同时，也必须尽量减少外来种移除后对乡土种及土壤产生的干扰（任海等，2008）。

　　有时，外来种在生态恢复方案中也有特别的用处，如被用作覆盖植物、护理植物或固氮植物。但是，在对外来种进行管理时，除非这些物种的生长期短，或者在演替过程中能被其他物种所替代，否则最终它们还是要被移除的。

6.1　植物外来种及其对生态系统的影响

6.1.1　乡土种和外来种的概念

　　乡土种（或本地种）与外来种是相对的概念。在 *Random House Webster's*

College Dictionary（1991）中，乡土种的定义是"自然起源于某一特定地域或地区的物种"，这个概念从物种分布的时空范围来确定乡土种。在《牛津简明英语词典》中把乡土种定义为"自然出现于某一地区，既非随意也不是有意引入的物种"。Webb 于 1985 年认为乡土种是"在不列颠群岛（British Isles）上进化，或在石器时代前就到达这些地方或在没有人类干扰前就出现于这些地方的物种"。他建议合适的时间标准应是 16 世纪全球环游之前。Webb 于 1985 年提出了确定乡土种和外来种的 8 条标准（表 6.1），在此基础上，Presten 于 1986 年又提出了一条新标准（转引自彭少麟和向言词，1999；向言词，2002）。

表 6.1　确定乡土种和外来种的 9 条标准（引自彭少麟和向言词，1999）

标准	证据
1. 化石证据	从更新世时期有化石连续存在。如果无化石存在，则意味着物种是外来种，但这不是定论性的
2. 历史证据	有文献记录的引种可证明为外来种，早期存在的历史文献不能证明物种是乡土种
3. 栖息地	局限于人工环境的种很可能是外来种。应注意人工环境常受干扰，人们常把干扰地的本地杂草同外来种搞混
4. 地理分布	在植物中地理分隔虽然普遍存在，但物种出现地理上不连续分布时，暗示该种有可能是外来种
5. 移植频度	被移植到多个地方的物种可能是外来种，乡土种多出现于特定的地方
6. 遗传多样性	隔离的种群出现遗传差异，这种种群可能是乡土种；外来种多有遗传变质，不同地区之间出现均匀性
7. 生殖方式	完全进行无性繁殖的乡土种很少，缺乏种子生成功能的物种可能是外来种
8. 引种方式	物种入侵需要传播方式，解释物种引进的假说合理可行，说明物种是外来种
9. 与寡食性昆虫的关系	与亲缘关系近的乡土种比，取食外来植物的动物少

在实际研究群落时，对外来种常有一些简单的判定。对于一个确定的稳定的生态系统，其物种间的关系是确定的，系统具有和谐性。如果某物种引起生态系统发生大的波动变化，历史文献又没有有关的记录，那么该物种可能是外来种。物种发生变异、杂交而形成新种，如果新种可能引起生态系统内部关系发生变化，那么它可被视为外来种。

从时间尺度上确定外来种是困难和复杂的。其实，外来种侵入生态系统后，经过 1000 年的时间就难以把它同乡土种区分开（User，1998）。而且并非所有的物种都可被区分为外来种和乡土种。有的物种是难以界定的，这些种通常被称为隐秘种（cryptogenic species）。隐秘种是普遍存在的。对生物入侵的理解需考虑到这些种，忽视隐秘种的数量和多样性，会误解入侵走廊易受入侵或抵抗入侵的群落类型以及入侵成功率。

6.1.2　植物入侵对群落和生态系统的影响

从生态角度来看，生物入侵造成物种多样性下降，改变生态系统原有结构和功能。从经济角度来看，生物入侵已造成全球农林业的巨大损失。外来物种入侵造成的经济影响主要有两个方面：一是对潜在的经济产出造成影响；二是控制入侵所产生的直接费用。植物入侵对生态系统和群落有着深远的影响。植物入侵可影响群落和生态系统的多种特性。对于生物入侵与当地植物群落的关系，科学家曾提出过30多种假说，如多样性抵抗假说（diversity resistance hypothesis）、天敌逃避假说（enemy release hypothesis）、资源机遇假说（resource opportunity hypothesis）、空生态位假说（empty niche hypothesis）、新奇武器假说（novel weapon hypothesis）等（徐汝梅和叶万辉，2003；鞠瑞亭等，2012；Simberloff et al.，2013）。

初级生产力是测定植物外来种影响的一个有力标准和措施，可用它来衡量外来种的相对重要性。植物入侵对初级生产力的影响可能为正面、负面或中性的（黄芳芳，2015）。植物入侵对初级生产力的正面影响常出现于下列情况：①新的生命形式，如树侵入草地；②新的物种类型，如侵入美国西部灌丛大草原的旱雀麦（*Bromus tectorum*）；③用新的方式摄取资源，如夏威夷岛的固氮植物火树（*Myrica faya*）（Vitousek et al.，1987，1989）；④新的演替生态位，像近期演替，如在北美五大湖地区的毒芹（*Tsyga canadensis*）和山毛榉（*Fagus grandifolia*）；⑤外来种可利用本地植物不能利用的资源，如柽柳（*Tamarix chinensis*）在荒芜的河岸利用乡土种没有利用的土壤水；⑥外来种取代了生长率低的乡土种，如在南非，松树侵入山龙眼灌丛（Walker et al.，1997）。另外，如果外来种的光合作用途径发生变化（C3→C4），生产力也可提高。负面或中性效应发生的条件为：①外来种生长率等于或小于被取代的乡土种；②外来植物的残体难以分解（D'Antonio，1992）；③外来种促进干扰（Walker et al.，1997）。如果外来种的抗逆性强，侵入逆境后能生存扩展，可促进生产力的提高；如果外来种垄断入侵地并易受病虫的侵袭，可能降低初级生产力。

外来种的入侵，会影响土壤的营养（彭少麟和向言词，1999）。有些外来种可以起到固氮的作用。这些物种叶片营养丰富，凋落物易分解，可以增加土壤的含氮量（Vitousek et al.，1987，1989）。外来种根的分布方式不同，可影响营养元素的利用（Walker et al.，1997）。植物外来种可影响土壤的盐分含量，如盐生植物侵入非盐生植物占优势的群落，积累的盐分多于非盐生植物，其残体分解时，释放出盐类化合物，导致土壤盐分增加，进而影响其他植物的生存。外来种如有特殊的生理功能，可吸收土壤中难吸收的元素并将元素转化为有机物，进入生态系统的物质循环，影响其他生物的生长。同样，植物外来种也可降低土壤的营养水平，这主要是竞争、落叶的营养贫乏或难分解、积累盐分改变土壤 pH 等造成的。外来种往往会增加入侵地着野火的频率，造成土壤中氮易于挥发，使土壤的含氮量降低，速效钾含量增加（彭少麟，1996；Walker et al.，1997）。植物外来种可能含有或分泌影响微生物生长的物质，从而影响营养物质的循环。

植物外来种能强烈影响土壤水的内含物和群落景观水平的水分平衡。这种影响有正面的，也有负面的。负面的影响出现于以下的情况：①外来种蒸发率或其叶面积比乡土种的大，外来种利用水比乡土种多，或在水资源有限的地方增加群落综合用水；②通过改变栖息地表面特征而影响景观水分平衡，如外来种形成不同的林冠结构，产生含水多的落叶层，改变渗透过程，这样外来种占优势时会影响水分的平衡；③外来种改变物候进程表，从而改变水分平衡；④植物外来种能利用乡土种不能利用的水源或乡土种利用量少的水，就会改变水分的平衡，如深根植物侵入湿草地（Walker et al.，1997）。

植物入侵对栖息地的干扰模式影响很重要。外来种有的可增加干扰，而有的减少干扰。植物入侵会改变可燃物的组成结构，从而影响野火的频度和严重性，如侵入灌丛的草本植物可增加野火发生的频率（D'Antonio et al.，1992）。引进外来植物而引发的野火，可使乡土种大量死亡（Walker et al.，1997）。树侵入草地或灌丛，可能减少野火，也有可能增加野火，这由落叶层的含水量决定（Walker et al.，1997）。植物外来种可影响土壤的侵蚀。有的外来种可减少土地的侵蚀，如大米草（*Spartina anglica*）可使潮汐的沉积物沉积固定，减少海岸边崖的侵蚀。如果植物外来种生长快，林冠层可阻挡雨水，根分布广或地下茎不断生长，均有利于减少土壤的侵蚀（Walker et al.，1997）。但是有些外来种可加重土壤的侵蚀程度，如一年生的植物取代多年生的植物，分散型生长的树取代密集型的矮生种，树根浅或易燃烧，这些均可加重土壤侵蚀（Walker et al.，1997；任海等，2008）。

外来种如果影响初级生产力、干扰体制，就可能改变群落的动态。外来种的竞争力强，且能快速扩展，如果成为优势种，就会影响其他物种，甚至可能降低群落中的物种多样性（Luken & Thieret，1997；Walker et al.，1997；彭少麟和向言词，1999）。如果植物外来种改变关键资源的丰度，就会改变演替的路线，如固氮植物通过固氮，可能改变演替的方向（Vitousek et al.，1989）。植物入侵增加野火的发生，如果外来种耐火，那么野火过后，外来种会迅速繁殖，从而改变演替的方向（Walker et al.，1997）。资源有限时，如果外来种能忍耐这种限制而入侵生存，可能影响群落的演替方向（彭少麟，1996）。植物外来种还可影响地貌的进程。在美国加利福尼亚海岸边，滨草（*Ammophila arenaria*）改变了沙丘的形成方式（D'Antonio et al.，1992）。北美的弗吉尼亚须芒草（*Andropogon virginicus*）引进到夏威夷后，促使山地雨林形成沼泽地（D'Antonio et al.，1992）。

外来植物入侵，可影响微气候。草类、树木的落叶可影响地表温度、湿度，从而影响种子的萌发、幼苗的生长和营养物质的转变（D'Antonio et al.，1992）。植物外来种形成的林冠层的稀与密，会影响到达地面光线的强弱及光质，进而影响地表植物的发育生长。

除了以上的影响外，植物外来种还可抑制或促进微生物的活动。这种影响产生的原因可能有：①外来种的凋落物富含营养物；②分泌他感物质（曹潘荣和骆世明，1996）；③影响微生物的栖息地，如土壤的透气性和含水量等；④外来种的残体难分解。

6.2 影响植物入侵的因子

植物入侵受许多因子的影响（彭少麟和向言词，1999；任海等，2008）。有的因子可促进入侵，有的则抑制入侵。这些因子分为内因和外因两类。

6.2.1 影响植物入侵的外因

被入侵的环境对外来种影响大，如果遭入侵的环境与外来种以前的栖息地相似，外来种就可能入侵成功；如果生境相差大，则只有那些可塑性大的物种可入侵成功。环境因子中，光、温度、水分、营养和金属元素的影响尤为突出（黄芳芳，2015）。

植物外来种受光照的影响（彭少麟和向言词，1999）。群落林冠层透光率的强弱影响植物外来种的生存。如果林内的光线弱，则只有那些耐阴种可能入侵存活（Webb & Kaunzinger，1993）。栖息地受到干扰后，林冠层发生变化，透光率增强，阳生性植物可入侵存活。植物外来种入侵成功成为优势种后，其林冠层会影响后继的植物入侵。植物外来种对光的竞争力的大小是影响入侵的重要因子之一（彭少麟和向言词，1999）。

土壤的含水量、水质、水位的高低会影响植物的入侵生存。在干旱和半干旱地区，这些地方的水中含盐多，耐盐的植物可入侵生存，如柽柳、大米草等植物可生存于盐分高的地方（Dan & Yechieli，1995；Walker et al.，1997）。土壤水的pH 也会影响植物入侵。

土壤肥沃或贫瘠影响植物的生长和群落的物种构成（Myster，1993；彭少麟，1996）。植物外来种常出现于以下肥沃的栖息地：落叶林、草地和开放的灌丛地。土壤肥力高有利于外来种的入侵和扩散。土壤的特性影响入侵植物体的元素含量和叶片的分解。但有时栖息地缺乏某种元素时反而有利于某些植物的入侵，如 *Myrica faya* 侵入缺氮元素的火山地，固氮增加土壤的含氮量，促进其他植物的生长（Vitousek et al.，1987，1989）。有些物种忍耐力强，能在贫瘠的土壤中生存（彭少麟，1996）。植物外来种会影响土壤的肥力，有些植物可提高土壤肥力，为其他植物的生存打下基础；有的则降低土壤肥力（D'Antonio et al.，1992；Myster，1993）。

有些地方金属元素的含量高，会抑制植物的生长。但是，在这些地方还是有植物存在的。这些植物多是外来种，这些外来种有平衡体内外金属离子的功能：①植物可积累金属元素，把金属元素分隔储存起来，或以沉淀的形式存于细胞中；

②植物具有盐腺，能排除有毒元素；③可阻止过多的离子进入根部；④积累脯氨酸和甘氨酰甜菜碱来调节离子的平衡；⑤有些可在厌氧的条件下使离子氧化。此外，在盐分胁迫时，有些植物产生胁迫蛋白来调节其功能，以利生长。有些外来种可以利用洪水而生存在盐分高的极端环境里（Dan & Yechieli, 1995）。当然有的外来种的耐盐性不如乡土种强，高盐的土壤可抑制外来种入侵。

栖息地受干扰会影响植物入侵（彭少麟和向言词，1999）。人类的干扰影响最大，如修路、居住地、开荒、放牧与火烧等；动物的干扰也同样是不可忽视的，如野猪、野牛等的干扰。中等程度的干扰有利于外来种生存，可增加群落中的外来种。

植物外来种的入侵扩展，需要传播媒体，如鸟类、哺乳动物、蚂蚁和风等（彭少麟和向言词，1999）。另外，传播通道也可影响外来种的入侵。还有竞争、草食动物、病原体、天敌、季节性的干旱等，均会影响外来种的入侵。外来种的入侵范围受温度的限制。随着全球气候的变暖，植物外来种的分布范围会更加广，南极洲也会出现外来种。

6.2.2 影响植物入侵的内因

植物外来种的自身特性对入侵、生存和扩展极为重要。有些物种的适应性、耐性强，意味着它们的入侵潜力大。部分外来种靠地下茎等进行无性繁殖，可避免或少受火等因素的干扰，这有利于扩展。依靠种子繁殖的外来种，种子具有易于传播的特点：①植物的果实可被动物取食，种子有黏附性的结构、拟态性，有利于动物的传播；②体积小而轻，便于风传播。种子的发芽率高，幼苗生长快，幼龄期短，种群的增长快，生产的种子多，播种和生殖的时间间隔短，克服寒冷的蛰伏期短，这些特性均有利于植物的入侵扩展。植物外来种对资源的竞争力强；能抗干扰，且干扰后恢复力强，这些都有利于外来种入侵（Walker et al., 1997；彭少麟和向言词，1999）。

有抗逆性的物种，能在逆境中生存（彭少麟和向言词，1999）。有的外来种是杂交或突变的产物，可能具有亲代没有的特性，就能入侵并生存于亲代不能存活的逆境中。例如，大米草（*Spartina anglica*）是互花米草（*Spartina alterniflora*）与米草（*Spartina maritima*）杂交的产物，具有双亲没有的特点——分布广。大米草广泛分布于海边盐性沼泽地（Thompson, 1991）。有的外来种进入新的环境后，光合作用途径发生变化，如 C3 植物进入温度较高的干旱地区，可能转变成 C4 类型的光合作用途径，这有利于其生存。

引进用于治理污染的外来种时，需加以研究，以防外来种本身成为污染。例如，水葫芦起初被引进用于净化水体，起到治理富营养化水域的作用（彭少麟和向言词，1999），但其生长快，现已成为灾害。

植物侵入新环境后，出现协同进化，会有利于其生存发展（Crawley et al.，1996）。外来种的成功入侵是其内禀优势、资源机遇和人为干扰共同作用的结果，其中，表型可塑性、适应性进化、天敌释放、种间互利或偏利共生和新化感作用等因素对入侵起到了关键作用（鞠瑞亭等，2012）。

6.3 外来种的入侵模式和风险评价

生物入侵有自然入侵、人类辅助的入侵、屏障移除后的入侵、人类运输引起的意外入侵、从动植物园逃逸出来的入侵和有意引入的入侵共 6 种模式（向言词，2002）。

自 16 世纪以来，我国外来生物入侵可划分为 3 个阶段：第一阶段为缓慢增长阶段（16-19 世纪），这一阶段由于对外交流较少，传入的外来种数量不到 100 种；第二阶段为快速增长阶段（19-20 世纪前中期），这期间由于外国列强陆续侵入我国，外来种传入的数量急剧增加；第三阶段为暴发成灾阶段（20 世纪后期至今），此阶段我国经济飞速发展，国内产业结构不断调整，各类商品和物品的流通十分频繁，外来种的扩张速度和暴发机会加大，许多检疫性有害生物也随之入侵。从外来种开始传入到暴发成灾的时间长度来看，入侵植物传入后暴发成灾的时间相对较长，一般在 50 年左右；而入侵昆虫和微生物暴发成灾的时间相对较短，一般在 10 年左右（万方浩等，2009）。

对外来种入侵进行管理可以阻止和减少其危害。外来种的入侵有 3 种途径：人为地、有意地引入；由园林中的引入种逃逸到野外；由旅客、轮船的压舱水、运输的货物无意携带而进入的外来种。这就给外来种的管理带来了困难，使管理工作更加复杂。为了更有效地管理外来种，就需要对外来种进行评价。评价应包括以下几个方面：园艺或园林引种中的哪些物种可能逃逸出去；哪些进口货物中可能携带有害的物种；我们是否应该释放会给环境和经济带来影响的外来种？这种评估还包括对外来种的潜在危害性的预测。

对外来种的风险评估有 4 种可供选择的策略：①允许每种生物进入本国；②杜绝每种生物的引进；③在引进前对每种生物进行实验检查；④根据所获得的资料做出估计而后确定是否引进某一物种。让每种生物都进入是十分危险的，而禁止每种生物的引进会阻碍经济的发展，也是不可行的；对每种生物都进行实验检查是一种代价高昂和难以深入进行下去的美好愿望；唯有④是可行的，并且可能产生好的结果。

这就需要确定哪一物种是可以引进的。Jennifer 认为，对外来种进行风险评估应从以下几个方面入手：与外来种定居有关的特性、与外来种传播相关的特性，以及外来种的影响。

6.3.1 对有关外来种定居方面的特性的评价

（1）外来种在原起源地的分布范围。了解外来种在原引进地的分布范围，可以知道该物种的生境广度。物种的生境广和对气候变化的耐性强，就意味着它可在新的环境里生存和扩展的概率很大，那么它对遭受入侵的生态系统的影响可能很大。对这样的物种进行引种时，应该先进行大量的、深入的实验研究，对其危害性做出评估。

（2）外来种的个体生态学方面的特性。多数外来种有其不同于乡土种的特性。例如，火树（*Myrica faya*）有共生固氮的能力，代表了一种本地群落所没有的生命形式，因而它能在夏威夷群岛缺氮的火山地里生长。侵入含盐分高的地方的外来种有平衡体内外金属离子的能力，如大米草，通过以下特性来排除高盐分的毒害：植体内可积累金属元素，把金属元素分隔储存起来，或以沉淀的形式存于细胞中；植物体具有盐腺，能排除有毒元素；可阻止过多的离子进入根部；积累脯氨酸和甘氨酰甜菜碱来调节离子的平衡；可在厌氧的条件下使离子氧化。*Miconia* 在夏威夷的雨林中成为优势植物，其中一个特点就是其幼苗的耐阴性强。旱雀麦（*Bromus tectorum*）的根能达到乡土种难以到达的深度，可利用深层土壤中的水分，故其能在寒冷干燥的早春先于乡土种萌发，但是它也会使土壤的水分被过度利用而造成土壤干燥缺水，排挤乡土种。外来种利用这些特性与乡土种竞争。

（3）外来种的生活史。物种的生活周期有利于其生存和发展，这也使外来种入侵的风险性增加，尤其是当外来种有一定的休眠期时。这种休眠期有利于物种渡过恶劣的环境条件（如寒冷或干旱的季节），也有利于长途运输。有些外来种的种子有多次休眠期，这样的物种入侵力更强。

（4）繁殖率。外来种的生殖特性对它入侵成功与否影响很大。种子产量少的外来种的分布范围是有限的，那它造成的影响也有限。入侵性强的外来种的一些比较显著的特点是产生的种子多，种子的发芽率高，幼苗生长快，幼龄期短，成熟快，种群增长快，这些均有利于降低外来种种群灭绝的风险。

（5）开始引进或入侵的数目。起初引进或入侵的外来种的数量过少，那么该物种灭绝的概率就大，加上外来种近亲交配的情况严重，不利于物种的繁衍。例如，有研究发现，引进捕食者进行生物控制时，引进者的数量对该物种灭绝的影响大。当释放的数量为 5000 个时，只有 10%的存活率，而释放 31 200 个时，其存活率就达 78%（转引自任海等，2008）。

（6）干扰对外来种的影响。这是从管理的角度来考查外来种的。如果外来种只出现于受到干扰的生境里，那么它对自然生态系统可能就没有影响。那些既可在干扰的环境里生存，又可侵入自然环境的外来种，其对自然生态系统的影响会很大。

（7）在恢复外来植物占主导地位的生态系统时，再入侵压力或去除老的外来种后新的外来种定居的速率，在相似的入侵生境中会变化很大。再侵入压力强烈影响恢复成本和结果，而且很难预测。外来种的个体发育生态位转变（生态位宽度变化或发育过程中位置的变化）与非生物条件下年际变化的联系，可能导致拟移除的成熟外来种的密度和平均再入侵压力解耦联（Gabler & Siemann，2012）。

6.3.2 对有关外来种传播特性的研究

（1）外来种的运动能力。植物分布范围与其繁殖体的自身特性有很大的关系。许多分布广泛的外来种可产生大量的细小种子，这些种子很轻，或者种子有翅等，容易被风吹到较远的地方。有些外来种的果实可被鸟等动物取食，或有黏附性的结构，有利于借助动物来传播。有些外来种的种子与植物体一起被动物取食后，却不能被消化掉，又从动物的消化道中排泄出来，这也促进了外来种向其他地方传播。有些外来种的种子轻，可漂浮在水面上而随水流到远处。也有一些外来种的种子是人类有意或无意地传播到远处，如通过货物夹带或旅客携带，或轮船的压舱水等带入。在贸易全球化的今天，这种人为传播会更加频繁，距离更远，产生的影响更大。

（2）外来种自身是否会成为载体。在引进外来种的时候，如果没有处理好，会使其带来其他物种，如病原体。这会给当地的物种带来灾祸。因此，引种时要谨慎。

（3）外来种是否可以进行无性繁殖。外来种中有的是以种子进行繁殖的，而有些则可以进行无性繁殖。如果外来种可以利用地下根或地下茎来进行繁殖，那外来种对野火等干扰的抗性要大很多，而野火过后，竞争减少，更有利于外来种的扩展。要消灭这些外来种的难度和代价也都会相应增大。

（4）外来种检测的难易。这是针对那些随货物夹带或旅客无意携带来的，或轮船的压舱水带入的外来种。如果外来种易于被检疫或其载体能用烟熏等方法处理，那么这些无意携带的外来种进入港口的概率就会大大降低。对压舱水里的外来种的检测可应用一些探测器来测定水中是否有外来种所释放的一些化学物质。通过港口和机场等地对外来种的检测可以大量减少外来种的输入。

（5）是否存在有效的控制方法。对外来种进行控制时，需针对选择的对象来选取不同的控制措施，另外还要考虑到环境条件的影响。目前，控制和消除外来种的方法有机械法、化学法和生物控制法。生物法有其优点，但也有产生二次效应的潜在危险性。效果较好的措施是先对影响外来种入侵的各种因子进行系统分析，采用综合的办法（把 3 种方法有机地结合起来）进行控制。

6.3.3 对外来种影响的评价

（1）外来种食物谱的宽度。在采用生物控制法时，其中很重要的一点是要考虑引进的生物控制剂（昆虫、真菌、细菌和病毒等）的食物专一性，食物专一性是生物控制者的关键标准之一。如果它们取食广的话，就会对乡土种造成危害，出现二次效应。例如，引进象鼻虫来控制外来植物蓟，当象鼻虫分布范围进一步扩大时，其宿主范围也同时变宽，这种象鼻虫取食植物蓟而且有变成新入侵种的趋势。此外，生物的取食有可塑性，当环境条件变化时，其取食对象可能发生改变，为了提高预测的准确性和减少损失，需要对释放的生物控制剂进一步监测控制。

（2）有无捕食者或竞争者。对外来种原栖息地的生境和其他的生态情况应做详细的调查和研究，了解它与其他物种的关系，看有无取食它的生物或病原体，或者与它有强烈竞争的物种。在此基础上，对将要引种该物种的地方的生境等情况做深入调查研究，看是否有相同或相似的捕食者或竞争者。如果有相同的捕食者，当引进的物种一旦造成危害时，就可应用这种生物来控制它。这有利于避免生物控制法的二次效应。

（3）以前引种的情况。通过查阅其他地方引种同一物种的资料，了解其生态影响，然后把要引进地的生境与它作对比研究后再确定是否引种。

（4）经济影响。对外来种的经济影响作评估的时候，包括以下几部分：外来种对农业、林业、畜牧业和渔业等造成影响而使产品的产量下降和品质降低，由此而造成的损失；由于外来种的影响，旅游业和娱乐业受损的情况；为了控制外来种而花费的人力和物力。研究外来种的经济影响时，需要考虑外来种入侵的面积和外来种对当地生物，尤其是对人类关心的经济作物等的直接影响。当然间接影响也不能忽略。其间接影响多是通过与其他生物的作用来显现出来的：如外来种成了病原体的藏身之所，有利于病原体的生存；通过取代本地植物，使本地动物因失去食物或宿主而大量减少。那些食谱窄的动物受这种影响最大。除此之外，另一个有关的损失是那些可产生大量易燃物的外来种，可能引起火灾而造成巨大的损失。例如，旱雀麦（*Bromus tectorum*）使爱达荷州牧区野火的频率和强度都增加，仅 1980 年就有 72 万 hm^2 的牧地遭火灾。

（5）对环境的破坏。外来种对生态环境的影响有多个方面。第一，对干扰体制的影响。这方面最为显著的是外来的草本类植物使受入侵地区野火的频率和强度增大，如旱雀麦等。外来种取代乡土种后形成的群落比原群落稀疏或外来种的根分布浅时，加重了土壤的侵蚀。第二，改变土壤组分。外来种对土壤的影响最突出的一点是改变了土壤的化学成分。例如，火树（*Myrica faya*）可以生物固氮，从而使原本缺氮的火山地的含氮量大为增加；柽柳（*Tamarix chinensis*）可从叶片里渗出盐类物质，抑制乡土种的萌发。第三，影响群落的物种多样性。外来种与乡土种竞争而取代乡土种，使栖息地遭到破坏，本地动物丧失食物和栖息地，从而使动物大量死亡，群落的物种多样性减少。例如，白千层类植物侵入沼泽地后，形成了这类物种占优势的群落，群落的物种多样性下降了60%-80%；葱芥含有一种对某一本地蝴蝶致命的化合物，当这种植物取代了本地植物后，这种蝴蝶也随之消失。外来种入侵对海岛物种多样性的影响最大，这是海岛脆弱性大的缘故。在科隆群岛上，外来种对29%的珍稀本地植物和11%的本地植物造成威胁。而在我国福建霞浦县东吾洋沿海滩涂，1983年引种大米草，由于其强的入侵性，7年后成为占优势的植物，使群落的生物多样性下降。第四，对土壤水分的影响。外来种的入侵可以使土壤的水分大量消耗掉，使土壤缺水。例如，旱雀麦的根可以达到乡土种难以达到的深度，消耗掉大量的土壤水分，使地下水位下降，土壤过度干燥。外来种还可以通过影响土壤的侵蚀和改变土壤的成分等来使水质发生变化。这会威胁到人和其他生物的健康。第五，美学方面的影响。外来种的大面积入侵定居会改变整个景观的格局，尤其是在风景区里的入侵，使风景改变，影响到旅游业的发展。

外来种入侵对环境方面的影响，除了上述五点外，还可能影响生态系统的独特性、稀有性、地质史学方面的价值。

（6）遗传方面的影响。外来种侵入新的环境后，可能与亲缘关系近的乡土种进行杂交，使其基因库改变。例如，互花米草（*Spartina alterniflora*）是在19世纪早期由轮船的压舱水偶然传入英格兰南部海岸的，后来它同与其同源的乡土种米草（*Spartina maritima*）杂交，产生大米草（*Spartina anglica*），大米草的遗传特性与其亲代的不同。

对外来种的评价还要考虑引进它的目的，这是很重要的一个方面。

尽管有了以上的评价指导原则，有关外来种入侵的预测还是有其不确定性。一方面是因为难以收集到足够的信息和资料；另一方面是由环境的复杂性决定的。气候的微小变异和生物间的关系处于动态之中，这些均会增大预测的难度。对每条原则都应做出科学分析，而且对不同的物种应有不同的侧重点，不能千篇一律。

6.4　对植物外来种的管理

我国植物外来种也很多，分布范围很广，如广东省新绿化造林中，有一半以上面积种植的是外来树种。20世纪40年代传入我国的三裂豚草和豚草，现已蔓延到我国的15个省，给农业造成了极大的危害，并威胁到人类的健康。外来种的分布可能跨越多个行政区域，为了对分布范围如此广的植物外来种进行有效的管理和控制，土地管理部门、林业部门、农业部门、渔业部门、海关的检疫部门、保护区和生态学家、土地的使用者要采取合作协调一致的策略，在综合管理原则的基础上，对外来种进行有效的管理控制。这种策略强调的是协作、宣传教育和科学，以综合管理办法为基础。在这种合作中，大家共享所有的资料和信息，可以避免重复投资。唯有如此，才能取得成效（万方浩等，2009）。

目前，我国外来入侵植物有 513 种（陈清硕，2015）。在世界自然保护联盟所公布的全球 100 种最具威胁的外来物种中，我国发现了 50 种，我国各省份几乎全部都受到入侵物种的"攻陷"，甚至连许多国家自然保护区也发现了入侵植物。西南和东南沿海是外来植物入侵的重灾区，在 513 种外来入侵物种中，分布在东南沿海地区的有 108 种，云南省是外来入侵物种最多的省份，已发现了 34 种（陈清硕，2015）。我国外来入侵植物的原产地以南美洲为最多，其次是北美洲，两地之和占所有入侵种的一半以上。从生物分类来看，菊科、豆科、禾本科是构成我国外来入侵植物的主体，特别是我国林业有害生物危害在逐年增加，发生面积已由 2000 年的 0.08 亿 hm^2 上升到 2013 年的 0.12 亿 hm^2，直接经济损失也由每年 800 亿元以上升到 1100 亿元（陈清硕，2015）。

6.4.1　外来种的管理策略

对植物外来种的管理要采取可被人们接受的管理策略：①要大力保护没有受到外来种入侵的自然生态系统或干净的系统。这是在外来种管理中最重要的一个方面，其代价也小。②对只受到轻微入侵的生态系统应进行优先保护和管理。③对那些外来种已定居的生态系统的管理，要先确定其入侵的边界，从边界或河流的上游管理入手，逐步向中心或下游推进。这样可以防止新的入侵。④对于已定居的外来种，如果一时不能消除掉，就先确定其边界，控制好边界，到有了新的方法时再进行处理。⑤要对已消灭了外来种的地方用乡土种进行植被恢复或监控，以防止外来种的再次入侵。⑥加强宣传教育，使人们认识外来种的危害，并自觉地参与对外来种的管理（彭少麟和向言词，1999）。

6.4.2　阻止植物外来种新的入侵和扩展

要采取一切措施防止从国外有意或无意带入有入侵性的植物，对已定居的植物要阻止它们扩展进入新的地区。这种预防的策略是可行的，也是最有效和最经济的管理。这种预防是一项长期的斗争，在这项斗争中可采取以下行动。

（1）各海关和边防检查站要加强检疫工作，采用先进的方法和仪器进行检测，对参与检测工作的人员进行培训，使他们能够正确鉴定各种有入侵性的植物，尤其是植物的种子。

（2）有关研究部门要对入侵性大的植物的特性和易遭入侵的生态系统的脆弱性加以研究，研究出有效的检测、管理和控制方法。与有关部门和个人共享这些成果、信息和资料。

（3）有关部门（土地的使用者、土地管理部门、各旅游机构、保护组织、植物学家、园艺专家和杂草管理部门）之间建立一个全国性的联络网，来报道有关外来种入侵的情况，促进外来种的检测和管理。同时建立有关外来种的数据库，数据库应包括以下内容：外来种的种类、在本国存在与否、分布范围和种群的大小；各种外来种的特性和管理控制办法；消灭外来种的有关项目的进展和取得的成果；对各项目的评估；新的入侵的情况和预测；等等。除了本国的合作外，还要加强与外来种原引进的国家的合作，交流信息。

（4）利用各种渠道对公众进行宣传教育，让人们了解外来种的危害及其特性等。对出国的旅客进行这种宣传尤为必要，让旅客有意地参与外来种的管理活动。

（5）为人们提供可以取代外来种的乡土种，鼓励人们在绿化造林、园艺栽培时利用乡土种，严禁使用入侵性强的物种。

6.4.3　消除和控制已定居的外来种

外来种入侵成功需要经过以下几个阶段：传入、入侵、定居和繁殖传播。在入侵种从外地进入定居、在新地区建立种群、暴发性地繁殖并产生负作用这 3 个阶段中，成功的转移概率为 5%-20%，平均概率为 10% 左右，因而称为 1/10 法则（Williamson，1996）。只有当外来种能够繁殖传播时，才能造成危害。在这个阶段之前，对外来种进行控制处理，所花的代价小，取得的效果也好。对许多外来种研究发现，外来种入侵定居后，有一个长的滞后期，然后才会爆炸性地扩展；另外，外来种的生存需要一个关键的最小面积，如果没有达到这个面积，就难以扩散开。所以对外来种的控制，应在外来种的滞后期和其达到关键面积之前进行，可以防止许多问题的发生（Nackley et al.，2017）。

对外来种的有效控制要求管理者熟悉其特性，需对外来种原栖息地的生态情况进行研究分析，了解其与其他生物的关系。在引进生物进行生物控制时，尤其要注重这方面的研究，对引进的生物控制剂的安全性做认真的评估。了解外来种的生活史，有助于更有效地控制外来种。因为在不同阶段，外来种对外界影响的反应不同，可以在其对干扰敏感的时期对外来种进行处理，如用除草剂来控制。

对外来种的控制方法有机械法、化学法、生物控制法和三者相结合的综合法。机械法投入大，化学法可能造成污染。生物控制方法包括生物控制和生态控制两种。生态控制方法更安全一些，生态控制有物种恢复和现存种的生物量管理两方面。生态恢复要求更好的规划种植设计，考虑 α 多样性、β 多样性、γ 多样性，以及地方、景观和区域尺度的物种组成多样性（Ren et al.，2014；Guo et al.，2018）。

当外来种已被控制或消灭之后，要及时地对这些受到干扰的地带进行恢复建设。这种恢复性工作的目的有：①有效地阻止外来种的再次入侵。如果没有实行这种恢复工作，那么先前进行的工作会失去可持续性。②使生态系统的生产力得到恢复。③恢复群落的物种多样性。本地植物与当地动物之间的关系得到重建后，有利于珍稀濒危物种的保护。④社会服务功能的恢复。社会服务功能有两方面。一是经济功能：农业、畜牧业、林业、渔业等方面的产量和质量的恢复与提高。二是间接的服务功能：减少土壤侵蚀、野火等干扰；改良土质和水质；使景观得到恢复，其旅游等价值得以提高。

当生态系统遭到外来种严重入侵时，要恢复它的原貌不现实，而恢复其部分功能更可行。恢复时要同时兼顾经济功能和生态功能，短期目标与长期目标相结合。

消灭、控制外来种是一项长期性的工作，要建立一个长期的预警系统，给予长期的追踪监控。在我国，外来种的研究评估管理工作落后于西方国家，需要加紧这方面的工作。

主要参考文献

曹潘荣, 骆世明. 柠檬桉的他感作用研究. 华南农业大学学报, 1996, 17: 7-11.

陈清硕. 方兴未艾的入侵生物学(综述). 生物灾害科学, 2015, 38(1): 71-74.

黄芳芳. 入侵植物在入侵地扩张的进化动态研究. 广州: 中山大学博士学位论文, 2015.

鞠瑞亭, 李慧, 石正人, 等. 近十年中国生物入侵研究进展. 生物多样性, 2012, 20: 581-611.

彭少麟. 南亚热带森林群落动态学. 北京: 科学出版社, 1996.

彭少麟, 向言词. 植物外来种入侵及其对生态系统的影响, 生态学报, 1999, 19: 560-568.

任海, 刘庆, 李凌浩. 恢复生态学导论. 2 版. 北京: 科学出版社, 2008.

万方浩, 郭建英, 张峰. 中国生物入侵研究. 北京: 科学出版社, 2009.

向言词. 广东南澳岛森林群落中影响外来树种入侵的因子的研究. 广州: 中国科学院华南植物研究所博士学位论文, 2002.

徐汝梅, 叶万辉. 生物入侵——理论与实践. 北京: 科学出版社, 2003.

Carlton JT. Biological invasions and cryptogenic species. Ecology, 1996, 77: 1653-1655.

Crawley MJ, Harvey PH, Purvis A. Comparative ecology of the native and alien floras of the British Isles. Philosophical Transactions of the Royal Society of London Biological Sciences, 1996, 351: 1251-1259.

D'Antonio CM. Biological invasion by exotic grasses, the grass fire cycle, and global change. Annual Review of Ecology and Systematics, 1992, 23: 63-87.

Dan Y, Yechieli Y. Plant invasion of newly exposed hypersaline Dead Sea shores. Nature, 1995, 374: 803-805.

Gabler CA, Siemann E. Environmental variability and ontogenetic niche shifts in exotic plants may govern reinvasion pressure in restorations of invaded ecosystems. Restoration Ecology, 2012, 20: 545-550.

Guo QF, Brockway DG, Larson DL, et al. Improving ecological restoration to curb biotic invasion—a practical guide. Invasive Plant Science and Management, 2018, 11: 163-174.

Luken JO, Thieret JW. Assessment and Management of Plant Invasions. Berlin: Springer, 1997.

Myster RW. Tree invasion and establishment in old fields at Hutcheson Memorial Forest. The Botanical Review, 1993, 4: 252-272.

Nackley LL, West AG, Skowno AL, et al. The nebulous ecology of native invasions. Trends in Ecology & Evolution, 2017, 32: 814-824.

Ren H, Guo QF, Liu H, et al. Patterns of alien plant invasion across coastal bay areas in southern China. Journal of Coastal Research, 2014, 30: 448-455.

Schwartz MW. Defining indigenous species: an introduction//Luken O, Thieret JW. Assessment and Management Plant Invasions. Berlin: Springer, 1997: 8-9.

Simberloff D, Martin JL, Genovesi P, et al. Impacts of biological invasions: what's what and the way forward. Trends in Ecology & Evolution, 2013, 28: 58-66.

Thompson JD. The biology of an invasive plant: what makes *Spartina anglica* so successful? Bioscience, 1991, 41: 393-400.

User MA. Biological invasions of nature reserves: a research for generalizations. Biological Conservation, 1998, 44: 119-135.

Vitousek PM, Matson PA, Lee D, et al. Biological invasion by *Myrica faya* alters ecosystem development in Hawaii. Science, 1987, 238: 802-804.

Vitousek PM, Matson PA, Lee D, et al. Biological invasion by *Myrica faya* in Hawaii: plant demography, nitrogen fixation, ecosystem effects. Ecological Monographs, 1989, 59: 247-265.

Walker LR, Simon D, Luken JO, et al. Impact s of invasive plants on community and ecosystem properties//Luken JO, Thieret JW. Assessment and Management of Plant Invasions. Berlin: Springer, 1997: 59-85.

Webb SL, Kaunzinger CKK. Biological invasion of the Drew University (New Jersey) forest preserve by Norway maple (*Acer platanoides* L.). Bull Torrey Botanical Club, 1993, 120: 343-349.

Williamson M. Biological Invasions. London: Chapman and Hall, 1996.

7 全球变化与生态恢复

自工业革命以来,人类活动所导致的全球气候变化已是不争的事实。以全球变暖为主的全球性问题已引起了众多生态、环境问题,如降水格局改变、生态系统服务功能退化等(秦大河等,2005)。当今,全球气候变化是人类社会可持续发展面临的严峻挑战,已对人居环境、社会经济及自然生态系统造成了重大影响,甚至威胁到全球人居环境、社会、经济的可持续发展。

全球变化研究的主要目标是解析人类赖以生存的陆地生态系统的运转机制和演变规律,以及人类活动的影响,来提高人们对未来环境变化的预测及评估能力(叶笃正等,2002)。在全球性生态问题,如降水格局改变、酸雨及氮沉降、生物入侵、臭氧层损耗等困扰下,研究生态系统退化的原因及退化生态系统恢复与重建的方法和技术显得尤为重要。近年来,全球气候变化背景下的恢复生态学研究亦取得了丰硕成果,为政府制定、决策和实施应对全球气候变化提供了可靠的理论依据。本章对全球变化的主要表现形式,全球变化对地上、地下生物群落结构与功能及地上-地下生物学互作过程的影响的最新研究进展进行梳理,综述了近年来全球气候变化背景下恢复生态学的发展状况,并指出了全球变化背景下恢复生态学研究与实践中所面临的机遇与挑战。

7.1 全球变化的表现形式及变化趋势

自然和人为因素造成的全球性气候和环境的变化,已从不同时空尺度上对人类赖以生存的陆地生态环境产生了深刻的影响。可以说,全球变化将成为历史上未曾出现过的一种大尺度的环境干扰压力,使得陆地生态系统长期处于一种连续性的被干扰状态,从而影响生态系统的结构、功能和生物多样性,最终将影响人类的生存和发展空间。全球变化是指由自然和人为因素引起的地球系统功能的全球尺度的变化,其科学基础是地球系统科学,涉及数十年到百年或更长的时间尺度。全球变化有狭义和广义之分。狭义的全球变化主要指气候变化,如全球变暖、温室效应、大气臭氧层损耗和海平面上升;广义的全球变化不仅包括气候变化,还包括生物多样性丧失、水资源短缺、生态系统退化、土地利用和覆盖的变化、生物入侵、生物地球化学循环,如酸雨、氮沉降等(彭少麟,1997)。当前,以全球变暖为标志的气候变化是全球变化最为重要的表现形式之一(中华人民共和国科学技术部,2012)。

7.1.1 温室效应及全球变暖

　　形成并影响全球气候的基本因素是太阳辐射、大气环流和地表状况。其中，太阳辐射是主导因素，也是大气及海陆增温最主要的能量来源，是大气中一切物理及天气气候过程和现象的基本动力。大气环流在很大程度上影响着气候的变化。大气是指包围在地球表面的整个气层，厚度达 1000-2000km，但大气环流过程多发生在十多千米以下的对流层。地表状况包括地理纬度、海陆分布、洋流、地形、植被等地理环境因素。然而，近百年来的全球气候变暖是上述三类基本自然因素难以解释的。大量资料分析、研究表明，近百年来全球气候变暖主要受第四类影响因子——"人类活动"的影响。

　　自农业革命后，全球人口缓慢增长，这一缓慢进程一直延续到工业革命来临之前。自工业革命开始，全球人口曲线开始陡然上扬（图 7.1）。21 世纪人口则急剧增长，几乎每一个 10 年都要增加约 10 亿人，预计到 2032 年将达到地球的最高人口承载量 90 亿人（彭少麟，1997）。在全球人口激增的同时，工业革命后科学技术发展的突然加速对全球变化的影响也引起了科学家的广泛注意。可以说在很多技术领域在其发展的最后 10 年的重大新发现要比此前全部时间里的重大发现更多。科技的高速发展必然伴随着土壤的扰动、森林的砍伐和化石燃料的焚烧等活动，导致全球人均能耗增加及总能耗激增（图 7.2）。

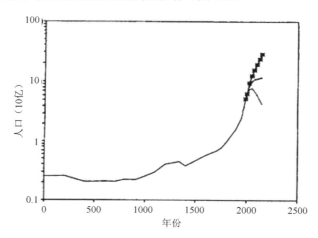

图 7.1　全球人口变化（公元 1-1990 年）及预测（1990-2150 年）曲线（引自 Cohen，1995）

　　现有观测数据均表明，过去近 200 年全球大气中 CO_2、N_2O、CH_4、氯氟烃（chlorofluorocarbon，CFC）等温室气体浓度以惊人的速度上升。其中，CO_2 是最重要的温室气体，人类活动使其大气浓度正在增加，对增温效应的贡献约是 70%。

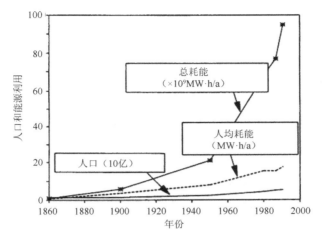

图 7.2　1860-1991 年人口变化及能源利用（引自 Cohen，1995）

早在 1827 年法国科学家 Fourier 就发现并指出，大气能让高能量的太阳辐射穿过，并通过捕捉部分从地球表面反射的长波热辐射的方式，使地球表面变暖，且这种效应由许多温室气体促成（Curtis et al.，1989）。近千年来，地球表面温度在经历了几个世纪的缓慢降温过程之后，于 20 世纪 20 年代出现了迅速增温，20 世纪是近千年来最暖的一个世纪，90 年代又是 20 世纪最暖的 10 年。预计到 21 世纪末地球的平均温度将升高 1.4-5.8℃，全球增温的速率将超过过去 1 万年以来自然的温度变化速率，对生存环境产生不可忽视的影响（叶笃正等，2002）。

全球变暖最直接的后果就是冰川融化和海平面升高。已有证据表明，北极冰盖已减少 2%。现在，海平面几乎每 10 年就要增高 2.4cm（彭少麟，1997）。如果全球变暖进一步加剧，将会进一步造成极地冰盖的破裂，从而进一步使海平面急剧增高，导致沿海地区土地的丧失并直接威胁到沿海地区人类的生存。此外，全球气候变暖还可能引起降水变异系数增加、地球生物化学循环改变、生物入侵及生物多样性丧失等事件的发生（Omasa et al.，1996）。

7.1.2　降水格局改变

干旱和洪涝直接影响人类的生命和生活，对社会和经济的发展也有严重的影响。此外，水分是影响种子萌发及植被生长等生态系统进程最重要的限制因子，直接影响整个生态系统的物质循环与能量流动（周双喜等，2010）。降水量和降水强度的改变直接影响到生态系统的结构和功能。持续而稳定的小雨和中等强度降水可以有效地渗透到土壤，缓解干旱，而短时间内的强降水则有可能导致洪涝和土壤侵蚀（Trenberth，2011）。近年来，极端降水事件频发，已引起社会各界的广泛关注。大量事实亦证明，在全球、地区及小尺度上，20 世纪极端降雨事件呈现增加趋势（New et al.，2001）。在全球变暖背景下，极端降水时空格局变化显著，对经济社会发展、生命安全和生态系统安全等诸多方面将可能造成巨大的危害，并对区域可持续发展带来深远影响。气温变化对极端降水时空格局变化的影响是首位的（Lau & Wu，2007）。理论上，温度的增加会导致水汽含量和降水的增加（Wentz et al.，2007），观测资料也证实了气温增加引起大气含水量增加的理论推断（Trenberth et al.，2005）。研究发现，我国的小雨在过去几十年呈现显著减少的趋势（Qian et al.，2007）。一些研究认为，小雨的减少与气温的升高有关（Fu et al.，2008；Liu et al.，2011），而也有一些研究认为是增加的气溶胶颗粒通过云的微物理过程导致了小雨的减少（Qian et al.，2009）。虽然，在温度升高对降水贡献的定量估计上仍然没有得出一致的结论，但在区域尺度上，很多研究将频繁发生的洪涝灾害归咎于全球性的变暖（Gong & Wang，2000；Zhou et al.，2009a；Easterling et al.，2000）。在大尺度上，观测和模拟研究均表明，温室气体的排放使北半球 2/3 的陆地区域极端降水强度增大（Gorman，2012）。

7.1.3 酸雨及氮沉降加剧

酸性污染物以潮湿和干燥两种形式从大气中降落到地球表面，一般将这个过程称为酸沉降。19 世纪 40 年代，Smith 对曼彻斯特周边的研究发现，曼彻斯特市郊区降水中含有高浓度 SO_4^{2-}，首次提出酸雨概念。酸雨是指酸性的大气降水，包括酸性雨、雪、雾、露等沉降，通常是指 pH 低于 5.6 的降水（李铁锋，1996）。所谓的酸性大气降水主要是硫氧化物和氮氧化物，它们主要是化石燃料（煤、天然气）燃烧生成的。

我国是继欧洲和北美洲之后的世界第三大酸雨区。目前，我国酸雨区主要位于长江以南，南方大多数城市和地区普遍出现酸雨，以西南、华南地区较为突出，同时酸雨面积近年来大幅度扩大，长江以南酸雨区域已连成一片，并向长江以北蔓延（王文兴和丁国安，1997）。在我国，因酸雨及 SO_2 污染造成农作物、森林和人体健康等方面的经济损失接近国民生产总值的 2%，成为制约我国经济和社会发展的重要因素（张新民等，2010）。在对我国生态系统的影响方面，我国学者从经济学角度进行了广泛研究。其中，研究最多的是酸沉降对农业的影响（吴劲兵等，2002）。酸雨和 SO_2 对蔬菜生长和产量的影响较大，其复合污染使番茄、胡萝卜和棉花等农作物生长受阻，产量降低，复合作用明显高于单一因素的作用，但其交互作用并不显著（刘连贵等，1996）。

随着工业的高速发展，氮肥使用和能源消耗明显增加，氮沉降已成为土壤有效氮的主要来源。世界各地大气氮沉降的通量与氮排放量呈线性关系。在过去的100 年中，氮在陆地生态系统中的全球投入翻了一番，而我国表现更为明显，仅

1980-2012 年，我国北方氮沉降就从 $1.3g/(m^2·a)$ 增加至 $3.5g/(m^2·a)$（Lv et al.，2017）。大气氮沉降包括干沉降和湿沉降两种，湿沉降的氮主要是 NH_4^+、NO_3^- 及少量可溶性有机氮，干沉降的氮主要是气态氮（NO、N_2O、NH_3）、少量 $(NH_4)_2SO_4$ 和 NH_4NO_3 粒子及吸附在其他粒子上的氮。氮沉降主要表现为铵态氮、硝态氮和有机氮等 3 种形式，铵态氮主要来自土壤、肥料和家畜粪便中铵态氮的挥发和含氮有机物的燃烧；硝态氮主要来自石油和生物体的燃烧及氮的自然氧化；有机氮可能来自溅起的海水水滴和植物花粉（Jenkinson，1990；周薇等，2010）。

7.1.4 生物入侵及生物多样性丧失

全球变化是驱动生态系统物种增加或丧失的重要因子，还会对生态系统的属性和功能产生深远影响。越来越多的证据表明，全球变化背景下物种的分布范围在类群和地理区域上发生了迁移，气候变暖在驱动物种分布范围迁移方面发挥着重要的作用。在全球变化背景下，物种分布范围的扩展会显著影响生态系统的地上和地下部分及其对气候变化的反馈。土壤生物在调控物种分布范围方面同样发挥着重要的作用。未来面临的挑战是理解气候变化如何通过影响土壤生物物种分布范围，进而直接或间接地影响入侵地的地上和地下生物群落。

随着经济一体化进程和国际贸易自由化进程的不断加速、交通便利及人类活动加剧，外来入侵生物正在以史无前例的速度扩张（Catford et al.，2012）。因此，也带来了更加严重的后果（Lin et al.，2007），这些危害在近 30 年显得尤为突出（Liu et al.，2005；徐海根和强胜，2004；Weber & Li，2008）。生物入侵改变了原有的生物地理分布和自然生态系统的结构与功能，极大地威胁着生态系统健康，已造成巨大的生态损失与经济损失。目前，植物入侵已经成为全球性的人类共同关注的重大问题，并引起了各国政府的高度重视。近年来，随着生物入侵的加剧，全球对生物入侵的研究力度不断加大（D'Antonio et al.，2004；Vilà et al.，2011）。

外来植物入侵是指植物从其原生地借助人为或自然力进入新栖息地，并在新栖息地失去控制而暴发性扩散，造成农林牧业减产、生物多样性下降、生态系统稳定性下降等危害的现象（李叶等，2010）。外来种是指那些借助人为作用而越过不可自然逾越的空间障碍，在新栖息地生长繁殖并建立稳定种群的物种（徐承远等，2001）。当外来种在自然或半自然的生态系统或生境中建立了种群时，称为归化种（naturalized species；Jiang et al.，2011）。生物入侵改变了原有的生物地理分布和自然生态系统的结构与功能，对环境产生了很大的影响。入侵种经常形成广泛的生物污染，危及土著群落的生物多样性并影响农业生产，造成了巨大的经济损失（Curnutt，2000）。在我国，除人为的有目的的引种，一些外来入侵植物是通过其他方式进入我国的。例如，20 世纪 40 年代，紫茎泽兰由中缅边境进入我国云南省，经约半个世纪的传播扩散，现已在云南、贵州、四川、广西、西藏等省区大规模泛滥（刘伦辉等，1985）。

此外，土壤生物也可能成为潜在的入侵物种。随着国际经济一体化的进程和生物技术的高速发展，微生物入侵和生物武器对人类健康、经济发展乃至社会稳定和国家安全均构成了严重威胁。我国目前的研究还不能彻底地为预防和控制微生物入侵提供足够的理论支持，目前防治工作多停留在一般性的检疫和简单的措施上（姚一建等，2002）。例如，桉树焦枯病菌是国内森林植物检疫对象之一，其以子实体或菌丝在桉树落叶、病枝和林下土壤中越冬，病原菌分生孢子主要通过气流、雨水飞散传播，病害主要发生在苗木和 4 年生以下幼林中。

7.1.5　臭氧层损耗

大气中约 10%的臭氧分布在地球上空的对流层中，约 90%的臭氧分布在平流层中（王振亚等，2001）。平流层中的臭氧可以大量吸收太阳光的紫外线，对人类和生物起到保护作用。20 世纪 70 年代至 90 年代末关于平流层臭氧的持续性损耗已有大量研究。普遍认为臭氧损耗是由于人类排放的氯氟烃（chlorofluorocarbon，CFC）进入了平流层（Ramaswamy et al.，1996；Solomon，1988）。目前，对南极臭氧空洞现象的形成机制有了较好的科学认识：南极大陆上空冬季气温非常低，在平流层内会形成极地平流层云（polar stratospheric cloud，PSC），同时南极极地涡旋促进了低温和 PSC 的发生和发展。南极初春依然保持极低的温度，在阳光的照射下会发生以极地平流层云为载体的非均相化学反应，大量损耗臭氧。研究结果表明，极地涡旋的存在与消亡是臭氧损耗和恢复的主要诱因（Waugh et al.，1997）。南极极地涡旋稳定于极圈内，而北极极地涡旋会从极圈内移出并受到太阳辐射的影响，使得极地涡旋内的臭氧在 1 月也可以发生非均相化学反应（Randel & Wu，1999）。

7.2　全球变化对地上植被群落结构与功能的影响

7.2.1　全球变化对植物物种多样性的影响

生物多样性是指一定区域内生命形态的丰富程度，是生物及其与环境有规律地结合所构成的稳定生态综合体，以及与此相关的各种生态过程的总和，包括物种多样性、遗传多样性及生态系统多样性 3 个层次。其中，物种多样性是生物多样性的核心，它体现了生物与环境之间的复杂关系及生物资源的丰富性。目前，已知的生物大约有 200 万种，形形色色的生物构成了物种的多样性。生物多样性优先保护的对象是物种多样性，只有物种存在，遗传物质才能够不丢失，生态系统才不至于退化或消失。对于一个健康的生态系统来说，物质循环和能量流动是维持其基本功能的重要过程，这一过程是通过许多错综复杂的食物链和食物网完成的，而动物有机体在此过程中起关键作用。因此，物种多样性，特别是动物种类的多样性将直接影响整个生态系统的质量，其一直是生物多样性研究与保护的重要内容（魏辅文等，2014）。当今，人类社会、经济高速发展所引起的全球气候变暖、酸雨、生物入侵等问题是造成全球生物多样性丧失的主要因素。

7.2.1.1　温室效应对植物物种多样性的影响

气候变暖对生物多样性和生态系统功能有深远的影响，生态系统内部对气候变暖的反馈也是不可忽视的。气候变化已对许多物种的分布范围、丰富度及物种间的相互作用产生了影响。IPCC 第四次评估报告指出，与前工业化水平相比，当全球增温超过 2-3℃时，评价的物种中将有 20%-30%面临日益增加的灭绝风险（Parry et al.，2007）。气候变暖正在成为威胁生物多样性的一个主要因素（Gibson et al.，2013）。

生态位模型的出现使得较大分布范围的物种预测成为可能（Falcucci et al.，2013）。此类模型源于 Hutchinson 的生态位理论，即某个物种会出现在与其生长相适应的气候变量范围内。能够定量地分析物种在过去、现在和未来可能的分布区，进而帮助我们更好地了解气候与物种分布格局的关系。常用的算法有逻辑斯谛回归、人工神经网络、分类树、最大熵法和多元自适应回归样条等（Moor et al.，2015）。将未来气候变暖数据和物种分布数据相结合，部分学者利用生态位模型模拟了未来气候变化情景下某种或某几种物种的潜在分布格局（Mendoza-González et al.，2013；Terribile et al.，2010）。Thomas 等（2004）通过对全球典型区的 1103 种动植物面临的风险进行模拟，得出在中等气候变暖情景下，到 2050 年将有 15%-37%的物种面临灭绝风险。然而，关于未来气候变化对我国物种多样性影响的研究还缺乏系统性，这也不利于生物多样性保护工作的进行和生态系统对未来气候变化的适应（Zhang et al.，2012）。

7.2.1.2　酸雨及氮沉降对植物物种多样性的影响

酸碱度的变化会改变土壤的物理性质、化学性质及生物学过程，影响植物的生长发育。土壤 pH 是影响植物群落物种组成和多样性最重要的因素。pH 过低会阻碍植物对大量元素的吸收。此外，pH 的改变还会影响有害物质的产生及土壤养分的有效性，改变土壤肥力。

研究表明，森林或草地生态系统中植物物种的丰富度或多样性与土壤 pH 呈正相关关系（Chytrý et al.，2003；Schuster & Diekmann，2003；Peña et al.，2011）。

但也有研究表明，物种的多样性与 pH 的关系在不同的生态系统中表现不同，阔叶落叶林中呈显著正相关关系，而在芦苇沼泽中则呈负相关关系（Chytrý et al.，2003）。在针对草原湿地物种丰富度与土壤 pH 的研究中发现其并无显著相关关系（Zelnik & Čarni，2013）。主要原因是不同生态系统中植物对土壤 pH 的适应情况不同。

氮沉降已成为在全球尺度上继土地利用和全球气候变化之后的第三大生物多样性丧失的驱动因子。联合国环境规划署生物多样性委员会把氮沉降列为评估生物多样性变化的一个重要指标（Phoenix et al.，2006）。在我国，从 1980 年到 2012 年短短 30 余年时间，北方氮沉降就增加了约 2.7 倍（Lv et al.，2017）。过量的氮沉降会对森林生态系统产生负效应，如减弱植物的抗逆性、可使森林营养失调、促进森林植物凋落物的分解、加速外来植物入侵等（张维娜和廖周瑜，2009；周薇等，2010）。氮沉降直接影响乔木层植物、林下层植物和隐花植物多样性，间接影响土壤细菌和真菌多样性，影响森林地下土壤动物多样性（鲁显楷等，2008）。

对我国秦岭山脉的研究也发现，物种对矿质氮竞争加剧，当土壤矿质氮含量超过 20mg/kg 时，物种均匀度有降低的趋势（吴昊等，2012）。而对青藏高原高寒草原的研究结果表明，氮素对物种多样性的影响不显著（李长斌等，2016）。氮沉降对森林植物的影响主要体现在以下方面：氮沉降在一定范围内有利于植物的光合作用，但过量则影响植物光合速率、改变植物组成和降低森林植物的多样性、导致植物体各种营养元素含量比例失衡并可改变植物的形态结构（如根冠比减小）。在缺氮条件下，氮沉降的增加可在一定程度上满足森林生长的氮需求。而在富氮条件下，氮沉降的增加会产生负面影响，导致森林营养失调和土壤酸化等负效应（肖辉林等，1996）。氮沉降还会增加植物对自然胁迫（如干旱、病虫害和风等）的敏感性，降低抵御能力（李德军等，2003）。对瑞典森林的研究发现，土壤氮含量的增加会导致优势种种群生物量快速增加，从而加剧种间竞争，抑制其他植物生长，迫使群落结构趋于单一化（Strengbom et al.，2003）。对我国华南地区森林的研究发现，随着森林演替进展，氮沉降对凋落物分解的影响从促进作用向抑制作用转移（莫江明等，2004）。

7.2.1.3　生物入侵对植物物种多样性的影响

外来物种入侵对本地物种多样性的影响主要表现为加快本地物种的灭绝速度，使物种多样性锐减，同时还可能导致物种遗传多样性丢失和遗传污染。一般来说，能够成功入侵的外来物种往往具有较强的竞争能力，容易抑制或排挤本地物种，最终导致入侵地物种多样性及遗传多样性的丧失。研究表明，在过去的 200 年间，欧洲和新西兰的外来物种数量急剧增加，已对本地物种和生物多样性保护造成严重威胁（Simberloff et al.，2013）。

在我国，外来种入侵已严重影响到本地生物多样性，局部改变了物种原有的空间分布格局，甚至造成了一些土著种濒临灭绝。例如，加拿大一枝黄花的入侵导致上海地区多种土著种局部消失（李博等，2001）。喜旱莲子草在池塘、湖泊、水库、沟渠、小溪、河道等富营养化的淡水生态系统中形成优势种后，通过改变边沿带物理环境影响伴生生物群落的组成，降低了本地植物多样性（Pan et al.，2006）。紫茎泽兰通过抑制土著植物种子萌发和幼苗生长（王紫娟等，2007），竞争排挤和取代土著植物，形成的单种优势群落破坏或改变了土著植物格局。豚草形成单优种群以后，在入侵生境中土著种的丰富度指数、多样性指数均显著降低（魏守辉等，2006）。

此外，外来种入侵后，破坏了土著生态系统的结构和功能，使生态系统服务功能下降。喜旱莲子草根系发达、地上部分繁茂，通过竞争作用影响农作物、园艺作物和绿化植物的生长，影响局域农业生态系统的生态系统服务功能和产品价值。水葫芦入侵后影响了生境水体质量，改变了生态系统群落组成及河道景观，降低了水体的生态净化功能和景观服务价值。

7.2.2 全球变化与植物区系分布

7.2.2.1 气候带北移、植物向高纬度地区迁移

气候逐渐变暖后，气候带的地理位置将会发生重大迁移。根据模型预测，全球气候变暖将使气候带向地球的两极移动，按现阶段全球变暖的速度，气候带每10年向北移一个纬度，现在的南亚热带将被热带所替代。依此类推，现在的中亚热带将变成南亚热带（Seidel et al.，2008）。全球气候变暖将使一些物种不得不迁移到更为寒冷和湿润的地方。目前，大量研究和观测表明，气候变化已经改变了物种的分布格局，许多物种向高纬度或高海拔地区迁移（Colwell et al.，2008；Parmesan & Yohe，2003）。Walther 等（2005）对棕榈的分布动态进行了研究，发现这一物种向北迁移与冬季气温和生长季长度的变化相关，并认为棕榈科植物是一类重要的全球变暖的指示生物。有研究运用全球植被动态模型 LPJ 预测了未来森林分布的变化，主要表现为在高纬度地区向北扩展，而中纬度地区则变化不明显（Schaphoff et al.，2018）。

7.2.2.2 植物向高海拔山地移动

高山生态系统的植物对气候变化尤为敏感。研究表明，高海拔地区增温速率及幅度远大于低海拔地区（Trenberth，2011）。全球升温将加速高山冰川消融，导致山地积雪与冰川面积快速退缩至雪线上。关于气候变暖造成低地或低海拔的植物物种向高海拔地区扩展的现象已有大量报道（Vilà et al.，2011）。

7.2.2.3　海平面上升，滨海植物大面积萎缩、生物入侵加剧

　　滨海生态系统是承受全球气候变化引起的海平面上升等影响最为前沿的缓冲带（邓自发等，2010）。据最新研究报道，如果全球变暖持续下去，即使气温只升高2℃，到2300年，海平面也将比现在平均升高1.5-4m，最乐观的估计也是2.7m（Schaeffer et al.，2012）。还有研究表明，由于CO_2大量排放，未来1000年，全球海平面至少会上升3.96m（Gillett et al.，2011）。海平面上升与海上风暴的作用相耦合，将对海滨生态系统造成巨大影响。主要是由于海平面上升导致海滨生境含盐度增加，间接影响植物的生长发育。相对于抗盐性和抗水淹能力较差的土著种，入侵种更能够承受海平面上升所造成的负面影响。海平面上升可能会提高耐盐及和耐水淹物种的相对竞争力。因此，在竞争过程中，耐盐种会逐渐占据优势，造成滨海植被结构简单，物种组成单一，滨海生态系统多样性丧失（伍米拉，2012）。

7.2.3　全球变化与植物传粉

　　多数生态系统会受到区域和全球气候变化，特别是温度升高的影响（Barros et al.，2012）。为适应全球变暖的环境，物种在分布、资源利用和扩散程度等方面都会发生快速进化。气候变化导致植物、传粉者种群数量减少，生物多样性与传粉服务发生变化，而植物功能属性也相应发生改变。

　　在全球范围内传粉昆虫密度和丰富度下降，而它对生态和农业系统产生的重要影响引起了人们的普遍关注（Winfree et al.，2011）。传粉者减少是因为全球变化导致了气候变化、人为土地利用、外来物种入侵、集约化农业和病原菌扩散等，而人为土地利用和集约化农业已经被认定是导致传粉者丰富度降低和灭绝最主要的原因。植物-传粉者的相互作用随着传粉者群落构成的变化也会被破坏，从而导致野生植物和农作物的传粉服务不稳定或消失（Burkle & Alarcón，2011）。

7.3　全球变化对地下生物群落结构与功能的影响

　　全球变化已经对自然和人类生态系统产生了显著的影响，并将在未来的数十年乃至几个世纪持续产生影响。土壤生物群落包括土壤中的微生物、动物和植物根系。它们是土壤生态系统中物质（元素）转化的主要驱动者，是土壤生态系统的核心，深刻地影响着土壤质量（图7.3）。土壤生物也是连接和维系陆地生态系统中地上-地下部分的纽带，与植物地上部分对全球变化的响应速率不同，土壤生物尤其是土壤微生物由于其个体微小、周转快速，能迅速对全球变化做出响应，进而快速反馈到整个生态系统中，从而加强或削弱全球变化对整个生态系统的物

质循环和能量流动带来的影响。研究土壤生物对全球变化的响应、适应和反馈机制，可为合理地管理土壤、应对全球变化和生态系统恢复提供理论基础。

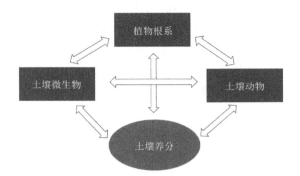

图 7.3　土壤生态系统中生物地球化学循环受到植物根系、土壤动物、土壤微生物
三者的共同调节

7.3.1　全球变化对土壤微生物群落结构与功能的影响

土壤微生物是土壤中一切肉眼看不见或看不清楚的微小生物的总称，包括细菌、真菌、古菌、病毒、显微藻类和原生动物。土壤微生物在土壤养分循环、结构形成、与植物的相互作用等方面发挥着重要作用，而这均与生态系统恢复过程中生态系统结构和功能的重建密切相关。因此土壤微生物研究是生态系统恢复研究的核心内容，也是恢复生态学研究关注的焦点。研究全球变化背景下生态系统恢复过程中土壤微生物的变化，可以准确描述被恢复生态系统相对于目标生态系统的状态，有助于理解生态系统恢复的机制。

全球变化的直接原因是大气中温室气体浓度的升高。土壤微生物通过加速或者减缓温室气体的释放从而增加或者削弱全球变化带来的影响，对气候变化产生反馈作用。气温上升对土壤微生物的影响由于受到研究区域气候类型、生态及土壤类型、增温的幅度及时间等因素的影响而不尽相同（Fu et al., 2012; Zhang et al., 2013）。有研究表明，增温增加了土壤微生物生物量，尤其是在高海拔地区，由于温度是主要的环境限制因子，一般认为增温会对高寒地区生态系统的土壤微生物活性产生显著影响（Singh et al., 2010）。例如，Fu 等（2012）对青藏高原高山草甸增温 2 年后的微生物生物量测定，发现增温 2.54℃显著增加了土壤微生物生物量，而增温 4.99℃显著降低了土壤微生物生物量。而 Rinnan 等（2009）发现，模拟增温对亚极地欧石南灌丛微生物生物量的影响不显著。理论上，在一定增温幅度范围内，增温会增加土壤微生物生物量和提高微生物活性，但随着增温时间的延长，土壤微生物的活性可能会由于碳利用效率降低（Allison et al., 2010）或者可利用的有机碳不足（Frey et al., 2008）而减弱。在这种情况下，土壤微生物可通过改变生理功能（Allison et al.，2010）甚至改变群落结构（Zhang et al.，2013；Radujkovic et al.，2017）而对增温产生适应。

降水格局改变能够直接刺激土壤微生物活性和土壤呼吸，促进土壤微生物生物量的积累（Xu et al.，2016），但其影响在不同植被类型间存在差异（管海英等，2015）。对宁夏荒漠草原的研究发现，随着降水量的增加，土壤微生物生物量碳、氮含量和碳氮比增加，但增雨 50%使微生物生物量碳和碳氮比降低。这可能是由于在一定范围内增雨缓解了土壤水分限制，提高了土壤氮矿化速率和氮有效性，从而刺激了微生物生长繁殖，促进了微生物生物量碳和氮的积累，但如果降水量过高，则易导致速效养分淋溶损失增加、微生物呼吸受阻等，进而不利于土壤微生物生物量碳的积累。He 等（2017）对改变降雨格局（干季降雨减少，湿季降雨增加，年降水量不变）的研究发现，降雨格局改变显著降低了真菌群落的物种多样性，而对于细菌群落物种多样性的影响不大。降水格局改变后，粪壳菌纲（Sordariomycetes）的物种丰度和个体多度显著减少，而外生菌根真菌的多度大大提升了。

土壤微生物生物量可以作为氮沉降加剧条件下土壤微生物活性变化的衡量指标（Paul & Beauchamp，1996），土壤微生物活性的变化可以对温室气体的排放和陆地生态系统固持氮的能力产生影响（Compton et al.，2004）。氮沉降对土壤微生物生长的影响效应如图 7.4 所示。Treseder（2008）对已有的 82 个已发表的氮沉降处理研究平台进行 meta 分析，结果表明，施加氮肥使微生物生物量平均降低

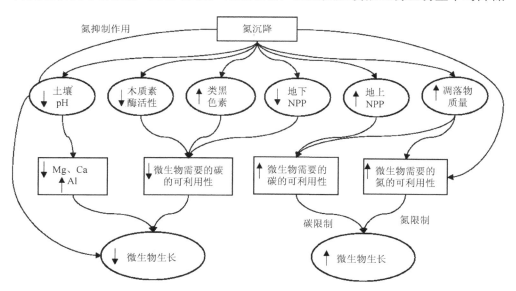

图 7.4　氮沉降对土壤微生物生长影响的潜在机制图

向上箭头表示升高，向下箭头表示降低

15%，且长期施氮的效果更强烈，特别是在前 5 年。北美地区的研究也表明，在长期施氮的情况下，土壤微生物生物量降低、微生物群落结构发生改变；随着氮浓度的提高，土壤微生物逐渐转换为细菌占主导的微生物群落，因此，细菌对土壤氮浓度的提高具有更强的适应能力。例如，Frey 等（2004）对 Harvard 森林施氮样地研究发现，施氮导致真菌生物量降低了 27%-69%，而细菌生物量对施氮响应则比真菌弱，因此施氮明显降低了真菌细菌比。

我国南方地区已成为继欧洲、北美洲之后的第三大酸雨区（王文兴和许鹏举，2009），然而以前对酸雨的研究大多集中在北美洲和欧洲等经济发达地区的温带区域（Laverman et al.，2001），Vanhala 等（1996）在芬兰亚寒带森林进行了 8 年的模拟酸雨对土壤微生物影响的研究，发现土壤微生物并未受到酸雨的显著影响。而在我国热带和亚热带地区，对酸雨的研究起步较晚，且由于受到实验条件的限制，研究方法多以室内培养实验为主。张萍华等（2005）用不同 pH 的模拟酸雨处理白术植株及其土壤，结果发现，土壤 pH 降低导致土壤中细菌、放线菌和真菌的比例发生变化，微生物总数随着模拟酸雨 pH 的降低而不断减少，模拟酸雨能抑制氮素生理群细菌的生长和繁殖。近年来，我国也开展了一些野外大型模拟酸雨实验。例如，我国南亚热带鼎湖山野外模拟酸雨实验结果发现，酸雨导致土壤微生物生物量碳降低了 1.0%-18.4%（梁国华等，2015）。

外来物种入侵在过去二三十年的研究中主要集中在地上部分，而忽视了入侵物种对其根系、土壤以及土壤中微生物的影响，成功的入侵会改变土壤的理化性质及微生物群落结构，而改变的土壤理化性质及微生物群落结构将进一步促进外来植物的入侵。在外来物种入侵过程中，根际微生物群落表现出的抵抗或者支持作用目前的研究还较少，有研究发现，入侵植物薇甘菊的根际微生物群落结构和本地种之间具有显著的差异，微生物的生理活性随着入侵程度的增加存在上升的趋势（Li et al.，2006），Callaway 等（2001）也发现土壤真菌和邻近植物能够提高外来物种的入侵能力和生物量。

7.3.2　全球变化对土壤动物群落结构与功能的影响

土壤动物对环境变化非常敏感，环境因子的轻微波动都能对土壤动物多样性和生态系统功能产生深刻的影响。土壤动物作为生态系统的分解者，是碳循环的重要组成部分，在土壤生态系统物质循环和能量流动中发挥着重要的作用。尽管绝大多数土壤动物身体微小，不易引人注意，但是它们与微生物类似，数量惊人，总生物量巨大。由于不同动物种类处于食物网的不同位置，在不同生态系统过程中所起作用也不同，加上物种间的紧密联系，一个关键种的丧失或群落组成的改变将会对生态系统的功能和稳定性产生难以预料和超乎想象的影响（Coleman &

Whitman，2005；Wall et al.，2010）。因此，了解全球变化对土壤动物多样性的影响，有助于了解全球变化背景下整个生态系统过程和功能的改变，从而为恢复生态系统土壤生物群落的结构与功能提供理论指导。

土壤动物对 CO_2 浓度增加的响应并不依赖于动物种类、生态系统类型和大气 CO_2 浓度的增幅，而依赖于动物个体大小和所处的营养级别。例如，小型土壤动物对 CO_2 浓度增加表现为正响应，但中型土壤动物对 CO_2 浓度增加表现为负响应，而且这种响应随着处理时间的增加而减弱（Blankinship et al.，2011）。在大气 CO_2 浓度增加的条件下，食碎屑者土壤动物数量增加，处于高营养级别的土壤动物数量没有变化（Scheu & Falca，2000），而对植食性线虫没有影响但降低了捕食性线虫的数量（Niklaus et al.，2003）。对新西兰放牧草地表土层（0-10cm）长达 40 年增加 CO_2 的研究发现，增加大气 CO_2 浓度显著增加了线虫数量（Yeates & Newton，2009）。

土壤动物对温度增加的响应与当地气候和所处生态系统类型密切相关。由于极地地区增温幅度比其他地区明显，且极地地区的土壤动物对环境变化更敏感，目前，关于增温对土壤动物影响的研究多集中在极地地区，并已开展了一系列的增温控制试验，但不同生态系统类型对增温的响应不同。例如，在高山草地，由于长期受温度和水分的限制，增温使寒冷和湿润地区夏季土壤中的中型土壤动物的生物量和数量增加，使温暖和干旱地带土壤动物的多样性和生物量降低（Harte et al.，1996）；而长期增温研究表明，增温降低了南极干旱山谷土壤中线虫的数量（Simmons et al.，2009），以及苏格兰草地生态系统深层土壤中跳虫的数量（Jucevica & Melecis，2006）。由于不同动物种类对温度的适应范围不同，因此对于增温的响应也不一致。例如，在增温条件下，冷适应和湿适应土壤动物种类减少（Coulson et al.，1996；Kardol et al.，2011）。在不同地区研究夏季增温对土壤小型节肢动物群落的影响，结果表明，增温对螨虫数量没有显著的影响，而半干旱沙漠的跳虫数量显著减少，冻土荒漠中的小型节肢动物则没有变化（Coulson et al.，1996）。人为增加土壤温度导致苏格兰温带草地、挪威森林和亚北极地区的土壤动物群落结构和多样性发生显著变化（Dollery et al.，2006；Briones et al.，2009；Makkonen et al.，2011）。

由于大多数土壤生物生活于土壤孔隙中，其活动依赖于水分的可获得性，因此，降水格局改变将对土壤动物的多样性产生显著影响，与 CO_2 浓度升高和氮沉降对土壤动物的间接影响不同，土壤水分的变化对土壤动物产生直接影响（Wall et al.，2010）。土壤动物不管个体大小、种类和所处营养级别，降水格局改变对其数量都有显著影响。不同动物种类由于生活习性的差异，对降水模式改变做出的响应也不同，降水格局改变能够反映出土壤动物的响应程度和方向（Blankinship et al.，2011），降水格局的改变对土壤动物的影响依赖于土壤动物的种类、生活习性及当地气候和降水改变的方向,例如,螨类没有跳虫对干旱敏感(Hodkinson et al.,1994;Coulson et al.,1996)。一般来说,降水对土壤动物具有积极的影响,且这种影响随处理时间的延长而加强。不同生态系统类型对降水格局改变的响应也不同。干旱对土壤动物多样性产生不利影响(Lindberg & Bengtsson,2005;Kardol & Wardle,2010),不同动物种类对于干旱的敏感性不同,如食细菌线虫对干旱最敏感,因此,干旱可改变线虫的群落结构(Landesman et al.,2011)。

氮沉降对不同生态系统的土壤动物多样性产生不同的影响,有正效应(van der Wal et al.,2009;Cusack et al.,2011),也有负效应(Kopeszki,1993;Högberg et al.,2010;van Diepen et al.,2010)。著名的 NITREX 实验结果表明,当氮素大量输入生态系统后,由于不同动物对于氮素的嗜好性不同,种间竞争增强,从而改变了土壤动物群落组成,导致群落趋向简单化,多样性降低(Boxman et al.,1998)。不同土壤动物种类对于氮素添加的响应也不相同。例如,在添加氮素的条件下,跳虫的数量增加了约 100%,而马陆的密度则减小了 46%(Scheu & Schaefer,1998)。此外,氮沉降过程产生的酸性物质,不仅能直接危害土壤动物,还能导致土壤酸化,从而影响土壤动物的栖息地,土壤 pH 是影响土壤动物分布的主要限制因素,大多数土壤动物喜欢在微酸性和中性环境中生存,因此,氮沉降导致的土壤酸化也可能影响土壤动物的空间分布和格局。

土地利用方式的改变是造成土壤生物多样性降低的主要原因之一,土地利用方式的改变可以从直接和间接两个方面影响土壤动物,直接方面是土地利用方式的改变导致土壤动物的栖息地被破坏,直接影响土壤动物的多样性,间接方面则是改变了地上植被的群落结构和组成,从而改变了土壤动物的食物来源,间接影响了土壤动物的多样性。例如,在城市化的过程中,土地利用方式的改变使土壤中线虫的数量减少(Pouyat et al.,1994;Pavao-Zuckerman & Coleman,2007),但对蚂蚁和小型节肢动物的数量与物种丰富度并无显著影响(McIntyre et al.,2001)。不同的耕作方式也会影响土壤动物的多样性,如免耕的垄作田中土壤动物的数量显著高于常规平作田(高明等,2004)。因此在农业操作和生态系统恢复中,不仅要考虑短期的经济效益,还应该考虑长期的生态系统平衡,保护土壤生物多样性,确保生态系统的稳定性和可持续性。

7.3.3　全球变化对植物根系的影响

根系是植物长期适应陆地条件而形成的一个关键器官。其生理功能包括固定植株、吸收和输导土壤中的水分和养分、合成与代谢、繁殖和储藏营养物质等。由于根系具有以上多方面的生物学功能,开展根系研究具有举足轻重的生态学意义:一方面,根系作为地下碳库,是生态系统主要的碳汇之一;另一方面,根系通过其自身的快速周转将大量的碳归还到土壤，成为陆地生态系统碳循环中重要的碳源。传统的观念认为凋落物是土壤有机碳的主要来源，新的研究发现植物根系包括地下菌根真菌来源的碳占土壤有机碳来源的 50%-70%（Clemmensen et al.，2013）。因此，全球变化通过影响植物根系的生长和根系对水分及养分的吸收，进而对植物生长和全球生态系统的碳循环产生影响，进一步加强或减弱全球变化。在恢复生态学中，可通过调节植物根系生长，减缓全球变化带来的植物水分和养分失衡、生态系统碳失衡。

水分条件能控制植物根系的生长和周转。当植物水分含量较适宜时，根系能够快速生长（Padilla et al.，2013），当土壤水分含量超过一定阈值时，根系生长会因为供氧缺乏而被抑制，干旱导致土壤对根的机械阻力增加（Comas et al.，2005），土壤微生物活性降低，可能导致植物根系的周转减缓，根系生长因此受到抑制甚至死亡。土壤水分状况还会影响植物根系的功能，如水分的吸收与运输，植物根系可以根据土壤水分状况对水分进行重新分配。研究发现，在脉冲周期内，对于表层干旱而深层水分含量较高的土壤，植物根系将通过液压作用向上运输水分（Caldwell & Richards，1989），而当土壤表层水分近乎饱和、深层水分缺乏时，植物根系将向下运输水分，从而维持深层根系的正常生长。此外，水分状况还会影响根系的养分利用，一般认为，植物的比根长越大，对养分的吸收能力越强。降水增加，比根长增加，会提高植物对养分的吸收利用效率。因此，降水格局的改变，会导致植物根系对水分和养分的吸收，影响植物根系生长，进而影响整个生态系统的生产力和生态系统功能。

温度变化能够显著影响植物根系的生长和生物量，但不同物种对于温度变化的响应具有一定的差异。有些植物在温度升高后根系受到明显抑制，如黑麦草（Lolium perenne）在增高温度到 27℃下根系长度要小于在较低的 14℃和 21℃下的根系长度（Forbes et al.，1997）；火炬松（Pinus taeda）幼苗在温度从 25℃升到 30℃后根系生物量明显减少（Teskey & Will，1999）。温度升高对有些植物的根系生长有明显的促进作用，如欧洲赤松（Pinus sylvestris）在土壤温度从 5℃升高到 17℃时的根长和根生物量均显著增加（Domisch et al.，2001）；欧洲云杉（Picea abies）从 9℃升高到 21℃根生长速度显著变快（Lahti et al.，2005）。有些植物根系生长则有一定的温度适宜范围，如 6 种不同向日葵（Helianthus annuus）品种幼苗主根和侧根在 25-30℃生长最快，在降低温度后（10℃，15℃）或者增高温度后（40℃）几乎未表现生长（Seiler，1998）。除了对植物根系生长的影响，温度升高还会影响植物根系相互作用的强度和根系作用的方向（罗虹霞，2017）。因此植物根系可塑性在植物适应全球变暖方面起重要的作用。不同生活型植物根系对温度变化的响应不同，全球变暖会使高温下具有较大根系（主要体现在总根长上）的植物更具竞争优势。

此外，CO$_2$浓度升高、氮沉降、酸雨等单因子或者多因子交互作用均会对植物的根系产生影响，尤其是植物的细根会对外界环境因子的变化做出快速的响应，进而减缓或者加速根系的周转，引起土壤有机碳的输入和输出改变，影响生态系统生产力和碳平衡。但全球变化对植物根系的影响并不是直接的，而是通过植物地上部分或者通过影响土壤养分状况、土壤微生物和土壤动物进而对植物根系产生影响，生态系统的地上-地下部分是不可分割的，因此，需要综合考虑地下-地上的交互作用。

7.4　全球变化对地上-地下生物学互作的影响

陆地生态系统从生态学功能的角度可以分为地上生产者和地下分解者两个子系统。越来越多的研究表明，生态系统的地上和地下部分是密切联系的，并且这种生物学联系在驱动生态系统的结构和功能方面发挥着重要作用，日益成为生态学研究关注的焦点（Wardle et al.，2004a）。生态系统地上-地下相互联系研究对恢复生态学具有非常重要的意义（Suding et al.，2004；Eviner & Hawkes，2008；Kardol & Wardle，2010）。在生态系统恢复过程中，对地上部分的干扰会影响地下部分的结构与功能（van der Putten，2017），反之亦然。作为陆地生态系统的分解者，土壤微生物群落及其与地上植被的相互作用在驱动分解、土壤养分循环及土壤结构形成等诸多生态过程方面发挥着重要的作用，并且与植被演替过程中生态系统结构和功能的重建密切相关（Harris，2009）。土壤微生物群落可以通过分解转化有机质和释放植物生长所需的养分来影响地上植被群落的组成与物种更替（Bardgett & Wardle，2010）。地上植被物种功能性状和组成反过来可以影响土壤微生物群落结构及其驱动的生态过程（Mitchell et al.，2012）。因此，将"地上-地下生物学联系"的概念与恢复生态学研究整合，研究全球变化过程中土壤微生物群落结构和功能的演替规律及其与地上植被功能属性的耦合关系，不仅有助于从土壤微生物的角度阐明全球变化对生态系统影响的生态学机制，还可为不同生态系统恢复实践提供理论指导。

7.4.1　全球变化对植物地上-地下互作的影响

生态系统中植物的地上、地下部分时刻进行着物质和能量的交换，地上部分通过光合作用合成碳水化合物，合成的碳水化合物一部分分配给植物根系，供根系的生长和延长；而地下根系则通过吸收养分，将养分输送给地上部分，供植物生长需要的各种化合物的合成和植物生长，地下根系还提供了支持作用。不同植物物种的地上、地下部分由于对于养分的需求和植物自身自我调节，其地上和地下生物量的分配并不一致。全球变化可通过影响植物水分和养分状况，从而影响植物地上-地下互作。根冠比可以用来表征植物在受到环境因子影响时地上、地下光合产物的分配。

在降水格局发生变化的情况下，一种观点认为降水减少，光合产物会将更多的碳分配到地下（Hui & Jackson，2006），而降水增加，光合产物会将更多的碳分配到地上部分（Zhou et al.，2009b）。Wang 等（2014）对我国陆地生态系统 2088 组的生物数据调查发现，根冠比随着年降水量的增加而显著降低。而另一种观点则认为，降水格局的变化对生物量的地上、地下分配并无显著影响。这可能是由于不同植物、不同功能群的群落对降水变化的响应并不相同，降水量的改变可能不会造成光合产物向地上、地下部分分配的显著改变。

植物个体在光照增强及受水分和养分胁迫时，会将更多的光合产物分配到根系，CO_2 浓度升高对植物光合产物分配的影响受土壤氮素的制约，当植物受到氮素胁迫时，CO_2 浓度升高会促进植物将更多的碳分配到根系，反之，如果植物生长不受到氮素胁迫，则 CO_2 浓度升高对植物的光合产物分配模式没有显著影响（平晓燕等，2010）。植物群落/生态系统的光合产物分配对环境因子的响应不敏感，光合产物向根系的分配比例随其生长阶段逐渐降低。气温上升对个体水平植物光合产物分配的影响尚未确定。气温上升会促使叶片同化产物的积累有所下降，增加光合产物向叶片的分配比例，当温度低于或者高于一定的阈值时，光合产物向根系的分配比例都会增加。Litton 和 Giardina（2008）研究表明，在全球尺度下，温带和热带地区光合产物向地下分配的比例随年均温的升高而增加，而在北方温带和寒带地区，随年均温的升高，分配给地下部分的比例降低，这可能是由于年均温升高增加了土壤养分的供应能力，从而减少了光合产物向地下分配。此外，氮沉降、酸沉降等环境变化都会通过影响植物的养分状态，从而影响植物光合产物的地上-地下分配模式。

7.4.2 全球变化对植物-土壤生物之间互作的影响

植物的地上部分、根系、根系分泌物和凋落物等是土壤动物和微生物的重要食物来源，可以影响土壤生物群落结构和多样性。反之，微生物和土壤动物的活动提供了植物生长所需要的养分，并且改变了土壤物理结构，从而影响植物的生长和群落组成。因此，植物-土壤-土壤生物三者之间是不可分割的。环境因子的变化会引起三者的共同改变或者其中一两个因素的改变，被改变的因素反过来又可以造成其他因子的改变，因此，探究全球变化背景下植物-土壤-土壤生物之间互作的影响，能够为生态系统恢复和重建提供理论依据。

氮沉降能够通过改变地上植食性动物的取食，从而对土壤动物多样性产生影响。氮沉降可以导致植物叶片的氮含量增加，促进地上草食动物的取食（Coley et al.，1985），从而导致植物向地下部分的输入减少（Throop et al.，2004；Throop，2005）。氮沉降导致植物组织器官的 C、N、P 等化学计量学发生变化，进而影响昆虫的暴发频率和程度，反过来又影响植物群落组成（Bobbink et al.，1998）。在高氮素沉降条件下，植物物种的丰富度降低，从而影响植食性动物资源的多样性，降低寡食性昆虫的暴发机会。适量氮沉降则促进了植物生长，有利于广食性昆虫的取食和暴发（Haddad et al.，2000）。除了植物与土壤动物之间的互作，土壤动物和植物根系及根系分泌物之间也有相互作用。土壤动物不仅取食凋落物，还取食植物根系和根系分泌物，氮沉降条件下，根际沉积物数量和质量的变化导致捕食性线虫和小型植食性节肢动物的数量与物种丰富度降低，但取食真菌的线虫和一些螨类的数量增加，因此导致土壤动物的群落结构和多样性发生改变（Eisenhauer et al.，2012）。氮素添加改变了植物光合产物的分配模式，降低了土壤微生物生物量，更有利于食真菌线虫的存在，从而改变了土壤动物的群落结构和多样性，而氮素添加也有利于少数机会主义者的竞争和存在，从而降低土壤动物多样性，并降低有机质的分解速率（Treseder，2008）。

气温升高不仅影响地上植被的生长和群落结构（Wardle et al.，2004b），还影响地下土壤生物群落结构和功能（Yergeau et al.，2012）。CO_2 浓度升高可以通过影响植被的群落结构、生产力和改变向土壤输入光合产物的数量及质量间接影响土壤生物。全球变暖可以通过改变全球大气环流和水文循环改变全球和区域的降水格局。降水格局的改变可以对陆地生态系统产生深远的影响，对于干旱、半干旱地区，降水格局变化的影响可能超过温度和 CO_2 浓度升高的影响。土地利用方式的改变，尤其是自然森林向农田和草地的转变会显著影响土壤生物群落，降低土壤生物的活性和数量；土地利用强度的改变也会显著影响土壤生物，影响生态系统的功能和可持续性。外来物种的入侵是导致植物多样性降低和自然生境退化的主要原因之一，相对于地上植被和大型动物的入侵研究，我们对于地下土壤生物的入侵及其对生态系统过程的影响了解较少，土地利用的变化和生物入侵虽然并不是导致全球变化的直接因素，但在全球变化背景下，它们所引发的生态环境问题将会被难以预测地放大。

随着全球变化受到越来越多的关注，科学家已经意识到对全球变化的效应的研究需要考虑地上和地下生物的相互联系（Wardle et al.，2004b）。例如，植物为土壤微生物提供凋落物和其他分泌物等作为营养和能量的来源，而土壤有机质又被土壤生物分解和转化，释放出植物生长所需要的养分。全球变化对于陆地生态系统的影响在很大程度上取决于地上部分的直接效应（如植物物种组成、功能性状、光合产物分配格局等）。地下部分可以直接或间接地影响全球变化并做出反馈，进而影响地上生物、生态系统的养分动态和温室气体的排放，加剧或者减弱全球变化的效应。地上-地下交互作用对于调控生态系统对全球变化的响应至关重要。然而，由于缺乏相关的理论基础，目前并没有将地上-地下这一模块整合到气候预测模型中，尤其是将土壤微生物作为一个整体整合到模型中，导致全球变化对生态学效应的预测能力大大降低（Treseder，2016）。因此，理解全球变化对陆地生态系统的影响，以及减缓全球变化对陆地生态系统的影响，恢复已被影响的生态系统，需要充分考虑地上-地下的相互联系，同时也要考虑地下微生物和土壤动物的影响。

7.5 全球变化与恢复生态学的整合研究

全球变化对人类生活和自然生态系统产生了深刻的影响，包括气候变化、土地利用与土地覆盖变化、生物地球化学循环变化、生物多样性丧失和生物入侵等。其中，气候变化是对生态系统健康和可持续发展影响最大的全球气候变化因子之一，且这种影响随着人类不合理的开发利用自然资源而加剧，致使生物多样性丧失，外来物种入侵风险增加，最终导致生态系统结构及功能的退化。近年来，全球不同领域的科学家、政策制定者、管理人员通过广泛研讨和实证，一致认为减缓全球变化的速率和制定适应措施是目前可用于应对气候变化影响的两大策略。

植物是陆地生态系统气候的主要调节者，在维持生态系统功能方面具有至关重要的作用。包括土壤微生物在内的土壤生物是生物地球化学循环的主要驱动者，其群落结构和活性显著影响生态系统的转化方向和进程。土壤生物群落对气候变化的响应和反馈也在一定程度上决定着全球变化敏感区域内各生态系统的功能与稳定。生态系统恢复，尤其是对退化生态系统的恢复和重建是对全球变化影响下陆地生态系统碳收支平衡的积极响应（Munasinghe & RobSwart，2005）。

过去恢复生态学的研究在单一样点上，基于静态平衡假说的单一生态系统功能或植物物种组成的恢复。近年来，随着科学家的不懈努力和政府部门政策的制定，以及经费的投入，生态系统恢复已经取得了一系列的成就。然而，随着全球变化的不断加剧和多因子的耦合，新的生态系统问题不断涌现，基于非平衡假说的全球变化背景下的生态恢复成为恢复生态学的焦点。将来的恢复生态学工作则着重于不同的恢复目标，在全球变化背景下，从大尺度上基于生物多样性保育到恢复生态系统功能的多元化恢复（Perring et al.，2015），其中包括地上-地下部分的协同恢复，以及将人类活动和经济利益考虑在内的多尺度和多维度的恢复（图7.5）。

近年来，分子生物学技术特别是高通量测序、基因芯片等技术的突破，为研究自然生态系统中土壤生物群落结构提供了强有力的技术手段，使其成为国内外生物学及其生态学领域的研究热点（Bik et al.，2012；Blaser et al.，2013）。稳定同位素探针（stable isotope probe，SIP）技术、遥感技术和无人机技术的不断发展，

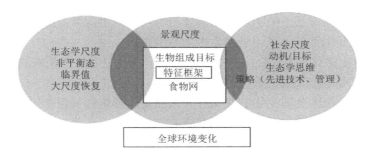

图 7.5　全球环境变化背景下现在恢复生态学不同尺度的发展方向（仿 Perring et al.，2015）
不同尺度下的三个词组是在该尺度下需要着重考虑的内容，交叉部分是在三个尺度下都需要考虑的内容

使得从微观和宏观两个角度优化恢复生态学的研究成为可能，并且可以示踪化学元素在植物体内和土壤中的循环，为研究元素循环提供了有效方法。但是由于地上-地下互作过程的复杂性，全球变化背景下恢复生态学的研究仍具有以下挑战。

（1）恢复过程中的非生物与生物障碍、关键过程（授粉、扩散、火灾、养分循环等的时空动态）的整合恢复。

（2）生态系统恢复不仅是简单的植物区系的恢复，还需要考虑动物区系和土壤生物尤其是土壤微生物群落的恢复。

（3）外来入侵种的有效防治。

（4）全球变化背景下生态系统的恢复力稳定性和抵抗力稳定性如何变化。

（5）全球变化背景下生态系统退化和功能的丧失，不仅要考虑地上-地下的协同恢复，还需要考虑原有生态系统功能的恢复。

（6）全球变化背景下出现的新奇生态系统（人类活动或者全球变化导致的一些生态系统变成了新的、非历史性的新奇生态系统，这些生态系统由完全不同的生物、种间作用和功能组成）的新思考。

（7）进入 21 世纪，全球人口激增，人为因素对全球气候变化影响占主导地位的背景下，如何将人类福祉和生态系统功能恢复统筹起来。

（8）生态系统恢复既需要理论支撑又需要辅以技术工程手段，而我国植被恢复的理论与技术滞后，缺少高质量的长期定位研究站，致使有些工程仓促上阵，在理论支撑与实际工程技术相结合方面还面临巨大挑战。

为了解决以上科学问题，以及我国以后农业和自然生态系统的可持续发展，并为破坏的生态系统的恢复提供理论基础，我国在未来的恢复生态学研究中，需要优先考虑以下生态学问题，并将其作为优先发展的研究方向。

（1）全球变化背景下对植物群落和土壤生物群落的响应和适应的中长期观测研究。

（2）全球变化背景下地上-地下互作机制研究。

（3）全球变化背景下植物入侵和土壤动物入侵的生态学效应研究。

（4）全球变化背景下多因子耦合作用的研究。

（5）全球变化背景下复合生态系统的机制研究及复合生态系统的发展、协调、再生、循环与可持续发展相结合。

（6）生态系统因全球变化的改变在多大程度上影响到其自身的恢复力及抵抗力？如何识别由全球变化引起的生态系统的生态阈值，各类生态系统对全球变化的响应是否存在"早期预警"或"免疫"？

（7）土壤生物地球化学循环与全球变化的耦合研究。

（8）经济效益与生态系统恢复的结合。

此外，全球变化背景下的恢复生态学还与当年比较热门的政治问题，如碳排放交易、生物多样性丧失、生态系统服务功能补偿等紧密相连，未来恢复生态学需要将上述理论和实践相结合，并且需要多学科相结合，把自然科学和人文科学中的社会、经济、政治、文化等因素相结合，最终实现可持续发展（Cabin et al.，2010；Perring et al.，2015）。

主要参考文献

邓自发, 欧阳琰, 谢晓玲, 等. 全球变化主要过程对海滨生态系统生物入侵的影响. 生物多样性, 2010, 6: 605-614.

高明, 周保同, 魏朝富, 等. 不同耕作方式对稻田土壤动物、微生物及酶活性的影响研究. 应用生态学报, 2004, 15: 1177-1181.

管海英, 王权, 赵鑫, 等. 两种典型荒漠植被区土壤微生物量碳的季节变化及影响因素分析. 干旱区地理, 2015, 38: 67-75.

李博, 徐炳声, 陈家宽. 从上海外来杂草区系剖析植物入侵的一般特征. 生物多样性, 2001, 4: 446-457.

李长斌, 彭云峰, 赵殿智, 等. 降水变化和氮素添加对青藏高原高寒草原群落结构和物种多样性的影响. 水土保持研究, 2016, 6: 185-191.

李德军, 莫江明, 方运霆, 等. 氮沉降对森林植物的影响. 生态学报, 2003, 9: 1891-1900.

李铁锋. 环境地学概论. 北京: 中国环境科学出版社, 1996.

李叶, 林培群, 余雪标, 等. 外来植物入侵研究. 广东农业科学, 2010, 5: 156-159.

梁国华, 吴建平, 熊鑫, 等. 鼎湖山不同演替阶段森林土壤 pH 值和土壤微生物量碳氮对模拟酸雨的响应. 生态环境学报, 2015, 6: 911-918.

刘连贵, 曹洪法, 熊严军. 酸雨和 SO_2 复合污染对几种农作物的影响. 环境科学, 1996, 2: 16-19.

刘伦辉, 谢寿昌, 张建华. 紫茎泽兰在我国的分布、危害与防除途径的探讨. 生态学报, 1985, 1: 1-6.

鲁显楷, 莫江明, 董少峰. 氮沉降对森林生物多样性的影响. 生态学报, 2008, 11: 5532-5548.

罗虹霞. 温度对根构型和根系间相互作用的影响. 广州: 中山大学硕士学位论文, 2017.

莫江明, 薛璟花, 方运霆. 鼎湖山主要森林植物凋落物分解及其对 N 沉降的响应. 生态学报,

2004, 7: 1413-1420.

彭少麟. 全球变化现象及其效应. 生态科学, 1997, 2: 3-10.

平晓燕, 周广胜, 孙敬松. 植物光合产物分配及其影响因子研究进展. 植物生态学报, 2010, 34: 100-111.

秦大河, 陈宜瑜, 李学勇. 中国气候与环境演变: 中国气候与环境的演变与预测. 北京: 科学出版社, 2005.

王文兴, 丁国安. 中国降水酸度和离子浓度的时空分布. 环境科学研究, 1997, 2: 4-10.

王文兴, 许鹏举. 中国大气降水化学研究进展. 化学进展, 2009, 21: 266-281.

王振亚, 李海洋, 周士康. 平流层中臭氧耗减化学研究进展. 科学通报, 2001, 8: 619-625.

王紫娟, 刘万学, 万方浩, 等. 不同环境因子对紫茎泽兰根系分泌物化感作用的影响. 中国农学通报, 2007, 8: 351-357.

魏辅文, 聂永刚, 苗海霞, 等. 生物多样性丧失机制研究进展. 科学通报, 2014, 6: 430-437.

魏守辉, 曲哲, 张朝贤, 等. 外来入侵物种三裂叶豚草(*Ambrosia trifida* L.)及其风险分析. 植物保护, 2006, 4: 14-19.

吴昊, 王得祥, 黄青平, 等. 环境因子对秦岭南坡中段松栎混交林物种多样性的影响. 西北农林科技大学学报(自然科学版), 2012, 9: 41-50.

吴劲兵, 汪家权, 孙世群. 酸沉降农业经济损失估算. 合肥工业大学学报(自然科学版), 2002, 1: 100-104.

伍米拉. 全球气候变化与生物入侵. 生物学通报, 2012, 47: 4-6.

肖辉林, 卓慕宁, 万洪富. 大气 N 沉降的不断增加对森林生态系统的影响. 应用生态学报, 1996, S1: 110-116.

徐承远, 张文驹, 卢宝荣, 等. 生物入侵机制研究进展. 生物多样性, 2001, 4: 430-438.

徐海根, 强胜. 中国外来入侵物种编目. 北京: 中国环境科学出版社, 2004.

姚一建, 魏铁, 铮蒋毅. 微生物入侵种和防范生物武器研究现状与对策. 中国科学院院刊, 2002, 17: 26-30 .

叶笃正, 符淙斌, 董文杰. 全球变化科学进展与未来趋势. 地球科学进展, 2002, 4: 467-469.

张萍华, 申秀英, 许晓路, 等. 酸雨对白术土壤微生物及酶活性的影响. 土壤通报, 2005, 36: 227-229.

张维娜, 廖周瑜. 氮沉降增加对森林植物影响的研究进展. 环境科学导刊, 2009, 3: 21-24.

张新民, 柴发合, 王淑兰, 等. 中国酸雨研究现状. 环境科学研究, 2010, 5: 527-532.

中华人民共和国科学技术部. 全球变化研究国家重大科学研究计划"十二五"专项规划(公示稿). 2012

周双喜, 吴冬秀, 张琳, 等. 降雨格局变化对内蒙古典型草原优势种大针茅幼苗的影响. 植物生态学报, 2010, 10: 1155-1164.

周薇, 王兵, 李钢铁. 大气氮沉降对森林生态系统影响的研究进展. 中央民族大学学报(自然科学版), 2010, 1: 34-40.

Allison SD, Wallenstein MD, Bradford MA. Soil-carbon response to warming dependent on microbial physiology. Nature Geoscience, 2010, 3: 336.

Bardgett RD, Wardle DA. Aboveground–Belowground Linkages: Biotic Interactions, Ecosystem Processes and Global Change. Oxford: Oxford University Press, 2010.

Barros V, Field CB, Dahe Q, et al. Managing the risks of extreme events and disasters to advance climate change adaptation: preface. Journal of Clinical Endocrinology & Metabolism, 2012, 18(6): 586-599.

Bik HM, Porazinska DL, Creer S, et al. Sequencing our way towards understanding global eukaryotic biodiversity. Trends in Ecology and Evolution, 2012, 27: 233-243.

Blankinship JC, Niklaus PA, Hungate BA. A meta-analysis of responses of soil biota to global change. Oecologia, 2011, 165: 553-565.

Blaser M, Bork P, Fraser C, et al. The microbiome explored: recent insights and future challenges. Nature Reviews Microbiology, 2013, 11: 213-217.

Bobbink R, Hornung M, Roelofs JGM. The effects of air-borne nitrogen pollutants on species diversity in natural and semi-natural European vegetation. Journal of Ecology, 1998, 86: 717-738.

Boxman AW, Blanck K, Brandrud TE, et al. Vegetation and soil biota response to experimentally-changed nitrogen inputs in coniferous forest ecosystems of the NITREX project. Forest Ecology and Management, 1998, 101: 65-79.

Briones MJI, Ostle NJ, McNamara NR, et al. Functional shifts of grassland soil communities in response to soil warming. Soil Biology & Biochemistry, 2009, 41: 315-322.

Burkle LA, Alarcón R. The future of plant-pollinator diversity: understanding interaction networks across time, space, and global change. American Journal of Botany, 2011, 98(3): 528-538.

Cabin RJ, Clewell A, Ingram M, et al. Bridging restoration science and practice: results and analysis of a survey from the 2009 society for ecological restoration international meeting. Restoration Ecology, 2010, 18: 783-788.

Caldwell MM, Richards JH. Hydraulic lift: water efflux from upper roots improves effectiveness of water uptake by deep roots. Oecologia, 1989, 79: 1-5.

Callaway RM, Newingham B, Zabinski CA, et al. Compensatory growth and competitive ability of an invasive weed are enhanced by soil fungi and native neighbours. Ecology Letters, 2001, 4: 429-433.

Catford JA, Vesk PA, Richardson DM, et al. Quantifying levels of biological invasion: towards the objective classification of invaded and invasible ecosystems. Global Change Biology, 2012, 18(1): 44-62.

Chytrý M, Tichý L, Roleček J. Local and regional patterns of species richness in central European vegetation types along the pH/calcium gradient. Folia Geobotanica, 2003, 38(4): 429-442.

Clemmensen K, Bahr A, Ovaskainen O, et al. Roots and associated fungi drive long-term carbon sequestration in boreal forest. Science, 2013, 339: 1615-1618.

Cohen JE. Population growth and earth's human carrying capacity. Science, 1995, 269(5222): 341-346.

Coleman DC, Whitman WB. Linking species richness, biodiversity and ecosystem function in soil systems. Pedobiologia, 2005, 49: 479-497.

Coley PD, Bryant JP, Chapin FS. Resource availability and plant anti-herbivore defense. Science, 1985, 230: 895-899.

Colwell RK, Brehm G, Cardelús CL, et al. Global warming, elevational range shifts, and lowland biotic attrition in the wet tropics. Science, 2008, 322(5899): 258-261.

Comas LH, Anderson L, Dunst R, et al. Canopy and environmental control of root dynamics in a long-term study of Concord grape. New Phytologist, 2005, 167: 829-840.

Compton JE, Watrud LS, Porteous LA, et al. Response of soil microbial biomass and community composition to chronic nitrogen additions at Harvard forest. Forest Ecology and Management, 2004, 196: 143-158.

Coulson SJ, Hodkinson ID, Webb NR, et al. Effects of experimental temperature elevation on high – arctic soil microarthropod populations. Polar Biology, 1996, 16: 147-153.

Curnutt JL. Host-area specific climatic-matching: similarity breeds exotics. Biological Conservation, 2000, 94(3): 341-351.

Curtis PS, Drake BG, Leadley PW, et al. Growth and senescence in plant—communities exposed to elevated CO_2 concentrations on an estuarine marsh. Oecologia, 1989, 78(1): 20-26.

Cusack DF, Silver WL, Torn MS, et al. Changes in microbial community characteristics and soil organic matter with nitrogen additions in two tropical forests. Ecology, 2011, 92: 621-632.

D'Antonio CM, Jackson NE, Horvitz CC, et al. Invasive plants in wildland ecosystems: merging the study of invasion processes with management needs. Frontiers in Ecology and the Environment, 2004, 2(10): 513-521.

Dollery R, Hodkinson ID, Jónsdóttir IS. Impact of warming and timing of snow melt on soil microarthropod assemblages associated with Dryas–dominated plant communities on Svalbard. Ecography, 2006, 29: 111-119.

Domisch T, Finér L, Lehto T. Effects of soil temperature on biomass and carbohydrate allocation in Scots pine (*Pinus sylvestris*) seedlings at the beginning of the growing season. Tree Physiology, 2001, 21: 465-472.

Easterling DR, Evans JL, Groisman PY, et al. Observed variability and trends in extreme climate events: a brief review. Bulletin of the American Meteorological Society, 2000, 81(3): 417-425.

Eisenhauer N, Cesarz S, Koller R, et al. Global change belowground: impacts of elevated CO_2, nitrogen, and summer drought on soil food webs and biodiversity. Global Change Biology, 2012, 18: 435-447.

Eviner VT, Hawkes CV. Embracing variability in the application of plant-soil interactions to the restoration of communities and ecosystems. Restoration Ecology, 2008, 16: 713-729.

Falcucci A, Maiorano L, Tempio G, et al. Modeling the potential distribution for a range-expanding species: wolf recolonization of the Alpine range. Biological Conservation, 2013, 158: 63-72.

Forbes P, Black K, Hooker J. Temperature-induced alteration to root longevity in *Lolium perenne*. Plant and Soil, 1997, 190: 87-90.

Frey S, Drijber R, Smith H, et al. Microbial biomass, functional capacity, and community structure after 12 years of soil warming. Soil Biology & Biochemistry, 2008, 40: 2904-2907.

Frey SD, Knorr M, Parrent JL, et al. Chronic nitrogen enrichment affects the structure and function of the soil microbial community in temperate hardwood and pine forests. Forest Ecology and Management, 2004, 196: 159-171.

Fu G, Shen Z, Zhang X, et al. Response of soil microbial biomass to short-term experimental warming in alpine meadow on the Tibetan Plateau. Applied Soil Ecology, 2012, 61: 158-160.

Fu J, Qian W, Lin X, et al. Trends in graded precipitation in China from 1961 to 2000. Advances in Atmospheric Sciences, 2008, 25(2): 267-278.

Gibson L, Lynam AJ, Bradshaw CJA, et al. Near-complete extinction of native small mammal fauna 25 years after forest fragmentation. Science, 2013, 341(6153): 1508-1510.

Gillett NP, Arora VK, Zickfeld K, et al. Ongoing climate change following a complete cessation of carbon dioxide emissions. Nature Geoscience, 2011, 4(2): 83-87.

Gong DY, Wang SW. Severe summer rainfall in China associated with enhanced global warming.

Climate Research, 2000, 16(1): 51-59.

Gorman PAO. Sensitivity of tropical precipitation extremes to climate change. Nature Geoscience, 2012, 5(10): 697-700.

Haddad NM, Haarstad J, Tilman D. The effects of long-term nitrogen loading on grassland insect communities. Oecologia, 2000, 124: 73-84.

Harris J. Soil microbial communities and restoration ecology: facilitators or followers? Science, 2009, 325: 573-574.

Harte J, Rawa A, Price V. Effects of manipulated soil microclimate on mesofaunal biomass and diversity. Soil Biology & Biochemistry, 1996, 28: 313-322.

He D, Shen W, Eberwein J, et al. Diversity and co-occurrence network of soil fungi are more responsive than those of bacteria to shifts in precipitation seasonality in a subtropical forest. Soil Biology & Biochemistry, 2017, 115: 499-510.

Hodkinson I, Healey V, Coulson S. Moisture relationships of the high arctic collembolan *Onychiurus arcticus*. Physiological Entomology, 1994, 19: 109-114.

Högberg MN, Briones MJI, Keel S G, et al. Quantification of effects of season and nitrogen supply on tree below-ground carbon transfer to ectomycorrhizal fungi and other soil organisms in a boreal pine forest. New Phytologist, 2010, 187: 485-493.

Hui DF, Jackson RB. Geographical and interannual variability in biomass partitioning in grassland ecosystems: a synthesis of field data. New Phytologist, 2006, 169: 85-93.

Jenkinson DS. An introduction to the global nitrogen-cycle. Soil Use Management, 1990, 6(2): 56-61.

Jiang H, Fan Q, Li J, et al. Naturalization of alien plants in China. Biodiversity and Conservation, 2011, 20(7): 1545-1556.

Jucevica E, Melecis V. Global warming affect Collembola community: a long-term study. Pedobiologia, 2006, 50: 177-184.

Kardol P, Reynolds WN, Norby RJ, et al. Climate change effects on soil microarthropod abundance and community structure. Applied Soil Ecology, 2011, 47: 37-44.

Kardol P, Wardle DA. How understanding aboveground-belowground linkages can assist restoration ecology. Trends in Ecology and Evolution, 2010, 25: 670-679.

Kopeszki H. Effects of fertilization on the mesofauna, especially Collembolan, in different forest habitats in the Bohemian woods. Zoologischer Anzeiger, 1993, 231: 83-98.

Lahti M, Aphalo P, Finér L, et al. Effects of soil temperature on shoot and root growth and nutrient uptake of 5-year-old Norway spruce seedlings. Tree Physiology, 2005, 25: 115-122.

Landesman WJ, Treonis AM, Dighton J. Effects of a one-year rainfall manipulation on soil nematode abundances and community composition. Pedobiologia, 2011, 54: 87-91.

Lau KM, Wu HT. Detecting trends in tropical rainfall characteristics, 1979-2003. International Journal of Climatology, 2007, 27(8): 979-988.

Laverman AM, Zoomer HR, Verhoef HA. The effect of oxygen, pH and organic carbon on soil-layer specific denitrifying capacity in acid coniferous forest. Soil Biology & Biochemistry, 2001, 33: 683-687.

Li W, Zhang C, Jiang H, et al. Changes in soil microbial community associated with invasion of the exotic weed, *Mikania micrantha* HBK. Plant and Soil, 2006, 281: 309-324.

Lin W, Zhou G, Cheng X, et al. Fast economic development accelerates biological invasions in China. PLoS One, 2007, 2: e120811.

Lindberg N, Bengtsson J. Population responses of Oribatid mites and collembolans after drought.

Applied Soil Ecology, 2005, 28: 163-174.

Litton CM, Giardina CP. Below-ground carbon flux and partitioning: global patterns and response to temperature. Functional Ecology, 2008, 22: 941-954.

Liu B, Xu M, Henderson M. Where have all the showers gone? Regional declines in light precipitation events in China, 1960-2000. International Journal of Climatology, 2011, 31(8): 1177-1191.

Liu J, Liang S, Liu F, et al. Invasive alien plant species in China: regional distribution patterns. Diversity and Distributions, 2005, 11(4): 341-347.

Lv F, Xue S, Wang G, et al. Nitrogen addition shifts the microbial community in the rhizosphere of *Pinus tabuliformis*in Northwestern China. PLoS One, 2017, 12(2): e172382.

Makkonen M, Berg MP, van Hal JR, et al. Traits explain the responses of a sub-arctic Collembola community to climate manipulation. Soil Biology & Biochemistry, 2011, 43: 377-384.

McGuire AD, Genet H, Lyu Z, et al. Assessing historical and projected carbon balance of Alaska: a synthesis of results and policy/management implications. Ecological Applications, 2018, 26: 1-12.

McIntyre NE, Rango J, Fagan WF, et al. Ground arthropod community structure in a heterogeneous urban environment. Landscape and Urban Planning, 2001, 52: 257-274.

Mendoza-González G, Martínez ML, Rojas-Soto OR, et al. Ecological niche modeling of coastal dune plants and future potential distribution in response to climate change and sea level rise. Global Change Biology, 2013, 19(8): 2524-2535.

Mitchell RJ, Hester AJ, Campbell CD, et al. Explaining the variation in the soil microbial community: do vegetation composition and soil chemistry explain the same or different parts of the microbial variation? Plant and Soil, 2012, 351: 355-362.

Moor H, Hylander K, Norberg J. Predicting climate change effects on wetland ecosystem services using species distribution modeling and plant functional traits. Ambio, 2015, 44(1): 113-126.

Munasinghe M, RobSwart RJ. Primer on Climate Change and Sustainable Development. Cambridge: Cambridge University Press, 2005.

New M, Todd M, Hulme M, et al. Precipitation measurements and trends in the twentieth century. International Journal of Climatology, 2001, 21(15): 1889-1922.

Niklaus PA, Alphei D, Ebersberger D, et al. Six years of in situ CO_2 enrichment evoke changes in soil structure and soil biota of nutrient-poor grassland. Global Change Biology, 2003, 9: 585-600.

Omasa K, Kai K, Taoda H, et al. Climate Change and Plants in East Asia. Berlin: Springer-Verlag, 1996.

Padilla FM, Aarts BH, Roijendijk YO, et al. Root plasticity maintains growth of temperate grassland species under pulsed water supply. Plant and Soil, 2013, 369: 377-386.

Pan X, Geng Y, Zhang W, et al. The influence of abiotic stress and phenotypic plasticity on the distribution of invasive Alternanthera philoxeroides along a riparian zone. Acta Oecologica, 2006, 30(3): 333-341.

Parmesan C, Yohe G. A globally coherent fingerprint of climate change impacts across natural systems. Nature, 2003, 421(6918): 37-42.

Parry ML, Canziani OF, Palutikof JP, et al. Climate Change 2007: Impacts, Adaptation and Vulnerability. Cambridge: Cambridge University Press, 2007.

Paul J, Beauchamp E. Soil microbial biomass C, N mineralization, and N uptake by corn in dairy cattle slurry- and urea-amended soils. Canadian Journal of Soil Science, 1996, 76: 469-472.

Pavao-Zuckerman MA, Coleman DC. Urbanization alters the functional composition, but not taxonomic diversity, of the soil nematode community. Applied Soil Ecology, 2007, 35: 329-339.

Peña L, Amezaga I, Onaindia M. At which spatial scale are plant species composition and diversity affected in beech forests? Annals of Forest Science, 2011, 68(8): 1351-1362.

Perring MP, Standish RJ, Price JN, et al. Advances in restoration ecology: rising to the challenges of the coming decades. Ecosphere, 2015, 6(8): 1-15.

Phoenix GK, Hicks WK, Cinderby S, et al. Atmospheric nitrogen deposition in world biodiversity hotspots: the need for a greater global perspective in assessing N deposition impacts. Global Change Biology Bioenergy, 2006, 12(3): 470-476.

Pouyat RV, Parmelee R, Carreiro M. Environmental effects of forest soil-invertebrate and fungal densities in oak stands along an urban-rural land use gradient. Pedobiologia, 1994, 22: 123-126.

Qian W, Fu J, Yan Z. Decrease of light rain events in summer associated with a warming environment in China during 1961-2005. Geophysical Research Letters, 2007, 34(11): 224-238.

Qian Y, Gong D, Fan J, et al. Heavy pollution suppresses light rain in China: observations and modeling. Journal of Geophysical Research, 2009, 114: D7.

Smith RA. Air and Rain: the Beginnings of a Chemical Climatology. Whiteifish: Kessinger Publishing LLC, 2007.

Radujkovic D, Verbruggen E, Sigurdsson BD, et al. Prolonged exposure does not increase soil microbial community compositional response to warming along geothermal gradients. FEMS Microbiology Ecology, 2017, 94(2): fix174

Ramaswamy V, Schwarzkopf MD, Randel WJ. Fingerprint of ozone depletion in the spatial and temporal pattern of recent lower – stratospheric cooling. Nature, 1996, 382(6592): 616-618.

Randel WJ, Wu F. Cooling of the arctic and antarctic polar stratospheres due to ozone depletion. Journal of Climate, 1999, 12(52): 1467-1479.

Rinnan R, Stark S, Tolvanen A. Responses of vegetation and soil microbial communities to warming and simulated herbivory in a subarctic heath. Journal of Ecology, 2009, 97: 788-800.

Schaeffer M, Hare W, Rahmstorf S, et al. Long-term sea-level rise implied by 1.5 degrees C and 2 degrees C warming levels. Nature Climate Change, 2012, 2(12): 867-870.

Schaphoff S, Von Bloh W, Rammig A, et al. LPJmL4 - a dynamic global vegetation model with managed land - Part 1: Model description. Geoscientific Model Development, 2018, 11(4): 1377-1403.

Scheu S, Falca M. The soil food web of two beech forests (*Fagus sylvatica*) of contrasting humus type: stable isotope analysis of a macro- and a mesofauna-dominated community. Oecologia, 2000, 123: 285-296.

Scheu S, Schaefer M. Bottom-up control of the soil macrofauna community in a beech wood on limestone: manipulation of food resources. Ecology, 1998, 79: 1573-1585.

Schuster B, Diekmann M. Changes in species density along the soil pH gradient – Evidence from German plant communities. Folia Geobotanica, 2003, 38(4): 367-379.

Seidel DJ, Fu Q, Randel WJ, et al. Widening of the tropical belt in a changing climate. Nature Geoscience, 2008, 1(1): 21-24.

Seiler GJ. Influence of temperature on primary and lateral root growth of sunflower seedlings. Environmental and Experimental Botany, 1998, 40: 135-146.

Simberloff D, Martin J, Genovesi P, et al. Impacts of biological invasions: what's what and the way forward. Trends in Ecology & Evolution, 2013, 28(1): 58-66.

Simmons BL, Wall DH, Adams BJ, et al. Long-term experimental warming reduces soil nematode populations in the McMurdo Dry Valleys, Antarctica. Soil Biology & Biochemistry, 2009, 41: 2052-2060.

Singh BK, Bardgett RD, Smith P, et al. Microorganisms and climate change: terrestrial feedbacks and mitigation options. Nature Reviews Microbiology, 2010, 8: 779.

Solomon S. The mystery of the Antarctic ozone "hole". Reviews of Geophysics, 1988, 26: 131-148.

Strengbom J, Walheim M, Näsholm T, et al. Regional differences in the occurrence of understory species reflect nitrogen deposition in Swedish forests. Ambio, 2003, 32(2): 91-97.

Suding KN, Gross KL, Houseman GR. Alternative states and positive feedbacks in restoration ecology. Trends in Ecology and Evolution, 2004, 19: 46-53.

Terribile LC, Diniz-Filho JAF, de Marco Jr P. How many studies are necessary to compare niche-based models for geographic distributions? Inductive reasoning may fail at the end. Brazilian Journal of Biology, 2010, 70(2): 263-269.

Teskey RO, Will RE. Acclimation of loblolly pine (*Pinus taeda*) seedlings to high temperatures. Tree Physiology, 1999, 19: 519-525.

Thomas CD, Cameron A, Green RE, et al. Extinction risk from climate change. Nature, 2004, 427(6970): 146-148.

Throop HL. Nitrogen deposition and herbivory affect biomass production and allocation in an annual plant. Oikos, 2005, 111: 91-100.

Throop HL, Holland EA, Parton WJ, et al. Effects of nitrogen deposition and insect herbivory on patterns of ecosystem-level carbon and nitrogen dynamics: results from the Century model. Global Change Biology, 2004, 10: 1092-1105.

Trenberth KE. Changes in precipitation with climate change. Climate Research, 2011, 47(1): 123-138.

Trenberth KE, Fasullo J, Smith L. Trends and variability in column-integrated atmospheric water vapor. Climate Dynamics, 2005, 24(7-8): 741-758.

Treseder KK. Model behavior of arbuscular mycorrhizal fungi: predicting soil carbon dynamics under climate change 1. Botany, 2016, 94: 417-423.

Treseder KK. Nitrogen additions and microbial biomass: a meta-analysis of ecosystem studies. Ecology Letters, 2008, 11: 1111-1120.

van der Putten WH. Belowground drivers of plant diversity. Science, 2017, 355: 134.

van der Wal A, Geerts R, Korevaar H, et al. Dissimilar response of plant and soil biota communities to long-term nutrient addition in grasslands. Biology and Fertility of Soils, 2009, 45: 663-667.

van Diepen LT, Lilleskov EA, Pregitzer KS, et al. Simulated nitrogen deposition causes a decline of intra- and extra-radical abundance of arbuscular mycorrhizal fungi and changes in microbial community structure in northern hardwood forests. Ecosystems, 2010, 13: 683-695.

Vanhala P, Fritze H, Neuvonen S. Prolonged simulated acid rain treatment in the subarctic: effect on the soil respiration rate and microbial biomass. Biology and Fertility of Soils, 1996, 23: 7-14.

Vilà M, Espinar JL, Hejda M, et al. Ecological impacts of invasive alien plants: a meta-analysis of their effects on species, communities and ecosystems. Ecology Letters, 2011, 14(7): 702-708.

Wall DH, Bardgett RD, Kelly EF. Biodiversity in the dark. Nature Geoscience, 2010, 3: 297-298.

Walther GR, Berger S, Sykes MT. An ecological 'footprint' of climate change. Proceedings of the Royal Society B: Biological Sciences, 2005, 272(1571): 1427-1432.

Wang L, Li L, Chen X, et al. Biomass allocation patterns across China's terrestrial biomes. PLoS One,

2014, 9(4): e93566

Wardle DA, Bardgett RD, Klironomos JN, et al. Ecological linkages between aboveground and belowground biota. Science, 2004b, 304: 1629-1633.

Wardle DA, Yeates GW, Williamson WM, et al. Linking aboveground and belowground communities: the indirect influence of aphid species identity and diversity on a three trophic level soil food web. Oikos, 2004a, 107: 283-294.

Waugh DW, Plumb RA, Elkins JW, et al. Mixing of polar vortex air into middle latitudes as revealed by tracer-tracer scatter plots. Journal of Geophysical Research Atmospheres, 1997, 102: 13119-13134.

Weber E, Li B. Plant invasions in China: what is to be expected in the wake of economic development? Bioscience, 2008, 58(5): 437-444.

Wentz FJ, Ricciardulli L, Hilburn K, et al. How much more rain will global warming bring? Science, 2007, 317(5835): 233-235.

Winfree R, Bartomeus I, Cariveau DP. Native pollinators in anthropogenic habitats. Annual Review of Ecology, 2011, 42: 1-22.

Xu Z, Hou Y, Zhang L, et al. Ecosystem responses to warming and watering in typical and desert steppes. Scientific Reports, 2016, 6: 34801.

Yeates GW, Newton PCD. Long-term changes in topsoil nematode populations in grazed pasture under elevated atmospheric carbon dioxide. Biology and Fertility of Soils, 2009, 45: 799-808.

Yergeau E, Bokhorst S, Kang S, et al. Shifts in soil microorganisms in response to warming are consistent across a range of Antarctic environments. ISME Journal, 2012, 6: 692-702.

Zelnik I, Čarni A. Plant species diversity and composition of wet grasslands in relation to environmental factors. Biodiversity and Conservation, 2013, 22(10): 2179-2192.

Zhang M, Zhou Z, Chen W, et al. Using species distribution modeling to improve conservation and land use planning of Yunnan, China. Biodiversity and Conservation, 2012, 153: 257-264.

Zhang N, Liu W, Yang H, et al. Soil microbial responses to warming and increased precipitation and their implications for ecosystem C cycling. Oecologia, 2013, 173: 1125-1142.

Zhou T, Yu R, Zhang J, et al. Why the western pacific subtropical high has extended westward since the late 1970s. Journal of Climate, 2009a, 22(8): 2199-2215.

Zhou X, Talley M, Luo Y. Biomass, litter, and soil respiration along a precipitation gradient in southern Great Plains, USA. Ecosystems, 2009a, 12: 1369-1380.

8 恢复生态学中的人文观

传统上，大部分生态恢复项目并没有把人文维度（human dimension）考虑在内。尽管某些污染治理和生态恢复项目设立了人文观目标，但并没有监测这些目标是否实现。生态恢复决策不应仅限于考虑生态学参数，还应考虑对人类的影响和利弊。污染治理和生态恢复项目不仅与当地社区息息相关，而且其结果还对当地景观、经济、文化产生深刻的影响。因此，人文观目标应反映出被恢复资源的社会价值。建立人文观参数有助于公众理解生态恢复项目的潜在利益，以得到公众对生态决策的支持。基于黄长志和任海（2007）及国际生态恢复学会的工作，本章主要介绍生态恢复中的人文观问题。

当人类造成生态系统退化时，就有对退化生态系统进行恢复和重建的生态道德和生态伦理要求（彭少麟，2007）。生态恢复的人文观是集政治、经济、社会系统之大成，共同组成人和自然和谐相处的自然资源管理，它与适应性管理（adaptive management）密切相关，后者是对污染治理和生态恢复项目进行跟踪式的生态监测。在监测的基础上进行评估，借以确定恢复的有效性，必要时需要适应新的情况修改规划。沿着"规划－监测－评估－调整规划"这样的流程编制的管理称为"适应性管理"（黄长志和任海，2007；任海等，2008）。

8.1 海岸带生态恢复中的社会价值角色

从生态学的角度来看，栖息地生态恢复的目标是恢复生态系统的功能性特征，如生物功能、物理化学功能等（任海等，2008）。这些功能是衡量一个生态恢复项目成功与否的指标。而人文观侧重于人们如何从栖息地生态恢复中受益，使栖息地增值，提高利用率。虽然生态学的数据是必不可少的，但是决定污染治理和生态恢复项目是否应立项和评价是否成功时，优先考虑的往往是社会价值。也就是说生态环境的恢复从本质上取决于人类的意愿。以美国为例，如果没有考虑人文观所触及的问题（忽略人文价值观），将有可能使生态恢复项目受惠的社区反对该项目，特别是沿岸公共资源，如水体、淹没的土地、沙滩及与之相关的动植物。因此，在探索生态恢复人文观时，必须从以下三个根本问题开始：谁是利益攸关者（stakeholder）、为什么生态恢复对他们很重要、生态恢复将怎样改变人们的生活（即有哪些社会学利弊）。

除了生态学参数外，应监测随时间而变的人文参数：①与污染治理和生态恢复相关的价值和行为上的变化；②污染治理和生态恢复对社会的福祉。同样，应把社会学调查方式和方法统一标准化，以便检测污染治理和生态恢复项目的人文观目标。而检测清污生态恢复项目相关的人的想法和行为上的变化需要多学科的合作。这些社会科学学科包括社会学、心理学、资源经济学、地理学、人类学、户外休闲学、政治学。污染治理和生态恢复的监测可能需要在两个或多个这些学科之间进行合作研究，并把生态学的研究和人文观结合起来。

生态恢复在广义上是自然资源管理的一个组成成分。自然资源管理包括政府法规、资源分配、消费者选择等。自然资源管理从概念上可看成 4 个互联系统的交叉点：生物圈内自然环境系统（自然资源、生态系统、鱼和野生生物等）、政治系统（政策政治系统、法庭、法规、立法者、游说者、管理机构等）、经济系统（土地的分配、劳资、经济影响、就业、预算等）、社会系统（人的态度、准则、价值、信仰、行为、风俗、传统、偏爱等）。在这个模型里，这 4 个系统是相互关联和相互依赖的。

然而，自然资源的价值只起源于一个系统，也只被一个系统认可，这就是社会系统（Kennedy & Thomas，1995）。这些价值然后通过政治、经济、社会系统表达给自然资源管理机构和社会。反过来这些价值的体现（即环境法、财政预算、志愿主义、投票行为）在很大程度上决定了自然系统的命运。

这里的关键是自然环境系统无法为自然资源标价，只有人类才可计算自然资源的价值。自然界里并没有已定的价值可引导我们到已预定"正确"的生态状况。当考虑问题"恢复什么"时，一个更准确的问题是"恢复到历史上生态状况的哪种程度，目的是什么"。也就是说，要景观和栖息地的功能看起来和 50 年前、100 年前或 300 年前一样（如果可能的话），社会希望要什么样的生态系统、愿意付多高的代价、可接受什么样的利弊。只有社会系统可以答复这些问题，并且只有社会才能给予自然和环境资源一个价值。最终，当决定一个特殊生态恢复项目的具体目标（生态学和人文观）时，社区（和其他利益攸关者）需要决定他们希望要什么样的生态系统。这个决定不应绝对地分为原始的没有受影响的生态系统或是完全被各种各样的人类活动破坏的生态系统。相反，会有各式各样的生态系统类型（从原始到已开发）供妥协，来决定一个生态恢复项目的生态和人文观目标。

从这个意义上来说，自然资源管理可以被看成是社会价值的管理，管理者在努力平衡当今社会多元自然资源需求的价值和未来世代以生态可持续发展为目标的价值（Kennedy & Thomas，1995）。因为社会价值是推动自然资源管理的动力，所以所有清污生态恢复的努力都取决于对这些价值的认识和反应。虽然实际上恢复的是生物和物理因子，但是人文观造就了生态恢复。

社会对自然资源价值的理解各有不同，而且民众对同一资源的价值观各不相同。民众心目中的这些价值受到很多因素的影响，如文化、社会、科学发现、人与自然环境的互作。自然资源价值可以从人类主导价值（human-dominant value）向人类相互价值（human-mutual value）漂移。人类主导价值强调对自然资源的使用以满足人类的基本需求。这些常被称为对大自然的功利主义、物质主义、消费主义、经济主义。一个简单的例子就是把鲸鱼看成是食物和能量的来源。人类相互价值则强调大自然给予我们精神上、美学上、非消费的价值（即享受从观赏鲸鱼中获得的快乐）。例如，一个原始部落在捕猎鲸鱼时，既从鲸鱼肉和脂肪获取生计，又获得精神和传统的价值（人类相互价值）。所以，价值在这里并不相互排斥，同一种资源既具备人类主导价值，又具备人类相互价值。

就社会价值而论，需区分具有价值（held value）和被赋予价值（assigned value）。具有价值是个人对事物的概念性信念和想法。自然资源的例子包括白头鹰的象征主义或观看日落的享受。被赋予价值通常用于经济术语，指的是事物的相对重要性或价值，如水用于灌溉或水力发电的价值，土地用于发展的价值，森林用于木材供应的价值。自然资源的价值还可分为非工具价值和工具价值。非工具价值是指本质的表现，本身就具有的内在价值，而工具价值是指资源为人们达到某个目的或某种利益具有的实际功效。美学和精神本质上被认为是非工具价值，而经济、功利主义和生命维持被认为是工具价值。在大部分情况下，人类主导价值是被赋予价值和工具价值，而人类相互价值是具有价值和非工具价值。

自然资源的价值不仅在当代社会是多元的，而且一直在变化。以美国为例，20世纪后半叶的几次重要社会变革从根本上改变了自然资源的管理和自然资源机构的功能。这些改变包括：①环境价值从人类主导价值（功利主义和消费主义）向人类相互价值/非消费价值转移。这包括增加对大自然的美学和精神欣赏，增加室外休闲的价值，增加动物权益的价值。②60年代末期到70年代初的环保运动提升了公众对影响人类健康的环境意识。这些运动导致通过一大批环境法，至今仍为环境政策和管理提供基础。③更多的民众申请作为环境资源的利益攸关者，并要求在自然资源的决策过程中有所作为。这批"新"的利益攸关者包括环境保护者（即非政府组织、动物权益组织、社区组织、农场主、普通民众）（Decker et al.，1996）。④政府机构在自然资源政策和管理方面的角色经常在法庭上受到挑战。

作为管理自然资源的政府机构，在有了"地球日"的政治环境里，与资源的关系要有所改善。在20世纪60年代前，自然资源管理是在专业机构的"专家"手里。这些专家有很好的自然科学功底，其背景对管理自然资源是合适的。当时的概念是，由于自然资源掌握在专业机构的"专家"手里，公众不需要关注自然资源的管理。20世纪管理自然资源的政府机构对保护退化枯竭的森林及生物资源是有所作为的。随着时间的推移，这些政府机构越来越把注意力集中于人数较少的"客户"，只因为这些"客户"拥有钓鱼、打猎执照并付了许可税（Decker et al.，1996）。然而，60年代的变革显著改变了公众对管理和使用自然资源的理念。因为对资源的需求显著增加，对如何使用产生了矛盾，过去被认为是"正确"的价值观已有所改变，所以公众要求参与决策过程。如今的环境法也要求公众参与。虽然自然科学的知识仍很重要，但自然资源管理机构和公众开始质疑仅靠科学就能管好自然资源。今日的自然资源管理为社会价值所驱动，如果我们要成功的话，就必须确定"为什么生态环境恢复的意愿如此重要"及"谁会关心生态环境的恢复"。

8.2　生态决策的人文价值观目标

以美国为例，根据民众的多元价值观，归纳了 10 个恢复健康生态系统的人文观目标。这些目标并不相互排斥而是相互依赖的。在某些情况下，这些目标将是互补的（如保护传统文化、历史价值和发展休闲旅游业可能将改进整体市场活动）。这 10 个目标可能并不十全十美，也不可能包罗万象，详述如下（黄长志和任海，2007）。

8.2.1　发展海岸带休闲旅游业

近年来，许多国家的沿海岸带休闲旅游业显著增长，以美国为例，每年有一半以上的美国人到沿岸地区游览，沿岸休闲旅游对美国的经济非常重要。人们聚集到沿岸地区参加各种休闲活动，绝大多数的休闲活动依赖于功能健康的沿岸生态系统或者受到它的促进作用。健康的生态系统经常吸引人们前往。通过健康的生态系统创造沿岸休闲旅游的机会，能够带来许多良好的社会和经济效益，包括增加就业机会、提高税收、提高当地的家庭收入、改善基础设施等。然而，许多形式的沿岸休闲旅游会有损其赖以依靠的生态系统，其损害程度取决于活动的类型、风格、参与者的行为模式和允许使用的水平。因此，从事沿岸恢复的工作者需要考虑项目的目标是否和休闲旅游相关，以及对生态系统的使用是否与其他项目的目标产生矛盾，或者整体上减弱恢复的效果。有些沿岸休闲的形式是不损害生态环境的，因此和生态恢复的目标更一致。同样，有些休闲旅游与提高和保护沿岸的美学价值、历史价值、文化价值的人文观目标更加一致。当评估与休闲旅游和沿岸利用相关的恢复目标的适当性时，利益攸关者要决定选择哪种类型的沿岸生态系统。

同沿岸恢复相关的休闲目标可以分为三大类：①提高休闲活动的水平；②提高休闲机会的数量；③提高休闲机会的质量。提高一个或几个沿岸休闲活动的游客年流量可以作为"提高休闲活动水平"大目标下的一个具体目标。提高经济活动和增加各种室外休闲产业的就业机会也可以作为与大目标相关的具体目标。

室外休闲矛盾是指个人或集体的行为与其他个人或集体的社会、心理或体育目标相抵触。室外休闲矛盾可发生在不同休闲活动中从事同一行为的人之间（如开摩托艇者和钓鱼者），或在休闲者与非休闲者之间（如商业性的渔民和钓鱼者）。拥挤是一种休闲纷争，它取决于个人对特定休闲活动或场景中的情况是否进行了合适的判断，只有使用程度妨碍了人们的目标或价值时，才被认为是负面的拥挤。除了利用度外，可影响拥挤感觉的因素还包括参与者的期望、与活动相关的经历和遭遇者的特征，如人群大小、行为、行进的方式（如机动化与非机动化）（Manning，1999），通常，还有其他因素，如随着使用程度增加，户外休闲纷争和拥挤的潜在性也会增加。

另外一个潜在的休闲相关目标是提高沿岸环境的休闲机会数量。如果沿岸休闲机会的增长比利用度的增长快，则该目标可以通过分散游人来减少冲突和拥挤。与该目标相关的具体目标包括：增加或改进休闲设施（如海滨公园、自然中心、游艇停泊处、摩托艇下水道、小径、厕所）；增加使用点；提高商业供给的数量（如租船、生态旅游旅行社、导游）；减少沙滩和贝壳区关闭的数量，减少海水经济鱼类消费公告的数量。

第三类休闲目标是提高沿岸休闲机会的质量。与该目标相关的具体目标是提高休闲活动的用户满意度。户外休闲活动的满意度是指期望目标与已实现目标间的差异（Manning，1999）。既然纷争是由他人的妨碍行为引起的，减少纷争或拥挤的感觉就可能提高满意度。人们通常带着多种目的或动机参与某种活动，并且许多户外休闲活动不是为活动而活动。例如，钓鱼者经常认为，虽然钓到鱼十分喜悦，但是能否钓到鱼并不重要，重要的是通过户外休闲，与朋友和家人交流感情，而达到放松身心的目的（Salz et al.，2001）。

通过关注钓鱼相关的指标（如捕获率、鱼的大小及数量），减少鱼类、贝类消费公告的数量及相关区域关闭的数量，减少海滩关闭的数量，或者提高休闲活动和其他非活动本身的美学价值（如风景），可以提高休闲机会的质量。

因为沿岸休闲和旅游密切相关，上述与提高休闲机会的数量和质量相关的许多目标也可以用于提高旅游业。经常到沿岸休闲的人，也会在食宿、纪念品、礼物、汽油及其他有益于旅游业的项目上消费。到沿岸游览的人，除了休闲，还可以了解并欣赏沿海的历史、文化、民俗和传统的生活方式。如果能够在沿岸恢复项目和沿岸旅游之间建立联系，则可以将提高这些机会作为一个具体的目标。

与沿岸恢复休闲旅游密切相关的目标是促进人们到达沿岸资源。为了充分利用已有的沿岸休闲和旅游机会，人们必须能够进入沿岸生境。增加到达沿岸地区的机会就会提升其休闲、历史、美学、生态或文化价值，在美国联邦沿岸地区管理法中就有到达的优先权。当讨论沿岸的可到达性时，区分私人通道和公众通道是很重要的。商业区、住宅区、工业区，以及相关的沿岸基础设施随着到沿岸地区参观或居住的人数的增加而持续发展。沿岸土地的私有化限制了公众的纵向到达性。对沿岸的横向到达性是公众的权利，该权利受公益信托条例保护。依据公益信托条例，水下的土地和低于平均高水位线的水域（及淹没地）可供公众使用及休闲（如钓鱼、捕捞贝壳类、划船、步行）。

促进沿岸地区到达性相关的很多目标与增加休闲机会的数量及水平的目标相似。到达性也可以促进商业利用，如商业性捕鱼。沿岸恢复项目可通过健康沿岸生态系统的物理功能，如加固海岸线、控制侵蚀、控制洪涝灾害、保持淤泥等促进沿岸地区的到达性。这些自然功能可以避免使用海岸线硬式结构加固法（如防波堤、防浪堤、海堤），硬式结构加固法不仅妨碍对海岸的利用，而且可能给海滩使用者带来危险。

与增加沿岸休闲类似，促进沿岸资源到达性作为沿岸恢复项目的一个目标，具有两面性。它有很多与社会和经济相关的益处，同时，公众对沿岸资源的到达性可能对当地动植物及恢复地生境的地理学特性有害。为了有益于生态系统，而不是为了有益于人文观的恢复，可以将减少对沿岸资源的到达性作为一个目标，以达到保护濒危物种或敏感的生态学特征的目的。但是，如果促进沿岸资源到达性是恢复的一个目标，从事该项工作的人员就需要考虑使自然环境保护与人类利用相和谐的方法。相应的策略包括：在敏感地区周围建立围护及缓冲区；有关侵蚀影响、垃圾和野生生物打扰的公众教育；路标及禁止不良行为的标语；对不当行为进行惩罚的相关条例。

8.2.2 提高公共投资

美国沿岸生态恢复项目日益增多，而且很多项目得到了当地居民、利益团体和政府机构的支持。但是，一些恢复项目导致了公众的抵触，公众对公益信托资源的生态恢复是否进行及怎样进行有不同看法，因此，在这些不同看法的利益攸关者之间产生了纷争（Vining et al.，2000）。健康的沿岸生境的恢复和维持需要公众广泛及长久的支持，尤其需要来自恢复地当地团体的支持。当地的监督和投资（如买入），将有助于恢复点的长期保育和成功。社区买入可以保证用来保护已恢复的生境的政策及社会规范是能够自我实施的。因此，沿岸生态恢复的一个重要的人文观目标是促进社会投资。在这里，投资的定义很广泛，包括资源分配（人力、时间、财力、设备、设施等）、政策改变或心理投资（观念的改变）。

在考虑加强沿岸生态恢复的不同社区投资方式前，首先要对社区进行定义。社区的一个定义是一群社会相关的，有着共同历史或其他联系，有相互需求，价值观相近，通常生活在同一地域的人。社区的另一个定义是通过自然界限（如流域）、政治或行政管理界限（如城市、相邻地域），或物质基础设施划分的"居住点"（US EPA，2002）。因此，社区的含义是多层面的，应该结合上述两种定义进行综合理解。

促进社区投资的一个重要目标就是增加沿岸恢复过程中的志愿者。志愿者经常是恢复项目成功的一个重要因素。人们带着不同的动机，并且经常是多种动机志愿地参与生态恢复，如帮助环境恢复、探索、学习、提高精神面貌、增强社会的相互影响及自尊（Grese et al.，2000）。为了达到此目标，应该为社区成员创造机会，让他们能够参加沿岸恢复项目的实施、维护、监控。生活、工作在邻近恢复地的人们会对已恢复的生态系统的自然或人文变化敏感。志愿者可以鼓励社区支持，减少项目的费用及给恢复行动带来活力和热情。良好的志愿者来源包括非营利的环境团体、学校、公共服务组织，以及由地方公司组织的私人服务组织。志愿者行为是应该鼓励的，志愿者必须是经过适当培训指导的，以保证恢复项目的科学完整性（Vining et al.，2000）。

除了其他的好处，沿岸恢复项目可以加强团体成员的团队观念及归属感。通过培育合作精神和增加交流机会，沿岸恢复项目可以使社区内的个人或集体拉近距离，消除一些以前存在的社会隔阂。在社区成员之间建立信任的一个最有效的方式是从一些能够有立竿见影效果的小的恢复项目开始，利益攸关者可以估量和提升这些效果。互相信任和社区团结的要素都记录在社会资本一词中。社会资本描述了社区在社会和文化上的内在一致性，并且描述了指导人们相互作用的规范和价值，以及社区赖以存在的组织机构。社会资本是使社会团体团结在一起的黏合剂，没有它就没有经济增长或人民康乐。因此，提高沿岸恢复中的社区投资与增强社区内的社会资本相关。

与增加沿岸恢复中的社区投资相关的其他具体目标包括：增加沿岸恢复项目在当地政治组织（如城镇会议及社区整体规划）中被接受和鼓励的广度；增加沿岸恢复项目中当地非政府组织和当地商业的兴趣介入和买入；增加社区成员对沿岸恢复的认知。

8.2.3 增加教育机会

沿岸恢复项目为人们提供教育机会，以加深人们对沿岸生态系统的功能和自然状态的认识、理解、欣赏，也可以提供对与恢复相关的人文观的益处进行研究和对公众进行教育的机会。由于沿岸恢复的过程和结果都可以促进教育，因此，教育及其范围可以结合到沿岸恢复项目的各个阶段（如计划、实施和监控）。这个目标里的具体目标包括：通过课堂活动和野外旅行师资培训、基础知识及课程编制等，增加中小学学生接受正规环境教育的机会；增加非正规教育的机会：实物接触学习（参与式学习）、小册子、电视、广播、公众服务公告、报刊文章、专栏、海报、信息亭、网站（包括文本图像、现场电视直播、到恢复地参观）、讨论会、公众论坛等；增加学术讨论的机会：本科生和研究生的学习和培训、研究项目、学术出版物、期刊论文、小型研讨会、讨论会、宣传会议；增加实践教育的机会：解说中心及项目、科普性的标语、定向生态旅游。

与沿岸恢复相关的公立中小学教育项目包括：评估学生对有关沿岸生境和生态恢复的理解、态度及知识；确定如何建立学习目标，使之与学生的学习潜能一致；确定如何在课堂上把练习的主题引导到恢复项目及地点上来；评估如何与其他学校或学习单位（如博物馆、自然中心）交流，扩充学习链。

利用生态恢复地点促进教育的目标可以通过主动（如现场参观、演讲和由专家指导的课程）和被动（如在旅游者经过的地方张贴标语）的学习方法实现。描述生态恢复项目的海报和标语应该是科普性的，而不单单是科学性的，并且通过通俗的词汇、简单的故事、鲜艳的文字图画和醒目的图形使之通俗易懂（Hose，1998）。

8.2.4　保护或改善人类健康

沿岸生态恢复的一个重要人文观目标是保护和改善人类健康。健康的沿岸生态系统有着很多生态服务和生命保障功能（如去除污染、过滤水和洪涝灾害防护），这对我们的健康及生存非常重要。当这些生态系统被破坏后，人类健康和安全就会受到危害。美国2000年通过的《河口恢复法案》清楚表明，优先恢复的项目应该是那些促进人类健康、安全、个人及家庭生活质量的项目。在改善人类健康及安全的总体目标中的具体目标包括：减少对鱼、贝类和水禽的健康消费公告的数量；减少贝类区域关闭的数量及持续时间；减少饮用水健康消费公告的数量；提高联邦及州立的水质标准；减少海滩关闭的数量、面积及持续时间；减少与吃海鲜相关的疾病的发病率和水源性疾病；减少有害藻类疯狂生长的数量、面积、持续时间和生物毒素水平；减少低氧事件的数量。

来自工业排放、城市径流污水、采矿活动、垃圾掩埋场径流、大气沉积及各种其他来源的有毒物质会严重破坏近海岸的水环境，如重金属（如汞、铅）和有害的有机化学物质（如多氯联苯和二噁英）。这些有毒物质可以导致那些利用该环境的鱼类、贝类和野生生物的死亡与繁殖失败。而且，它们可以积累在动物和鱼类的组织内（导致鱼类健康消费公告），附着在淤泥中，或进入饮用水中，给人类造成长期的健康危险。用于农田和草地的杀虫剂和除草剂可通过雨水、雪融及灌溉等途径渗入地下水或地表水，并最终进入沿岸水。这些污染物通常持久地存在于环境中，在鱼类、贝壳类和野生生物体内积累到一定水平就会对人类健康及环境造成危害。恢复的湿地可在有毒物质生物积累或污染饮用水之前，通过过滤有毒物质和其他污染物到系统之外而减少这类危险。

美国一半以上的河口在夏季会出现低氧或缺氧的情况（Rabelais，1998），其持续时间从几周到几个月，范围从狭小范围小面积到大面积。土地使用的改变和富营养化等人类活动增加了这种现象的可能性。营养物质输入的增加明显与沿岸地区人口密度直接相关。由人口增加导致污染排放进而造成的富营养化正在引起缺氧、栖息地减少、鱼类死亡，以及增加有害藻类疯狂生长的频率和持续时间等问题（Rabelais，1998）。沿岸湿地（及其他生境类型）能够自然地减少水中的营养负载，减少在特定水体中缺氧事件发生的次数，因此它可作为沿岸恢复的一个目标。

人类食用受污染的海产品、接触有害藻类产生的毒素可发生疾病甚至死亡。许多科学家研究表明，有害藻类疯狂生长的增加在一定程度上与沿岸生态环境污染的增加相关联。因此，沿岸恢复行动可能是保护人类健康不受有害藻类疯狂生长危害的一个有效的管理方法。由有害藻类引起的最明显的公众健康问题有：贝类中毒性失忆、鱼肉中毒、贝类中毒性腹泻、贝类神经性中毒、贝类中毒性瘫痪。这些有害藻类广泛分布于世界各地。

在美国，公众健康的保护由联邦政府、州和地方机构共同负责，告知公众食用受化学污染的鱼类、贝类和水禽可能导致健康危险。公众健康的保护通过消费公告执行，消费公告要说明特定水体及种类，以及可应用于普通人群或特定的易遭受危害的人群，如孕妇或儿童。

公众健康的保护也可以在国家或地方资源机构发布的海滩和贝壳区域得以实施。细菌和病毒等微生物能够影响人类健康。这些微生物可以通过各种途径的水体对人类健康产生影响，如污水处理厂未经充分处理的污水，医疗机构、家畜养殖场的受污染水体，船舶排放的未处理或处理不善的污水。当在近海岸水系发现这些微生物处在非安全水平时，就可能导致海滩和贝类区域的关闭。贝类区域的关闭通常基于州或国家水体质量标准。和建议性的消费公告不同，贝类区域的关闭在法律上是强制的，在关闭区被发现偷猎贝类者可被处以罚款或监禁。

州政府和地方官员有权决定是否因公众健康而关闭有关海滩。美国2000年通过的《沿岸健康海滩环境评估法案》要求每个州的沿岸休闲水域必须符合 1986 年美国国家环境保护局颁布的《保护人类健康》中的细菌标准。联邦政府基金对各州的海滩监控及公众公告项目的技术指导、科学研究、联邦水质标准提供资助，支持必要的州或地方性的工作。

沿岸恢复项目有助于实现与饮用水相关的人类健康目标。美国国家环境保护局地下水及饮用水办公室等部门一起，通过保证安全的饮用水和保护地下水来保护公众健康。

健康的沿岸生态系统除了保护我们远离疾病，还可以促进我们的精神健康。

沿岸恢复可以改善健康的环境，使人们在这些健康的环境中休闲及工作，从而获得许多心理上的好处。在一些地区，清洁、健康的生态系统与社区福利和社会资本的提高使犯罪率降低。沿岸恢复还可以带来与某些沿岸休闲活动相关的生理上的好处，这些休闲活动包括步行、划船或游泳。

8.2.5 保护传统文化和历史的价值

文化是对周围自然环境的适应，其有多种形式和定义。环境状况和可利用的资源决定了食物的种类，衣服的材料，工具、住所的形式及人类活动的周期等因素。美国沿岸地区也有悠久的历史和文化传统，这些传统与当地的沿岸资源有着千丝万缕的联系。很多人的文化特性及整体性有赖于健康的沿岸生态系统，如缅因州的捕龙虾者，切萨比克海湾的水手，太平洋西北部的马卡部落。因此，沿岸恢复的一个潜在目标是保护与我们试图恢复的沿岸资源相关的传统的、文化的和历史的价值。

许多沿岸社区和本地人世世代代以当地的土地和大海为生。传统上，与沿岸资源相关的生产方式和生活方式（如捕鱼、狩猎、聚会）在本质上是消耗性的。用"生存"来描述对可再生资源（如食物、住所、服装、燃料）习惯的和传统的使用，这些资源用于直接的个人、家庭消费或用来进行物品交换。生存社区经常通过自然资源的生产、分配、交换和消费而结合在一起，这些活动有助于保持一个包含权利、尊重、财富、义务和安全的复杂的社会关系网。与生存方式相关的价值包括：艰苦劳动、自给自足、独立自主、互利互惠、互相信任、紧密联系的社区及血缘关系。

沿岸资源影响着宗教信仰与仪式，对海事习惯、传统、民间传说和神话的传承与延续也很重要。传统的使用也可能包括将某一地区长期或定期用于社会活动和公众聚会。对这些社区的成员来说，保护他们传统的生活方式的价值是巨大的。但是，与沿岸社区相关的文化和历史价值也被社区以外的人们广泛理解和重视。例如，很多参观或投宿在渔村的人们喜欢观看商业性捕鱼船，了解当地的海事历史，从知道这些传统的生活方式依然存在中得到满足。沿岸社区的海事节日和其他传统的聚会经常会吸引游客，为沿岸地区增加额外的经济收入。除了与沿岸资源相关的历史的和传统的利用价值外，一些动植物也有文化象征价值。这些价值体现在官方的正式指定（如市花或市树）、销售相关野生生物商品等表达方式。

人们经常对自然资源赋予特殊的含义，对某些自然场景怀有依恋。很多人对孩童时期的海边经历都有着美好的记忆（如和祖父母一起钓鱼，在海边拾贝壳），我们希望能将这些经历传给我们的子孙后代。因此，沿岸恢复也可以保护依靠健康沿岸环境的家庭传统价值观。

8.2.6 提高与市场无关的美学价值

在经济学上，价值是指个人愿意为一物品或服务支付的价格。传统的商品和服务由私营公司提供，由消费者通过支付它们的市场价格而购买（NOAA，1995）。但是，对于一些商品和服务，没有供求双方确定的价格，这些被称为与市场无关的商品或服务。沿岸生态环境的恢复可以提高与市场无关的商品和服务的价值。

与市场无关的经济价值通常分为两大类：直接使用价值和非使用价值。直接使用价值是指对自然环境直接使用的一系列价值，包括生态系统的休闲服务和美学欣赏。很多由健康生态环境提供的生态系统服务（如防洪、营养循环、减少污染、地表保护）不能用传统的市场方法定价。沿岸恢复项目也可提高美学价值，给予我们欣赏与自然美（植物、动物、风景、海景等）相关的非市场化的商品。一个具体的目标是增加某一社区内保护地或露天场所的面积。很多休闲价值与沿岸生境有关（如捕鱼、观察野生生物），由于未在传统市场里买卖，海滩利用也被认为是与市场无关的价值。

非使用价值是指与当前的使用不相关的价值，包括一些"非使用"，如维持个人将来使用部分自然环境的选择权（选择价值），留出部分自然环境供他人将来使用（遗赠价值），知道即使拥有该价值的人从不利用它，部分自然环境也将继续存在（存在价值）等。在提高与市场无关的价值的大目标下，具体的恢复目标可以是提高这些直接使用价值和非使用的社会价值，或者提高两种价值的结合。

很多人相信自然环境也有内在的价值，即不是被人们赋予的，而是物体本身固有的，或与其他物体的关系所固有的价值。内在的价值不同于与市场无关的价值，它们是非经济的。内在的价值比经济价值更难以量化，从而在环境政策决策中经常被忽略。

8.2.7 改进整体市场活动

对于那些与市场无关的商品和服务的价值，不存在有供求双方的传统市场，沿岸生境恢复也可以改进传统市场里的商品和服务的整体市场活动，以促进经济发展。沿岸恢复增加了旅游业、休闲业和商业活动，反过来也可以改进整体市场活动。这个大目标内的具体目标包括：增加特定区域内的经济支出、总的经济影响、利润、就业、收入水平。

改进整体市场活动也可以通过产生额外的营业税和所得税来增加州及地方税收，从而增加公共利益。而且，来自于某些户外休闲相关项目（如游船燃料、捕鱼的随动装置）的联邦特许权税的税收也会增加，这些户外休闲相关项目致力于资源保护活动。

8.2.8 减少财产损失和提高财产价值

有些沿岸恢复项目可以减少由于洪涝灾害、风暴、水位波动、侵蚀及干旱造成的财产损失，而使当地土地所有者受益。减少公众财产和基础设施损失。沿岸生境（如沼泽和湿地）减少暴风雨危害的作用取决于多种因素，包括暴风雨的自然特征、沿岸地理位置、造成山体滑坡的暴风雨登陆路径。在减少由洪涝灾害、风暴和侵蚀造成的财产损失的目标下，具体的人文观目标包括：减少房屋损失数量、减少财产损失总费用、减少对交通及商业基础设施的损害、减少联邦及州用于灾难救济的资金量、减少洪水保险索赔的数量、降低恢复沿岸地区洪水保险比例的风险级别、降低沿岸财产保险费用。

除了以上这些潜在的益处，沿岸恢复还可以减少对沿岸防护性结构加固工程（如交叉拱、海堤、防波堤）的需要。防护性建筑或硬式稳固法是保护陆地财产和建筑不受海岸侵蚀的传统方法。而防护性结构有时是减少财产损失的一个有效方法，这种方法近年来受到严厉的批评。建立海堤有一些负面影响，如降低了沿岸风景美学价值、减少了海滩的利用、产生了对游泳者危险的碎石、增加了海滩侵蚀及退化、使生境退化、增加了纳税人的负担而仅利于少数财产所有者（Pilkey & Wright，1998）。

在美国，每一个州的沿岸管理项目都严格管制或绝对禁止建设新的硬质驳岸工程。在减少财产损失方面，沿岸恢复可以作为防护性结构加固工程的替代物，并得到了社会的和行政上的接受。

在美国，约 90%的自然灾害与洪涝有关，大多数由洪涝造成的损失发生在沿海社区（Platt，1999）。国家洪涝保险计划（NFIP）发起于 1968 年，自 1973 年以来由美国联邦应急管理局统筹。NFIP 的目标是为生活在被认可的泛滥平原地方的个人提供低价联邦洪涝保险。但是这个项目受到了批评，因为其多年来一直亏损运行，即项目费用超过收入，导致从美国财政部的借款在增加（Platt，1999）。因此，减少沿岸洪涝相关的风险和费用的沿岸恢复，也可以减少 NFIP 所需要的联邦纳税人的财政补助。

NFIP 的社区评级系统会为那些建立了高于 NFIP 最低要求的泛滥平原管理项目的社区提供洪涝保险折扣。沿岸恢复项目可减少侵蚀损失风险，保护自然和有益的洪涝灾害区功能，建立露天场所，减少洪涝灾害的财产损失，其社区可得到洪涝灾害保险费折扣。例如，符合 NFIP 保险费折扣的措施之一是海滩补充行动，主要是通过种植本地的沙丘植被促进自然沙丘的补充。在海滩上放置沙子是不符合 NFIP 保险费折扣要求的。小型自然洪涝灾害控制项目，如稳固河岸，改造现有的管路和建立小规模的暴雨蓄水池等也符合保险费折扣要求。而大型洪涝控制（硬式加固）建筑物，如防洪堤、水坝和防波堤是不符合 NFIP 保险费折扣要求的。

除了支付洪涝灾害保险索赔，联邦政府（州或更低级的部门）还划拨巨额资金用于灾害救济。1992 年袭击佛罗里达南部的 Andrew 飓风，造成了 265 亿美元的损失。飓风及其他自然灾害造成的财产损失是不可避免的，但可以在一定程度上通过沿岸恢复而减少。

已恢复生境产生的相关美学和休闲价值随之升高，与沿岸恢复项目邻近的财产的价值也会提高。恢复后，景观质量和水质的提高及观看野生生物机会的增加也可以提高恢复地的土地和住宅的市场价值。提高的私人财产价值也有益于增加当地的房地产税。

8.2.9 提高运输和商务效率

历史上，沿岸地区曾是贸易、商业和航海的焦点，这些都有赖于可靠的交通。国家的经济高度依赖沿岸交通（通过水、公路和铁路）来运输物品和与国内外联系。灾难性（如飓风）和非灾难性（如海滩侵蚀）的过程，如洪涝灾害、干旱、侵蚀和沉积等都可对沿岸交通产生负面影响。沿岸地区因游客和居民而变得更加拥挤，因此有效及可靠的交通就变得更加重要。这在沿岸灾难事件发生时，当数百万人在短时间内需要从较小的地方疏散时尤为重要。随着海平面的上升，保护低地的沿岸地区，特别是保护沿岸洪涝灾害疏散路线将可能成为 21 世纪的另一个要点。一些与促进交通和商业相关的沿岸恢复目标包括：减少航海通道和入口的沉积；减缓道路、桥梁、铁路和疏散通道的淹没；减轻对岛屿阻碍物的破坏；减轻对沿岸基础设施和港口的毁坏。

当上述这些过程自然发生时，它们的影响可通过沿岸生境的人为破坏而恶化。如前所述，很多沿岸生境可以作为自然缓冲器，减少这些过程造成的财产、道路、建筑和航海通道的损失。因此，沿岸恢复的另一个人文观目标是通过沿岸生境恢复的损失预防功能，提高交通效率、可靠性和安全性。防波堤和其他硬式结构加固工程就是为此目的而修建的。但是，如上节所述，在一些地方，沿岸恢复是保护运输基本设施（如道路、桥梁、铁路、疏散路线）可行的社会首选办法。

恢复项目也可促进沿岸交通设施（如游艇停泊处、摩托艇下水道和商业码头）和沿岸可到达性（如道路）的增加，这些也可看作是与交通相关的恢复益处。但是，由于这些利益可能与其他生态和人文观目标产生矛盾，因此不适合于所有项目。在其他情况下，提高交通的目标与本章讨论的一些人文观目标是一致的并紧密联系。改善的交通设施可能提高沿岸休闲和旅游水平，促进整体的市场活动，减少财产损失，提高财产价值，促进渔业发展。

368 | 恢复生态学导论

8.2.10 改进商业鱼虾类渔场

沿岸生境是很多有商业价值的鱼类和贝类的生长繁殖及培育基地。大多数商业捕获的鱼类和贝类依赖于沿岸生境的河口及湿地。如果这些生境退化了，它们提供健康、丰富和持续性鱼群的能力将极大地降低。因此，沿岸恢复的一个重要人文观目标是通过恢复鱼类及贝类的生境来促进商业渔业和可持续渔业的发展。这个总体目标包括社会文化和经济目标。除了这些价值，渔业也有巨大的经济价值。例如，2002 年，全美国的渔业收获所有种类共 94 亿镑①，价值 32 亿美元。沿岸恢复的经济目标也包括提高渔业和贝类收获的总价值，提高总利润及增加渔业的就业。

如果促进渔业是恢复项目的基本目标，则应考虑改进哪种类型的渔业或渔业区，并着重进行相应的恢复。商业渔业的主要差别是大规模和小规模运作（尽管在两者间存在梯度）。资金雄厚的大公司拥有大规模的商业渔船，可以灵活地进行全球性捕鱼。相比较而言，小规模渔业运作有较小的资金投入和较低的捕获产量，机动性和资源选择性更受限制。通常用来描述小规模渔民的词语包括手艺的、本地的、沿海的、近海岸的、部落的和传统的。如果恢复目标是提高与捕鱼社区有关的文化价值，而不是经济价值，重点则应放在恢复有益于小规模捕鱼活动的生态系统上。

捕鱼活动也在目标种类及使用装置上有所不同。一些鱼类种群受到可持续性管理，而其他很多种群受到过度捕捞。一些商业捕鱼装置对海洋生态系统明显有害，如生境破坏（如从底部拖网捕鱼），非目标鱼类的偶然死亡（如在捕捞金枪鱼的渔网中的海豚）和顺带捕捞（如丢弃在捕虾网中的死亡小鱼）。因此，当沿岸生境恢复的目的是有益于商业捕鱼业时，决策者需要决定促进哪种商业捕鱼（如规模、装置类型和种类）。基于此目的，他们应该考虑什么是项目的生态及人文观目标、促进渔业的结果将会怎样。

8.3 国际生态恢复学会的环境政策

国际生态恢复学会提出了生态恢复的环境政策（SER，1993）。该政策框架包括：生态系统的保护、重建、生态恢复的采用、生态系统管理、景观整合、文化与可持续发展、生物多样性与濒危物种、环境恢复的战略价值、全球植被重建项目等。各内容详述如下。

8.3.1 生态系统的保护

国际生态恢复学会提倡对原始的生态系统或具有特有、典型多样性和功能属

---

① 1 磅≈0.4536kg

性的生态系统进行保护。保护工作也应该延伸到最近受到风暴、火灾或其他灾难性自然事件损害的生态系统。国际生态恢复学会还提倡保护如下退化生态系统或组分：因本地物种灭绝而造成的濒危种类的最后遗留部分；特有种的成熟标本，这些特有种一个世代的时间长达几十年。

8.3.2 重建

国际生态恢复学会反对任何假借可以重新恢复而对生态系统进行的破坏活动。相反，对任何受到蓄意破坏的生态系统，国际生态恢复学会提倡重建，以补偿因生态系统被破坏而损失的环境价值，并且采取其他的环境恢复措施以实现对当地景观的最终改进。

8.3.3 生态恢复的采用

生态恢复已逐渐变成资源管理中的重要因素，国际生态恢复学会鼓励公共部门、非政府组织、机构、公司、个人，或其他拥有、控制或管理资源的团体将其广泛采纳，并作为基本准则。

8.3.4 生态系统管理

国际生态恢复学会提倡对生态系统和景观，包括已恢复的生态系统，进行生态系统管理。管理的目的是永久维持这些自然的区域。国际生态恢复学会认为生态系统是动态的，可随着自然灾害和逐渐变换的环境状况而进化。这些可能性应该在管理计划中加以考虑。

8.3.5 景观整合

国际生态恢复学会提倡把恢复项目整合到区域景观中，这样可最大限度地发挥恢复工作的有效性。最终，生态恢复项目应尽可能致力于建立绿色（植被）带、缓冲带、野生生物廊道、生物圈保护区及类似的保护区域。

8.3.6 文化与可持续发展

国际生态恢复学会认识到生态系统，包括已恢复的生态系统，与人类文化和经济是分不开的。对已恢复系统的资源利用应该符合可持续发展的原则，并且不会导致环境退化。

8.3.7 生物多样性与濒危物种

国际生态恢复学会提倡开展生物多样性及濒危物种保护的项目。国际生态恢复学会认为离开实际的生态系统，生物多样性及濒危物种的保护将不可能得到满意的维持。因此，建议负责保护生物多样性及濒危物种的资源计划者重视恢复和维护生态系统，以及那些生态系统中其他物种赖以依靠的重要物种。

8.3.8 环境恢复的战略价值

国际生态恢复学会认识到对历史生态系统的恢复与管理有助于战略上对环境需求的解决，这应该包括但不限于以下几个方面：①保留降水，以便维持水循环的完整性；②使生境多样化，增加捕食及被捕食物种的多样性，从而促进对害虫的生物控制；③稳定基质层，避免土壤侵蚀并促进表土的形成；④扩大生境，这可以保存将来的适应性（包括经济物种的改良）所必需的遗传多样性；⑤保持并增加生物多样性；⑥保护基于地域的当地人民的文化传统，包括传统的地方环境知识；⑦贮存碳，并从大气层中除去二氧化碳。

8.3.9 全球植被重建项目

国际生态恢复学会原则上支持那些由政府或组织主持的，有助于全球植被重建的项目，但这些项目应具有两个特点：①被选为进行恢复重建的地区应在历史上曾经有植被存在；②应种植有乡土树种，那些明确需要种植非乡土树种的地方除外，如农林保护区。国际生态恢复学会建议建立多树种，而不是单树种的种植园，同时建立代表当地典型植被的林下层。

主要参考文献

黄长志, 任海. 恢复生态学中的人文观. 生态科学, 2007, 26: 170-175.

彭少麟. 恢复生态学. 北京: 科学出版社, 2007.

任海, 刘庆, 李凌浩. 恢复生态学导论. 2 版. 北京: 科学出版社, 2008.

Decker DJC, Krueger CC, Baer RA, et al. From clients to stakeholder: a philosophical shift for fish and wildlife management. Human Dimensions of Wildlife, 1996, 1: 70-82.

Grese RE, Kaplan R, Ryan RL, et al. Psychological benefits of volunteering in stewardship programs//Gobster PH, Hull RB. Restoring Nature. Washington DC: Island Press, 2000: 265-280.

Hose TA. Selling coastal geology to visitors//Hooke J. Coastal Defense and Earth Science Conservation. Boulder, CO: Geological Society of America, 1998: 178-195.

Kennedy JJ, Thomas JW. Managing natural resources as social value//Knight RL, Bates SF. A New

Century for Natural Resources Management. Washington DC: Island Press, 1995: 311-321.

Manning RE. Studies in Outdoor Recreation: A Review and Synthesis of the Social Science Literature in Outdoor Recreation. 2nd ed. Corvallis: Oregon State University Press, 1999.

NOAA (National Oceanic and Atmospheric Administration). Economic Valuation of Resources A Handbook for Coastal Resource Policy Makers, NOAA Coastal Ocean Program Decision Analysis Series, 1995. http://www.mdsg.umd.edu/Extension/valuation/handbook.htm[2018-5-20].

Pilkey OH, Wright HL. Seawalls versus beaches. Journal of Coastal Research (Special Issue), 1998, 4: 41-64.

Platt R. Disasters and Democracy. Washington DC: Island Press, 1999.

Rabelais N. Oxygen Depletion in Coastal Waters. NOAA State of the Coast Report. MD: Silver Spring, 1998. http://oceanservice.noaa.gov/websites/retiredsites/sotc_pdf/hyp.pdf[2018-4-16].

Salz RJ, Loomis DK, Ross MR, et al. A baseline socioeconomic study of Massachusetts' marine recreational fisheries.Woods Hole, MA: U.S. Department of Commerce, (NOAA Technical Memorandum NMFS-NE-165), 2001.

SER. SER comments. Restoration Ecology, 1993, 1: 206-207.

US EPA (U.S. Environmental Protection Agency). Community, Culture and the Environment: A Guide to Understanding a Sense of Place. Washington DC: Office of Water, U.S. Environmental Protection Agency, 2002.

Vining J, Tyler E, Kweon B. Public values, opinions, and emotions in restoration controversies// Gobster PH, Hull RB. Restoring Nature. Washington DC: Island Press, 2000: 143-161.

9 生态系统管理与生态恢复

人们已经认识到生态系统恢复非常重要，与之相关的生态系统管理、生态系统服务、生态系统健康、恢复生态学中的人文观等也都对可持续发展有重要影响。一般来讲，生态系统在开发过程中要进行保护和管理，受损后应进行恢复，保持生态系统的健康，最终实现生态系统的可持续发展，在这一过程中，人文观会有非常重要的影响。

9.1 生态系统管理

自 20 世纪 40 年代以来，随着人口的增加、资源的开发、环境的变迁和经济的增长，环境污染、森林破坏、水土流失和荒漠化等一系列世界性问题对人类生存和经济的可持续发展构成了严重的威胁。恢复退化的生态系统和合理管理现有的自然资源日益受到国际社会的关注。基于过去的教训，人们认识到传统的单一追求生态系统持续最大产量的观点必须改为寻求生态系统可持续性的观点，资源管理也应从传统的单一资源管理转向系统资源管理。要实现这一目标，生态系统管理经营者需要与生态学家合作。生态系统管理正是管理者与科学家之间的桥梁，可以实现生态系统多个产出目标及其整体性（或可持续性）（Agee & Johnson，1988；Aplet，1993；Carpenter，1995；Chapin，1996；Decker et al.，1996；Boyce & Haney，1997）。本节主要介绍生态系统管理的基本概念，并对该领域的最新进展及有关重要问题作一概述。

9.1.1 生态系统管理的定义及研究内容

对生态系统管理的定义，不同群体或个人根据不同的出发点有不同的看法，目前较有影响的定义有以下十余种。

Agee 和 Johnson（1988）：生态系统管理涉及调控生态系统内部结构和功能、输入和输出，并获得社会渴望的条件。

Overbay（1992）：利用生态学、经济学、社会学和管理学原理仔细地和专业地管理生态系统的生产、恢复，或长期维持生态系统的整体性和理想的条件、使用、产品、价值和服务。

美国林学会（1992 年）：生态系统管理强调生态系统诸方面的状态，主要目标是维持土壤生产力、遗传特性、生物多样性、景观格局和生态过程（转引自任海等，2000）。

Goldstein（1992）：生态系统管理强调生态系统的自然流（如能流、物流等）、结构和循环，在这一过程中要摒弃传统的保护单一元素（如某一种群或某一类生态系统）的方法。

美国林业署（1992-1994 年）：生态系统管理是一种基于生态系统知识的管理和评价方法，这种方法将生态系统结构、功能和过程，社会和经济目标的可持续性融合在一起（转引自任海等，2000）。

美国内务部和土地管理局（1993 年）：生态系统管理要求考虑总体环境过程，利用生态学、社会学和管理学原理来管理生态系统的生产、恢复，或维持生态系统整体性和长期的功益和价值。它将人类的社会需求、经济需求整合到生态系统中（转引自任海等，2000）。

美国东部森林健康评估研究组（Eastside Forest Health Assessment Team，1993 年）：对生态系统的社会价值、期望值、生态潜力和经济的最佳整合性管理（转引自任海等，2000）。

Wood（1994）：综合利用生态学、经济学和社会学原理管理生物学和物理学系统，以保证生态系统的可持续性、自然界多样性和景观的生产力。

Grumbine（1994）：保护当地（顶极）生态系统长期的整体性。这种管理以顶极生态系统为主，要维持生态系统结构、功能的长期稳定性。

美国国家环境保护局（1995 年）：生态系统管理是指恢复和维持生态系统的健康、可持续性和生物多样性，同时支撑可持续的经济和社会发展（转引自任海等，2000）。

美国生态学会（1996 年）：生态系统管理有明确的管理目标，并执行一定的政策和规划，基于实践和研究并根据实际情况作调整，基于对生态系统作用和过程的最佳理解，管理过程必须维持生态系统组成、结构和功能的可持续性（转引自任海等，2000）。

Christensen（1996）：集中在根本功能复杂性和多重相互作用的管理，强调诸如集水区等大尺度的管理单位，熟悉生态系统过程动态的重要性或认识到生态过程的尺度和土地管理价值取向间的不相称性（转引自任海等，2000）。

Boyce 和 Haney（1997）：对生态系统合理经营管理以确保其持续性，生态持续性是指维持生态系统的长期发展趋势或过程，并避免损害或衰退。

Dale 等（1999）：生态系统管理是考虑了组成生态系统的所有生物体及生态过程，并基于对生态系统的最佳理解的土地利用决策和土地管理实践过程。生态系统管理包括维持生态系统结构、功能的可持续性，认识生态系统的时空动态，生态系统功能依赖于生态系统的结构和多样性，土地利用决策必须考虑整个生态系统。

由此可见，上述多个定义在许多方面有重复，大多数定义强调在生态系统与社会经济系统间的可持续性的平衡，部分定义强调生态系统的功能特征。我们认为所有这些定义并没有矛盾，生态系统管理要求我们越过生态系统中什么是有价值的和什么是没价值的问题，而主要集中在自然系统与社会经济系统重叠区的问题上。这些问题包括：生态系统管理要求融合生态学的知识和社会科学的技术，并把人类、社会价值整合进生态系统；生态系统管理的对象包括自然和人类干扰的系统；生态系统功能可用生物多样性和生产力潜力来衡量；生态系统管理要求科学家与管理者定义生态系统退化的阈值；生态系统管理要求利用"人类对生态系统的影响"的系统研究结果作指导；由于利用生态系统某一方面的功能会损害生态系统其他的功能，因而生态系统管理要求我们理解和接受生态系统功能的部分损失，并利用科学知识做出最小损害生态系统整体性的管理选择；生态系统管理的时间和空间尺度应与管理目标相适应；生态系统管理要求发现生态系统退化的根源，并在其退化前采取措施。

与生态系统管理相近或相联系，且均用于环境管理方面的术语还有生态系统健康、生态恢复、生态整体性和可持续发展（Malone，1995）。它们之间的关系可以这样理解：通过生态系统管理和生态恢复，保持或恢复生态系统的健康或整体性。

9.1.2 生态系统管理的发展简史

生态系统管理起源于传统的林业资源管理和利用过程。1864 年，Marsh 在其著作《人与自然》中提出：如果英国合理地管理森林资源，则可减少土壤侵蚀。Haeckel 于 1866 年提出了"生态学"的定义。美国总统 Franklin 敦促美国政府在林业资源开发利用中要注意保护问题。1891-1904 年，个体生态学研究比较多，自然资源管理仍以传统管理方式为主，但开始注意保护问题。1905-1945 年，森林学和生态学研究较多，主要集中在群落演替、种群方面，已提出了合理利用自然资源的问题，尤其是美国生态学会提出用核心区和缓冲区的方法合理利用和保护自然生态系统，有些国家开始制定有关法律。1945-1969 年，生态学体系已基本形成，自然资源利用开始强调多用途和持续产量问题。Carson 于 1962 年出版的《寂静的春天》引起了人们对环境恶化的广泛关注。1970-1979 年，生态系统生态学发展迅速，Likens 于 1970 年提出现有森林管理方法可能影响生态系统的功能。Abrahamsen 于 1972 年提出人类活动导致了生态系统的退化，而自然资源管理者强调多重利用、单种种植管理和保护，但人们开始认识到一些传统的资源管理方法并没有起到预期的作用（转引自任海等，2000）。

1980-1989 年，有大量关于生态系统和管理方面的研究论文出现，生态学开始强调长期定位、大尺度和网络研究，生态系统管理与保护生态学、生态系统健康、生态整体性与恢复生态学相互促进和发展，美国政府（尤其是农业部）及国会积极倡导对生态系统进行科学管理。在此期间，Agee 和 Johnson（1988）出版了生态系统管理的第一本专著，他们认为生态系统管理应包括生态学上定义的边界、明确强调管理目标、管理者间的合作、监测管理结果、国家政策层次上的领导和人们参与等 6 个方面（转引自任海等，2000）。1990 年至今，数本关于生态系统管理的专著陆续问世（如 Slocombe 于 1993 年出版的 *Implementing Ecosystem-Based Management*，Gordon 于 1994 年出版的 *Ecosystem Management*：*An Idiosyncratic Overview*，Vogt 等于 1997 年出版的 *Ecosystems*：*Balancing Science with Management*），这些专著支持大多数的资源经营活动，而且强调用环境科学知识达成社会经济目标。自此，生态学界开始注意生态系统管理，将生态管理与可持续发展相联系。美国开始进行森林生态系统管理研究与评估，生态系统管理的基本框架形成。

特别需要指出的是，森林自然资源管理经历了单纯采伐利用、永续利用、森林多价值永续利用、森林生态系统管理 4 个阶段，森林生态系统管理是森林自然资源管理阶段中的最高层次，森林生态系统管理与传统森林经营之间既有区别又有联系，森林生态系统管理研究涵盖生态学、社会学和经济学三个角度（石小亮等，2017）。面向生态系统服务的森林生态系统管理是未来的发展趋势，这个趋势表现为：①从单纯的森林面积数量扩张，转变到提高单位面积的森林生产力和森林质量；②从单一追求木材生产逐步转变为多目标经营，将森林林产品单一的经营目标转变为广泛的生态、经济和社会等多目标经营；③森林经营重点从林分水平转变为森林景观的经营，强调森林景观的时空异质性和动态变化，权衡和协同多种生态系统的服务功能，倡导森林景观的多样性和连通性，提高森林与其他土地利用模式镶嵌构成的复合景观的可持续性和稳定性，增强森林生态系统对气候变化影响的适应能力；④森林生态系统经营将从依赖传统经验的主观决策转变为信息化、数字化和智能化的决策，发展森林生态系统经营决策支持系统和森林景观恢复与空间经营规划系统（刘世荣等，2015）。

9.1.3　生态系统管理的数据基础

对生态系统进行管理必须搜集一些数据或知识，由于生态系统的复杂性，这些数据或知识可能是个体、种群、群落、生态系统、景观、生物圈等空间尺度的，同时这些空间尺度还与时间尺度问题相互交错。这些应收集的数据或知识如下。

在植物个体及种群尺度上：气候与微气候、地形与微地形、土壤的理化特征、消费者的层次、植物的生理生态特征、植物固定碳的格局、植物遗传、共生、营养和水分条件。这些数据的时间尺度是小时、天或年。值得指出的是，不能把幼苗的数据当作成年植株的数据用（因为幼苗常没有竞争、幼苗和成年植株对胁迫的反应不同、幼苗常没有共生菌、盆栽幼苗的生长速率与野外的不同），在小样方内测定的数据不能当作大样方的用。

在群落及生态系统尺度上：气候与微气候、地形与微地形、种类组成与多度、土壤理化特征、消费者的层次、植物组织的流通率及分解、活与死有机质的空间分布、植物对水分和营养利用的形态适应、共生、营养和水分条件。这些数据的时间尺度是一年或几年。在收集这一尺度的数据时，气候因素被当作常量，样地太小时应收集更多的数据，可用更多的变量来研究生态过程的控制和反馈，确定均质样方单位比较困难，很难从本层次的样方数据推测景观层次的数据，在研究物质循环和水分关系时尺度非常重要，不能用生态系统尺度研究大动物和鸟类（因其活动范围较大）。

在景观尺度上：气候、地形、群落与生态系统类型、土壤理化特征、生态系统类型的空间分布。这些数据的时间尺度是几年至几十年。在研究景观尺度问题时，要考虑明确的边界和空间异质性，在进行尺度推绎时，部分的叠加可当作整体的性质，主要研究方法有 GIS 和模型研究，景观尺度是评价动物生境的最佳尺度。

在生物圈尺度上：气候、地形和植被类型。由于空间尺度太大，一些生态学过程的速率较慢。气候是植被分布的决定因子，时间尺度不重要，海拔对种类分布的影响可忽略。

当然，并不是所有的生态系统管理都要收集上述数据，实际管理时只需收集核心层次的数据，并适当考虑其相邻的上下层次的部分数据。

9.1.4 生态系统变化的度量

生态系统状态的自然变化一直是生态学家关注的问题，考虑干扰情况下生态系统的状态变化更是生态学家和管理者关注的问题。生态系统管理必须考虑生态系统的变化，以确定管理方式从而避免生态系统的退化。

生态系统可用抵抗力（resistance，生态系统维持稳定状态的程度或吸收干扰的能力）、恢复力（resilience，干扰后生态系统返回干扰前状态的速度）和持续力（persistence，系统在某种状态下所延续的时间长度）度量。Westman（1985）又将恢复力分为 4 个可测量的成分：弹性（elasticity，系统恢复到干扰前状态的时间）、振幅（amplitude，系统受干扰前后状态差异程度）、滞后性（hysteresis，干扰移走后系统的恢复时间）、可塑性（malleability，系统恢复后的状态与干扰前状态间的差异）。

研究生态系统变化的参数一般采用生物多样性、生态系统净初级生产力、土壤、非生物资源（营养库及其流动、水分吸收及利用等）和一些生理学指标。当生态系统退化时，比较敏感的指标有：植物体内合成防御性次生物质减少（容易暴发疾病和虫害）；植物根系微生物减少或增加太多；物种多样性降低或种类组成向耐逆境种或 r 对策种转变；净初级生产力和净生产力下降；分解者系统中的年输入物质增加较多；植物或群落呼吸量增加；生态系统中的营养损失增加并限制生态系统中植物的生长；在长期营养库中的最小限制性因子。

确定生态系统上述变化的方法有：比较净初级生产力、分解速率的理论值与实际值；估算样地间标准物质或生物体的转移；观察指示种或功能群；稳定性同位素（如 C、H、N 元素）方法；3S 技术（遥感、地理信息系统和全球定位系统）和谱分析方法；空间和时间尺度交叉的整体性方法（如梯度分析、边界分析）；大量数据集的合成分析；生态风险评价等。

从管理者和普通民主的角度来看，他们更关注的是生态系统产品和生态系统服务功能的变化，这些指标包括：可提供的食物、药物和材料，旅游价值，气候调节作用，水和空气的净化功能，丰富人类的精神生活，废物的去毒和分解，传粉播种，土壤的形成、保护及更新等（Overbay，1992；Pastor，1995），生态学家与管理者的度量指标的结合可能是生态系统管理发展的方向之一。

9.1.5 生态系统管理的要素及步骤

生态系统管理的要素包括：根据管理对象确定生态系统管理的定义，该定义必须把人类及其价值取向作为生态系统的一个成分；确定明确的、可操作的目标；确定生态系统管理边界和单位，尤其是确定等级系统结构，以核心层次为主，适当考虑相邻层次内容；收集适量的数据，理解生态系统的复杂性和相互作用，提出合理的生态模式及生态学理解；监测并识别生态系统内部的动态特征，确定生态学限制因子；注意幅度和尺度，熟悉可忽略性和不确定性，并进行适应性管理；确定影响管理活动的政策、法律和法规；仔细选择和利用生态系统管理的工具和技术；选择、分析和整合生态、经济和社会信息，并强调部门与个人间的合作；实现生态系统的可持续性。此外，在生态系统管理时必须考虑时间、基础设施、样方大小和经费等问题（SAF Task Force，1992；Simpson，1998）。

在具体操作过程中，需要先根据管理对象确定生态系统管理的人类价值取向作为生态系统的一个成分；再确定明确和可操作的目标、管理边界和单位（特别要确定等级系统结构），收集适量的数据，理解生态系统的复杂性和相互作用；提出合理的生态模式及生态学理解；监测并识别生态系统内部的动态特征，确定生态学限制因子；注意幅度和尺度，熟悉可忽略性和不确定性，并进行适应性管理；确定影响管理活动的政策、法律和法规；仔细选择和利用生态系统管理的工具和技术；选择、分析和整合生态、经济和社会信息，并强调部门与个人间的合作；最终实现生态系统的可持续性（李笑春等，2009）。

于贵瑞（2001）提出的生态系统管理步骤为：①定义可持续的、明确的和可操作的管理目标；②收集适当的数据，在对生态系统复杂性和系统内各种要素相互作用关系充分理解的基础上，提出合理的生态模型，分析并检测生态系统的动态行为；③明确被管理生态系统的空间尺度和空间边界，尤其是要合理确定生态系统管理的等级关系，以核心等级为主，考虑其相邻等级的内容；④分析和综合生态系统的生态、经济和社会信息，制定合理的生态系统管理政策、法规和法律；⑤确定管理的时间尺度，并制定年度财政预算和长期的财政计划；⑥履行生态系统的适应性管理和责任分工，注意协调管理部门与生态系统管理者、公众的合作关系；⑦发挥科学家的科学研究和组织实施作用，及时对生态系统管理的效果进行确切的评价，提出生态系统管理的修正意见，真正落实生态系统的适应性管理计划。

生态系统管理要求生态学家、社会经济学家和政府官员通力合作，但在现实生活中并不容易。生态学家强调政府部门和个人应该用生态学知识更深刻地理解资源问题，理解生态系统结构、功能和动态的整体性，强调要收集生物资源和生态系统过程的科学数据，强调一定时空尺度上的生态整体性与可恢复性，强调生态系统的不稳定性和不确定性，但他们往往不愿意把社会价值等问题融入科学领域内。社会经济学家更注重区域的长期社会目标，强调制定经济稳定和多样化的策略，喜欢多种政策选择，尤其是希望少一些科学研究，期望生态系统的稳定性和确定性。而政府官员则考虑如何把多样性保护与生态系统整体性纳入法制体系，如何有效地促进公共部门和私人协作的整体管理，如何用法律和政策促进生态经济的可持续发展，当然他们更希望把被管理的生态系统放入景观背景中考虑，因为这样所需费用较少。

虽然生态系统管理日益受到管理者和科学家的重视，但有关生态系统管理的具体内容和方法尚有一些争议（Vogt，1997）。有人认为，生态系统管理要求太多的数据，因而不可能实现。事实上，生态系统管理集中在评估那些驱动或控制某一生态系统的力量上，不必收集如此多的数据。有一些人认为，生态系统管理没有一个简单的定义，不具可操作性。事实上，生态系统管理只是提供了一个避免出现生态危机的思维方法，实际管理时还要有灵活性。还有人认为，生态系统生态学不足以作为资源管理的基础，进行这样的生态系统管理会妨碍经济的发展。然而，如上述多个定义表明，现代生态系统管理是基于生态系统生态学及多个生态学学科（如景观生态学、保护生物学、环境科学、经济学、社会科学）之上的。随着这些学科的发展和完善，生态系统管理的理论和实践也势必会有长足的发展。

9.2 非洲南部稀树草原生态系统管理

稀树草原（Savanna）覆盖了南部非洲 46%的面积，是南非、博茨瓦纳、纳米比亚和津巴布韦等国的主要植被。稀树草原生长在年降水量少于 750mm、冬季干燥高温的区域。其典型结构是上层为木本（乔灌木）层，该层高 1-20m，以相思树属（Acacia）植物为主；下层为草本层，以 C4 植物（植物同化碳素时，除了有以 3-磷酸甘油酸为最初产物进行的卡尔文循环外，还有以草酰乙酸为最初产物的 C4 途径，这类植物称为 C4 植物）为主。由于降水量少，在自然状况下，其木本植物和草本植物竞争达到相对动态平衡。稀树草原主要有 Transvaal sour bushveld、Transvaal mixed bushveld、Eastern mixed bushveld、Kalahari thornveld and bushveld、Transvaal sweet bushveld 和 The valley bushveld 等 6 类。目前非洲稀树草原主要用于牛和羊等牧业生产，约有 5%的区域被划为自然保护区（Ren et al., 2005）。

非洲有较长的利用稀树草原进行农业生产的历史。1850 年以前，由于人口稀少，交通和市场不发达，农民主要进行迁徙式的养牛业生产，人类生产活动基本没有导致稀树草原退化。在自然情况下，乡土动物如草兔（Lepus capensis）和斑羚（Naemorhedus goral）等引起的稀树草原退化仅是局部小范围的。但自从南非发现黄金和钻石后，大量移民涌入，人口急剧增长，交通与市场条件大为改善，急需大量食物，许多没有农业知识或经验的人开始利用稀树草原进行农业活动，导致大面积的稀树草原退化。在一些敏感区域，水土流失严重。此后，虽然南非等国采取了一些积极的政策措施，例如，根据 1912 年《建篱法》，政府鼓励建立啃食小区（camp）以提高承载量，但由于缺乏必要的啃食控制，到 1933 年，窄食性的牲畜迅速增长到 4000 多万头，大大超出当时的安全生产量。这种过度啃食对稀树草原的负面影响直到今天仍可感受到。1969 年，南非开始有计划地控制牲畜数量，1985 年进一步从社会、财政、技术和教育等方面协同解决这一问题。但是一个显著的情况是：随着农业活动的开展，广谱性、需水量少和季节性啃食的野生动物减少，而窄食性、需水量大和常年性啃食的牲畜增加。由于动物啃食的选择性，动植物间的关系被显著改变，稀树草原的植物种类改变，由动物喜吃型种类变成了动物不喜吃型的种类（Ren et al., 2005）。

非洲南部从 1930 年开始研究稀树草原生态学，其主要类型、分布及结构在 1950 年以前就很清楚了，光、温、水、土等主要生态因子对稀树草原的主要植物种类的影响已于 1980 年前研究完毕，1980 年以后主要集中于生态系统功能与动态研究。在此基础上，1990 年以后，兴起了稀树草原生态系统管理研究。本节主要引用 Ren 等（2005）的工作，对非洲稀树草原生态系统研究作一概述。

9.2.1 稀树草原主要植物种类的形态与生理

在对稀树草原主要植被类型的地理分布和群落结构进行大量研究之后，欧洲和非洲的科学家随后研究了主要种类的形态与生理生态等个体生态特征。Ellis 通过系统分析前人对稀树草原草本和木本植物形态学方面的研究发现，各种类的叶、茎、根的形态解剖结果表明了这些种类的旱生适应机制，种子及根分蘖形态研究表明了其生殖力强，动物啃食后的器官修复表明了植物与动物的协同发展。Rutherford 对南非大量的样方研究发现，降雨与草产量间有正线性关系，而且降水量决定植被类型。年降水量大于 750mm 的区域为森林，250-750mm 的为草原或稀树草原，低于 250mm 的则为台地高原（Karoo）的顶极植被类型——半肉质灌木（semi-succulent shrub）。Snyman 和 van Rensburg 报道，1982-1984 年的 3 年干旱，牲畜喜欢吃的种类占主导和生产力较高的好稀树草原 39% 的草类死亡，生产力下降 20%，中等稀树草原 64% 草类死亡，生产力下降 50%，差的稀树草原死亡率更高，生产力下降更快（Ren et al.，2005）。

科学家发现，稀树草原一年生草本植物寿命约 15 个月，种子含水量仅为 5%-10%；而多年生草本植物的寿命短于 1 年，但地下部分可萌发新株。光照、温度是影响草本类叶片扩展的主要因子，但当氮素缺乏时，叶片的扩展速率比光合速率降低得快，水分过多也会影响叶片扩展。叶片的年龄也影响光合产量，一般成年叶产量高于幼年叶和老年叶。草本植物在春秋季时根冠比较低，过度啃食时根冠比更低。通过微观解剖分析、C 同位素和生理生态研究，C3 和 C4 植物的结构和生理特征得以澄清，而且主要结论与当前主要结论相似。在全球变化对稀树草原的影响方面，Wand 等发现 CO_2 浓度升高，黄背草[TMX1]的净 CO_2 同化率不变，但气孔导度和叶片 N 水平下降，水分利用效率增加，穗数和生物量增加。动物啃食对草本植物的影响是多方面的，包括对植株的物理损伤，对土壤的干扰，帮助植物种子传播，输出营养，粪便可增加土壤肥力。一方面，动物啃食使植物失去叶片，光合容量能力降低，根系减少，草的生长受到阻碍；另一方面，动物啃食减少了植物冠层遮阴，植物也会产生补偿机制而增加生长量（Ren et al.，2005）。

在灌木研究方面，有研究发现，遮阴会阻碍灌木根系生长，而叶量和亚层土壤根量相关性密切，研究进一步指出，在演替早期，一些灌木为不耐阴种，但演替后期变为耐阴种，而且优势种的耐阴力随着演替进展而有所增加。此后，研究还发现，遮阴对稀树草原种类组成与结构有极大的负面影响。由于叶片形态和生理过程不同，在利用相同量的水分情况下，热带种可产生 2 倍于温带种的干物质产量（Ren et al.，2005）。

9.2.2 稀树草原的生态系统评估

稀树草原生态系统评估较重要，但直到 1970 年正式的研究还比较少。1980年以后，非洲科学家与欧美科学家共同发展了不同生态区的稀树草原潜力评价方法和不同管理策略下稀树草原变化的量化方法，后来也有一部分火灾和啃食对稀树草原生态系统健康影响评估方面的研究。这些方法包括：①基于农业经济原理的方法。稀树草原生态条件用加权"喜吃性"组分方法（weighted palatable composition method）进行评估，这种方法将不同草种按动物喜吃的程度分为Ⅰ级（特别喜欢）、Ⅱ级（一般）和Ⅲ级（不喜欢），并给予相应的加权值 3、2、1。根据植被调查的结果计算喜吃度组成比率。②基于生态原理的方法。基于生态原理的方法较多，主要有基准法（benchmark method）、生态指标法（ecological index method）、加权关键种法（weighted key species method）和退化梯度法（degradation gradient method）。这些方法中，基准法是比较常用的方法，这种方法以在某一生态区内选择生产力高且稳定的样方为标准，将其他样方的种类组成及数量与之相比较，再给予不同分值计算总分（Ren et al.，2005）。

9.2.3 稀树草原自然演替与退化

稀树草原动态分为原生演替和次生演替过程。原生演替是指裸地或干枯水塘上的苔藓等低等植物入侵后形成土壤，而后苔类植物、一年生草本、混有灌木的草本植物相继入侵，由于水分限制，最终灌草间达到平衡。次生演替过程从阔叶野草和一年生草本[如石蕊（*Staria pallide*）、马唐（*Digitaria sanguinalis*）、紫花黍（*Panicum laevifolium*）、牛筋草（*Eleusine indica*）]群落开始，以多年生植物（如 *Eragrostis sporobolus*、*Hyparrhenia* spp.）入侵结束。

在稀树草原动态过程中，树草竞争相当重要。草本植物有相对浅的根系，树木有浅根和深根类。树木和草本在上层土壤竞争水分和营养，由于草有更广泛的根系因而竞争力强于树，而在深层土壤，树无竞争者，因此，一旦树木层形成，就是在草繁茂的地方树木也能存活，树草的比例依赖于亚层土壤的水分，然而，当草层覆盖下降，径流增加，上层的水分减少时，树木竞争力加强，草层受限，有些地方无草。但由于水分限制，最终树木因缺水而死亡，草本又入侵，形成一个新的动态过程（Ren et al.，2005）。

生态系统退化是当前稀树草原面临的一个主要问题。稀树草原退化是指某一区域内由于生物与非生物因素影响，生态系统演替变化并维持在较低阶段。主要原因包括：过度放牧；不当放牧（如干旱时仍放牧，将绵羊置于适于牛啃食区）；位于陡坡和高降雨区域；贫困区域的人们为了生存而破坏生态系统；由于缺乏有关法律和执法不严引起的人类干扰；无控制的火耕；自然灾害（如干旱和岩兔大量繁殖）。牲畜有选择性地啃食也是稀树草原退化的主要原因之一。此外，由于过度啃食，入侵种墨西哥相思树（*Acacia mellifera*）、*Acacia karroo* 大面积入侵非洲南部，用生物方法难以控制，只有用人工或极昂贵的化学控制法才行。最近报道显示，一些主要城市郊区，由于早期引入了桉树、黑荆，后来它们自然更新后向外扩展已引起草种退化和消失（Ren et al.，2005）。

图 9.1 显示了稀树草原在自然和人为干扰下的状态与过渡情况。图 9.1 表明，稀树草原退化有两种可能的途径：其一是简单的过度啃食，即从状态Ⅲ到Ⅷ并最终到Ⅺ，其二是从状态Ⅲ到Ⅸ并最终到Ⅹ，第二种退化途径更严重。稀树草原恢复也有两种可能的途径，其一是经 T_{12} 直接恢复，另一种是从 T_{14} 经 T_{10} 的间接恢复。

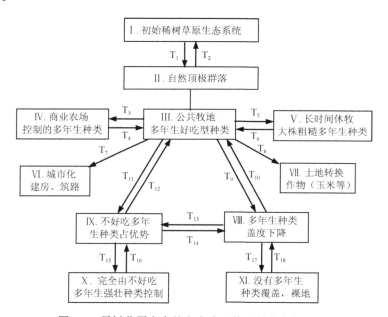

图 9.1　稀树草原在自然和人为干扰下的状态与过渡

T_1. 无干扰的自然演替；T_2. 逆行演替，受到火、干旱、严寒或其他自然干扰；T_3. 焚烧开垦，播种好吃的多年生种类；T_4. 长期休耕；T_5. 过度休牧；T_6. 轻度放牧；T_7. 城市化；T_8. 草地破碎化；T_9. 放牧强度加剧，牲畜开展啃食不适口的种类；T_{10}. 完全或大幅降低放牧强度；T_{11}. 中度放牧，牲畜啃食适口种类；T_{12}. 在适宜适口种类生长的初期只进行轻度放牧；T_{13}. 轻度放牧，各类草本的生物量总体呈上升趋势，但适口类受到抑制；T_{14}. 进行短期的高强度放牧或焚烧，以抑制不适口种类的蔓延；T_{15}. 进行中度放牧直至不适口种类占绝对优势；T_{16}. 恢复过程极其缓慢或在管理中难以实现的转化过程；T_{17}. 继续高强度放牧，直至草丛和多年生种类的种子库消失，土壤流失严重；T_{18}. 只有通过土壤改造和种植才能恢复

稀树草原退化的指标包括：①土壤变化（土壤肥力、水分持留量、水分渗透力降低，径流增加导致土壤侵蚀）；②植被变化（生产力变化、植被盖度变化、种

类改变、灌木疯长、外来种入侵）；③牲畜生产变化（动物生存条件恶化，产仔率降低，死亡率上升，奶产量下降）。Bosch 认为稀树草原顶极群落（甜草种类多，占了群落的大部分，植被覆盖率达 80%，草类生产力高）在长期过度啃食情况下的退化经历了如下 5 个阶段：①初级退化，即有牧业生产价值的、土壤保护型的种类（草本如 *Fingerhuthia sesleriaeformis*，灌木如 *Felicia ovata*）密度快速下降；②初级种群密度降低，即牲畜喜吃的植物种类消亡速度增加；③再定居阶段，即动物不喜吃，但繁殖率快的一年生种类定居并大量繁殖，灌木密度有所增加；④次级退化，即持续没有管理，牲畜不喜吃种完全入侵，多年生草种消失，灌木密度很大，地表径流和土壤侵蚀较高；⑤荒漠化，即在上述基础上持续恶化，土壤覆盖减少并最终导致荒漠的形成（Ren et al., 2005）。

土壤有机质是稀树草原生态系统的重要成分，稀树草原有机质含量一般低于 2.5%。过去 15 年内非洲南部 50mm 以上土层有机质含量降低了 20.5%-32.5%。N 含量降低了 14.3%-22.5%。与此同时，土壤温度增加，草产量下降，稀树草原恢复较慢。最新研究发现，在小啃食营区内，由于动物啃食具有选择性，当牛吃完某些喜吃的草种类后转移到另一营区，让牛不喜欢吃的种类自然死亡并分解，可增加有机质，而有机质增加又可促进牛喜吃种类在下一季的生长。

稀树草原退化对灌木入侵的影响预测模型表明，在条件好的稀树草原，过度啃食会导致 *Acacia karroo* 入侵，当入侵灌木密度达到 1600 株/hm² 时，草原生产力开始下降。表 9.1 显示了南部非洲的西北区域不同处理下稀树草原群落结构的变化。在未放牧的自然情况下，群落中树草竞争处于动态平衡，但随着干扰的加强，从中度放牧到过度放牧，最后到裸地的情况下，种类结构发生重要变化，灌木入侵和丛生现象逐步明显，最终系统极度退化（Ren et al., 2005）。

表 9.1　南部非洲西北区域稀树草原在不同放牧情况下的反应（引自 Ren et al., 2005）

	树种数量	密度（株/hm²）	低于 1m 的树木株数占总株数的比例（%）	高于 1m 的树木株数占总株数的比例（%）	草种数量
裸地	2	4	0	100	2
未放牧	6	950	6.5	93.5	9
中度放牧	8	1700	56.5	43.5	10
过度放牧	7	1250	60.0	40.0	4

9.2.4　稀树草原的水土流失

几乎任何形式的农业土地利用都会导致水土流失，但好的农业实践可以减少流失强度。当水土流失速度超过土壤形成速度时即形成水土流失。非洲南部 12-40 年可形成 1mm 顶层土（沙土和碱性土时间不同），即可形成 0.25-0.38t/(hm²·a) 的土壤，耕地和非耕地可以接受的水土流失量分别为 5-10t/(hm²·a) 和 0.5-1.0t/(hm²·a)。Schulze 发展了南非土壤侵蚀估计模型（Soil Loss Estimator Model for South Africa），后来发展成为广泛应用的 MUSLE 模型，并计算了非洲南部主要稀树草原在不同啃食条件下的水土流失情况，其主要结论是：啃食强度越大，休牧时间越短，水土流失量越大（Ren et al.，2005）。

一般情况下，降雨强度为 25mm/h，即 200t/hm² 的雨量，速度为 20km/h，稀树草原的冠层和根系可抵挡而不发生水土流失。Mivoria 等发现在裸地上，一场雨的降水量仅 4.4mm 即发生土壤侵蚀，结构较好的稀树草原在 191mm 时才发生水土流失。对于比较干旱的稀树草原而言，水蚀不是问题，风蚀才是主要问题。尤其是在道路边、牲畜饮水点和居民点附近，长期践踏形成紧实土壤，土壤水分结构改变，进而影响植被恢复，形成裸地，极易形成风蚀重点区域，甚至形成沙尘暴。非洲南部关于风蚀研究的量化数据很少，估计约 19% 的稀树草原面临风蚀问题（Ren et al.，2005）。

1945 年 Bennett 就开始研究植被条件与水土流失的关系，至今已有大量文献。总结 20 年的定位研究发现：好稀树草原、中等稀树草原和差稀树草原的径流量分别为 3.50%、5.55%、8.71%，而土壤侵蚀模数分别为 0.41t/(hm²·a)、1.42t/(hm²·a)、3.86t/(hm²·a)。但这些研究结论来自小样方实验，还缺乏大尺度或集水区尺度的研究结果（Ren et al.，2005）。

近年新发现，由于干旱和短期降水，许多稀树草原基部盖度（basal cover）降低而冠层盖度增加，草的存活年龄增长。即地表层匍匐状根茎减少，而直立茎增加，这可能导致那些冠层盖度仍很高的区域水土流失增加。

9.2.5 火及其对稀树草原的影响

早期葡萄牙探险者将南非称为"Terrados fumos"，其意为烟和火的土地。由此可见，火在稀树草原群落中扮演了重要的生态角色。但一般认为火在稀树草原管理中是起负作用的。火包括冠层火（crown fire，指燃烧限于树灌层，这种火比较少见）、表层火（surface fire，仅地表层的草、小灌木、幼苗、落叶、枝条等可燃物燃烧，这种火比较普遍）和地层火（ground fire，地表深层的有机质也燃烧，这种火比较罕见）等类型。

稀树草原多发生表层火，这种火可分为头火（head fire）和后火（back fire）。头火主要烧死冠层顶部、乔灌木的枝干。头火强度一般为 925kJ/(s·m)，灌木仅有 9.3%-13.0% 的死亡率，且不影响草的恢复。而后火由于长时间在 95℃以上，对草本植物的再生具有明显的抑制作用。

稀树草原主要草种的热值为 17 000-18 000kJ/kg 干物质。稀树草原的燃烧过程不是所有能量释放，部分用于除湿，部分未燃烧。其中，头火释放约 16 890kJ/kg 干物质的能量，残留 5.6%的有机质，而后火灰烬仅残留 1.2%的有机质。Trollope 发现头火容易杀死树干和枝条。

影响火行为的因子包括燃料（燃料的质量、体积大小、分布、紧实度和湿度）、气温、相对湿度、风、地形、坡度等。Trollope 发展了一个火强度模型：

$$FI=2729+0.8684X_1-530\sqrt{X_2}-0.1907X_3{}^2-5961/X_4$$

式中，FI 为火强度，X_1 为燃料质量（kg/hm²），X_2 为燃料湿度（%），X_3 为相对大气湿度（%），X_4 为风速（m/s）。

火灾发生的季节对草本植物影响很大，一般认为在新生长季（春季）前的火可去除杂草，而且过火后草的营养价值高于未过火的。从目前的研究结果来看，火季仍是一个有争论的问题。此外，火灾频率对稀树草原也有影响，一般认为，频繁火灾对其种类组成、土壤和营养有负面影响。但也有研究发现，22 年连年燃烧的稀树草原与 3-5 年烧一次的草地灌木密度相近，均低于 38.9%，据此认为火频率对稀树草原灌木密度的影响不明显。火灾过后的管理很重要，火后接着让牲畜啃食会严重影响稀树草原恢复（简曙光和任海，2004；Ren et al.，2005）。

9.2.6　灌木入侵及丛生化

稀树草原地上部分生物量主要是灌木的，为 45-60t/hm²。牲畜啃食时仅能利用其中的 0.5-2t/hm²，因此现在非洲的稀树草原一般承载力为每头牛每年 5-30hm²，平均为每年 12hm² 的稀树草原仅能养 1 头牛。但是，由于灌木入侵，公共牧地的承载力是较低的（Ren et al.，2005）。

稀树草原上木本植物密度增加的现象称为灌木入侵（bush encroachment）。灌木入侵会导致草产量下降而影响畜牧生产。产生灌木入侵的原因是多样的，但与人类活动有直接或间接关系。灌木入侵的主要驱动因子是气候与土壤，次要因子是火和啃食。目前，研究发现，过度啃食导致木本植物增加，这些木本植物是浅根系，没有草本植物与其竞争水分和营养，因而生长较快。已有研究表明，在草茂盛的地方，灌木入侵种 *Hardwickia mopane* 的幼苗不能定居，但在长期保护的自然区内牧豆树属（*Prosopis*）植物会大量出现，在稀树草原休牧后，*Acacia karroo* 大量入侵。

树木自疏的影响与草-树间的相互作用有关，这种相互作用分为负或正作用。研究发现，负作用是由于树草间争夺土壤水分而互相压制的负竞争作用。Richter 报道减少草产量可增加树木密度，在 200 株/hm² 以下，树草无竞争，此后，随树木密度增加而草产量下降。当树木密度达 2000 株/hm² 时，草本完全被压抑。移去树木后，草产量将增加，但增加的效果与当年降水量直接相关。

正相互作用与此相反，灌木下的草生长更好，产量更高。这是由于灌木下的微生境更好。例如，灌木落叶分解后增加土壤营养，遮阴减少土壤水分损失。

综合上述不同观点可以发现：可能某些草种与树种的种间关系是正相互作用，而大部分为负相互作用。对于正相互作用，在一定范围内灌木增加可增加草产量，但超出一定范围，则草产量会下降。对于负相互作用，只要树木密度增加，草产量一定会减少。

在生产实践中，对于木本植物的管理有两种思路：一是让牲畜去适应现存的植被，如放养山羊去啃食它们喜吃的灌木；二是修饰植被以适应特定的牲畜，如去除灌木以长草放牛。

目前控制灌木入侵的常用方法有：①利用火烧，主要是放火烧整个稀树草原或大树的茎部。②利用山羊啃食，对低于 1.5m 的灌木，Boer 山羊啃食频率和强度高的区域可导致 63%的灌木死亡。③机械清除，利用机械清除可连根拔起，但同时也会干扰土壤，进而导致一些草种消亡。④化学控制，主要限于密度高、树干高、牲畜不吃的种类，利用除草剂（如 2,4-D），但这种方法 4-5 年才见效，且较昂贵。有时不能杀死树木却污染环境。在采用有关方法控制灌木入侵后，必须注意管理，利用灌草相互作用，争取延长处理效果（简曙光和任海，2004）。

9.2.7 稀树草原管理原则

由于历史原因，非洲南部大部分适于放牧的稀树草原被欧洲移民来的农民改造成私有商业农场，这些农场一般清除灌木，仅让有经济价值的草本生长，以放养牲畜。而大部分原住民中的农民则依靠小面积的公共稀树草原进行农业生产活动，由于土地所有权为国有，但牲畜为私有，这种产权分离造成无人或少人管理，导致稀树草原退化。但经过多年的实践，非洲的草原生态学家提出了稀树草原管理的主要原则。这些原则包括：①持续放牧，即将牲畜长期置于牧区啃食。②轮作放牧，即在啃食期间，将动物分为几组啃食，至少保证某些稀树草原不被同时啃食，在这种管理方式下，动物密度高于持续放牧的。③休牧，即春季动物啃食后让稀树草原休牧 6 个月，或全年休牧 3-4 个月。④控制存栏率，即控制单位面积内某一类（或等级）动物的数量（Ren et al.，2005）。

在生产实践中，稀树草原用于牧业也存在一些问题，诸如草层产量不如纯草原高，地下水位低，破坏后不易恢复。沙地上的稀树草原破坏后休牧 1-2 年即可恢复，但种类不是牲畜喜吃的。为此，一些生态学家又将上述 4 条基本原则细化为如下原则：由于年降水量变异大，稀树草原年产草量波动大，因而饲料供应年间变异大，这是制约牧业的主要瓶颈；稀树草原的草层是饲料基础，当其退化后，灌木入侵，草产量将下降；在自然情况下，木本植物与草本植物竞争达到动态平衡，但在啃食情况下，稀树草原木本植物竞争力强于草本植物，周期性的干扰（主要是啃食）可防止灌木入侵；稀树草原易于波动，有时几种因子驱动下会发生预想不到的变化；羊啃食可能有损或刺激树木的生长，应注意啃食强度；存栏率与牲畜种类必须适于当地的植物群落，在木本多的地方可多养山羊；火是维持稀树草原动态的基本因子，用于生产时必须小心，以防产生负面影响（Ren et al.，2005）。

主要参考文献

简曙光, 任海. 火与外来植物相互关系的研究进展. 热带亚热带植物学报, 2004, 12: 182-188.

李笑春, 曹叶军, 叶立. 生态系统管理研究综述. 内蒙古大学学报(哲学社会科学版), 2009, 41: 87-93.

刘世荣, 代力民, 温远光, 等. 面向生态系统服务的森林生态系统经营: 现状、挑战与展望. 生态学报, 2015, 35: 1-9.

任海, 邬建国, 彭少麟, 等. 生态系统管理的概念及其要素. 应用生态学报, 2000, 11: 455-458.

石小亮, 陈珂, 曹先磊. 森林生态系统管理研究综述. 生态经济, 2017, 33: 195-201.

于贵瑞. 生态系统管理学的概念框架及其生态学基础. 应用生态学报, 2001, 12: 787-794.

Agee J, Johnson D. Ecosystem Management for Parks and Wilderness. Seattle: University of Washington Press, 1988.

Aplet GH. Designing Sustainable Forestry. Washington DC: Island Press, 1993.

Boyce MS, Haney A. Ecosystem Management: Applications for Sustainable Forest and Wild Life Resources. New Haven: Yale University Press, 1997.

Carpenter RA. A consensus among ecologist s for ecosystem management. Bulletin of Ecological Society of America, 1995, 76: 161-162.

Chapin FS. Principles of ecosystem sustainability. American Naturalist, 1996, 148: 1016-1037.

Dale VHS, Brown S, Haeuber RA, et al. Ecological principles and guidelines for managing the use of land. Ecological Application, 1999, 10: 639-670.

Decker DJC, Krueger CC, Baer RA, et al. From clients to stakeholder: a philosophical shift for fish and wildlife management. Human Dimensions of Wildlife, 1996, 1: 70-82.

Goldstein B. The struggle over ecosystem management at Yellowstone. BioScience, 1992, 42: 183-187.

Grumbine RE. What is ecosystem management? Conservation Biology, 1994, 8: 27-38.

Malone CR. Ecosystem management: status of the federal initiative. Bulletin of the Ecological Society of America, 1995, 76(3): 158-161.

Overbay JC. Ecosystem management//Gordon D. Taking an ecological approach to management. United States Department of Agriculture Forest Service Publication WO-WSA-3, 1992: 3-15.

Pastor J. Ecosystem management, ecological risk, and public policy. BioScience, 1995, 45: 286-288.

Ren H, Daane J, Kakang I, et al. Sustainable communal veld land use and livestock production options in Kudumane and Ganyesa, South Africa. Tropical Agriculture, 2005, 83: 241-248.

SAF Task Force. Sustaining long-term forest health and productivity. Bethesda (Maryland): Society of American Foresters, 1992.

Simpson RD. Economic analysis and ecosystems: some concepts and issues. Ecological Applications, 1998, 8: 342-349.

Vogt KA. Ecosystems: Balancing Science with Management. New York: Springer-Verlag, 1997: 1-470.

Westman WE. Resilience: concepts and measures // Dell B, Hopkins AJM, Lamont BB. Resilience in Mediterranean-type Ecosystems. Tasks for Vegetation Science, vol 16. Dordrecht: Springer, 1985.

Wood CA. Ecosystem management: achieving the new land ethic. Renewable Natural Resources Journal, 1994, 12: 6-12.

10 生态系统健康与生态恢复

早在 21 世纪初，就有科学家预言全球环境将恶化，进而对人类的生存产生潜在的威胁。在随后的社会发展进程中，虽然有的国家、组织、单位及个人做了大量的努力来解决环境问题，但不幸的是许多预言潜在的威胁已变成了事实。尤其是人口过剩、能源短缺、环境污染、生物多样性降低、土地退化和气候变化已对人类和地球的可持续发展产生了恶劣的影响，使地球出现了不健康的症状。1992年，在巴西举行的世界环境与发展大会上，与会各国首脑一致强调"国家间将加强合作，以保护和恢复地球生态系统的健康和完整性"。科学家在检讨这些问题时发现，以前关于生态系统管理的理论与方法已明显落后，不能指导解决这些问题，要针对生态系统已不健康的现实，把人类活动、社会组织、自然系统及人类健康等社会、生态和经济问题进行整合研究，系统研究生态系统在胁迫条件下产生不健康的症状和机制。生态系统健康（ecosystem health）正是在这一背景下产生的（Costanza et al.，1992；Haines，1993；Rapport，1998）。本章主要介绍生态系统健康的基本理论与评估方法，以及其与相关学科的关系。

10.1 生态系统健康的定义及研究简史

生态系统健康既可理解为生态系统的一种状态也可理解为一门科学。不同的学者对生态系统健康的状态与生态系统健康学科体系有不同的看法，但总的来说可概括如下：生态系统健康（学）是一门研究人类活动、社会组织、自然系统及人类健康的整合性科学；而生态系统健康是指生态系统没有病痛反应、稳定且可持续发展，即生态系统随着时间的进程有活力并且能维持其组织及自主性，在外界胁迫下容易恢复（Kristin，1994；Cech，1998；Rapport，1998；Rapport et al.，1999）。Rapport 等（1999）认为，生态系统健康应该包含两方面内涵：满足人类社会合理要求的能力和生态系统本身自我维持与更新的能力，前者是后者的目标，而后者是前者的基础。

生态系统健康包括从短期到长期的时间尺度、从地方到区域的空间尺度的社会、生态、健康、政治、经济、法律的功能，从地方、区域到全球胁迫下的生态环境问题。其目标是保护和增强区域环境容量的恢复力，维持生产力并保持自然界为人类服务的功能。生态系统健康只是一种隐喻，它是评价生态系统最佳状态的一种方式。可通过全面研究生态系统在胁迫下的特征，根据生态系统条件进行系统诊断，找出生态系统退化或不健康的预警指标，进而防止其退化或生病（Kristin，1994；Cech，1998；Rapport，1998）。

最早研究生态系统健康的是 Leopold，他于 1941 年提出了"土地健康"（land health）的概念，但未引起足够的重视（Rapport，1998）。随后，科学家一直对是否发展生态系统健康学说应用于生态系统评价和管理存在争论。在 Odum 倡导下，20 世纪 70 年代兴起了生态系统生态学，这一学说继承了 Clements 的演替观，把生态系统看作一个有机体（生物），生态系统具有自我调节和反馈的功能，在一定胁迫下可自主恢复，从而忽视了生态系统在外界胁迫下产生的种种不健康症状（Odum，1979）。与此同时，Woodwell（1970）和 Barrett（1976）极力提倡胁迫生态学（stress ecology）。进入 80 年代，Rapport 等（1985）系统研究了胁迫下生态系统的行为，并在随后提出不能把生态系统作为一个生物对待，它在逆境下的反应不具有自主性。以 Costanza 和 Rapport 为代表的生态学家极力认为现在世界上的生态系统在胁迫下发生问题，已不能像过去一样为人类服务，并对人类产生了潜在威胁，他们认为生态系统健康的概念可引起公众对环境退化等问题的关注。然而，以 Policansky 和 Suter 为代表的科学家极力反对生态系统健康的提法，他们认为生态系统健康只是一种价值判断，没有明确的可操作的定义，会阻碍详细的科学分析进程。1992 年，*Journal of Aquatic Ecosystem Health* 诞生，三年之后，*Ecosystem Health* 和 *Journal for Ecosystem Health and Medicine* 创刊，这三份杂志已成为国际生态系统健康学会会员发表论点的重要刊物。1992 年，美国国会通过了《森林生态系统健康和恢复法》，其农业部组织专家对美国东部和西部的森林、湿地等进行了评价，并于 1993 年后出版了一系列的评估报告（USDA，1993，1995）。1994 年，来自 31 个国家的 900 名科学家聚集在加拿大渥太华召开了全球生态系统健康的国际研讨会，会议集中在评价生态系统健康、检验人与生态系统相互作用、提出基于生态系统健康的政策等三个方面，并希望组织区域、国家和全球水平的管理、评价和恢复生态系统健康的研究。迄今西方国家已出版的关于生态系统健康的书有 6 本之多，其中比较著名的有：Costanza 等（1992）主编的 *Ecosystem Health: New Goals for Environmental Management*，Rapport（1998）主编的 *Ecosystem Health*，Rapport 等（1995）主编的 *Evaluating and Monitoring the Health of Large-scale Ecosystem*。这几本书基本反映了生态系统健康作为一个生态学分支的基本理论与方法，并有一些实例研究。后来，生态系统健康的概念逐步扩展到景观尺度，景观健康代表"动态平衡"状态，即在生态系统的自我调控过程中考虑到调节和反馈机制，生态系统健康也涉及关键性的生理特征和社会经济特征（黄和平等，2006）。近 10 年来，国际生态系统健康研究出现了从生态系统健康到生态健康再到生态文化健康的转型（刘焱序等，2015）。

10.2 生态系统在胁迫下的反应

1962 年，Carson 出版了《寂静的春天》一书，向人们披露了化学物质污染生态系统后产生的恶果，引起了人们对环境恶化的广泛关注（Ehrenfeld, 1995）。事实上，人类对生态系统的影响有许多方面，至少包括过度开发利用（overharvesting，指对陆地、水体生态系统的过度收获，主要后果是物种消失）、物理重建（physical restructuring，指为了某种目的改变生态系统结构与功能，可能导致生物多样性减少，水质下降，有毒物质增加，从而影响人类生存）、外来种的引入（introduction of exotic species，引进外来种引起乡土种消失及生态系统水平的退化）、自然干扰的改变（modification of natural perturbation，如火灾、河流改道、地震、病虫害暴发等，可引起生态系统的消失及退化）等，这些胁迫或干扰已引起了全球生态系统从区域到生物圈水平的变化（Koren, 1995）。值得指出的是，各种逆境对生态系统的胁迫机制不一，有时是单一因子胁迫，有时是多因子综合胁迫，生态系统内个体、种群、群落和生态系统层次对胁迫的反应也是不一致的。

10.2.1 单因子胁迫下的反应

以森林生态系统为例，如果从一个健康的森林生态系统中过度取柴（收获薪材），其树木死亡率、火险、发病率、虫害发生概率均会增加，而其分解率、营养循环效率、生物多样性、景观多样性及美学价值均会降低。Rapport（1998）曾比较了在同一种胁迫下湖泊、河流、山地三种生态系统的表现（表 10.1），结果显示，不同生态系统在同种胁迫下的反应类似。此外，Odum（1985）提出了受胁迫生态系统的反应趋势，他认为生态系统在胁迫情况下会在能量（群落呼吸增加，生产力/呼吸量小于或大于 1，生产力/生物量和呼吸量/生物量增加，辅助性能量的重要性增加，冗余的初级生产力增加）、物质循环（物质流通率增加，物质的水平移运增加而垂直循环降低，群落的营养损失增加）、群落结构（r 对策种的比例增加，生物体形减小，生物的寿命或部分器官寿命缩短，食物链变短，物种多样性降低）和一般系统水平（生态系统变得更开放，自然演替逆行，资源利用效率变低，寄生现象增加而互生现象减少，生态系统结构和功能更优）上发生变化（Odum, 1985）。

10.2.2 多因子胁迫下的反应

当生态系统受多个因子胁迫时会产生累积效应，从而增加生态系统的变异程

表 10.1   在同种胁迫下三种生态系统的表现（Rapport，1998）

指标	Laurentian Great Lake	Connecticut River	Montana Mountain
系统性质			
初级生产力	+	+	0/－
水平营养运移	+	+	+
物种多样性	－	－	－/+
疾病普遍性	+	+	+
种群调控	+	+	+
演替的逆转	+	+	+
复合稳定性	－	－	－
群落结构			
r 对策种	+	+	+
短命种	+	+	+
更小的生物群	+	+	?
外来种	+	+	+
种间相互作用	－	－	－
边界线	+	+	+
乡土种的消失	?	+	+

注："＋"表示增加；"－"表示减少；"0"表示无变化；"？"表示不清楚

度。在这种情况下，生态系统的反应与胁迫因子的关系非常复杂，而且对人类的管理也提出了更高的要求。Rapport（1998）曾提出了一个框架图来展示人类活动对生态系统变化及人类健康的影响。该图表明人类活动会胁迫生态系统健康，导致生态系统结构发生变化，进而影响到生态系统的服务功能，对人类健康产生影响，人类不得已又会关注生态系统健康。

10.2.3   生态系统对胁迫的反应过程与结果

在外界因子的作用下，在可承受范围内，生态系统的反应过程分为三个阶段：开始时为初期反应，随后是抵抗与恢复阶段，最后是回复阶段（Begon et al.，1990）。生态系统对胁迫的反应结果有 4 种：一是死亡（即偏离原轨道并消亡），二是退化（偏离原轨道），三是恢复（即恢复到原状态及其附近），四是进入更佳状态（Barrett，1981）。

10.3   生态系统健康的标准

生态系统健康的标准有活力、恢复力、组织、生态系统服务的维持、管理选择、外部输入减少、对邻近系统的破坏及对人类健康的影响等 8 个方面，它们分属于生物物理范畴、社会经济范畴、人类健康范畴，以及一定的时间、空间范畴。其中最重要的是前 3 个方面（Rapport，1998）。

活力（vigor）：即生态系统的能量输入和营养循环容量，具体指标为生态系统的初级生产力和物质循环。在一定范围内生态系统的能量输入越多，物质循环越快，活力就越高，但这并不意味着能量输入高和物质循环快生态系统就更健康，尤其是对于水生生态系统来说，高输入可导致富营养化效应。

恢复力（resilience）：即胁迫消失时，系统克服压力及反弹回复的容量。具体指标为自然干扰的恢复速率和生态系统对自然干扰的抵抗力。一般认为受胁迫生态系统比不受胁迫生态系统的恢复力更小。

组织（organization）：即系统的复杂性，这一特征会随生态系统的次生演替而发生变化。具体指标为生态系统中 r 对策种与 k 对策种的比例，短命种与长命种的比例，外来种与乡土种的比例，共生程度，乡土种的消亡等。一般认为，生态系统的组织越复杂就越健康。

生态系统服务的维持（maintenance of ecosystem service）：这是人类评价生态系统健康的一条重要标准。一般是对人类有益的方面，如消解有毒化学物质，净化水体，减少水土流失等，不健康的生态系统的上述服务功能的质和量均会减少。

管理选择（management option）：健康生态系统可用于收获可更新资源、旅游、保护水源等各种用途和管理，退化的或不健康的生态系统不再具有多种用途和管理选择，而仅能发挥某一方面的功能。

外部输入减少（reduced subside）：所有被管理的生态系统均依赖于外部输入。健康的生态系统对外部输入（如肥料、农药等）的依赖会大大降低。

对邻近系统的破坏（damage to neighboring system）：健康的生态系统在运行过程中对邻近系统的破坏为零，而不健康的系统会对相连的系统产生破坏作用，如污染的河流会对受其灌溉的农田产生巨大的破坏作用。

对人类健康的影响（human health effect）：生态系统的变化可通过多种途径影响人类健康，人类的健康本身可作为生态系统健康的反映。与人类相关又对人类影响小或没有的生态系统为健康的系统。

近些年有人提出了生态系统功能的阈值，认为人类对环境资源开发利用和对环境的胁迫不能超过此阈值。目前，在具体操作中，所谓健康的生态系统就是未受或少受人类干扰的生态系统。但如今要找到如此理想类型的生态系统非常难。另一途径从理论上来说是可行的，即从被评价的生态系统的历史资料中找到较少受人类干扰条件下的生态系统的描述，作为健康的参照。但该方法的缺陷是资料获得非常有限。另外，它是否受干扰和受干扰的程度多大都还难以确定。因此，更加完善的评价标准和参照体系有待建立（任海等，2008）。

选择合适的健康指标是系统健康评价的关键，而确定各健康指标的标准是健康状况准确评价的关键，同时也是难点。由于生态系统是多变量的、动态的，因而生态系统健康标准也是多尺度的、动态的。不同生态系统其可持续经营和健康的标准不一样。可持续经营及健康的标准是应该保证生态系统稳定地维持生态环境功能的发挥，退化生态系统恢复与重建的目的就是恢复系统合理的结构和完善的功能。因此评价一个具体生态系统健康与否不应采取某一特定生态系统的标准。例如，对于我国西南地区亚高山针叶林生态系统的健康评价，针对其面临生物多样性保护和以水源涵养为重点的生态功能恢复，以生态系统观（强调生态功能）为主进行健康诊断更具实际意义（任海等，2008）。

10.4　生态系统健康的评估与预测

生态系统健康评价的代表方法可分为指示物种法与指标体系法，其中指标体系法又可细分为 VOR 综合指数评估法、层次分析法、主成分分析法、健康距离法等。但在近年来的实际应用中，指标体系法有大量的具体定量方法，多种方法经常组合使用，并不局限于某一套固定体系。由于指示物种法一般适用于单一生态系统，需要大量物种实测数据，而指标体系法不受生态系统数量、类型和数据源的限制，因此一般应用指标体系法进行生态系统健康评价的文献较多（刘焱序等，2015）。

有了标准就可进行生态系统健康评价，但事实上并不容易。由于生态系统的多样性（如森林、草原、农田、水体、农村、城市等），评估人员及其目的不同，尤其是评估者感兴趣的时空尺度不一时，评估结果的差异是非常明显的（Levins，1995；Holmes，1996）。过去人们采用生态风险评价生态系统健康。生态风险评价是评估人类活动或自然灾害对生态系统组分的伤害概率，它关注的是保存生态系统的健康而不是阻止破坏，评价的主要步骤包括调查研究、风险评估、风险定性和定量化、风险管理等。生态风险评价由于存在一些不确定性，也难以操作（Hartig，1992；Ludwig，1993；Samson，1994；Yazvenko，1996）。

为了更方便实现生态系统健康研究的最终目的，主要进行管理和预测，Ulanowicz（1986）和 Rapport 等（1998）发展了活力、组织和恢复力的测量及预测公式，利用这些公式计算出的结果即为生态系统健康的程度（Ulanowicz，1986）。

10.4.1　活力的测量

活力即其活性、代谢及初级生产力，这是生态系统健康主要指标中最好测定的部分，可用初级生产力和经济系统内单位时间的货币流通率表示。Ulanowicz

提出用网络分析（network analysis）方法进行预测的两种数量方法，即计算系统的总产量（TST）和净输入（NI）。TST 是在单位时间内沿着各个体的交换途径的物质转移量的简单相加，而 NI 则可直接从 TST 中分离出来。

10.4.2 组织的测量

组织即生态系统组成及途径的多样性。在生态系统演替和进化过程中，在没有胁迫的情况下，生态系统的物质和能量运转量会增加，但其基本反馈结构会保持稳定。在胁迫下，一个组分的活力增加或减少，会引起其他组分的增加或减少，并通过各种循环最终影响到它自己。Ulanowicz 根据这些特征及网络分析方法建立了组织测量及预测方程。

首先，建立一个矩阵，矩阵中每个元素 T_{ij} 表示 i 行成分到 j 列成分间物质与能量的交换。状态 $P(a_i, b_j)$ 指一个中间变量离开成分 i 并进入成分 j（T_{ij}）的概率，由于 T 在这样的系统运移中是收敛的，可通过 T_{ij}/T 估算 $P(a_i, b_j)$，同样，$P(b_j)$ 一部分进入元素 j 的概率也可通过 T_j/T 估算，最后，一部分离开 i 进入 j 的量的条件概率 $P(b_j, I_{a_i})$ 可通过 T_{ij}/T_i 估算。

因此，生态系统的组织测定公式为：$I = T_{ij}/T \times \log(T_{ij} \times T/T_j \times T_i)$

此外，Ulanowicz 还建立了自主权值（A）和系统不确定性（H）公式，从其他两个方面量化组织。

$$A = T \times I = T_{ij} \times \log(T_{ij} \times T/T_j \times T_i)$$
$$H = (T_{ij}/T) \times \log(T_{ij}/T)$$

10.4.3 恢复力的测量

恢复力是生态系统维持结构与格局的能力。预测生态系统在胁迫下的动态过程一般要求用计算机模型（诸如林窗动态模型，如 GAP，生物地球化学循环模型，如 CENTURY）。通过这些模型可估算出恢复时间（RT）及该生态系统可以承受的最大胁迫（MS，生态系统从一种状态转为另一种状态的临界值）。恢复力即为 MS/RT。

10.5 生态系统健康的等级理论

等级理论（hierarchy theory）是关于复杂系统的结构、功能和动态的系统理论，该理论认为等级系统中高层次的行为或动态常表现出大尺度、低频率、慢速度特征，而低层次的行为或动态则表现出小尺度、高频率、快速度的特征。不同等级层次之间还具有相互作用的关系。等级理论要求在研究复杂系统时一般至少要同时考虑核心层、上一层、下一层等三个相邻的层次（Noss，1990；Wu and Loucks，1995；Ren et al.，1999）。Ren 等首次提出了在时间和空间格局上对生态系统健康进行研究或评价的等级概念：生态系统的基本性质包括结构、功能、动态与服务，而生态系统又可分为基因、物种－种群、群落－生态系统、区域景观－全球等 4 个层次，时间和空间格局通过巢式等级整合。

10.6　干扰、生态系统稳定性与生态系统健康

干扰（disturbance）是指导致一个群落或生态系统特征（诸如物种多样性、营养输出、生物量、垂直与水平结构等）超出其波动的正常范围的因子，干扰体系包括干扰的类型、频率、强度及时间等（Mooney & Godron，1983）。生态系统稳定性（ecosystem stability）是指生态系统保持正常动态的能力，主要包括恢复力（resilience，干扰后回到先前状态的能力）和抵抗力（resistance，系统避免被取代的能力）。MacArthur 于 1955 年、Elton 于 1958 年等提出群落复杂性导致稳定性，但 May 于 1972 年通过数学模型模拟表明，随着复杂性的增加，生态系统稳定性趋于降低。目前，关于生态系统稳定性与复杂性是否有关系及其关系如何尚有争论（转引自 Pimm，1984；孙儒泳，1992）。

生态系统健康与干扰、生态系统稳定性具有密切的关系。一般来说，稳定的生态系统是健康的，但健康的生态系统不一定是稳定的；干扰作用于稳定的生态系统或健康的生态系统，会导致不稳定或不健康，在一定强度范围下，干扰可能导致生态系统不健康，但仍是稳定的；健康的生态系统是未受到干扰的生态系统，但稳定的生态系统可能受到干扰；生态系统稳定性的两个重要指标是包含在生态系统健康标准中的，而且干扰与这两个指标紧密相关；生态系统的复杂性与生态系统健康的关系还很难确定。

10.7　生态系统管理、生态系统可持续发展与生态系统健康

20 世纪 90 年代兴起了生态系统管理（ecosystem management），生态系统管理是指在某一限定的生态系统内协调、控制方向或人类活动，平衡长期和短期目标，并获取最大利益的行为（Woody，1993）。其基本思路就是了解生态系统结构、功能与动态，并用生态学原理和生态风险评价进行管理，其目标包括维持生态过程及其进化历程，按照生态学思想和进化论进行管理，维持乡土种和需要的非乡土种群，促进社会和经济的恢复，用有限价值理论进行管理，维持生态系统产品、功能和社会需求的多样性等（Simon，1998）。

可持续发展（sustainable development）是指既满足当代需求，又不影响后代

需求的发展模式,它包括了生态环境、经济和社会的可持续发展(Goodland,1995)。

　　生态系统健康、生态系统管理与可持续发展三者间的关系也很紧密:生态系统健康与可持续发展是生态系统的状态,而生态系统管理则是维持这些状态的重要手段;在胁迫下,生态系统会不健康或不可持续,就需要相应的管理使其回到健康与可持续方向上来;在没有胁迫的情况下,一个生态系统在发育(生长)过程中,每一个时间段均有一个健康状态,这些均为健康的生态系统,而仅仅处于发育中期(壮年期)的生态系统是可持续的,在早期和晚期均是不可持续的;在生态系统壮年阶段,受到外界胁迫时,先要进行生态系统健康评价,再进行管理,以实现生态系统的可持续发展。

10.8　生态系统健康研究存在的问题

　　生态系统健康研究的兴起只是近 10 年的事,还存在不少问题有待解决,主要体现在:①生态系统健康的不确定性,虽然生态系统健康的标准已提出许多,但对于生态系统健康状态的确定仍有许多不确定性,尤其是生态系统在什么状态下才是没有干扰,才是健康的,这可能要从各种其他生物如何面对不确定性的反应中寻找答案;②生态系统健康要求综合考虑生态、经济和社会因子,但对各种时间、空间和异质的生态系统而言实在太难,尤其是人类影响与自然干扰对生态系统影响有何不同难以确定,生态系统改变到什么程度其为人类服务的功能仍能维持;③由于生态系统的复杂性,生态系统健康很难简单概括到一些易测定的具体指标,评估方法还有待改进,否则生态学家和政策制定者找不到准确参考点来评估生态系统健康受害程度;④生态系统是一个动态的过程,有一个产生、成长到死亡的过程,很难判断哪些是演替过程中的症状,哪些是干扰或不健康的症状,尤其是幼年的和老年的生态系统;⑤健康的生态系统具吸收、化解外来胁迫的能力,但这种能力还很难测定,尤其是适应在生态系统健康中的角色如何;⑥生态系统的健康到底能持续多长时间;⑦生态系统保持健康的策略是什么;⑧生态文化健康概念如何完善与应用;⑨如何发挥地理-生态视角的区域集成研究优势以指导区域生态与环境政策制定与实施。虽然生态系统健康为我们解决环境问题提供了新的概念构架和一系列研究手段,但这些问题尚有待于进一步的深入研究。

主要参考文献

黄和平, 杨劼, 毕军. 生态系统健康研究综述与展望. 环境污染与防治, 2006, 28: 768-770.

刘焱序, 彭建, 汪安, 等. 生态系统健康研究进展. 生态学报, 2015, 35: 5920-5930.

任海, 刘庆, 李凌浩. 恢复生态学导论. 2 版. 北京: 科学出版社, 2008.

孙儒泳. 动物生态学原理. 北京: 北京师范大学出版社, 1992: 221.

Barrett GW. Stress ecology. BioScience, 1976, 26(3): 192-194.

Barrett GW, Rosenberg R. Stress Effects on Natural Ecosystems. London: John Wiley & Sons Ltd, 1981: 3-12, 269-289.

Begon M, Harper JL, Townsend CR. Ecology. London: Blackwell Scientific Publications, 1990: 739-815.

Boyce MS, Haney A. Ecosystem Management. New Haven: Yale University Press, 1997: 1-60.

Cech JJ. Multiple Stresses in Ecosystems. Boston: Lewis Publishers, 1998: 53-132.

Costanza R, Norton BG, Haskell BD. Ecosystem Health: New Goals for Environmental Management. Washington DC: Island Press, 1992: 1-125.

Ehrenfeld D. The marriage of ecology and medicine: are they compatible? Ecosystem Health, 1995, 1: 15-22.

Goodland R. The concept of environmental sustainability. Annual Review of Ecology & Systematics, 1995, 26: 1-24.

Haines A. Global health watch: monitoring impacts of environmental change. Lancet, 1993, 342: 1464-1469.

Hartig JH. Toward defining aquatic ecosystem health for the Great Lakes. Journal of Aquatic Ecosystem Health, 1992, 1: 97-108.

Holmes TP. Contingent valuation of ecosystem health. Ecosystem Health, 1996, 2: 56-60.

Koren H. Handbook of Environmental Health and Safety. London: Lewis Publishers, 1995: 1-103.

Kristin S. Ecosystem health: a new paradigm for ecological assessment? Trends in Ecology & Evolution, 1994, 9: 456-457.

Levins R. Preparing for uncertainty. Ecosystem Health, 1995, 1: 47-57.

Ludwig D. Uncertainty: resource exploitation, and conservation lessons from history. Science, 1993, 260: 17-36.

Mooney HA, Godron M. Disturbance and Ecosystem. Berlin: Springer-Verlag, 1983: 19-20.

Noss RF. Indicators for monitoring biodiversity: a hierarchical approach. Conservation Biology, 1990, 4(4): 355-364.

Odum EP. Perturbation theory and the subsidy-stress gradient. BioScience, 1979, 29(6): 349-352.

Odum EP. Trends expected in stressed ecosystems. BioScience, 1985, 35(7): 419-422.

Overbay JC. Ecosystem management//Gordon D. Taking an ecological approach to management. United States Department of Agriculture Forest Service Publication WO-WSA-3, 1992: 3-15.

Pimm SL. The complexity and stability of ecosystems. Nature, 1984, 317: 321-326.

Platt R. Disasters and Democracy. Washington DC: Island Press, 1999.

Rapport DJ. Ecosystem Health. Oxford: Blackwell Science, Inc., 1998: 1-356.

Rapport DJ, Böhm G, Buckingham D, et al. Ecosystem health: the concept, the ISEH, and the important tasks ahead. Ecosystem Health, 1999, 5: 82-90.

Rapport DJ, Costanza R, McMichael AJ. Assessing ecosystem health. Trends in Ecology & Evolution, 1998, 13: 397-402.

Rapport DJ, Gaudet CL, Calow P. Evaluating and Monitoring the Health of Large-Scale Ecosystem. New York: Springer-Verlag, 1995.

Rapport DJ, Regier HA, Hutchinson TC. Ecosystem behavior under stress. American Naturalist, 1985, 125: 617-640.

Ren H, Kakang I. Ecosystem management of veld in Kudumane and Ganyesa, South Africa. The Proceedings of the China Association for Science and Technology, 2005, 2(1): 505-512.

Ren H, Wu JG, Peng SH. A hierarchical approach to the study and monitoring of ecosystem health. Managing for ecosystem health, International Congress on Ecosystem Health. Davis CA USA: Report No 24 of University of California, 1999: 93-94.

Samson RN. Assessing Forest Ecosystem Health in the Inland West. London: Food Products Press, 1994: 3-13.

Simon TP. Assessing the Sustainability and Biological Integrity of Water Resources Using Fish Communities. London: CRC Press, 1998: 3-65.

Ulanowicz RE. Growth and Development: Ecosystem Phenomenology. New York: Springer-Verlag, 1986: 15-78.

USDA. Integrating social science and ecosystem management: a national challenge proceedings. USDA, 1995.

USDA. Northeastern area forest health report. NA-TP-03-93. USDA, 1993.

Wilson EO. Threats to biodiversity. Scientific American, 1989, 9: 108-116.

Woodwell GM. Effects of pollution on the structure and physiology of ecosystems. Science, 1970, 168: 429-433.

Woody S. Ecological Integrity and the Management of Ecosystems. Ottawa: St. Lucie Press, 1993: 19-46.

Wu JG, Loucks OL. From balance of nature to hierarchical patch dynamics: a paradigm shift in ecology. The Quarterly Review of Biology, 1995, 70(40): 439-465.

Yazvenko SB. A framework for assessing forest ecosystem health. Ecosystem Health, 1996, 2: 41-55.

11 生态系统服务与生态恢复

20 世纪 40 年代以来，技术进步和人口增长已经使人类极其显著地改变了自然的面貌，同时，人类日益忽视自身生活和社会、经济、文化发展对地球自然生态系统的依赖性和自然为人类社会发展所做出的贡献。事实上，自然界为人类的社会、经济和文化生活创造并维持着许许多多必不可少的环境资源条件，并且提供了许多种类的环境和资源方面的生态服务。但它们的影响往往是长期的和深远的。生态系统服务（ecosystem service）研究能比较清晰地描述人对自然的依赖性。人们需要用这种知识对各种技术和社会经济发展方式的长远影响进行评价，以防止和减少带有自我毁灭性的经济和社会活动。以 Daily 主编的《生态系统服务：人类社会对自然生态系统的依赖性》一书为标志，生态系统服务研究已成为生态学中的热点问题之一（董全，1999；Costanza et al.，1997）。

11.1 生态系统服务定义

生态系统服务是指人类从生态系统中获取的支持服务、供给服务、调节服务和文化服务四类利益，服务的核心是生态系统的产品、过程和格局。生态系统服务是人类社会赖以维持和发展的重要基础。这些利益是人类直接或间接从生态系统功能（即生态系统中的生境、生物或系统性质及过程）中获取的（Daily，1995，1997；Costanza et al.，1997）。生态系统产品价值包括农业产品、林业产品、畜牧业产品、渔业产品、水资源、生态能源等价值；支持服务价值包括生物多样性、传粉、生产力和土壤质量等价值；生态调节服务价值包括水源涵养、防风固沙、土壤保持、洪水调蓄、固碳释氧、大气净化、水质净化、气候调节、病虫害控制等价值；生态文化服务价值包括自然景观游憩、娱乐、美学等价值（欧阳志云和靳乐山，2017）。

生态退化使得生态系统服务出现恶化和退化。联合国千年生态系统评估计划（Millennium Ecosystem Assessment，MA）中指出，在其评估的 24 项全球生态系统服务中，有 15 项处于退化或不可持续利用的状态。生态系统服务的丧失对人类福祉产生了严重影响，并对区域乃至全球生态安全构成直接威胁（张琨等，2016）。

退化生态系统恢复的最终目标是恢复并维持生态系统的服务功能，由于生态系统的服务功能多数不具有直接经济价值而被人类忽略。虽然我们还不知道生态系统退化到什么程度会影响其服务功能，也不了解恢复到什么程度生态系统才具有服务功能，但是我们还是提出了一个生态系统的服务功能框架，希望恢复后的生态系统尽量具有这些服务功能：生态系统的产品（生态系统中生物的全部、部分或产品，它们可为人类提供肉、鱼、果、蜜、谷、家具、纸、衣物等），生物多样性，为人类创造、丰富人类的精神生活和文化生活，自然杀虫，传粉播种，净化空气和水，减缓旱涝灾害，土壤的形成、保护及更新，废物的去毒和分解，种子的传播，营养的循环和运移，保护海岸带，防止紫外线辐射，帮助调节气候等。

11.2 生态系统服务的研究简史

人类很早就注意到了生态环境对社会发展的支撑作用。古希腊的柏拉图认识到雅典人对森林的破坏导致了水土流失和水井干涸。中国古代的人们建立和保护风水林反映了他们对森林保护村庄与改善环境的认识。美国的 George Marsh 于 1864 年首先注意到生态系统服务，他在 *Man and Nature* 中记载："由于受人类活动的巨大影响，在地中海地区，广阔的森林在山峰中消失，肥沃的土壤被冲刷，肥沃的草地因缺灌溉水而荒芜，河流因此而干涸。"此外，Marsh 还意识到了自然生态系统分解动植物尸体的服务功能，水、肥沃的土壤和人类呼吸的空气都是自然及其生物所赐予的。首先研究土壤生态系统服务的是美国的 Aldo Leopold，1949 年，他认识到人类自己不可能替代生态系统服务，并指出土地伦理将人类从自然的统治者地位还原成为自然界的普通一员。与此同时，Osborn（1948）指出生态系统中的水、土壤、植物与动物是人类及其文明得以发展的基础。Vogt 于 1948 年首先提出自然资本的概念，他认为人类耗竭土壤等自然资源资本，就会降低偿还债务的能力。

自 20 世纪 40 年代生态系统概念与理论被提出后，人们开展了大量生态系统结构与功能的研究，为人们研究生态系统服务奠定了科学基础。70 年代以后，生态系统服务开始成为一个科学术语及生态学研究的分支，其研究范畴包括自然生态系统对人类的"环境服务"功能（如害虫控制、昆虫传粉、渔业、土壤形成、水土保持、气候调节、洪水控制、物质循环与大气组成等）。有人比较系统地讨论了生物多样性的丧失对生态系统服务的影响，并认为生态系统服务丧失的快慢取决于生物多样性丧失的速度，企图通过其他手段替代已丧失的生态系统服务的尝试是昂贵的，而且从长远的观点来看是失败的。至此，生态系统服务这一术语逐渐为人们所接受（任海等，2008）。

自 1991 年国际科学联合会环境问题科学委员会（SCOPE）召开生物多样性间接经济价值定量研究会议以来，关于生物多样性与生态系统服务经济价值评估方法的研究和探索逐渐多了起来，并很快成为国际生态学界、生态经济学界研究的热点。例如，有研究利用旅行费用法评价了 Costa Rican 热带雨林的生态价值，通过对游客的调查得出游客参观该地区的支付意愿（WTP）为 35 美元且支付意愿与受教育水平显著相关，以此计算该地区的生态旅游价值平均为 1250 美元，与保护区为了获得新土地而支付的购地价格 30-100 美元相比大 1-2 个数量级，这一估计还不包括其他潜在价值，如橡胶、水果等产品的收获，流域保护，野生生境保存和珍稀濒危动物保护等；在许多旅行费用法的研究案例中，通常将游客对某地区的参观游览看作单一目的的旅行（仅为参观该地点而来），但事实上到发展中国家的国际游客的旅行往往是针对一系列地点的多目的旅行，因此评价工作中必须妥善处理多目的旅行的费用分配问题。此外，还有研究采用旅行费用法和意愿调查法（CVM）评价了肯尼亚野生大象的生态旅游价值，其中旅行费用法评价是基于 80%的欧洲和北美洲游客进行的，评价中考虑了游览费用、机票费用和旅行时间成本，其中旅行时间成本所占的比重为 30%，并通过调查得出在游客得到的旅行享受中大象的比重占 12.6%，以此估算出野生大象的生态价值为每年 $2300×10^6$-$2700×10^6$ 美元，与之相对照，利用意愿调查法调查得出游客保护大象维持现有水平的支付意愿平均为 89 美元，若分别按每年 2.5 万和 3 万游客计算，其价值分别为每年 $2200×10^6$-$2700×10^6$ 美元和 $2500×10^6$-$3000×10^6$ 美元，两种方法得出的结果基本一致（转引自任海等，2008）；Perrings 等（2010）系统讨论了全球及典型自然生态系统的主要生态问题及生物多样性变化的度量和结果、以生态系统服务价值评估来衡量生物多样性丧失的经济学意义、生物多样性丧失的驱动力，以及改变造成生物多样性丧失的人类活动的范围等诸多问题，并提出价值评价应着眼于生物多样性变化引起的生态系统服务价值变化，且在评价过程中应注意同时考虑生物多样性的社会机会成本。Munasinghe（1993）认为，基于环境经济学的价值评价对于把有关生物多样性丧失的内容纳入传统决策框架起到了关键性的作用，在对马达加斯加的 Mantadia 国家公园所做的案例分析中，采用了意愿调查法、旅行费用法和机会成本法三种方法对公园建立所引起的当地居民的福利损失和外地游客的福利获得进行了估算，并进行了对比分析。这个研究阶段的特点是，大多数研究都是在围绕生物多样性及其丧失的经济学价值和意义，以及生物多样性保护的生态学、经济学措施而进行的，案例研究的价值评价多采用市场价值法、意愿调查法、旅行费用法、机会成本法等方法，且对间接价值、选择价值等的评价方法和理论进行了积极的探索（李文华和赵景柱，2004；任海等，2008）。

　　这种状况一直持续到 1997 年，随着 Daily 主编的 *Nature's Services: Societal Dependence on Natural Ecosystems* 的出版和 Costanza 等对全球生态系统服务进行的价值评价，生态系统服务的价值评价逐渐成为生态学界、经济学界的研究热点，并开始进入一个新的发展时期。

　　Costanza 等（1997）的《全球生态系统服务与自然资本的价值估算》一文发表以后，在学术界引起了极大的震动和争议。自发表之日起的近两年时间里，以 Costanza 为代表的一批学者和以 Pearce 为代表的一些学者，围绕该论文的一些观点、计算方法和有关内容展开了激烈的争论。争论的焦点主要集中在世界生态系统服务价值的可计算性、计量方法和计量中的技术处理问题等方面。应该说 Pearce 等从经济学角度对 Costanza 工作的挑剔是深刻的、有力的，只要生态系统功能价值的计量没有真正与经济学接轨，它就难以为经济学所接受并对经济实践产生影响，但是 Costanza 等在反驳中提出的一些观点，如世界国民生产总值（GNP）应将世界生态系统服务包括在内、世界生态系统服务是整体可计算的等，为生态系统服务及其价值评价的发展奠定了坚实的基础（李文华和赵景柱，2004）。同年，Costanza 等把生态系统服务归纳成自然生产，维持生物多样性，调节气象过程、气候变化和生物地球化学循环，调节水循环和减缓旱涝灾害，产生、更新、保持和改善土壤，净化环境，为农作物与自然植物授粉传播种子，控制病虫害的暴发，维护和改善人的身心健康，激发人的精神文化追求等十余个类型。

有许多方法可以用来评价生物多样性给人类带来的利益，一种是给出关于生态系统的最佳估算；另一种是评价人类对维持生物多样性的支付意愿（WTP），一般来说，用 WTP 得到的生态系统价值要高于生态系统估算的实际值。有研究曾尝试估算生物多样性提供的服务价值，内容包括人类、牲畜及农作物产生的大量有机废弃物的分解，包括农药在内的 7000 多种化学物质的生物降解，土壤生物对农业生产的作用（营养物质循环、增强土壤水渗透、表土形成等），生物固氮，动植物基因改良，害虫控制，农作物授粉，药用植物及其他（野生食物、鱼类提供，旅游，固碳等），根据测算结果，美国境内和全球范围内所有生物及基因带来的经济和环境利益分别为 300×10^9 美元/年和 3000×10^9 美元/年，相当于 Costanza 等估算值（33×10^{12} 美元/年）的 1/10，其差距是考虑的服务功能类型及评价方法差异的结果。还有研究从生态系统进入国内生产总值（GDP）账户的可能性出发，通过假定一个在全球经济中拥有所有生态系统的独占者（monopolist），测算其在生态系统市场建立后所能获得的最大收益，来评价未来有可能包含在 GDP 账户中的生态系统服务经济上的逻辑价值（李文华和赵景柱，2004；任海，2008）。除上述全球生态系统服务的评价外，世界各地的生态学者围绕生态系统服务做了大量的案例研究（李文华和赵景柱，2004）。

21 世纪以前，国内外学者对生态系统服务的研究大多局限于生态系统服务的供给及其价值量评估方面，也有部分学者对生态系统服务的消费和需求进行了评估或制图；学者们发现生态系统服务的供给区与需求区之间存在空间间隔，简单的生态系统服务供需平衡状况研究存在供需时空不匹配问题。目前，兴起了生态系统服务流研究，它是指在一定时间尺度内具有流动性、传递性的某种生态系统服务，在不同空间区域的动态过程，生态系统服务流能够将生态系统服务供给与需求动态耦合起来，是连接自然生态系统与人类社会经济系统不可或缺的纽带，为生态系统的应用提供了新思路（刘慧敏等，2017）。此外，由于生态系统服务和人类福祉的关系紧密，近 10 年来，国内外关于人类福祉的测度指标、生态系统服务对人类福祉的贡献、权衡保护生态与促进发展等方面的研究也有了较多的进展，这些研究以空间异质性和区域差异作为切入点，紧紧围绕生态系统结构与功能—生态系统服务—人类社会福祉这一主线，始终将"自然系统提供生态服务与社会经济系统内化消费"之间的耦合联系作为研究核心，综合集成分析社会经济系统对自然资本内化的响应（冯伟林等，2013）。

11.3 生态系统服务的内容

生态系统服务的分类方法很多，有代表性的分类主要有以下几种。Daily（1997）提出，生态系统服务可以划分为生态系统产品和生命支持功能两大类。Moberg 和 Folke 于 1999 年认为，可以按照其性质划分为可再生资源产品、不可再生资源产品、物理结构服务、生物服务、生物地球化学服务、信息服务和社会文化服务。Lobo 于 2001 年、Groot 于 2002 年则认为，可以按功能形式分为调节功能、输送功能、提供生境、产品功能、信息服务功能等。目前，最新的并且得到国际广泛认可的生态系统服务分类系统是由千年生态系统评估（Millennium Ecosystem Assessment，MA）工作组提出的分类方法（转引自李文华和赵景柱，2004）。

MA 的生态服务功能分类系统将主要服务功能类型归纳为产品提供、调节、文化和支持 4 个大的功能组（图 11.1）。产品提供功能是指生态系统生产或提供的产品；调节功能是指调节人类生态环境的生态系统服务；文化功能是指人

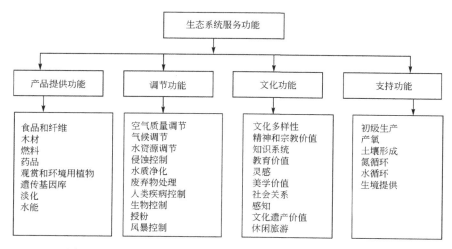

图 11.1 MA 的生态服务功能分类（李文华和赵景柱，2004）

们通过精神感受、知识获取、主观印象、消遣娱乐和美学体验从生态系统中获得的非物质利益；支持功能是指保证其他所有生态系统服务提供的所必需的基础功能。区别于产品提供功能、调节功能和文化功能，支持功能对人类的影响是间接的或者通过较长时间才能发生，而其他类型的服务则相对直接和短期影响人类。一些服务，如侵蚀控制，根据其时间尺度和影响的直接程度，可以分别归类于支持功能和调节功能（李文华和赵景柱，2004）。

　　生态系统服务的内容包括有机质的合成与生产、生物多样性的产生与维持、调节气候、营养物质储存与循环、土壤肥力的更新与维持、环境净化与有害有毒物质的降解、植物花粉的传播与种子的扩散、有害生物的控制、减轻自然灾害等许多方面（图 11.2）。

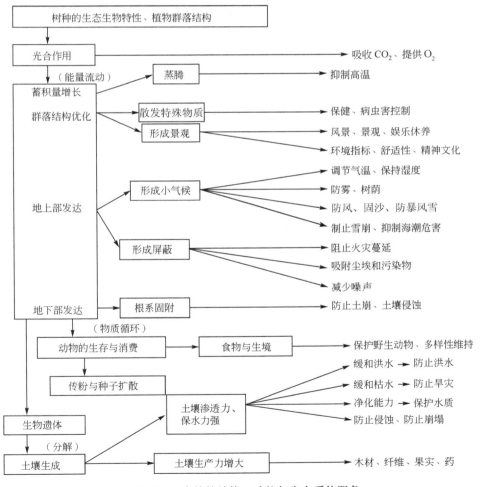

图 11.2　森林的结构、功能与生态系统服务

11.3.1　生产生态系统产品

生态系统通过初级生产与次级生产，生产了人类生存所必需的所有基本产品。据统计，每年各类生态系统为人类提供粮食 $1.8×10^9$t，肉类约 $6.0×10^8$t，同时海洋还提供鱼约 $1.0×10^8$t。目前，野生的鸟、兽、虫、鱼仍然是人们生存所必需的动物蛋白的重要来源。自然植被为人们提供许多生活必需品（如水果、坚果、菌类、蜂蜜和调味品及药材）和原材料（如木材广泛用于家具、建筑、艺术品、工具、纸张、衣料及其他许多生产和生活资料）。自然草场是畜牧业的基础。家畜生产肉、奶、蛋、革，而且为运输和耕种作劳役。在发展中国家和地区，植物仍然是重要的燃料来源。此外，森林还生产橡胶、纤维、染料、胶类、鞣酸、植物油、蜡、杀虫剂及各类天然化合物。植被和水生生态系统为野生的鸟、兽、虫、鱼提供必要的栖息环境，从而为人们狩猎、垂钓等休闲和其他活动提供了场所（任海等，2008）。

生态系统的自然生产过程中，其多样性较高而集约性较低，因此其地位在以工业为主导的市场经济中逐渐减弱，再加上人类对土地和水体的改造，许多地方和许多种类的自然生产能力大大下降。尽管如此，自然生产的市场经济价值依然不可忽视。随着人口的增长，大部分种类自然生产的经济需求仍在加大。

11.3.2　产生和维持生物多样性

生命结构和形式的丰富性体现在分子、细胞、器官、个体、种群、群落、生态系统和生态景观等各个生物组织层次上，生物多样性是指从分子到景观各种层次生命形态的集合。生态系统不仅为各类生物物种提供繁衍生息的场所，而且为生物进化及生物多样性的产生与形成提供了条件。同时，生态系统通过生物群落的整体创造了适于生物生存的环境。与物种不同的种群对气候因子的扰动与化学环境的变化具有不同的抵抗能力，多种多样的生态系统为不同种群的生存提供了场所，从而可以避免因某一环境因子的变动而导致物种绝灭，并保存了丰富的遗传基因信息。

生态系统在维持与保存生物多样性的同时，还为农作物品种的改良提供了基因库。首先，现有农作物需要野生种质的补充和改善。据研究，人类已知约有 7 万种植物可以食用，而人类历史上仅利用了 7000 种植物，只有 150 种粮食植物被大规模种植，其中 82 种作物提供了人类 90% 以上的食物。其次，多种多样的生物种类和生态系统类型具有产生新型食物和新型农业生产方式的巨大潜力。那些尚未被人类驯化的物种，都由生态系统所维持，它们既是人类潜在食物的来源，又是农作物品种改良与新的抗逆品种的基因来源。

生物多样性对人的身心健康亦至关重要，生态系统是现代医药的最初来源。在美国用途最广泛的 150 种医药中，118 种来源于自然，其中 74% 源于植物，18%来源于真菌，5%来源于细菌，3%来源于脊椎动物。全球仍有 80%的人口依赖于传统医药，而传统医药的 85%是与野生动植物有关的。

高的生物多样性维护着生态系统的合理结构、健全功能和结构功能的稳定性。物种的消失，特别是那些影响水和养分动态、营养结构和生产能力的物种的消失，会削弱生态系统的功能。物种的减少往往使生态系统的生产效率下降，抵抗自然灾害、外来物种入侵和其他干扰的能力下降。那些生态功能相似而又对环境反应不同的物种，保障了整个生态系统可以在环境变化下调整自身而维持各项功能的发挥。

11.3.3　调节气候

地球气候的变化主要受太阳黑子及地球自转轨道变化影响，但生物体在全球气候的调节中也起着重要的作用。生态系统在全球、区域、小流域和小生境等不同的空间尺度上影响着气候。从地史环境上来看，细菌、藻类和植物通过光合作用产生氧气，致使氧气在大气中富集，创造了许多其他生物生存的必要条件；在全球尺度上，生态系统通过固定大气中的 CO_2 而减缓地球的温室效应；在区域尺度上，生态系统可通过植物的蒸腾作用直接调节区域性的气候；在更小的空间尺度上，森林类型和状况决定林中的小气候。林冠遮挡阳光，阻碍林内外空气交换，为许多物种提供可以忍受的温度、光线、湿度和其他生存条件。自然生态系统的破坏往往使其气象气候调节功能减弱。

11.3.4　减缓旱涝灾害

水在陆地、海洋与大气中的循环过程包括：降雨流入地下和江河湖海，经过蒸发和蒸腾回到天空，凝聚成云后再形成降雨，植被和土壤在降雨过程中具有重要作用。植被的冠层可拦截雨水并减少雨滴对地面的冲击。地被物和植被的根系维系与固持着土壤，并且吸收和持留一些水。在雨季，植被和土壤都会截留一部分水并减缓水的流速，防止大量降水集中汇入下游，减少洪水水量；在旱季，植被和土壤中保持的水逐渐流出，在旱季为下游河流供水。在没有植被或植被破坏后会导致局部水分循环过程改变，大大增加地表径流和水土流失。水土流失的发生不仅使土壤生产力下降，降低雨水的可利用性，还造成下游可利用水资源量减少，水质下降。河道、水库淤积，降低发电能力，增加洪涝灾害发生的可能性。在热带和亚热带，过度的森林砍伐已使水旱灾害越来越频繁，越来越严重。例如，我国 1998 年长江全流域洪涝灾害的形成与中上游植被及中游湖泊减少、水源涵养能力下降、水土流失加剧有密切关系。

11.3.5 维持土壤功能

土壤是通过成千上万年积累形成的，在农业中具有重要的作用：土壤在水分循环中具有持留和排放作用；土壤可为陆生植物的生长发育提供场所，植物种子在土壤中发芽、生根、生长、开花和结果；土壤为植物保存并提供养分，土壤中含有营养元素，其带负电荷的微粒可吸附可交换的营养物质，以供植物吸收；土壤可以还原有机质并将许多人类潜在的病原物无害化；土壤还可将有机质还原成简单无机物并最终作为营养物返回植物，土壤为植物提供营养物的能力（土壤肥力）在很大程度上取决于土壤中的细菌、真菌、藻类、原生动物、线虫、蚯蚓等各种生物的活性；土壤在 N、C、S 等大量营养元素的循环中起着关键作用；土壤含有大量的植物种子、菌类孢子和动物卵等，是生物的天然基因库。由此可见，维持土壤的功能具有重要作用。

当今世界约有 20%的土地由于人类活动的影响而退化。人类生产活动特别是农业生产，往往会改变土壤生态系统的特征及土壤与空气和水体之间的化学物质循环。许多这类改变会产生长期难以逆转的不利后果。例如，垦荒和排干湿地以发展种植业常常会加速土壤中的碳向空气中释放，增加大气层中的 CO_2 和 CH_4 含量。CO_2 和 CH_4 是大气中产生温室效应的主要成分。大量施用氮肥、火烧树林和使用其他生物燃料增加了大气中的 N_2O 含量，进一步加剧了温室效应，并且破坏了臭氧层，导致酸雨、湖泊河流的富营养化和水源污染。

11.3.6 传粉播种

据研究，全世界已记载的 24 万种显花植物中有 22 万种需要动物传粉，已发现传粉动物包括鸟、蝙蝠与昆虫等约 10 万种。如果没有动物的传粉，许多农作物会大幅减产，还有一些物种会绝灭，因为有些植物物种还与特定的传粉动物物种有着极为特殊的相互依赖关系，缺之无法生活。

植物不但依赖动物传花授粉，许多种类亦需要借助动物传播散布它们的种子。动物埋藏食物是许多植物赖以完成散布的重要渠道，结有甜蜜果实的植物常常依靠动物播种。有些种类甚至需要专一特定的动物物种才能完成播种使命，因为一些物种的种子必须经过消化道作用才能发芽生长。对于许多植物物种，分布区的扩大和局部种群的恢复都取决于这些传播因子。

传粉播种的野生动物在一定的栖息地里取食、交配、繁殖和完成生活史中特定阶段的发育。各个物种完成生活史循环有一整套的不同栖息条件的要求。这环环相扣的生态学相互依赖性进一步说明生物多样性和生态系统完整性是生态系统服务的重要基础。由于栖息地的破坏及其他人类活动的影响，传粉播种的野生动物的多样性和数量都在降低，已经对农业产生了不利影响。

11.3.7 有害生物的控制

有害生物是指与人类争夺食物、木材、棉花及其他农林产品的生物。据估计，全球每年有 25%-50% 的农产品被这些有害生物消耗，还有大量农田杂草与作物竞争光、水分和土壤养分，减少作物收成。在自然生态系统中，有害生物往往受到天敌的控制，它们的天敌包括其捕食者、寄生者和致病因子，如鸟类、蜘蛛、瓢虫、寄生蜂、寄生蝇、真菌、病毒等。自然系统的多种生态过程维持供养了这些天敌，限制了潜在有害生物的数量。这些生态系统过程结合起来，保障和提高了农业生产的稳定性，保证了食物生产供应和农业经济收入。

许多现代农业施行集约经营，依赖单一作物品种，施用大量化肥。这种经营方式往往为病虫害的暴发提供了有利条件。农药杀伤有害生物的同时也会杀伤它们的天敌和其他有益生物，破坏这些生物所能产生的生态系统服务。有害生物往往具有高的种群增长潜力，并且可以很快地产生抗药性。因此它们可以在缺乏天敌的情况下再次暴发，迫使人们更多地使用农药。这样的农业对病虫害的抵抗力和农业稳定性会逐渐下降，导致过度使用农药和依赖农药的恶性循环。农药残留在土壤中，随水流入江河湖海，对土壤和水体造成污染，破坏这些系统中的正常生态学过程及其整体性，并最终损害人体健康。

11.3.8 净化环境

陆地生态系统的生物净化作用包括植物对大气污染的净化作用和土壤-植物系统对土壤污染的净化作用。植物、藻类和微生物吸附周围空气中或者水中的悬浮颗粒和有机的或无机的化合物，把它们有选择性地吸收、分解、利用或者排出。动物对生的或者死的有机体进行机械的或者生物化学的切割和分解，然后把这些物质有选择性地吸收、分解、利用或者排出。这种摄取、吸收和分解的自然生物过程保证了物质在自然生态系统中的有效循环利用，防止了物质的过分积累所形成的污染。空气、水和土壤中的有毒有害物质经过这些生物的吸收和降解后得以减少。森林和草地的植被不仅净化水源，还净化空气，因此，人们试图保存或者营造人工湿地、森林和草地来净化都市中污染的空气或者工农业污水。

湿地在全球和区域性的水循环系统中起着重要的净化作用。湿地植被减缓地表水流的流速。流速减慢和植物枝叶的阻挡，亦使水中泥沙得以沉降。同时，经过植物和土壤的生物代谢过程和物理化学作用，水中各种有机的和无机的溶解物与悬浮物被截留下来。许多有毒有害的复合物被分解转化为无害甚至有用的物质。

11.3.9　景观美学与精神文化功能

人类在长期自然历史演化过程中形成了与生俱来的欣赏自然、享受生命的能力和对自然的情感心理依赖。人们在满足了温饱等基本生活条件后，就会追求和欣赏景观美学价值。研究表明，自然生态系统对人类的喜怒哀乐等许多情感活动有重要的影响作用。美好和谐的自然生态系统可促进人们之间的理解和信任，催化和谐互助和负责任的人际关系，使人们更富有同情心和怜悯心，使人们更乐于帮助合作，同时更能独自处理应付事情，使人们学到许多只可意会难以言传的智慧。"小桥流水人家"的景观可使人宁静温馨，"枯藤老树昏鸦"的景观只能使人情绪低下。由于种种原因，精神上的挫折感和人际感情创伤发生普遍，从而产生了多种疾病。而自然中的洁净空气和水，相对和谐的草木万物，有助于人的身心整体健康，人的性格和理性智慧会丰富健全地发展，并促进身体健康。

自然生态环境深刻地影响着人们的美学倾向、艺术创造、宗教信仰。各地独特的动植物区系和生态环境在漫长的文化发展过程中塑造了当地人们特定的行为习俗和性格特征，决定了当地的生产生活方式，孕育了各具特色的地方文化。历史悠久的佛教、道教等东方宗教，建寺庙于沧海之滨、高山之巅，重视和强调了人与天地、与自然的和谐，所以一直能发展至今。

11.4　天然与人工生态系统的服务比较

天然生态系统的维持需要一定大小的面积和生物多样性水平，其生境或生物多样性一旦被破坏至某一临界值，系统就不能自我维持了，曾经无偿提供的生态系统服务也就会减少或消失，要恢复其服务功能，只能通过人工管理。由于人类活动范围和能力的日趋扩大，地球上大部分生态系统都受到了扰动，许多还被人为改造成其他人工生态系统。

与自然生态系统相比，人工生态系统提供的生态系统服务还不具有天然生态系统相同的功能。例如，生物圈 2 号失败的试验结果警告我们，生态系统服务并不能由技术轻易地代替，不通过自维持的自然系统来获取生态系统服务的尝试是行不通的。人工生态系统与自然生态系统提供的生态系统服务是不同的。大多数时候，人工生态系统能够在小尺度上和有限时段内更为有效地提供某一种生态系统服务，而自然生态系统能同时提供多项服务。人们在提升某一项生态系统的某一服务功能时，往往会降低其他生态系统服务功能。例如，当人们将湿地转为农田获取粮食时，牺牲了湿地原有的净水、补充地下水、保持生物多样性等功能，其中的一些损失是技术无法补偿的。又如，人们长期利用河流的自净作用处理和分解废物，但废物浓度过高时，河流生态系统降解和转移废物的能力会过度而崩溃，进而影响其饮用水供给、渔业生产及娱乐等功能。

11.5 生态系统服务价值的评价

Wong 等（2014）提出利用生物物理模型评估生态系统要素、基于末端受益识别最终服务，同时利用生态生产功能作为二者联系的桥梁，明确服务间的权衡关系，并基于该理论提出了由 10 个步骤构成的评估框架。框架分为两个阶段，阶段一包括人类福祉识别、生态系统最终服务识别、生态系统最终服务指标确定、生态系统特征指标确定 4 个步骤；阶段二则包括生态系统最终服务指标评价、生态系统特征指标评价、生态生产功能评价、生态系统服务权衡与协同评价、生态系统服务制图、情景模拟 6 个步骤。

虽然人们在潜意识里就知道人类对自然的依赖性、自然资源的珍贵和自然生态平衡的重要性，但迄今关于生态系统服务的定量评价仍极为匮乏。在市场经济和社会活动中，个人、企业和各级政府部门在作计划、管理和其他行动的决策时没有直接评定生态系统服务的价值或被低估。因此，对生态系统服务进行价值评估，可以减少和避免那些损害生态系统服务的短期经济行为。生态系统服务评价主要包括物质量评价和价值量评价（李文华和赵景柱，2004）。评价方法有参数转移法、系统模型法及定量指标法。

11.5.1 物质量评价

物质量评价主要是从物质量的角度对生态系统提供的各项服务进行定量评价，其特点是能够比较客观地反映生态系统的生态过程，进而反映生态系统的可持续性。运用物质量评价方法对区域生态系统服务进行评价，其评价结果比较直观，且仅与生态系统自身健康状况和提供服务功能的能力有关，不会受市场价格不统一和波动的影响。物质量评价特别适合于同一生态系统不同时段提供服务功能能力的比较研究，以及不同生态系统所提供的同一项服务功能能力的比较研究，是区域生态系统健康评价和服务功能评价研究的重要手段。

物质量评价是以生态系统服务机制研究为理论基础的，生态系统服务机制研究程度决定了物质量评价的可行性和结果的准确性。物质量评价采用的手段和方法主要包括定位实验研究、遥感（RS）、地理信息系统（GIS）、调查统计等，其中定位实验研究是主要的服务功能机制研究手段和技术参数获取手段，RS 和调查统计则是主要的数据来源，GIS 为物质量评价提供了良好的技术平台。物质量评价研究往往需要耗费大量的人力、物力和财力。物质量评价是价值量评价的基础。

单纯利用物质量评价方法也有局限性，主要表现在其结果不直观，不能引起足够的关注，并且由于各单项生态系统服务量纲不同，无法进行加和，从而无法评价某一生态系统的综合服务功能。

11.5.2 价值量评价

价值量评价方法主要是利用一些经济学方法将服务功能价值化的过程，许多学者对价值评价方法进行了探索性研究，但是由于生态系统提供服务的特殊性和复杂性，其评价和价值计量至今仍是一件十分困难的事情。根据已有的生态系统服务价值评价技术和评价方法，结合生态系统服务与自然资本的市场发育程度，可将价值评价方法划分为市场价值法、替代市场价值法和假想市场价值法三大类，具体的一些生态系统服务评价技术则包括市场价值法、机会成本法、影子价格法、影子工程法、替代成本法、费用分析法、人力资本法、因子收益法、资产价值法、旅行费用法、条件价值法和意愿调查法等. 这些经济学评价方法的原理已被大家所熟知，这里仅给出上述方法的主要特点（表 11.1）。

表 11.1 生态系统服务主要价值评价方法

类型	具体评价方法	方法特点
市场价值法	生产要素价格不变	将生态系统作为生产中的一个要素，其变化影响产量和预期收益的变化，此时生产要素的价格是固定值
	生产要素价格变化	同上，只是生态要素的价格随市场波动而变化
替代市场价值法	机会成本法	以其他利用方案中的最大经济效益作为该选择的机会成本
	影子价格法	以市场上相同产品的价格进行估算
	影子工程法	以替代工程建造费用进行估算
	防护费用法	以消除或减少该问题而承担的费用进行估算
	恢复费用法	以恢复原有状况需承担的治理费用进行估算
	因子收益法	以由生态系统服务而增加的收益进行估算
	资产价值法	以生态环境变化对产品或生产要素价格的影响来进行估算
	旅行费用法	以游客旅行费用、时间成本及消费者剩余进行估算
假想市场价值法	条件价值法	以直接调查得到的消费者支付意愿（willingness to pay，WTP）或受偿意愿（willingness to accept，WTA）来进行价值计量
	群体价值法	通过小组群体辨认，以民主的方式确定价值或进行决策

11.5.3 中国生态系统服务价值

谢高地等（2015）对我国生态系统提供的 11 种生态服务类型价值进行了核算：①我国各种生态系统年提供总服务价值量为 38.10 万亿元，森林提供的总服务价值最高，占总价值的 46.00%，其次是水域和草地，分别占总价值的 21.16%和

19.68%。②就生态系统服务类别而言，调节功能服务价值最高，占 71.31%，支持服务占 19.01%，供给服务占 5.87%，文化服务占 3.81%。③生态系统服务价值在年内随生长季节变化，我国生态系统 5-9 月提供的生态系统服务价值较高，而 11 月至翌年 2 月提供的生态系统服务价值较低。④生态系统服务单位面积价值最高的地区主要分布在南方和东北地区，在总体趋势上从东南向西北逐渐降低。⑤对我国不同地区人均生态系统服务价值和人均 GDP 进行对比发现，2010 年我国人均生态系统服务价值量为 2.84 万元，人均 GDP 为 2.99 万元，总体而言，我国人均 GDP 和人均生态系统服务价值接近 1∶1，这表明我国生态系统服务价值相对社会经济价值，有高度稀缺性，尤其在经济和人口密集的区域，这种相对稀缺性更为突出。

11.6　生态系统服务的保护策略与途径

人类看问题的尺度限制着人们对生态系统服务的认识，使人们不能充分理解生态系统服务与人类生活质量之间的关系。只有当地的、眼前的并且对实际生活具有直接影响的生态系统服务，才容易被人们理解和重视，区域性的生态系统服务往往在缺失时才会备受瞩目。例如，在经历了 2000 年多次沙尘暴之后，北方人民才真正认识到植被生态系统对于防风固沙等生态系统服务的重要性，同时也激发了人们保护森林、保护流域环境、防止水土流失的热情和自觉性。贫穷是导致生态环境恶化的重要根源，生活水平的低下也阻碍着对生态系统服务的保护。在贫困国家和地区，保护生态系统服务对当地人民来说是不切实际的。而生活在温饱水平的人们则习惯于无节制地使用自然生态系统。

生态系统服务的保护需要人们的参与、政府管理和经济投入。人们满足了基本生活需要之后就会想到安全和持久，也就会重视环境问题。在生态系统服务的保护行动中，政府的作用是巨大的，为此，很多国家建立了环境管理机构，以统筹规划和协调有关环境保护的方针、政策和立法。将环境问题纳入现行市场体系和经济体制中，并结合政府规章制度，将制约人们破坏环境的行为。为生态系统服务划价，能够促使制定政策时将生态系统服务的丧失考虑进去，从而达到保护的目的。

总之，管理、分配和使用自然资源，除了需要科学知识和工程技术以外，还要求人们具有强烈的环境意识，社会利用政府规章制度进行全民共同制约，开发有益于环境并降低能耗的绿色产品，建立健全合理的经济体制和市场体系等。这其中既与技术进步有关，也涉及法律、政策、经济、财政等诸多领域。只有摒弃短期直接利益，保护长远共同利益，才能限制或逆转累积性的环境退化，保持自然生态系统的正常运转（任海等，2008）。

11.7   生态恢复中的生态系统服务变化

生态恢复能够作用于生态系统的各个方面,对生态系统服务会产生重要影响。关于生态恢复中生态系统服务的演变,越来越多的证据表明,生态恢复措施对生态系统服务的恢复提升具有促进作用。Rey Benayas 等（2009）对全球 89 个生态恢复案例分析发现,生态恢复与生态系统服务呈正相关关系,能够促使生态系统服务恢复 25%,但尚未达到退化前水平。美国本土生态恢复项目实施 10 年间生态系统服务提高了 31%-93%。生态系统类型对生态系统服务演变有一定影响,如湿地生态系统在生态恢复中支持服务和调节服务增幅分别为 40%和 47%,而农业生态系统（耕地和牧草地）恢复效果则高于前者,调节服务表现得尤为明显（42%和 120%）。此外,退化主导因素、恢复方法设计等也会对恢复效果产生影响。值得注意的是,虽然在个案分析中生态系统服务演变与恢复年限可能表现出一定的相关性,但是有研究提出,总体来看,生态系统服务恢复成果与恢复年限无关,生态系统服务的恢复更可能与恢复过程所需时间、恢复措施实施频率等因素有关。我国自 1999 年起开展的退耕还林还草工程是发展中国家规模最大的生态恢复项目。退耕还林还草工程的实施能够提高植被覆盖、减少地表径流、控制土壤侵蚀、降低河流沉积和养分流失,从而从根本上改善生态系统服务。黄土高原是退耕还林还草的重点区域,NPP 稳定增加,碳固定服务提升明显,由碳源转为碳汇,而退耕还林还草的实施是黄土高原生态系统服务改善的主要驱动因素（张琨等,2016）。

生态恢复会改变生物多样性并通过生物多样性来影响生态系统服务。生物多样性通过生态系统属性和过程来影响生态系统服务形成和维持。生物多样性越高,生态系统功能性状的范围越广,生态系统服务质量就越高、越稳定。全球变化中的土地利用和土地覆盖变化是生物多样性快速下降的主要原因,也是目前影响生态系统服务最广泛、最剧烈的驱动力,而这正是人类活动造成的,人类需求和生态系统有限的服务能力之间在不同尺度上表现出严重冲突。要提高生态系统服务质量,要在不同区域进行重点不同的布局,尽可能地扩大生态系统规模和提高生态系统功能,核心是提高生物多样性水平（Bullock et al.,2011；范玉龙等,2016）。

生态恢复改变了生态系统格局和过程,使得生态系统服务的产生和提供发生变化。在这一过程中,不同服务类型的演变过程有所差异。随着植被的恢复生长,生态系统的供给服务（木材供给、粮食生产等）和调节服务（碳固定、水质净化等）逐渐恢复;在生态系统的结构（包括形态结构和营养结构）与功能（生物生产、物质循环、能量流动、信息传递）得到一定程度完善的基础上,支持服务得以改善并发挥作用;由于人对景观的主观感受对文化服务有重要影响,因此文化服务的恢复较其他服务类型存在一定的滞后。但是对于严重受损的生态系统，首先通过人为干预越过非生物因素阈值，实现支持服务的部分恢复，之后随着生态系统结构的完善，克服生物因素阈值，促进调节服务和供给服务的恢复，最后在恢复成果得以维持的前提下，实现文化服务的恢复（Turner et al.，2016；张琨等，2016）。

在生态恢复过程中，生态系统服务的相互关系受到外部和内部作用的共同影响，外部作用表现为恢复措施同时作用于多项生态系统服务，改变了服务的产生基础；内部作用则是服务间存在的交互作用（包括单向作用和双向作用）。在生态恢复过程中，生态系统服务的相互关系主要表现为协同和权衡。协同指服务间的演变趋势相同，多项服务共同增强或减弱；权衡则指服务间的演变趋势相异，一类服务的增强导致另一类服务的削弱。生态系统服务的协同和权衡可以分为空间和时间两方面，但在时间上常表现出一定的滞后性，而在空间上表现得相对明显（Trabucchi et al.，2012；张琨等，2016）。

生态恢复活动改善了生态系统，为维持生态系统服务提供了自然基础。但是在环境、社会和经济的耦合过程中，利益相关者的态度和策略同样会影响生态恢复的可持续性，继而影响生态系统服务水平的维持。生态系统服务对收入的影响是决定利益相关者态度的重要因素。供给服务与调节服务间的权衡，使得生态恢复促进调节服务的同时，造成供给服务的降低，对居民收入产生负面影响。收入波动驱使居民对恢复区重新开发，影响生态系统服务恢复的可持续性。出现这种情况的原因在于生态恢复过程中收益的尺度依赖性，即形成服务的生态尺度与产生收益的空间尺度之间存在差异。不同空间尺度上的利益相关者，其在各类生态系统服务上的利益差别明显，导致对各生态系统服务类型持有的态度和采取的策略差异显著。一般来说，调节服务和文化服务上的收益体现在大尺度上（区域尺度及以上），而供给服务的收益则主要在小尺度上得以体现。服务间的权衡及大尺度收益对小尺度损失补贴的不足，造成了在生态恢复中，大尺度上利益相关者享受收益，而小尺度上利益相关者承担成本的局面。生态补偿或转移支付被认为是协调不同尺度利益冲突的有效手段，生态系统服务的价值化评估成果可以作为补贴标准确定的重要依据（张琨等，2016；Evers et al.，2018）。

主要参考文献

董全. 生态功益: 自然生态过程对人类的贡献. 应用生态学报, 1999, 10: 233-240.

范玉龙, 胡楠, 丁圣彦, 等. 陆地生态系统服务与生物多样性研究进展. 生态学报, 2016, 36: 4583-4593.

冯伟林, 李树茁, 李聪. 生态系统服务与人类福祉——文献综述与分析框架. 资源科学, 2013, 35: 1482-1489.

李文华, 赵景柱. 生态学研究回顾与展望. 北京: 气象出版社, 2004.

刘慧敏, 刘绿怡, 丁圣彦. 人类活动对生态系统服务流的影响. 生态学报, 2017, 37: 3232-3242.

欧阳志云, 靳乐山. 面向生态补偿的生态系统生产总值(GEP)和生态资产核算. 北京: 科学出版社, 2017.

任海, 刘庆, 李凌浩. 恢复生态学导论. 2 版. 北京: 科学出版社, 2008.

谢高地, 张彩霞, 张昌顺, 等. 中国生态系统服务的价值. 资源科学, 2015, (9): 1740-1746.

张琨, 吕一河, 傅伯杰. 生态恢复中生态系统服务的演变: 趋势、过程与评估. 生态学报, 2016, 36: 6337-6344.

Brown LR. Building a sustainable society. Society, 1982, 1: 10.1007/BF02712913.

Bullock JM, Aronson J, Newton AC, et al. Restoration of ecosystem services and biodiversity: conflicts and opportunities. Trends in Ecology and Evolution, 2011, 26: 541-549.

Costanza R, D'Arge R, de Groot R, et al. The value of the world's ecosystem services and natural capital. Nature, 1997, 387: 253-260.

Costanza R, Norton BG, Haskell BD. Ecosystem Health: New Goals for Environmental Management. Washington DC: Island Press, 1992: 1-125.

Daily GC, Alexander S, Ehrlich PR, et al. Ecosystem services: benefits supplied to human societies by natural ecosystems. Issues in Ecology, 1999, 3: 1-6.

Daily GC. Natures Services: Societal Dependence on Natural Ecosystems. Washington DC: Island Press, 1997.

Daily GC. Restoring value to the world degraded lands. Science, 1995, 269: 350-354.

Evers CR, Wardropper CB, Branoff B, et al. The ecosystem services and biodiversity of novel ecosystems: a literature review. Global Ecology and Conservation, 2018, 13: e00362.

Marsh GP. Man and Nature. New York: Charles Scribner, 1965.

Munasinghe BM. Biodiversity conservation problems and policies. Biodiversity Conservation, 1993, 32: 1-18.

Osborn F. Our Plundered Planet. Boston: Little Brown, 1948.

Perrings C, Naeem S, Ahrestani F, et al. Conservation, ecosystem services for 2020. Science, 2010, 330: 323-324.

Rey Benayas JM, Newton AC, Diaz A, et al. Enhancement of biodiversity and ecosystem services by ecological restoration: a meta-analysis. Science, 2009, 325: 1121-1124.

Trabucchi M, Ntshotsho P, O'Farrell P, et al. Ecosystem service trends in basin-scale restoration initiatives: a review. Journal of Environmental Management, 2012, 111: 18-23.

Turner KG, Anderson S, Gonzales-Chang M, et al. A review of methods, data, and models to assess changes in the value of ecosystem services from land degradation and restoration. Ecological Modelling, 2016, 319: 190-207.

Vogt KA. Ecosystems: Balancing Science with Management. New York: Springer-Verlag, 1997: 1-470.

Wilson EO. Threats to biodiversity. Scientific American, 1989, 9: 108-116.

Wong CP, Jiang B, Kinzig AP, et al. Linking ecosystem characteristics to final ecosystem services for public policy. Ecology Letters, 2014, 18: 108-118.

12 可持续发展

20 世纪 60 年代起,世界性的社会问题日趋严重,人们开始审视和反思工业经济中普遍奉行的"高增长、高消耗、高污染"的不可持续发展战略,研究和探索人类社会发展道路。自 1986 年以后,可持续发展成为一个热门的话题。可持续发展的核心是利用系统论的思想正确处理人与人、人与自然之间的关系,以实现生态、经济和社会的协调发展,它包括生态环境可持续发展、经济可持续发展和社会可持续发展。由于不同的研究者对其理解不尽一致、强调的侧重点不同,因此,目前有关可持续发展的定义有 70 多种(Williams et al., 2004; https://en.wikipedia.org/wiki/Sustainability)。对退化生态系统或景观进行恢复与重建,最终的目的也是实现生态系统或景观的可持续发展。

12.1 可持续发展的概念及有关背景

12.1.1 可持续发展的概念

世界环境与发展委员会(WCED,1987)给出的可持续发展定义是:既满足当代人的需求,又不损害子孙后代满足其需求能力的发展(Sustainable development is development that meets the needs of the present without compromising the ability of future generations to meet their needs)。可持续概念的发展可分为 3 个时期:①前斯德哥尔摩时期(1972 年之前),这一时期人类对生存日益关注,认识到环境限制与承载力问题,环境运动走向政治舞台;②从斯德哥尔摩到 WCED 时期(1972-1987年),经济增速发展导致未来将超越生态界限,需要将环境和发展整合到保护领域,但这一术语还未产生;③后 WCED 时期(1987 年至今),已有 70 多种概念,但还未完全达成共识(James et al., 2013;张晓玲,2018)。

人与生物圈计划(MAB)国际协调理事会的观点:可持续发展把当代人类赖以存在的地球及局部区域,看成由自然、社会、经济等多种因素组成的复合系统,它们之间既相互联系,又相互制约。

由国际生态协会(INTECOL)、国际生物科学联合会(IUBS)举办的可持续发展问题专题研讨会于 1991 年认为:可持续发展是不超越环境系统更新能力的发展,以寻求一种最佳的生态系统以支持生态的完整性和人类愿望的实现,使人类的生存环境得以持续。

世界自然保护联盟（IUCN）、联合国环境规划署（UNEP）、世界自然基金会（WWF）等联合国有关机构认为：可持续发展是指在不超越维持生态系统涵容能力的情况下，提高人类的生活质量，强调可持续发展的最终落脚点是人类社会的发展，即改善人类的生活质量，创造美好环境，人口规模处于稳定，高效利用可再生能源，农业集约高效，生态系统的基础得到保护和改善，交通运输系统持续发展，有新的工业和新的工作，经济从增长到持续发展，政治稳定，社会秩序井然。

Barbier 于 1985 年、Pearce 等于 1989 年认为：可持续发展的目的是在保持自然资源的质量和其所提供服务的前提下，使经济的净利益增加到最大限度；自然资本不变前提下的经济发展，或今天的资源使用不应减少未来的实际收入；不降低环境质量和不破坏世界自然资源基础的经济发展（转引自任海等，2008）。

Spath 于 1989 年、Solow 于 1993 年认为：可持续发展是转向更清洁、更有效的技术——尽可能接近零排放，或密闭式工艺方法，尽可能减少能源和其他自然资源的消耗；可持续发展就是建立极少产生废料和污染物的工艺或技术系统；可持续发展就是在人口、资源、环境各个参数的约束下，人均财富不能实现负增长（转引自任海等，2008）。

上述各定义分别强调生态、社会、经济和技术等方面，这是由于具有不同知识和工作背景的人对可持续发展的内涵有着不同的理解，这种状况往往导致人们对可持续发展概念的理解有一种模糊之感。事实上，可持续发展的定义是明确的，那就是《我们共同的未来》报告中所给出的可持续发展定义，该定义体现了以下原则：①公平性原则，包括代内公平、代际公平和公平分配有限资源；②持续性原则，即人类的经济和社会发展不能超越资源和环境的承载能力；③共同性原则，即由于地球的整体性和相互依存性，某个国家不可能独立实现其本国的可持续发展，可持续发展是全球发展的总目标。

12.1.2 可持续发展的 4 次重要国际会议

联合国人类环境会议（United Nations Conference on the Human Environment）、联合国环境与发展会议（United Nations Conference on Environment and Development）、可持续发展世界首脑会议（World Summit on Sustainable Development）和联合国可持续发展峰会（UN Summit on Sustainable Development）等 4 次联合国会议被认为是国际可持续发展进程中具有里程碑性质的重要会议（李文华和赵景柱，2004；任海和段子渊，2017）。

（1）"联合国人类环境会议"于 1972 年 6 月 5-16 日在瑞典斯德哥尔摩召开，有 113 个国家派团参加。当时人类面临着环境日益恶化、贫困日益加剧等一系列突出问题，国际社会迫切需要共同采取一些行动来解决这些问题。这次会议就是在这样的国际背景下由联合国主持召开的。通过广泛地讨论，会议通过了《人类环境行动计划》（*Action Plan for Human Environment*）这一重要文件。这次会议之后，联合国根据需要迅速成立了联合国环境规划署（United Nations Environment Programme）。

（2）1992 年 6 月 3-14 日联合国在巴西里约热内卢召开了"联合国环境与发展会议"，有 183 个国家派团参加了这次会议，其中 102 国家元首或政府首脑参加了这次会议。这次会议是根据当时的环境与发展形势需要，同时为了纪念"联合国人类环境会议"20 周年而召开的。会议通过了《关于环境与发展的里约热内卢宣言》、《21 世纪议程》（*Agenda 21*）和《关于森林问题的原则声明》。会议期间，对《联合国气候变化框架公约》（*United Nations Framework Convention on Climate change*）和联合国《生物多样性公约》（*Convention on Biological Diversity*）进行了开放签字，已有 153 个国家和欧共体正式签署。根据形势需要，联合国在这次会议之后成立了"联合国可持续发展委员会"（Commission on Sustainable Development）。

（3）"可持续发展世界首脑会议"于 2002 年 8 月 26 日至 9 月 4 日在南非约翰内斯堡召开，有 191 个国家派团参加了这次会议，其中 104 个国家元首或政府首脑参加了这次会议。这次会议的主要目的是回顾《21 世纪议程》的执行情况、取得的进展和存在的问题，并制定一项新的可持续发展行动计划，同时也是为了纪念"联合国环境与发展会议"召开 10 周年。经过长时间的讨论和复杂谈判，会议通过了《可持续发展世界首脑会议实施计划》（*Plan of Implementation of the World Summit on Sustainable Development*）这一重要文件。

（4）2015 年 9 月 25-27 日联合国可持续发展峰会上，193 个参会国达成成果文件《变革我们的世界：2030 年可持续发展议程》（简称"2030 议程"），议程包括 17 项可持续发展目标和 169 项具体目标。涉及可持续发展的三个层面：社会、经济和环境，以及与和平、正义和高效机构相关的重要方面。该议程还确认调动执行手段，包括财政资源、技术开发和转让及能力建设，以及伙伴关系的作用至关重要。2016 年 1 月 1 日，全球正式实施可持续发展议程，旨在应对未来 15 年全球面临的紧急危机和挑战（杨晓华等，2018）。

12.1.3 可持续发展的 4 份重要报告

（1）在"联合国人类环境会议"召开的 1972 年，国际社会发生了另一件具有重要意义的事情：罗马俱乐部（Club of Rome）发表了《增长的极限》（*Limits to Growth*）这一重要报告（李文华和赵景柱，2004）。

　　《增长的极限》是罗马俱乐部于 1968 年成立以后提出的第一个研究报告，这一报告于 1972 年公开发表后迅速在世界各地传播，唤起了人类对环境与发展问题的极大关注，并引起了国际社会的广泛讨论。这些讨论是围绕着这份报告中提出的观点展开的，即经济的不断增长是否会不可避免地导致全球性的环境退化和社会解体。到 20 世纪 70 年代后期，经过进一步广泛地讨论，人们基本上得到了一个比较一致的结论，即经济发展可以不断地持续下去，但必须对发展加以调整. 即必须考虑发展对自然资源的最终依赖性。

　　（2）世界自然保护联盟（International Union for Conservation of Nature，IUCN）牵头，与联合国环境规划署（United Nations Environment Programme，UNEP）及世界自然基金会（World Wide Fund for Nature，WWF）等国际组织一起，于 1980 年发表了《世界自然保护策略》（*World Conservation Strategy*）这份重要报告，并为这一报告加了一个副标题：可持续发展的生命资源保护（*Living Resources Conservation for Sustainable Development*）。该报告的主要目的有 3 个：①解释生命资源保护对人类生存与可持续发展的作用；②确定优先保护的问题及处理这些问题的要求；③提出达到这些目标的有效方式。该报告分析了资源和环境保护与可持续发展之间的关系，并指出，如果发展的目的是为人类提供社会和经济福利的话，那么保护的目的就是要保证地球具有使发展得以持续和支撑所有生命的能力，保护与可持续发展是相互依存的，二者应当结合起来加以综合分析。这里的保护意味着管理人类利用生物圈的方式，使得生物圈在为当代人提供最大持续利益的同时，保持其满足未来世代人需求的潜能；发展则意味着改变生物圈以及投入人力、财力、生命和非生命资源等去满足人类的需求和改善人类的生活质量。

　　虽然《世界自然保护策略》以可持续发展为目标，围绕保护与发展做了大量的研究和讨论，且反复用到可持续发展这个概念，但它并没有明确给出可持续发展的定义。尽管如此，人们一般认为可持续发展概念的发端源于此报告，且此报告初步给出了可持续发展概念的轮廓或内涵。

　　（3）1983 年 12 月，联合国成立了世界环境与发展委员会。该委员会的任务主要是制定一项"全球革新议程"（Global Agenda for Change），其中包括：①提出到 2000 年及以后实现可持续发展的长期环境对策；②寻找某些环境方面的途径，通过这些途径可以形成发展中国家以及处于不同社会经济发展阶段的国家间的广泛合作，并取得有关人口、资源、环境和发展相互关系的共同和互相支持的目标；③寻找一些途径和措施，通过这些途径和措施，国际社会能够更有效地处理环境事物；④确定能被大家一致认同的长期环境问题及相应的保护和加强环境的有关措施。

　　经过近 4 年的时间，该委员会完成了《我们共同的未来》这份重要的报告，该报告提出了"从一个地球走向一个世界"的总观点,并在这样的一个总观点下,从人口、资源、环境、食品安全、生态系统、物种、能源、工业、城市化、机制、法律、和平、安全与发展等方面比较系统地分析和研究了可持续发展问题的各个方面。该报告第一次明确给出了可持续发展的定义。

该报告认为,可持续发展涉及两个重要的概念:一个是"需求"的概念,可持续发展应当特别优先考虑世界上穷人的需求;另一个是技术和社会组织水平对人们满足需求的环境能力的制约。该报告同时指出,世界各国的经济和社会发展目标必须根据可持续性原则加以确定,解释可以不一样,但必须有一些共同的特点,必须从可持续发展的概念上和实现可持续发展战略上的共同认识出发(李文华和赵景柱,2004)。

(4)千年生态系统评估(Millennium Ecosystem Assessment,MA)是联合国于2001年6月5日世界环境日启动的,由世界卫生组织、联合国环境规划署和世界银行等机构和组织开展的国际合作项目,旨在评估世界生态系统、植物和动物面临的威胁,为推动全球生态系统的保护和可持续利用、促进生态系统对满足人类需求所作的贡献而采取后续行动奠定科学基础,这是人类首次对全球生态系统进行的多层次综合评估。大约有1500名科学家、专家和非政府组织的代表参加这一活动。

MA的实施,为在全球范围内推动生态学的发展和改善生态系统管理工作做出了极为重要的贡献,它是生态学发展到一个新阶段的里程碑。MA出版的报告首次在全球尺度上系统、全面地揭示了各类生态系统的现状和变化趋势、未来变化的情景和应采取的对策,以及它们与人类社会发展之间的相互关系,为在全球范围内落实环境领域的有关国际公约所提出的任务,进而为实现联合国的千年发展目标提供了充分的科学依据。MA报告丰富了生态学的内涵,明确提出了生态系统的状况和变化与人类福祉密切相关。MA报告提出了评估生态系统与人类福祉之间相互关系的框架,并建立了多尺度、综合评估它们各个组分之间相互关系的方法。通过MA的实施,标志着生态学已经发展到以深入研究生态系统与人类福祉的相互关系、全球为社会经济的可持续发展服务为主要表征的新阶段(赵士洞等,2007;任海等,2008)。

12.2 中国的可持续发展观

我国是一个发展中的大国,人口众多、人均资源相对不足、经济基础比较薄弱、总体技术水平相对落后(表12.1)。我国对可持续发展的理论与实践的理解有别于发达国家,代表着发展中国家的普遍要求和利益,也体现了其作为一个特殊的发展中国家的特殊要求。

表 12.1　我国的可持续发展现状与预测

项目	1990 年	2000 年	2010 年	2020 年	2030 年
1. 按人均 GNP（1990 年美元不变价格）	443	764	1 175	1 724	2 500
2. 年平均增长速率（%）	10.0	8.6	6.9	4.8	4.2
3. 总能源需求（亿吨标准煤）	10.4	13.8	15.9	18.5	20.0
4. 人口净增长率（%）	1.44	1.22	1.00	0.72	0.45
5. 人口数量（亿）	11.43	13.00	13.92	14.50	15.20
6. 老年人口数量（亿）	1.002	1.287	1.588	2.089	2.646
7. 劳动人口数量（亿）	7.15	8.03	9.08	9.41	9.28
8. 人均生物量（kg）	3 050	2 971	2 850	2 742	2 660
9. 人均粮食（kg）	375	372	375	378	380
10. 人均耕地（hm²）	0.13	0.11	0.10	0.095	0.090
11. 人均林地（hm²）	0.115	0.120	0.128	0.135	0.145
12. 人均草地（hm²）	0.285	0.242	0.230	0.225	0.223
13. 人均肉禽量（kg）	20.6	28.1	34.5	40.3	45.0
14. 单位 GNP 的能量消耗（1990 年为 100）	100	93.3	75.8	52.4	25.5
15. 废气排放（亿 m³）	85 380	144 500	154 000	105 000	80 000
16. 废水排放（亿 t）	354	285	240	200	140
17. 废渣排放（亿 t）	5.8	6.5	6.3	6.0	5.5
18. CO_2 排放（亿 t）	6.7	7.5	8.0	8.3	8.5
19. SO_2 排放（百万 t）	15.5	17.5	18.0	15.5	12.1
20. CFC 排放（t）	32 000	35 000	28 000	11 000	5 000
21. 土壤侵蚀（百万 km²）	1.53	1.55	1.50	1.48	1.40
22. 森林覆盖率（%）	12.9	13.3	14.5	17.5	22.0
23. 沙漠化（百万 km²）	0.176	0.191	0.220	0.245	0.250
24. 工业耗水量（亿 t）	355	670	783	831	850

数据来源：中国 21 世纪议程管理中心可持续发展战略研究组和中国科学院地理科学与资源研究所，2007

　　鉴于可持续发展的核心是发展，落后和贫穷不可能实现可持续发展的目标，经济发展是实现人口、资源、环境与经济协调发展的根本保障。因此，江泽民于 1995 年在《正确处理社会主义现代化建设中的若干重大关系》中指出，"在现代化建设中，必须把实现可持续发展作为一个重大战略。要把控制人口、节约资源、保护环境放到重要位置，使人口增长与社会生产力的发展相适应，使经济建设与资源、环境相协调，实现良性循环。""必须切实保护资源和环境，不仅要安排好当前的发展，还要为子孙后代着想，决不能吃祖宗饭，断子孙路，走浪费资源和先污染、后治理的路子"。当前，我国在经济保持旺盛发展势头的同时，诸如资源和环境的制约、发展不平衡、社会转型期的矛盾，以及国内体制和外部环境中的新问题也集中表现了出来。为此，需要以转变增长方式和优化结构减轻资源和环境的压力,以协调发展、战略缓解发展不平衡的矛盾,以全民共享改革发展成果、促进社会和谐,在经济全球化的背景下提升国际竞争力,进一步加强体制改革和制度建设(王梦奎,2007)。目前,可持续发展已被列为我国十大发展战略之一。

由此可见,我国可持续发展战略的总目标是"建立可持续发展的经济体系、社会体系和保持与其相适应的可持续利用的资源和环境基础",以最终实现经济繁荣、社会进步和生态环境安全。为了实现这一目标,首要任务是通过对生态系统健康状况进行评估,对退化的生态系统进行合理恢复与重建以提高其生产力,对残存的天然生态系统进行合理的生态系统管理,最终实现生态系统的可持续发展。

1975-1994 年,中国可持续发展学科在社会学及人文社会学学科方向发表的相关文献数量最多;而 1995-2014 年,在环境科学及生态学学科方向发表的相关文献数量占据首位,相关文献被引频率也最高。这说明可持续发展学科在环境科学及生态学学科方向的发展前景最好,在经济学学科方向的发展相对缓慢。可持续发展学科的环境科学及生态学学科研究方向,主要以生态环境的可持续发展为研究对象,以生态平衡、生物多样性和生态系统功能、自然保护、环境污染防治、资源合理开发与永续利用等可持续发展中的生态环境问题作为基本研究内容,以人类的可持续生存为主进行可持续发展理论的剖析,侧重于研究生态系统和区域的环境可持续性,力求把"在生态环境保护与经济发展之间取得合理的平衡"作为衡量可持续发展的重要指标和基本手段。可持续发展学科的社会学及人文社会学学科研究方向,主要以社会的可持续发展为研究对象,以人口增长与人口控制、消除贫困、社会发展、社会分配、利益均衡、科技进步等可持续发展中的社会学问题作为基本研究内容,侧重于如何建立一个包括了市场、政策、道德准则、科技等因素的激励性质的结构体系,来最大限度地将自然、人类及社会的关系引向可持续发展的轨道,力求把"在经济效益与社会公正之间取得合理的平衡"作为衡量可持续发展的重要指标和基本手段,这也是可持续发展所追求的社会目标和伦理规则。可持续发展学科的经济学学科研究方向,主要以经济可持续发展为研究对象,以区域开发、生产力布局、经济结构优化、资源供需平衡等区域可持续发展中的经济学问题作为基本研究内容,揭示人口、食物、能源、资源、环境问题产生的根源,结合经济学原理,以经济可持续发展为切入点,探讨如何运用有效的经济手段,激活推进可持续发展的经济动力,力求把"科技进步贡献率抵消或克服投资的边际效益递减率"作为衡量可持续发展的重要指标和基本手段(茶娜等,2013;韦薇等,2017)。

12.3   可持续发展的思想与生态恢复

群落和生态系统的基本生态过程是可持续发展的重要基础,也是其核心。这是由于群落与生态系统的结构、功能和动态特征总是通过基本的生态过程来表达。群落与生态系统的结构是物种的发展以及种间相互作用的基本生态过程的反映；群落与生态系统的功能则是通过能量流动和物质循环等基本生态过程来实现的，其中生产力和生物量的积累过程是生态系统发展的根本驱动力；群落与生态系统的动态包括波动、演替和更新等，是人与生命生存和继续发展的基础。对受损的生态系统恢复其结构、功能和动态也是实现可持续发展的基础（Brown & Lugo，1994）。

人类与其赖以生存和发展的地球系统共同构成复杂的人地巨系统，马世骏和王如松（1984）称其为"社会-经济-自然复合生态系统"，其中，各子系统相互联系、相互作用、相互制约。实施可持续发展必须摒弃人地二元论，树立"天人合一"的人地巨系统观，从整体上把握和解决人口、资源、环境与发展问题。可持续发展简言之就是实现人地巨系统的最优化发展。而恢复生态学是根据人类已对地球造成巨大的损害的现状，通过恢复与重建来实现人地巨系统的最优发展。

可持续发展就是要正确处理自然资源利用与生产废弃物排放之间的关系，强化环境的价值观念和生态道德、促进资源的有效利用、抑制环境污染的发生，积极开辟新的资源途径，尽可能利用可再生资源，实现经济效益、社会效益与环境效益的协调统一。退化生态系统恢复与重建中重要的一个方面包括了自然资源的合理利用和废物的再生利用，以实现生态、经济和社会的和谐发展。

可持续发展就是追求建立在保护地球自然生态系统基础上的持续经济发展，经济发展要与生态保护相统一，经济效益、社会效益要与生态效益相统一。资源的永续利用和生态的良性循环是可持续发展的重要标志。此外，主张公平分配地球资源，即满足当前发展的需要，又考虑未来长远发展的需要；既满足当代人的利益，又不损害后代人的利益。这两个方面也是恢复生态学最终追求的目标。

可持续发展的实质是人类如何与大自然和谐共处的问题。人类一方面要提高可持续发展的意识，增强可持续发展的能力；另一方面要把人口控制在可持续发展的水平上，减轻对资源和环境的压力，从而实现与大自然的和谐相处。退化生态系统的形成与人类活动，尤其是人口大量增加有密切的关系。实现可持续发展将可避免退化生态系统的进一步产生（任海和段子渊，2017）。

在考虑恢复生态学研究与可持续发展相结合时，要考虑如下因素：①要从景观可持续发展的尺度考虑问题，同时考虑从地方到大区域的等级尺度范围内的问题；②要关注恢复项目中的生物多样性、生态系统服务、人类福祉中的文化问题；③要坚持问题导向；④要可持续地管理恢复的土地；⑤要运用系统论和恢复力理论的结合；⑥要把景观生态学和恢复生态学的理论应用于可持续发展（Musacchio，2013）。

12.4 可持续发展的理论框架

可持续发展（学）作为一种新的理论，其理论基础包括地学、生态学、环境学、经济学和社会学等内容。但其核心是努力把握人与自然之间的平衡，寻求人与自然关系的合理化，努力实现人与人之间关系的和谐，逐步达到人与人之间关系（包括代际之间）的调适与公正，从而，深刻揭示"自然-经济-社会"复杂巨系统的运行机制。张志权等（1999）认为可持续发展包括如下理论框架。

1. 地球系统科学基础

地球系统科学是一门跨地球科学、环境科学、宏观生物学、遥感技术及有关社会科学的综合性、交叉性和系统性的科学体系，其研究对象是地球系统的各个圈层（子系统）及其相互作用，总结地球系统的演变规律与机制，破解人类赖以生存的地球环境发展变化之谜，因此可称其为"全球变化科学"。全球变化科学研究的直接目的是为人类合理利用自然资源，控制水、土、大气污染，适应、减缓全球环境变化，制定有关环境问题的重大决策提供科学依据，从而为人类社会的可持续发展服务。正是全球变化科学研究提出了人类社会可持续发展的重大命题，也正是全球变化科学研究的最新成果为人类社会一致行动制定《21世纪议程》等一系列涉及人类社会可持续发展的国际公约提供了科学依据。因此，地球系统科学（全球变化科学）是可持续发展的科学基础，已日益得到公认（黄秉维，1996；张志权等，1999）。

2. 环境承载力论

环境一方面为人类活动提供空间及物质能量，另一方面容纳并消化其废弃物。随着人类活动范围及强度日益加大，环境资源日见稀缺。人类活动超出环境承载力限度（环境系统维持其动态平衡的抗干扰能力）时，就会产生种种环境问题。环境资源稀缺论的主要特点：一是绝对性（在一定的环境状态下，环境承载力是客观存在的，可以衡量和把握其大小）和相对性（环境承载力因人类社会行为内容不同而异，而且人类在一定程度上可以调控其大小）的结合；二是具有明显的区域性和时间性（地区不同或时间不同，环境承载力不同）。环境资源稀缺论要求在社会经济生活中，深入研究环境的承载力状况，从而合理有效地配置环境资源，实现人口、资源、环境与发展相协调，达到环境资源的永续利用和生态的良性发展。

3. 环境价值论

自然环境能够满足人类的需要，并且是稀缺的，因而是有价值的。虽然人们已经认识到了环境价值的客观存在，但在理论和实际经济生活中却从来不重视甚至不考虑其价值的存在。环境价值论研究的问题是如何将环境价值合理量化，以将环境价值与经济利益直接联系起来，在经济核算中考虑环境的成本价值以及人类生产生活中造成的环境价值损失，建立并实施环境价值损失的合理补偿机制，从而定量地管控环境价值损失及环境价值存量，为可持续发展决策服务。

4. 协同发展论

可持续发展实质是人地巨系统的协同演进，也就是经济支持系统、社会发展系统、自然基础系统三大系统相互作用、协同发展，实现经济效益、社会效益和生态环境效益三个效益的统一（任海等，2008）。

5. 生态学思想

生态环境资源因素是除人口因素之外，制约可持续发展的终极因素，生态环境资源的可持续性是人类经济、社会可持续发展的基础。生态学的本质是适者生存，物竞天择。它包括了生态平衡、自然保护、环境污染防治、资源合理开发与永续利用等可持续发展中的生态环境问题。在考虑可持续发展时，时空尺度、因地制宜等是必须要注意的问题。

12.5 可持续发展研究的发展趋势

在过去 30 年中，"可持续发展"的概念是从"以经济、社会目标为中心"向"以环境为中心"转变的。未来可持续发展科学的核心研究问题包括：①如何将"地方"的经济、社会、生态等方面的相互作用，更好地纳入"全球"范围，以加强对"自然-社会"互动机制的理解？②能否针对特定环境，制定可持续发展的具体方法？这些方法能否阻隔其他地方产生的负面连锁反应或不可持续性？③如何匹配与地方发展特色相适应的技术？例如，在贫穷国家引进新技术时，它们是否有足够的资源维持这样的科学发展进程？④针对全球性问题采取的措施，如何避免各利益团体"受力不均"？例如，如何避免在"小地方"（或受到冲击的地方）和"大规模政权"（或做出决定的地方）之间采取不公平的措施？⑤能否根据历史经验和文化差异选择管理模式（如"自上而下"还是"自下而上"），以更好地实现可持续发展，而不是整片区域"一刀切"？⑥各层面（宏观、中观、微观）决策者对实现可持续发展有何重要影响？哪些政策工具、市场机制会影响其决策？决策者如何监测、评估整个执行过程？

主要参考文献

荼娜, 邬建国, 于润冰. 可持续发展研究的学科动向. 生态学报, 2013, 33: 2637-2644.

黄秉维. 论地球系统科学与可持续发展战略科学基础. 地理学报, 1996, 51(4): 350-354.

李文华, 赵景柱. 生态学研究回顾与展望. 北京: 气象出版社, 2004.

马世骏, 王如松. 社会—经济—自然复合生态系统. 生态学报, 1984, 4(1): 1-9.

美国国家航空和宇宙管理局地球系统科学委员会. 地球系统科学. 陈泮勤, 等译. 北京: 地震出版社, 1992.

任海, 段子渊. 科学植物园建设的理论与实践. 北京: 科学出版社, 2017.

任海, 刘庆, 李凌浩. 恢复生态学导论. 2版. 北京: 科学出版社, 2008.

王梦奎. 新阶段的可持续发展. 求是, 2007, (6): 13-16.

韦薇, 毛言, 赵兵. 关于我国可持续发展学科前景的思考——基于文献综述分析. 中国林业教育, 2017, 35: 13-18.

杨晓华, 张志丹, 李宏涛. 落实 2030 年可持续发展议程进展综述与思考. 环境与可持续发展, 2018, 43: 30-34.

张晓玲. 可持续发展理论: 概念演变、维度与展望. 中国科学院院刊, 2018, 33: 10-19.

张志权, 孙成权, 程国栋, 等. 可持续发展的思想与理论. 地球科学进展, 1999, 14(2): 11-16.

赵士洞, 张永民, 赖鹏飞. 千年生态系统评估报告集. 北京: 中国环境科学出版社, 2007.

中国 21 世纪议程管理中心可持续发展战略研究组, 中国科学院地理科学与资源研究所. 中国可持续发展状态与趋势. 北京:社会科学文献出版社, 2007.

Brown S, Lugo AE. Rehabilitation of tropical lands: a key to sustaining development. Restoration Ecology, 1994, 2(2): 97-111.

INCN, UNEP, WWF. Caring for the Earth-A Strategy Sustainable Living. Switzerland: Island Press, 1991.

James P, Liam M, Andy S, et al. Environment, Development and Sustainability. Berlin: Springer, 2013.

Musacchio LR. Key concepts and research priorities for landscape sustainability. Landscape Ecology, 2013, 28: 995-998.

Robert K, Parris T, Leiserowitz AH. What is sustainable development? goals, indicators, values, and practice. Environment, 2015, 47: 8-21.

Taylor D. 1992. Documenting Maritime Folklife. Washington DC: Library of Congress, Publications of the American Folklife Center, 1992: 17.

WCED. Our Common Future. Oxford: Oxford University Press, 1987.

Williams CC, Millington D, Andrew C. The diverse and contested meanings of sustainable development. The Geographical Journal, 2004, 170: 99-104.

第一版后记

　　当前人类面临着粮食不足、能源缺乏、环境污染、资源短缺和全球变化等问题，这些问题的解决与恢复生态学、生态系统健康、生态系统管理等紧密相关。作为当前新兴的生态学分支，这三个领域分别涉及生态系统健康状况评估，对退化的生态系统进行恢复重建，对健康的生态系统进行合理管理，从而实现生态系统的可持续发展。

　　早在 1959 年，中国科学院华南植物研究所的余作岳等老一辈科学家就在广东电白县小良开始了热带季雨林的恢复研究，历时 40 余年，积累了大量资料，产生了巨大的生态、经济和社会效益，并获得了中国科学院和国家级的奖励。我们从 20 世纪 80 年代开始进行恢复生态学研究，并开始收集有关文献，发现恢复生态学研究工作自 80 年代后期增多，但纯理论性的论文和著作并不多。到 90 年代，生态系统健康、生态管理、生物入侵和生态系统服务功能在北美兴起。但是，截至目前，恢复生态学、生态系统健康和生态系统管理等还主要是借鉴相关学科的理论与方法，仅有"自我设计和设计理论"是真正源于恢复生态学研究。我们在实际研究的基础上，收集了大量文献写成此书，供读者参考。

　　本项研究和本书的出版得到国家自然科学基金委员会重大项目（39899370）、中国科学院项目（KZ951-B1-110、KZ951-A1-301、生物局青年创新小组项目）、广东省科技厅重大项目（980489）和攻关项目、中美日国际合作项目的资助。中国生态系统研究网络资助我们出国进修和出席国际恢复生态学和生态系统健康会议，为我们了解国外进展和收集资料提供了方便。中国科学院华南植物研究所的鹤山丘陵综合试验开放站、小良热带森林生态系统定位研究站、鼎湖山森林生态系统定位研究站等为我们的研究提供了很好的条件。余作岳研究员为我们开始恢复生态学研究起了重要的指导作用。我们要特别感谢美国亚利桑那州立大学的邬建国教授，美国加利福尼亚州环保局的黄长志博士，国际恢复生态学会的 Jordan、Bradshaw、Cairns、Beger、Costanza 和 Rapport 教授，中国科学院北京植物研究所的陈灵芝和陈伟烈研究员，中国科学院兰州图书馆的赵晓英，他们为我们提供了大量的文献资料。在本书完成过程中，周国逸、丁明懋、何道泉、陈树培、孔国辉、黄录基、刘鸿先、张宏达、王伯荪、曾庆波、骆世明、廖崇惠、徐祥浩、黄忠良、李意德、陈章和等许多专家给予了热情鼓励和帮助，并帮助审阅了部分章节。蚁伟民、申卫军、周厚诚、李志安、曾小平、赵平、蔡锡安、向言词、曾友特、李跃林、唐小焱、张征、傅声雷、方炜、张倩媚、张德强等同事给予了大量帮助，并允许引用他们的研究成果。在此我们深表感谢！

限于我们的学识和水平，可能对恢复生态学、生态系统健康和生态系统管理等的认识和研究还很粗浅，一定有错误和不当之处，敬请同行专家、学者斧正。

任　海　彭少麟

2000 年 3 月于广州

第二版后记

　　自工业革命以来，由于科学技术的进步，人类生产、生活和探险的足迹遍及全球。人类为了生存，大部分的自然生态系统被改造为城镇和农田，原有的生态系统结构及功能退化，有的甚至已失去了生产力。现在全球人口仍在持续增长，对自然资源的需求也在增加，环境污染、植被破坏、土地退化、水资源短缺、气候变化、生物多样性丧失等生态问题增加了对生态系统的胁迫，人类面临着合理恢复、保护和开发自然资源的挑战。在此背景下，20 世纪 80 年代至 90 年代恢复生态学、生态系统健康、生态系统管理和可持续发展应运而生，并很快成为当前国际前沿和研究热点。它们通过在生态系统健康评估的基础上，对退化的生态系统进行恢复重建，对健康的生态系统进行合理的管理，最终实现生态系统的可持续发展，并发展和检验有关生态学理论，为解决人类面临的生态问题提供了机遇，因而在学科理论和实践上均具有重要意义。

　　早在 1959 年，中国科学院华南植物研究所小良热带森林生态系统定位研究站开始了热带季雨林的恢复研究，历时 50 余年，积累了大量资料。此外，中国科学院成都生物研究所茂县山地系统定位研究站、中国科学院植物研究所内蒙古锡林郭勒草原生态系统定位研究站也分别开展了地带性植被的生态恢复研究。这些工作为我们从事恢复生态学研究及编著此书提供了重要的支持。我们在系统收集有关文献后，发现恢复生态学研究工作自 80 年代后期增多，但纯理论性的论文和著作并不多。到 90 年代，生态系统健康、生态管理、生物入侵和生态系统服务功能在北美兴起。但是，截至目前，恢复生态学、生态系统健康和生态系统管理等还主要是借鉴相关学科的理论与方法，仅有"自我设计和设计理论"是真正源于恢复生态学研究。鉴此，我们在原始资料和研究成果的基础上，收集了大量文献进行总结，并翻译了部分国际恢复生态学会的文件和著名专家的综述改写成此书，供读者参考。

　　各章节的写作分工如下：任海负责第 1、3、4、5、6、7 章以及第 2 章第 2 节。刘庆负责第 2 章第 1 节，第 4 章第 8 节，第 5 章第 5 节，第 6 章第 3 节以及第 8 章，参与这些章节节写作的还有林波、陈劲松、姚晓芹、秦纪洪。李凌浩负责第 5 章第 1 节，参与此节写作的还有李永宏。全书由任海统稿，三位主要作者共同审阅。

　　值得感谢的是，我们的恢复生态学研究工作历年来得到了国家自然科学基金

（30200035、30670370）、中国科学院项目（生命科学与技术青年科学家创新小组、STZ-01-36、野外台站基金、KSCX2-SW-132）和广东省科技厅项目（2005B60301001、021627、003031）的部分资助。虽然彭少麟教授未再参与第二版的工作，但他在第一版的贡献仍然是本书的基础。这一版的编写工作得到了 James Aronson、David Egan、黄长志、李志安、简曙光、向言词、陆宏芳、申卫军、张进平、李飞艳等先生或女士提供的大量帮助。段文军和王俊同学整理了全书的参考文献及目录。余作岳、韩兴国、黄建辉、周国逸、傅声雷、吴宁、莫江明、赵平、黄忠良、丁明懋、敖惠修、蚁伟民、王伯荪、陈树培、龚文璇、曹洪麟、李永赓、王其兵、黄振英、白文明、王正文、万师强、张文浩等专家或同志曾提供建议，本书还参考了他们的研究成果，在此表示衷心的感谢！由于编著者水平所限，文中疏漏错误肯定存在，殷切期望各位同行专家不吝指正！

编著者

2007 年 3 月

第三版后记

自从 2001 年和 2008 年分别出版《恢复生态学导论》第一版和第二版后,恢复生态学理论与生态恢复实践发展迅速,目前国内外出版的恢复生态学专著超过了 30 本,以 restoration ecology 为关键词在 ISI web of knowledge 数据库中检索到的期刊论文达到了 44 600 篇,国内外许多大学都开设了恢复生态学课程,这可能与人类面临的要恢复退化的生态系统和治理环境污染有关。我国自 2012 年召开中共十八大以来,绿色发展、生态文明和美丽中国建设受到前所未有的重视,促进了恢复生态学研究和生态恢复实践的蓬勃发展。在此背景下,我们收集了近些年所有专著和主要文献,经过系统分析整理写成了本书。与第二版相比,第三版在结构上仍分为三部分:恢复生态学理论、生态恢复实践、生态恢复与其他相关学科或领域的关系,但这一版修订的内容在 50% 以上。

本书各章节的撰写和修订分工如下:任海负责第 1-4、6、8-12 章及第 5 章第 2-4、6-15 节。刘庆负责第 5 章第 5 节,参与这节写作的还有林波、陈劲松、姚晓芹、秦纪洪、张子良。李凌浩和任海负责第 5 章第 1 节,参与此节写作的还有李永宏。刘占锋负责撰写了第 7 章和第 5 章第 16 节,参与这些章节写作的还有吴文佳、李元、张静。张倩媚、许秋生、龚文璇、宋光满、黄耀、许展慧和康婷整理了全书的参考文献。林绵凯绘制了部分图。全书由任海统稿。

本书的出版,得到了中国科学院 A 类战略性先导科技专项(XDA13020000)和科技部"十三五"重点研发项目(2016YFC1403000)的资助。特别要感谢国家自然科学基金委员会历年来对我从事生态恢复研究的资助(39899370、30200035、30670370、40871249、31170493、31210303064、31570422、U1701246),也要感谢科技部、中国科学院、广东省科学技术厅和广州市科技局对研究项目的资助。

本书参考了国内外大量学者的研究成果,也引用了我们各位作者所在单位及课题组的工作,本书前两版的作者对第三版的贡献也很大,在此一并表示衷心的感谢!由于编著者水平所限,文中疏漏肯定存在,殷切期望各位同行专家不吝指正!

任 海

2018 年 11 月 8 日